LMS Imagine. Lab AMESim 系统建模和仿真参考手册

付永领　祁晓野　编著
李　庆　审校

北京航空航天大学出版社

内容简介

LMS Imagine. Lab AMESim REV10 是比利时 LMS 公司于 2010 年 11 月推出的最新版本，提供了一种系统工程设计的完整平台。用户在这个单一平台上可以建立复杂的多学科领域系统的模型，并在此基础上进行仿真计算和深入分析。本书全面而深入地介绍了 AMESim 的基本功能及使用方法。全书共 17 章，主要包括软件的简介、工作空间和仿真流程菜单的介绍、各种工作模式下的可用工具及高级特点的应用、后处理及系统设计分析工具等。本书本着实用的原则，内容由浅入深，讲解循序渐进，力求使初学者真正学会使用 AMESim。

本书适用于所有使用和需要使用 AMESim 的读者，包括科学研究和工程技术人员以及理工类本专科院校的师生等。

图书在版编目(CIP)数据

LMS Imagine. Lab AMESim 系统建模和仿真参考手册 / 付永领，祁晓野编著. -- 北京：北京航空航天大学出版社，2011.10

ISBN 978-7-5124-0517-2

Ⅰ. ①L… Ⅱ. ①付… ②祁… Ⅲ. ①机械设备—电气控制系统—系统建模—应用软件，AMESim—手册②机械设备—电气控制系统—系统仿真—应用软件，AMESim—手册 Ⅳ. ①TH-39

中国版本图书馆 CIP 数据核字(2011)第 139921 号

LMS Imagine. Lab AMESim 系统建模和仿真参考手册

付永领　祁晓野　编著

李　庆　审校

责任编辑　史　东

*

北京航空航天大学出版社出版发行

北京市海淀区学院路 37 号(邮编 100191)　http://www.buaapress.com.cn

发行部电话：(010)82317024　传真：(010)82328026

读者信箱：goodtextbook@126.com　邮购电话：(010)82316936

北京市媛明印刷厂印装　各地书店经销

*

开本：787×1092　1/16　印张：28.25　字数：723 千字

2011 年 10 月第 1 版　2011 年 10 月第 1 次印刷　印数：6 000 册

ISBN 978-7-5124-0517-2　定价：69.00 元

序言一

机械、电气、液压、气动、控制系统在国防领域和工农业生产设备中有着广泛的应用，其技术水平和产业化程度关系到国家核心竞争力的强弱。日本曾经立法，大力发展以机电液气控为核心的机械电子技术，经过十几年的努力，已经使其在机器人、自动控制、照相机和录像机、液压气动、车辆和舰船以及火箭等领域都有很大发展并处于国际领先地位。中国已经进入制造业大国行列，但是自主设计和创新设计的能力与水平还亟待提高。现代产品的设计，要求在尽可能短的时间内以最低的成本推出新的产品，故必须根据动态性能指标要求来设计系统，从系统的角度优化设计元部件。这样才能设计出性能优良的产品，满足日益激烈的市场竞争和愈加苛刻的技术要求，增强自主创新能力。

由于机械、电气、液压、气动、控制系统的非线性以及研发过程耗时和耗资巨大，业内人士很早就开始运用仿真和优化手段进行设计。系统仿真技术从最初的机械、液压系统仿真，逐渐发展到今天可以进行机、电、液、气、控、热、电磁等多学科综合系统仿真，成为系统虚拟优化设计的主流技术。这样的长足进步，除了借助于计算机技术的迅猛发展外，更决定于系统仿真工具软件自身的进步。其中比利时 LMS 公司开发的系统工程高级建模和仿真软件包 LMS Imagine. Lab AMESim，能够从元件设计出发，可以考虑摩擦、油液和气体的本身特性、环境温度等非常难以建模的部分，直到组成部件和系统进行功能性能仿真和优化，并能够联合其他优秀软件进行联合仿真和优化，还可以考虑控制器在环构成闭环系统进行仿真，使设计出的产品完全满足实际应用环境的要求。AMESim 作为系统仿真的标准平台，得到了世界各国用户的一致认可。

该书全面、系统地介绍了 AMESim 软件的基本功能和使用方法，可以帮助读者深入学习多学科系统建模和仿真的方法，为读者进行原创设计提供了很好的支持。

北京航空航天大学 王占林

2011 年 2 月

序言二

产品的开发经历了从物理样机驱动的开发流程到模型驱动的开发流程的转变。今天，产品设计又面临着新的挑战：一方面是系统本身越来越复杂，智能控制系统的采用越来越多，如何有效地考虑机电一体化系统的开发，特别是如何综合地考虑控制系统和受控对象的耦合问题，成为产品开发的关键之一；另一方面，产品开发的全球化又要考虑来自不同地区、不同研发部门或供应商的系统如何集成，特别是在设计的早期如何通过系统的集成确保产品设计的成熟性，已成为现今全球产品开发面临的棘手问题。第一个问题就要求在产品的开发过程中协调和同步物理系统和电控系统的开发，以确保产品的质量；后一个问题则要求在横跨不同地区的部门之间无缝地共享产品方案、设计和分析，以确保协同的工作。这两方面问题的系统解决方案就是基于模型的系统工程，即通过应用模型来支持系统的需求定义、设计、分析、校核和验证，从概念设计阶段开始一直贯穿整个开发流程。也就是说，现代产品的开发已经转向模型驱动的开发流程。

AMESim 是由原法国 Imagine 公司开发的多领域系统仿真集成平台，可以创建和运行多物理场仿真模型，以分析复杂的系统特性；支持控制系统的设计，从早期的技术参数确定到子系统测试（硬件在环）。2007 年，Imagine 公司由比利时 LMS 国际公司全资收购。AMESim 作为 LMS 公司重点开发的基于模型的系统工程设计解决方案的重要组成部分，在 2007 年由 LMS 国际公司推出了全新的多领域系统仿真集成平台 LMS Imagine. Lab，同时作为平台的重要组成，AMESim 也升级为全新的软件产品 LMS Imagine. Lab AMESim。在延续了 AMESim 原有功能和特点的基础上，LMS Imagine. Lab AMESim 功能更加强大，覆盖的应用领域更加宽广。另外，结合 LMS Imagine. Lab 平台中的 LMS Imagine. Lab SysDM，用户可以实现存储和管理横跨不同部门的机械和控制的模型以及数据；通过 LMS Imagine. Lab System Synthesis，可以支持配置管理、系统集成和架构验证。这样，LMS 国际公司为模型驱动的开发提供了突破性的、完整的解决方案。

为了更好地为中国用户服务，LMS 北京航空航天大学教研培训中心于 2006 年出版了《AMESim 系统建模和仿真——从入门到精通》一书。该书得到了广大工程师的好评，为国内工程师熟练掌握多领域系统仿真奠定了坚实的基础。随着 LMS Imagine. Lab AMESim 的不断升级，其在软件平台、分析工具、Modelica 支持、软件接口以及专用的解决方案等各方面功能上得到进一步加强。为了帮助国内的工程师尽快掌握和应用这些新的功能，LMS 北京航空航天大学教研培训中心对《AMESim 系统建模和仿真——从入门到精通》一书进行了全面地升级修订，针对不同读者对象，改为《LMS Imagine. Lab AMESim 系统建模和仿真实例教程》和《LMS Imagine. Lab AMESim 系统建模和仿真参考手册》两本书相继出版。书中既有理论说明，又有实例佐证；既可以作为 AMESim 初级用户的指导老师，又是 AMESim 高级用户的得力助手，同时也可作为广大科学工作者和工程技术人员进行系统建模和仿真工作的重要参考书。

随着国内工程师应用水平逐步提高，LMS 北京航空航天大学教研培训中心还将陆续出版关于 LMS Imagine. Lab 的系列书籍，以帮助中国用户迅速掌握基于模型的系统工程设计平台，为提高中国用户的产品设计能力尽微薄之力。

再次感谢以付永领教授为代表的 LMS 北京航空航天大学教研培训中心的辛勤工作。

LMS 中国区总经理

2011 年 6 月于北京

前　言

LMS Imagine. Lab AMESim（Advanced Modeling Environment for Simulation of engineering systems）为多学科领域复杂系统建模仿真平台。用户可以在这个单一平台上建立复杂的多学科领域的系统模型，并在此基础上进行仿真计算和深入分析，也可以在这个平台上研究任何元件或系统的稳态和动态性能。AMESim最早由法国Imagine公司于1995年推出，2007年被比利时LMS公司收购。其最新版本是LMS Imagine. Lab AMESim REV 10，由比利时LMS公司于2010年11月推出。

AMESim采用基于物理模型的图形化建模方式，为用户提供了可以直接使用的丰富的元件应用库，使用户从繁琐的数学建模中解放出来，从而专注于物理系统本身的设计。

目前，AMESim已经成功应用于航空航天、车辆、船舶、工程机械等多学科领域，成为包括流体、机械、热分析、电气、电磁以及控制等复杂系统建模和仿真的优选平台。

由于AMESim的特点及其具有的优势，它在国外的某些大学、研究设计单位和工业部门早已成为一种建模和仿真的标准软件。在我国也有越来越多的科学工作者参加到学习和倡导这种软件应用的行列中。笔者很早就开始接触并使用AMESim，在使用过程中意识到，其作为一种高级建模和仿真平台，必将有助于我国建模和仿真领域的发展，为自主创新提供一种很好的借鉴。

本书是编者2006年出版的《AMESim系统建模和仿真——从入门到精通》的升级版中文著作。

本书主要由付永领、祁晓野、齐海涛编著，李庆审校。参加编写的还有王岩、马纪明、于黎明、李万国、陈娟、马俊功等以及课题组的研究生。另外，本书的出版得到了比利时LMS公司及其中国总部的大力支持，在此一并表示感谢！

由于编者水平及时间有限，错误和不妥之处在所难免，望广大读者批评指正。

编　者

2011年8月

本书为读者免费提供相关资料（LMS Imagine. Lab AMESim论文集），如申请索取或咨询与本书相关的其他问题，请联系理工事业部，电子邮箱 goodtextbook@126.com，联系电话 010－82317036。

目　　录

第1章　AMESim简介

1.1　什么是AMESim

AMESim(Advanced Modeling Environment for performing Simulations of engineering systems)是一种工程系统高级建模和仿真平台软件。它是基于直观图形界面的平台，在整个仿真过程中，仿真系统都是通过直观的图形界面展现出来的。

AMESim用图标符号表示仿真系统中的各个元件。这些图标符号包括工程领域的标准图标，例如液压元件的ISO图标、控制系统的方框图标。当不存在这样的标准图标时，采用非常容易辨识的图标来表达系统模型。

图1.1为使用标准液压、机械和控制图标表示的一个工程系统模型。图1.2为使用了易辨识图标建立的汽车制动系统模型。

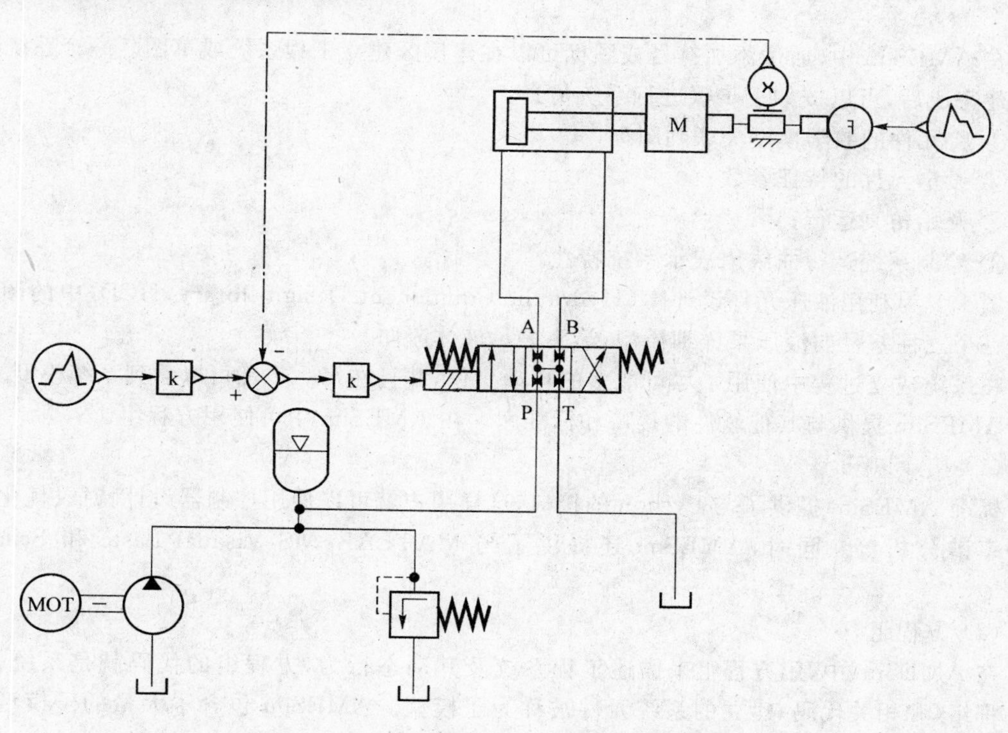

图1.1　使用AMESim图标的工程系统模型

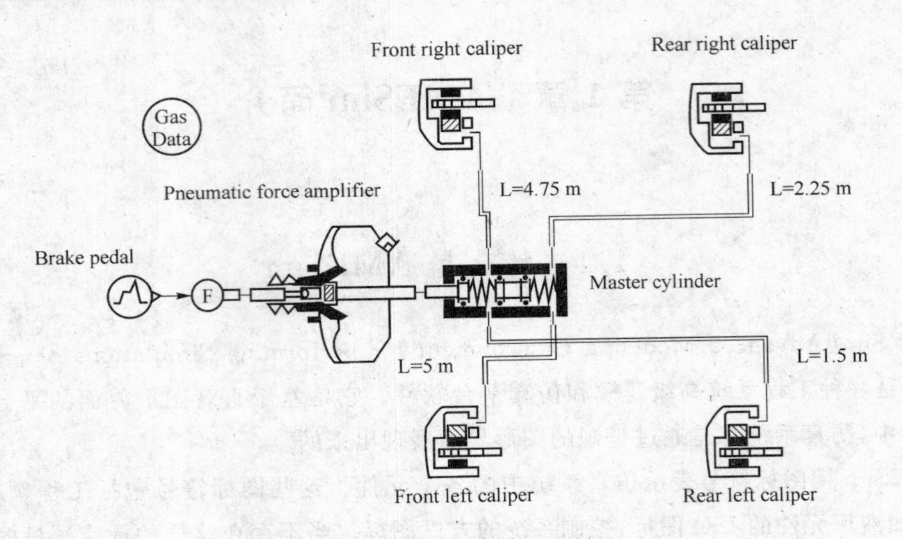

图 1.2 汽车制动系统模型

1.2 如何使用 AMESim

在 AMESim 中，通过添加符号或图标可以在建模区建立工程系统或草图。一个系统或草图搭建完成后，可以按如下步骤进行系统仿真：

① 将元件的数学模型关联到图标；

② 设定元件的特征参数；

③ 开始仿真运行；

④ 绘制系统运行曲线来表示系统特性。

图 1.3 为利用液压元件设计库（Hydraulic Component Design library，HCD）中的图标构建的一个三柱塞径向液压泵详细模型，箭头表示液体流向。

在系统建立过程中使用了尽可能多的自动操作，并且在每一步都可以看到系统模型。

AMESim 提供与其他软件的接口和标准库。在 AMESim 中可使用方程组。

（1）接　口

标准 AMESim 提供了与 Python 的接口，这样用户就可以使用控制器设计特征、优化工具和功率谱分析等。同时，AMESim 还提供了与 MATLAB、MS Visaual Basic 和 Scilab 的接口。

（2）方程组

在 AMESim 中，用方程组来描述工程系统及其动态行为，方程组的代码就是系统模型。由方程组（和相关代码）建立的系统元件被称为子模型。AMESim 包含了大量的子模型和图标库。

（3）标准库

AMESim 有 3 个标准库，即

- Mechanical（机械库）；
- Signal，Control（信号控制库）；

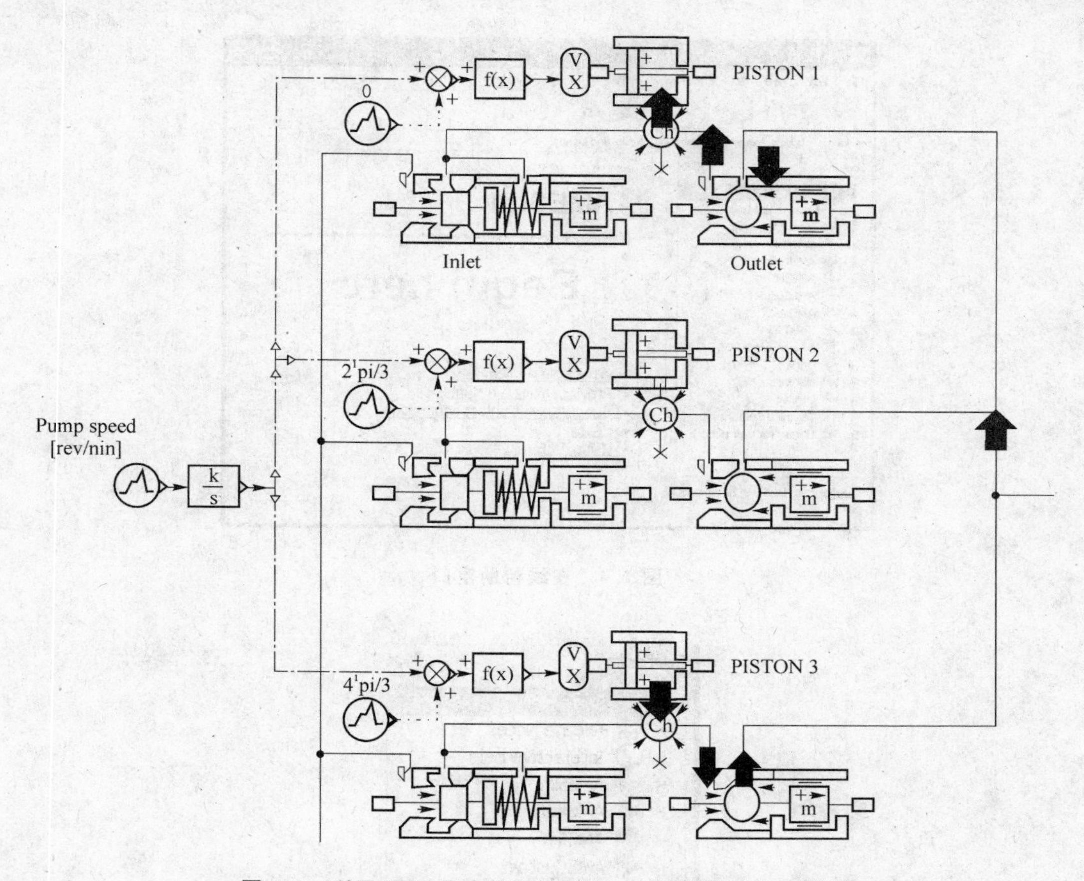

图 1.3 利用 HCD 库中符号构建的一个三柱塞径向液压泵

● Simulation(仿真库)。

标准库中提供的控制与机械的图标和子模型,可以完成绝大多数工程系统的动态仿真。另外,AMESim 中还有一些可选库,如液压元件设计库、液压阻尼库、气动库、热库、热液压库、冷却系统库、传动库、注油库等。

各种库的简单介绍见 2.1.5 节。

1.3 如何使用在线文档

AMESim 的在线文档由以下部分组成:

● HTML 和 PDF 形式的 AMESim 平台各种软件使用手册;

● PDF 形式的各个库的介绍手册;

● HTML 形式的各个子模型说明书。

进入 AMESim 在线文档的步骤如下:

选择 Help→Online,或者按 F1 键,会弹出在线帮助窗口,如图 1.4 所示。

在 Contents(内容)栏选择要查寻的文档,或者使用 Index(索引)或 Search(搜索)工具。

在图 1.5 所示的 Contents 栏中找到 AMEHelp,可以得到详细的在线帮助说明。

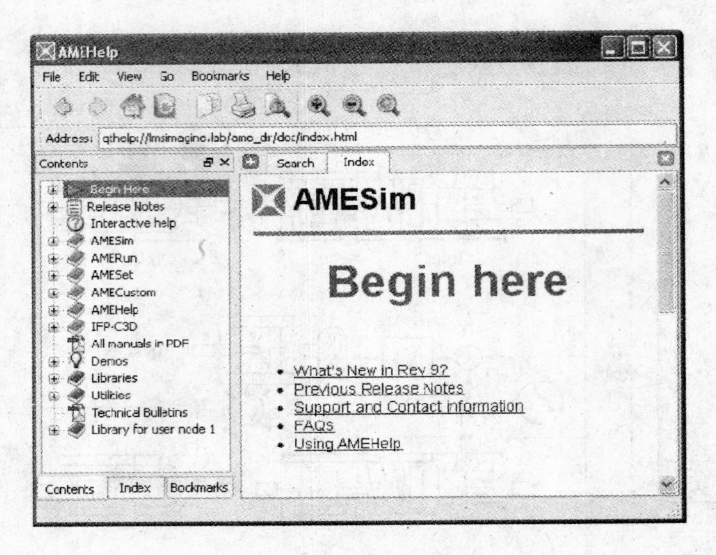

图 1.4　在线帮助窗口

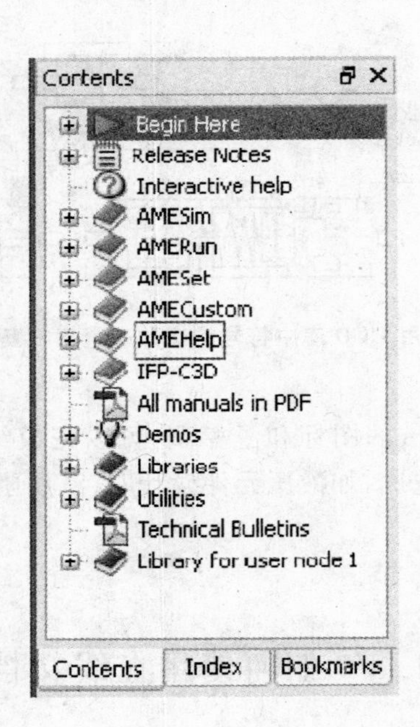

图 1.5　在 Contents 栏选择 AMEHelp

1.4　AMESim REV 10 软件包

下面介绍 AMESim 家族系列产品 AMESim、AMECustom、AMESet、AMERun，以及其他的 AMESim 系列产品。

1.4.1　AMESim

AMESim 是 AMESim 软件包的主要产品，是工程系统高级建模仿真平台。在 AMESim 中，可以进行如下操作：

- 创建一个新系统；
- 修改现存的系统草图；
- 更改元件后台子的模型；
- 加载 AMESim 系统；
- 改变参数和设置批处理运行参数；
- 执行标准的或批处理运行命令；
- 绘制仿真结果图；
- 进行线性分析；
- 进行活性指数分析；
- 输出用于在 AMESim 外运行的模型；
- 进行设计分析研究。

1.4.2　AMECustom

AMECustom 随 AMESim 一起发行。

使用 AMECustom，可以定制子模型和超级元件。一个定制的对象可以用一个图标来表示同属性的对象。只有需要测试的参数才是可见的。在发布定制对象之前，可以给复杂系统的元件编码。

1.4.3　AMESet

高级 AMESim 用户可以使用 AMESet 创建新的图标和子模型。AMESet 提供了综合的用户开发界面。在 AMESet 中，可以实现：

- 集成新的图标和子模型；
- 定制元件应用库和子模型。

使用 AMESet，可以创建自己的元件(或管路)的子模型，扩展 AMESim 的应用范围。

1.4.4　AMERun

AMERun 是没有 Sketch(草图)模式和 Submodel(子模型)模式的 AMESim。使用 AMERun，可以实现：

- 加栽 AMESim 系统；
- 改变参数和设置批量运行参数；
- 执行标准或批量运行命令；
- 绘制结果图；
- 进行线性分析。

但是不能实现：

- 创建一个新系统；

- 修改现存的系统草图；
- 更改元件后台的子模型。

AMESim 系统可以被有经验的 AMESim 用户创建并测试。

AMERun 用户可以打开该系统用于研究。

AMERun 适用于如下人员使用：

- 对已经由有经验的工程师搭建好的系统进行参数化研究的技术员；
- 接收预先搭建好的系统的客户；
- 使用预建的系统给客户演示系统运行的销售人员。

1.4.5　其他的 AMESim 系列产品

本节介绍 AMESim 库和接口软件。

1. AMESim 库

以下是全套的 AMESim 库：

Air Conditioning(空调库)
Automotive Electrics(汽车电子库)
Cams and Followers(凸轮和连杆库)
CFD 1D(1D CFD 库)
Cooling Systems(冷却系统库)
Discrete Partitioning(离散分割库)
Electrical Motors and Drives(电机和驱动库)
Electrical Basics(电子基础库)
Electrical Static Conversion(电气静态变换库)
Electromechanical(机电库)
Electrochemistry (电化学库)
Engine Signal Generator(发动机信号库)
Filling (注油库)
Fuel Cell Components(燃料电池元件库)
Gas Mixture (燃气混合库)
Generic Co－Simulation(联合仿真库)
Heat Exchanger Assembly Tool(换热器组件库)
Hydraulic(液压库)
Hydraulic Component Design (液压元件设计库)
Hydraulic Resistance(液压阻尼库)
Hydraulic Lines (液压管路库)
Hydraulic Valves(液压阀库)
iCAR(智能车库)
IFP Drive and IFP Drive Extra(IFP 驱动和 IFP 驱动附加库)
IFP Engine (IFP 发动机库)
IFP Exhaust(IFP 排放库)
Moist Air (潮湿气体库)
Planar Mechanical(行星机械库)
Planar Interactive Assistant (行星互动库)
Pneumatic(气动库)
Pneumatic Component Design(气动元件设计库)
Pneumatic Lines(气动管路库)
Pneumatic Valves (气动阀库)
Powertrain(传动库)
Thermal (热库)
Thermal Hydraulic(热液压库)

Thermal Hydraulic Lines（热液压管路库）

Thermal Hydraulic Valves(热液压阀库)

Thermal Hydraulic Resistance(热液压阻尼库)

Thermal Hydraulic Component Design(热液压元件设计库)

Thermal Pneumatic(热气动库)

Two - phase Flow and Two - phase Flow Extra(两相流和两相流附加库)

Vehicle Dynamics(车体动力学库)

2. AMESim 软件接口

① 与脚本和编程语言的接口：

- MATLAB;
- Python;
- Visual Basic Applications;
- Scilab。

② 与 CAE 软件的接口：

- Mathworks Simulink® Interface;
- MSC. ADAMS® Interface;
- LabVIEW Interface;
- Generic Co - Simulation Interface;
- Black Box export;
- Linear State Space System Import;
- Modelica Model Import;
- Finite Element (FE) model Import;
- Real - Time Interface;
- Virtual. Lab Motion Interface。

第 2 章　AMESim 工作空间

AMESim 的菜单命令可以实现如下功能：创建系统模型，设置模型的各种参数，运行仿真，对结果进行各种分析。下面介绍图形用户界面及其相关的菜单。

2.1　AMESim 的用户界面

AMESim 的用户界面是基本工作区域。根据当前的工作模式，可以选择各种可用工具：主窗口、菜单栏、工具栏、鼠标右键菜单、各种库，以及组织工作空间的工具。

2.1.1　主窗口

1. *启动* AMESim

使用 UNIX 系统：

与系统管理员联系，可知设置工作环境的方法，以使用 AMESim。在启动 AMESim 之前，在窗口中键入工作路径，并键入：

AMESim

使用 Windows 系统有如下方式可供选择：

- 在 Start(开始)菜单中选择 Programs→LMS Imagine. Lab AMESim→AMESim；
- 双击桌面上的 AMESim 图标；
- 在运行窗口中(MS DOS Command window)键入：

AMESim

也可以配置 Windows，在 Explorer(资源管理器)中双击系统文件(扩展名为.ame)来打开 AMESim。

上述做法，请参考 Installation Notes(安装注意事项)中的启动步骤

当启动 AMESim 时，主窗口是空的，如图 2.1 所示。

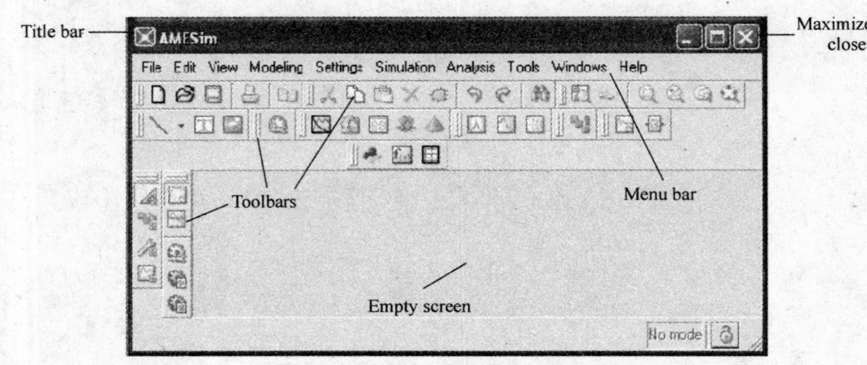

图 2.1　AMESim 主窗口

可以选择如下操作：

- 打开一个空文本；
- 加载一个已经存在的系统。

当加载一个已经存在的系统时，会出现一个浏览器，可以在上面指示要打开系统的路径，如图 2.2 所示。

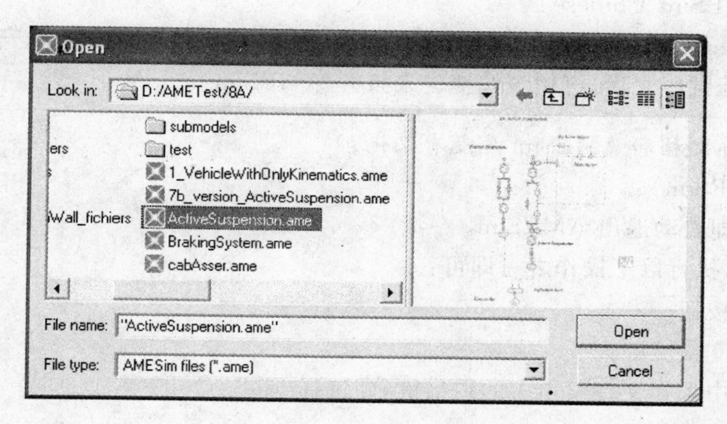

图 2.2　浏览器

选择要打开的系统并单击 Open 按钮，或者双击要打开的系统。

2. *启动中文版 AMESim*

中文版的 AMESim 包括汉化的菜单、按键和对话框，如图 2.3 所示。

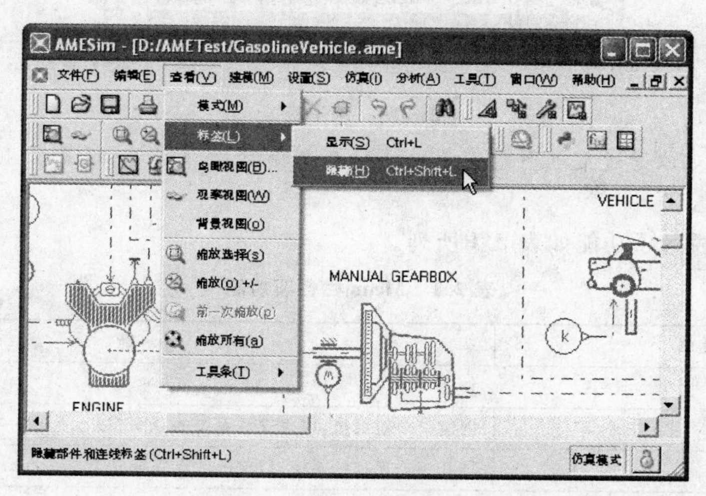

图 2.3　中文版 AMESim

可以按照如下操作启动中文版的 AMESim：

> 使用 UNIX：
>
> 与系统管理员联系，可知如何设置工作环境以便使用 AMESim。在启动中文版 AMESim 之前，在窗口中键入工作路径，并键入：
>
> AMESim_Chinese

使用 Windows 系统，有如下方式可供选择：

- 打开资源管理器，选择 AMESim 安装路径，然后双击文件：AMESim_Chinese. bat
- 在运行窗口中(MS DOS Command window)键入：AMESim_Chinese
- 在桌面上创建一个 AMESim_Chinese. bat 文件(在 AMESim 安装路径中)的快捷键。之后，可用该快捷键来打开 AMESim

注：应用程序文档和 AMESim 库没有汉化。

3. 关闭 AMESim

关闭主窗口即自动退出 AMESim。

关闭主窗口，执行以下操作之一即可：

- 单击关闭按钮☒；
- 按 Ctrl＋Q 快捷键；
- 在主菜单中选择文件菜单中的退出键，即选择 File→Quit。

2.1.2　菜单栏

Menu(菜单)栏包括 AMESim 的主要功能，如图 2.4 所示。

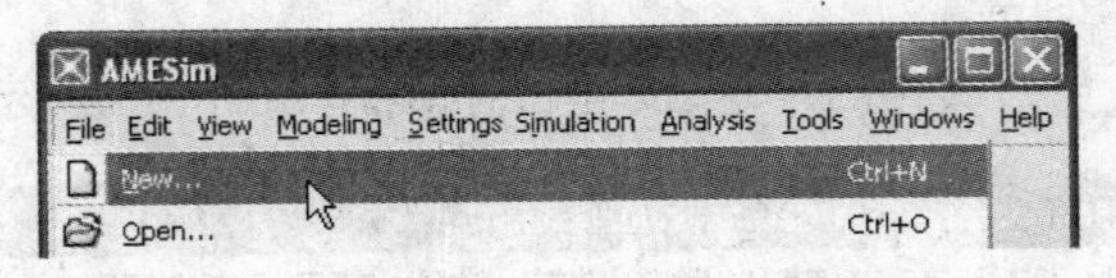

图 2.4　菜单栏

注：有些功能可以通过菜单中已经给出的键盘快捷键操作实现(详见 2.4.10 节“键盘快捷键”)。

Menu(菜单)栏各项功能如表 2.1 所列。

表 2.1　Menu 栏各项功能

子菜单	功　能
File(文件)菜单	
New(新建)	创建一个新系统，以建立该系统的草图
Open(打开)	打开一个现存的系统，以修改或者完成它
Save(保存)	保存系统模型
Save as(另存为)	用一个新的文件名保存系统，或者用浏览器将系统存放在另外一个路径中
Save as starter(另存为启动文件)	将一个现存的系统设置为 Starter(启动文件)
Force model Recompilation(强制重新编译模型)	当进入 Parameter(参数)或者是、Simulation (仿真)工作模式时，会强制重新编译模型
Reload saved version(恢复保存的版本)	放弃所有的修改，恢复系统到上一次保存的状态

续表 2.1

子菜单	功　能
Generate files for Real - Time(产生实时代码)	在有许可证的前提下,可以产生实时代码
Generate AMESim - Simulink black - box (生成 AMESim - Simulink 黑箱)	生成 AMESim - Simulink 黑箱接口
Create HTML Report(创建 HTML 报告)	为系统创建一个 HTML 格式的报告
Display HTML Report(显示 HTML 报告)	显示系统 HTML 格式的报告
Print(打印)	显示打印对话框,这里可以设置打印系统的参数
Print selection(选择打印)	仅打印选择的系统部分
Print display(打印显示内容)	仅打印可视部分的系统
Last opened files list(最近打开的文件列表)	显示以前打开的文件列表。用户可以在 AMESim 的 preferences 中决定在此列表中显示的文件个数
Close(关闭)	关闭系统
Quit(退出)	退出 AMESim 主窗口
Edit(编辑)菜单	
Undo/Redo(取消/重复上次的操作)	取消上次的操作/执行取消了的操作
Cut(剪切)	剪切
Copy(复制)	复制
Paste(粘贴)	粘贴
Delete(删除)	删除
Paste from clipboard(从剪贴板中粘贴)	从剪贴板中粘贴。剪贴板可以在 AMESim 的系统之间或者是从其他软件到 AMESim 执行复制/剪切
Create supercomponent(创建超级元件)	复制所选的多个元件作为一个辅助的系统(称此为超级元件)
Find(查找)	在现在的模型中找出指定的子模型、超级元件
Rotate(旋转)	将所选择的对象旋转 90°
Mirror(镜像)	将所选择的对象从左边镜像到右边
Select all(全选)	全选
Delete loose lines(删除松散连线)	删除没有连接到任何元件的线
Display auxiliary(显示辅助系统)	在名为 Auxiliary system 的对话框中显示辅助系统。该对话框可以创建超级元件
External variables(外部变量)	显示所选的子模型或超级元件的外部变量
Copy to shadow(复制到阴影部分)	除去所有所选元件的子模型,并且再保存它们的参数
Copy from shadow(复制于阴影部分)	再分配原来的子模型及其参数(这是上个操作的恢复操作)
View(视图)菜单	
Mode(模式)	选择如下 4 个工作模式之一:Sketch(草图)、Submodel(子模型)、Parameter(参数)、Simulation(仿真)
Labels(标签)	显示或者隐藏所有元件和连线的标签

续表 2.1

子菜单	功　能
Bird's eye view(预览)	在 AMESim 主窗口中显示所要预览的部分系统(这项操作对于大系统非常有用)
Watch and Contextual Views(查找和交互视图)	在 Parameter 或者 Simulation 模式下显示特定的参数和变量
Zoom(放大)	放大或者缩小草图
Toolbars(工具条)	显示或者隐藏工具条
Modeling(建模)菜单	
Category path list(路径列表)	添加或者去除 AMESim 的库,可用库的数量是由用户的软件许可证决定的
Update categories(更新目录)	根据现在库类别的路径列表,更新图标、类的内容及其相关的数据结构
Category settings(目录设置)	创建新的类和元件图标,去除类和元件图标
Insert(插入)	在草图中插入文本、图片和线
Interface block(接口模块)	与合作软件包的接口
Import linear model(输入线性模型)	输入扩展名为.ssp 的文件的线性模型。该文件一般是由 MATLAB 创建的
Modelica Import Assistant(Modelica 导入助手)	登录 Modelica 导入助手
Check submodels(检查子模型)	核对打开的系统中子模型和超级元件是否有效且最新
Premier submodel(优选子模型)	为元件和连线设置最简单的子模型
Alias List(别名列表)	显示子模型的别名列表,假如没有取别名,则该选项被禁用
Comment list(注释列表)	显示或编辑元件和连线的注释
Port tag list(端口标签列表)	显示模型中使用的端口标签
Available user submodels(用户可用子模型)	显示用户子模型列表。用户可以在 AMESet 中选择一个用户子模型,去除或者编辑该子模型
Available customized(用户定制的可用模型和元件)	显示定制子模型和超级元件的列表。用户可以在 AMECustom 中选择一个定制对象且去除或者编辑它
Available Supercomponents(可用的超级元件)	显示用户在 AMESim 中创建的超级元件列表
Settings(设置)菜单	
Global parameters(全局变量)	创建一个参数,该参数将被分配给要求相同数值的多个子模型
Batch parameters(批处理参数)	为批量处理设置参数
Common parameters(公共参数)	给所选的多个元件分配相同的参数
Set final values(设置终值)	读取最近的扩展名为.results 的文件中的状态变量的终值,来替换其初始值
Load system parameter set(下载参数集)	下载保存在文件中的一组参数
Save system parameter set(保存系统参数集)	保存用户想要再次使用的一组参数
Export setup(输出设置)	创建一个对话框来显示和编辑用户的输出参数
Save no variables(不保存变量)	单击 Next(下一步),所选子系统将不被保存
Save all variables(保存变量)	单击 Next(下一步),所选子系统将被保存

续表 2.1

子菜单	功 能
Locked states status(锁定的状态变量)	显示现在锁定的所有状态变量的情况
Unlock all states(所有状态变量解锁)	允许所选子系统在稳态运行时,其所有的状态变量可以自由变化。默认情况下,所有的状态变量都未被锁定
Lock all states(锁定所有状态变量)	锁定所选子系统的状态变量,在稳态运行时,这些变量就保持一个固定的值
No states observer(没有状态观测器)	改变所选子系统的状态变量的线性分析状态,任何状态观测器都将变成自由状态
All states observer(所有状态观测器)	将所选子系统的所有状态变量的线性分析状态变成状态观测器
Simulation(仿真)菜单	
Temporal analysis(时域分析)	选择时域分析模式
Linear analysis(线性分析)	选择线性分析模式
Run parameters(运行参数)	打开运行参数对话框
Linearization parameters(线性分析参数)	键入线性分析的线性化时间
Start/Stop(启动/停止)	开始或者结束一个仿真运行
Parallel processing setup(并行运行设置)	设置仿真/后处理参数
Analysis(分析)菜单	
Plot(绘图)	打开一个绘图窗口
Set X - axis default variable(设置 X 轴为默认变量)	设置 X 轴为默认值
Load/Save plot Configuration(加载/保存绘图设置)	加载并保存绘图设置
Graphs(图形)	显示/隐藏绘制的图表
Replay(重放)	使用重放功能
Hide/Show all replay Symbols(隐藏/显示重放符号)	隐藏/显示重放符号
State count(状态计数)	打开状态计数功能
Activity index(活性指数)	打开活性指数列表
Design exploration(设计探索)	打开设计研究探索功能
3D window(3D 窗口)	打开一个 3D 动画窗口
Linearization(线性化)	完成线性分析
Tools(工具)菜单	
Python Command Interpreter(Python 命令编译器)	进入 Python 命令编译器
Scripting(脚本编译)	产生一个 Python 或者 C 的源文件
Compare systems(系统比较)	比较两个系统的元件
Expression Editor(表达式编辑器)	打开表达式编辑器
Table editor(表格编辑器)	打开表格编辑器

续表 2.1

子菜单	功 能
Icon designer(图标设计器)	打开图标设计器
Purge(清理)	去除不重要的文件以清理一个系统
Pack(打包)	将系统文件打包以便在用户之间进行交换
Unpack(解包)	拆开已经打包的文件
IFP C3D	用 C3D 软件开始分析
IFP Combustion Fitting(IFP 燃烧适配)	创建一个 3D 查询表,用于 IFP 发动机瞬态 Wiebe 燃烧模型
Start Companion Software(启动关联软件)	启动与接口块相关的软件
Start AMECustom/AMESet /Matlab/Modelica Editor(启动 AMECustom/AMESet / Matlab/Modelica 编辑器)	启动其他的 AMESim 软件系列
Options(可选操作)	设置优先应用
License Viewer(许可查验)	进入许可证察看器
Windows(窗口)菜单	
Cascade(层叠)	层叠显示所有打开的系统
Tile(平铺)	平铺显示所有打开的系统
Close all(关闭)	关闭所有打开的系统
Help(帮助)菜单	
Online(在线)	打开在线帮助文档
FAQs(常见问题)	打开常见问题文档(FAQs)
AMESim demo Help(AMESim 演示帮助)	打开 AMESim 演示文档
Get AMESim demo(获得 AMESim 演示)	获取 AMESim 演示模型
About(关于)	打开 About(关于)对话框

2.1.3 工具栏

工具栏中显示的按钮是与 AMESim 中的主要功能相对应的,用户有多种工具可用。

● 在所有的工作模式下均可用的工具有:File(文件)、Edit(编辑)、Modes(模式)、Insert(插入)和 Tools(工具)工具。

● 只在 Simulation(仿真)模式(以前称为运行 Run 模式)下可用的工具有:Premier submodel(优选子模型)和 Analysis(分析)工具。

● Submodel 模式下可用的工具是优选子模型(Modeling 建模)。

用户可以通过选择视图菜单中的 View→Toolbars 来选择哪些工具在此应用中显示,如图 2.5 所示。

单击相应的工具可以显示或者隐藏它。假如用户已经将工具拖曳入应用中,就可以使用 Line up(排队)选项来使它们左对齐。这个功能不会对工具条的浮动(undocked or floating)状态产生影响。

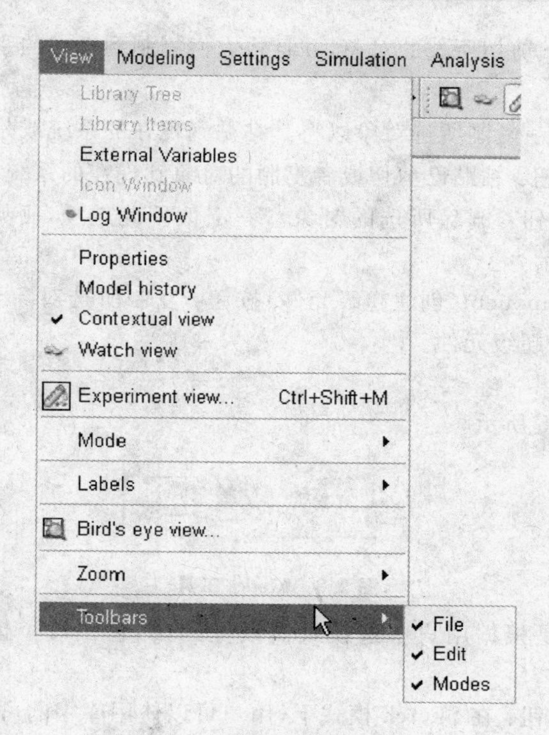

图 2.5　显示工具

1. File(文件)工具

File 工具如图 2.6 所示。

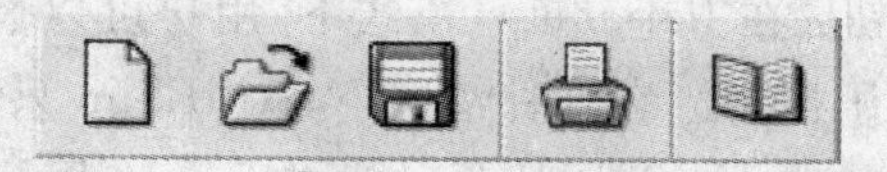

图 2.6　File 工具

File(文件)工具实现以下几种功能：

New(新建)按钮：创建一个新的系统，以建立该系统草图。

Open(打开)按钮：打开一个已经存在的系统以修改或者完成它。

Save(保存)按钮：保存系统。

Print(打印)按钮：打印系统。

Display HTML Report(显示 HTML 报告)按钮：显示一个 HTML 格式用户系统报告。

2. Edit(编辑)工具

Edit 工具如图 2.7 所示。

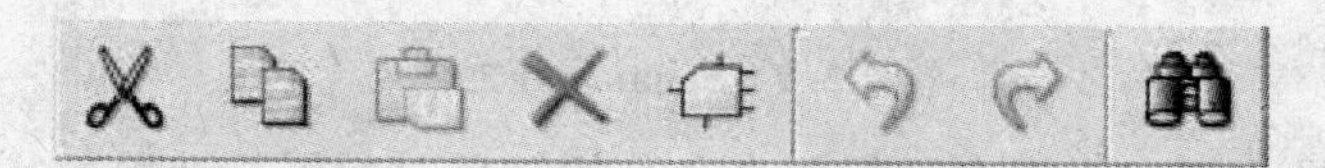

图 2.7　Edit 工具

Cut(剪切)按钮：剪切所选的对象，并且将它们复制到现在的系统、其他系统或是辅助系统。

Copy(复制)按钮：复制所选对象以将其粘贴到现在的系统或是其他系统。

Paste (粘贴)按钮：粘贴已剪切或者复制的对象到现在的系统或是其他系统。

Delete(删除)按钮：删除所选的对象。一定慎用此选项，否则已删除的对象将不可恢复。

Create supercomponent(创建超级元件)按钮：复制所选对象到 Auxiliary system(辅助系统)窗口以创建一个超级元件。

3. Modes(模式)工具

Modes 工具如图 2.8 所示。

图 2.8　Modes 工具

Modes(模式)工具是根据用户所选模式而改变的，即它在每个模式下的可用功能是不同的。

Sketch(草图)按钮：在 Sketch 模式下，用户可以使用库中的可用元件建立草图。可用库的类显示在 AMESim 主窗口的左边垂直工具条中。

Submodel(子模型)按钮：在 Submodel 模式下，用户可以给每个元件选择想要关联的子模型。

Parameter(参数)按钮：在 Parameter 模式下，用户可以设置子模型的参数、可以保存子模型的参数以用于另一个子模型。在这种情况下，AMESim 只装载公共参数。

Simulation(仿真)按钮：在 Simulation 模式下允许用户运行仿真并且分析仿真的结果。

4. Premier submodel(优选子模型)工具

当用户选择 Submodel 模式时，Premier submodel(优选子模型)按钮是可用的。

Premier submodel(优选子模型)按钮：用于为每个元件或者是连线自动设置一个最简单的子模型。在进入 Parameter 参数模式前，草图中所有元件和连线都需要给定一个子模型。

5. Simulation(仿真)工具

Simulation 工具如图 2.9 所示。

图 2.9　Simulation 工具

Simulation 工具为用户提供在运行仿真和分析结果时所需的选项。

Temporal Analysis(时域分析)按钮：默认选项。

Linear Analysis(线形分析)按钮：打开一个新的工具条，以进行线性分析设置。

Run Parameters(运行参数)按钮：显示一个对话框以设置仿真参数。

Start(开始)按钮：开始运行仿真。在仿真结束时，将会有一个窗口显示其运行的详细说明。这个信息很重要，往往可以帮助用户查出仿真失败的原因。

Stop(停止)按钮：停止正在运行的仿真。

6. Analysis(分析)工具

Analysis 工具如图 2.10 所示。

图 2.10 Analysis 工具

Analysis 工具用于分析仿真结果。

Update(更新)按钮：更新所有在系统中打开的曲线。

New Plot(新建绘图)按钮：显示一个空白的坐标图，可以把希望绘制的变量拖放到该窗口中，从绘图窗口中，可以打开 Plot manager(绘图管理器)。

Start Replay(启动回放)按钮：打开一个对话框以设置回放。

State count(状态计数)按钮：显示已经对积分步长进行过控制的状态变量概况。

Start Design exploration(设计探索)按钮：打开一个对话框启动设计探索功能。

Start 3D Window(3D窗口)按钮：打开 3D 窗口，以便从 AMEAnimation 文件中找到更多的信息。

7. Linear analysis(线性分析)工具

单击 Linear analysis 模式按钮后，这个 Linear analysis 工具条就被激活了。

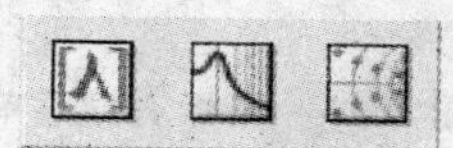

图 2.11 Linear analysis 工具

Eigenvalues Modal shapes(特征值模态)按钮：打开 Linear Analysis Eigenvalues(特征值线性分析)对话框，以显示矩阵的特征值。

Frequency response(频响)按钮：显示 Frequency response 对话框，以建立波特图(Bode)、尼科尔斯图(Nichols)和奈奎斯特曲线图(Nyquist)。

Root locus(根轨迹)按钮：产生 Root locus 对话框，以绘制根轨迹曲线。

8. Insert(插入)工具

Insert 工具如图 2.12 所示。

使用 Insert 插入工具，可以在草图中插入形状、文本和图片。

用户可以在草图中插入箭头、直线、矩形或者椭圆。选择形状，只需单击在形状按钮旁边的小箭头，然后单击所需的形状。

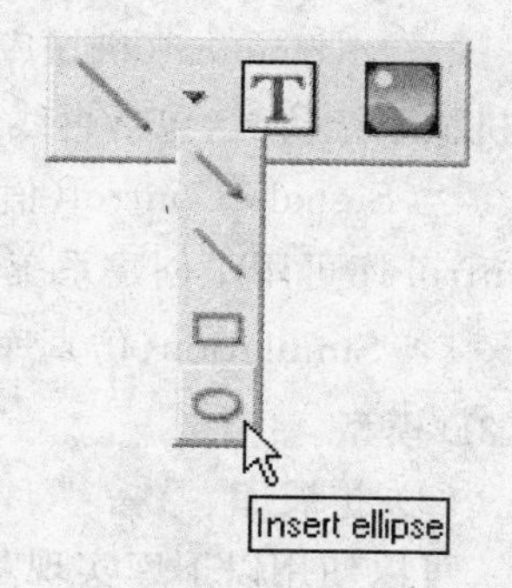

图 2.12 Insert 工具

Insert text(插入文本)按钮：在草图中添加标题或者

标注。

Insert picture(插入图片)按钮：打开一个文件浏览器，以选择要插入的图片。

9. Tools(工具)工具

Tools 工具如图 2.13 所示。

图 2.13　Tools 工具

Python Command Interpreter(Python 命令解释器)按钮：打开 Python Command Interpreter(Python 命令解释器)。

Expression editor(表达式编辑器)按钮：打开 Expression editor(表达式编辑器)。

Table editor(表格编辑器)按钮：实现表格编辑功能。

2.1.4　鼠标右键菜单

当用户右击所选中对象时，可以弹出一个关联菜单，执行相关联的命令。关联菜单随着所在的工作模式和用户单击对象的不同而不同。鼠标右键菜单如图 2.14 所示。

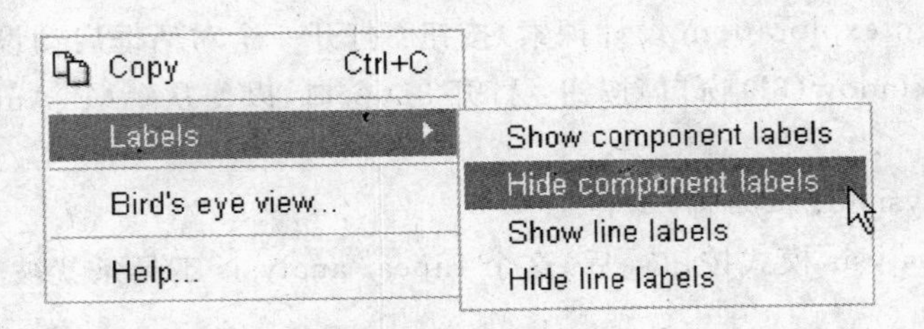

图 2.14　鼠标右键菜单

建议用户使用关联菜单，因为这是执行命令的捷径。

2.1.5　库

1. 库的种类

(1) 标准库

AMESim 有以下 3 个类别的标准库：

Mechanical(机械库)：是 AMESim 其他库的补充，Mechanical 库也可以独立用于完整的机械系统仿真，包括直线运动和旋转运动。

Signal, Control(信号、控制库)：包含控制、测量、观察系统所需的所有元件，Signal, Control 库可用于创建系统框图模型。

∫dt Simulation(仿真库)：包括分析运行统计信息，设置仿真参数和通信间隔、交互元件以及 3D 模型。

(2) 扩展库

可以使用以下库实现基本应用。在菜单栏中选择 Modeling→Category path list。当打开库的 Path List(路径列表)对话框时，可以选择所需的库，并将其添加到库的路径列表中。此时，库工具条自动更新并显示可用的应用库。可以根据需要将库的工具条放在 AMESim 界面的右侧、左侧或者是上面。读者可以在用户手册中查询到更详细的关于库的资料。

Air Conditioning(空调库)：用于建立空调系统稳态和动态特性模型。

Automotive Electrics(汽车电气库)：用于建立汽车电气元件模型。

Cam and Followers(凸轮和连杆)：用于建立凸轮和连杆的模型。

Cooling System(冷却系统库)：允许对冷却系统、润滑系统和排气系统联合建模，研究发动机完整热力学特性。

Discrete Partitioning(独立分隔库)：用于将大的液压系统分隔成小的子系统，这样可以进行协同仿真，也可以提高仿真的速度。

Electric Motors and Drive(电机及驱动库)：用于建模代替汽车中机械和液压作动器的电气部分。

Electrical Basics(电气基础库)：包括电气元器件组成的基本元素。

Electrical Static Conversion(电气静态转换库)：包括用于电机的电力电子元器件。

Electro - Mechanical(机电库)：用于建立电磁回路(例如电磁铁模型)所用的气隙、金属导磁体、磁铁和线圈等模型，这些模型反映了磁滞和电特性等动态特性。

Electrochemistry components(电化学元件库)：提供一系列的元件子模型用于现存的 AMESim 元件，可用于大多数的因为电化学反应而产生电子和离子流的工程应用中。

Engine Signal Generator(发动机信号发生器库)：包括发动机的所有控制信号。

Filling(注油库)：专门用于确定发动机润滑回路启动阶段注油所需的时间。

Fuel cell components(燃料电池元件库)：专门用于开发燃料电池系统，以设计并且优化系统中燃料电池堆的一体化。

Gas Mixture(气体混合库)：包括一系列的气动元件。这些元件可以组合用于建立使用多种气体混合物的系统模型，混合物中的气体种类可达 20 种。

Generic Cosimulation(通用联合仿真)：包含为提供联合仿真特性所设计的子模型，这些子模型可在两种求解器间通信。

Heat Exchangers Assembly Tool(热能交换组件工具库)：用于研究在封闭的环境(比如汽车)中热能交换的相互影响。

Hydraulic(液压库)：包括许多通用液压元件，适合进行基于元件性能参数的理想动态特性仿真。

Hydraulic Component Design(液压元件设计库)：包括全部的机液系统的基本构造模块，模型图案直观且非常容易理解。

Hydraulic Resistance(液阻库)：创建大型液压管网，评价元件上的压力损失，修改系统设计。

IFP Drive(IFP 驱动库):用于计算一般车辆和混合动力车辆的燃油消耗,原始排放和工作性能。

IFP Engine(IFP 发动机库):专门用于发动机工作性能、消耗和排放的建模。

IFP Exhaust(IFP 排气装置库):用于排气系统的建模,以研究燃油消耗和车辆排放的情况。

Moist Air(湿气库):包括一系列热气、热液元件,用于对包含湿气的系统建模。

Planar Mechanical(平面机构库):用于二维机构动力学建模。

Pneumatic(气动库):包括用于建立大型网状气动系统的元件级别的模型和用于设计复杂气动元件的基本元素。

Pneumatic Component Design(气动元件设计库):包括气动机械系统的所有基本模块,模型图案非常简单和直观。

Powertrain(传动库):用于建立传动系统或齿轮箱的模型,可以考虑振动和损耗效应。

Thermal(热力库):用于建立传统固态物质间的热量转化模式的模型,还可以用于研究在不同热源作用下的固态物质间的热变化。

Thermal Hydraulic(热液压库):用于对流体中的热力学现象进行建模并研究这些流体在不同热源和动力源作用下的热变化。

Thermal Pneumatic(热气动库):用于对气体内的热力学现象进行建模,并研究在不同热源作用下气体的热变化。

Thermal Hydraulic Component Design(热液压元件设计库):用于研究系统的压力级别、流量分布、温度和流量变化。

Two-Phase Flow(两相流库):用于对液态发生变化(液-气)的液压系统建模。

Vehicle Dynamics(车辆动力学库):用于 ECU 设计,测试,鲁棒性和错误诊断,控制和操作与操纵系统相关的行为、与刹车相关的行为,以及预置车辆的尺寸。

Vehicle Dynamics iCAR(车辆动力学 iCAR 库):用于底盘和子系统的说明、设计和检验。

2. 库的目录树(Library Tree)

Library Tree 列出了所有在 Category path list(目录路径列表)中的库,如图 2.15 所示。用户已拥有这些库的许可证,而且已经激活了。3.1 节有更详细的介绍。

每个库的元件放到一个子文件夹中,用户可以在 Library Items(库目录)中,单击库的根目录或者单击该库中的一个子文件夹来显示该库或该文件夹中的内容。

用户也可以将选中的图标拖曳到草图中,或者展开图标来查看并且选择属于该图标的相应子模型,如图 2.16 所示。

在图 2.16 中,可以直接拖曳“mass_friction_endstops”图标到草图中并且之后可以选择其相关的子模型;或者像图中那样,展开此结点并直接在图标的子模型列表中选择所需的子模型(可以将其直接放置到草图中)。

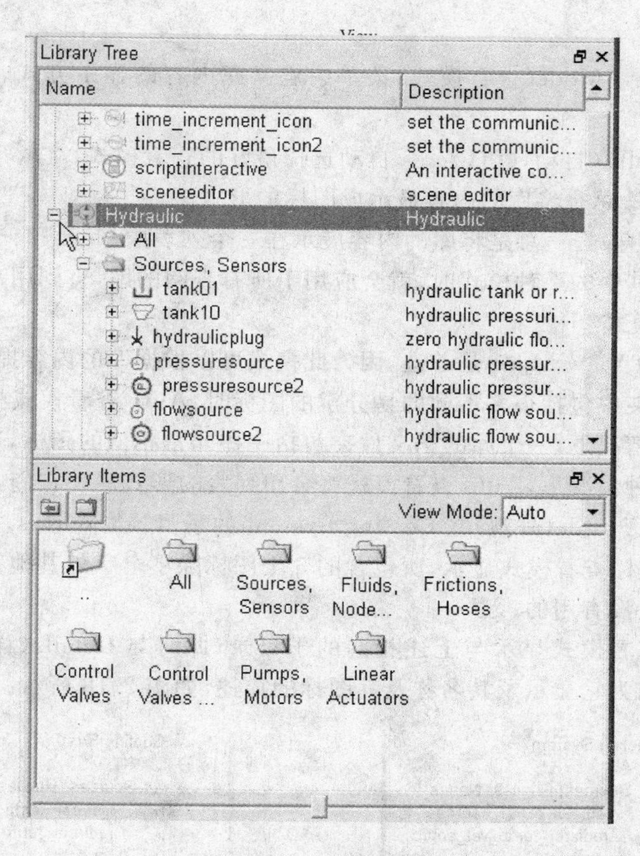

图 2.15　库的目录树

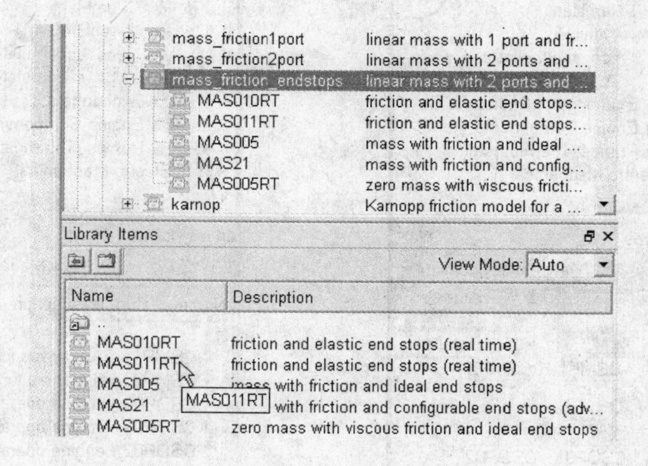

图 2.16　库目录展开图

(1) 库的目录树导航按钮

用户可以使用 Library Items 窗口中的两个图标按钮进行导航：

Go back(返回)按钮：返回至先前的文件夹。

Go to the root(返回至根目录)按钮：返回至库目录树的根目录。

(2) 查看模式

用户可以在 View Mode(查看模式)菜单中定义库内容的显示方式。此菜单包括如下 3 个选项：

Auto(the default)(自动,默认)——自动选择最好的查看模式。

Icons(图标)——总是将库的内容显示成图标的形式。

Details(详细信息)——总是将库的内容展示在一个列表中。

当用户选择了其中的一种模式时,就会应用于所有查阅的库,直到用户转换到其他模式。

(3) 自动查看模式

选择 Auto 作为 View Mode 是首选,因为此模式可以根据库的内容提供最好的查看模式。当一个库的子文件夹中包括很多不同的易分辨的图标时,Auto 查看模式将会用图标的形式显示它们。但在某些情况下,一个库的子文件夹包括一些非常相似的图标,这些图标只能依靠其名称来区分。在这种情况下,Auto 查看模式将会用列表的形式展现它们,如图 2.17 所示。

在这个例子中,Profile(外观)在 Cooling System 的子目录"Sources, Profiles,Nodes"(节点)中, Profile 以图标查看模式显示,所包含的 5 个图标除了名字外其他都相同。在这种情况下,以图标来区分是没有用的。

这里,用自动查看模式显示与上述相同的子目录,此时与 Details(详细信息)模式相同。这种模式会更好,因为它显示了其名称及其图标的描述,如图 2.18 所示。

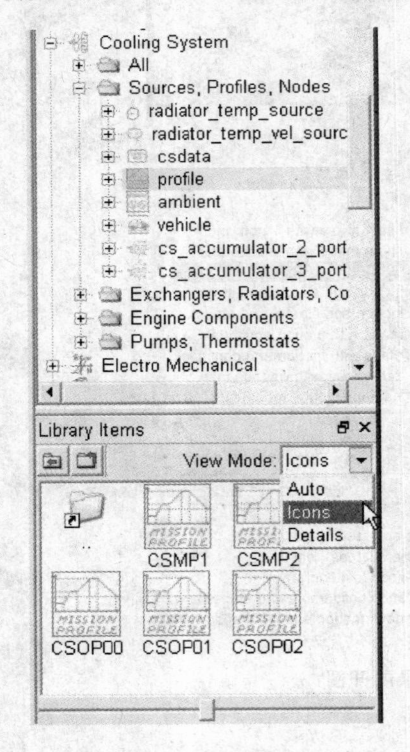

图 2.17　Icons 查看模式

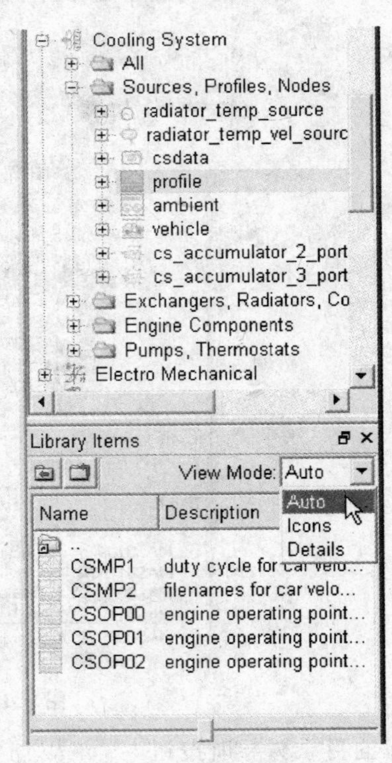

图 2.18　Auto 查看模式

3. 库的固定

对于某些使用较多的库,如果这些库能在草图窗口中打开,则库中的元件就可以直接使用了，而不必再到库的目录树中去找。以下步骤可以实现上述效果：双击库的标题或者库的一个子文件夹，以使其成为“浮动(Undock)”状态；或者右击并选择 Explore(查阅)，随后就可以将这个库放在 AMESim 的工作空间中，当建立草图时此库就可用了。

在“Signal, Control”库中，将 Routing 和 Mechanical/Translation 中的 Source、Sensors、Nodes 固定在了草图的底部，如图 2.19 所示。

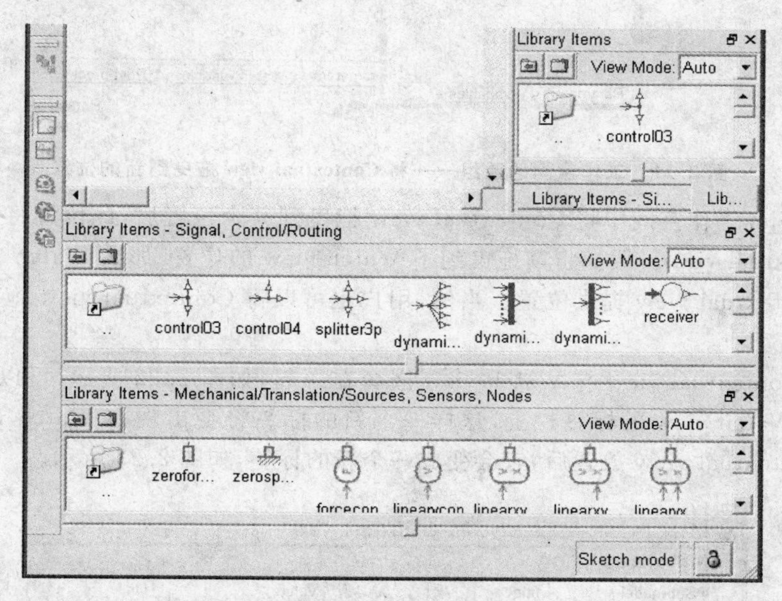

图 2.19 常用库的“浮动”

2.1.6 组织工作空间的工具

用户可以在工作空间中将元件拖曳到所需的位置，还可以把一些元素与其他元素嵌套在一起。

在图 2.20 所示的截屏中，可以在 AMESim 工作空间的底部看到两个窗格——Watch view 和 Contextual view。如果用户想要重新组织这些窗格，可以单击 Contextual view 的标

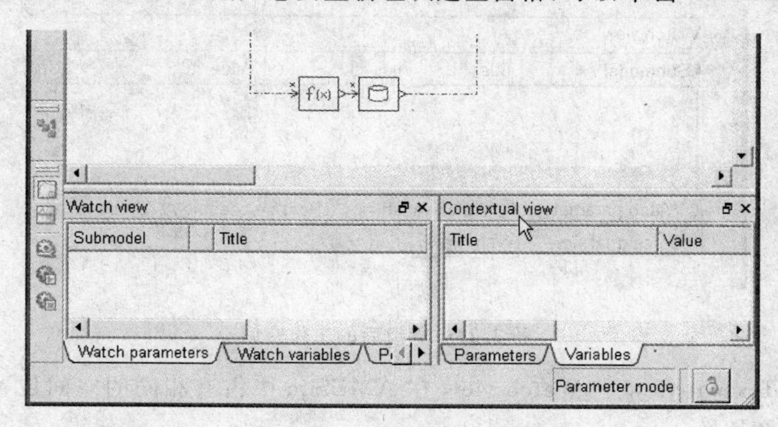

图 2.20 工作空间的配置

题栏并将其拖曳到新的位置，如图 2.21 所示。

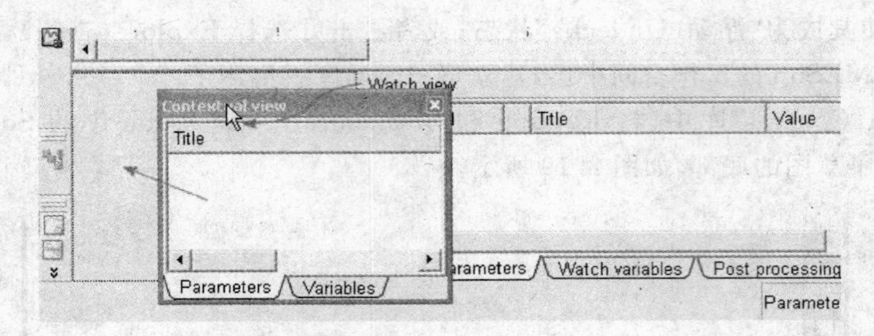

图 2.21　工作空间的重组——将 Contextual view 拖曳到新的位置

在 AMESim 工作空间中将 Contextual view 拖曳到某个位置后，此位置将会创建新的区域放置 Contextual view。假如将其拖曳到了 Watch view 的位置，那么 Watch view 将自动移动以便为 Contextual view 提供位置。当然，用户也可以将 Contextual view 拖曳到空的空间位置。

若要把 Contextual view 与 Watch view 嵌套在一起，如图 2.22 所示，可以将 Contextual view 拖曳到 Watch view 的标签栏上，这样一个新的标签将会出现在 Watch view 的窗格底部。当将 Contextual view 放置后，它会变成一个新的标签，如图 2.23 所示。

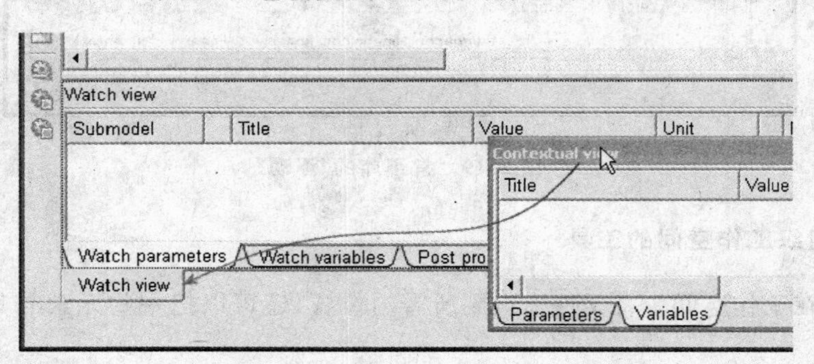

图 2.22　工作空间的重组——将 Contextual view 与 Watch view 嵌套在一起

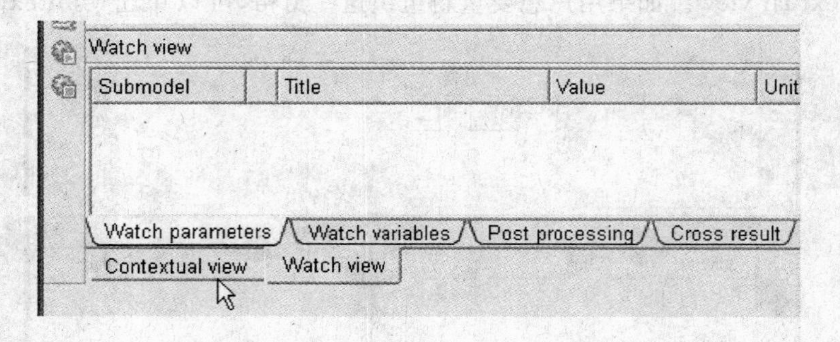

图 2.23　重组后的工作空间

现在，Contextual view 和 Watch view 在 AMESim 中占有相同的空间位置，可以用标签在这两者中任意切换。

为了还原 Contextual view 和 Watch view 成为互相独立的窗格，可以单击它们的标题使其浮动(Undock),拖曳到其原始位置或者新的位置。

用户也可以拖曳边框调整窗格的大小,如图 2.24 所示。

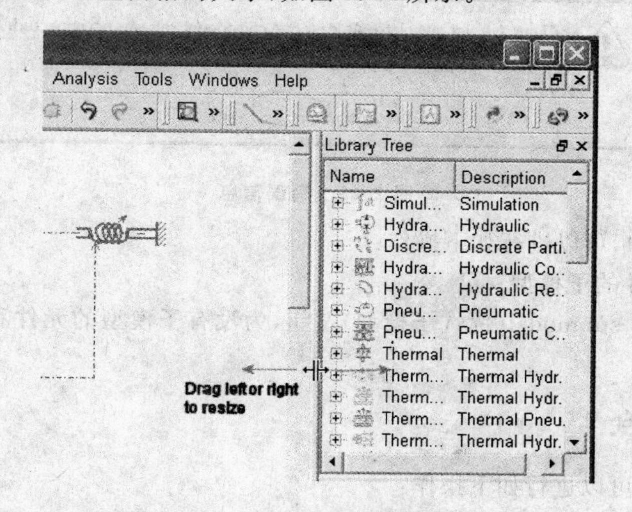

图 2.24　调整窗格尺寸

2.2　AMESim 的 4 种工作模式

在 AMESim 中,可以创建草图,更改元件和连线的子模型,设置子模型的参数,运行仿真。以上每个步骤都要在 AMESim 的 Sketch mode(草图模式)、Submodel mode(子模型模式)、Parameter mode(参数模式)和 Simulation mode(仿真模式)这 4 种专门工作模式中执行。

下面介绍 4 种工作模式的基本功能。

2.2.1　草图模式

当用户开始 AMESim 时,就进入了草图模式。在草图模式中可以使用可用库中的元件进行如下操作:

- 创建一个新系统;
- 修改或完成一个已经存在的系统;
- 删除一个元件的子模型;

……

只有在草图模式中,库按钮和锁按钮才是可以使用的。

注:默认情况下,当用户打开一个现存的系统时,草图是没有锁住的。这可以在 AMESim Preferences 中的 Automatic lock sketch 选项中设置。

2.2.2　子模型模式

搭建完成系统后,可以进入子模型模式来选择系统中元件的子模型。

如果回路没有完成,是不可能进入子模型模式的。在这种情况下,会出现图 2.25 所示的对话框。

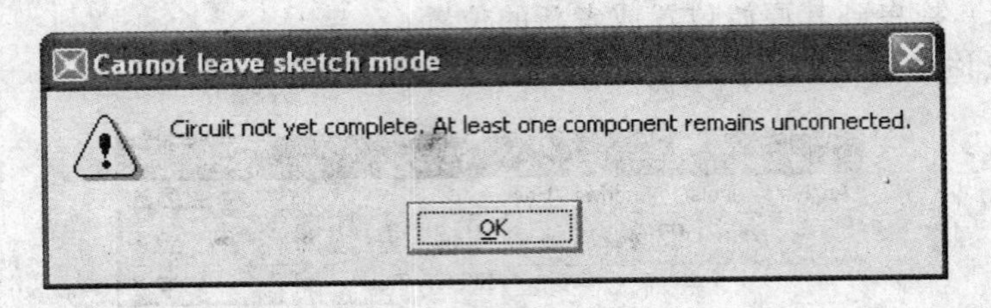

图 2.25 错误信息

在子模型模式中，可以进行如下操作：

- 选择所有元件的子模型；
- 使用 Premier submodel(优选子模型)按钮，为没有子模型的元件和连线自动分配最简单的子模型。

2.2.3 参数模式

在参数模式中，可以进行如下操作：

- 检查和更改子模型的参数；
- 复制子模型的参数；
- 设置全局参数；
- 选择草图的一个区域并且显示此区域中的公共参数；
- 指定批运行。

当用户进入参数模式时，AMESim 将编译系统。编译器会创建一个可执行文件，使仿真得以运行。通常在进行仿真前，已修改了模型的参数。

注：用户在参数模式中可以显示变量列表和绘制结果图。

2.2.4 仿真模式

在仿真模式中，可以进行如下操作：

- 开始标准和批运行仿真；
- 创建结果图；
- 存储并且加载所有或部分绘图配置；
- 进行当前系统的线性化；
- 完成线性系统的各种分析；
- 完成活性指数分析。

为了帮助执行这些任务，AMESim 中有专门的工具条。

通过此前的工作模式，用户已经准备好了草图、设置了子模型和元件参数，现在就可以运行仿真了。

注：在仿真模式中，也可以更改参数。

2.3 工作流程菜单

AMESim 的菜单组织结构与建立一个系统模型中的典型工作流程是相对应的。标准的菜单包括 File（文件）、Edit（编辑）、View（查看）、Tools（工具）、Windows（窗口）和 Help（帮助）。

工作流程菜单如表 2.2 所列。

表 2.2　工作流程菜单

菜　单	可用工作模式	描　述
建模	所有的工作模式	准备创建草图，确定库目录并处理子模型和超级元件
设置	参数模式	设置参数、变量和上锁状态
仿真	仿真模式	可以 set up 启动、开始和停止仿真运行，选择分析方式
分析	仿真模式	仿真结果，执行设计探索研究，特征值和模态分析等

2.4　常用技巧

这里将介绍一些常用技巧，以帮助用户更快、更有效地使用 AMESim。

2.4.1　Lock（锁定）按钮

锁定按钮在打开的 AMESim 文件底部的右边角上，用于锁定和解锁。

：当创建一个新的系统时，它是开锁状态，可以搭建系统草图。如果打开一个现存的系统，默认情况下，它也是开锁状态，除非选择了 AMESim Preferences 的 Automatic lock sketch 选项。

：当这个按钮是上锁状态时，不可以添加或者删除系统中的任何元件。

锁定按钮是一个安全装置，应避免由于意外而修改系统。如果用户发现不能修改系统了，这很可能是因为系统处于锁定状态。

2.4.2　旋转和镜像一个图标

当选择一个元件，并想将其添加到草图之前旋转或镜像它，可用如下方法：

要旋转一个元件，可以使用 Ctrl＋R 快捷键或者单击鼠标中键；要镜像一个元件，可以使用 Ctrl＋M 快捷键或者单击鼠标右键。

2.4.3　状态栏

状态栏处于界面的最底部，如图 2.26 所示。

假如操作没有达到期望的结果，可以查看状态栏，在状态栏中可能显示出错的信息。在这种情况下，用户会听到提示音并看到消息。

除了警告和出错信息外，状态栏也会显示确认信息和通用信息（没有提示音），如图 2.27 所示。

2.4.4　删除元件

在草图中删除图标，可以进行如下操作：

● 使用 Ctrl＋X 快捷键；

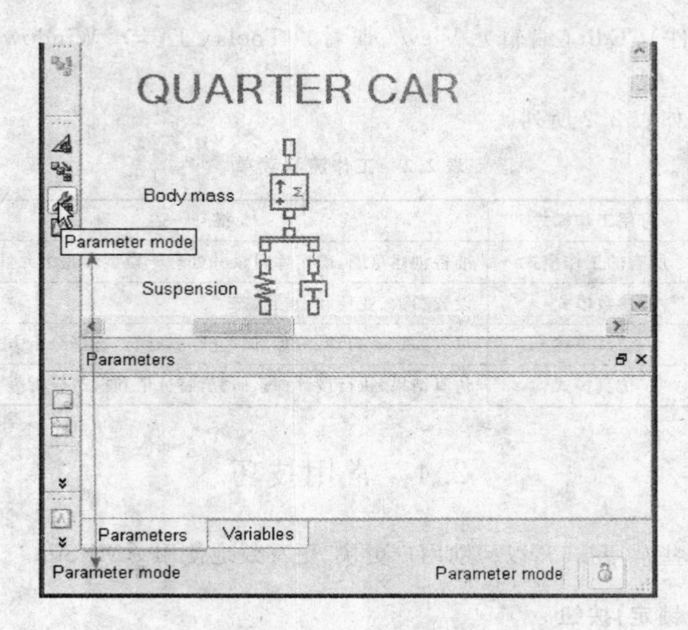

图 2.26 状态栏

图 2.27 状态栏中的确认信息和通用信息显示

- 选择 Edit→Cut；
- 按 Delete 并确认选择；
- 选择目标后单击删除按钮 ✕。

注：只能在草图模式中才能删除元件。

2.4.5 拖 放

AMESim 提供了拖放功能，使许多操作更加容易、快捷。

利用拖放功能，可以进行如下操作：

- 将元件从应用库拖放到草图；
- 将文本从文本编辑器拖放到草图，该文本将有 AMESim 的文本格式；
- 将参数从 Change Parameter（更改参数）对话框拖放到 Batch Control Parameter Setup（批控制参数设置）对话框。

2.4.6 添加文本

用户可以很容易地在草图中添加文本，方法如下：

① 单击 T 按钮，指针变成一个 T；

② 单击想要添加文本的地方，会看到一个方框，其中可以键入文本。

注：可以键入多行文字，每按下一次 Enter 键就换一新行。

2.4.7　端　口

将元件连接在一起的点。图中两个灰色的点称为端口。

图中的质量块有一个端口，弹簧有两个端口。在草图模式中，当两个元件连接上时，元件的端口上就会出现绿色的小方块。

有时，元件没有端口。在这种情况下，此元件无法与任何元件连接，比如液压油特性元件。

注：在 AMESim 中，并不一定非要用“连线”将端口连接起来，但是若用户喜欢可以加上连线。在液压系统中，管路必须用连线。在其他大多数不需要连线的情况下，不用连线将会有一个更好的草图，如图 2.28 所示。

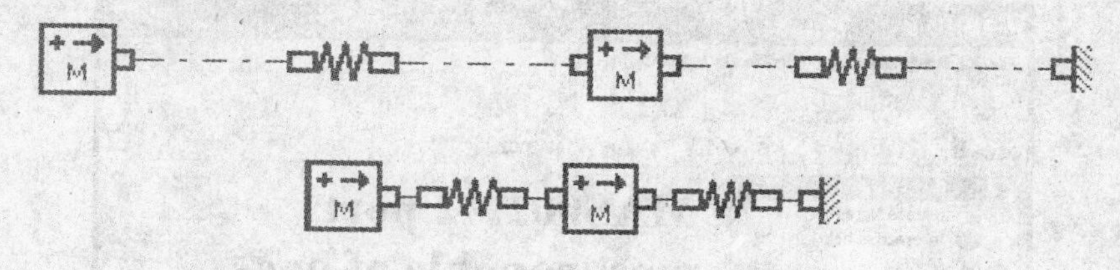

图 2.28　元件间端口的无连线连接

2.4.8　显示/隐藏元件标注

① 在草图中按下鼠标右键，会出现一个关联菜单。

② 选择 Labels 子菜单，会出现标注菜单。

③ 选择 Show component labels(显示元件标注)子菜单，这时每个元件都会以标注的形式显示其选用的子模型；

④ 选择 Hide component labels(隐藏元件标注)子菜单，此时会隐藏标注。

以上操作过程如图 2.29 所示。

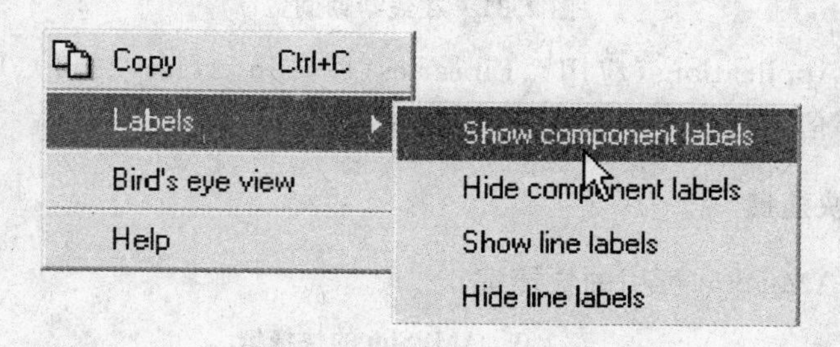

图 2.29　显示/隐藏元件标注

也可以对连线进行相同的操作。

2.4.9　在线帮助

如果需要帮助，可以参考在线帮助：

选择菜单中的 Help→Online，如图 2.30 所示。

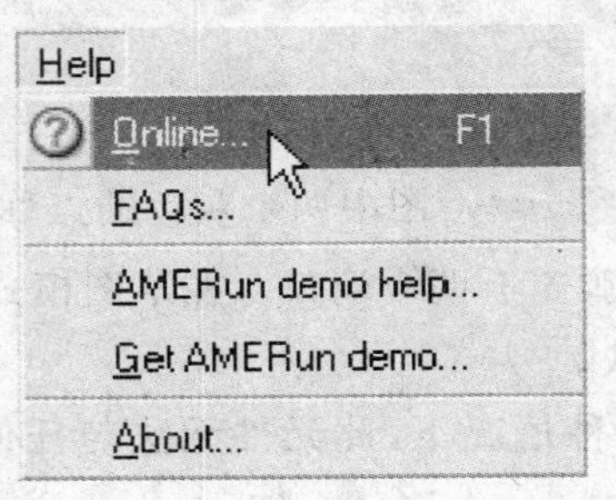

图 2.30　选择在线帮助浏览

在线帮助显示后，可以在窗口左边区域的路径目录结构中选择所需的文件，如图 2.31 所示。

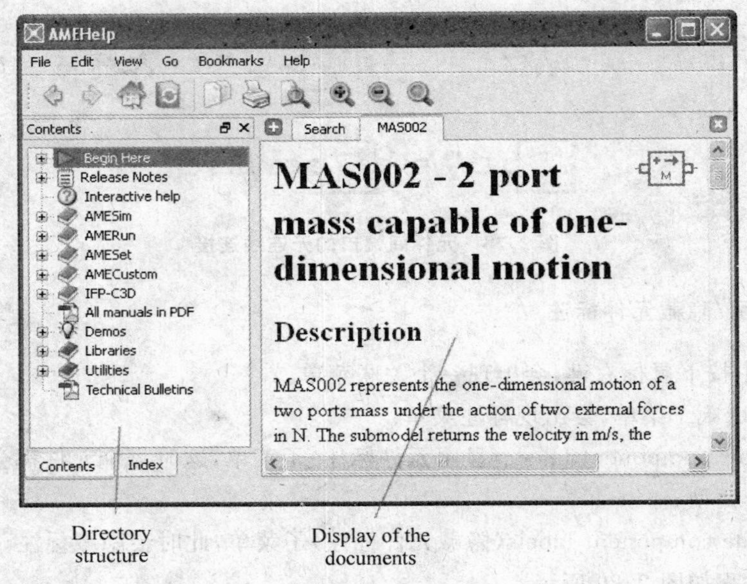

图 2.31　在线帮助浏览

在线帮助包括 Applications(应用)、Libraries(库)、Interface(接口)、Demos(实例指南)、FAQs(常见问题)等信息，以 PDF 和 HTML 格式给出。

2.4.10　键盘快捷键

表 2.3 所列是 AMESim 可用的快捷键。

表 2.3　AMESim 的快捷键

快捷键	功　能	快捷键	功　能
Ctrl + N	打开一个新系统	Ctrl + Q	退出
Ctrl + O	打开一个现存的系统	Ctrl + X	剪切
Ctrl + S	保存	Ctrl + C	复制
Ctrl + P	打印	Ctrl + V	粘贴

续表 2.3

快捷键	功　　能	快捷键	功　　能
Ctrl ＋ A	全选	F11	转换到参数工作模式
Ctrl ＋ M	镜像	F12	转换到仿真工作模式
Ctrl ＋ R	旋转	Ctrl ＋ Z	撤销
Ctrl ＋ F	查找一个子模型	Ctrl ＋ Y	重复
Ctrl ＋ W	将所选对象复制到一个超级元件	Delete	删除
Ctrl ＋ J	显示所有曲线	Ctrl ＋ D	显示辅助系统
Ctrl ＋ Shift ＋ J	隐藏所有曲线	Ctrl ＋ E	显示外部变量
F5	更新所有绘图	Ctrl ＋ K	检查子模型
F6	打开一个 3D 窗口	Ctrl ＋ B	显示批量参数
F7	开始仿真	Ctrl ＋ G	显示全局参数
F8	结束仿真	Ctrl ＋ U	显示运行参数
F9	转换到草图工作模式	Ctrl ＋ L	显示标注
F10	转换到子模型工作模式	Ctrl ＋ Shift ＋ L	隐藏标注

第3章　建　模

AMESim 中的菜单与建立一个系统模型的传统工作流程相对应，共有 4 个菜单：Modeling（建模）、Settings（设置）、Simulation（仿真）、Analysis（分析）。

本章介绍第 1 个菜单——Modeling（建模）菜单。

图 3.1 所示是建模菜单。其菜单命令在所有的工作模式下都可以使用：

- Category path list（库路径列表）；
- Update categories（更新库）；
- Category settings（库设置）；
- Insert（插入）；
- Interface block（接口模块）；
- Modelica import assistant（Modelica 输入助手）；
- Check submodels（检查子模型）；
- Alias list（别名列表）；
- Comment list（注释列表）；
- Available user submodels（可用的用户子模型）；
- Available customized（可用的客户定制模型）；
- Available supercomponents（可用的超级元件）；

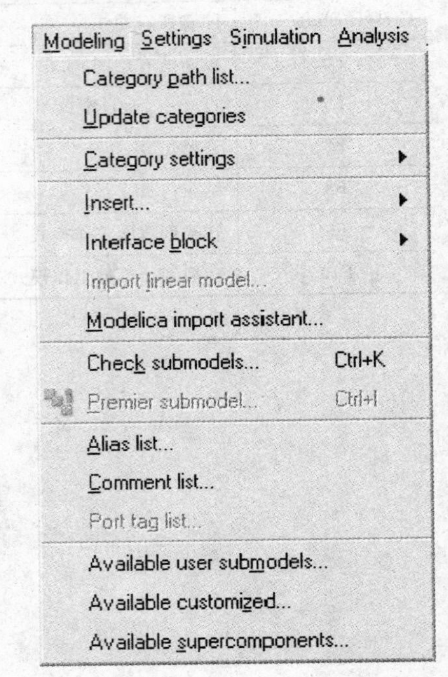

图 3.1　建模菜单

在 Modeling 菜单中，可以确定建模阶段的应用设置，主要是在草图和子模型工作模式中。使用此菜单可以完成如下操作：

- 选择所需的库；
- 创建新的库；
- 在草图中添加文本、图片和图形；
- 在草图中添加接口图标或线性模型；
- 更新现存的模型；
- 分配首选的子模型；
- 设置别名和标签；
- 给元件和连线添加注释；
- 得到可用的用户子模型，定制对象和超级元件。

其他功能将在第 9 章“草图模式下的可用工具”和第 10 章“子模型模式下的可用工具”中继续介绍。

3.1　库路径列表

Category path list（库路径列表）包含了建立系统模型的可用库。

库路径列表可以控制：

- AMESim 草图工作模式中显示的元件类别；

- 可用的子模型；
- 创建可执行文件的生成方式；
- 作为最原始子模型的优先次序。

当用户选择库路径列表菜单选项（Modeling→Category path list）时，会出现图3.2所示的对话框。

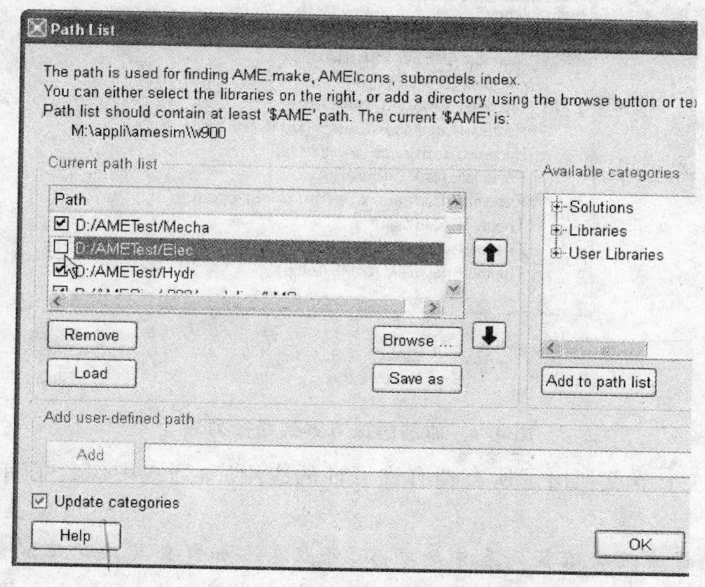

图3.2 路径列表对话框

3.1.1 可用库种类

Available categories（可用库）种类中是用户拥有许可证的应用库，所有库的种类都在“应用库”（见2.1.5节）。用户列表中库的多少取决于用户所拥有的许可证数量。

可用库列表分为Solutions（解决方案库）和Libraries（应用库）两部分，每个部分都可以通过单击[+Libraries]图标来展开其内容，如图3.3所示。

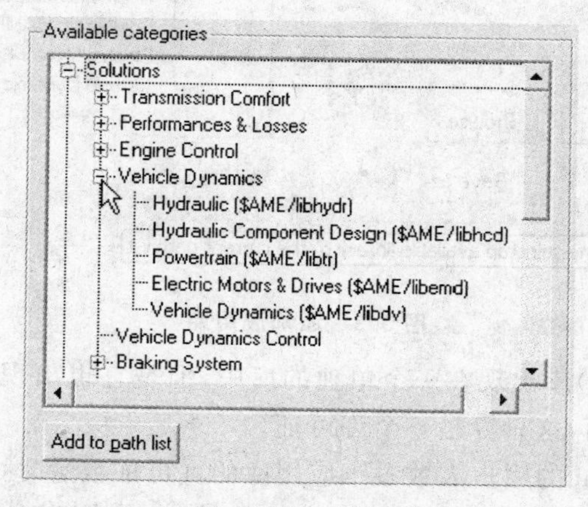

图3.3 展开子目录

① Solutions(解决方案库)。这个节点将具有许可证的库分成组,作为库的包。若要添加包含解决方案在内的所有应用库到可用库种类列表中,只需选择其相应的解决方案,然后单击 Add to path list (添加到路径列表),如图 3.4 所示。

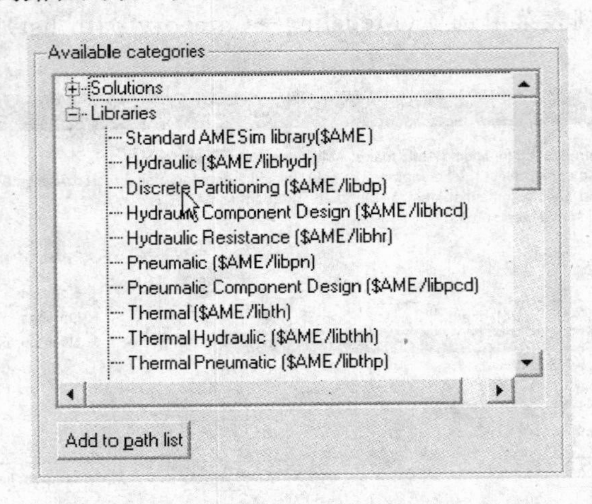

图 3.4　添加解决方案到路径列表

② 应用库。这个节点列出了所有拥有许可证的应用库,列表中包含了有可用解决方案包的应用库。

注: 如果用户考虑改变路径列表中的顺序,可以在添加包含某应用库的解决方案包前,单独添加此应用库。之后,这个应用库就会单独出现在路径列表中,同时它也将出现在解决方案包中,如图 3.5 所示。

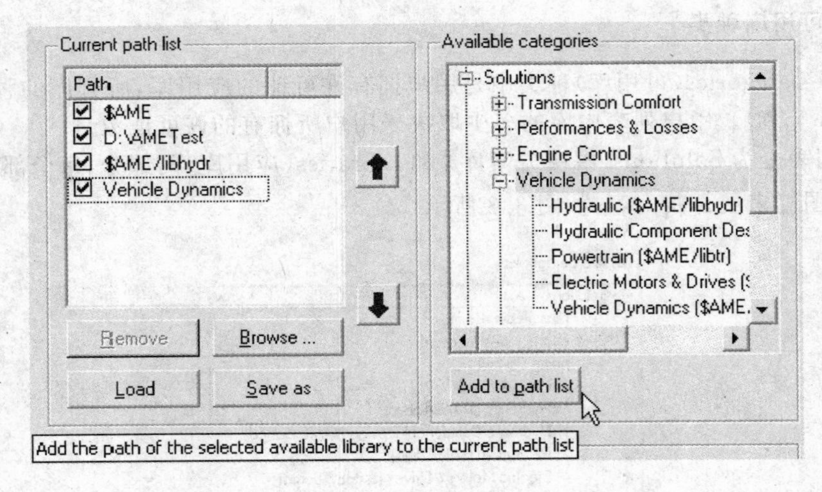

图 3.5　添加应用库

这里,Hydraulic(液压)库出现在一个单独的库中,但是它也出现在 Vehicle Dynamics(车辆动力学)解决包中。然而,这只算是一个许可证。

通常,当使用 AMESim 的用户人数多于应用库的许可证数量时,可以从 Current path list (当前路径列表)中删除一个应用库。例如,有 5 个 AMESim 许可证,但是只有一个 Pneumatic (气动)库许可证时,可能要放弃气动库许可证,以便其中一个同伴可以使用此应用库。要删除应用库,可以在当前路径列表中选择相应的选项(该选项会呈现高亮状态),然后单击 Remove 删除按钮。

注: 一般情况下是没有必要也不希望用户删除 AMESim 的标准库的。

请特别注意,可以简单地使一个库处于无效状态,最好不要从路径列表中将其删除。

3.1.2　应用库的激活

可以从已激活的元件种类中删除一个应用库,而不必将其从路径中删除,这只需简单地在想要删除的种类前的复选框中除去选择,如图 3.6 所示。

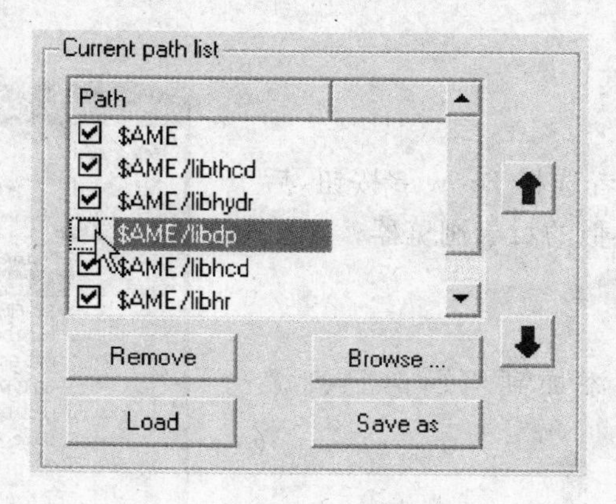

图 3.6　库的复选框

单击 OK 确认按钮后,列表将会更新,相关的应用库不会在库种类列表中再出现,并且相应的许可证也被释放了。若想恢复应用库,可以重新选择其复选框。

3.1.3　全选/全不选

若要激活/关闭全部的应用库,可以使用图 3.7 所示的方式,右击"$AME/libeb",然后单击 Select All(全选)/ Select None(全不选)选项。

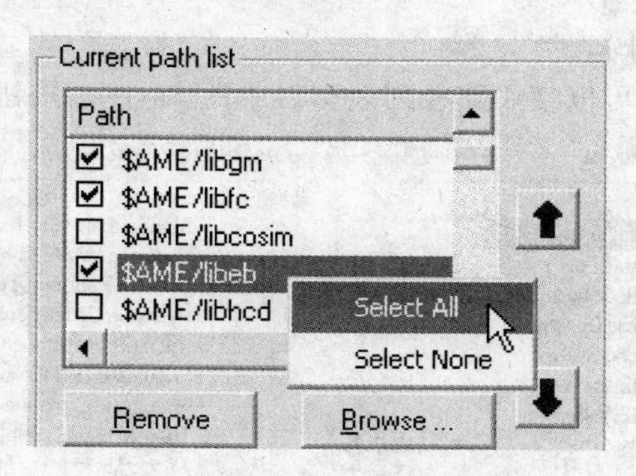

图 3.7　全选/全不选

3.1.4　附加目录

用户可以将附加的目录添加到当前的路径列表中,如果有不属于 AMESim 但与它兼容的库，也可以增加相应节点的目录（该节点包含 Submodels. index 和其他相关的 AMEIcons 文件）。

另外，一些高级用户如果希望修改 AMESim 可执行文件的创建方式，可以通过将一个特殊的 AME. make 文件放到目录中来实现。如果这个目录被添加到路径列表中，则可访问该文件。

添加一个目录的关键，是下列文件中至少有一个处于路径列表中：

- submodels. index；
- AMEIcons；
- AME. make。

添加一个目录的步骤如下：

① 输入目录的全称；

② 单击 Add 按钮或者选择 Browse 按钮，后者会打开与图 3.8 所示类似的目录浏览器；

③ 查找目标目录；

④ 单击 OK 按钮。

然后此目录将会被添加到当前路径列表（Current path list）。

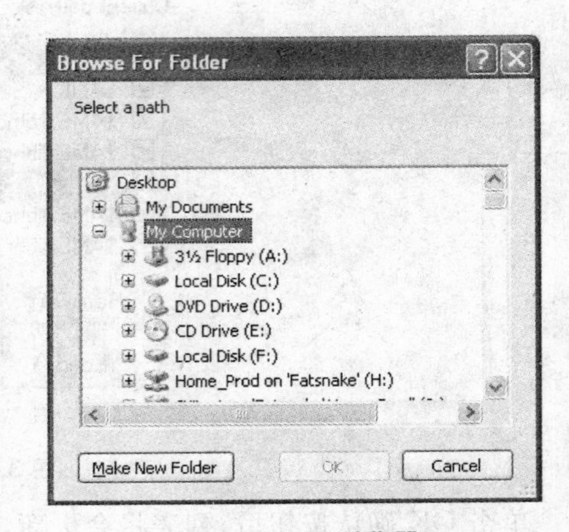

图 3.8　目录浏览器

注：

- 可以选择当前路径列表中的选项并且通过箭头按钮将其上移或下移。
- 所更改的操作将会在单击 OK 按钮后生效。如果选择的是 Cancel 按钮，此更改将会被忽略。

3.1.5　载入和保存应用库路径列表

用户可以保存应用库路径列表到一个文件中，并且之后可以从此文件将其载入。

1. 保存应用库路径列表

保存应用库路径列表可以使用路径列表窗口中的 Save as 按钮，如图 3.9 所示。

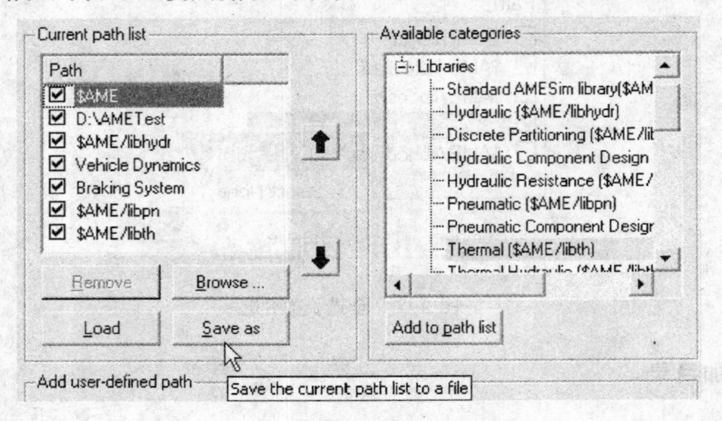

图 3.9　保存应用库路径列表

单击 Save as 按钮，会打开一个文件浏览器，可以定义应用库路径列表的名称和存放路径。

2. 载入一个应用库路径列表

载入一个新的应用库路径列表的方法是，在路径列表窗口中单击 Load 按钮，打开一个文件浏览器，找到之前保存的应用库路径列表，如图 3.10 所示。

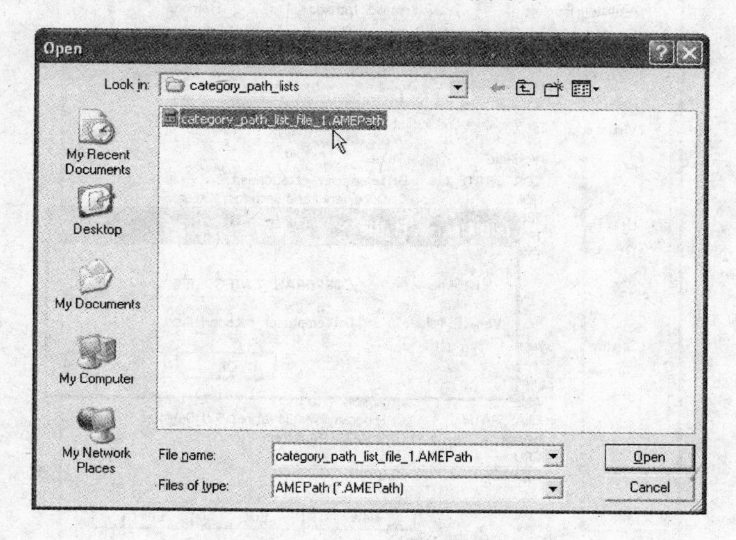

图 3.10 载入一个路径列表

选择一个文件然后单击 Open 按钮，之后应用库路径列表会更新以显示此文件中确定的应用库路径。

3.1.6 用户专用的应用库路径列表

用户可以拥有自己的应用库，并可被列在路径列表对话框中的可用库部分，如图 3.11 所示。

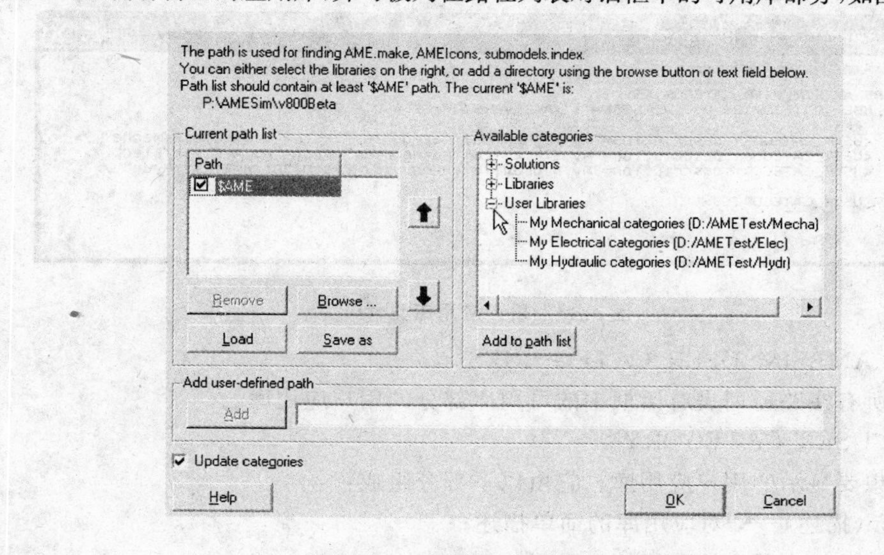

图 3.11 用户专用的应用库路径列表

1. 设置环境变量

为了创建自己的应用库，需要在一个被用户环境变量指定的文件中建立自己的应用库，此环境变量为 CORPORATE_CATEGORIES，如图 3.12 所示。

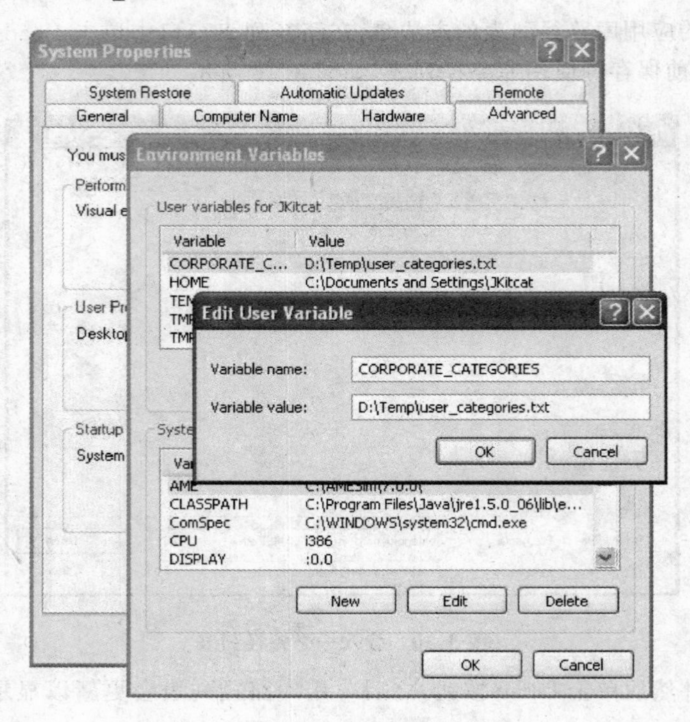

图 3.12　环境变量

2. 用户应用库文件

被环境变量所指示的用户应用库文件必须是图 3.13 所示的形式。

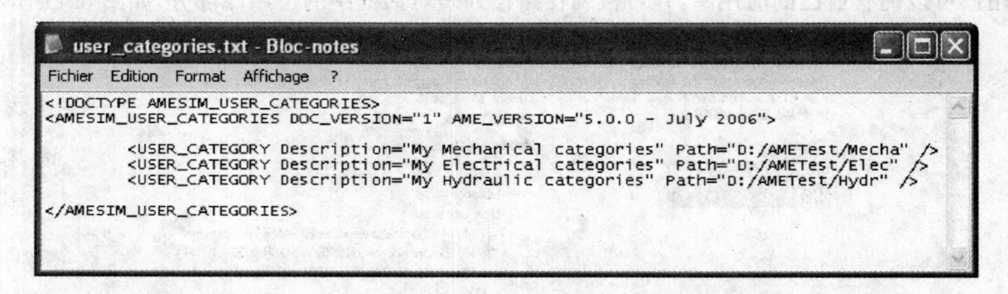

user_categories.txt - Bloc-notes

Fichier　Edition　Format　Affichage　?

```
<!DOCTYPE AMESIM_USER_CATEGORIES>
<AMESIM_USER_CATEGORIES DOC_VERSION="1" AME_VERSION="5.0.0 - July 2006">

        <USER_CATEGORY Description="My Mechanical categories" Path="D:/AMETest/Mecha" />
        <USER_CATEGORY Description="My Electrical categories" Path="D:/AMETest/Elec" />
        <USER_CATEGORY Description="My Hydraulic categories" Path="D:/AMETest/Hydr" />

</AMESIM_USER_CATEGORIES>
```

图 3.13　用户应用库文件

● 标签：<AMESIM_USER_CATEGORIES>

此处包含所有在路径列表对话框中的可用库部分的用户应用库。

● 标签：<USER_CATEGORY>

此处包含想要显示的用户应用库。它由以下部分组成：

Description(描述)——对应用库的简单描述；

Path(路径)——应用库的路径。

3. 在路径列表中用户自定义的应用库

选择 Modeling→Category path list，用 user_categories. txt 配置的应用库将会在可用库列表中显示，如图 3.14 所示。图中用户自定义的应用库见方框内的内容，在列表的底部。用户可以将其添加到当前路径列表中，这样就可以在 AMESim 中使用了。

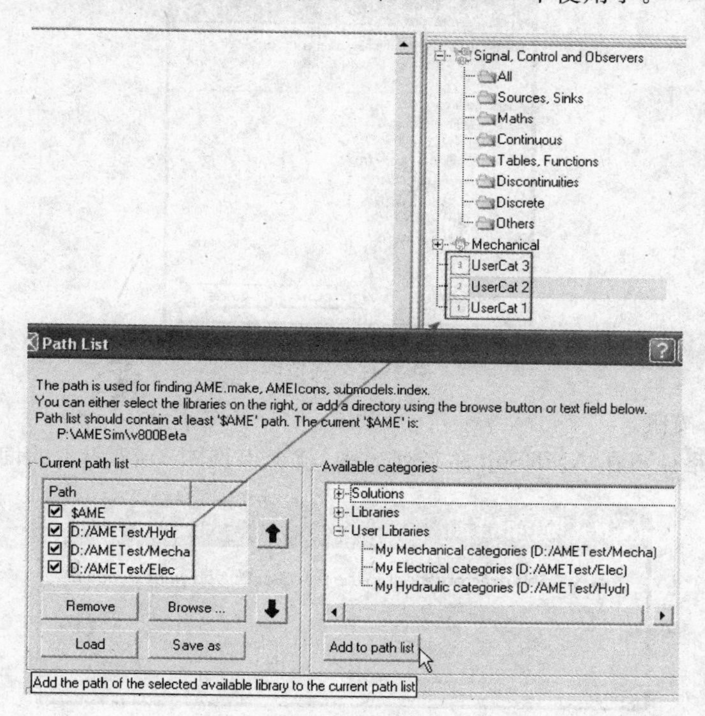

图 3.14 已添加到路径列表中的应用库

3.1.7 更新应用库

选择 Modeling→Update Categories，可更新应用库的图标、应用库的内容和与当前路径列表相关的数据结构。如果此时用户在 Sketch（草图）工作模式中，将会看到应用库图标的消失和重组。

当在 AMESim 或 AMESet 中创建新图标时，并且想要在 AMESim 中显示最新的图标和子模型，可以使用此功能。

3.1.8 应用库的设置

选择 Modeling→Category settings，可以管理应用库，如图 3.15 所示。

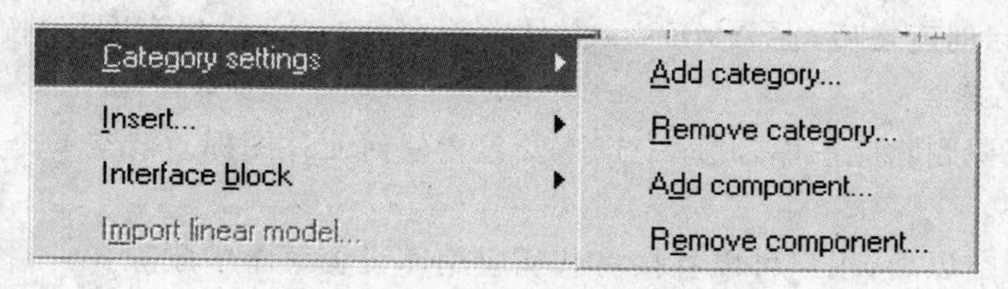

图 3.15 应用库设置

1. 添加应用库

① 选择 Modeling→Category settings→Add category,将会出现图 3.16 所示的浏览器。

② 选择应用库的路径。

图 3.16 浏览器

③ 单击 OK 按钮。

如果选择的路径不在 AMESim 路径列表中,就会出现图 3.17 所示的询问信息。

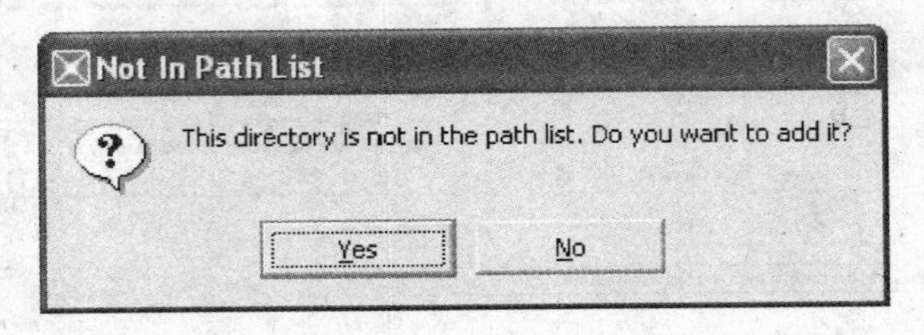

图 3.17 询问信息

单击 Yes 按钮,可以更新路径列表并且要提供此应用库的名称和描述,如图 3.18 和图 3.19 所示。

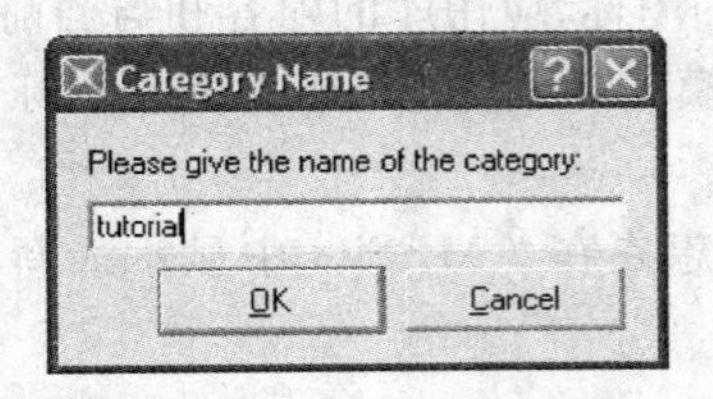

图 3.18 键入一个应用库的名称

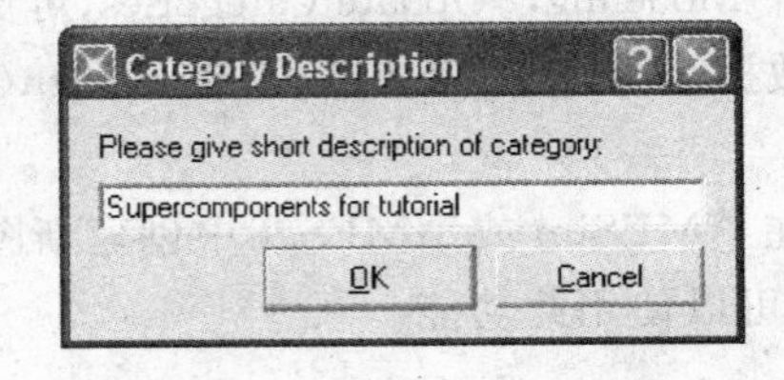

图 3.19 键入一个应用库的描述

此描述被验证之后,将会出现 Icon Designer(图标设计),这时可以创建一个新的应用库图标,并且在图标创建之后,在 AMESim 文件中单击 Save icon(保存图标)按钮。

2. 删除应用库

假如用户想要删除应用库,此库一定不要包含任何元件图标。清空一个应用库,请参见本节“4. 删除元件”。

当应用库清空以后,用户可以直接将其从应用库设置菜单中删除:

① 选择 Modeling→Category settings→Remove category,将会出现删除应用库对话框,

如图 3.20 所示。

② 选择想要删除的对象。如果还要删除图标的文件(.ico，.xbm)，请选中 Remove icon file(删除图标文件)复选框。

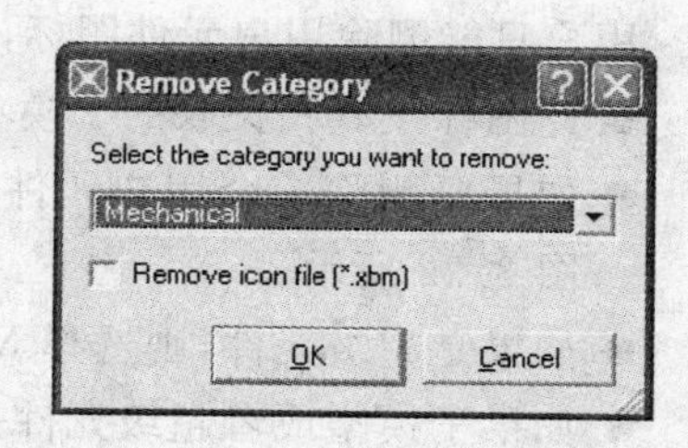

图 3.20　删除应用库对话框

3. 添加元件

① 选择 Modeling→Category settings→Add component，将会出现 Design Component Icon(设计元件图标)对话框，如图 3.21 所示。

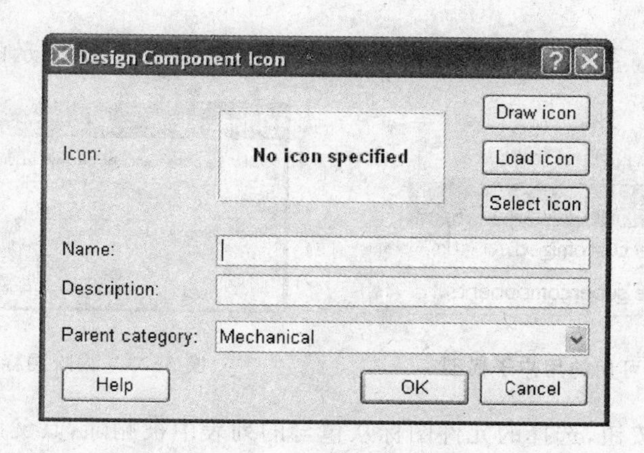

图 3.21　设计元件图标对话框

② 分配图标给新的元件。用户可以创建一个新的图标，或载入一个已经创建且保存在文件中的图标，或是选择现在系统中使用的应用库图标。

要创建一个新图标，可以：

单击 Draw icon 绘制图标按钮，将会出现 Icon Designer 图标设计。

要从文件中载入一个图标，可以：

a. 单击 Load icon(载入图标)按钮，出现一个浏览器；

b. 选择想要分配给新元件的位图文件；

c. 单击 Open 按钮。

要在当前系统的应用库中选择一个图标，可以：

a. 单击 Select icon(选择图标)按钮，出现图标选择对话框；

b. 选择想要的图标；

c. 单击 OK 按钮。

③ 完成新的元件。用户可以在名称文本框中键入元件的名称，或者键入新元件的描述，或者在 Parent category 父库菜单中选择想要分配给新元件的父库。

现在所创建的元件只是一个图标，还需要给图标分配子模型或者超级元件。

4. 删除元件

这里有两种类型的元件图标：标准 AMESim 元件图标和用户元件图标。用户元件图标是用户自己创建的。

用户只能删除用户元件图标，并且还必须满足以下条件：

- 此图标没有相关联的子模型或者是超级元件；
- 如果要删除一个用户元件子模型，必须选择 Modeling→Available user submodels，如图 3.22 所示。
- 如果是超级元件，则选择 Modeling→Available user supercomponents；
- 如果子模型或者超级元件是定制的，则选择 Modeling→Available user customized；

当元件既没有子模型也没有超级元件与其相关联时，则可以直接从图标菜单中将其删除。操作步骤如下：

① 选择 Category settings→Remove component，出现图 3.23 所示的删除图标对话框。

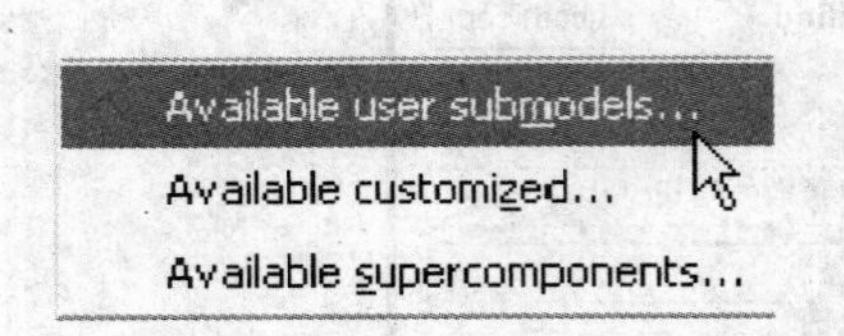

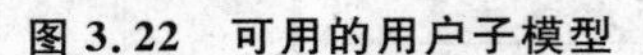

图 3.22 可用的用户子模型

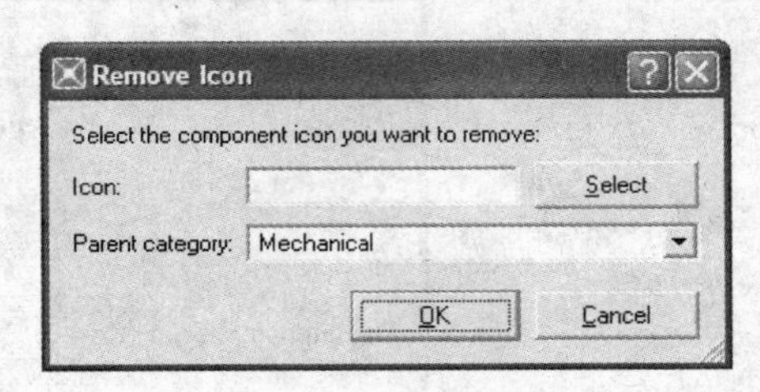

图 3.23 删除图标对话框

② 单击 Select 按钮，选择的元件图标从包含的列表中被删除，其父库接着就会更新。

③ 单击 OK 按钮。

注：如果用户删除一个元件图标，此图标已经损坏，无法将其用于其他元件；如果想要保留此图标，就必须将其保存到一个文件中。

3.2 插 入

通过 Insert（插入）菜单，用户在草图中可以插入图形、文本和图片，如图 3.24 所示。

用户在草图中可以插入图形，比如箭头、直线、矩形或者是椭圆。通过单击图形按钮边的小箭头就可以选择所需的图形，然后再单击所需要的形状。

T Insert text（插入文本）按钮：在草图中添加标题或者注释。

Insert image（插入图片）按钮：打开一个文件浏览器并选择想要插入图片所在的文件。

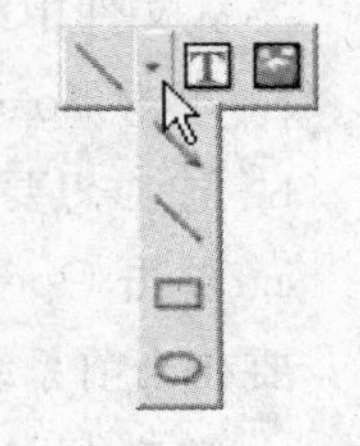

图 3.24 插入菜单

3.3 接口部件

如图 3.25 所示的菜单包括 5 个选项：Creat interface icon（创建接口图标）、Display interface status（显示接口状态）、Import Motion model（引入 Motion 模型）、Import Aolams model

(引入 Adams 模型)、Slave systems settings(从系统设置)。

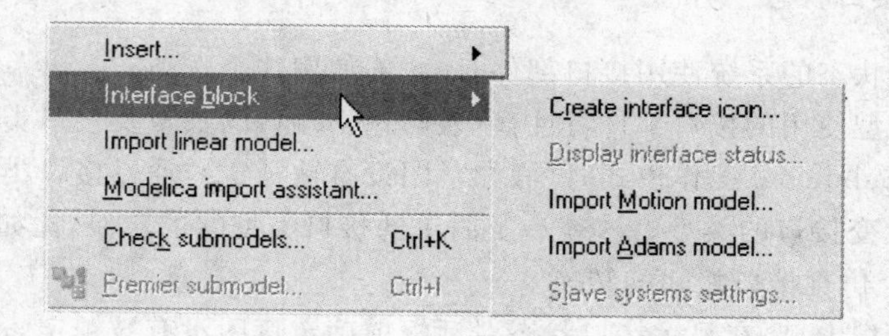

图 3.25 选择接口模块

3.3.1 创建接口图标

当用户选择 Modeling→Interface block→Create interface icon 时,将会打开图 3.26 所示的对话框。在这里可以配置接口图标的输入端、输出端的数量和接口类型。

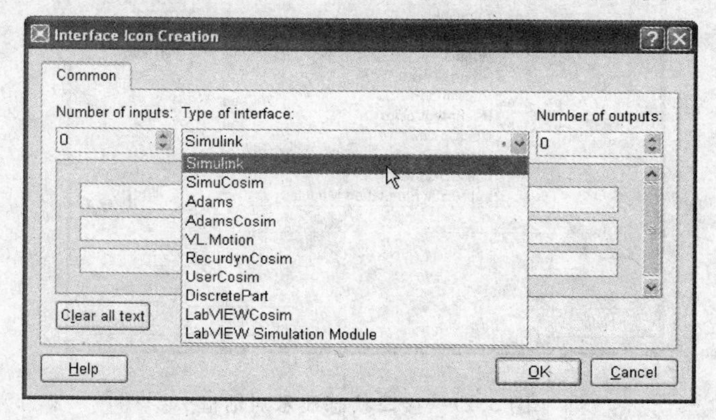

图 3.26 创建一个接口图标

这个菜单选项用于创建与其他软件接口的图标,详见 MATLAB/Simulink 接口手册。根据许可证的授权,接口类型如表 3.1 所列。

表 3.1 接口类型汇总表

接口类型	描 述
Simulink	与 Simulink 应用软件接口,详见 Simulink-AMESim 接口手册
SimuCosim	与 Simulink 应用软件的联合仿真接口,详见 MATLAB/Simulink 接口手册
UserCosim	与其他用户的联合仿真接口,详见 Cosim 接口手册
LabVIEW Simulation Module	与 LabVIEW 软件的接口,详见 AMESim-LabVIEW 接口手册
LabVIEWCosim	与 LabVIEW 软件的联合仿真接口,详见 AMESim-LabVIEW 接口手册
VL. Motion	与 LMS VIRTUAL. LAB Motion 软件的接口,详见 LMS VIRTUAL. LAB Motion 文档
Adams	与 Adams 软件的接口,详见 Adams 接口手册
AdamsCosim	与 Adams 软件的联合仿真接口,详见 Adams 接口手册
SimpackCosim	与 Simpack 软件的联合仿真接口,详见 Simpack 文档
RecurdynCosim	与 RecurDyn 软件的接口,详见 RecurDyn 文档
DiscretePart	与 Discrete Partitioning 软件的接口,详见液压库手册

3.3.2 显示接口状态

只有处于激活状态的系统使用接口部件时，才能使用这个选项。

此功能显示模型使用的接口部件特性：输入与输出端口的数量及接口类型。

在 Sketch 和 Submodel 工作模式时（假如草图没有被锁定），通过接口类型（Type of interface）列表仍可以改变接口的类型。这就涉及简单的接口类型间的转换，比如一个 Simulink 接口和 Simulink 联合仿真接口之间的转换。

在草图工作模型中，要在显示接口状态对话框前确定草图没有被锁定，这样接口类型菜单才可以使用，如图 3.27 所示。

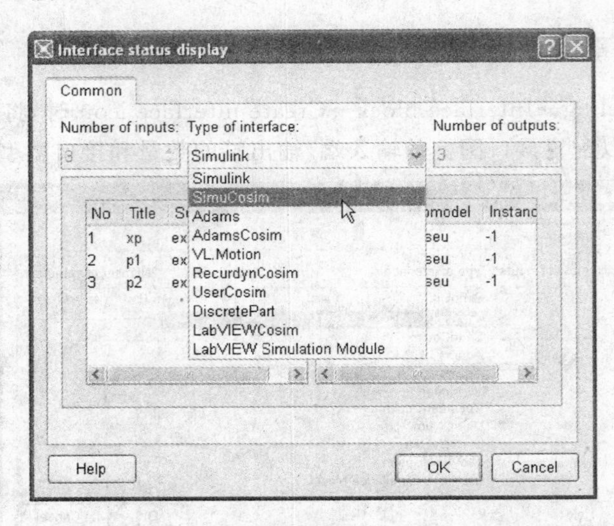

图 3.27 接口状态显示对话框

3.3.3 引入 Motion 模型

如果用户有一个 Motion 接口许可证，则此菜单用于从 Motion 引入模型。详见 Motion 接口手册。

3.3.4 引入 Adams 模型

如果用户有一个 MSC. Adams 接口许可证，则此菜单用于从 Adams 引入模型。详见 MSC. Adams 接口手册第 3 部分：MSC. ADAMS 引入 AMESim。

3.3.5 从系统设置

如果用户系统的 Discrete Partitioning（独立分割）库使用 Master/slave 图标，此菜单是可用的。详见 Hydraulic Library 手册。

3.4 导入线性模型

以传递函数或状态空间方程表示的线性系统模型，可以从 MATLAB、Scilab 或 Python 中导入到 AMESim 中。

3.5 Modelica 输入助理

在所选的应用库中，此功能可启动一个图 3.28 所示的 Modelica 输入助理向导，将一个 Modelica 模型创建成一个 AMESim 子模型。

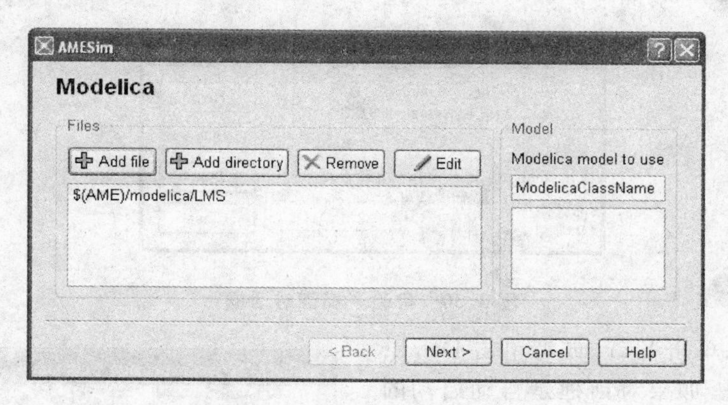

图 3.28 Modelica 输入助理

详见 Modelica Import Utility 手册。

3.6 检验子模型

当用户打开一个已存储的 AMESim 系统时，下述两种情况下必须校验系统中的子模型和超级元件是否有效，是否最新，是否不协调。

- AMESim 的大量释放涉及子模型或超级元件的变化，用户存储的 AMESim 系统是否已过期；
- 用户有时会更改自己创建的子模型或者超级元件，打开的 AMESim 系统子模型或者超级元件是否已经过时。

选择 Tools→Options→AMESim preferences，用户可以设置自己的 AMESim 首选项。在 AMESim 中打开的每个系统，都可检验子模型，如图 3.29 所示。

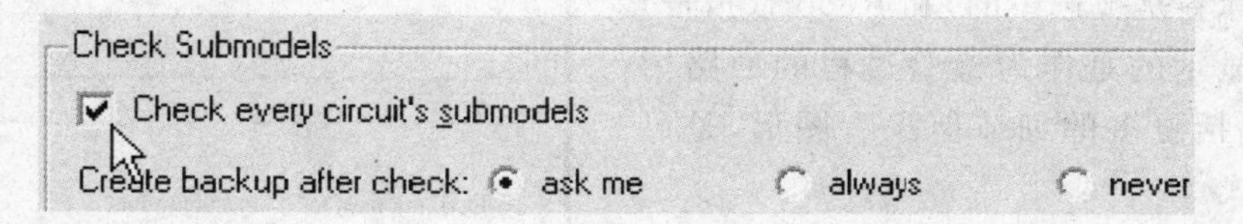

图 3.29 AMESim 首选项

选择 Check every circuit’s submodels，检验每个回路的子模型的复选框。

检验子模型操作是为了排除子模型是否有效，是否有错误，且试图更正它。此功能在所有的工作模式中都可用；但是，无论用户处于哪种工作模式，当使用此功能时，都会发现自动切换成了草图工作模式。

检验子模型的操作步骤如下：

第 1 步：选择 Modeling→Check submodels，或者按 Ctrl+K 快捷键。

对于版本较低的 AMESim 系统，能自动检验子模型。假如没有检查到任何问题，由于它在后台进行，不会引起用户的注意。但是如果检验到了问题，则它将会转到前台模式且用户会看到一个专门的对话框。

检验子模型对话框如图 3.30 所示。

Check 'ActiveSuspension' Submodels
Circuit version: 9.0.0
AMESim version: 9.0.0
Help
Details >>
Checking:
Start
0%
Close

图 3.30　检验子模型对话框

在此状态下，单击 Start 或者单击 Details 可以展开对话框。如果对话框是自动启动的且检验到了一个问题，就无需单击 Start 或者 Details 了。这时，此对话框将会如图 3.31 所示。

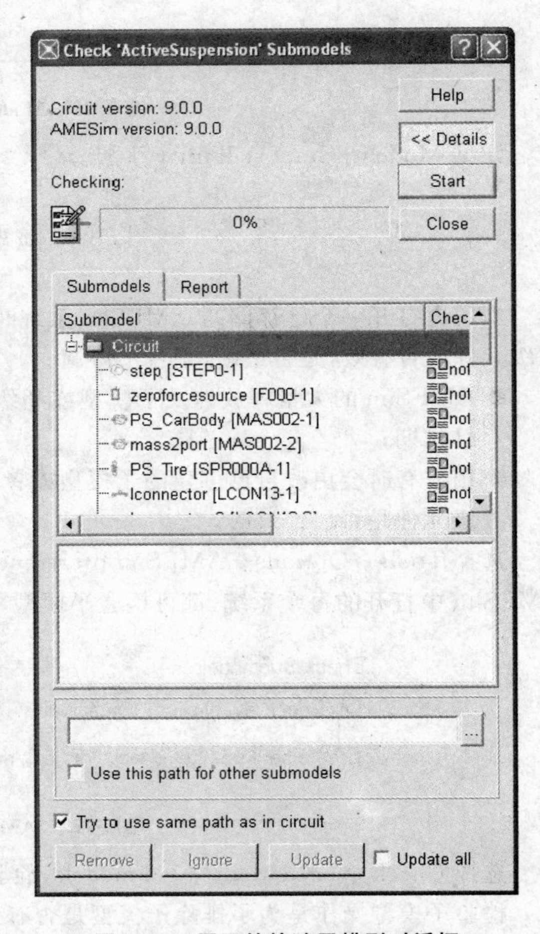

图 3.31　展开的检验子模型对话框

请注意，默认情况下，Try to use same path as in circuit（在回路中使用相同的路径）复选框是选中的。系统的详细信息放在一个.cir文件中，且此文件包含了所有元件或超级元件设置的路径。通常不希望此对象移动，这样用户不需要去更改默认设置。但是，如果用户将一个.ame 文件从一台计算机移到另一台计算机，那么在.cir 文件中的路径就是不相干的了，因此用户应该取消此复选框。

另外要注意，Submodels（子模型，默认情况下子模型标签是被选中的）和 Report（报告）标签。前者显示的是作为检验过程的回路树结构，后者包括更多的细节但没有图形，是可以打印的形式。

第 2 步：单击 Start 按钮。

每个模型的子模型/超级元件都要同子模型/超级元件的最新配置进行对照，当设置子模型或超级元件时，AMESim 会记录子模型/超级元件的配置路径或文件夹。如果此配置不在文件夹里或是路径不存在，AMESim 会在当前路径中搜寻它。

如果所有都正确，用户会得到图3.32所示的显示，表明没有发现不协调。

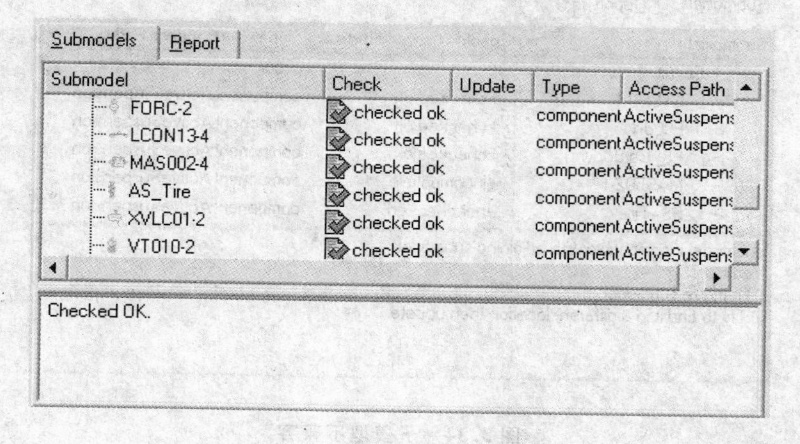

图3.32　没有发现不协调

子模型的问题包括：是否协调；子模型的特性是否更改；子模型的配置是否存在。

(1) 是否协调

注意，如果用户在子模型列表中单击了一个条目，那么在草图中相应的元件上就会出现一个标签，如图3.33所示。

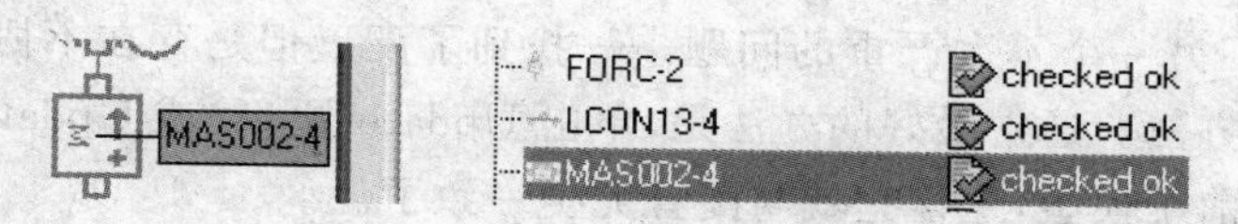

图3.33　子模型标签

但是，可能会发现不协调。这有两种情况：

- 一个模型的子模型/超级元件的特性与最新的配置不同。参数数量不同、内部或外部变量不同或者变量的类型不同，等等。
- 在模型中记录的位置找不到子模型/超级元件的配置，在路径列表中也不能找到，因为它也许已被移动到了另一个地方或者被删除了。

如果出现以上任意一个问题，检验进程就会停止，同时出现提示错误。

(2) 子模型的特性是否更改

只要可能，检验子模型操作都试着解决这个问题，但不会总是奏效。图3.34示出了一种无法解决的情况，最坏的情况是AMESim决定关闭系统。

AMESim应用库中的子模型是分布式构造的，这样不会发生不兼容情况。但是在开发过程中，如果用户自己创建子模型，就会出现这种问题。假如出现，最好通过单击Remove去删除此子模型，接着用户可以试着手动解决问题。

如果用户有同名的子模型(当然重名是一个非常不好的习惯)，虽然是一种可用的，但是如果用户能找到另外一个同名的且兼容的子模型，一定要指定其路径，或通过编辑路径或者使用浏览按钮...，如图3.35所示。

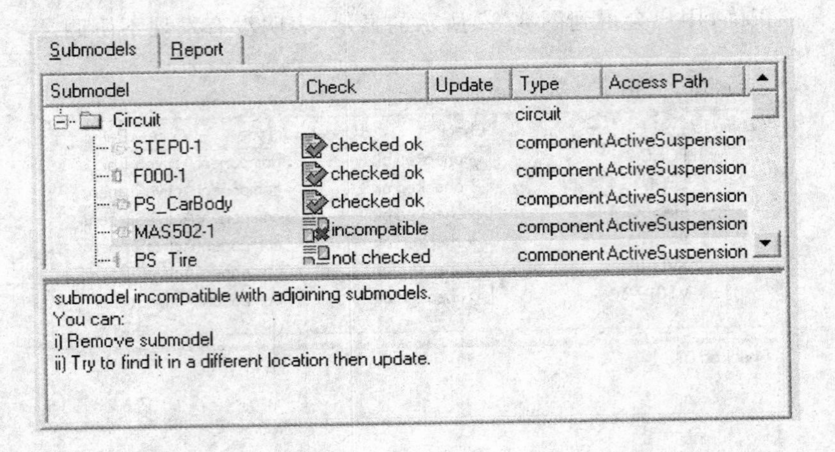

图 3.34　子模型不兼容

F:/AMESim/submodels

Use this path for other submodels

图 3.35　指定子模型的路径

图 3.36 示出了另一个不太严重的问题——找到了配置但是存在不协调情况。AMESim 提供了解决问题的方法。通常最好的办法是，单击 Update(更新)或 Update all(更新全部)，将会在模型中更改当前子模型，这样它就与配置完全一致了。

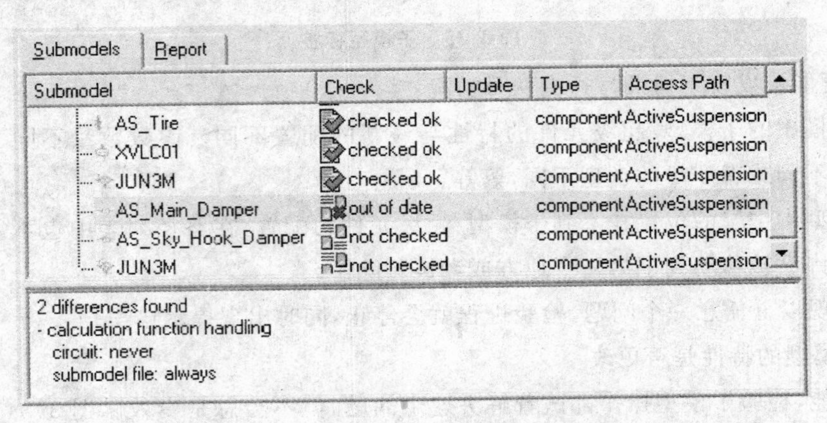

图 3.36　能解决的不协调

如果用户单击了 Update all，则：

- 当前子模型被更新了；
- 如果检验出了其他的不协调情况且 AMESim 可以解决，则执行更新操作后用户就不需要其他操作了。

(3) 子模型的配置是否存在

图 3.37 所示为一个找不到子模型配置的例子，即找不到 MAS503. spe 文件。

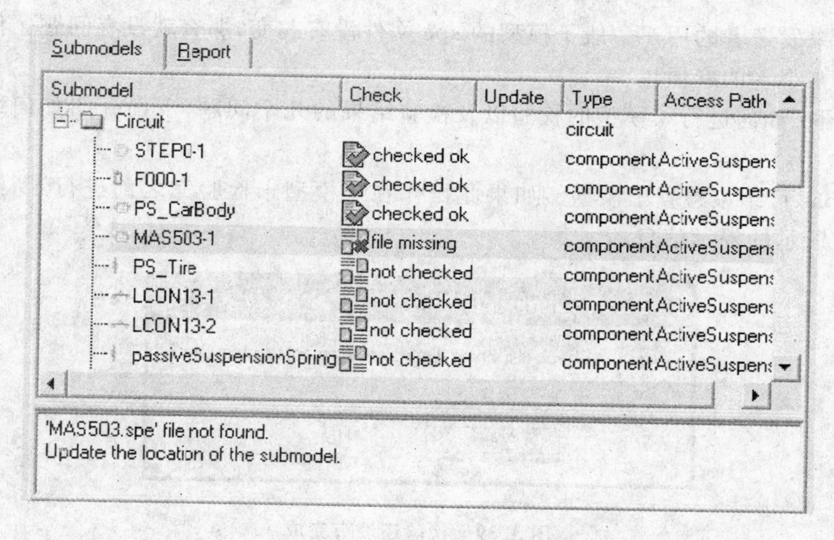

图 3.37　找不到.spe 文件

用户必须两者选其一：

- 键入文件的路径或所在文件夹；
- 单击 Browse 按钮寻找它。

然后单击 Update(更新)按钮。

还有两种其他选择：

- 单击 Close，放弃检验子模型操作。如果模型的版本较低，AMESim 会关闭它且不会允许用户在 AMESim Rev 10 中操作它；
- 单击 Ignore，将会继续检验子模型操作，同时此模型也没有更新。

注意，如果用户使用第二种操作，必须注意以下问题：

- 对于一般的或是定制的超级元件，.spe 文件和.sub 文件是否可访问并不重要。如果其整体检查成功通过，那么每一个子模型都应该是没有问题的。
- 对于一个定制的子模型，.spe 文件是否可访问并不重要。
- 对于一个一般的子模型，AMESim 希望.spe 文件是可访问的。如果是可访问的，这是最好不过了；如果不是可访问的，但用户坚持更新，也可以单击 Ignore，AMESim 将会勉强继续，但会给出一个典型警告，如图 3.38 所示。

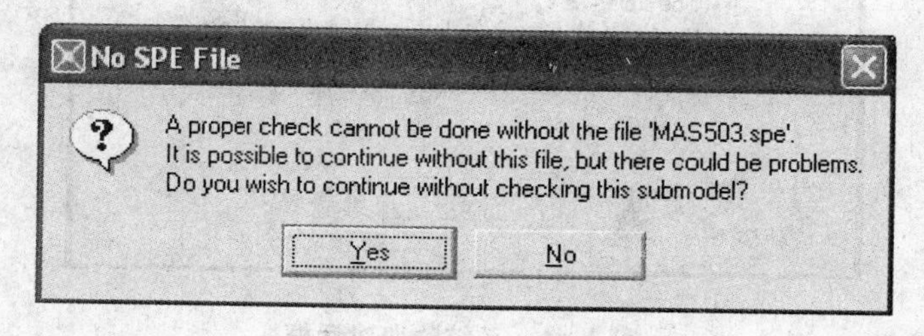

图 3.38　丢失.spe 文件的警告

原因是 AMESim 经常用于同伴间的模型交换。模型可能包含用户子模型/超级元件。但是，发送者希望对接收者是隐藏的。必须发给接收者的最小信息是用户一般子模型的对象码。

注意，如果发送者的用户一般子模型的.spe 文件没有改变，那么就没有问题。但是如果改变了，就会带来很多的麻烦！

以上介绍了如何进行子模型的检验以及检验结果的几个问题，下面介绍如何结束子模型的检验。

单击 Close 可结束检查子模型。如果此操作在子模型未检验完之前进行了，则用户将会得到图 3.39 所示的提示信息。

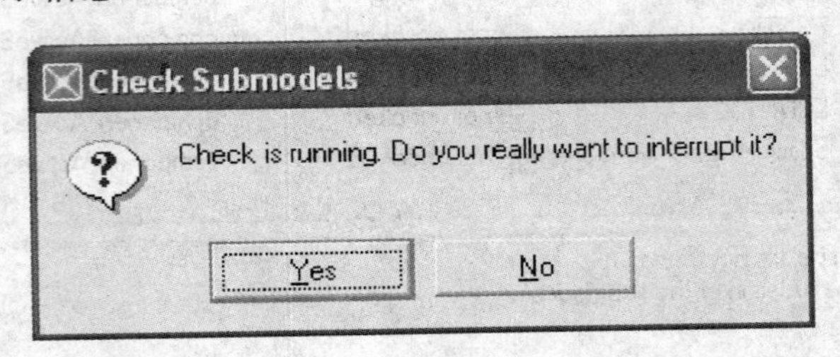

图 3.39　检验还没有完成

如果检验完成了，但是一般子模型的.spe 文件没有找到，则会得到进一步关于丢失.spe 文件的警告，如图 3.40 所示。

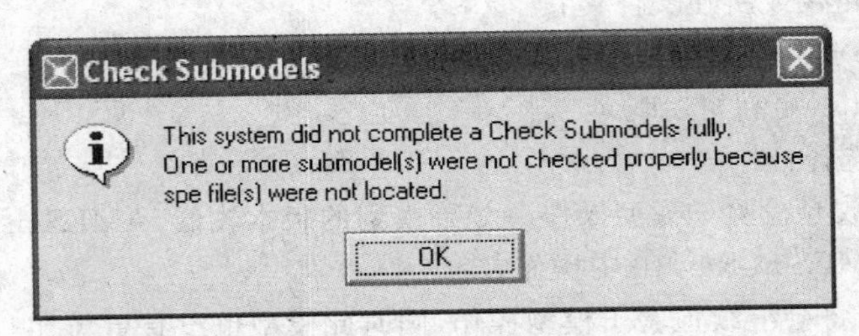

图 3.40　关于丢失.spe 文件的警告

如果没有问题，用户可能得到图 3.41 所示的对话框。允许用户再创建一个系统的备份，此备份可以被早期的 AMESim 版本读取。

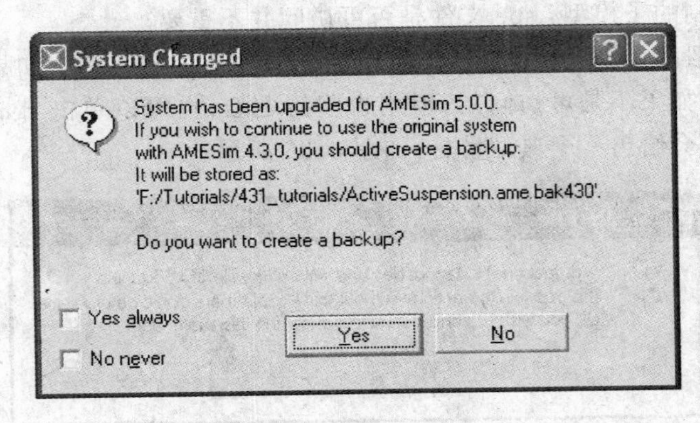

图 3.41　系统改变对话框

如果用户没有要求，则选中 No never 复选框；如果用户需要保留模型的原始状态，则选中 Yes always 复选框。

3.7 别名列表

当用户选择此项目时，将会得到一个别名列表对话框。如果需要，可以编辑别名列表修改子模型的别名。

● 如果在别名列表中单击子模型，这个别名标签就会在草图中显示，如图 3.42 所示。

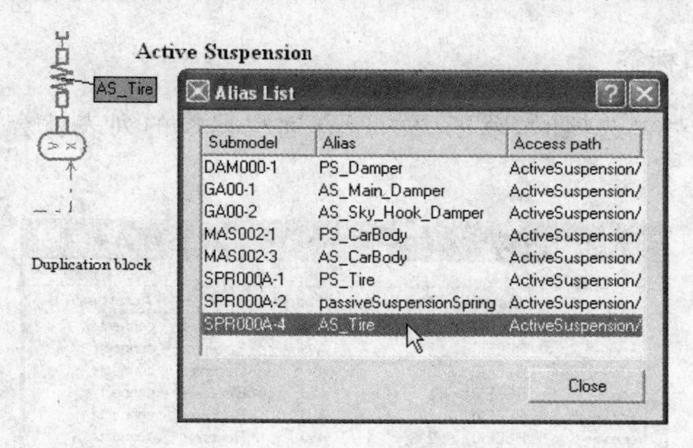

图 3.42 草图中的别名标签

● 即使用户更改了元件的子模型，别名也不会因此而改变。

● 在给定的系统中，别名只能是唯一的，但用户可以给属于不同超级元件的元件和连线取相同的别名。

● 用户不能给同一级别的元件或连线取相同的别名，如图 3.43 所示

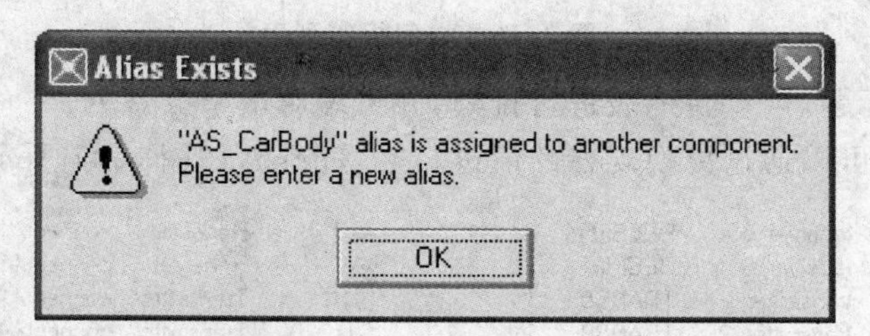

图 3.43 重复别名

3.8 注释列表

此功能可以给元件或连线插入注释，如图 3.44 所示。

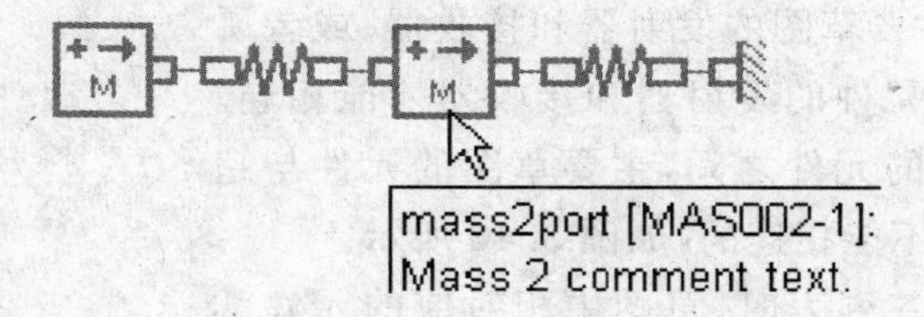

图 3.44 注释列表

3.9 端口标签列表

当现在的模型使用最少一个发射器或接收器子模型时，此菜单选项可用(在 Submodel 工作模式中)。这两个子模型属于“Signal, Control”(信号控制库)，如图 3.45 所示。

图 3.45 发射器或接收器

3.9.1 显示端口标签

当选择端口标签菜单选项时，草图中的所有远程端口的列表就会显示出来，如图 3.46 所示。

Port Tag List

Alias	Submodel	Port Number	Port Tag	Port Type	Access path
receiver	RECEI0	2	AVJ	Receiver	connect/
receiver_2	RECEI0	2	AVJ	Receiver	connect/
receiver_3	RECEI0	2	AVJ	Receiver	connect/
receiver_4	RECEI0	2	AVJ	Receiver	connect/
receiver_5	RECEI0	2	AVJ	Receiver	connect/
receiver_6	RECEI0	2	AVJ	Receiver	connect/
transmitter	TRANS0	1	Not set	Transmitter	connect/
transmitter_2	TRANS0	1	STC	Transmitter	connect/
transmitter_3	TRANS0	1	STC	Transmitter	connect/
transmitter_4	TRANS0	1	STC	Transmitter	connect/
transmitter_5	TRANS0	1	STC	Transmitter	connect/
transmitter_6	TRANS0	1	STC	Transmitter	connect/

Help　　Close

图 3.46 端口标签列表

单击任意列的标题，可以将列表进行排列，并可编辑端口标签列。

对于每个端口，可以通过更换现在的值进行标签分配，如图 3.47 所示。

receiver_5	RECEI0	2	AVJ	Receiver	connect/
receiver_6	RECEI0	2	AVJ	Receiver	connect/
transmitter	TRANS0	1	STC	Transmitter	connect/
transmitter_2	TRANS0	1	STC	Transmitter	connect/
transmitter_3	TRANS0	1	STC	Transmitter	connect/

图 3.47 端口标签分配

当发射器与接收器有相同的端口标签时，发射器的输出与接收器的输入就相当于是连在一起了。这样的连接在草图中是不可见的，因为这两个元件没有直接连在一起，或者是通过连线连在一起。

注意，只有同属于主要草图的发射器和接收器，或者属于同一级别的单个超级元件的发射器和接收器才能相连。比如属于不同超级元件的元件之间，主要草图的元件与超级元件的元件之间都是不能相连的，如图 3.48 所示。

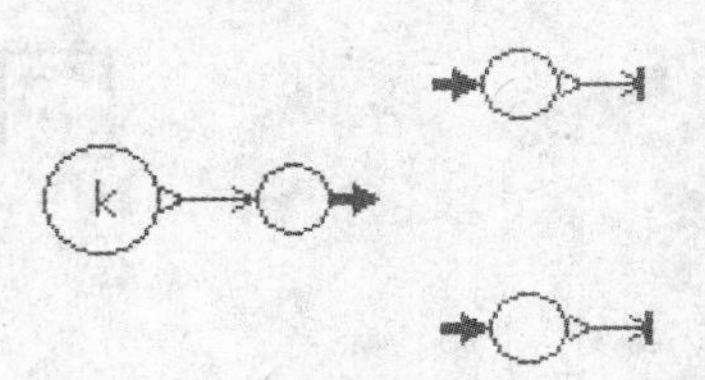

图 3.48 发射器/接收器模型

当选中一行端口标签列表时，草图中相对应的元件就会有一个高亮的标签，如图 3.49 所示。

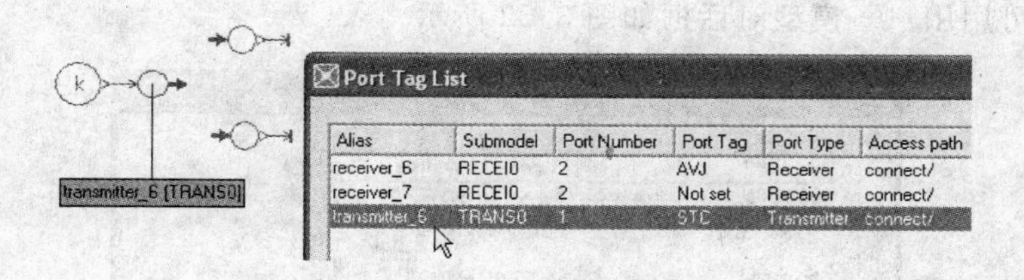

图 3.49 发射器/接收器位置

当设置端口标签时，如果满足下列条件，用户就可以切换到 Parameter(参数)工作模式：

- 每个发射器必须至少与一个接收器相连；
- 每个接收器必须且只能与一个发射器相连；
- 每个发射器端口标签与其他的发射器端口标签是不能相同的；
- 一个标签分配给一个发射器或者是接收器，没有端口标签就会显示 Not set(没有设置)。否则，会显示一条错误信息。

注意，如果用户在草图中有很多的发射器和接收器，则可以通过如下方法简单地找到哪个接收器与发射器相连：

- 单击 Port Tag(端口标签)列以排列列表；
- 用相同的端口标签选择每行，如此相应的标签就会在草图中呈现高亮。

3.9.2 右键菜单

给定的发射器或接收器的端口标签能够通过右击相应的元件而被单独改变，右键菜单如图 3.50 所示。单独端口标签列表如图 3.51 所示。

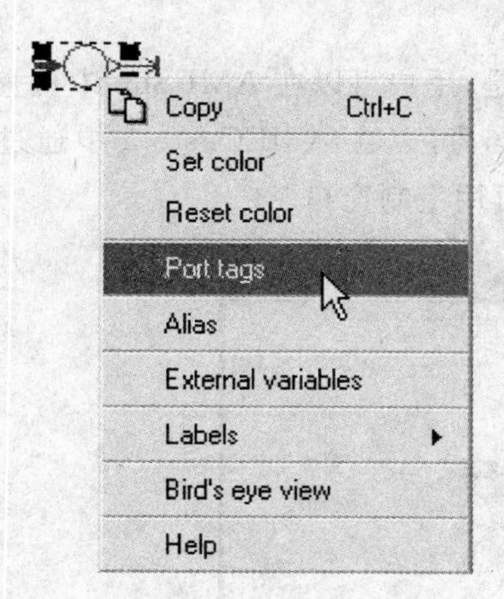

图 3.50 右键菜单

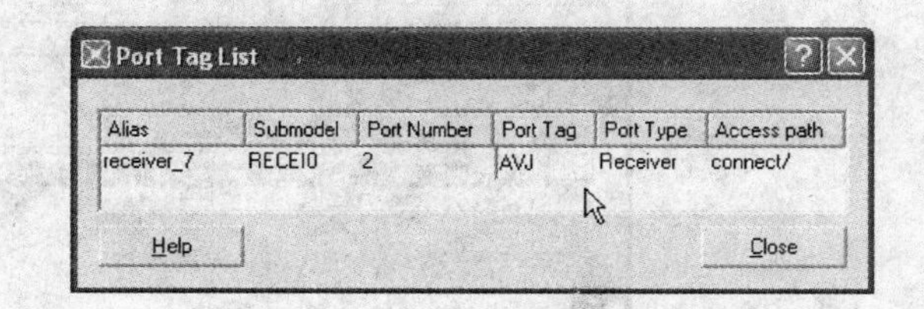

图 3.51 单独端口标签列表

这里，用户可以改变所选元件的端口标签。如果所选元件没有远程端口，则此端口菜单会被隐藏。

3.10 可用用户菜单子模型

通过 AMESet，用户可以创建并维持自己的子模型。在 AMESim 中，可以检查用户子模型是否可用。可用用户子模型对话框如图 3.52 所示。

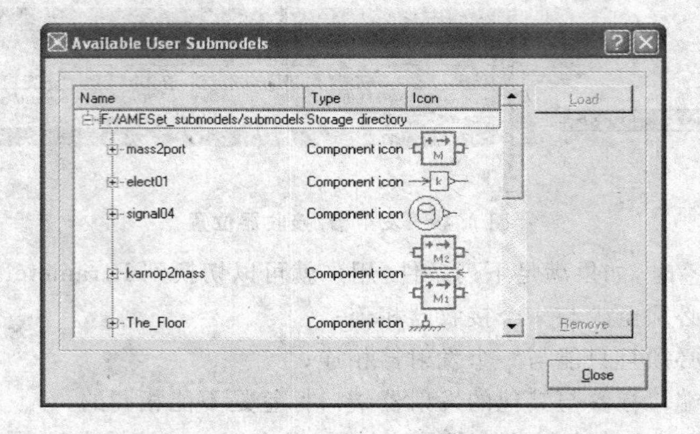

图 3.52　可用用户子模型对话框

可用用户子模型对话框允许用户显示用户子模型列表，删除其中一个或者从 AMESim 中启动 AMESet，可以选择 Modeling→Available user submodels。

如果用户使一个用户子模型处于高亮，则可以：

- 单击 Remove 以删除它。
- 单击 Load 启动 AMESet 来编辑它。
- 单击 Edit Constituents 编辑它。

3.11　可用定制

创建和维持定制对象主要是在 AMECustom 中。但是，用户可以在 AMESim 中检查任何定制的对象是否可用，删除定制对象和启动 AMECustom，可以在 AMECustom 中通过选择 Modeling→Available customized 来启动图 3.53 所示的可用定制窗口。

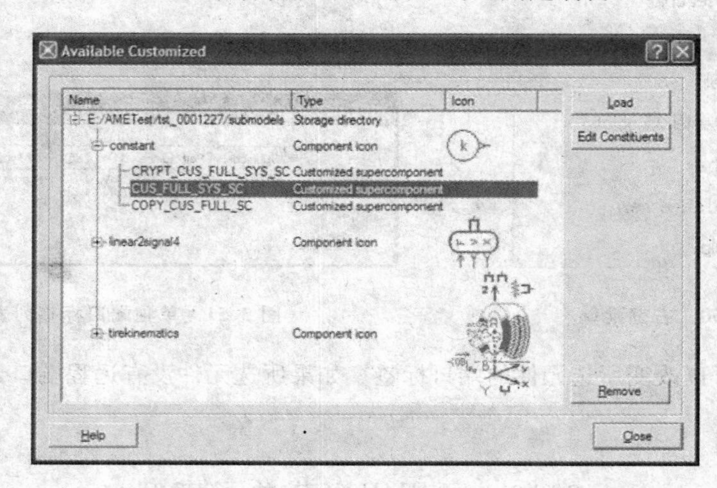

图 3.53　可用定制窗口

如果用户使一个特定的定制对象处于高亮，则可以：

- 通过单击 **Remove** 以删除它。
- 通过单击 **Load** 启动 AMECustom 来编辑它。

AMESim 允许用户编辑定制的超级元件的内容。这样,用户就可以添加或删除元件和连线,或更改关联的子模型。AMESim 会尽可能地保持 AMECustom 的定制;但是在一些情况下,AMESim 不能决定与定制关联的子模型。这就是为什么强烈建议在 AMECustom 中打开超级元件来进行编辑。

用户需要正确的密码才能编辑受保护的超级元件。这样的保护在修改超级元件内容的过程中也是起作用的。

注意,当超级元件包含在所修改的定制超级元件中时,更改超级元件的子模型将会打断它与附属在其上的定制。

编辑定制超级元件,用户必须选择 Modeling→Available Customized menu,显示可用定制子模型(参见图 3.53)。

3.12 可用超级元件

选择 Modeling→Available supercomponents,可实现超级元件管理器功能。第一步是搜索现在路径列表以寻找超级元件。如果路径列表很长,且计算机网络速度很慢,则搜索也会很慢。最终会出现一个可用超级元件对话框,如图 3.54 所示。此对话框最初显示超级元件的位置。

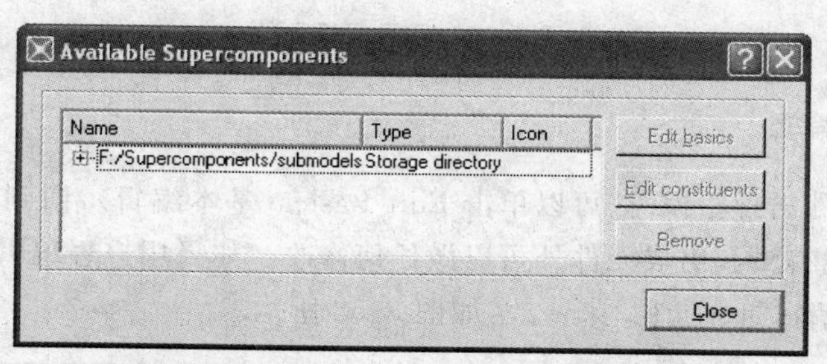

图 3.54 可用超级元件对话框

用户在列表中有两个阶段可以展开选项。首先显示图标,如图 3.55 所示。然后显示超级元件名称,如图 3.56 所示。

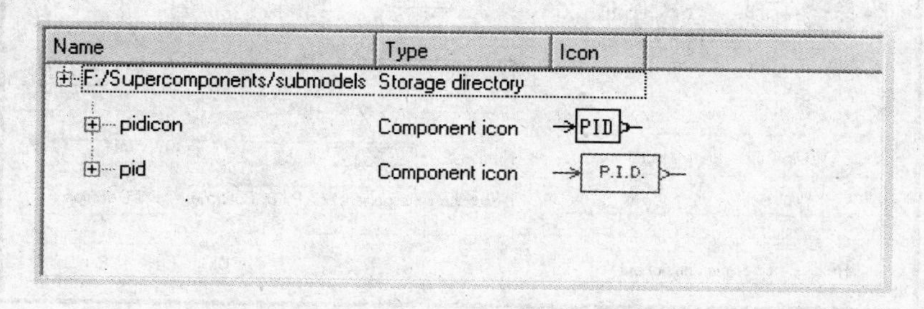

图 3.55 显示图标

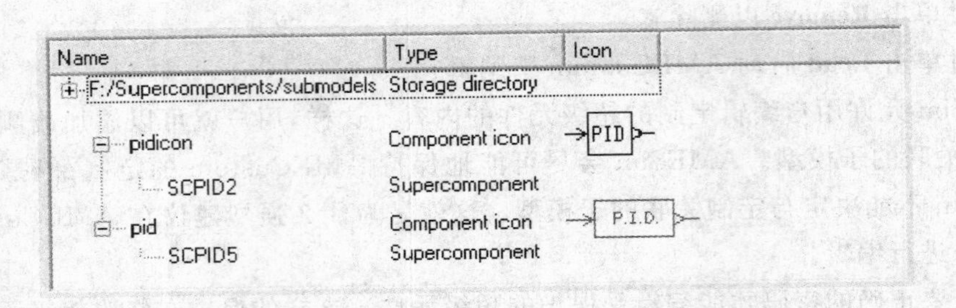

图 3.56　显示超级元件名称

从图 3.56 中可以看出哪些元件是可用的。另外，如果用户使一个超级元件高亮，则 Edit basics、Edit constituents、Remove 这 3 个按钮都可用，如图 3.57 所示。

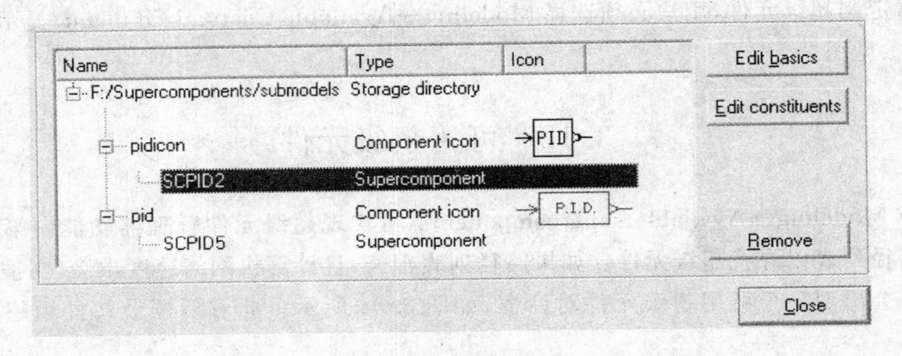

图 3.57　可用超级元件

3.12.1　基本编辑

当创建超级元件出现错误时，可以单击 Edit Basics（基本编辑），回到超级元件创建阶段。这时，用户除了不能编辑其组成元件外可以做任何修改。如果用户想编辑其组成元件，可单击 Edit constituents（编辑组成元件）来修改，如图 3.58 所示。

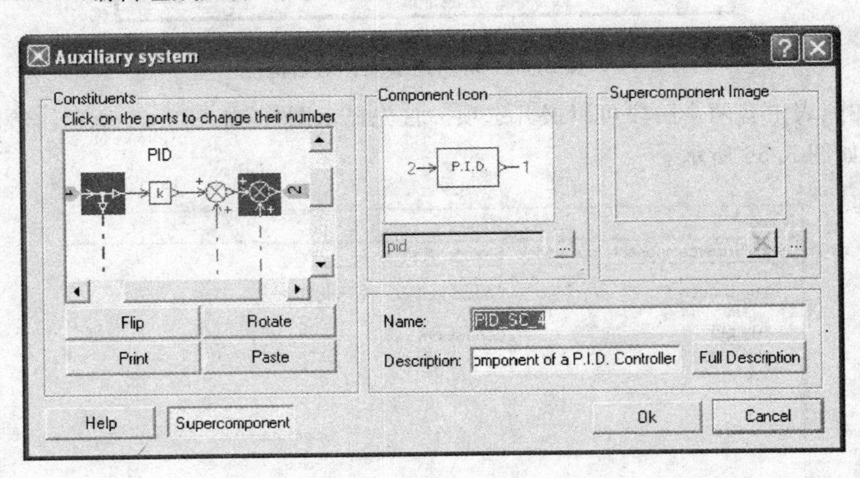

图 3.58　辅助系统对话框

注：

- 如果用户有一个使用旧形式超级元件的模型，它将继续工作。但是，通过在建模菜单中的 Check Submodels(检查子模型)来运行模型是一个好办法。
- 如果用户想要保持原始的版本，可以将修改后的版本另存为一个新的名称。

3.12.2 恢复超级元件的辅助系统

如果用户想要粘贴超级元件的成分到一个活动的窗口，则可以按照以下步骤进行：

① 如果有必要确认对超级元件的访问权，可以调整路径列表。

② 将活动的系统放置在 Sketch(草图)工作模式并确认没有被锁定。

③ 选择 Modeling→Available supercomponents→Edit basics，选择超级元件。

④ 在辅助系统对话框(见图 3.58)中，单击 Paste 按钮。

⑤ 关闭辅助系统对话框和可用超级元件对话框。

这样超级元件就出现在系统中，代替了光标，直到用户将其放在草图上，如图 3.59 所示。

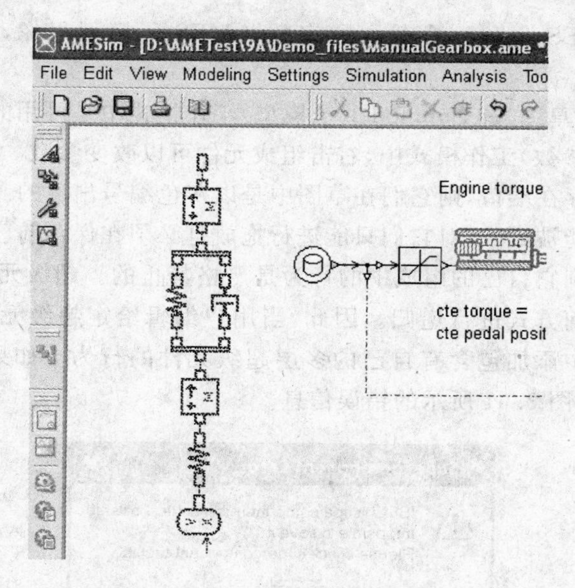

图 3.59　超级元件的恢复

3.12.3 编辑超级元件的组成元件

如果用户超级元件的组成元件出现错误，则通过以下步骤可以修改它们：

① 调整路径列表(如果必须)。

② 选择 Modeling→Available supercomponents。

③ 选择感兴趣的超级元件。

④ 单击 Edit constituents。

图 3.60 展示了一个超级元件编辑过程的例子。

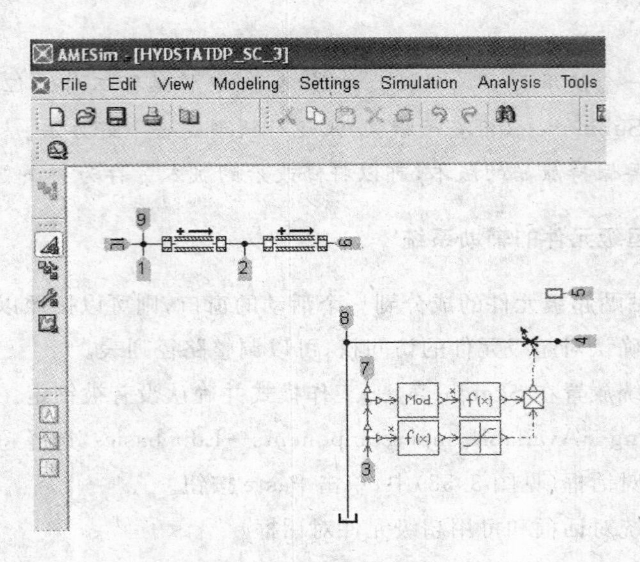

图 3.60　编辑成分

在很多方面，AMESim 和一个载入的完整 AMESim 模型很像，但有几点非常重要的区别：

- 只有在 Sketch（草图）和 Submodel（子模型）工作模式中是可用的。
- 在 Parameter（参数）工作模式中，右击组成元件可以改变参数。
- 如果超级元件存在端口，则它们在草图中是以灰色编号出现的。
- 此端口部件不能被删除，对它们只能进行拖放且必须在保存前已连接。
- 添加超级元件到它自己的组成中的行为是严格禁止的。超级元件可以是多层的，但是它们不能以任何方式进行递归。因此，当用户编辑给定超级元件的组成时，应严格禁止在超级元件中添加包含有自己的多层超级元件的行为。如果犯了以上的任何一个错误，都会出现图 3.61 所示的错误信息。

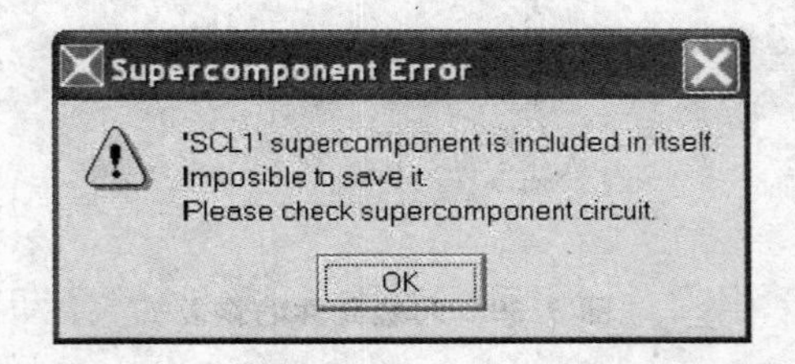

图 3.61　不允许递归的超级元件

3.12.4　改变超级元件组成元件的参数

① 切换到 Submodel（子模型）模式。

② 右击组成元件，出现如图 3.62 所示的菜单。

③ 选择 Change parameters（改变参数）。

④ 用通常的方法对参数进行修改。

⑤ 更改后必须保存并关闭超级元件：

● 选择 File→Save；

● 选择 File→Close。

但是，AMESim 不允许保存一个没有完成的超级元件（比如，存在没有连接的端口，或者没有分配子模型的情况），如图 3.63 所示。

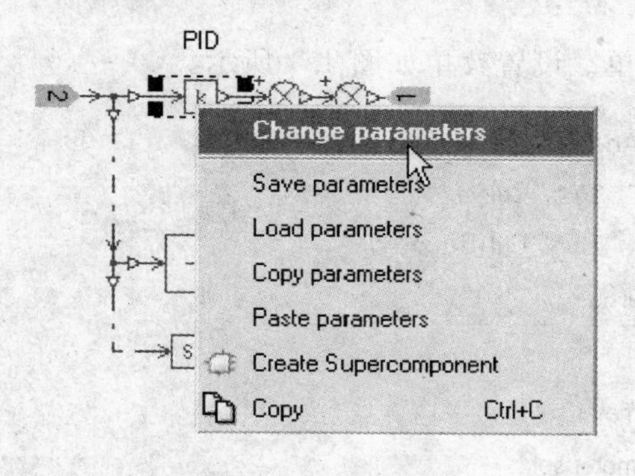

图 3.62 右击菜单

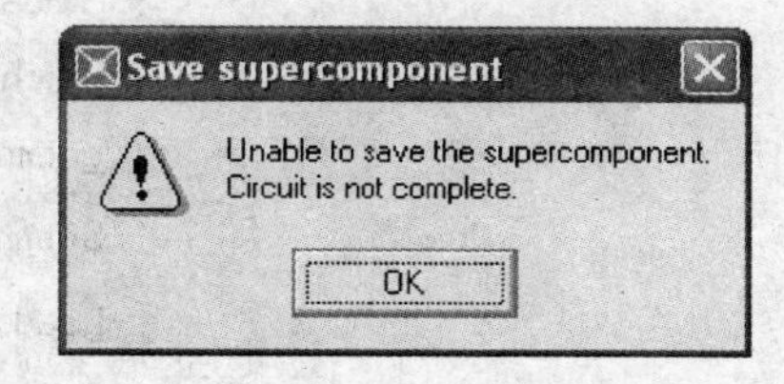

图 3.63 超级元件必须完成

3.12.5 删 除

单击 Remove 按钮（假如用户有必需的写权限来这么做），可出现一个删除超级元件对话框，可以删除一个超级元件。下面给出了两种不同类型的删除方法，如图 3.64 所示。

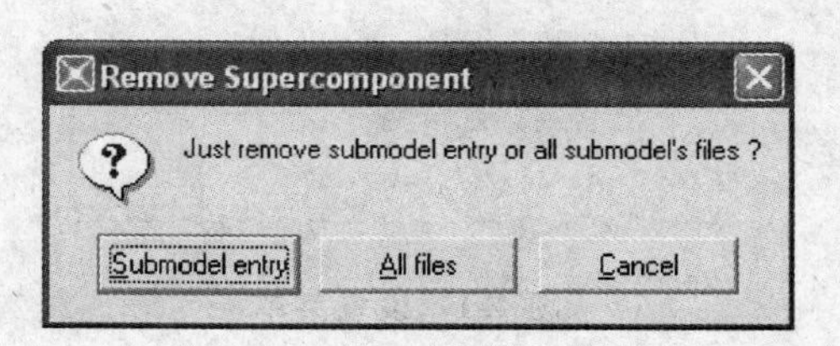

图 3.64 删除超级元件

● Submodelentry（子模型条目）——超级元件的条目从 submodel. index 文件中被删除。

● All files（所有文件）——这个条目被删除且另外与超级元件相关联的文件（. des，. spe 和. sub）都被删除。

如果系统正在使用这个超级元件，则这个系统将继续工作。假如. spe 文件被删除了，则在检查子模型时将会给出相应的提示。用户可以将其复制/粘贴到另一个系统中去，但是在 Submodel（子模型）工作模式中，用户无法选中它。

第 4 章　设　置

本章介绍第 2 个菜单——Settings(设置)菜单。设置菜单如图 4.1 所示。

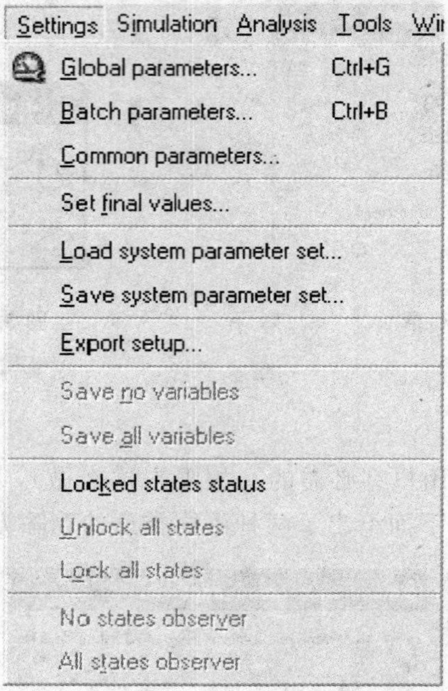

Settings　Simulation　Analysis　Tools　Wi

Global parameters...　Ctrl+G
Batch parameters...　Ctrl+B
Common parameters...
Set final values...
Load system parameter set...
Save system parameter set...
Export setup...
Save no variables
Save all variables
Locked states status
Unlock all states
Lock all states
No states observer
All states observer

图 4.1　设置菜单

设置菜单在运行仿真前可以设置系统的参数及变量。该菜单主要在 Parameter(参数)工作模式下使用。

4.1　全局参数

这个功能只能在参数工作模式下使用。

当一个给定的参数在一个模型中被反复使用多次,且每次都保持不变的值时,就会使用这项功能。如果用户要在系统中观察某个特定参数的影响,就必须在每次仿真前,在所有用到该参数的元件中都改变它的值。另一个办法是,将这个参数声明成全局参数且分配给所需的元件,然后在每次仿真前改变全局参数值(只需改变一次)即可。

1. 创建一个全局参数

① 选择 Settings→Global parameters,或按下 Ctrl＋G 快捷键,或者使用工具栏图标,打开建立全局参数对话框,如图 4.2 所示。

② 根据全局参数的类型——Real(实数型)、Integer(整数型) 或 Text(文本型),选择相关的标签。

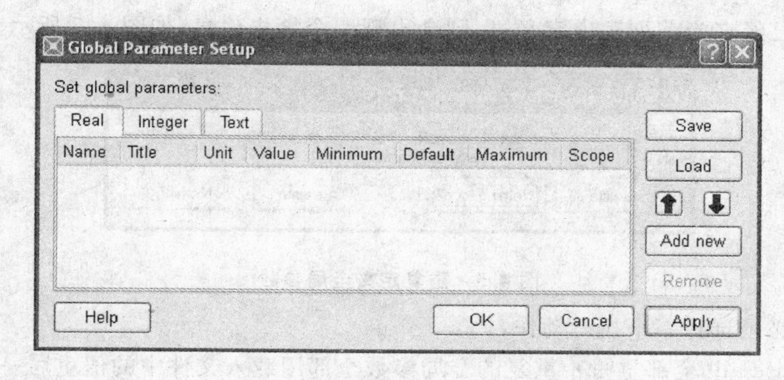

图 4.2　建立全局参数对话框

③ 单击 Add new(添加新参数)按钮,在标签中就会创建一个新行,在此新行中所有列的值都被赋予了一个默认(虚设)值。

④ 双击每个默认值,而后键入合适的值,如图 4.3 所示。

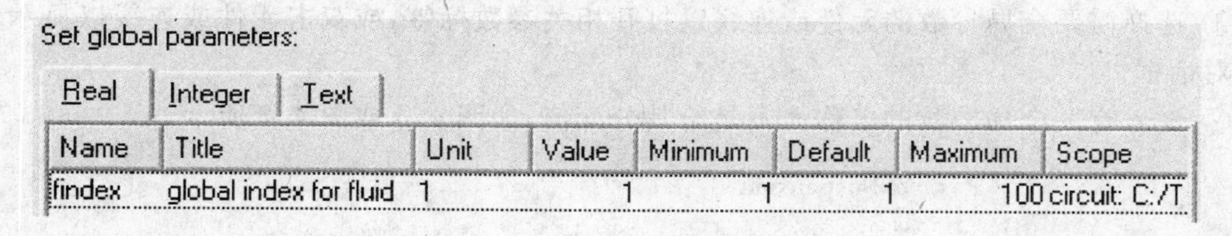

图 4.3　键入新的值

⑤ 单击 OK 按钮。

2. 保存和载入全局参数

设置好一个 AMESim 模型的一系列全局参数后,可以将它们保存到一个文件中(为了使其有一个备份),或是将它们载入另一个模型中。此时有 Save(保存)和 Load(载入)两个按钮可以使用,如图 4.4 所示。

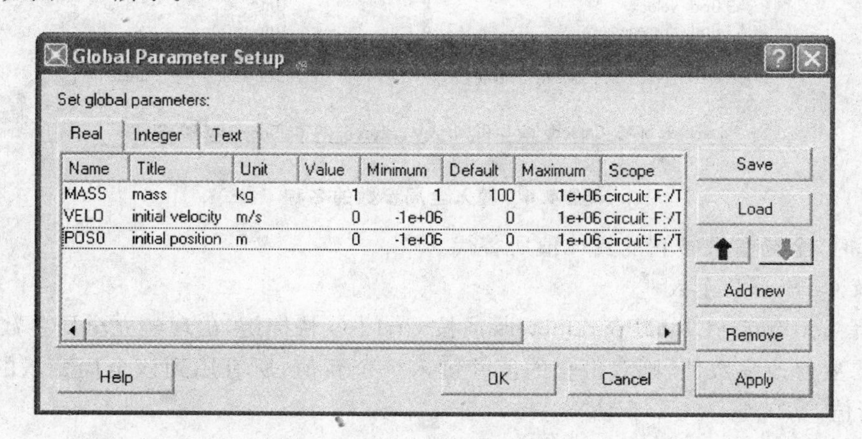

图 4.4　保存和载入按钮

单击 Save 按钮,打开一个文件浏览器,可以选择全局参数保存的文件名和路径。单击 Load 按钮,也打开一个文件浏览器,可以选择含有所需全局参数的文件。如果打开的文件包含的全局参数已经在当前列表中定义过，则会出现一个警告信息，如图 4.5 所示。

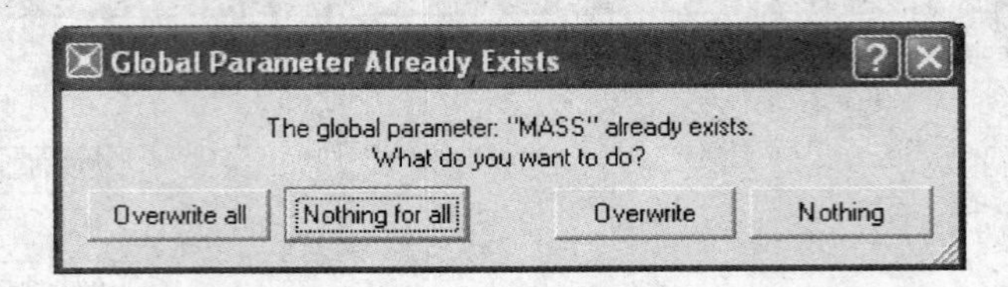

图 4.5 重复定义全局参数

这时用户必须选择一个执行动作：

- Overwrite all(全部重写)：重复的全局参数全部用载入文件中的值重写一遍。
- Nothing for all(不作任何变化)：重复的全局参数不会被重写。
- Overwrite(重写)：用载入文件中全局参数替换当前列出的重复全局参数。
- Nothing(不用改变)：当前列出的重复全局参数不会改变。

3. 分配全局参数

① 选择需要全局参数的元件或连线以打开相关参数标签，或双击元件或连线以显示更改参数对话框。

② 键入有关全局参数的名称而不是给其分配值，如图 4.6 或图 4.7 所示。

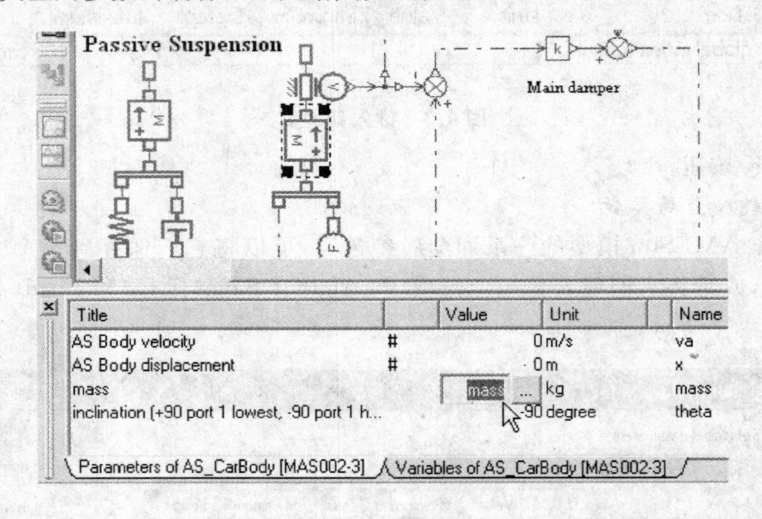

图 4.6 键入全局参数的名称

在仿真时，全局参数被它的具体值所替代。

4. 修改/删除全局参数

① 选择 Settings→Global parameters 或按 Ctrl+G 快捷键，出现建立全局参数对话框。

② 如果要修改参数值，则双击它的值并键入一个新值，所有用到该全局变量的元件都会使用这个新值。

③ 如果想删除一个全局参数，选择它并单击 Remove 按钮。

④ 单击 OK 按钮确认。

如果要删除一个系统中正在使用的全局参数，则会弹出 4.8 所示的对话框，要求确认此动作。

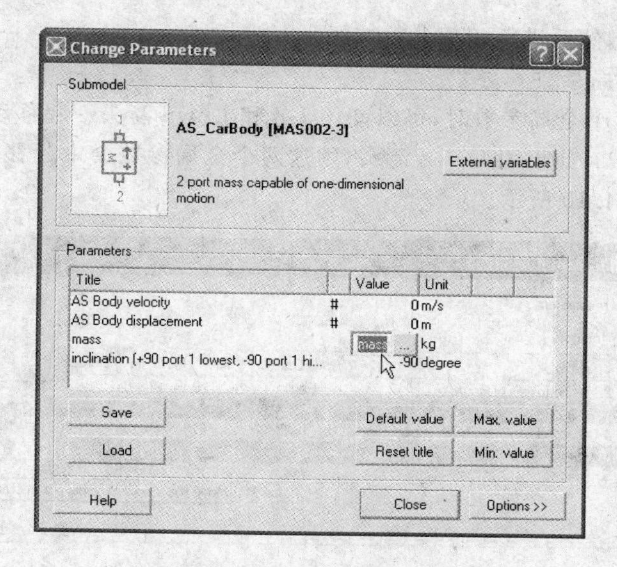

图 4.7 键入全局参数的名称

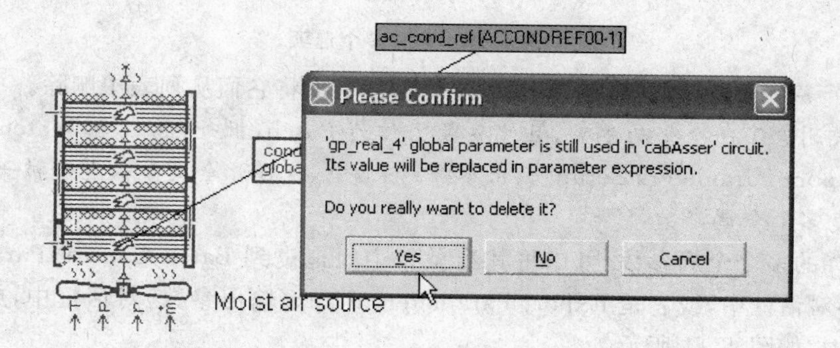

图 4.8 删除全局参数

5. 组织全局参数

在全局参数对话框中做多次选择，可以重新组织全局参数的列表，也可以删除全局参数。

(1) 选择多个全局参数

① 按住 Ctrl 键，然后选择几个不同的全局参数，如图 4.9 所示。

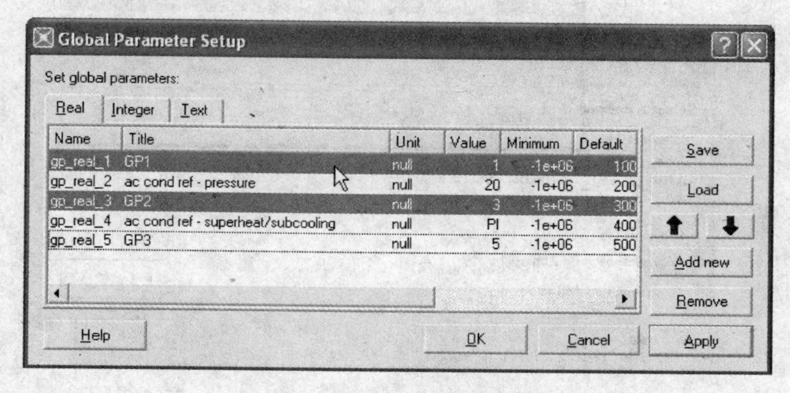

图 4.9 选择多个全局参数

② 按住 shift 键，然后进行相邻参数选择。

(2) 移动多个全局参数

当已经选择了多个全局参数时，可以使用 Up 和 Down 箭头一起移动它们。在上图中，已经选择了 GP1 和 GP2，如果用 Down 箭头，则这两个全局参数会一起移动且保持它们两者之间的相对位置，如图 4.10 所示。

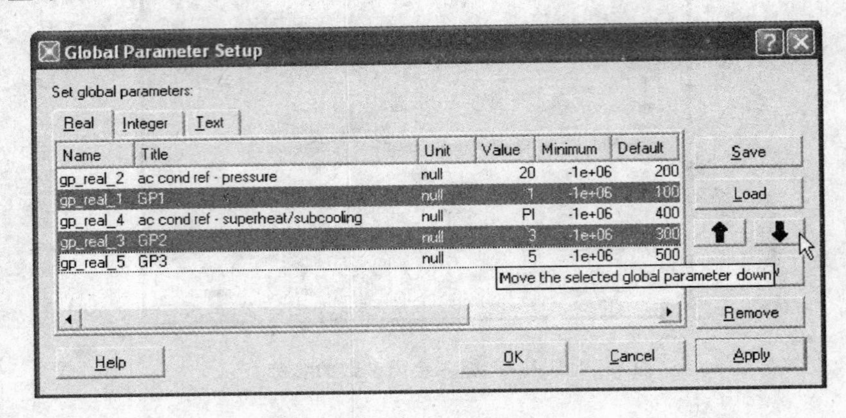

图 4.10　移动多个选项

当选择了多个全局参数时，单击 Remove 按钮，可以将它们从列表中删除。

注： 如果删除了一个全局参数，且此参数已作为 Batch(批处理)或者 Watch(查看)参数，或者处在 Export Parameters Setup(输出参数列表)中，这样此全局参数也会被一起删除。

(3) 拖曳多个全局参数

对于选择的多个全局参数，可以将其当做一个组拖曳到 Batch Control Parameters(批处理控制参数)对话框中，或者是 Export Parameters Setup(输出参数)对话框中，或者是 Watch (查看)窗口中，如图 4.11 所示。

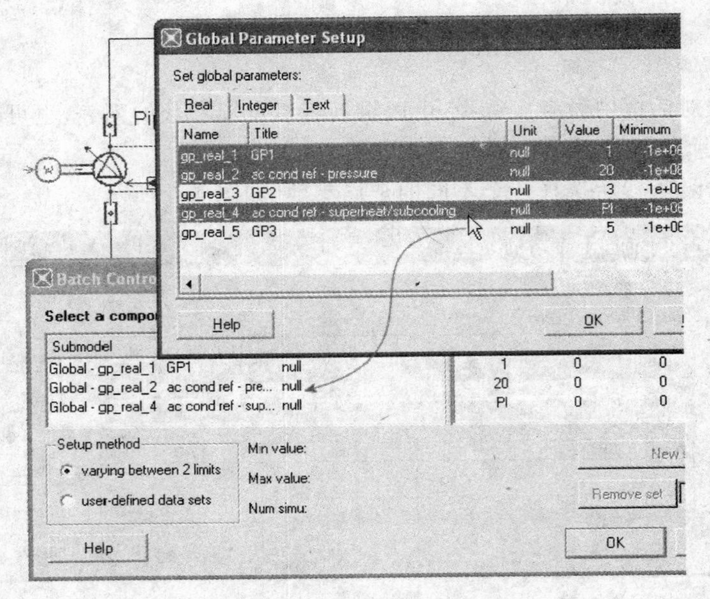

图 4.11　拖曳多个选项

4.2 批处理参数

这个功能只能用于 Parameter 模式下。

4.2.1 设置批处理参数

将一个参数设置成批处理参数的操作如下：

① 选择 Settings→Batch parameters，或者按 Ctrl＋B 快捷键，弹出 Batch Control Parameter Setup（批处理控制参数设置）对话框，如图 4.12 所示。

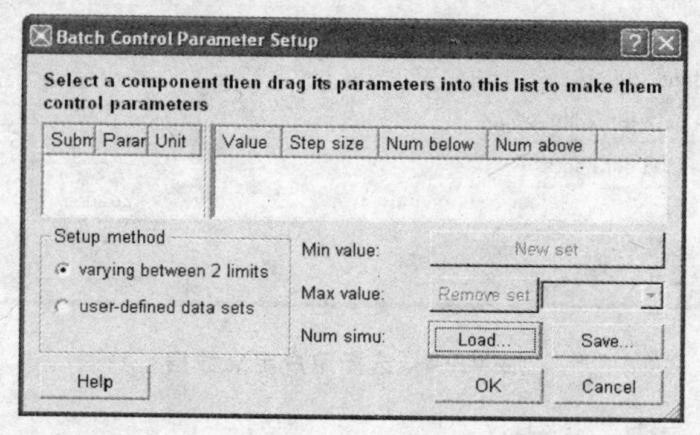

图 4.12 Batch Control Parameter Setup（批处理控制参数设置）对话框

② 单击包含所感兴趣参数的模型元件，以打开相关参数标签；或者双击该模型元件，打开更改参数对话框。

③ 拖曳此参数到 Batch Control Parameter Setup（批处理控制参数设置）对话框中也可以选择一个全局参数，相关的介绍已经在 4.1 节给出。如果需要，可以添加多个参数，但是在这个例子中，只添加了一个参数。注意以下两个选项：

- varying between 2 limits（上下限限制）；
- user-defined data sets（用户自定义数据集）。

④ 给参数分配数值：

- 选择 varying between 2 limits（上下限限制）。用户必须设置 1 个基本值，1 个步进值，1 个高于基准值的次数和 1 个低于基准值的次数，如图 4.13 所示。

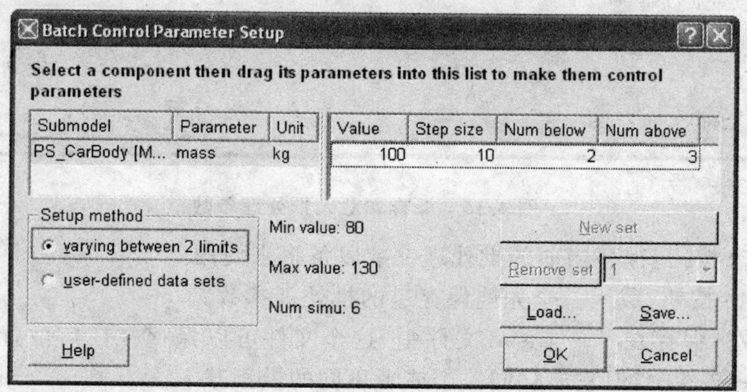

图 4.13 选择上下限限制

最大值和最小值的运行结果同仿真的次数是一致的。

● 选择了 user-defined data sets(用户自定义数据集)。在给参数分配数值时，每次必须单击 New set 按钮，也可以通过单击 Remove set 按钮删除其设置的数值，如图 4.14 所示。

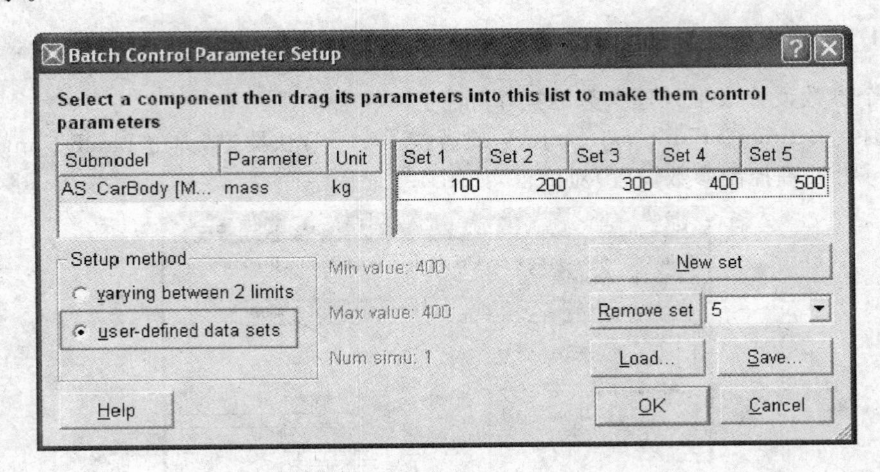

图 4.14　选择用户定义数据

4.2.2　保存和载入批处理参数

用户可以保存和载入批处理参数，如图 4.15 所示。

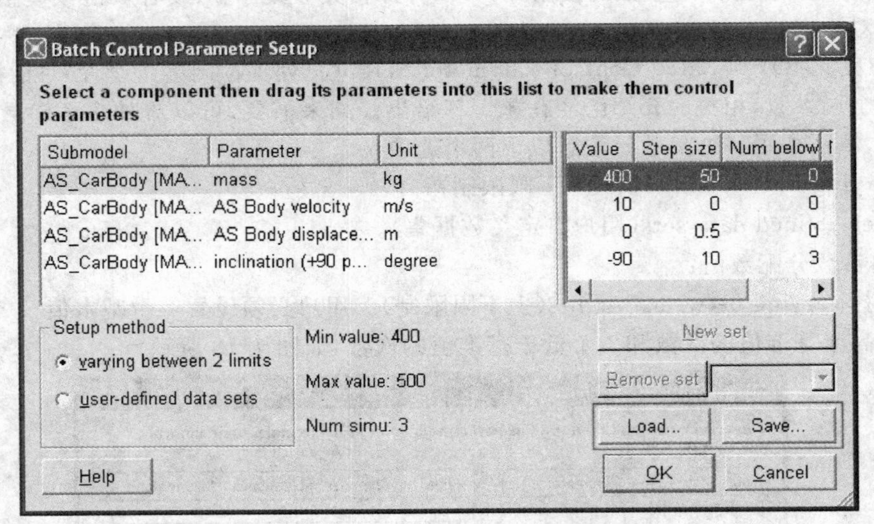

图 4.15　保存和载入批处理参数

● 单击 Save 按钮，保存当前的批处理参数以备将来使用。

● 单击 Load 按钮，载入一个先前保存过的批处理参数。

批处理参数被保存在了一个.sad 文件中，这个文件可以保存在任何位置。该文件没有包括在模型的.ame 文件中，但它能从同一个或者不同的模型载入。

当在一个模型中载入一个批处理参数组时，在同一个子模型实例中，如果此模型已经包含相同的参数，则在批处理控制参数列表中会出现一个给定的参数。

4.3 共用参数

此功能用于给所选的元件分配相同的参数，只能在参数工作模式中使用，也可以用于检查所有选定的元件和连线中的指定参数是否具有同一值。在一些 AMESim 的应用库中，此功能也是必需的。比如在液压库中，多数的子模型有一标题为 index of hydraulic fluid（液压油标志）的整型参数，将它设置成共用参数（或者是共用参数子集），就可以在一次操作中更改全部的参数。

分配共用参数：

① 选定一组元件和连线（至少 2 个）。

② 选择 Settings→Common parameters。

用户得到一个参数列表，其中的每个参数至少会出现在两个子模型中，它们都是共用参数，所有共用参数的值都会显示在列表中。注意当一个共用参数在不同元件中被设置成不同值时，会出现 3 个问号（???）。请看图 4.16 所示的 Common Parameters（共用参数）对话框。

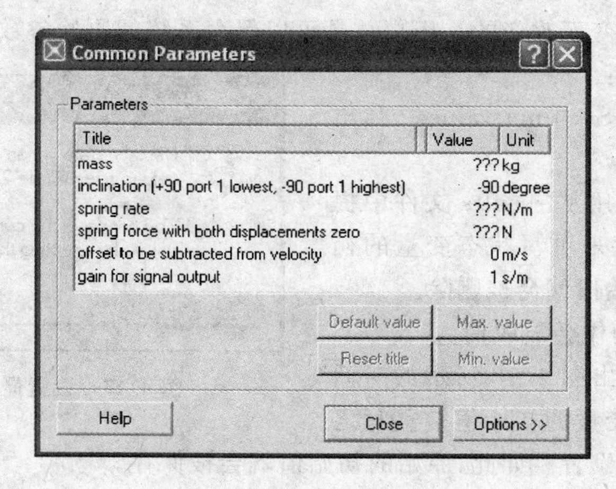

图 4.16 共用参数对话框

记住，common 意味着此参数在至少两个子模型中出现。

注：

- 如果在共用参数对话框中设置了一个新值，则所有使用该参数的元件会在单击完 OK 确认按钮之后更新此数值。
- 可以重新设置共用参数的名称，之后，所有使用此参数的子模型将会更新此参数的名称。
- 共用参数的 Max. Value（最大值）和 Min. value（最小值）由不同元件对该参数的最大值和最小值设定的交集构成。因此，如果一个共用整型参数在一个子模型中的最大值为 10，最小值为 0，而在另一个子模型中的最大值为 20，最小值为 1，那么这时在共用参数对话框中，此共用参数的最大值为 10，最小值为 1。

4.4　设置最终的数值

此功能只能在参数工作模式中使用。

一个仿真的共同问题是为状态变量寻找一个合适的初始值。如果此数值设置得不合适，在仿真的起始阶段将会出现一个瞬时峰值。这意味着仿真的慢启动。另外，瞬时峰值可能会在绘图中显示出来，这是不希望出现的。

对于此问题，有以下几种解决方法：

① 在一个动态运行之后进行稳态运行操作。这也可能会导致运行的慢启动且可能在每次运行动作时都会执行。

② 使用运行参数选项 Use old final values(使用之前的最终数值)，但是这个操作也可能在每次运行时重复进行。

③ 使用 Set final values utility(设置最终数值)功能。AMESim 会读取相应的. results 文件，提取状态变量的最终数值并用它们重写现在的初始值。设置最终数值(Set final values utility)操作与运行操作使用之前的最终数值(Use old final values)很相似。但是，前者操作是不随原始的初始值的改变而改变的。用户总是可以保存系统的原始参数设置的。

下面介绍操作过程：

① 选择 Settings→Set final values，弹出图 4.17 所示的对话框。

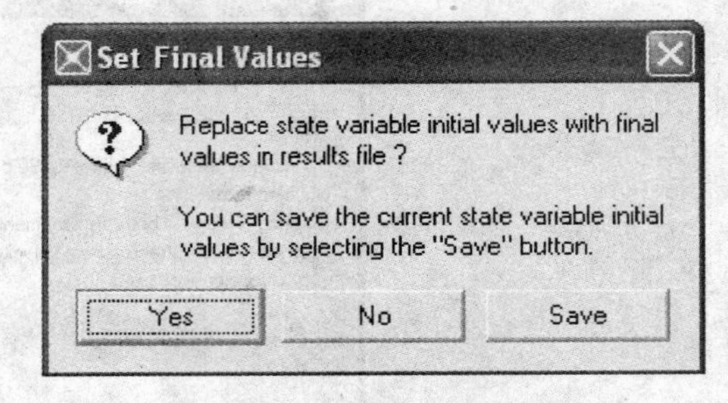

图 4.17　设置最终值对话框

② 单击 Yes 按钮，用从.results 文件中提取的之前仿真的最终值来重写状态变量的初始值。如此，原始的初始值就会被删除。

单击 No 按钮，此操作会被取消。

单击 Save 按钮，弹出图 4.18 所示的对话框，且用户可以在状态变量的初始值被重写之前保存现在系统的参数设置。如此，原始的初始值就会被保存。

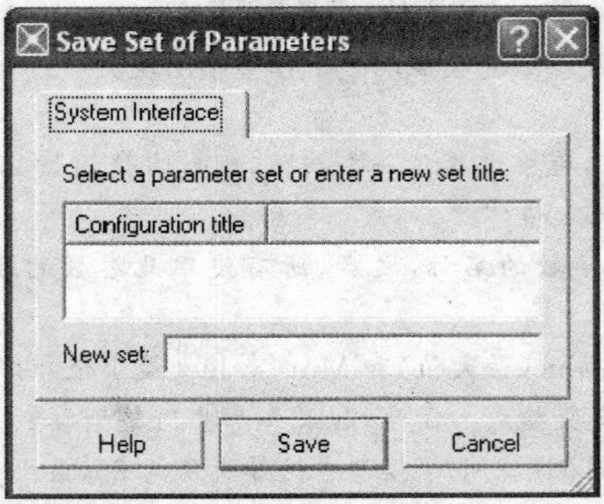

图 4.18　保存参数设置对话框

如果.results 文件不存在，或是不能被读取，或者因为此系统已经改变，AMESim 认为. results 文件中的数值不合适了，则会弹出一个适时的警告，如图 4.19 所示。

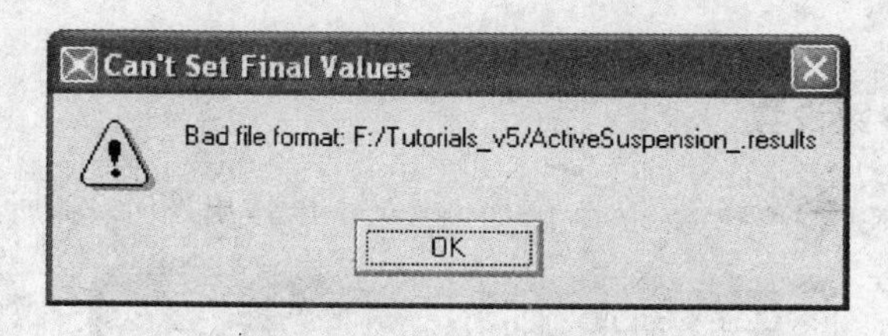

图 4.19 警告信息

4.5 系统参数

此功能只能在 Parameter(参数)工作模式中使用。

此功能用于保存一个给定模型的参数设置。它应用于模型的所有元件和连线的参数。如果用户为了不同的仿真修改了这些参数，通过载入之前保存的参数设置，可以很简单地恢复原始参数。因为用户可以保存多个设置，所以这使得比较使用不同参数的仿真结果变得很容易、很快。但是，如果用户对系统做了修改，系统就会重新创建可执行文件，因此原系统所有的参数设置将会被删除。

4.5.1 保存系统参数的设置

① 选择 Settings→Save system parameter set，弹出图 4.20 所示对话框。

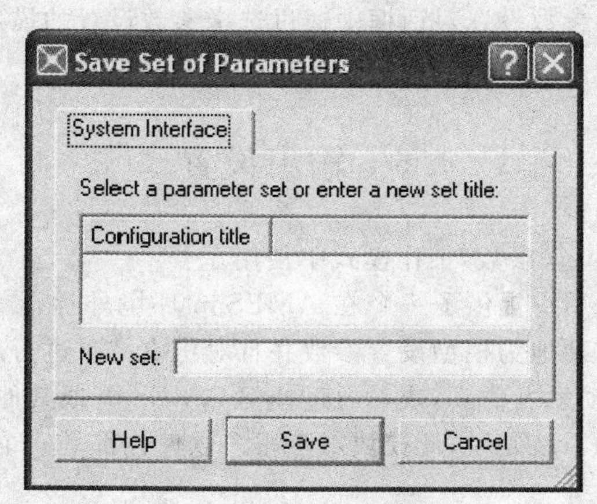

图 4.20 保存系统参数设置对话框

② 在 New set 文本框中键入此参数设置的描述。注意：

- 键入的文本应是此参数设置的描述而不是它的名称。当保存系统后，AMESim 会产生此参数设置的名称且将其打包放入.ame 文件中。
- 如果一个参数设置已经存在，它的描述会出现在列表中，用户就可以选择它。如是用户选择了此参数设置，那么它就会被新的数据所重写。

③ 单击 Save 按钮。

注意，在保存系统参数设置对话框中，用户通过选择系统参数设置的描述并且按下 Del 键就可以手动删除它。

4.5.2　载入系统参数设置

① 选择菜单 Settings→Load system parameter set，弹出图 4.21 所示对话框。

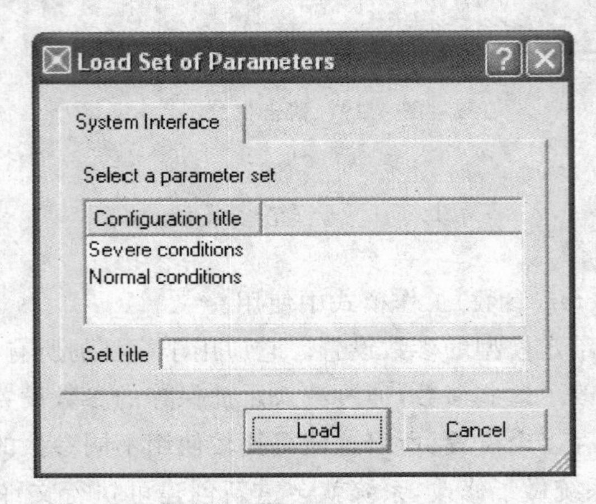

图 4.21　载入参数设置对话框

② 在 Configuration title(配置标题)列中选择所需的系统参数设置以载入。此外，用户还可以在 Set title(设置名称)中键入此参数设置的名称以载入此设置。

③ 单击 Load 按钮。

注意，用户可以在载入参数设置对话框中通过选择参数设置的描述并按下 Del 按钮后，手动删除此参数设置。

4.6　输出设置

此功能只能在 Parameter(参数)工作模式中使用。

输出模块为 AMESim 用户提供了一个在 AMESim 环境外运行 AMESim 模型的简单方式。使用此功能，能简单方便地为模型设置参数并且对仿真结果进行后处理。

在用户通过命令行手动触发仿真，或者通过任何 AMESim 或其他商业软件包来触发仿真时，此模块都是非常有用的。就是说，此模块对于很多软件包都是一个简单的接口。

4.7　保存变量

此功能只能在 Simulation(仿真)工作模式中使用。

如果变量的 Save next status(保存下个状态)的属性为真，那么在下次运行此变量的值时，此值会被添加到. results 文件中。变量的 Save next status 的属性是不会影响线性分析结果的。

对于下述 3 种情况，变量的 Save next status 的属性可以被改变：

● 所选的子系统。

● 一个子模型的所有变量。

● 单独的变量。

在. results 文件中，一个变量是否能被保存须根据仿真运行开始时此变量的 Save next status 的属性而定。当时的属性也许与它现在的不同。如果用户想改变变量的状态，运行仿真之前，在该变量的 Save next 列相应的方框中标记一下。保存的变量会在. results 文件中，并且用户可以将其绘制成曲线。

Saved 列显示一个变量在上次运行中是否被保存了，也就是显示它是否可以被画成曲线，如图 4.22 所示。

Variables

Title	Value	Unit	Save next	Saved
velocity at port 1	-0.0119009	m/s	☑	☑
displacement port 1	0.0993472	m	☐	☑
acceleration at port 1	0.0427636	m/s/s	☑	☑

图 4.22　Save next 列是可编辑的

注意，保存的 Saved 列是不可被编辑的，它只作为信息显示。

全局改变 Save next status（保存下个状态）的属性的方法如下：

① 选择所感兴趣的系统，或者按 Ctrl＋A 快捷键选择整个系统。

也可以选择 Edit→Select all 来选择整个系统。

② 右击所选中系统或者单击 Settings（设置）菜单，接着选择 Save all variables（保存所有变量）或者 Save no variables（不保存任何变量），如图 4.23 所示。

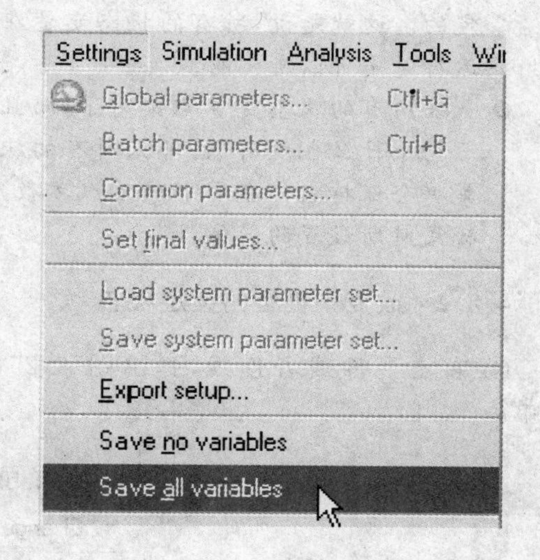

图 4.23　设置菜单

如果是作大型系统的线性分析，那么在运行前应将所有变量的 Save next status 的属性变成非真。

4.8　锁定状态

此功能只能在 Simulation（仿真）工作模式和 Parameter（参数）工作模式中使用。

除了约束变量外，Explicit state（显式状态变量）和 Implicit state（隐式状态变量）都有真/假两种 Locked（锁定）状态。此状态只影响存在稳态运行时的运行结果。如果有一个变量被锁定了，那么它的数值在稳态运行时就不会改变。

锁定状态功能对于那些想获得局部系统平衡的高级用户来说是非常有用的。

对于下述 3 种情况，状态变量的 Locked status(锁定状态)可以被改变：

- 所选的子系统。
- 一个子模型的所有状态变量。
- 单独的状态变量。

4.8.1 全局改变锁定状态

① 选择所感兴趣的系统，或者使用如下操作选择整个系统：

- 按 Ctrl＋A 快捷键。
- 选择 Edit→Select all。

② 右击所选中系统或者单击 Settings(设置)菜单，接着选择 Unlock all states(解除锁定所有状态变量)或者 Lock all states(锁定所有状态变量)，如图 4.24 所示。

注：

- 默认情况下，所有的状态变量是被解除锁定的。这就是说，所有的状态变量在稳态运行时是可以变化的。
- 如果所有的状态变量都锁定了，而且稳态运行中什么也没有做，那么所有的状态变量将会保持它们在 Parameter(参数)工作模式时所设置的数值。

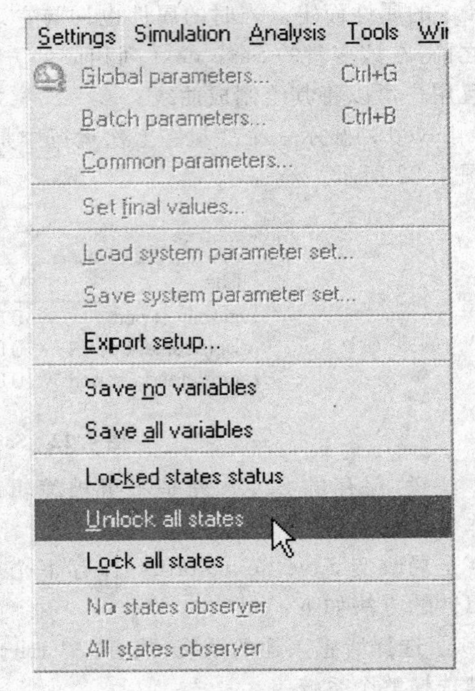

图 4.24 设置菜单

4.8.2 改变子模型的锁定状态

① 右击元件或者连线，弹出图 4.25 所示菜单。

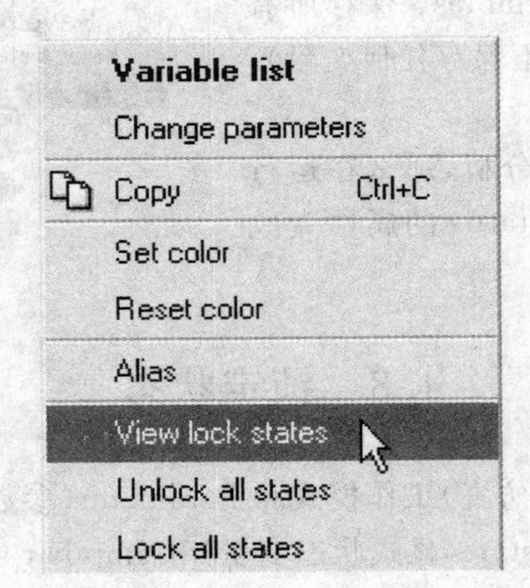

图 4.25 右键菜单

② 选择 View lock states(查看锁定状态)，弹出 Locked states status(锁定状态情况)对话框，如图 4.26 所示。

③ 单击 UnLock All 或者 Lock All 按钮。

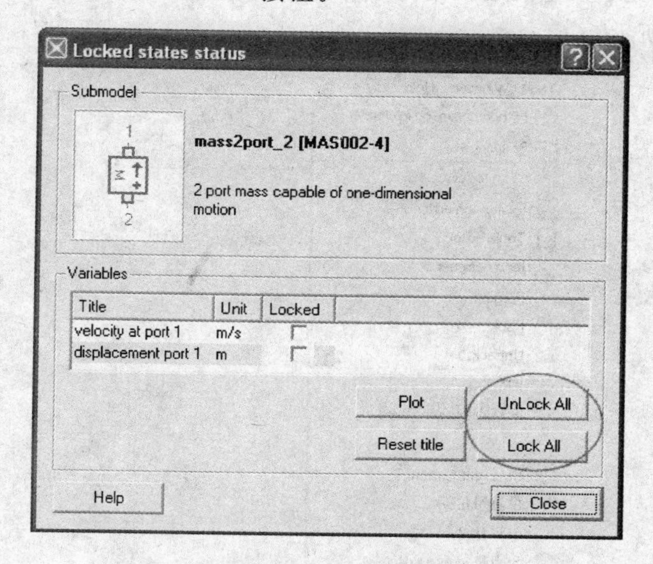

图 4.26 锁定状态情况对话框

4.8.3 改变个别状态变量的锁定状态

当改变个别状态变量的锁定状态时，有两种情况要考虑：Scalar states case（标量状态变量的情况）和 Vector states case（矢量状态变量的情况）。

(1) 标量状态变量的情况

① 右击元件或者连线，弹出如图 4.27 所示菜单。

② 选择 View lock states（查看锁定状态），弹出锁定状态情况对话框，如图 4.28 所示。

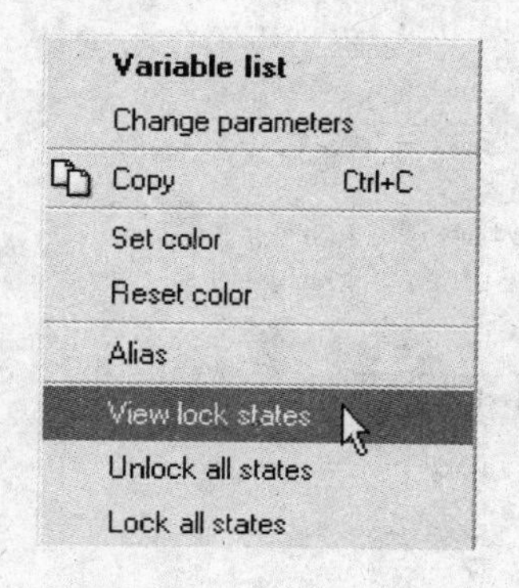

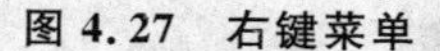

图 4.27 右键菜单

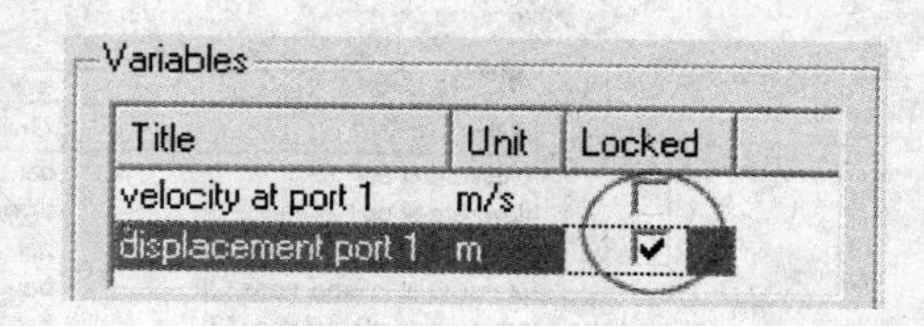

图 4.28 锁定状态

③ 改变状态变量 Locked（锁定）列的复选框，以改变个别状态变量的锁定状态。

(2) 矢量状态变量的情况

状态变量除了普通类型的还存在矢量类型的，此变量是多维的。给定矢量的成分可以：

- 全部都是锁定状态或者全部都是未锁定状态。
- 每个成分都有不同的锁定状态。

可以有两种方法显示矢量状态变量，选择 Tools→Options 菜单中的 Expand vectors（展开矢量），如图 4.29 所示。

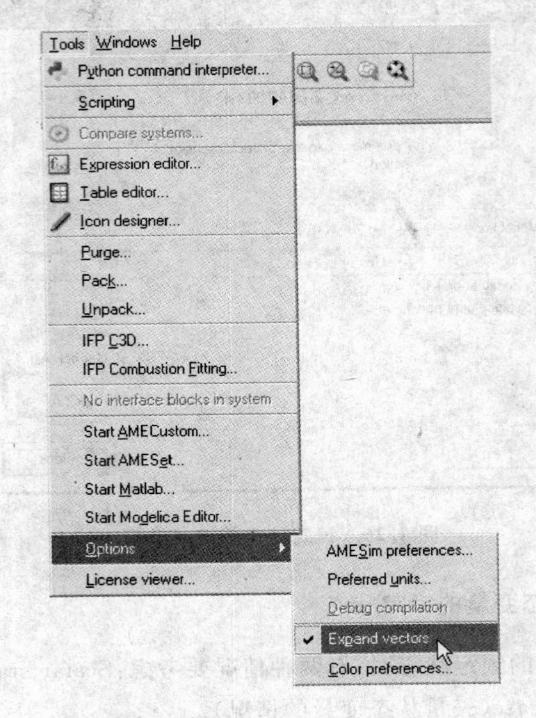

图 4.29　Tools→Options 菜单

选择了 Expand vectors（展开矢量）选项，矢量中所有成分的锁定状态就可以单独设置。右击所关注的子模型打开 Locked states status（锁定状态情况）对话框，如图 4.30 所示，可以对矢量中所有成分的锁定状态进行单独设置。

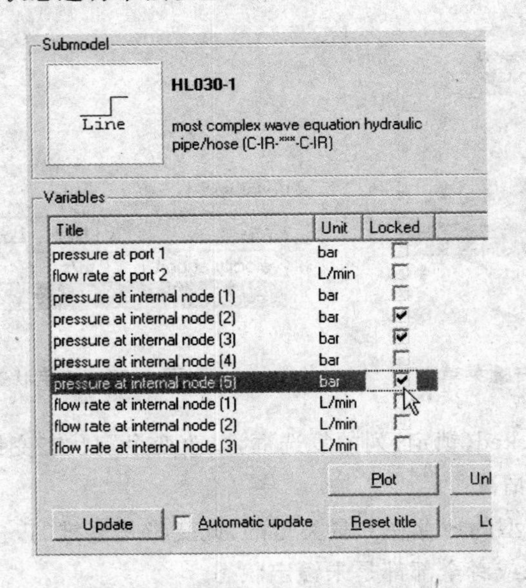

图 4.30　对矢量中所有成分的锁定状态进行单独设置

如果没有选择 Expand vectors 选项，那么矢量中所有的成分都会被一次设置成相同的状态，如图 4.31 所示。

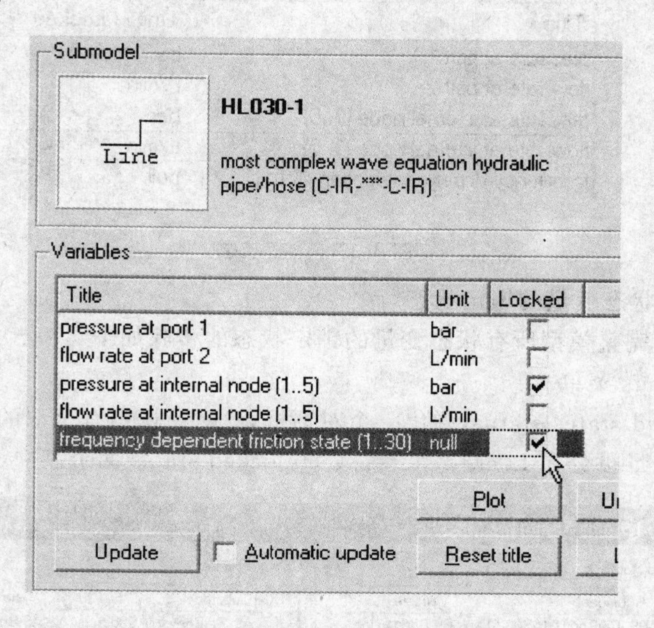

图 4.31 矢量所有成分都是相同的状态

如果矢量中所有成分都有相同的锁定状态，那么此状态会如同上图一样被显示出来。另外，Locked(锁定)列显示“???”，如图 4.32 所示。

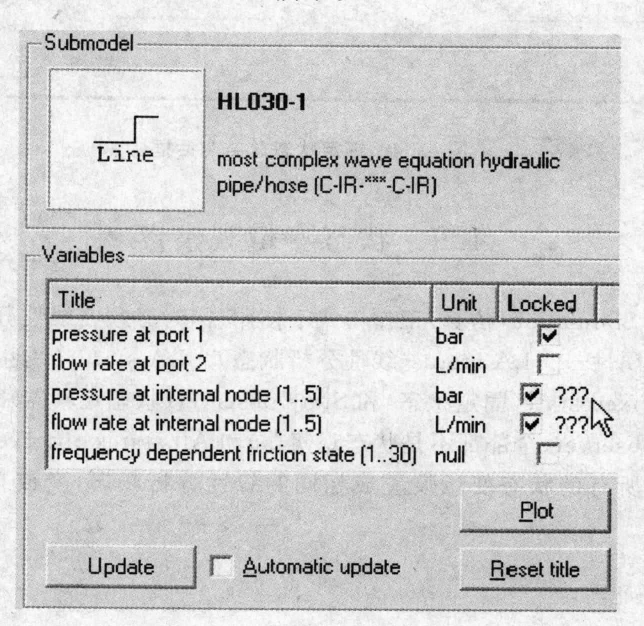

图 4.32 相同的矢量不同的状态

注意，如果用户改变了标有“???”的矢量的锁定状态，那么这个“???”标记就会消失，并且所有矢量的成分都会有相同的锁定状态，如图 4.33 所示。

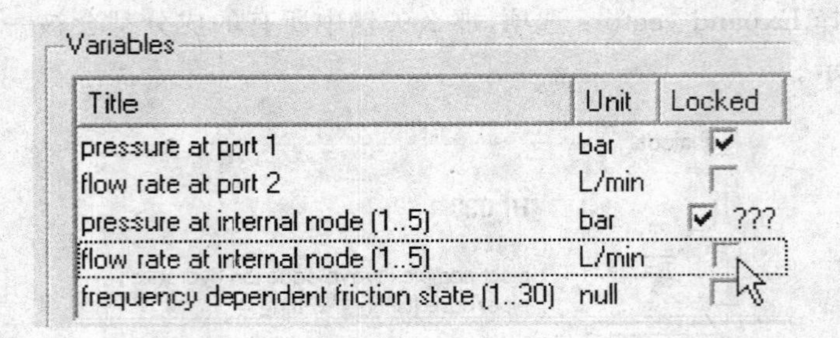

图 4.33　改变状态

(3) 全局观察状态变量的锁定状态

全局观察一个完整模型所有状态变量的锁定状态的步骤如下：

① 单击 Settings 菜单。

② 单击 Locked states status，弹出一个对话框，此对话框中有全部的状态变量。

所有的状态变量被分在 Locked states 或 Unlocked states 两个表中，如图 4.34 所示。

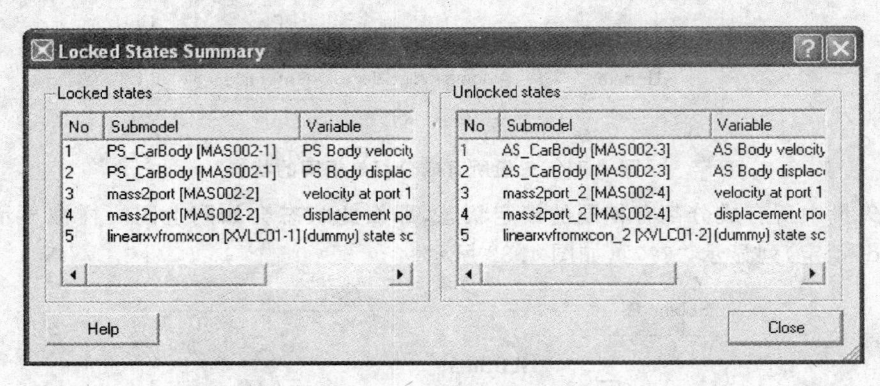

图 4.34　锁定状态总结对话框

4.9　状态变量观察器

此功能只能在 Simulation(仿真)工作模式下使用(同时必须在线性分析模式下)。

状态变量有种属性——LA status(线性分析状态)。LA status(线性分析状态)分为 Free state(自由状态)、Fixed state(固定状态)和 State observer(状态观察器)3 种。

用 No states observer(全部都不是状态观察器)和 All states observer(全部都是状态观察器)两种工具，可将所有的状态变量设置成相同的线性分析状态(变成自由状态或者状态观察器)。

第5章 仿 真

本章介绍第3个菜单——Simulation(仿真)菜单，以及在AMESim中运行仿真的过程。仿真菜单如图5.1所示。

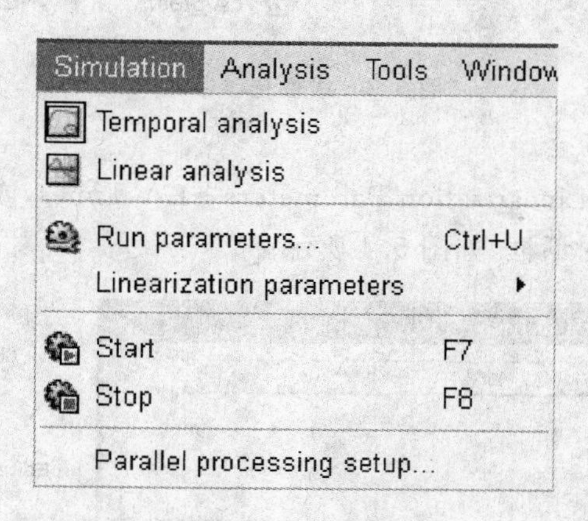

图5.1 仿真菜单

除Parallel processing setup外，在Simulation模式下都可以使用Simulation菜单。通过该菜单可以设置运行参数，运行仿真并选择Temporal或Linear analysis方法对仿真结果进行分析。

5.1 时域分析和线性分析

单击相关元件或者连线时，AMESim会根据当前选择的模式是Temporal analysis(时域分析)还是Linear analysis(线性分析)来执行相关指令。如果当前选择的模式为Linear analysis，将激活图5.2所示的图标。

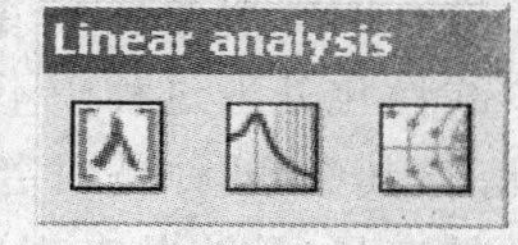

图5.2 线性分析图标

在Temporal analysis模式中可以绘制图形。该操作涉及AMESim读取的是标准运行的.results结果文件还是批处理运行的.results结果文件。

在Linear analysis模式中可以：

- 设置进行线性分析时的相关参数；
- 查看特征值；
- 绘制波特图、奈奎斯特图及尼克尔斯图；
- 检查模态；
- 绘制根轨迹。

该操作涉及AMESim读取.jac(Jacobian)文件。

两种模式下都可以对运行参数进行设置并启动运行。

5.1.1　线性化参数

当选择 Linear analysis 模式时，将激活 LA Times（线性化时刻）和 LA Status（线性分析状态）菜单选项和按钮，如图 5.3 所示。

图 5.3　线性化参数菜单

1. 设置线性化时刻

① 选择 Simulation→Linearization Parameters→LA Times，或者单击，弹出 Linearization Times（线性化时刻）对话框，如图 5.4 所示。

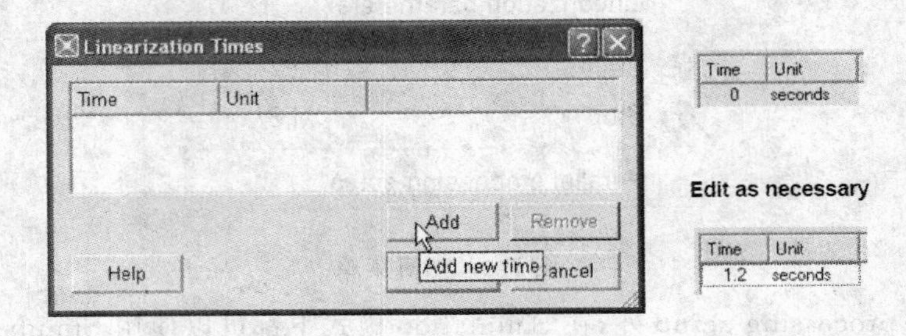

图 5.4　线性化时刻对话框

② 根据需要，可以输入多个线性化时刻。

③ 要删除线性化时刻，在该列表中先选中相关项，并单击 Remove（移除）按钮。

④ 要使设置生效，单击 OK 按钮；要取消该设置，单击 Cancel 按钮。

2. 线性分析状态

广义上讲，可以将 state variable（状态变量）定义为显式状态、隐式状态和约束变量。

所有的状态变量都可以设置成 LA Status 中的一种：自由状态、固定状态和状态观测器。

线性化处理过程中不包含固定状态。而状态变量不是固定状态就是自由状态，如果有 N 种状态，其中 M 种是固定状态，那么产生的雅克比行列式的秩为 $N-M$。自由状态同时也是观测器变量，称为状态观测器。

除状态变量外，所有变量也都可以设置成 LA 状态中的一种：清除变量、控制变量和观察变量。

状态变量不能作为控制变量使用。

AMESim 对系统在工作点进行线性化，产生状态空间方程的标准矩阵 $\boldsymbol{A}$、$\boldsymbol{B}$、$\boldsymbol{C}$ 及 $\boldsymbol{D}$：

$$\dot{\boldsymbol{x}}=\boldsymbol{A}\boldsymbol{x}+\boldsymbol{B}\boldsymbol{u}$$
$$\boldsymbol{y}=\boldsymbol{C}\boldsymbol{x}+\boldsymbol{D}\boldsymbol{u}$$

式中，$\boldsymbol{x}$、$\boldsymbol{u}$ 和 $\boldsymbol{y}$ 分别为状态、控制和观察变量。

严格讲，这种方法只用于常微分方程。

在对系统进行线性化处理时可以减小状态变量的子集，此时需要将一部分变量排除出来并将其 fixed（固定），这些变量随即被设置成 fixed states（固定状态）。也就是说，此时线性分析的状态被设置为固定状态。

由于线性化过程中剔除了一些变量，降低了矩阵 **A** 的维数，同时矩阵特征值的个数也相应减小。

在线性化过程中，如果一个变量不是固定状态，则该变量至少应设置成自由状态；该变量也可以被设置成观察状态，成为观察向量的一部分。

下面对线性分析时可能的状态及相应 ***x***、***y*** 向量的影响作简单总结：

- 任何设置成固定状态的状态变量应排除在线性化处理之外；
- 任何设置成自由状态的状态变量都应包含在 ***x*** 向量中；
- 任何设置成观察状态的状态变量应包含在 ***x*** 和 ***y*** 向量中；
- 任何设置成控制变量的变量应包含在 ***u*** 向量中；
- 任何设置成观察变量的变量应包含在 ***y*** 向量中；
- 任何设置成清除变量的变量应不包含在任何向量中。

要查看变量的当前状态，单击 或者选择 Simulation→Linearization Parameters→LA Times，打开 LA Status Fields 对话框，如图 5.5 所示。

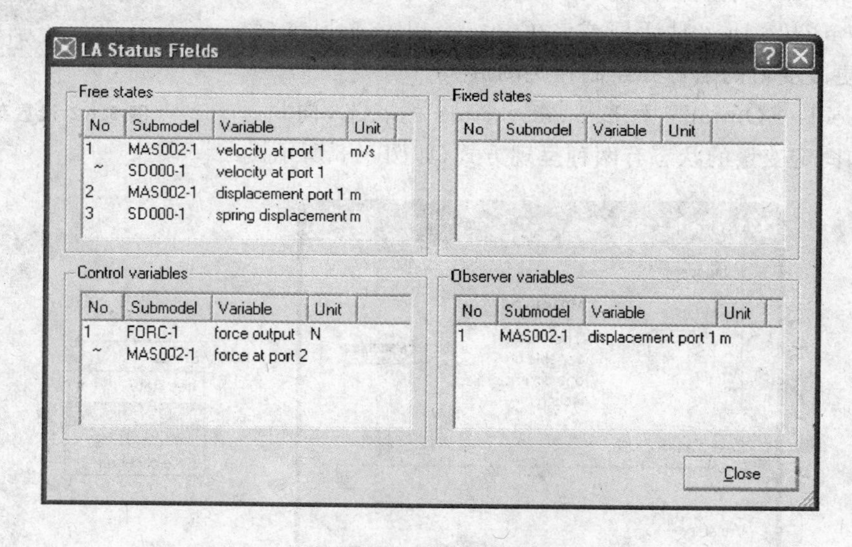

图 5.5 LA 状态对话框

注：

- 相关信息都存储在以自由状态、固定状态、控制变量和观察变量为标题的 4 个列表中。
- 既是状态变量又是观察变量的变量将同时出现在自由状态和观察变量列表中，这是变量可以同时出现在多个列表中的唯一情形。
- 每一项中有一个输出变量，如果对应的输入变量也存在，那么应加前缀"~"。
- 不能在该对话框中做任何更改，更改必须按照下节所述内容进行。

5.1.2 更改变量的 LA 状态

1. LA 状态的全局更改

自由状态和观察状态之间的互相转换最为普遍。针对这种情形，可以通过如下快速方法进行批量处理：

① 选择系统中感兴趣的部分或者通过下述方法选择整个系统：

● 按 Ctrl＋A 快捷键；

● 选择 Edit→Select all。

② 在菜单栏中选择 Settings→No states observer 或者 Settings→All states observer，如图 5.6 所示。

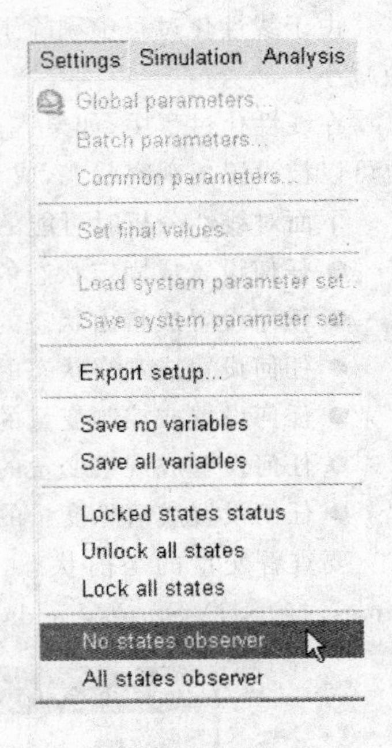

图 5.6　设置菜单

2. 单个变量状态的更改

① 在 LA 模式下，单击所选元件或连线，弹出 Contextual variables 标签，或者双击该元件或连线弹出 Variable List 对话框，如图 5.7 所示。

② 单击 Status 的相应项目，弹出图 5.7 所示右边菜单。

③ 选择所需要的状态。

④ 单击 Close 按钮并保存所做的更改。

通过 Variable List 对话框或者 Contextual variables 标签，还可以更改变量的名称并绘制相关图形。

根据 Tools→Options 中 Expand vectors 的状态，向量、约束变量和固定变量的状态有两种呈现方式，如图 5.8 所示。

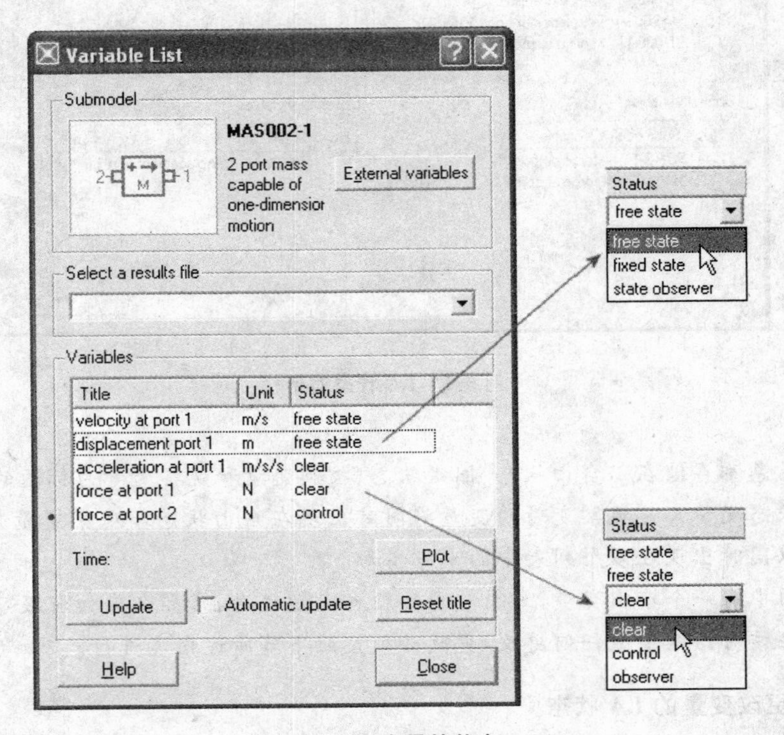

图 5.7　变量的状态

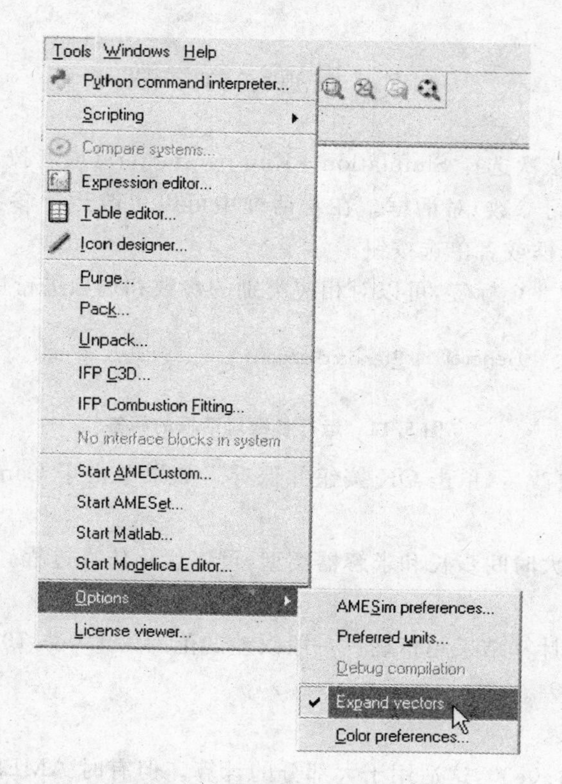

图 5.8　工具栏中的 Expand vectors

如果选择了该项，则可以单独设置向量中每个元素的状态，如图 5.9 所示。

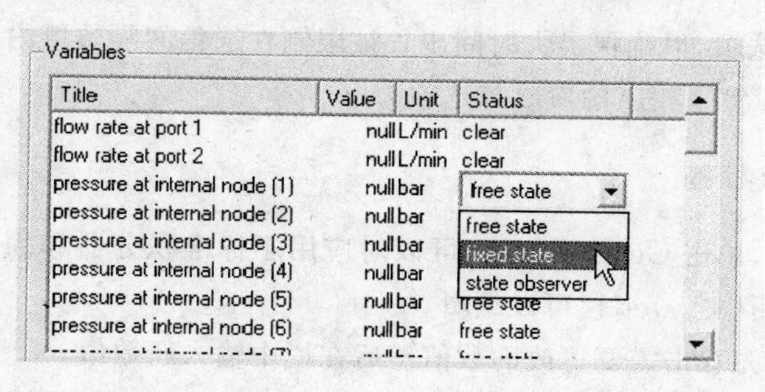

图 5.9　单独设置向量中每个元素的状态

如果 Expand vectors 没有被选中，则向量内的所有元素都被设置成相同状态。在这种情况下，对于一个给定的向量，在状态栏中显示所有元素的共同状态；否则，状态栏显示图 5.10 所示的 3 个问号“???”。

Variables

Title	Unit	Status
pressure at port 2	bar	state observer
flow rate at port 2	L/min	state observer
pressure at internal node (1..20)	bar	???
flow rate at internal node (1..20)	L/min	clear

图 5.10　同一向量的元素状态不同时显示为“???”

5.2 设置运行参数

单击按钮，或者依次选择 Simulation→Run parameters(或者按 Ctrl+→快捷键)，可弹出 Run Parameters(运行参数)对话框。在对话框中可以更改运行参数，可以改变数值，可以启用或者禁用各种复选框或者单选按钮。

单击对话框顶部的 3 个标签，可以对相应类别的参数和选项进行更改，如图 5.11 所示。

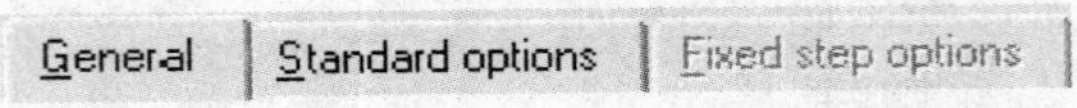

General | Standard options | Fixed step options

图 5.11 运行参数对话框的标签

完成所需的参数更改后，单击 OK 按钮并保存。如果单击了 Cancel 按钮，则所做的更改无效。

通过调整误差、最大时间步长和求解器类型，可以优化仿真过程。

(1) 误差

误差设置得越小，计算结果越精确。一般误差的范围为 1.0e-10～1.0e-3。当计算不收敛时，可以考虑减小误差。

(2) 最大时间步长

该项的默认值为 1.0e30，这适用于大部分的计算。但有时 AMESim 采用太大时间步长，使得计算结果奇异，这时候就需要减小时间步长。

(3) 求解器类型

选择 Cautious 选项，以确保最大时间步长被限制在通信间隔数值内。

下面介绍 3 个标签下相应的参数和选项。

5.2.1 General 标签

如图 5.12 所示，单击 General 标签，可以对应用于标准积分器和固定步长积分器的数值和选项进行更改。图中 Value 栏可以编辑。

更改数值时，首先双击需要更改的数值然后在栏中输入新数值。

列表中头两项的意思显而易见，下面对第 3 项及其他选项按钮作简要介绍。

(1) 通信间隔

在仿真运行过程中，数据被写入结果文件。通信间隔决定了这种写入的频率，通信间隔越小，结果文件(.result)越大。大多数 AMESim 用户一般在结果文件中存储 1000 个数据点。也就是说，大部分情况下：

$$通信间隔=(结束时间-开始时间)/1000$$

AMESim 积分器使用的通信间隔和时间步长是完全相互独立的。如果 Discontinuity printout 按钮被禁用，则在这些离散点额外的数据将被写入结果文件。

(2) 积分器类型

单击图 5.13 所示单选按钮，可以选择标准或者固定步长积分器。一般情况下都是选择标准积分器。如果系统中含有任何种类的显式变量，则不能选择固定步长积分器。

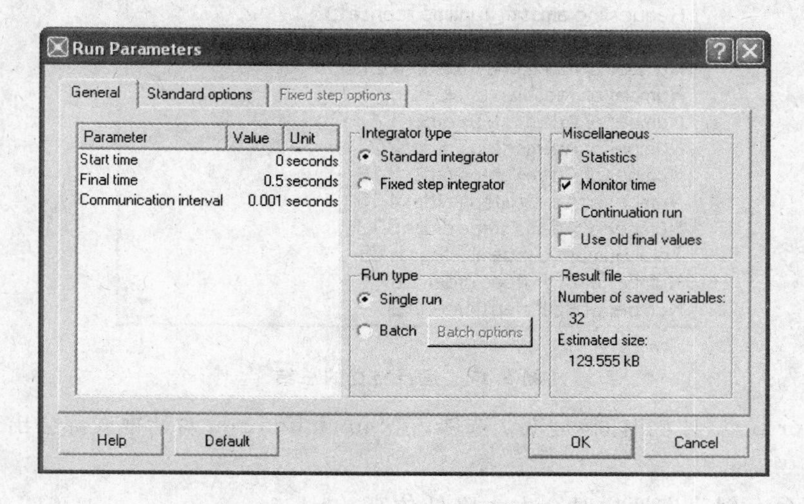

图 5.12 运行参数对话框中的 General 标签

(3) 运行方式

如图 5.14 所示，有单个运行和批量运行两个单选按钮。

当选择了批量运行时，批量运行按钮被激活。单击该按钮，则可以定制批量运行的子集，通过图 5.15 所示的 Batch Run Selection（批量运行选择）对话框，可以选择需要保留或移除的运行子集。

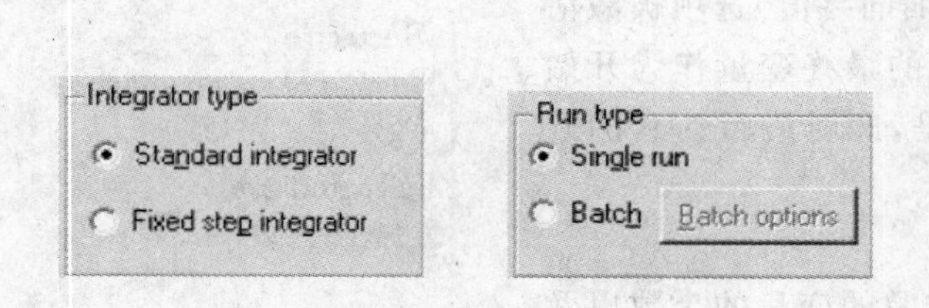

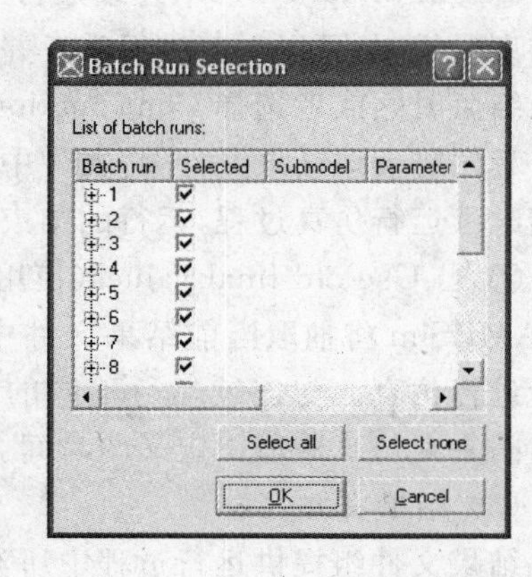

图 5.13 积分器类型选择　图 5.14 运行方式选择　图 5.15 批量运行选择对话框

(4) 杂项

如图 5.16 所示，此处包含了决定运行特性的 4 个复选框，每个复选框都可以任意启用或禁用。

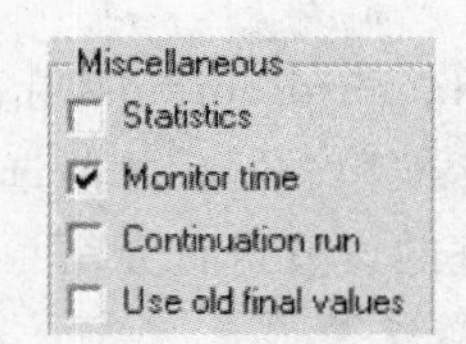

图 5.16 其他运行特性选择

① 选中 Statistics（统计）选项，运行结束后，对运行过程的简单总结显示在 Simulation run 对话框中，如图5.17 所示。

CPU 时间的精确性取决于使用的计算机平台。CPU 至少在一个平台时间是非常精确的。

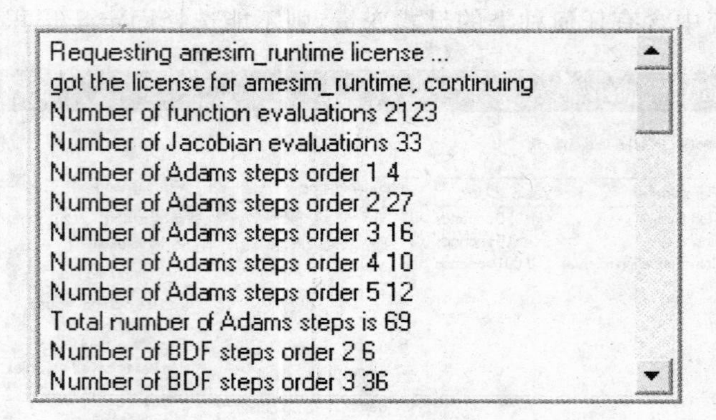

图 5.17　运行特性的总结

② Monitor time(监测时间)是默认选项,在 Simulation run 对话框底部会出现图 5.18 所示的进度栏。

在有些平台上创建进度栏时会大大降低仿真计算的速度:

- 分别在启用和禁用"时间监测"的情况下使用 AMESim,如果二者有明显的不同,则应将"时间监测"禁用。
- 进行基准程序测试时应禁用"时间监测"。

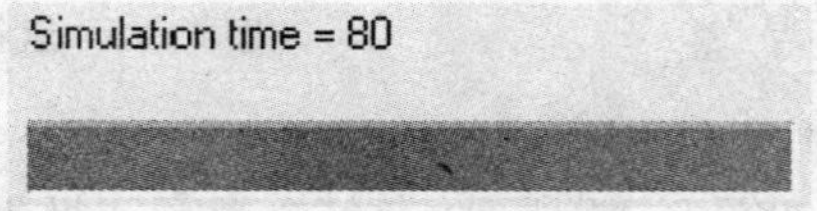

图 5.18　进度栏

③ Continuation run(连续运行)选项是默认禁用的。当仿真运行开始以后需要设置更长的结束时间时,可以对其进行重置并重新开始仿真。如果仿真计算的运行时间较长,可以通过延长结束时间或者选择 Continuation run 复选框来实现。

程序将读取结果文件,将文件中的状态变量值作为下次运行的初始值,结束时间作为开始时间继续运行仿真过程,运行的结束时间为新定义的结束时间。

④ 当 Use old final values(使用旧的终值)选项被激活后,AMESim 将抽取当前结果文件中的最终变量作为开始变量进行仿真。与连续运行不同的是,此时进行仿真的开始时间是在仿真数值中定义的时间。

(5) 结果文件

结果文件组提供运行过程中所涉及的变量的个数以及结果文件大小的估计值,如图 5.19 所示。

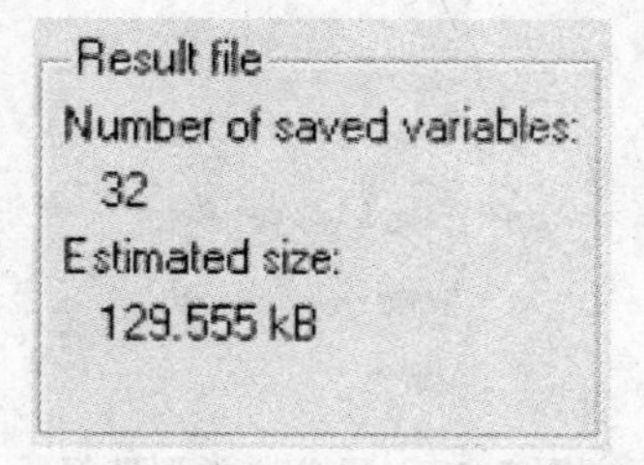

图 5.19　结果文件显示

5.2.2　Standard options 标签

Standard options(标准选项)标签只有在积分器类型中选中标准积分器后才能选择,如图 5.20 所示。下面对标签下两个变量值及一系列单选按钮、复选框的设置进行介绍。

1. 误差

AMESim 标准积分器通过一系列离散的步长来进行积分,每一步都会进行一个迭代过程并且这个过程必须收敛。每一个积分步长运行之后都会进行一次收敛检验,如果迭代过程确

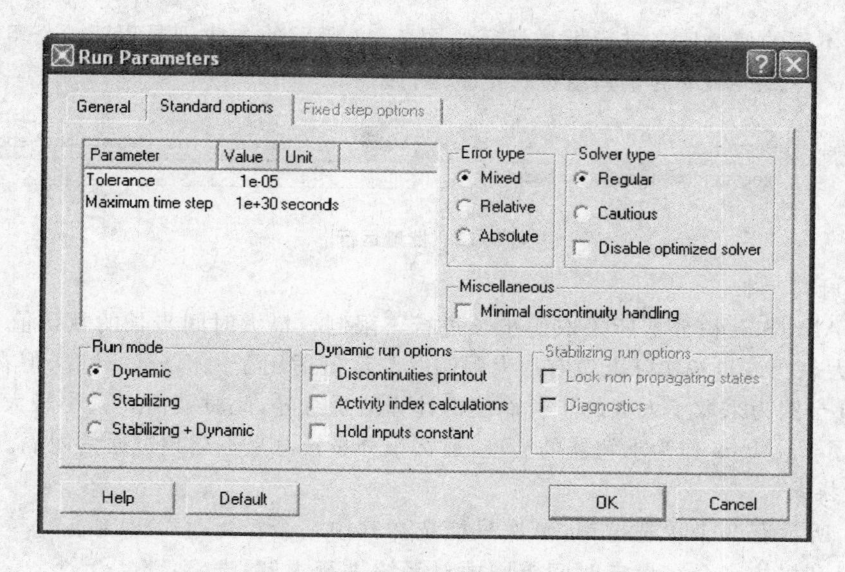

图 5.20 运行参数对话框中的标准选项标签

实都收敛，则通过进行误差检验来检查结果是否具有足够的精度。两次检验中任何一次不符合要求，则应以更小的积分步长重新进行积分计算。两次检验使用的偏差值在 Value 栏中定义。

值得注意的是：

- 偏差值与结果的最大实际误差之间没有必然的联系，只能说偏差值设置得越小，计算结果越精确。
- 一般情况下，偏差值不应低于 1.0e－10，但在某些情况下可以设置到 1.0e－14。
- 一般情况下，偏差值也不应大于 1.0e－3。

如果想检查计算结果的可信程度，最好是采取一系列的偏差值来进行运算，并比较这些运算结果的一致性。偏差值的默认值为 1.0e－5，一般情况下再分别以 1.0e－6、1.0e－7、1.0e－8、1.0e－9 为偏差值进行运算，结果也不会有显著的变化；如果结果有较大变化，则应采用较小偏差值时的计算结果。

SIMP1 是一个用处很大的子模型，它相应的图标!中含有一个“!”，表明在使用该模型时应谨慎对待。因为与运行参数对话框中所设置的值相比，设置在 SIMP1 中的参数具有更高的优先级，重要参数如图 5.21 中黑色实线框内所示。

Title	Value	Unit
set integrator tolerance	log to base 10	
set a maximum time step	yes	
set a maximum CPU time	yes	
error test	mixed	
integrator tolerance (log to base 10)	-5	
maximum time step	1e+30	s
maximum CPU time	1e+30	s

图 5.21 SIMP1 的参数

如果草图中含有这个图标，通过将该参数拖放至 Batch Control Parameters Setup 对话框中，可以采取不同的偏差值来进行批量运行。图 5.22 所示的参数则是以 1.0e－5、1.0e－6、1.0e－7、1.0e－8、1.0e－9 为偏差值进行批量运行。

Submodel	Parameter	Value	Step size	Num below	Num above
SIMP00-1	integrator tolerance (log to base 10)	-5	-1	0	4

图 5.22　批量运行

2. 最大时间步长

该项对 AMESim 积分器所采取的步长进行了限制。最大时间步长的默认值为 1.0e30，由于数值很大表明该步长实际上没有最大限制。默认值适用于大部分的计算，但在某些情况下，AMESim 会因为采取了太大的步长而使得计算结果奇异，此时就需要减小最大时间步长。但如果选择了 Cautious 作为求解器的类型，那么积分步长总是不会超过通信间隔。

3. 运行模式

图 5.23 所示有 3 个单选按钮，每次只能选择其中一个。当选择 Dynamic 时，仿真会在设定时间范围内对系统进行求解；选择 Stabilizing 时，仿真在模型的平衡位置进行求解；当选择“Stabilizing ＋ Dynamic”时，先进行一次稳态模式运行，紧接着再进行一次动态模式运行。

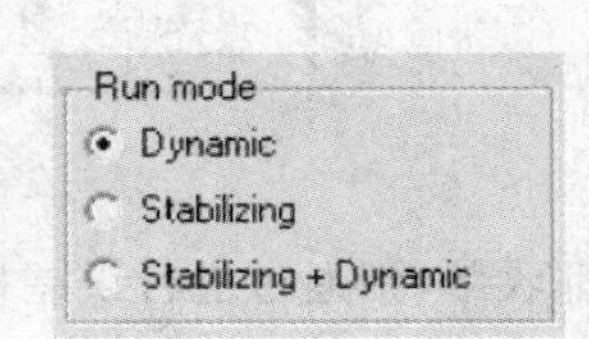

图 5.23　运行模式选择

4. 动态模式运行选项

只有选中了动态模式或者稳态＋动态模式之后，才能对图 5.24 所示的 3 个复选框进行选择。如果选中 Discontinuities printout（非连续打印输出），间断点的额外的值将被写入结果文件。默认情况下 Activity index calculations（活性指数计算）复选框被禁用，此时不会对活性指数进行计算，变量表中也不会有相应的显式。如果选中了该项，将对指数进行计算，此时 CPU 时间稍有提高。

如果选中 Hold inputs constant（固定输入参数）项，积分器总在初始变量值时调用模型，即模型的输入参数被恒定了。通过该项可以求得系统在平衡位置的解。

5. 稳态模式运行选项

只有在选中了 Stabilizing 或“Stabilizing ＋ Dynamic”模式之后，才能对图 5.25 所示的两个复选框进行选择。

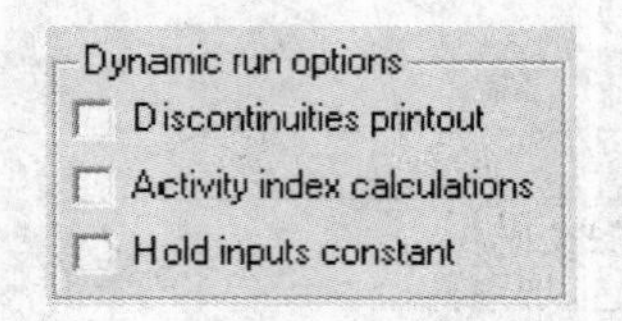

图 5.24　动态运行选项

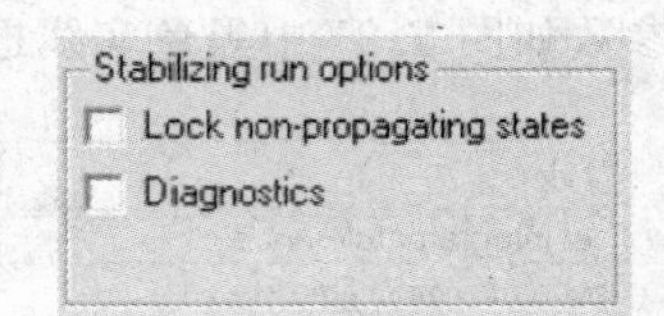

图 5.25　稳态运行选项

默认情况下，Lock non-propagating states 复选框被禁用。如果选中了该项，则在进行稳态模式运行时，任何趋于激增的状态变量将被拉回初始值。

该值对其他状态变量没有影响，因此称为“非传播状态”。下面以一个简单的例子来说明该项设置的用处，如图 5.26 所示。

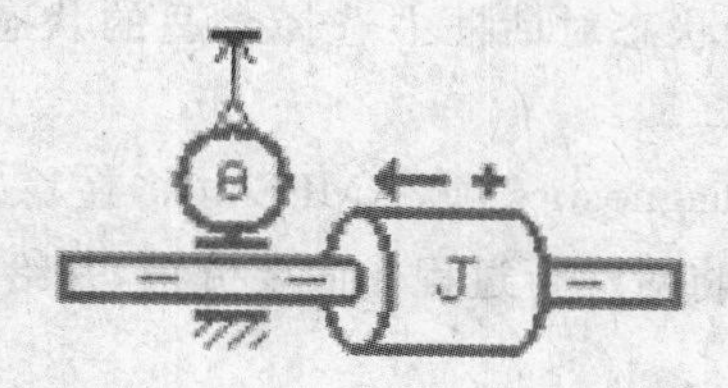

图 5.26 选中 Lock non-propagating states 复选框的实例

旋转系统的角位移既作为计算用的状态变量又作为信号端口的输出变量，此时没有对这个信号进行任何处理，所以可以视为非传播状态。另外，由于没有对该值作任何限制，所以在进行稳态模式运行时角位移将激增到一个很大的值。如果此时选中了 Lock non-propagating states 就不会发生这种情况，角位移变量将保持在初始值。

另外，如果通过引入反馈信息给出上述状态变量，如图 5.27 所示，则该变量就不能称为“非传播状态”。此时就不需要选中 Lock non-propagating states 复选框了。

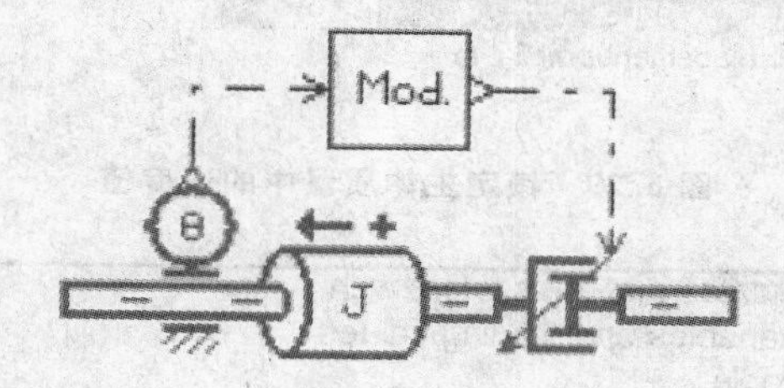

图 5.27 未选中 Lock non-propagating states 复选框的实例

稳态模式运行失败后，可以通过启用 Diagnostics 来给出相关建议。稳态模式运行的问题就在于此时很容易搭建出无解的方程，尤其在手动锁定状态的时候。下面将以一个 1/4 车辆模型的例子来简单说明这种情况，如图 5.28 所示。

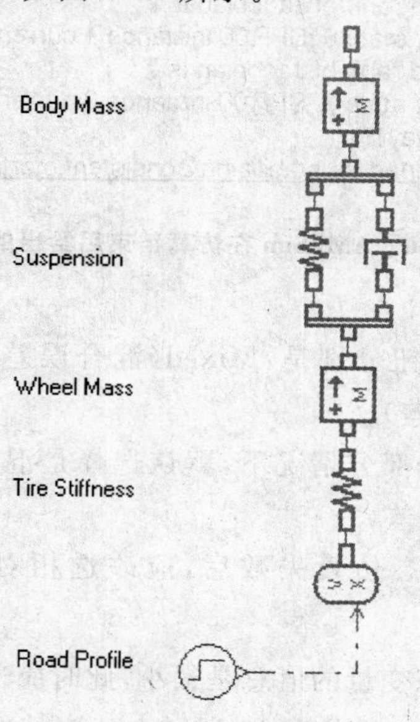

图 5.28 1/4 车辆模型

右击相应元件并在锁定变量状态对话框中选择合适的状态，如图 5.29 所示，锁定车体质量块中的速度，进行稳态模式仿真。

如果禁用了 Stabilizing run diagnostics 项，AMESim 将在稳态仿真的对话框中报告运行失败；而如果启用了该项，AMESim 将对运行过程作简要分析，并给出如图 5.30 所示的建议。

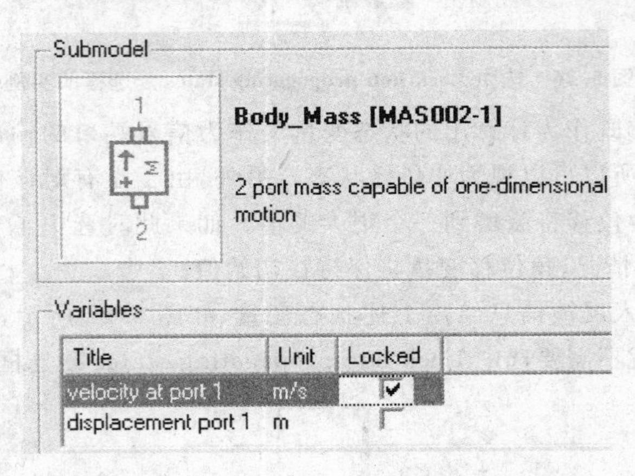

图 5.29　锁定主体质量中的速度值

Linearization indicates that the system with
current locked variables and starting values
may not be solvable.
There are 7 states. Rank of Jacobian is 6.
Cannot solve for state 1: MAS002 instance 1 velocity at port 1 [m/s]
With state 1 unlocked rank of Jacobian is 7
Good solution unlock state 1: MAS002 instance 1 velocity at port 1 [m/s]
With state 4 locked rank of Jacobian is 7
Good solution lock state 4: MAS002 instance 2 velocity at port 1 [m/s]
With state 6 locked rank of Jacobian is 7
Good solution lock state 6: SPR00 instance 1 current spring length [m]
With state 7 locked rank of Jacobian is 7
Good solution lock state 7: SPR00 instance 2 current spring length [m]
Will try to do run anyway!
No good solution obtained for stabilizing/consistent starting values run.

图 5.30　AMESim 在仿真结束后给出的建议

6. 误差类型

图 5.31 所示的 3 个单选按钮分别是：Mixed（混合误差）、Relative（相对误差）和 Absolute（绝对误差）。

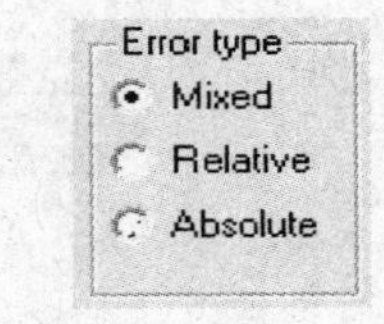

图 5.31　误差类型选择

三者之中必须选择一个。大部分情况下，默认选择是混合误差，但下列两种情况下最好选择相对误差：

- 当选择混合误差进行稳态仿真失败后，应改选相对误差重新运行；
- 如果总有一个或几个状态变量的值总是很小，此时应选择相对误差；

若记偏差值为 tol，则可对每一个状态变量 y_i 的误差 ε_i 进行计算。

ε_i 用于收敛和误差检验，针对每一种误差，分别采用表 5.1 所列的检验。

表 5.1 不同误差类型对应的检验

类 型	误 差
Mixed(混合误差)	$\varepsilon_i < tol(1+y_i)$
Relative(相对误差)	$\varepsilon_i < tol(1.0e-10+y_i)$
Absolute(绝对误差)	$\varepsilon_i < tol$

为保证完整性,还提供了绝对误差的检验,但实际中很少用到。

7. 求解器类型

如图 5.32 所示,求解器类型只有 Regular 和 Cautious 两种。一般情况下,采取 Regular 求解器可以加快运行速度;但在某些情况下,当 Regular 求解失效时,应采取 Cautious 方式进行求解。

一般,默认情况下都选用最佳求解器方式,这对使用 AMESim 中标准子模型搭建的模型都比较适用。而当用户使用自己建立的子模型进行仿真时,仿真时间可能会变长。这是因为用户自定义模型中的有些模型破坏了子模型的编码规则。此时可以通过选中禁用最佳求解器这一复选框来解决这种情况。

当用户只用 AMESim 自带子模型进行仿真时,应重新激活最佳求解器。

8. 杂 项

当对动态模式中的导数或者残差进行评价时,Minimal discontinuity handling 的独到之处就是可以忽略不起作用(不影响状态变量)的间断点。

如图 5.33 所示,默认情况下该项是被禁用的。一般情况下,最好不要启用该项。

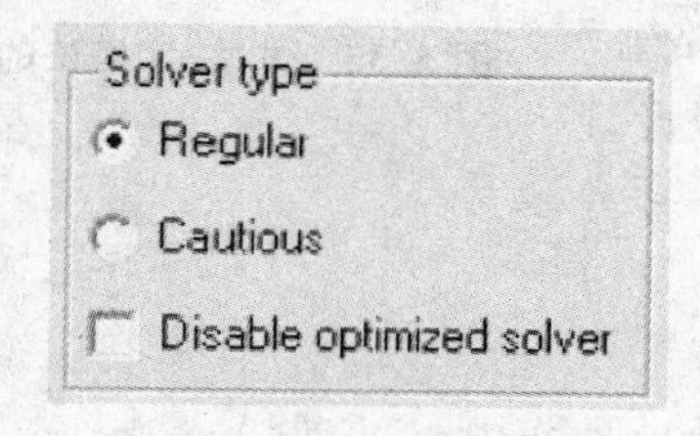

图 5.32 求解器类型选择

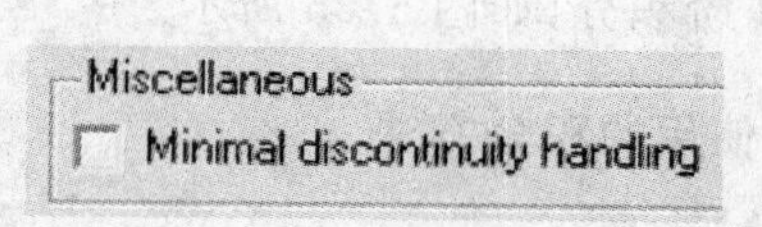

图 5.33 杂项的默认选择

如果选中了该项,AMESim 将忽略最不规则的间断点。当仿真运行速度很慢且需要快速得到结果时可以选择该项。一般来说,此时的运行速度应大大加快,但在某些情况下运行变得更慢并可能使得仿真完全失效。

用户如果想保证积分过程的精确性,必须把对 Minimal discontinuity handling 的使用作为最后的选择。

5.2.3 Fixed step options 标签

图 5.34 列出了在运行参数对话框中单击固定步长选项标签后的情况,下面对相关选项和选项的设置进行介绍。

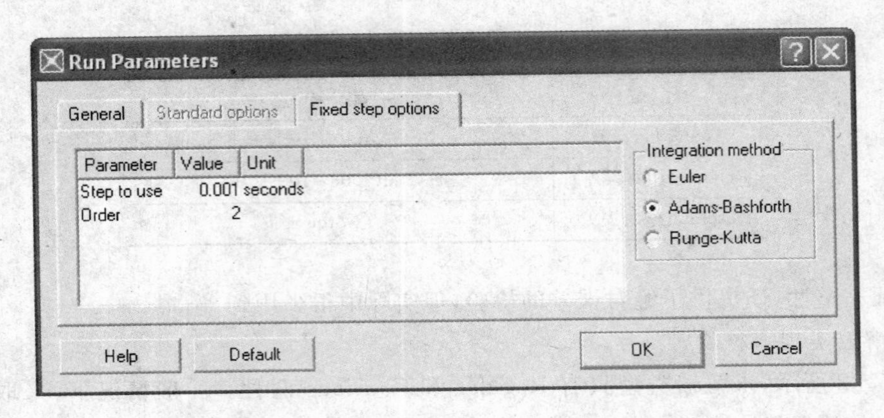

图 5.34　运行参数对话框中的固定步长选项标签

1. 积分方法

3 种积分方法分别是 Euler(欧拉法)、Adams-Bashforth 法及 Runge-Kutta(龙格-库塔法)。此 3 种积分方法都是显式且采取固定积分步长。

欧拉法是最为人们所熟知的,它主要用于 1 阶积分;

2～4 阶积分采用的 Adams-Bashforth 法都是线性多步法,其优势是每步只需要调用模型一次,缺点是高阶积分时不稳定;

龙格-库塔法也可以进行 2～4 阶积分,随着阶数的增加积分稳定性也增加,但同时也增加了调用模型的次数。

2. 积分参数设置

① 使用的步长。此步长就是积分所用的固定步长。

② 阶。只有选择了 Adams-Bashforth 或者龙格-库塔法该项才可见(因为欧拉法是 1 阶积分),用户可以设置成 2、3 或者 4 阶积分,如图 5.35 所示。

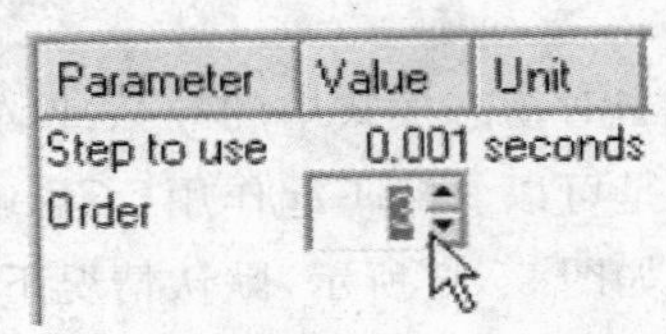

图 5.35　龙格-库塔法的阶数选择

5.2.4　使用的积分方法

本节内容适用于对 AMESim 采取的数值算法感兴趣的用户。

某些仿真软件给出了选择积分算法的菜单,但要对一个新构造的系统作有根据的选择是很难的。这是因为在仿真过程中可能改变了系统控制方程的特性。这种情况经常发生在间断点处。算法 A 在间断点之前可能非常合适,而间断点之后可能算法 B 更加合适,算法 A 就不适用了。当然不能期望用户在这样的点处终止运行,并采取另一种积分算法来重新开始仿真。事实上经常发生这种情况,就是某种积分算法不适用于仿真过程中的某一部分,而这种情况一旦发生就会导致运行时间延长。

AMESim 提供的积分器可以分为以下两种类型:

- 带误差控制的可变步长,可变阶的方法;
- 不带误差控制的固定步长,固定阶的方法。

标准 AMESim 积分器带有 17 种可变步长、可变阶的积分方法。这些方法都具有很强的鲁棒性和灵活性,适用于大部分情况下的问题,一般情况下用户都可以使用这些方法进行计算。

1. 最佳求解器

AMESim 是一款兼顾了速度和精确度的仿真工具，尤其是在流体和机电系统方面。由于使用了 Optimized solver 在计算速度方面也有了很大改进。

选择 Optimized solver 对大的系统进行仿真时运行速度加快，一般因子可以超过 5，尤其是对于复杂的液压或机械系统。除了对大系统仿真有明显的改进外，使用该项对所有系统的仿真多少都会有改进，而且这并不影响结果的精确性。

默认情况下一般都选用 Optimized solver 方式，这对使用 AMESim 中标准子模型搭建的模型都比较适用。而当用户使用自己建立的子模型进行仿真时，仿真时间可能会变长。这是因为用户自定义模型中的有些模型破坏了子模型的编码规则。如图 5.36 所示，此时可以通过选择运行参数对话框中标准选项标签下的相应复选框来禁用 Disable Optimized solver。

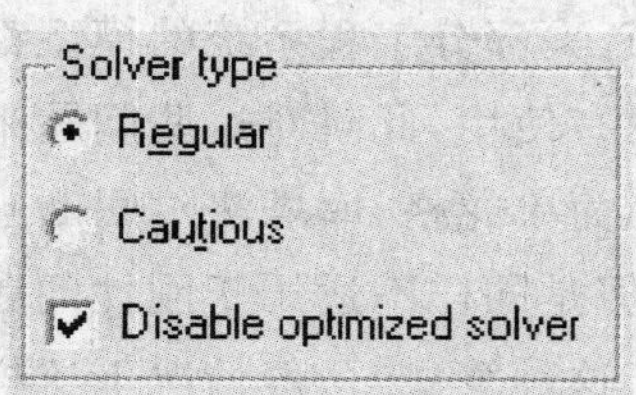

图 5.36 新求解器方式复选框

而当用户只用 AMESim 自带子模型进行仿真时，应重新激活最佳求解器。

2. 固定步长积分器

固定步长、阶积分方法的鲁棒性和灵活性不如可变步长、可变阶积分方法的强。但前者被大量应用于实时仿真中，这是因为它可以将 AMESim 中的模型导出到实时环境中。但是对导出到实时环境中的模型也有如下限制：

模型的控制方程一般必须是显式的，也就是说必须没有约束变量或者隐式状态变量；

对模型的大小也有限制，这主要取决于实时平台的容量大小；

模型的动态性应充分小，因为这常常涉及决定系统的特征值。

有经验的用户经常在 AMESim 中搭建非常复杂且保真度高的模型。而要在实时环境中运行这些模型一般需要进行相应的简化工作，这个过程就称为“模型降阶”。经过这一步后，用户可以认为模型已经可以在目标实时环境中运行，此时可以采取固定步长、固定阶的积分方法在 AMESim 中运行降阶后的模型。记住，参考结果的保真度是绝对高的，如果运行成功，此时可以将模型继续导入实时环境中。

注：不是说不可以采取固定步长、固定阶的积分方法对模型进行计算，而是不推荐这种仿真方式。因为这些方法是显式的，稳定性低且不带误差控制。

本节以下内容只适用于采取可变步长、可变阶的积分方法进行的仿真。

3. 标准积分器

工程系统仿真中最常出现的一个问题就是 numerical stiffness（数字刚度）的问题。刚度问题中的时间常数与仿真运行时间相比非常小。针对这种情况，可以用 Gear 算法来解决。而其他积分算法在遇到此类问题时运行速度不太可能变慢。

另一个常见的问题就是间断点，在这些点处从一个或一组控制方程转到另外一组完全不同的控制方程。发生在质量模型中的一个极端例子就是物体的运动是有物理限制的。这些常常被称为截止点。

AMESim 采用下列两种方法来对截止点进行建模：

① 将截止点视为有弹力和阻尼力的弹性物质；

② 将截止点视为非弹性物质，这样物体与截止点发生碰撞后立即静止不动。

第二种方法常被描述为理想截止点。在理想截止点处物体到达一个极限位置，并且立即保持静止不动，这就是一个真正的间断点。此时只有给物体施加了大到足够克服静摩擦力的正向力，才能使物体离开极限位置。AMESet 手册更为详细地描述了关于间断点导致的问题，有兴趣的读者可以参考一下。

除非专门编制了相关程序来处理间断点；否则，Gear 算法对间断点的处理不是很理想。然而，大部分工程系统的模型都是刚性的且都含间断点，要是没有编制相关的程序或者编制了但没有使用，此时对这些问题采用 Gear 算法就往往失效。

简单龙格-库塔法对间断点的处理相对较好，并且在某些问题上能够得到很好的运行结果，但是同样不适用于刚性问题。尽管如此，对含有很多间断点的刚性问题进行仿真时依旧采用了这种算法，一般情况下这样也能得到计算结果，但往往需要几小时或者几天的运行时间。我们的建议是，在间断点处理好的前提下采用 Gear 算法，这样能大大节省计算时间。

在 AMESim 标准积分器中用户不能选择积分算法，而是根据模型控制方程的特点自动选择最合适的算法。如果模型中含有隐式变量，将采用偏微分代数方程积分法 DASSL；否则，就采用常微分代数方程积分法 LSODA。

LSODA 算法既采用一系列的非刚性积分法——Adams-Moulton 多步法，也采用与 Gear 算法中同一系列的刚性积分法。LSODA 通过监测控制方程的特性，在必要的时候进行刚性积分与非刚性积分的转换。因此，不论模型常微分方程的特性怎样，LSODA 都可以通过这种方式进行非常有效的求解。

DASSL 应该是目前最好的偏微分代数方程积分法，并且是唯一的一种被广泛应用的算法。它采用的是与 Gear 算法中同一类型的积分方法，这是因为在时间常数趋于 0 时偏微分代数方程与常微分代数方程类似。非刚性积分法对偏微分代数方程的处理不理想。

隐式系统一般由一组约束方程与/或隐式方程组成。对这种系统的求解需要使用特定的基于牛顿法的迭代方法。这些方法都需要通过求解一个线性系统来求得一个量，而通过这个量迭代变量可以在给定的时间内得到收敛解。

求解这类系统时，用户可以选择以下两种方法：

● 基于高斯消元法的 LU 算法，可以对给定的系统直接求解；

● 基于 Krylov 子空间残差最小化的 Krylov 法，通过在子空间进行迭代得到原系统的解。

隐式积分器默认选择 LU 算法，这被广泛应用于求解此类系统。该算法先对迭代矩阵进行计算分解，然后将其应用到一系列的相关步骤中。

然而，对于奇异偏微分代数方程的积分可能需要进行预处理，再将预处理后求得的矩阵（与原迭代矩阵相似）应用到后续步骤中。这种处理只有在采用迭代法时才进行，并适用于大型系统的积分计算。

这两种方法的不同之处只是积分中线性系统的求解方式，其他如初始化及时间步长算法都一样。

注：预处理一般可以增强积分计算的鲁棒性，但同时也会降低效率并且需要更多的计算时间。另外，与直接求解相比，预处理需要进行更多的操作。

当某些偏微分方程需要用到迭代法时，用户可以在草图中加入 SIMP00 子模型来启用这项功能，并对该方法的相关参数进行设置，如图 5.37 所示。

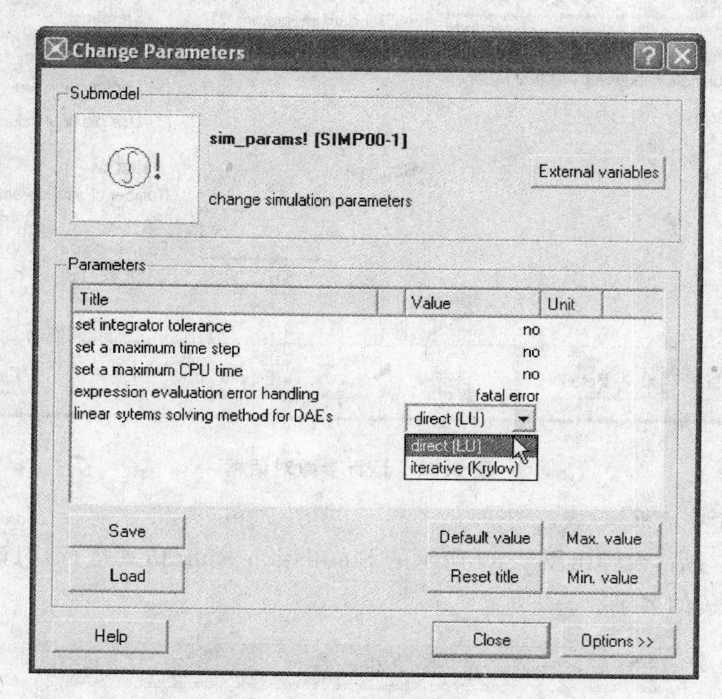

图 5.37 SIMP00 参数

AMESim 仿真采用的 DASSL 和 LSODA 算法与原始算法全然不同。

5.2.5 仿真运行

本节介绍 Simulation Run(仿真运行)对话框。进行仿真时：

① 如果有必要，应更改变量的保存和锁定状态；

② 如果有必要，应更改变量的线性分析状态；

③ 根据仿真的要求来设置运行参数，可以通过以下 3 种方法进行：

- 选择 Simulation→Run parameters；
- 按 Ctrl＋U 快捷键；
- 单击运行参数按钮，弹出如图 5.28 所示的运行参数对话框。

④ 通过选用下列方法中的一种进行仿真的初始化：

- 选择 Simulation→Start；
- 单击开始仿真按钮；
- 按 F9 键。

警告：在仿真进行过程中或者结束后不要更改结果文件的名称，因为该文件是用户得到仿真结果的唯一途径。

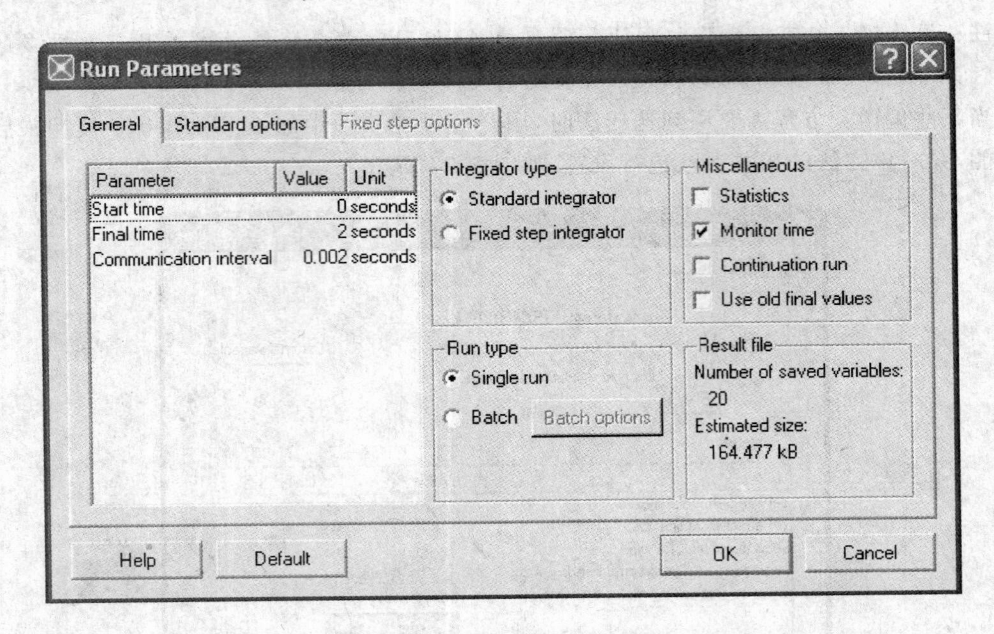

图 5.38　运行参数对话框

1. 仿真运行对话框

仿真开始运行后，会弹出图 5.39 所示的 Simulation Run（仿真运行）对话框，标题中同时也会显示仿真系统的名字。

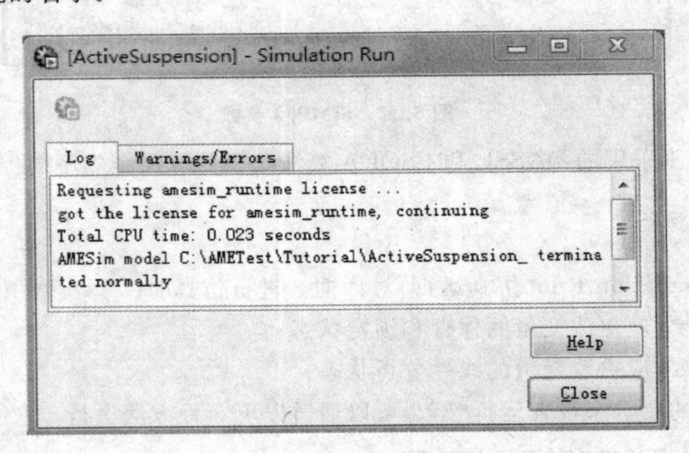

图 5.39　仿真运行对话框

对话框中有 3 个按钮：停止运行、Close（关闭）和 Help（帮助）。

另外，对话框中还有进度栏和 2 个与运行相关的表单，通过选择图 5.40 所示的两个标签，可以得到相关表单。

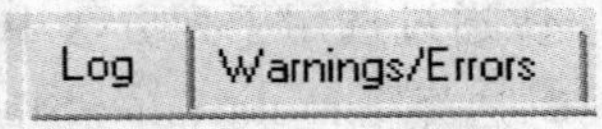

拖动滚动条可以看到整个表单。

Log　Warnings/Errors

图 5.40　运行表单标签

在仿真运行得非常慢或者运行错误的情况下，可以在 5.2.6 节“如何加快仿真运行速度”中找到解决的办法。

2. 运行日志

有关模型的信息都在这份表单中，其中还包含仿真结束后的CPU终止时间。

注意，当进行仿真的系统很小时，CPU时间很小并且不准确，基本上不具有任何意义。系统越大，CPU时间精确度越高。

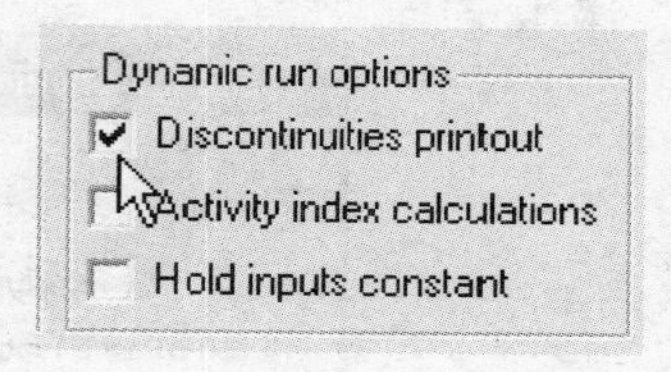

图 5.41 间断点的输出

如果在动态模式运行中选择了图5.41所示的Discontinuities printout，那么额外的数据就会加入到结果文件中，并且关于间断点的记录也会添加到运行日志中。通过拖动滚动条可以看到完整的日志，双击连线可确认草图中对应的子模型，如图5.42所示。

```
Requesting amesim_runtime license ... got amesim_runtime, continuing
LSTP0 instance 2 discontinuity at Time = 0.638551
MAS005 instance 1 discontinuity at Time = 0.638551
MAS005 instance 1 discontinuity at Time = 0.653335
LSTP0 instance 1 discontinuity at Time = 0.65334
MAS005 instance 1 discontinuity at Time = 0.658917
MAS005 instance 1 discontinuity at Time = 0.711977
LSTP0 instance 1 discontinuity at Time = 4.53222
MAS005 instance 1 discontinuity at Time = 4.53222
MAS005 instance 1 discontinuity at Time = 4.58837
MAS005 instance 1 discontinuity at Time = 4.58837
LSTP0 instance 2 discontinuity at Time = 4.58841
```

图 5.42 运行日志

3. 警告或错误报告

该警告或错误报告中包含对仿真过程中可能存在问题的事件的描述。

(1) 子模型的警告或错误信息

检查对AMESim库中子模型给定的参数，如果发现存在问题的数据就会停止运行仿真或者根据严重程度来发布如图5.43所示的警告信息。

```
Requesting amesim_runtime license ... got amesi
Usually 0 <= jet forces coefficient <= 1.
Warning in BAO011 instance 1.
Submodel HL01 instance 1
Diameter of pipe must be greater than zero.
Value is -1
Terminating program
```

图 5.43 警告信息

(2) 减小步长的错误信息

AMESim中一些子模型需要进行检查，以确保某些物理量没有超出实际限制，如图5.44所示。

最为常见的例子就是压力和热力学温度不能为负值。一般情况下，积分器可以自动解决这种类型的问题，并且不通知用户。然而，在某些情况下的问题，系统不能自动解决，问题一直存在(重复请求减小步长)直到仿真不得不因此而停止。导致的原因可能是：

- 积分器运行得过快必须采取相应的限制，根据建议减小最大步长，启用Cautious选项或者减小偏差值；

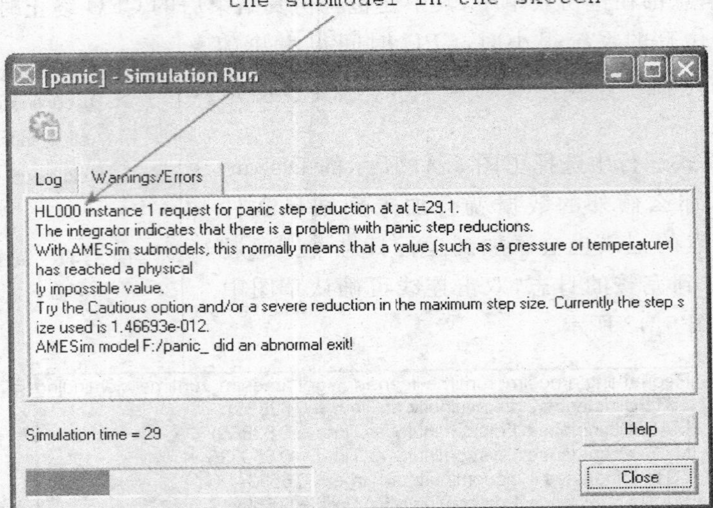

图 5.44　单击信息找到草图中对应的子模型

● 子模型中设置了不合理的参数；

● 计算模型不符合物理现实，必须对其进行更正。

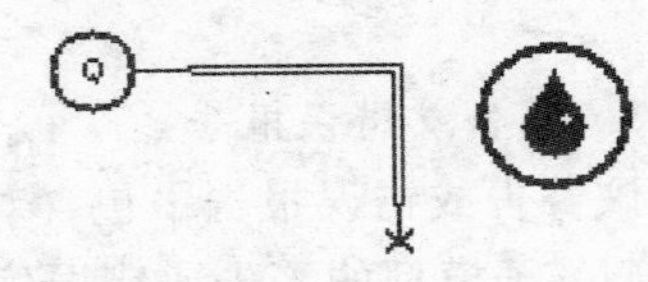

图 5.45　违背物理现实的例子

以下是一个能使系统给出图 5.45 所示信息的简单例子。图中左边的元件从管中抽取的流量为 1 L/min，而管路的另一端是堵塞的。对该系统进行仿真，当管中所有流体被抽出后流量变为负值，仿真不得不停止，此时就会给出错误信息的报告。

报告中会给出子模型中产生错误的地方。如果问题一直存在，则可以试着通过以下途径解决：

① 检查列出的子模型中的相关参数；

② 绘制该子模型中相关变量的图形；

③ 指定一个更小的通信间隔及结束时间，结束时间应刚好是在报告中指出的错误发生之前，重新运行仿真并重复上述第 2 步。

4. 进度栏

如图 5.46 所示，进度栏会显示仿真运行了多久，但这只有在 Run Parameters 对话框中选中了 Monitor time 项的前提下才显示（见 General 标签）。

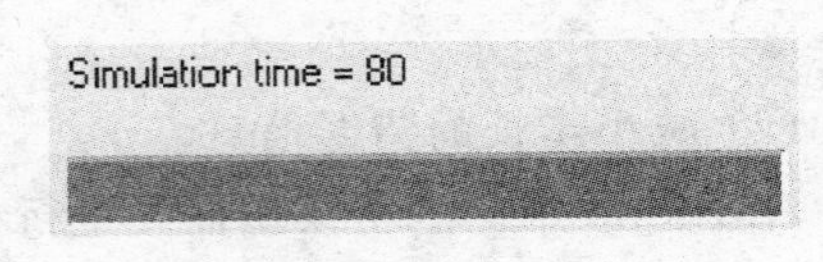

图 5.46　进度栏

5.2.6　如何加快仿真的运行速度

1. 状态变量的计量

通过以下两种方法打开 State Count 对话框：

● 在工具栏中单击 State Count 按钮；

● 选择 Analysis→State Count。

根据存储在控制栏中的相关设置来确认哪一个状态变量使得仿真运行速度慢。问题可能是由某个子模型或者与之相邻的某个子模型导致的，检查这些子模型中变量的值是否正确，如果存在可疑之处，则应检查相应的参数。

导致运行速度变慢的典型例子如下：

● 液压腔的体积非常小，尤其是在与体积大得多的管路相连的时候；

● 大开口连接到小管路；

● 物体质量非常小，尤其是给它施加的力很大的时候。

2. 日志报告

检查是否有过多的间断点，如果有，则应检查可能导致这种情况的相关参数。例如，物体在具有弹性截止点的场合做受限运动，如果刚度和阻尼系数设置得不好，可能会发生大量的反弹情况，通过改进参数就可以解决此类问题。或者，可以使用 MAS21 法，将截止点改成理想的数值截止点。

3. 线性分析

线性分析模块如图 5.47 所示。

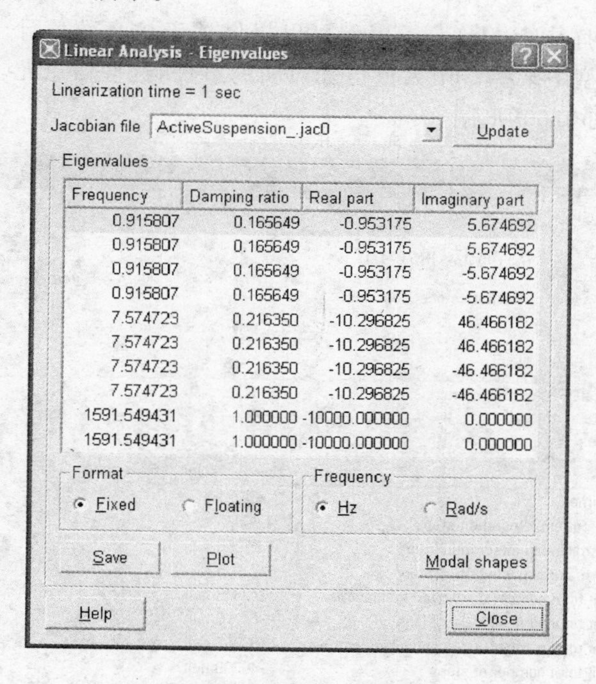

图 5.47 线性分析模块

用户通过线性分析模块可以：

● 计算特征值；

● 检查模型的固有频率和阻尼系数；

● 如果模型的固有频率很高，仿真运行速度就会变慢，尤其是在相应的阻尼系数也很小的情况下(系统会在很长一段时间内以很高的频率振荡)；

● 计算振型以确认哪些变量与固有频率相关；

● 绘制 Bode 图。

以下是一个典型的示例：

● 进入仿真模式并选择线性分析模式。
● 按 Ctrl＋A 快捷键，右击模型并选择所有的状态观测器；
● 设置线性化时间(Simulation→Linearization parameters→LA times)；
● 在运行参数对话框中选择锁定非传播状态选项，并开始运行稳态模式仿真；
● 检查特征值并根据其频率进行分类。对于一个燃油系统，频率一般不超过 1.0e7 Hz，如果超过了，则应将其排除或者抑制。
● 选择特征值中的极值并单击 Modal shapes 按钮后，会得到与问题中频率相关的所有状态变量的清单。应注意其中数值最大的那一个，双击它可以找到系统中对应的元件。

如果系统非常大且又要保持特征值的高频率，这时候仿真运行速度很慢是合理的。

更改数据：如降低强弹簧的刚度，将体积很小的液压腔的体积增大，将惯量值很小的惯性质量或力矩增大。通过这样改变参数来调节特征值中的极值，一般情况下对整个系统的行为影响并不大。因为在实时环境中运行一个系统的时候，这样的做法常常是必须的。

4. 运行统计

run
stats

图 5.48　运行统计

“Signal, Control”库中 RSTAT 子模型可以提供关于仿真数值计算的信息，尤其是对模型中某些占用大量仿真时间的事件，这些信息尤为有用，如图 5.48 至图 5.50 所示。

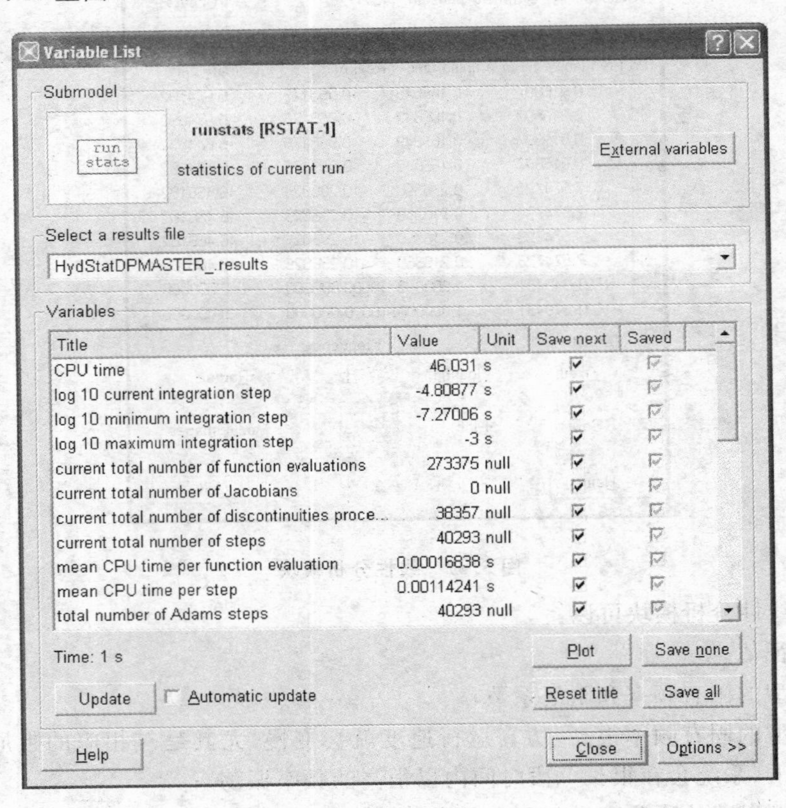

图 5.49　运行统计结果

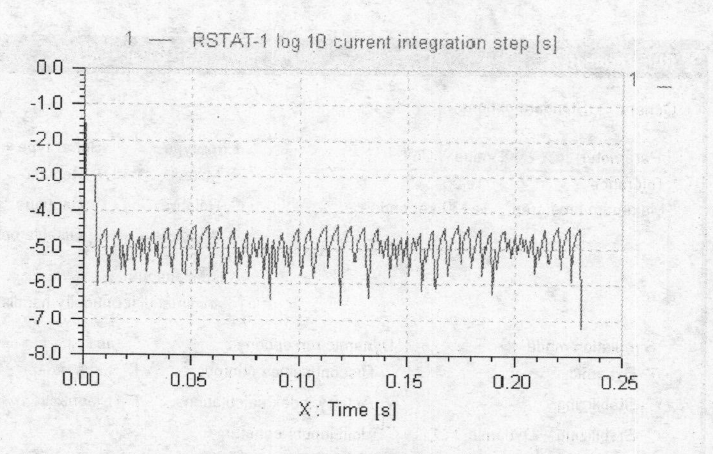

图 5.50 运行统计表的曲线图

- 积分步长:如果积分步长很小,则意味着对模型的积分很难进行,该值同时可表明某些事件(如截止阀)与仿真速度大大减小之间存在的联系。
- 间断点:指出什么时候将产生间断点。
- Adams 或者 BDF 步长。

5. **活性指数**

活性指数是基于系统子模型中能量转换的一个分析工具。这里的能量可以分为 3 种形式:R,耗散能;C,容性能;I,惯性能。具体又可以分为液压能、机械能、电能、热能和磁能。

通过活性指数可以确认系统中最活跃以及最消极的元件,如此便可以将最消极的元件排除(如果可以的话),以降低模型的复杂性,如图 5.51 所示。

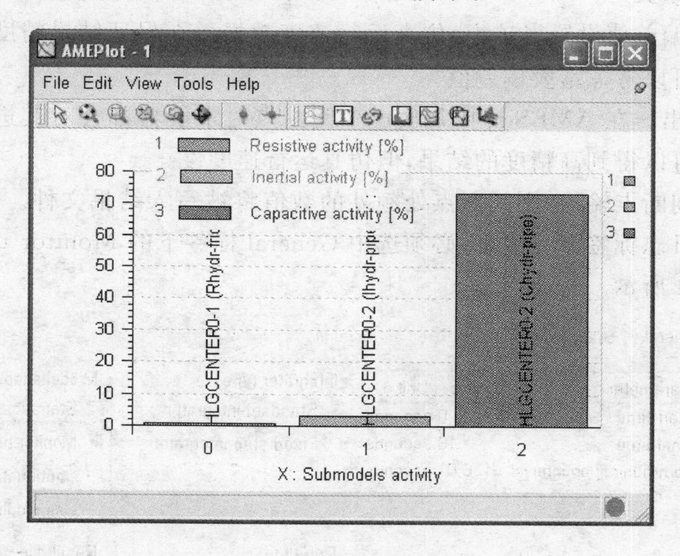

图 5.51 活性指数图形

以下是一个应用活性指数的典型例子:

- 开始仿真之前,在运行参数对话框中选中 Activity index calculations(活性指数计算)复选框,如图 5.52 所示。

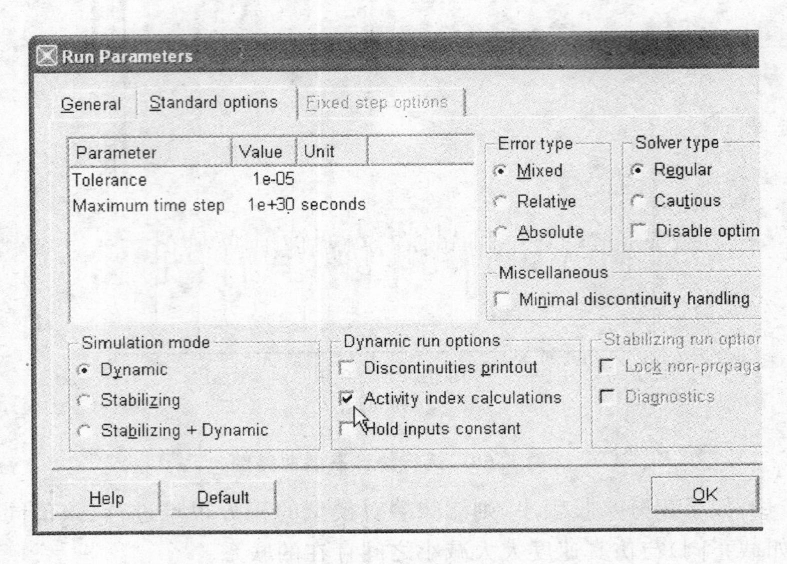

图 5.52　活性指数

- 仿真完成后(或者至少获得一定量的结果),在分析菜单中选择活性指数项。
- 在活性指数清单对话框中单击指数栏相应的标题,按照最小值排在最顶端的顺序排列。
- 对于在仿真中起的作用很小或者不起作用(到目前为止)的子模型,有时可以删除或者至少用更简化的版本代替它。

6. 调整运行参数

① 偏差值。偏差值设置得越小,仿真运行速度越慢。在保证结果精度可接受的前提下,当运行速度慢时可以考虑增大偏差值。

② 间断点输出。在 AMESim 中每次产生间断点时求解器都会对其进行记录,然后重新开始求解。这样可以得到高精度的结果,但仿真运行速度慢。

如果选中了间断点输出,则间断点处额外的数值将被写入结果文件。这些将显示在运行参数对话框中的日志标签下。注意,必须选中 General 标签下的 Monitor time(监测时间),如图 5.53 和图 5.54 所示。

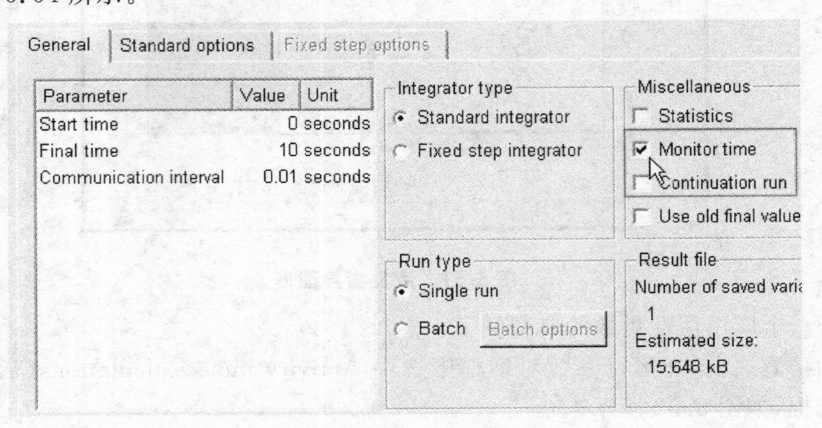

图 5.53　监测时间

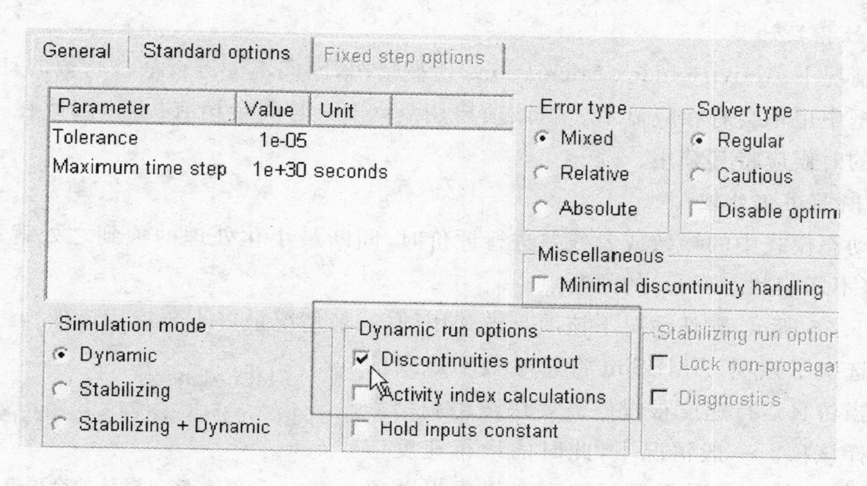

图 5.54 间断点输出

如图 5.55 所示，该项设置不仅告诉用户何时产生间断点，还将列出产生于哪个子模型中。如果模型中的间断点很多，但又不是必需的，则应尽量避免使用它们。

关于间断点的一些例子：

- 对试验数据进行线性插值的子模型；
- 任何形式的间隙；
- 带阻尼的粘滑(运动)；
- 打开与关闭时特性完全不同的阀门，如止回阀；
- 任何形式的滞后作用；
- 任何类型的包含阶跃或者斜坡的占空比。

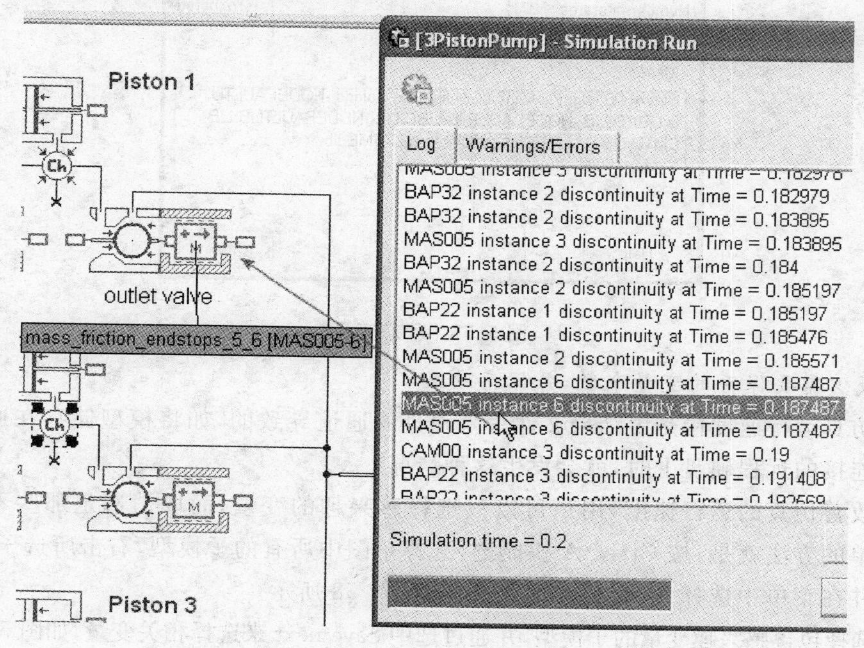

图 5.55 仿真运行过程中的间断点

7. 活性指数计算

默认情况下 Activity index calculations 项被禁用,因此不会进行活性指数的计算,在变量清单对话框中也不会有相应显示。当该项启用后,CPU 时间会稍有提高,因此在不需要计算活性指数的时候应将其禁用。

8. 间断最小化处理

当对动态模式中的导数或者残差进行评价时,间断最小化处理的独到之处就是可以忽略不起作用(不影响状态变量)的间断点。

如图 5.56 所示,默认情况下该项是被禁用的(一般情况最好不要启用该项)。

如果选中了该项,AMESim 将忽略最不规则的间断点。当仿真运行速度很慢但需要快速得到结果时可以选择该项。一般情况下,此时的运行速度应大大加快,但在某些情况下运行速度变得更慢并可能使得仿真完全失效。

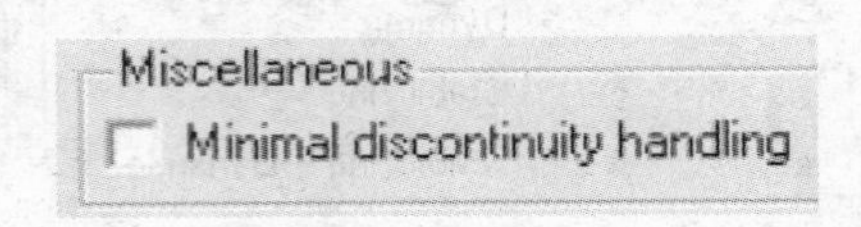

图 5.56 默认的杂项选择

9. 减少状态变量的个数

因为状态变量的个数对 CPU 时间有直接的影响,所以应尽量减少模型中状态变量的个数。对于"简单"的模型(采用 Adams 法),只需要进行线性变化;而对于刚性模型(采用 BDF 法),则必须对雅克比矩阵进行评价。雅克比矩阵的大小与系统中状态变量个数的平方相等。如刚性模型中含有 200 个状态变量,就属于个数相当多的情况了。

为了限制状态变量的个数,可能的话,应用一个惯量代替几个惯量,如图 5.57 所示。

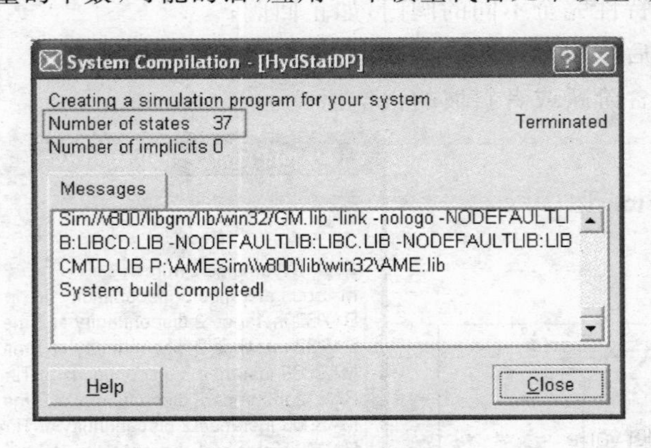

图 5.57 状态变量

10. 减少需要保存的变量个数,并保存结果

有时仿真运行速度慢是由结果文件写入硬盘的通道导致的,如将模型储存在通过一个很慢的网络连接的远程硬盘上时,就会发生这种情况。

为了改善仿真的运行速度,用户可以只选择感兴趣的变量,而取消选定那些不重要的变量。最简单的方法就是,按 Ctrl+A 快捷键,选择草图中所有的子模型,右击所选子模型,弹出下拉菜单并在菜单中选择 Save no variables,如图 5.58 所示。

然后选择包含感兴趣变量的子模型,并通过选中 Save next 来选择相关变量,如图 5.59 所示。

为了限制变量的点的保存个数,如果允许,也可以增大通信间隔:

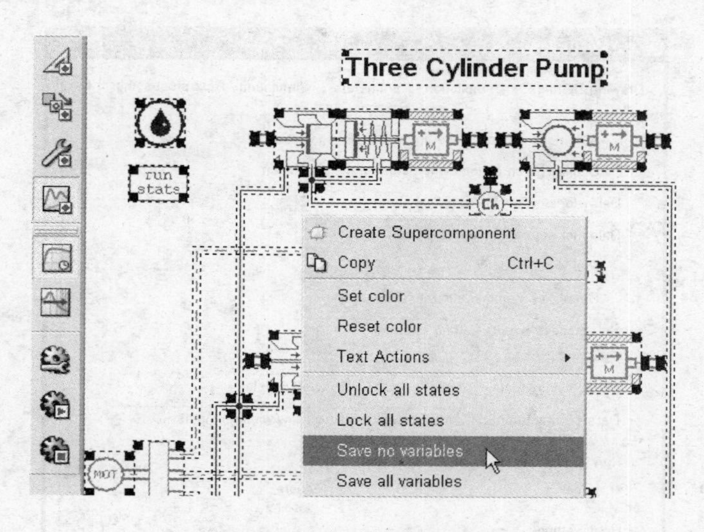

图 5.58 不保存任何变量

Title	Value	Unit	Save next
velocity at port 1	-9.46391	cm/s	☑
displacement at port 1	0.000921153	m	☐
acceleration at port 1	-82.4974	m/s/s	☑
force at port 1	0	kN	☐
force at port 2	-1.66888e-05	kN	☐

图 5.59 保存

- 如图 5.60 所示，该项设置可以在 Run Parameters 对话框中完成。此设置对整个仿真过程都有效。
- 通过使用仿真库中的 T1001 和 T1010 子模型，可以在给定的仿真期间内定制该项设置，如图 5.61 所示。

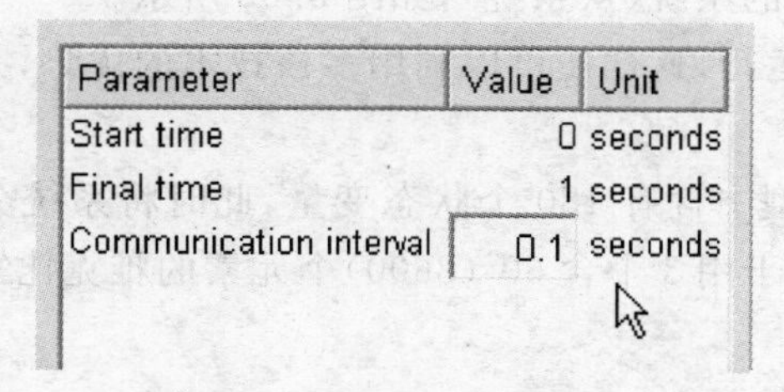

Parameter	Value	Unit
Start time	0	seconds
Final time	1	seconds
Communication interval	0.1	seconds

图 5.60 通信间隔

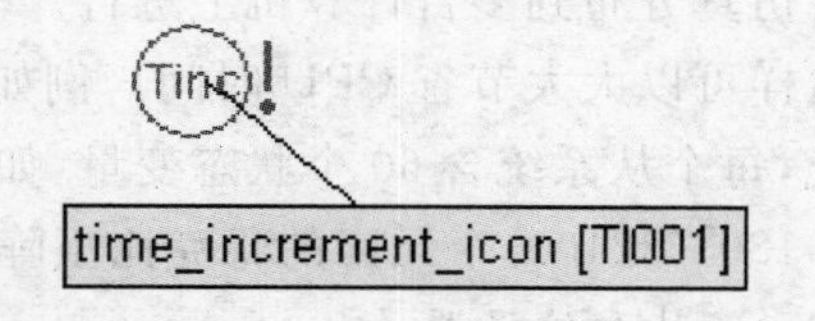

图 5.61 时间增量图标

11. 选择合适的液压管路子模型

确保给模型中每一段管路选择合适的管路子模型，过分复杂的管路模型会降低仿真运行的速度而且也没有必要。

12. 并行处理

并行处理是一个补充包，在批量仿真或者设计开发时可以通过它进行并行仿真计算，如图 5.62 所示可以用来定义主机。

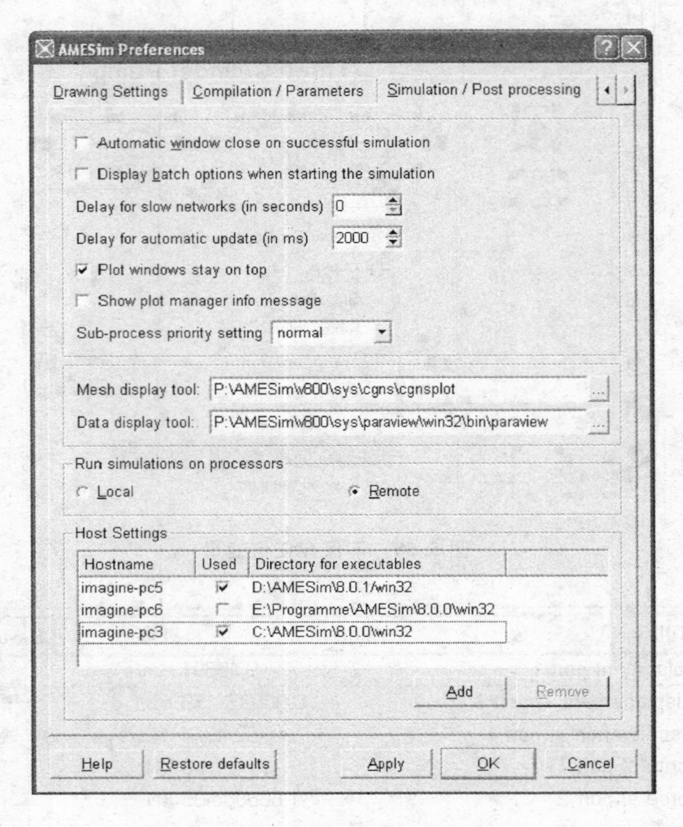

图 5.62 定义主机

可以将仿真计算分布到同一类或者不同类机器的多个处理器上运行，如此便可以利用多核的技术优势，并且通过网络可以控制在多台计算机上的仿真计算。

13. 离散分区

离散分区是一个补充包，通过它可以将一个复杂的液压系统（包含 Godunov 或者 Lax-Wendroff管路子模型）分成几个较为简单的系统（从系统），如图 5.63 所示。

每个从系统都可以在其各自的处理器上运行，这样便可以利用多核技术的优势，并且通过网络将仿真分布到多台计算机上进行。

这样可以大大节省 CPU 时间。例如，模型中含有 180 个状态变量，此时将系统分为 3 个从系统，每个从系统含 60 个状态变量，如此等于用 3 个含 60^2(3600)个元素的雅克比矩阵代替 1 个含 180^2(32400)个元素的雅克比矩阵。

14. 英特尔编译器

所有子模型的目标文件都可以通过英特尔编译器编译，如图 5.64 所示。应尽量使用英特尔编译器编译 AMESim 模型，对于一些 AMESim 模型，使用此编译器可提速 40%。

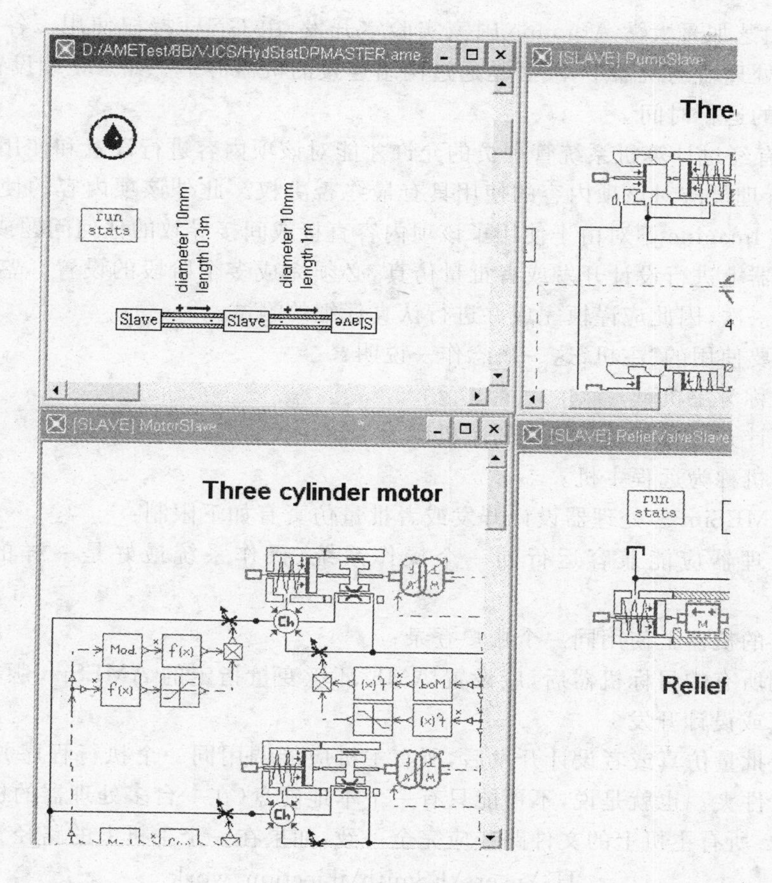

图 5.63 主从式系统

图 5.64 英特尔编译器

5.3 并行处理设置

如果使用单个处理器进行设计开发或者批量仿真，所需时间很长。由于各个仿真运行是完全相互独立的，所以应尽可能地使用多个处理器来进行仿真。在 AMESim 中提供了 MPICH 选项来进行并行计算。

MPICH 由芝加哥大学 Argonne 国家实验室开发，由 GNU 授权使用。各个处理器可以置于同一个多处理器的机器中，或者是通过网络连接的机器群中。如果正确设置了该项，则可以大大缩减总的运行时间。

注意，只有经过计算机系统管理员的允许才能对该项内容进行设置和使用。由于涉及安全问题，因此管理员应对该项内容的使用具有最终否决权。此外该项内容的使用者应能够对其负责。LMS Imagine 不对由于使用了该项内容直接或间接导致的任何问题或损坏负责任。

在多处理器上进行设计开发或者批量仿真，必须完成多个阶段的设置。鉴于这些基本设置只需要完成一次，因此应谨慎完成并进行认真仔细的测试。

下面对将要使用的“主机”这一概念作一说明：

- 处理器称为主机；
- 启动设计开发或者批量仿真的主机称为本地主机；
- 其他主机称为远程主机。

对进行 AMESim 多处理器设计开发或者批量仿真有如下限制：

- 各个处理器应能兼容运行同一个操作系统（操作系统最好是一样的，稍有不同也允许）；
- 在所有的机器上使用同一个账户登录；
- 登录到所有的目标机器后，应设置 AME 环境变量指定的 AMESim 版本，支持并行批量仿真或设计开发。

开始并行批量仿真或者设计开发后，所有主机应能调用同一个执行程序并且将结果文件写入同一个文件夹。也就是说，不可能只有一个本地硬盘（在一台多处理器的机器上运行该项内容时除外）。所有主机上的文件路径应完全一致，如果在一个主机上的路径为：

H:\users\FSmith\injection_work

而在另一台主机上的路径为：

G:\users\FSmith\injection_work

则不能进行并行仿真。

第一步工作就是对所有目标机器进行测试。确认能用同一个账户登录到所有机器并打开同一个版本的 AMESim。

由于 UNIX 和 Windows 下的安装程序不同，因此最好由系统管理员来完成这两个系统的安装。

5.3.1　UNIX 操作系统的设置

并行仿真时，必须能够用同一个账户登录到所有的远程主机；如果不能，则并行仿真不能进行。

从本地主机登录到远程主机并启动仿真，可以通过远程 shell(rsh)或安全 shell(ssh)两种方式进行。

默认情况下，AMESim 使用 ssh(安全 shell)方式。从名字就可以看出，这种方式较为安全，比较受系统管理员的欢迎。如果操作系统没有安装 ssh，则用户可以尝试使用 rsh 方式；而如果两种方式都没有安装，则不能进行并行仿真。

1. 远程 Shell(rsh)

为了使 AMESim 能够使用 rsh 方式，必须设置一个环境变量。使用 c shell：

setenv P4_RSHCOMMAND rsh

或者使用 bourne shell：

export P4_RSHCOMMAND = rsh

将这些命令分别放入.cshrc 或者.profile 文件夹使之永远有效，或者放入其他 shell 中类似的文件夹中。

在不输入密码的前提下，每一台远程主机应允许从本地主机运行程序。如果本地主机是多处理器的机器，则应以同样的方式允许其他处理器运行。

这种允许可以通过在每个主机的主盘上创建名为.rhosts 的文件夹来实现。如果一台机器一个主机名(hostname)，登录账户为用户名(username)，则最简单的方法就是在文件中输入：

hostname username

记住，hostname 可能是一个 IP 地址。

最好的办法是按如下方式对所有主机进行命名：

hostname1 username

hostname2 username

⋮

hostname*N* username

将该~/.rhosts 文件放入本地主机及所有的远程主机。此时可以在本地主机输入以下命令进行测试：

rsh remotehost ls

如果需要输入密码，或者得到如下信息：

Logon incorrect

则表明不能正常工作。更好的测试方法是在本地主机输入如下内容：

rsh remotehost ‘echo $AME’

该命令行也同时测试是否正确设置了$AME，因此不要删除引号或者$AME。如果本地主机不识别$AME 或者$AME 指出 AMESim 的版本错误，则用户必须作相应改正。

2. 安全 Shell (ssh)

ssh 一般有两个版本。

版本 1：通过输入如下命令行(不含空格)来创建认证密钥：

ssh-keygen

这样将创立一个私钥文件和一个公钥文件。公钥文件对该项内容的应用比较重要，应按如下方式储存：

~/.ssh/identity.pub

在本地主机和所有的远程主机上都要实行上述步骤。

接下来创建一个名为 authorized_keys 的文件。该文件使得所有~/.ssh/identity.pub 文件相互关联，因此必须将该文件复制到本地主机和所有远程主机的如下文件夹中：

~/.ssh

版本 2：与版本 1 基本一样，但第一个命令行应改为：

ssh-keygen-t dsa

或者

ssh-keygen -t rsa

同时公钥文件应为：

～/. ssh/id_dsa. pub

或者

～/. ssh/id_rsa. pub

使得所有～/. ssh/identity. pub 文件相互关联的文件应为：

～/. ssh/authorized_keys2

两个版本的测试方法都与 rsh 一样。一般情况下，环境变量 P4_RHSCOMMAND 要么不定义，要么定义成 ssh。

5.3.2 Windows 操作系统的设置

使用 Windows 系统：

① 以 root 身份依次登录到每个主机，并通过输入如下命令行来运行可执行程序 mpd. exe：

mpd. exe-install

该命令启动的服务开通了从其他主机连接到本主机的通道。

② 如图 5.65 所示，通过任务管理器可以确认 mpd. exe 程序的服务是否正在运行。

ntrtscan.exe	SYSTEM	00	0:00:03	2 732 K	3 168 K	0 K
mpd.exe	SYSTEM	00	0:00:00	2 808 K	3 280 K	0 K
spoolsv.exe	SYSTEM	00	0:00:00	4 804 K	5 656 K	0 K

图 5.65　检查服务是否在运行

③ 任何阶段以 root 身份登录远程主机并输入如下命令：

mpd. exe -remove

mpd. exe 程序将被关闭并且连接该主机的通道也被关闭。

5.3.3 设备测试

1. 使用 Windows 系统

① 以用户身份登录本地主机，并通过运行如下命令行来注册本地主机的账户：

MPIRegister. exe

这样就可以记录相关信息，以便 MPICH 可以在远程主机上启动进程。

对图 5.66 所示的提问建议回复 n，直到确定所有步骤都已正确设置。

```
H:\>MPIRegister.exe
account: Imagine_fr\CRichards
password:
confirm:
Do you want this action to be persistent (y/n)? n
Password encrypted into the Registry.
```

图 5.66　典型 MPI 注册对话框

② 输入如下命令来确认上述过程是否成功：

MPIRegister. exe-validate

图 5.67 是注册成功的记录，图 5.68 是注册失败的记录。

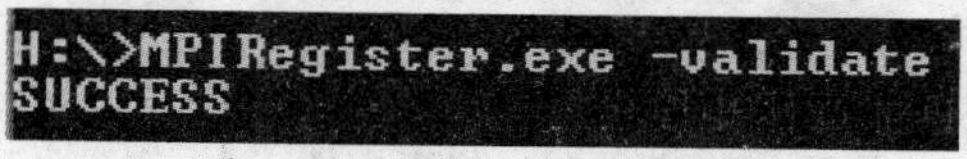

```
H:\>MPIRegister.exe -validate
SUCCESS
```

图 5.67　注册成功

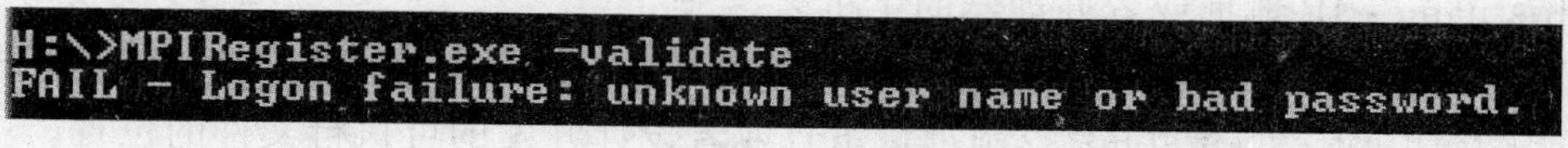

```
H:\>MPIRegister.exe -validate
FAIL - Logon failure: unknown user name or bad password.
```

图 5.68　注册失败

使用 UNIX 系统时应检查环境变量 P4_RSHCOMMAND 的设置是否正确。

2. 指定远程主机

选择 Tools→Options→AMESim preferences，弹出 AMESim preferences 对话框。然后选择 Simulation / Post processing 标签，或者选择 Simulation→Parallel processing setup。默认情况下的相关选项，如图 5.69 所示。

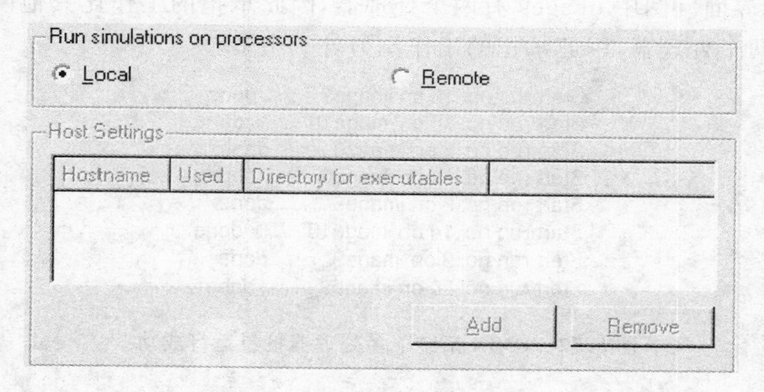

图 5.69　默认远程主机设置

如上图所示，此时处于本地模式下，没有指定任何远程主机。批量仿真和设计开发都将只在本地主机上进行。如果单击 Remote 按钮，则如图 5.70 所示。

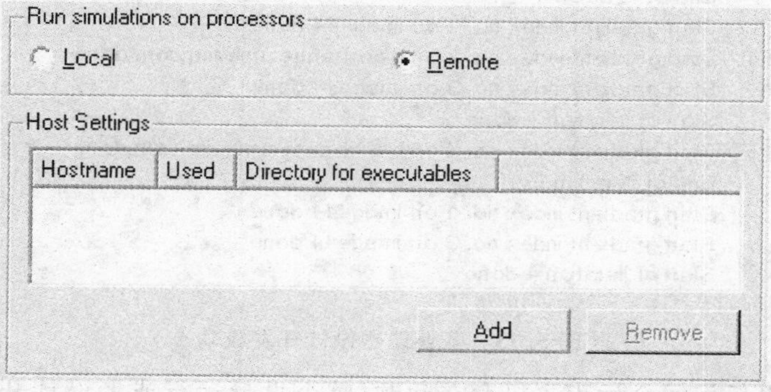

图 5.70　指定远程主机

此时 Add 按钮被激活，单击它可以添加相应项目，如图 5.71 所示。

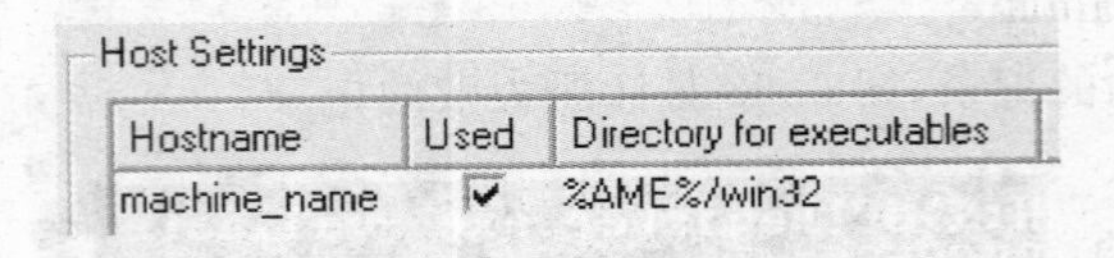

图 5.71　单击添加

为了正确地指定远程主机，应填写如下内容：

- Hostname：IP 地址或者处理器的主机名。
- Used：这是一个复选框。如果选择了该项，则表明使用该处理器。
- Directory for executable：控制批量仿真或者设计开发的可执行文件的位置。

如果使用的是 UNIX 或者 Linux 系统，一般不需要作什么改动；但如果使用的是 Windows 系统，则应注意以下内容：

① 一台机器带多个处理器时，同样的登录可能要进行多次；

② 本地主机的主处理器不需要添加登录入口，因为总会自动有一个；

③ 但是如果本地主机带多个处理器，则一般应添加用于其他处理器的登录入口。

完成这些后可以进行第一次试运行，启动批量仿真或者设计开发。如果一切正常，则应得到如图 5.72 所示界面。图中 image9 有两个处理器，因此承担的工作比其他两个多。图 5.73 中 image44 具有两个处理器，因此承担的工作比另外一个多。

```
Start run no. 18 on image9 .......... done
Start run no. 13 on image10 .......... done
Start run no. 8 on image9 .......... done
Start run no. 19 on image9 .......... done
Start run no. 2 on image6 .......... done
Start run no. 14 on image10 .......... done
Start run no. 9 on image9 .......... done
Start run no. 20 on image9 .......... done
```

图 5.72　UNIX 系统下多处理器批量运行成功

```
Start of iteration 1 done
Start gradient index no. 1 on image44 done
Start gradient index no. 2 on blacabanne.amesim.com done
Start gradient index no. 3 on image44 done
Start of iteration 2 done
End of iteration 1
Start gradient index no. 1 on image44 done
Start gradient index no. 2 on blacabanne.amesim.com done
Start gradient index no. 3 on image44 done
Start of iteration 3 done
Start gradient index no. 2 on blacabanne.amesim.com done
End of iteration 2
Start gradient index no. 1 on image44 done
Start gradient index no. 3 on image44 done
Start of iteration 4 done
```

图 5.73　多处理器设计开发成功

尽管如此，如果任何一个远程主机存在问题，整个批量运行或者设计开发都将失败，并且有时候错误信息并不好用。如果确实存在问题，最好的办法是一次只在一台远程主机上工作，逐个排除。如图 5.74 所示,在界面中只选择一个远程主机。

Host Settings

Hostname	Used	Directory for executables
132.168.12.179	☐	C:\AMESim7\win32
image9	☐	D:\AMESim7\win32
image9	☐	D:\AMESim7\win32
image10	☑	C:\AMESim7\win32

图 5.74　只选择一个主机进行调试

如果这台主机能够正常工作,则以同样的方法转向下一台。调试过程中的重点是:

- 所有主机下可以用同样的名字进入工作文件夹;
- 主机设置(Host Settings)下的登录入口应正确设置。

使用 UNIX 系统:

- 环境变量 P4_RSHCOMMAND 必须正确设置,如果必须对其更改,则应重启 AMESim。
- 使用 rsh 或者 ssh 的权利必须合理设置,从本地主机对 host1 的这些权利进行测试,可以输入如下命令:

  rsh host1 'echo $AME'

  同样的方法也可以用来测试 ssh。此时应没有要求输入密码或者出现登录错误的信息。上述命令同时也测试了是否正确设置了 $AME。

使用 Windows 系统:

- 使用任务管理器检查所有远程主机上是否在运行 mpd.exe 程序;
- 在本地主机上输入:

  MPIRegister.exe-validate

  任何情况下都应重新启动 MPIRegister.exe 程序来进行确认。

记住:总可以通过选中如图 5.75 中的 Local 来单独使用本地处理器。

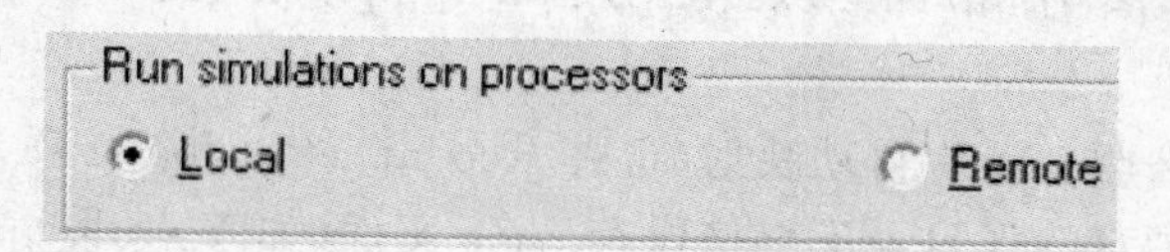

图 5.75　选择本地处理器

尽管处理器的个数越多越好,但也可根据实际情况选择性地将其中某几个禁用,如图 5.76 所示。

Host Settings

Hostname	Used	Directory for executables
132.168.12.179	☑	C:\AMESim7\win32
image9	☑	D:\AMESim7\win32
image9	☑	D:\AMESim7\win32
image10	☑	C:\AMESim7\win32

图 5.76　主机设置

3. 异常情况

如果拥有 N 个主机：host1、host2……host$N$，可以将其中任何一个作为本地主机。此时可能出现某些组合可以正常工作，而某些组合不能。例如，有可能 host4 作为本地主机时可以正常工作，而 host2 作为本地主机时则不能。其原因可能是：

- 操作系统大部分但不是全部兼容；
- 在某些远程主机上，环境或者安装不正确。

即便对于经验丰富的系统管理员，也需要做很大的努力才能解决这种问题。此时，要么禁用不能正常工作的主机，要么选用所有远程主机都接受的那台主机做本地主机。

4. 故障排除

以下是设置并行计算时可能出现的问题，以及相应解决的办法：

- 当出现 DNS 问题使用 IP 地址代替主机名时可能会产生问题；
- 使用的计算机不属于同一个 Windows 系列时可能不能正常工作；
- 对主机名添加域名会导致问题（这主要取决于网络连接时怎样定义的）。

主计算机和从计算机的网络设置应一致（在不需要域名后缀的前提下，它们应能互相通信）。

例如，主计算机的名字（包括域名后缀）为 IMAGINE-PC5. lmsintl. com，从计算机的名字为 TECHNB03. lmsintl. com。由于网络配置的原因，只有添加了域名后缀 lmsintl. com 后，两台机器才能互相通信，此时不能进行并行计算。TECHNB03 应只使用简称（IMAGINE-PC5）就可以与主计算机进行通信。

出现这种状况的原因是当主计算机与从计算机进行通信时，主计算机不仅将工作内容发送给从计算机，同时还有主计算机的主机名（简称），这样从计算机才可以将计算结果返回给它。注意，这种通信不是单程的，应注意两台机器的网络设置。如果从计算机只能使用主计算机的全名与它进行通信，则机组不能正常工作。

上述问题的解决办法是：

- 应禁用防火墙或者为 mpirun. exe、AMEBatch_mpi. exe、AMEExplore_mpi. exe 程序定义规则；
- 每次登录时网络驱动器应自动映射（选择 Reconnect at logon 项）；
- 应避免在映射硬盘的根目录下直接保存. ame 文件（如 Y:\file_name. ame）；
- 用 NSlookup Host 检查系统是否能找到主机。因为单独 ping（packet internet grope，因特网包）探索器数量不够，有时需要 ping IP 地址，但由于 DNS 高速缓冲存储器没有更新，如果此时系统不能解析 IP 地址，则将 IP 地址作为主机无效。

5. 错误信息

最常见的错误信息如下：

ConnectToMPD（hostname：8675）：easy_connect failed：error 10061，No connection could be made because the target machine actively refused it. MPIRunLaunchProcess：Connect to hostname failed，error 10061

该错误信息常常是由于没有在远程主机上启动 mpd. exe 后台程序引起的（没有在被指名的机器上安装 MPICH 服务）。可能已经安装好了该项服务，但由于卸载 AMESim 导致了相关问题。此时可以通过打开“services. msc”窗口（选择 Control Panel→Administrative Tools

→Services)来检查 MPICH 的后台程序是否显示为 Started，如图 5.77 所示。

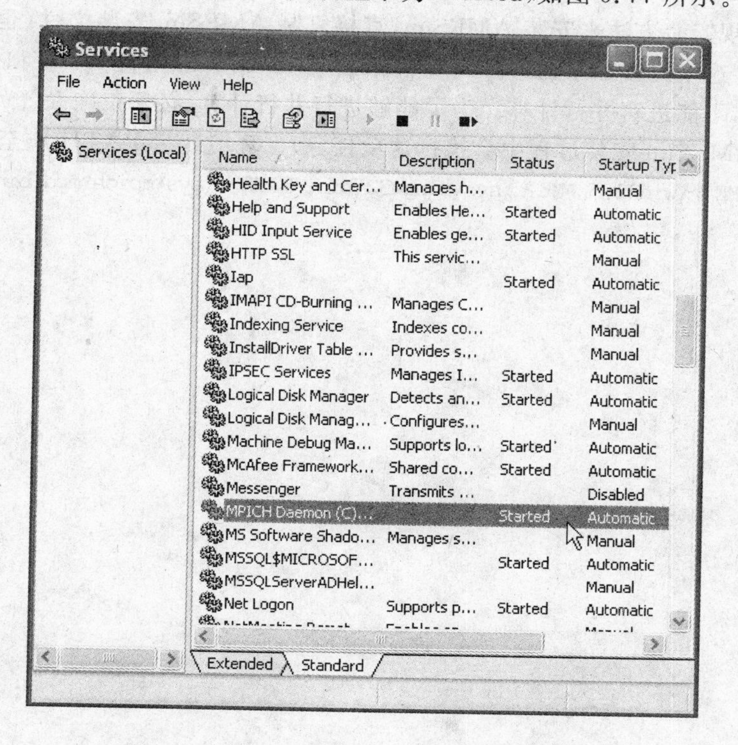

图 5.77　**Windows 服务——MPICH 后台程序**

接下来必须检查后台程序的属性(右击该项服务并选择 Properties)，以确认到可执行文件的路径是在本地硬盘上，如图 5.78 所示。

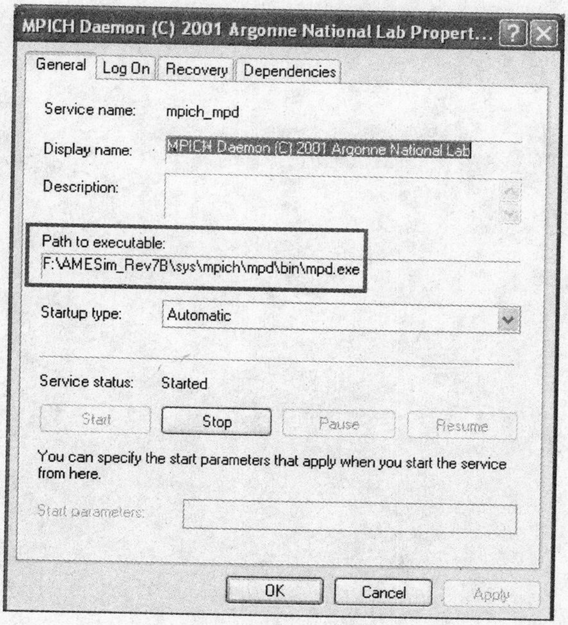

MPICH Daemon (C) 2001 Argonne National Lab Propert...

General | Log On | Recovery | Dependencies

Service name: mpich_mpd

Display name: MPICH Daemon (C) 2001 Argonne National Lab

Description:

Path to executable:
F:\AMESim_Rev7B\sys\mpich\mpd\bin\mpd.exe

Startup type: Automatic

Service status: Started

Start　Stop　Pause　Resume

You can specify the start parameters that apply when you start the service from here.

Start parameters:

OK　Cancel　Apply

图 5.78　**MPICH 后台程序属性**

6. AMESim 的安装

必须通过常规安装方法来安装 AMESim，直接复制 AMESim 安装文件（也就是复制网络安装文件）无效。这个时候如果通过.bat 文件来启动 AMESim，则将 AME 和 PATH 两个环境变量本地化了，不能进行并行计算。为了能够进行并行计算，必须正确设置 AME 和 PATH 两个环境变量（AMESim 安装过程中会执行这项任务）。环境变量 PATH 应至少含有：

```
%AME%;%AME%\win32;%AME%\sys\mingw32\bin;%AME%\sys\mpich\mpd\bin;
```

第6章　分　析

本章介绍菜单中的最后一项——Analysis(分析)菜单,如图6.1所示。

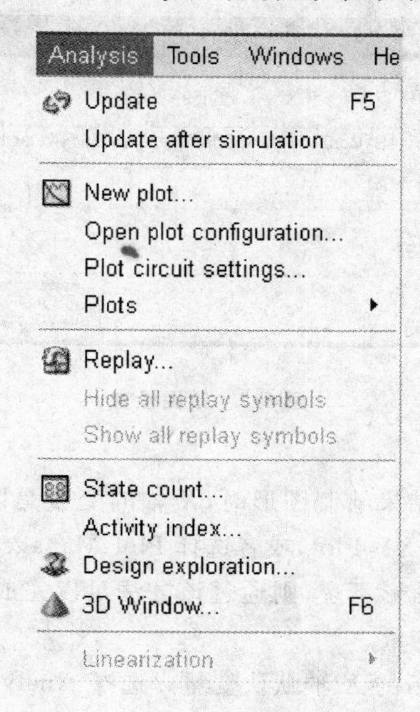

图6.1　分析菜单

在仿真模式下可以使用分析菜单,通过这个菜单可以分析仿真结果、图表,还可以使用设计开发功能。本章介绍的方法用于线性分析。

6.1　分析菜单的主要功能

6.1.1　更　新

分析菜单项提供了以下两种选择:

- Update(更新):如果同时打开了多个图表,则可以通过这个方式在完成仿真后一次性地对所有图表进行更新。前提是没有选择Update after simulation(仿真之后更新)。单击分析工具栏中的图标同样可以实现该功能。
- Update after simulation(仿真之后更新):如果选择了该项,则仿真完成后会自动对所有打开的图表进行更新。

---

* 绘制新图表部分详见第13章"绘图工具"。

6.1.2　绘图方式设置

该项菜单包含两个选择：模块设置和绘图方式设置。

(1) 模块设置

模块设置标签用于对绘图模块进行配置，如图 6.2 所示，详见“绘图模块参数设置”。

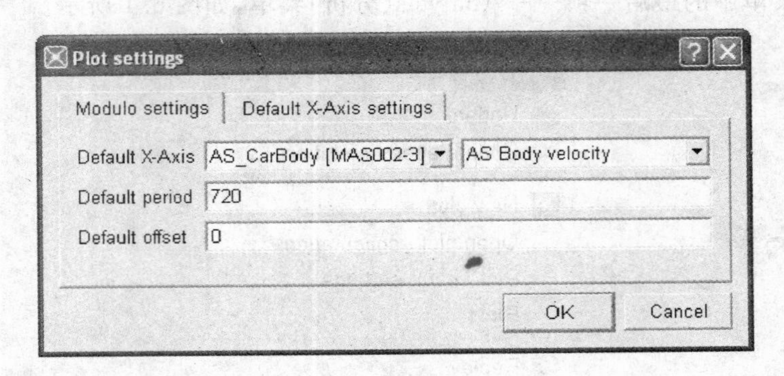

图 6.2　绘图设置

(2) 绘图方式设置

一般情况下对 AMESim 结果绘制图形时，X 轴的变量是以秒为单位的时间。也可以在 AMEPlot 窗口中选择 Tools→XY Plot，或者选择 Plot Manager，将其他变量设置成 X 轴。如果需要绘制不同 X 轴变量的图形不多，则通过该方法足以完成。然而在某些情况下，需要一个长期有效的更改了的 X 轴变量。

在仿真模式下，可以设置新的 X 轴默认变量。选择 Analysis→Plot circuit settings，如图 6.3 所示，可打开图 6.4 所示的对话框。在对话框中选择 Default X-Axis settings(X 轴默认设置)标签，第一次使用这项功能时可以发现，X 轴的默认变量是时间。

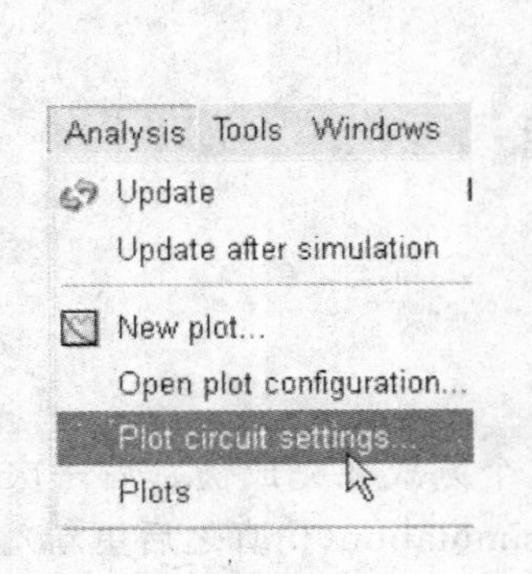

图 6.3　选择 Plot circuit settings 菜单

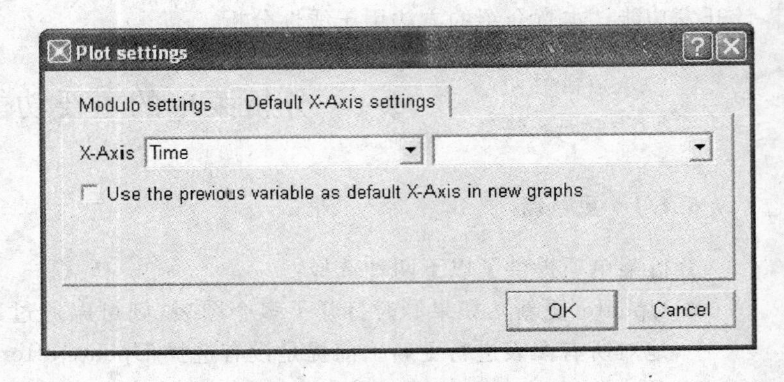

图 6.4　X 轴默认变量对话框

通过两个菜单可以选择子模型和图例编号，以及变量标题，如图 6.5 所示。

注： 这些设置只对当前选择的模型有效。

对于小型系统，该方法非常方便。对于大型系统，则需打开 Contextual variable 标签或者变量清单(Variable List)的对话框，并将相应变量拖放至两个区域中的任意一个。

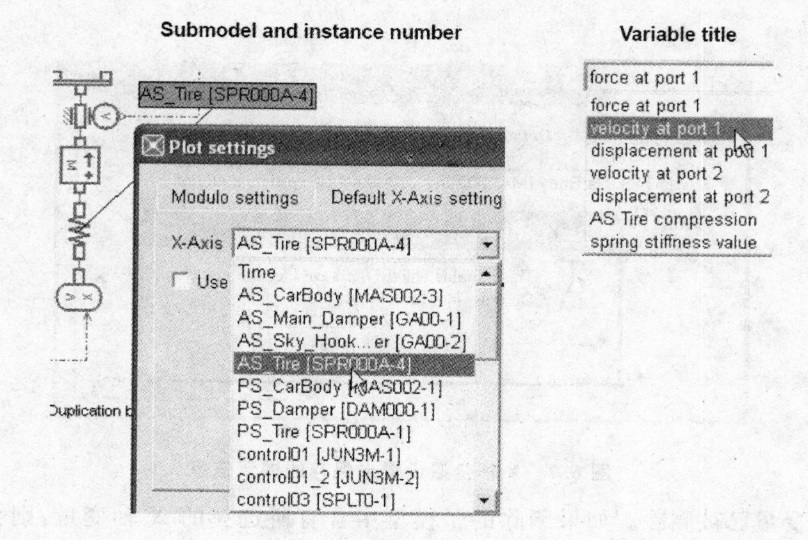

图 6.5　使用菜单的方法选择变量

单击 Plot settings 对话框中的 OK 按钮，AMESim 会将该变量作为所选图形的 X 轴变量，如图 6.6 所示。在 X 轴变量没有保存，或者 X 轴变量已被删除的情况下，这项操作失效。

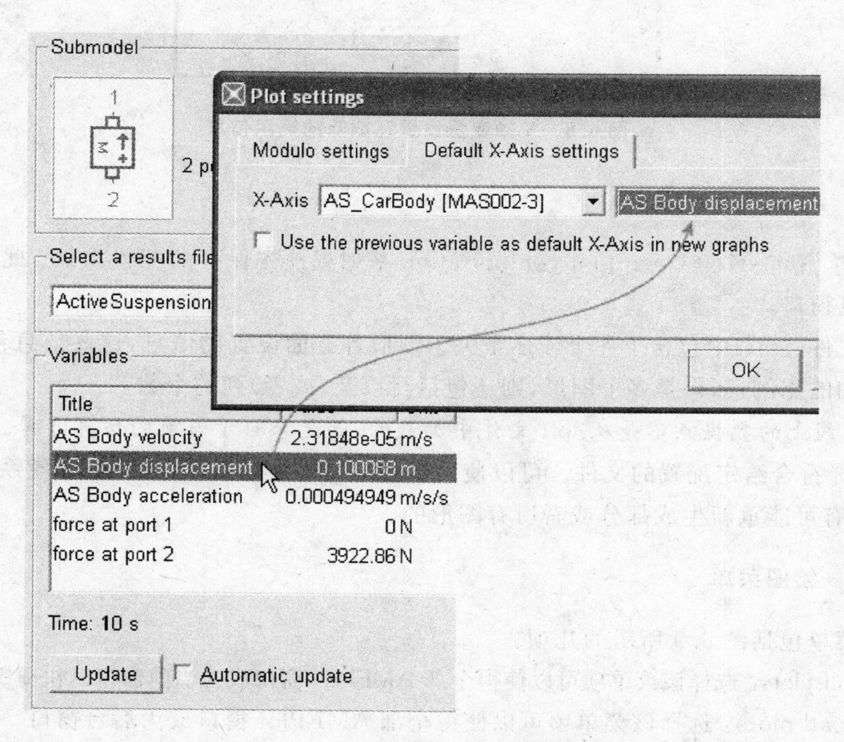

图 6.6　使用拖放的方法选择变量

① X 轴变量没有保存。设置 X 轴默认变量后，如果没有保存该设置，则会弹出图 6.7 所

示的提示信息。

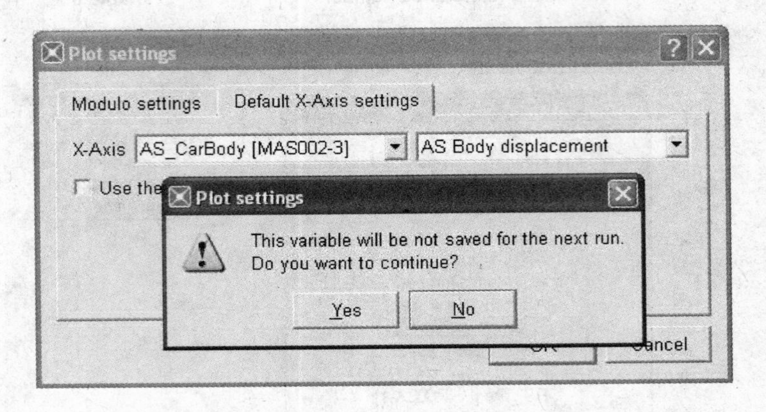

图 6.7　*X* 轴变量设置未保存的提示信息

② *X* 轴变量已被删除。如果删除的子模型中含有所选择的 *X* 轴变量，则会弹出图 6.8 所示的提示信息。

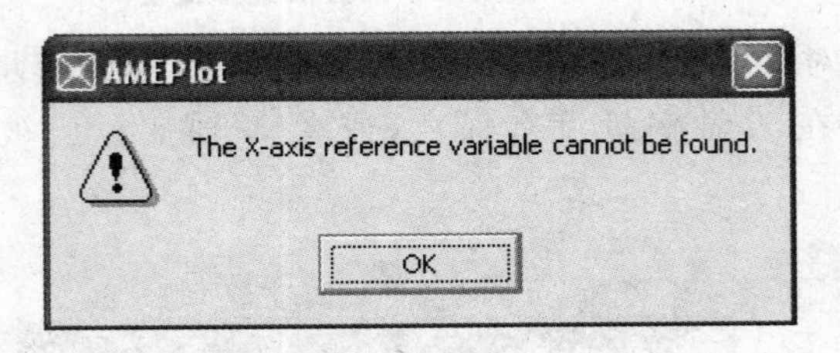

图 6.8　*X* 轴变量设置已删除的提示信息

6.1.3　打开绘图配置

① 选择 Analysis→Open plot configuration 来加载预先保存的配置文件。此时将打开一个文件浏览窗口。

配置文件(.plt)中包含了一个或多个关于图形各方面设置的信息，这些信息包括颜色、文本、字体、轴的比例；如果是多个图形，则还包括行以及(或者)列的个数。

注：曲线上的数据点不是从.plt 文件中加载的，而是来自于当前的仿真计算。

② 选择符合给定配置的文件。可以使用当前的结果文件来重构图形，即使系统被部分改动了，还是有可能重新生成部分或者所有图形的。

6.1.4　绘图菜单

绘图菜单包括图 6.9 所示的几项。

Raise all plots：选择该菜单项可以使得全部 AMEPlot 窗口成为当前窗口。快捷键：Ctrl＋J。

Lower all plots：选择该菜单项可以使得全部 AMEPlot 窗口成为后台窗口。快捷键：Ctrl＋Shift＋J。

Iconify all plots：选择该菜单项可以将全部 AMEPlot 窗口图符化。

Deiconify all plots：选择该菜单项可以将全部 AMEPlot 窗口去图符化。

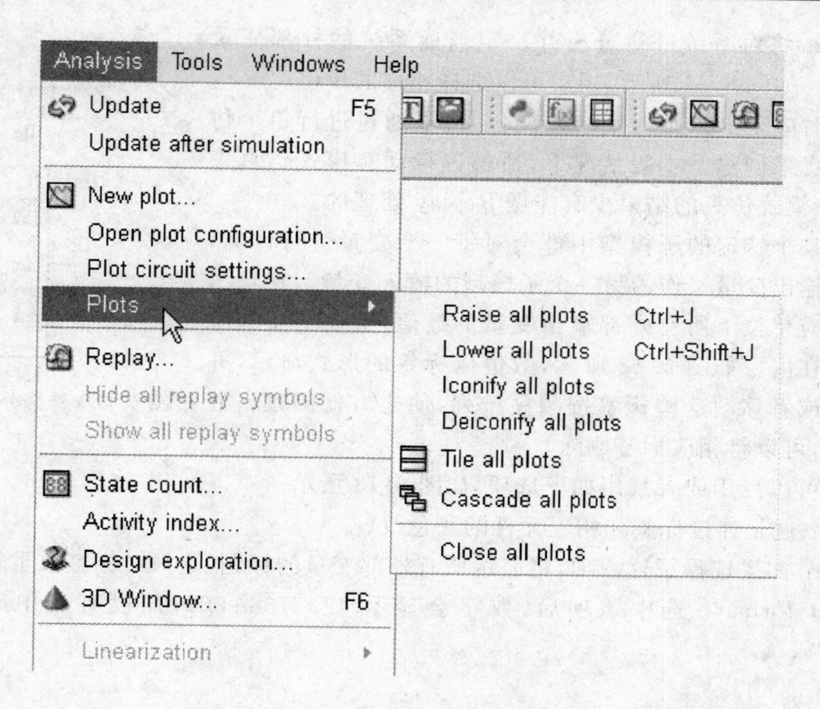

图 6.9 选择绘图菜单

Tile all plots：当至少有两个 AMEPlot 窗口时，该功能可以将它们并列显示。

Cascade all plots：当至少有两个 AMEPlot 窗口时，该功能可以将它们层叠显示。

Close all plots：该功能将关闭全部 AMEPlot 窗口。

6.1.5 Replay 工具

该工具对绘制图表非常有用。使用该工具之前，应先将需要观察的超级元件分解。

该工具可以通过单击 Replay 按钮或者选择 Analysis→Replay 来启动。如果选择了元件，Replay 功能将应用到所选元件，否则将应用到整个系统。

Replay 对话框的例子如图 6.10 所示。通过该对话框，可以实现其最基本的功能。

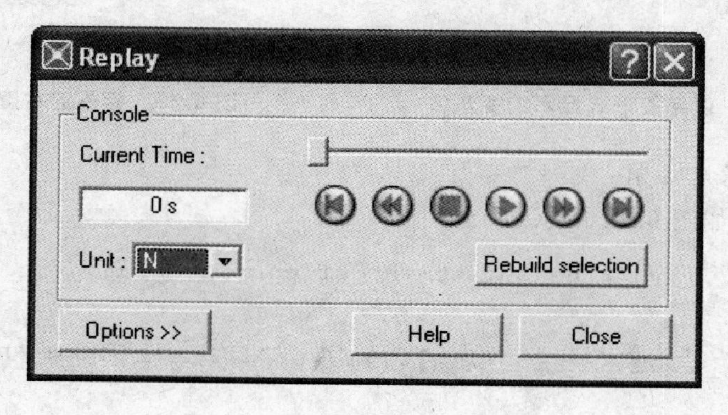

图 6.10 Replay 对话框

AMESim 将对系统进行分析并决定当前系统的外部变量所用的单位。如图 6.11 所示，用户可以选择相应的单位。

显然此时应至少具有一个结果文件，可以通过进行单个仿真或批量仿真来创建。一般情况下，通过进行动态模式仿真来创建，而稳态模式仿真的结果少有能做 Replay 处理的。

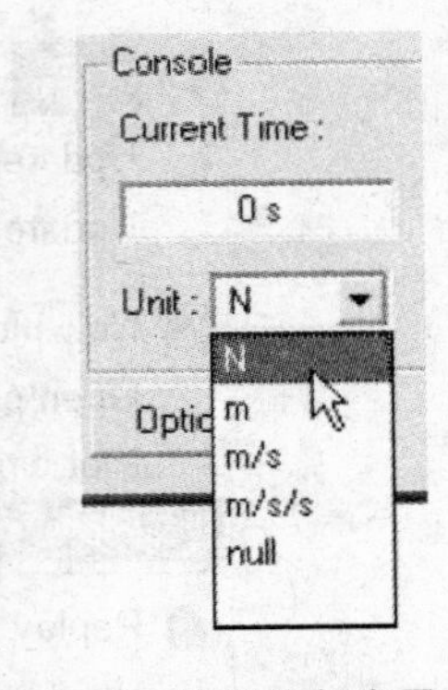

图 6.11 选择外部变量单位

一般在某个特定的子模型中都会对每一个变量进行计算，该子模型的输出变量又作为另一个子模型的输入变量。在草图中将给出对应单位下所有外部输出变量的数值，重复变量和隐变量不包括在内。如图 6.12 所示，数值以标签的形式显示，并且可以选择或者移动这些标签按顺序排列，使之方便阅读。通过右击标签，可以将相应标签删除。

同时还可以启用或者禁用如下选项，如图 6.13 所示。

- Line：这是连接标签和相应元件的灰色线。
- Title：如果选择了这一项，将显示所有外部变量的标题，这只对标签数量较少时有用。
- Float format：选中该项后，数字会显示 4.25708e-001；而没有选中时，则会显示 0.42571。

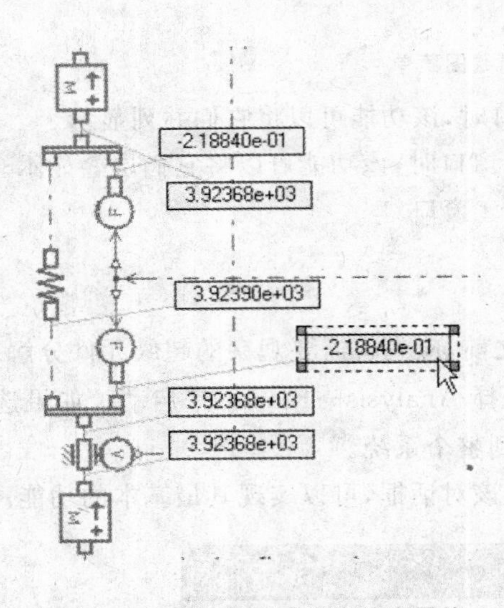

图 6.12 以标签形式显示的变量值

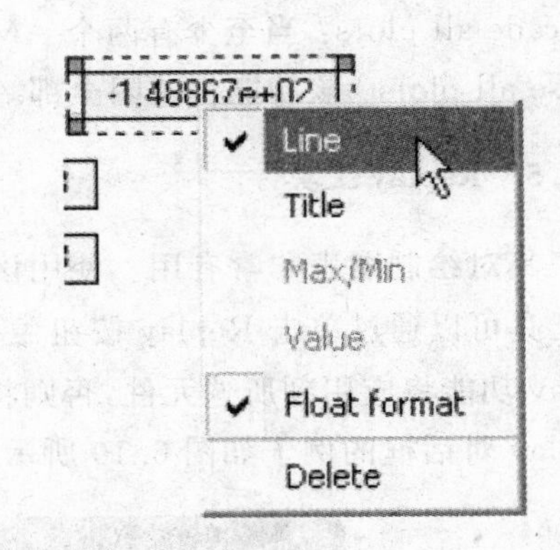

图 6.13 标签的右键下拉菜单

1. Replay 的基本控制

最常用的控制如图 6.14 所示。

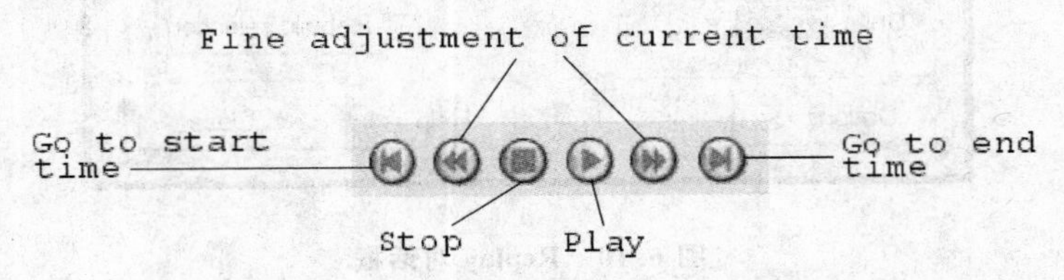

图 6.14 Replay 的基本控制

也可以使用图6.15所示滑块来选择时间。

另外还可以在输入框中编辑所关注的时刻。比如想得到5 s时以N为单位的力，在确定选择了N作单位的前提下，如图6.16所示，在输入框中输入数值5。然后，如果选择File→Print，则可以复制系统Replay方面的详细内容。另外也可以将其复制—粘贴到文字处理器中。

图6.15 使用滑块选择时间　　图6.16 设置所关注的时刻

打开Replay对话框后，可以选择草图中的一部分或者全部元件。由于进行了新的选择，此时可以通过单击Rebuild selection来更新标签。系统越大，这个过程就进行得越慢，因此没有更改选择的内容时不要使用该按钮。

单击Close可结束Replay会话。

单击Options可进入Replay的高级选项。

2. Replay的高级选项

单击Options后，Replay对话框如图6.17所示。其他命令按类别放在各个标题之下。

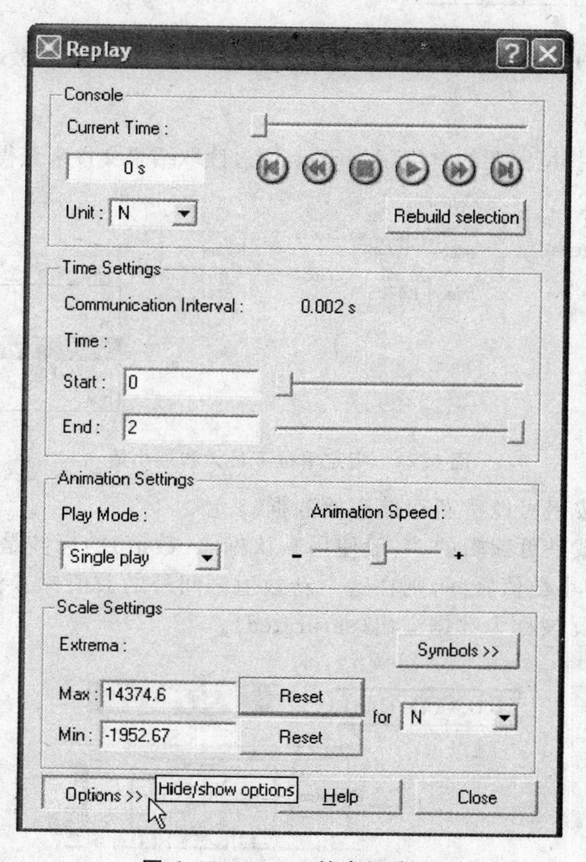

图6.17 Replay的高级选项

(1) 时间设置

一般在结果文件中定义开始时间和结束时间，如图 6.18 所示。

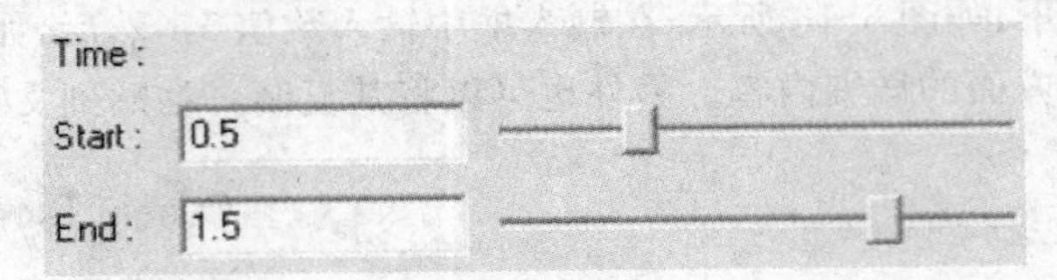

图 6.18　设置开始和结束时间

可以使用输入框和滑块对这些时间进行合理的修改。这里的修改会改变动画演示的方式。

(2) 动画设置

使用 Play Mode 来指定动画的播放方式，如图 6.19 所示。使用 Animation Speed 滑块可调节动画的播放速度，如图 6.20 所示。

图 6.19　选择播放模式

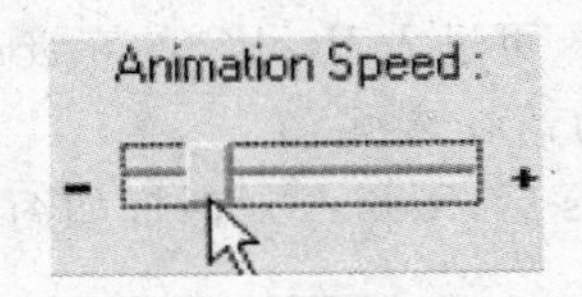

图 6.20　调节播放速度

(3) 比例设置

如图 6.21 所示，选择所需要的单位，AMESim 通过读取结果文件来获得最大值和最小值。

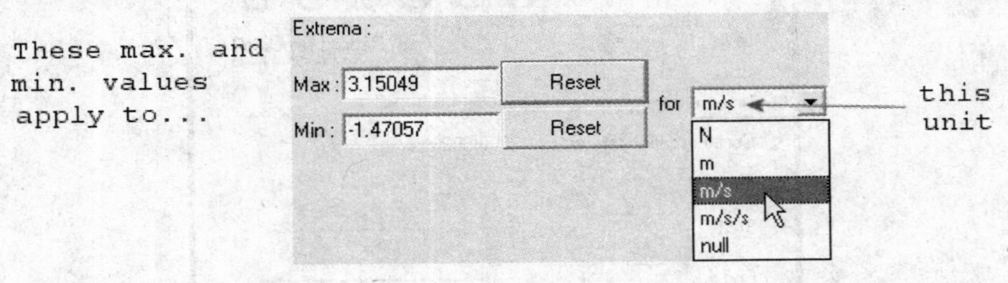

图 6.21　指定单位下最大和最小值

通过单击 Reset 按钮可以重新存储原始数据。

Max. 和 Min. 区域是可编辑的，一般使用默认标志(数值)的标签是黄色的。如果对 Max. 和 Min. 进行编辑并缩小数值区间，则在这个新数值区间外的数值标签将变为红色，图 6.22 中显示为黑色。这些情况被称为数据溢出(saturated)。

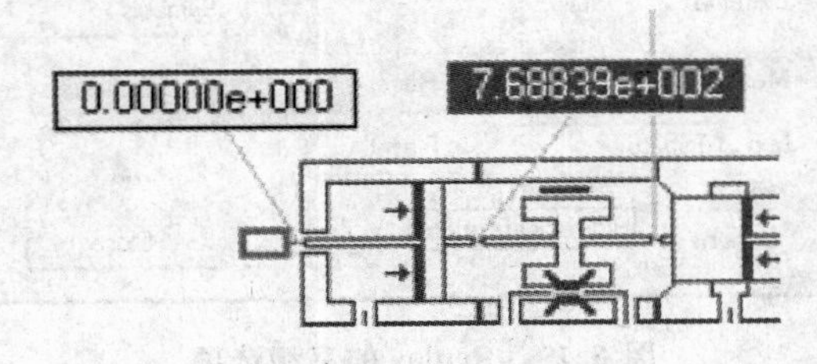

图 6.22　数据溢出提示

数值标签或标志非常有用。通过单击 Symbols >> 按钮,可获得其他相关标志。

3. 使用溢出数值

标志被默认设置成适合结果文件中数据的比例。若需要显示在该比例下不能理想显示的数值,则应对 Max. 和 Min. 的数值进行调整,如图 6.23 所示。

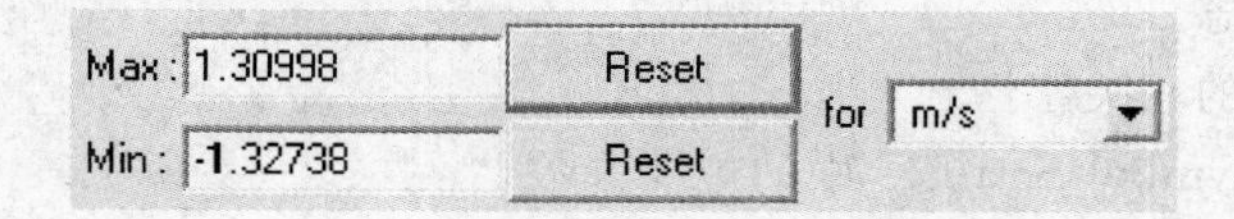

图 6.23　调整最大和最小值

调整最大、最小值后,任何不在该数值区间内的数值都会以不同的方式显示,如用不同的颜色来代替单色,如图 6.24 所示。

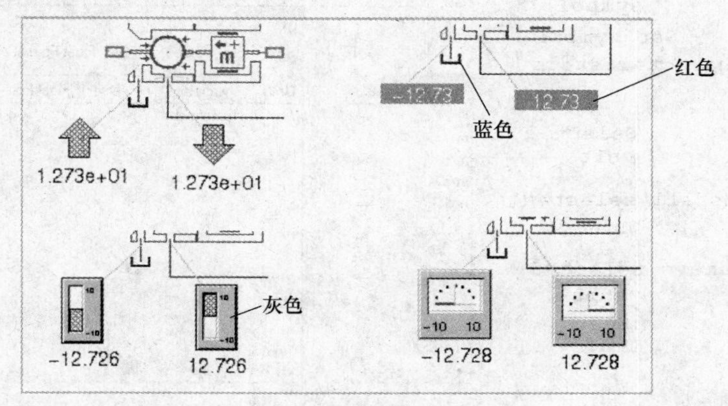

图 6.24　彩色和单色

4. Replay 中标志的有关选项

完全扩展的 Replay 对话框如图 6.25 所示。

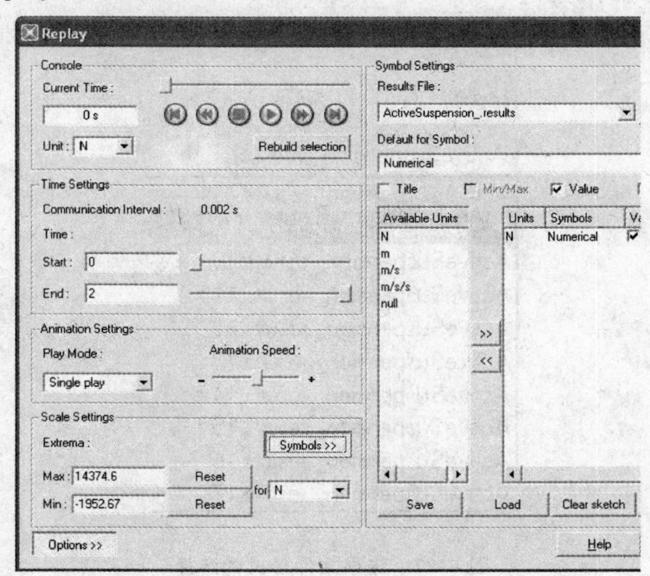

图 6.25　完全扩展的 Replay 对话框

通过在 Symbol Settings 中进行设置，可以：

- 选择一个或多个所需要的单位，AMESim 会对系统进行分析并确定当前系统中哪个单位用于哪个变量。这些都会出现在 Available Units 清单中。
- 选择标准或者批量运行创建的结果文件。
- 选择适用的标志。
- 定义所选标志的相关特性。

图 6.26 给出了 Symbol Settings 中的主要参数。

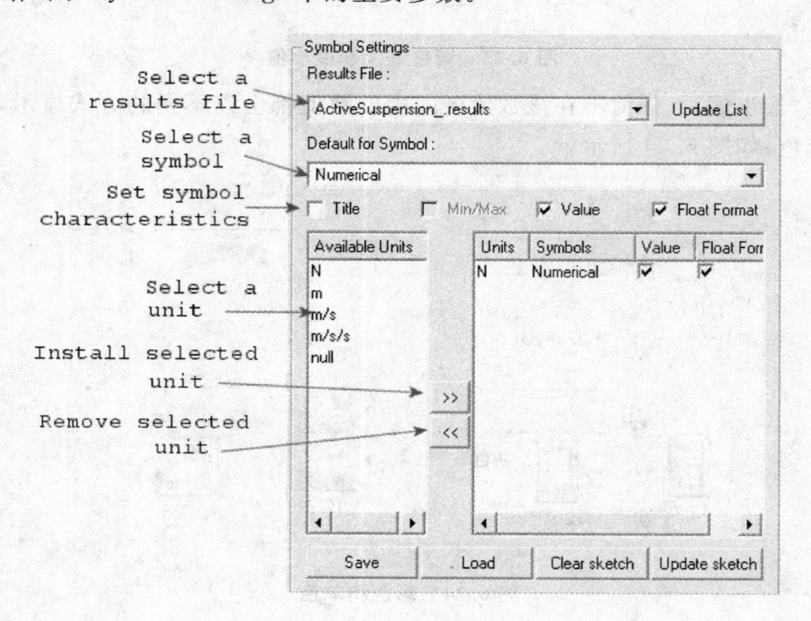

图 6.26　标志的设置

设置步骤一般按如下顺序：

① 如果有必要，可以选择其他的结果文件，如图 6.27 所示，这适用于批量仿真的情况。

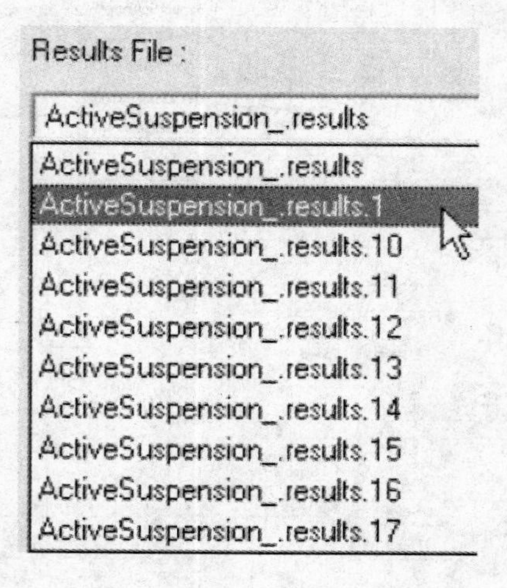

图 6.27　结果文件形式的选择

② 选择适用的标志：Arrow 适用于既需要显示方向又需要显示数值的情况（如速度、力、流量等），Gauge 和 Scrollbar 则适用于没有方向的变量（如压力、体积等），如图 6.28 所示。

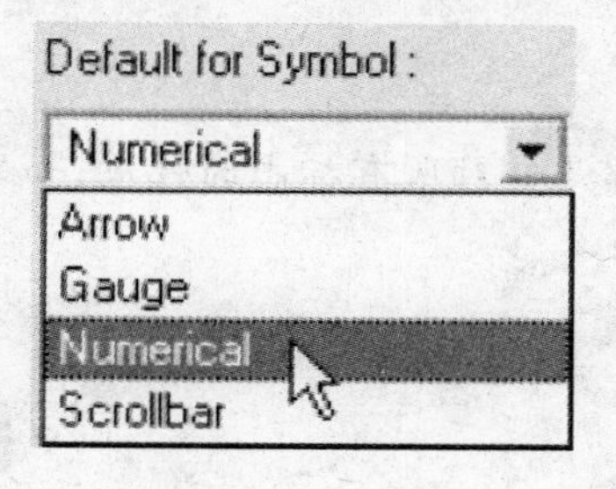

图 6.28　设置默认的标志显示形式

③ 使用图 6.29 所示的复选框来设置所选标志的特性。

图 6.29　设置标志的特性

如果选中了 Title，则可以得到变量的名称，如图 6.30 所示。如果选中了 Min/Max，则可以获得如图 6.31 所示的所选单位下的最大和最小值。但这适用于所选标志是 Gauge 和 Scrollbar 的情况。

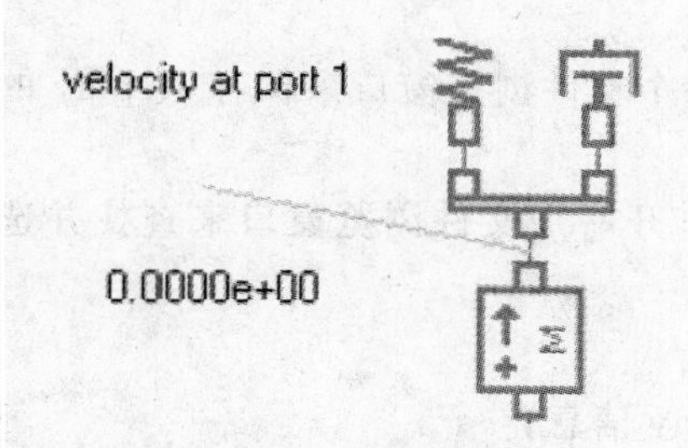

图 6.30　显示变量名称

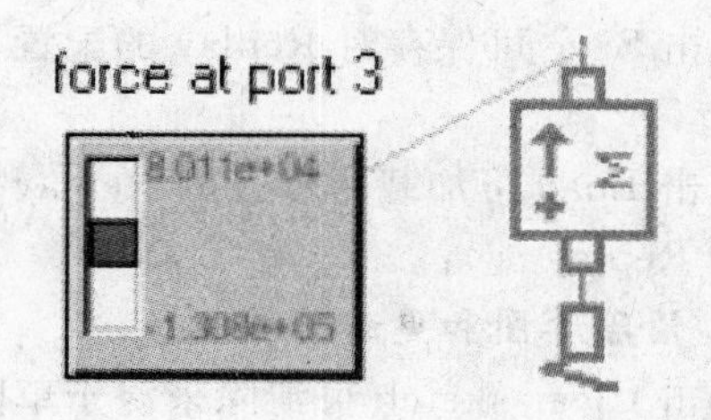

图 6.31　最小值/最大值显示

如果选中了 Value，则对于 Arrow、Gauge 和 Scrollbar 都可以获得与之相对应的数值，如图 6.32 所示。如果选中了 Float Format，则所得到的数值显示形式由 12.34 变为 1.234e01，如图 6.33 所示。

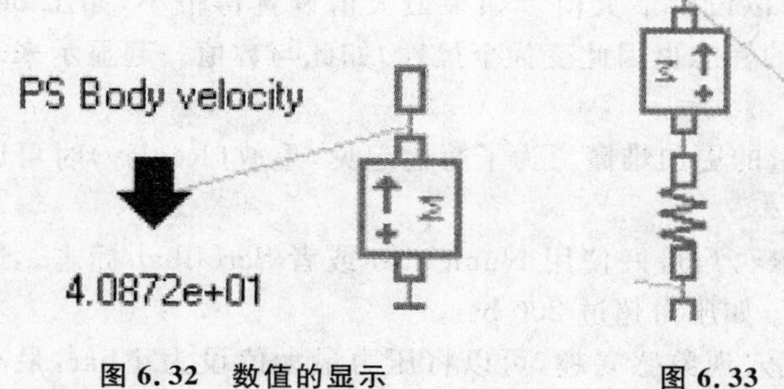

图 6.32　数值的显示　　图 6.33　浮点型数值显示

④ 在 Available Units 清单中选择所需的单位，如图 6.34 所示。

⑤ 单击按钮 »|，安装所选单位。

⑥ 单击 Update sketch。

注意：

① 前面所介绍的相关设置都是针对所有标志的性质；如果想对某个标志进行单独设置，如图 6.35 所示，右击对应标志。

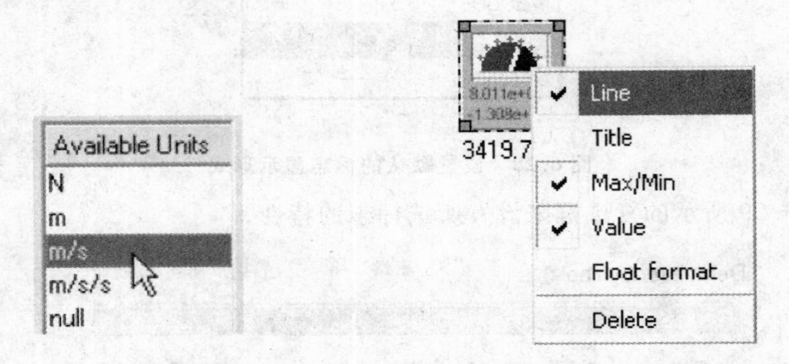

图 6.34　可选单位列表　　**图 6.35　单独修改某一标志的位置**

② 按住 Shift 键单击所选对象可以选择一系列的标志，或者通过窗口法(rubber-banding method)来选择某些标志。一般此时所选元件的边角有黑色方框，所选标志边角有绿色方框。右击一个标志，对它所作的任何更改都会应用到其他所有所选的标志。

③ 如果某个标志没有用处，则可以单击 Delete 将其删除。

5. 保存和加载 Replay 功能的配置

单击 Save 可保存对 Replay 的配置，此时会打开一个文件浏览窗口来保存 Replay 的当前配置。

单击 Load 可加载所保存的 Replay 配置，此时会打开一个文件浏览窗口来查找并选择已保存的 Replay 配置。

6. 清除草图和更新草图

单击 Clear sketch 可清除来源于草图的当前 Replay 信息；

单击 Update sketch 可实现对 ReplaySymbol Settings 所作的调整。

7. 几点建议

以下是根据经验提出的一些建议：

① 如果需要同时表示方向和数值，如线性或旋转速度、液体流量等，应选用 Arrows 作为数值标志。

② 所选标志为 Arrows 时只可以设置最大值。如果最大值设置得很小，如 1.0e－6。那么此时几乎所有数值都溢出，对应的标志也因此变为全尺寸，如此与数值一起显示来表示大小和方向。

③ 旋转量的符号规则比线性量的更加难懂。为了简化起见，重放(Replay)时可以大量使用 Arrows 标志。

④ 对于没有方向的量，如液体压力，最好使用 Numerical 或者 Scrollbar 标志。通过设置溢出水平来表示压力达到某个极值，如压力超过 200 bar。

如果对液压系统中排气或者气穴现象感兴趣，可以将压力最大值设为 1 bar，最小值设为

—1 bar。

8. 隐藏所有 Replay 标志

选择 Analysis→Hide all replay symbols，移除草图中的 Replay 标志；

选择 Analysis→Hide all replay symbols，恢复草图中的 Replay 标志（前提是之前隐藏了它们）。

6.1.7　状态计数工具

State Count（状态计数）工具的主要功能是识别出使得仿真速度变慢的原因，第二个功能就是可以获得一个按正确顺序排列的状态变量的清单。

每一次积分都会对每一个状态变量进行收敛检验和误差检验；而对于某个变量可能在某一步很难收敛或者总是保持最大误差。状态计数工具可以通过选择 Analysis→State Count 来启动，或者单击 State Count 按钮直接弹出图 6.36 所示的 State Count 对话框。

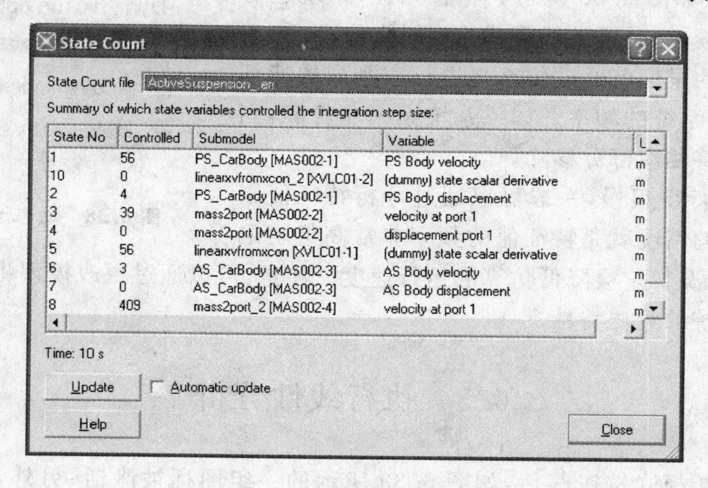

图 6.36　状态计数对话框

对于图中没有归类的清单，可以很方便地按顺序查看所有的状态变量。默认情况下，状态变量按等级（进行求解的顺序）排列。通过单击 Controlled 标签可以对清单进行归类。清单分类后可以发现使得仿真运行速度变慢的状态变量，即 Controlled 栏中最大数值对应的状态变量。如图 6.37 所示，在清单中，单击该项可以找到草图中与之对应的子模型。

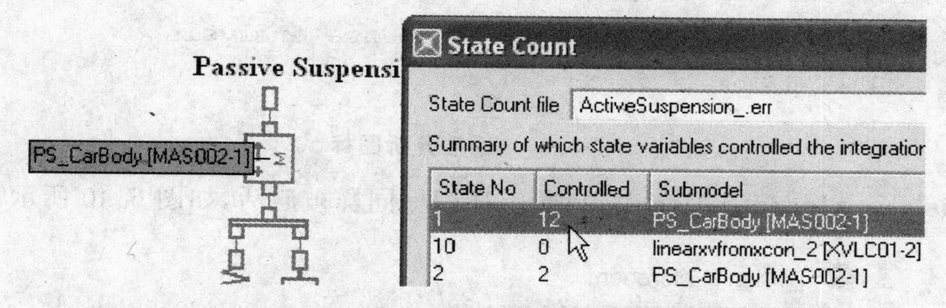

图 6.37　单击箭头所指项可弹出关联子模型

* "AMEAnimation"部分详见 AMEAnimation 手册。

* "活性指数"部分详见《LMS Imagine. Lab AMESim 系统建模和仿真实例教程》中第 8 章"活性指数"；"设计开发"部分详见本书第 16 章"AMESim 设计探索模块"。

6.2 为什么要进行线性分析

即便是仿真方面的专家，对仿真结果进行时域分析也很难。因此一般都使用频域分析方法，也就是线性分析方法。

线性分析的重要工具包括：波特图、尼克尔斯图、奈奎斯特图、模态振型、根轨迹图。

除非线性化是在平衡位置下进行的，否则使用上述这些工具是没有意义的。另外必须关闭粘滑摩擦(也称为干摩擦)。

如何保证系统在平衡位置呢？

进行稳态模式仿真或者在 Run Parameters 对话框中选中 Hold inputs constant 选项后进行动态模式仿真，如图 6.38 所示。尽管如此，系统也有可能不在平衡位置，这时可进行简单的特征值分析。

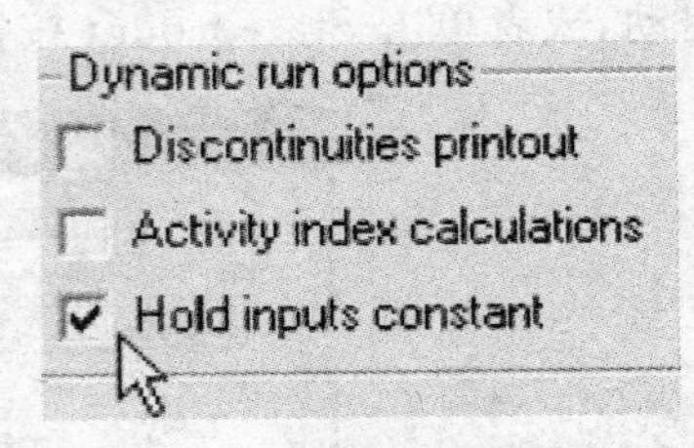

图 6.38 动态运行菜单选项

在模型开发的早期就通过仿真来进行一系列的特征值分析，可以获得系统的频率。如果系统频率非常高，则应通过更改模型将相应部分移除。

如果仿真运行得很慢，一般可以通过分析特征值来确定原因。最坏的情况就是特征值的频率非常高但阻尼却非常低，这种情况肯定会降低仿真的运行速度。注意，可以通过更改模型将相应高频率部分删除且不改变系统的重要特性。

6.3 执行线性分析

单击线性分析模式按钮后，如图 6.39 所示的一组图标被激活；另外，再单击元件或连线，可得到不同的对话框。

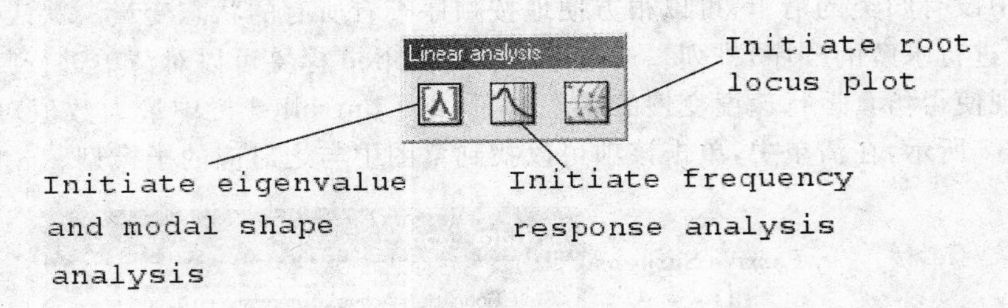

图 6.39 线性分析图标

选择 Analysis→Linearization 菜单项，上述图标同样被激活，如图 6.40 所示。

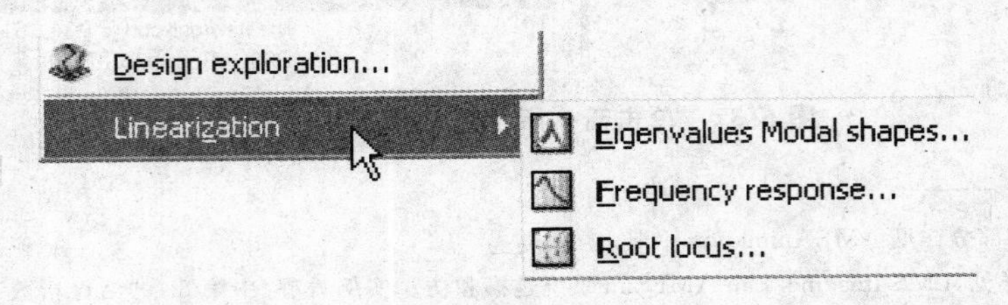

图 6.40 线性化菜单选项

为了能够进行所有类型的线性分析，要完成以下步骤：

① 在开始时间和结束时间的区间内，至少设置一个线性分析时间，这个时间在运行参数对话框中设置。

② 启动仿真。

在下列条件下，将创建文件 NAME_.jac0、NAME_.jac1……NAME_.jacN：

- 标准的仿真运行；
- 系统调用 NAME；
- 开始和结束时间的区间内有 N 个 LA 时间。

如果是批量运行，且包含 M 次运行，则创建如下 NxM 个文件：

NAME_.jac0.1、NAME_.jac1.1……NAME_.jacN.1

⋮

NAME_.jac0.M、NAME_.jac1.M、……NAME_.jacN.M

关于 LA Times 和 LA Status 的设置，详见：5.1.1 节“设置线性化时刻”和“线性分析状态”，以及 5.1.2 节“更改变量的 LA 状态”。

6.3.1 特征值分析

在 LA 模式中选择 Analysis→Linearization→Eigenvalues Modal shapes，或者单击 Eigenvalues Modal shapes 按钮，都可以弹出图 6.41 所示的对话框。

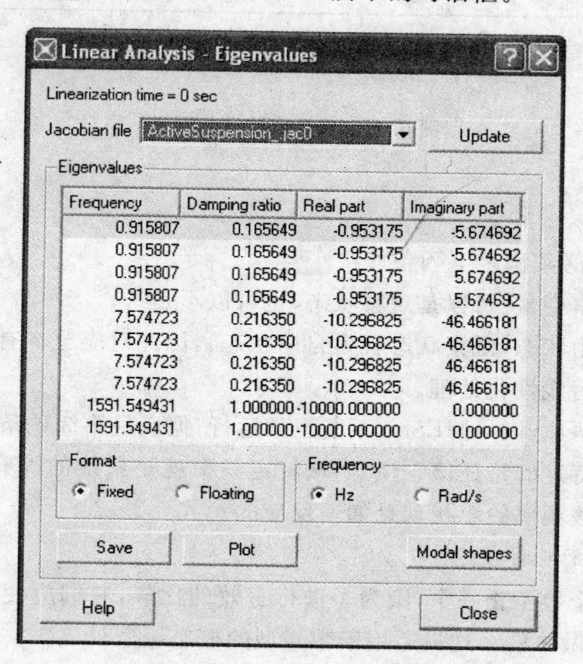

图 6.41 线性分析—特征值对话框

- 如果运行的系统有 jac 文件可供选择，则可以通过 Jacobian file 下拉方块来选择；
- 如果仿真仍在继续运行（标准或批量）并在创建更多的 jac 文件，则可以通过单击 Update来获得最新的 jac 文件。

注：

- 通过使用单选按钮，可以在 Fixed(1234.56)和 Floating(1.23456e+03)格式之间转换；
- 通过使用单选按钮，频率的单位可以在 Hz 和 Rad/s 之间转换；
- 通过单击栏目的标题(如 Frequency、Damping ratio 等)，可以将相应的清单归类，使得栏目中的数值按升序或者降序排列；
- 通过单击 Plot 按钮，可以绘制特征值位置的图形，如图 6.42 所示；
- 通过单击 Save 按钮，可以将特征值的详细内容保存到指定文件。

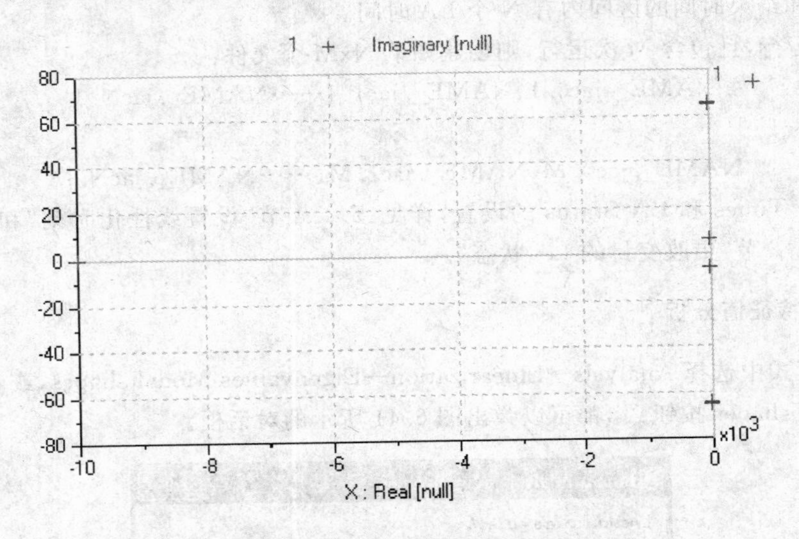

图 6.42 特征值位置的图形

6.3.2 模态振型

要绘制模态振型，必须满足下列条件：

- 至少有一个观察变量(可以是观察状态，也可以不是)；
- 至少有一个自由状态(观察状态视为自由状态)，因此对应至少有一个特征值；
- 在平衡位置进行线性化处理。

如果没有满足前两项，则 AMESim 不能正常运行；但满足第 3 项条件是用户必须做的。

接下来选择某个特定的特征值。注意，该特定频率就是系统的固有频率，另外，图形将显示每个观察变量对于该频率的小扰动是如何反应的。

1. 如何选择适用的观察变量

如果观察变量的个数不止一个，则为了进行有效的比较，它们应使用同一个单位，如所有线性速度都采用 m/s 做单位。这最适用于数量型的模态振型。

某些变量，如线性和旋转速度、液体或气体流量及电流都有特殊的意义，因为变量对应的能量与键合图中这些变量的平方成比例，这样的变量称之为流。此时有必要对每个观察变量引入不同的比例系数来表示能量。这种情况下各变量的单位不需要一样，这种方法适用于能量型的模态振型。

选择适用的观察变量的一般步骤如下：

① 单击 Eigenvalues Modal Shapes 按钮，或者选择 Analysis→Linearization→Eigenvalues Modal shapes，弹出线性分析—特征值对话框。注意，特征值要么是实数，要么是共轭复数。

② 按如下方法打开 Modal Shapes Analysis 对话框：

● 选中需要分析的特征值。注意，如果它是共轭复数的一部分，则用特征值和共轭得到的结果完全相同。

● 单击 Modal shapes 按钮来弹出模态振型分析对话框，如图 6.43 所示。

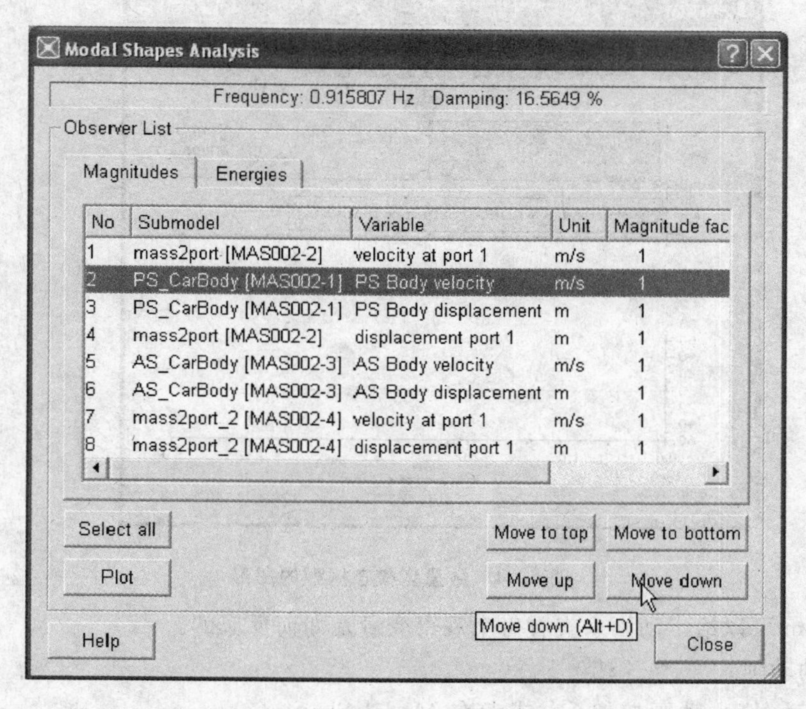

图 6.43 模态振型分析对话框

在清单中单击相应的观察变量，并单击 Move to top、Move to bottom、Move up 或者 Move down 对其进行归类。另外可以按 Shift+Click 单击键（选择一批变量）在清单中进行多重选取，或者按 Ctrl+Click 单击键（选取单个变量）来选取；也可以单击 Select all 来选取清单中所有的变量。另外，还可以通过单击任意栏的标题对变量进行分类，这样做的原因如下：

● 将观察变量按大小分类，可以很直观地看出哪个观察变量对当前工作状态/频率有影响；

● 将观察变量按单位分类，可以很快获得所需要的变量，如压力、流量等；

● 将观察变量按子模型分类，可以得到位于某特定子模型下的所有观察变量。

③ 使用 Shift 和 Ctrl 键选择所需要的观察变量。这一项非常有用，比如说可以单独查看大小不为 0 且单位一样的观察变量。此时如果使用 Move to top、Move to bottom、Move up 或者 Move down，只适用于当前所选择的变量。此时如果单击 Plot 按钮，则只绘制所选观察变量的图形。

接下来可以绘制数量型的模态振型和能量型的模态振型。

2. 绘制数量型的模态振型

这是模态振型分析最简单的形式：

① 必要时应调节数量系数，使得所有观察变量的值能够相容。如果使用的单位不一样，则该项设置非常有用(对于这种情况必须设置转换系数)。

② 确保已选择 Magnitudes 标签并单击 Plot 按钮，可弹出如图 6.44 所示极具代表性的图形。

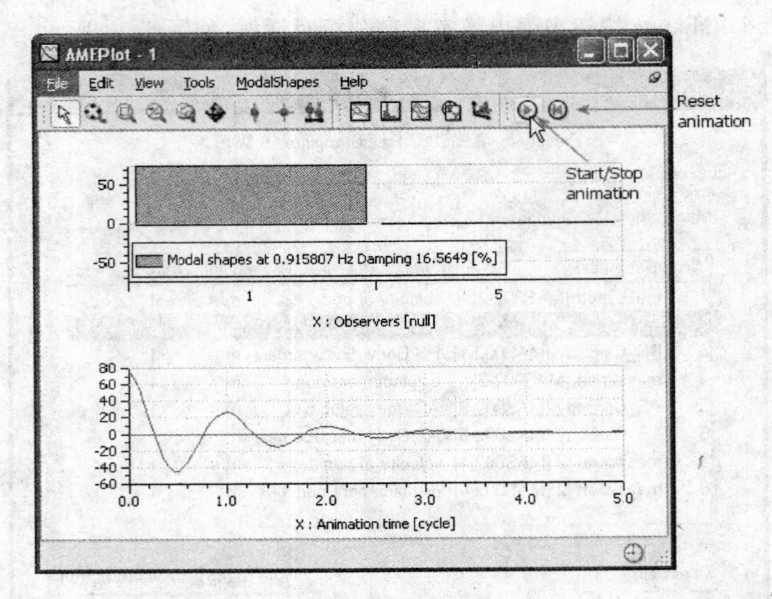

图 6.44　数量型模态振型的图形

AMESim 可以给出动画来查看每个观察变量是如何反应的。

(1) 启动动画

单击启动/停止动画按钮，或者在 Modal Shapes 菜单中单击相应选项，如图 6.45 所示。

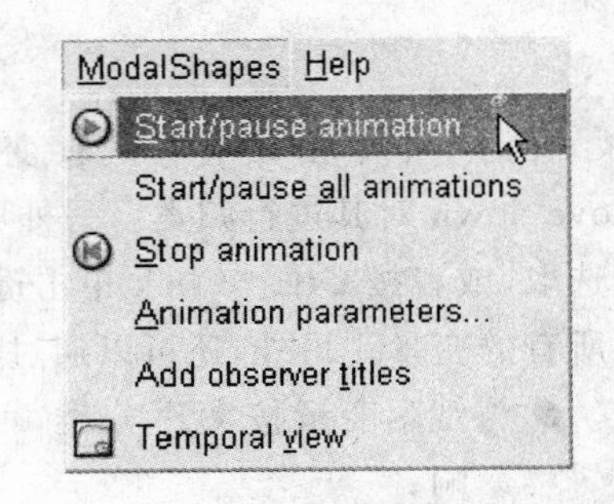

图 6.45　模态振型菜单

注意，对于观察变量的反应：

- 如果特征值是负数，则一般会产生振荡；
- 如果特征值是一个负实数，则数值一般会有一个简单的衰减；
- 如果观察变量不受该频率影响，则没有任何反应。

(2) 调节动画的效果

在菜单中选择 Animation Parameters(动画参数)，此时弹出 Animation Parameters 对话框，如图 6.46 所示。

- 通过增大 Number of increments per cycle，可以使得动画演示过程变得更慢更详细；
- 通过增大 Total number of increments，可以延长动画演示时间。

(3) 给 x 和 y 轴添加标题

① 正如对标准图形的处理，右击图形并选择 Titles。(该操作不能插入观察变量的标题)

② 要显示观察变量的标题，应单击 ModalShapes→Add Observer Titles。

(4) 对一系列模态振型图形进行动画演示

如果模态振型图形不止一个，如图 6.47 所示，可以通过单击 ModalShapes→Start/pause all animations 将它们全部进行动画演示。

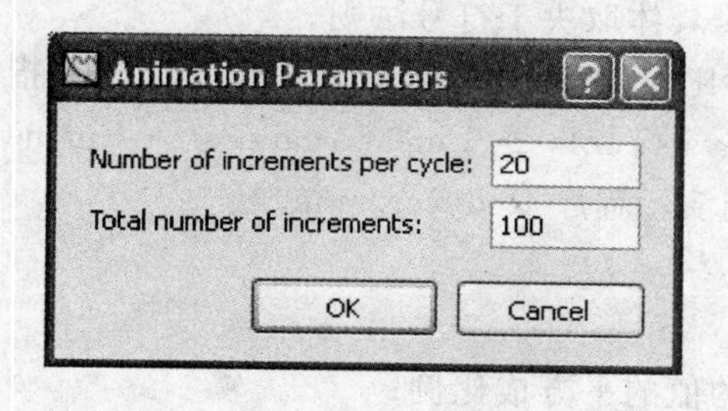

图 6.46　动画参数设置对话框

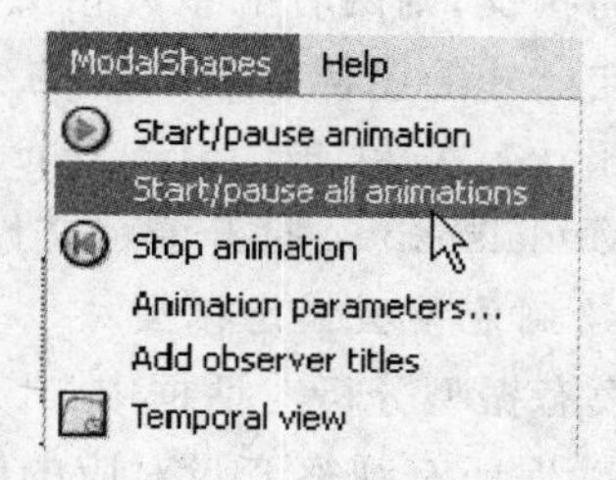

图 6.47　开始/暂停动画

(5) 模态振型的临时视图

默认情况下会给出临时视图以便更好地理解模态振型。通过右击模态振型并选择 Remove→All graph(s)将图形中的临时视图移除。而要恢复某个模态振型图形的临时视图应按如下方式进行：

① 选择 ModalShapes→Temporal view；

② 此时鼠标转换为手型，单击相应的模态振型图形，如图 6.48 所示。

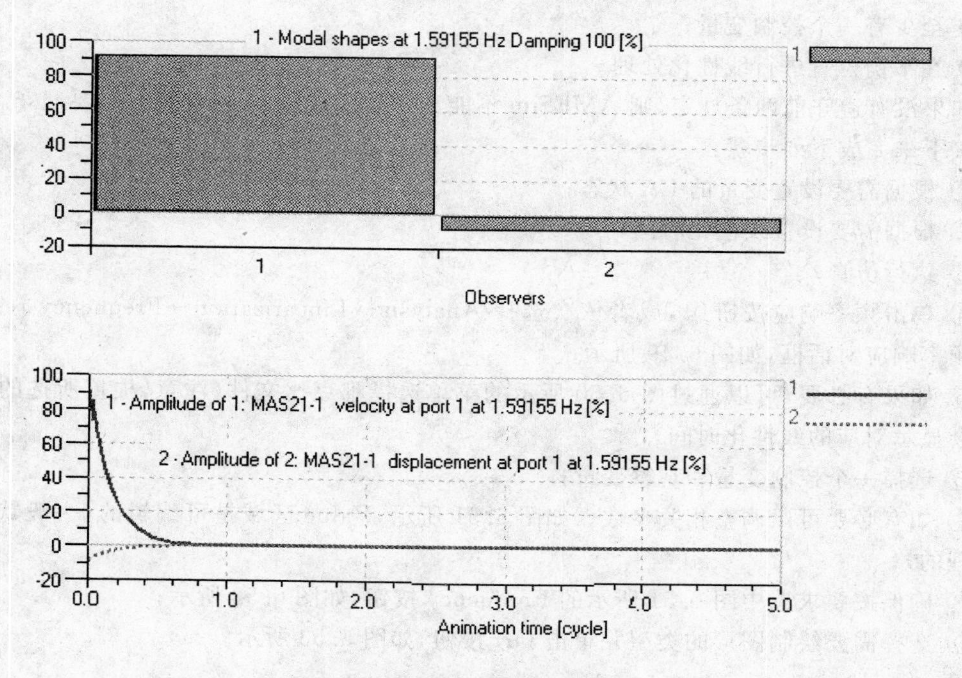

图 6.48　模态振型的临时视图

(6) 数量系数

在下列情况下绘制模态振型时数量系数非常有用：

- 多域系统中的变量具有不同的单位(如流量、质量、速度及电流)。例如,在制动系统中,活塞受液压管路控制,使用管路截面作数量系数,就可以将活塞速度与管路流量进行比较。
- 带方向的变量,如线性或旋转速度、液体流量等。例如,如果液体管路中两个流量的方向相反,则两者的系数相反(-1 或+1),具体取决于符号法则。
- 与已知的比例系数相关的变量。例如,比较变速箱的两个旋转速度时必须指明传动比,依次单击 Infrastructure → AnalysisTools → LinearAnalysis → EigenVal-ues-Modalshapes,打开演示文件夹可以找到演示程序 Reducer. ame。

3. 绘制能量型模态振型

在模态振型分析对话框中:

① 确保所有观察变量对应的能量与它们的值的平方成比例;

② 当比例系数与观察变量的值的平方相乘时,应调节这些比例系数(如果有必要)以获得合理的能量值;

③ 单击 Plot Energies 按钮;

④ 添加标题、动画演示的调节及启动都与前面数量型模态振型分析中所述一样。

6.3.3 波特图、尼克尔斯图、奈奎斯特图

要绘制这 3 种图形,必须做到:

- 至少有一个观察变量(可以是观察状态,也可以不是);
- 至少有一个控制变量;
- 在平衡位置进行线性化处理。

如果没有遵守前两条规定,则 AMESim 不能正常运行;但第 3 条规定一定要遵守。

接下来完成下列步骤:

① 根据需要设置变量的 LA 状态;

② 根据需要设置线性化时间;

③ 执行仿真;

④ 单击频率响应按钮,或者依次选择 Analysis→Linearization→Frequency response,弹出频率响应对话框,如图 6.49 所示;

⑤ 如果有必要,可以通过图 6.50 所示的菜单选择雅克比文件(注意,根据所选的雅克比文件会显示对应的线性化时间);

⑥ 选择一个控制变量和观察变量;

⑦ 如有必要可以调整相关参数。如图 6.51 所示,Value 区域是可编辑的(一般默认值都是合理的);

⑧ 确保按要求选中图 6.51 所示的 Frequency 按钮,如图 6.52 所示;

⑨ 选择需要绘制图形的类型并单击 OK 按钮,如图 6.53 所示。

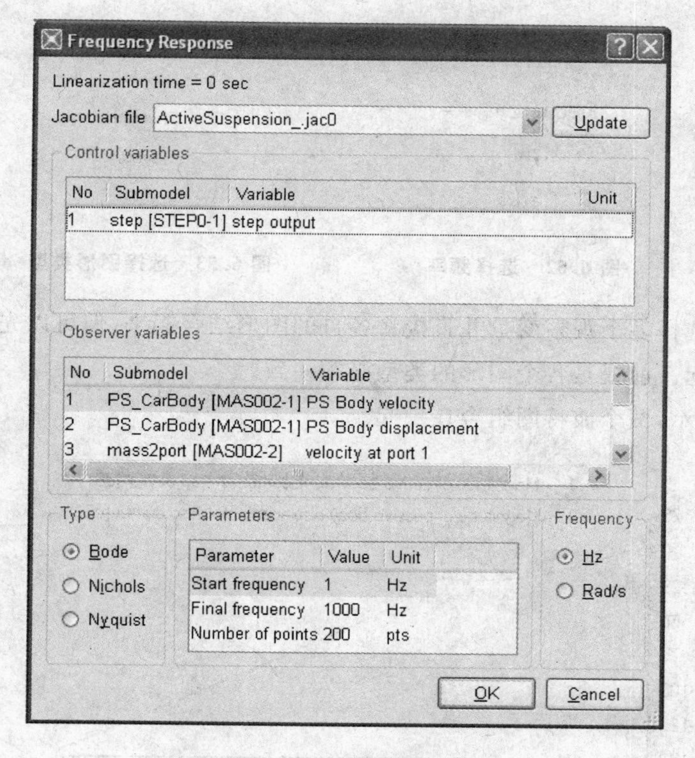

图 6.49　频率响应对话框

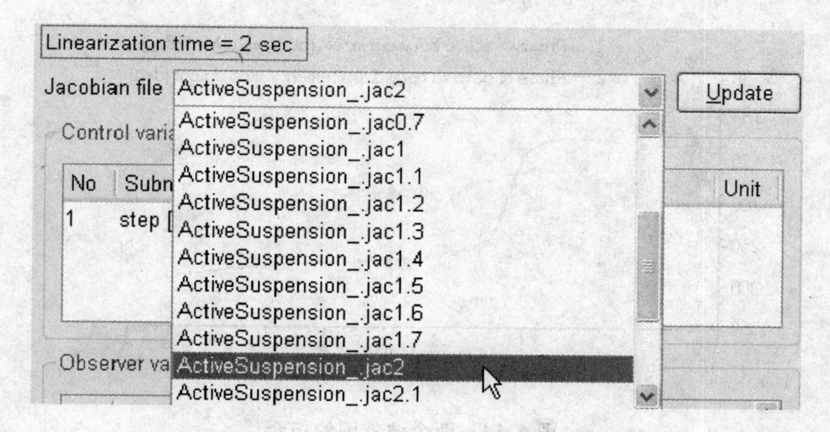

图 6.50　雅克比文件菜单

Parameters

Parameter	Value	Unit
Start frequency	1	Hz
Final frequency	1000	Hz
Number of points	200	pts

图 6.51　设置参数

图 6.52 选择频率　　　图 6.53 选择图形类型

不可能同时选择多个观察变量并直接将各自的图形结合起来，但可以先分开创建图形，再将它们拖放在一起。前提是各个图形的类型必须一致。

如图 6.54 所示，两个波特图组合在一起。

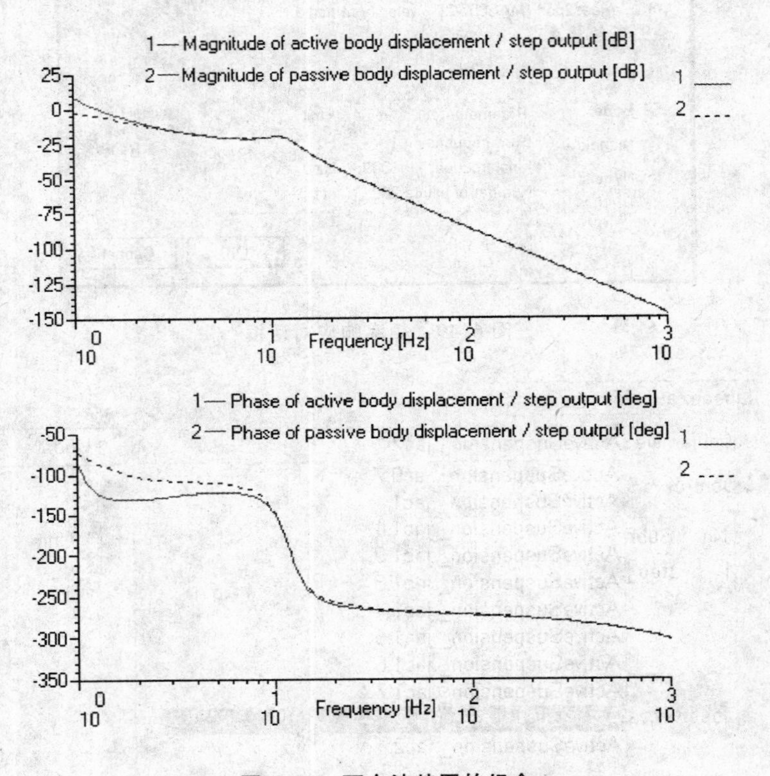

图 6.54 两个波特图的组合

对于尼克尔斯图和奈奎斯特图，如图 6.55 和图 6.56 所示，通过单位为 Hz 或者 Rad/s（根据之前的选择而定）的频率对曲线进行注释，通过空心圆来表示 10 的乘方（如 10^0，10^1 等）；在它们之间，用实心圆来表示对数刻度下的 9 个中间值（如 2×10^0，3×10^0，…，9×10^0）。

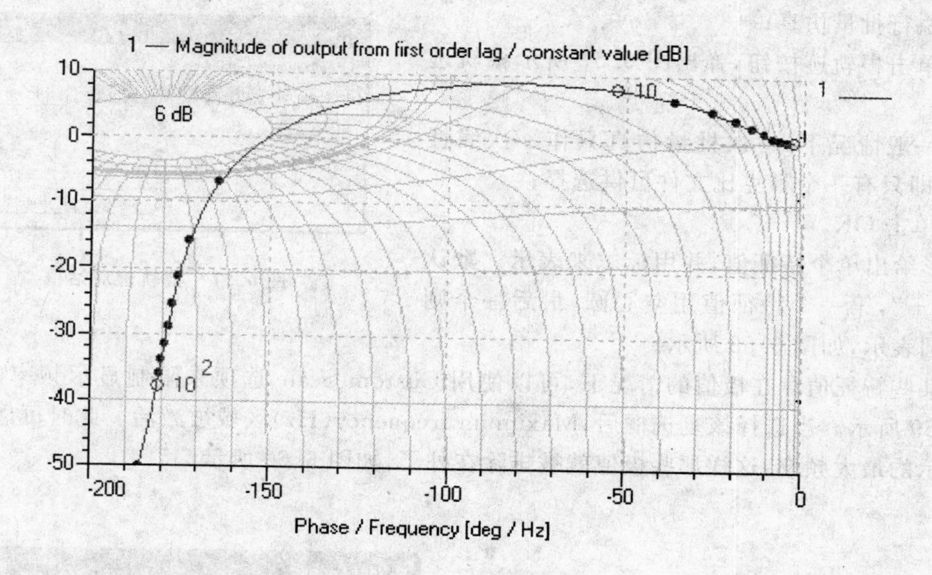

图 6.55　尼克尔斯图

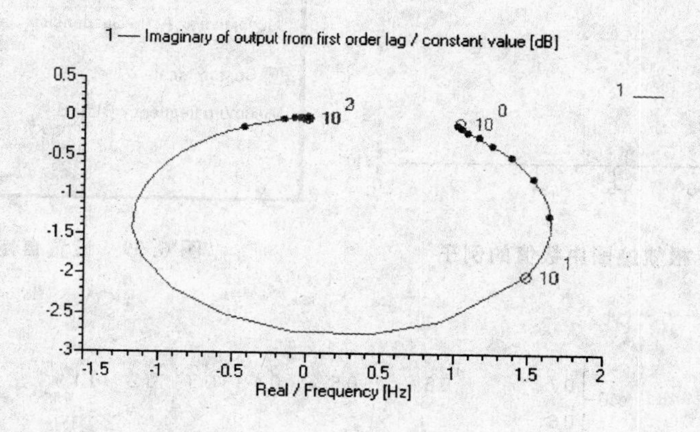

图 6.56　奈奎斯特图

6.3.4　根轨迹图

要绘制根轨迹图,必须满足下列条件:

- 使用一个变动参数进行标准的批量仿真;
- 至少有一个自由状态;
- 在平衡点处进行线性化处理。

此时不需要任何控制或者观察变量,因为它们在根轨迹图中不起作用。

接下来执行如下步骤:

① 通过一次标准运行来确认系统正在创建一个平衡态;

② 在平衡态设置线性化时间;

③ 设置批量仿真的相关参数;

④ 执行批量仿真；

⑤ 单击根轨迹按钮，弹出图 6.57 所示根轨迹对话框；

⑥ 一般情况下，一次批量仿真只作一次线性化处理，即只有一个雅克比文件可供选择；

⑦ 单击 OK。

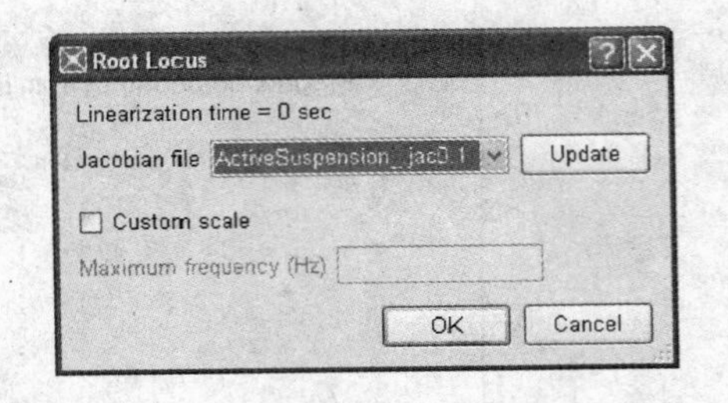

图 6.57 根轨迹对话框

图形给出单个特征值，并用标志来表示。默认标志为“+”，第一个特征值用空心圆，最后一个则用实心圆表示，如图 6.58 所示。

在某些特征值存在极值的情况下，可以使用 Custom Scale 选项来限制显示频率的范围，如图 6.59 所示。当选择该复选框后，Maximum frequency(Hz)区域被激活。此时可以输入图形中显示的最大频率，这样那些极值就被排除在外了，如图 6.60 所示。

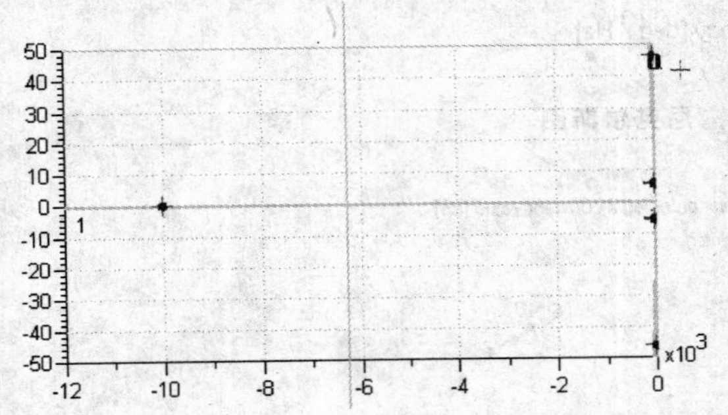

图 6.58 根轨迹图中极值的例子

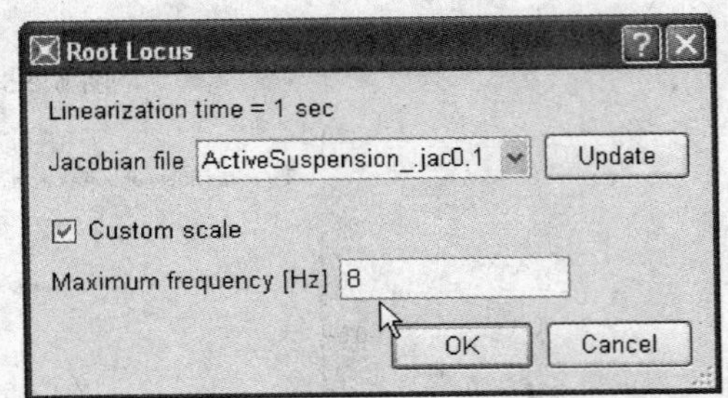

图 6.59 设置自定义的范围

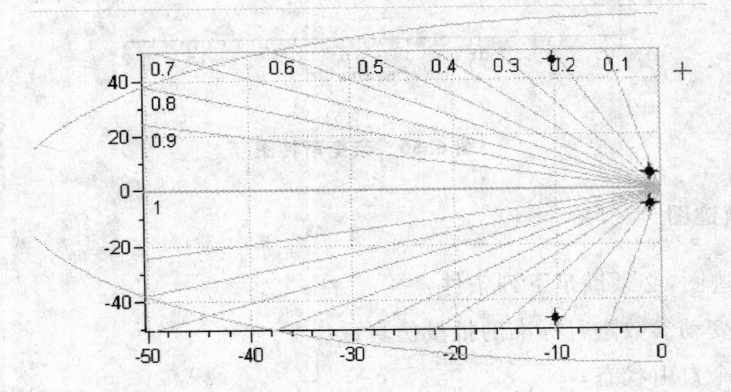

图 6.60 最大频率时的根轨迹图形

第7章　AMESim 脚本工具

本章介绍 AMESim 的脚本工具。

7.1 引　言

AMESim 提供了一套完整的脚本，可使用更为抽象的语言编制短程序，就像 Python、MATLAB、Scilab 或 Visual Basic 等应用程序那样，能自动实现模块之间的交互。

本章给出了脚本的详尽列表，并逐一附以简短说明。除特别说明外，这些脚本可用于所有的应用程序。在 AMESim 使用指南手册中有许多应用实例。

7.2 脚本说明

每一脚本都有其简短说明，欲获得完整的说明，请参阅与该脚本相关的帮助命令。例如，如果想知道更多关于 ameputp 脚本，可进行如下操作：

Python

```
>>> help('amesim.ameputp')
```

MATLAB

```
>> help ameputp
```

Scilab

```
--> help ameputp
```

VBA

打开 Visual Basic 编辑器中的 ameputp 子程序，该子程序位于 f_ameputp 模块中。

7.2.1 参数处理

用于参数处理的脚本如下：

```
amegetcuspar
amegetgpar
amegetp
ameputcuspar
ameputgpar
ameputp
```

(1) amegetcuspar

amegetcuspar 脚本可从 AMESim 模型的自定义对象（子模型或超级元件）中检索到参数信息。欲获得该脚本更完整的描述，请按下列步骤查找相关帮助命令：

Python

```
>>> help('amesim.amegetcuspar')
```

MATLAB

```
>> help amegetcuspar
```

Scilab

```
--> help amegetcuspar
```

VBA

打开 Visual Basic 编辑器中的 amegetcuspar 子程序，该子程序位于 f_amegetcuspar 模块中。

(2) amegetgpar

amegetgpar 脚本可从 AMESim 模型中检索到全局参数信息。欲获得该脚本更完整的描述，请按下列步骤查找相关帮助命令：

Python

```
>>> help('amesim. amegetgpar')
```

MATLAB

```
>> help amegetgpar
```

Scilab

```
--> help amegetgpar
```

VBA

打开 Visual Basic 编辑器中的 amegetcuspar 子程序，该子程序位于 f_amegetgpar 模块中。

(3) amegetp

amegetp 脚本可从一个模型的通用对象(子模型或超级元件)中检索到参数信息。欲获得该脚本更完整的描述，请按下列步骤查找相关帮助命令：

Python

```
>>> help('amesim.amegetp')
```

MATLAB

```
>> help amegetp
```

Scilab

```
--> help amegetp
```

VBA

打开 Visual Basic 编辑器中的 amegetp 子程序，该子程序位于 f_ amegetp 模块中。

(4) ameputcuspar

ameputcuspar 脚本可给 AMESim 模型中自定义对象(子模型或超级组件)的给定参数设置一个值。欲获得该脚本更完整的描述，请按下列步骤查找相关帮助命令：

Python

```
>>> help('amesim. ameputcuspar')
```

MATLAB

```
>> help ameputcuspar
```

Scilab

```
--> help ameputcuspar
```

VBA

打开 Visual Basic 编辑器中的 ameputcuspar 子程序，该子程序位于 f_ ameputcuspar 模块中。

(5) ameputgpar

ameputgpar 脚本可给 AMESim 模型中给定的全局参数设置一个值。欲获得该脚本更完整的描述，请按下列步骤查找相关帮助命令：

Python

```
>>> help('amesim. ameputgpar')
```

MATLAB

```
>> help ameputgpar
```

Scilab

```
--> help ameputgpar
```

VBA

打开 Visual Basic 编辑器中的 ameputgpar 子程序，该子程序位于 f_ ameputgpar 模块中。

(6) ameputp

ameputp 脚本可给 AMESim 模型中通用对象（子模型或超级元件）的给定参数设置一个值。欲获得该脚本更完整的描述，请按下列步骤查找相关帮助命令：

Python

```
>>> help('amesim. ameputp')
```

MATLAB

```
>> help ameputp
```

Scilab

```
--> help ameputp
```

VBA

打开 Visual Basic 编辑器中的 ameputp 子程序，该子程序位于 f_ ameputp 模块中。

7.2.2　运行仿真与结果处理

用于运行仿真与结果处理的脚本如下：

amerun
amela
ameloadt
amegetvar
ame2ma
ameloadj
ameloadk
amegetfinalvalues
amesetfinalvalues

(1) amerun

Amerun 脚本可用来运行一个 AMESim 模型；amerun('SYS')可启动可执行文件 SYS_。欲获得该脚本更完整的描述，请按下列步骤查找相关帮助命令：

Python

```
>>> help('amesim. amerun')
```

MATLAB

```
>> help amerun
```

Scilab

```
--> help amerun
```

VBA

打开 Visual Basic 编辑器中的 amerun 子程序，该子程序位于 f_ amerun 模块中。

(2) amela

amela 脚本可为 AMESim 模型的线性分析设置线性化时间。欲获得该脚本更完整的描述，请按下列步骤查找相关帮助命令：

Python

```
>>> help('amesim. amela')
```

MATLAB

```
>> help amela
```

Scilab

```
--> help amela
```

VBA

打开 Visual Basic 编辑器中的 amela 子程序，该子程序位于 f_ amela 模块中。

(3) ameloadt

ameloadt 脚本可加载 AMESim 模型的完整结果文件(变量)。欲获得该脚本更完整的描述，请按下列步骤查找相关帮助命令：

Python

```
>>> help('amesim. ameloadt')
```

MATLAB

```
>> help ameloadt
```

Scilab

```
--> help ameloadt
```

VBA

打开 Visual Basic 编辑器中的 ameloadt 子程序，该子程序位于 f_ ameloadt 模块中。

(4) amegetvar

amegetvar 脚本可提取 AMESim 模型的一些结果变量，它需要使用 ameloadt 脚本加载结果文件。然后，amegetvar 脚本可使用变量的名称方便地访问变量。欲获得该脚本更完整的描述，请按下列步骤查找相关帮助命令：

Python

```
>>> help('amesim. amegetvar')
```

MATLAB

```
>> help amegetvar
```

Scilab

```
--> help amegetvar
```

VBA

打开 Visual Basic 编辑器中的 amegetvar 子程序，该子程序位于 f_ amegetvar 模块中。

(5) ame2ma

ame2ma 脚本可把一个 AMESim 模型的结果变量导入 MATLAB 的全局工作空间中。该脚本只适用于 MATLAB。欲获得该脚本更完整的描述，请按下列步骤查找相关帮助命令：

MATLAB

```
>> help ame2ma
```

(6) ameloadj

ameloadj 脚本可加载 AMESim 模型中的线性化结果。欲获得该脚本更完整的描述，请按下列步骤查找相关帮助命令：

Python

```
>>> help('amesim. ameloadj')
```

MATLAB

```
>> help ameloadj
```

Scilab

```
--> help ameloadj
```

VBA

打开 Visual Basic 编辑器中的 ameloadj 子程序，该子程序位于 f_ameloadj 模块中。

(7) ameloadk

ameloadk 脚本可加载一个 IFP C3D 模型的完整结果文件（变量）。欲获得该脚本更完整的描述，请按下列步骤查找相关帮助命令：

Python

```
>>> help('amesim. ameloadk')
```

MATLAB

```
>> help ameloadk
```

Scilab

```
--> help ameloadk
```

VBA

打开 Visual Basic 编辑器中的 ameloadk 子程序，该子程序位于 f_ameloadk 模块中。

(8) amegetfinalvalues

amegetfinalvalues 脚本可获得一个 AMESim 模型中该变量的终值。欲获得该脚本更完整的描述，请按下列步骤查找相关帮助命令：

Python

```
>>> help('amesim. amegetfinalvalues')
```

MATLAB

```
>> help amegetfinalvalues
```

Scilab

```
--> help amegetfinalvalues
```

VBA

打开 Visual Basic 编辑器中的 amegetfinalvalues 子程序，该子程序位于 f_amegetfinalvalues 模块中。

(9) amesetfinalvalues

amesetfinalvalues 脚本可把一个 AMESim 模型中的状态变量的初始值设置为上一次运行的终值。欲获得该脚本更完整的描述，请按下列步骤查找相关帮助命令：

Python

```
>>> help('amesim. amesetfinalvalues')
```

MATLAB

```
>> help amesetfinalvalues
```

Scilab

```
--> help amesetfinalvalues
```

VBA

打开 Visual Basic 编辑器中的 amesetfinalvalues 子程序，该子程序位于 f_amesetfinalvalues 模块中。

7.2.3 图形绘制

用于图形绘制的脚本如下：

ameplot
amebode

(1) ameplot

ameplot 脚本可浏览 AMESim 模型的变量并绘制曲线图。该脚本不适用于 Visual Basic Application。欲获得该脚本更完整的描述，请按下列步骤查找相关帮助命令：

Python

```
>>> help('amesim.ameplot')
```

MATLAB

```
>> help ameplot
```

Scilab

```
--> help ameplot
```

(2) amebode

amebode 脚本可由 AMESim 模型的 *.jac 文件生成 Bode 图，但必须已对该模型进行了线性分析。该脚本不适用于 Visual Basic Application。欲获得该脚本更完整的描述，请按下列步骤查找相关帮助命令：

Python

```
>>> help('amesim.amebode')
```

MATLAB

```
>> help amebode
```

Scilab

```
--> help amebode
```

7.2.4 响应曲面模型的处理

用于响应曲面模型处理的脚本如下：

mersmreadrsm
amersmcreatevec

(1) mersmreadrsm

mersmreadrsm 脚本可加载 AMESim 模型的 RSM 文件。欲获得该脚本更完整的描述，请按下列步骤查找相关帮助命令：

Python

```
>>> help('amesim.mersmreadrsm')
```

MATLAB

```
>> help mersmreadrsm
```

Scilab

```
--> help mersmreadrsm
```

VBA

打开 Visual Basic 编辑器中的 mersmreadrsm 子程序，该子程序位于 f_mersmreadrsm 模块中。

(2) amersmcreatevec

amersmcreatevec 脚本可计算 AMESim 模型的 RSM。欲获得该脚本更完整的描述，请按下列步骤查找相关帮助命令：

Python

```
>>> help('amesim.amersmcreatevec')
```

MATLAB

```
>> help amersmcreatevec
```

Scilab

```
--> help amersmcreatevec
```

VBA

打开 Visual Basic 编辑器中的 amersmcreatevec 子程序，该子程序位于 f_amersmcreatevec 模块中。

7.2.5　数据交换

用于数据交换的脚本如下：

ame2data
data2ame
fx2ame
fxy2ame
ss2ame
tf2ame

(1) ame2data

ame2data 脚本可加载 AMESim 的绘图文件，该文件是用 AMEPlot 窗口（AMESim 绘图）中的命令 Export values 保存的。该脚本不适用于 Visual Basic Application。欲获得该脚本更完整的描述，请按下列步骤查找相关帮助命令：

Python

```
>>> help('amesim.ame2data')
```

MATLAB

```
>> help ame2data
```

Scilab

```
--> help ame2data
```

(2) data2ame

data2ame 脚本可创建 ASCII 数据文件，该文件可以通过使用 AMEPlot 窗口（AMESim 绘图）中的 Open 菜单读取。该脚本不适用于 Visual Basic Application。欲获得该脚本更完整的描述，请按下列步骤查找相关帮助命令：

Python

```
>>> help ('amesim.data2ame')
```

MATLAB

```
>> help data2ame
```

Scilab

```
--> help data2ame
```

(3) fx2ame

fx2ame 脚本可创建一个一维插值表，该表可通过 AMETable (AMESim 表单编辑器)中的 Open 菜单读取。注意，在 Visual Basic Application 中，用 data2ame 代替。欲获得该脚本更完整的描述，请按下列步骤查找相关帮助命令：

Python

```
>>> help('amesim.fx2ame')
```

MATLAB

```
>> help fx2ame
```

Scilab

```
--> help fx2ame
```

(4) fxy2ame

fxy2ame 脚本可创建一个二维插值表，该表可通过 AMETable(AMESim 表单编辑器)中的 Open 菜单读取。注意，在 Visual Basic Application 中，用 data2ame 代替。欲获得该脚本更完整的描述，请按下列步骤查找相关帮助命令：

Python

```
>>> help ('amesim.fxy2ame')
```

MATLAB

```
>> help fxy2ame
```

Scilab

```
--> help fxy2ame
```

(5) ss2ame

ss2ame 脚本可将状态空间矩阵写入一个 ASCII 文件，该文件可通过 AMESim 中的菜单 Modeling→Import linear model 读取。该脚本不适用于 Visual Basic Application。欲获得该脚本更完整的描述，请按下列步骤查找相关帮助命令：

Python

```
>>> help('amesim.ss2ame')
```

MATLAB

```
>> help ss2ame
```

Scilab

```
--> help ss2ame
```

(6) tf2ame

tf2ame 脚本可将一个连续的传递函数写入一个 ASCII 文件，该文件可通过 AMESim 中的菜单 Modeling→Import linear model 读取。该脚本不适用于 Visual Basic Application。欲获得该脚本更完整的描述，请按下列步骤查找相关帮助命令：

Python

```
>>> help('amesim.tf2ame')
```

MATLAB

```
>> help tf2ame
```

Scilab

```
--> help tf2ame
```

第 8 章　所有模式下的通用工具

所有模式下的通用工具，可以通过以下方法来使用：

● 在工具栏中永久显示的按钮；

● 菜单选项；

● 右击草图区域或已被选中的对象生成的菜单。

其中有些工具只有当一个或多个对象被选中以后，才是可用的。可以在任何模式下选择对象。

8.1　选择对象

(1) Shift＋单击对象法

通过这种选择方法可以同时选择位于不同草图区域的几个对象。如果要选中两个对象，可以：

① 单击第 1 个对象；

② 按住 shift 键；

③ 单击第 2 个对象。

注： 如果想放弃已经选中了的几个对象中的某一个，则可以按住 shift 键并单击该对象来放弃对其的选择。

(2) 矩形框选择法

矩形框选择法是一种快速选择对象的方法，可以通过在欲选择区域上拖曳光标来实现，如图 8.1 所示。

① 单击欲选择区域的左上角，光标变为手型；

② 按住鼠标左键不放；

③ 拖曳光标到欲选择区域的右下角，所示的矩形显示出了所选的区域；

④ 放开鼠标左键。

所选中的元件将被一个四角打黑色方形点的虚线矩形框包围起来，如图 8.2 所示。

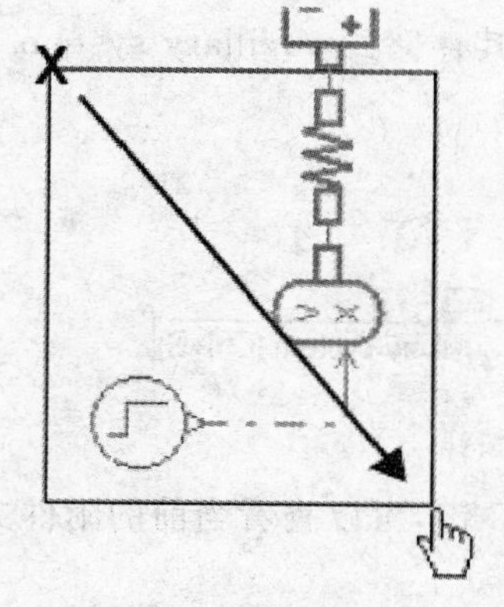

图 8.1　矩形框选择法

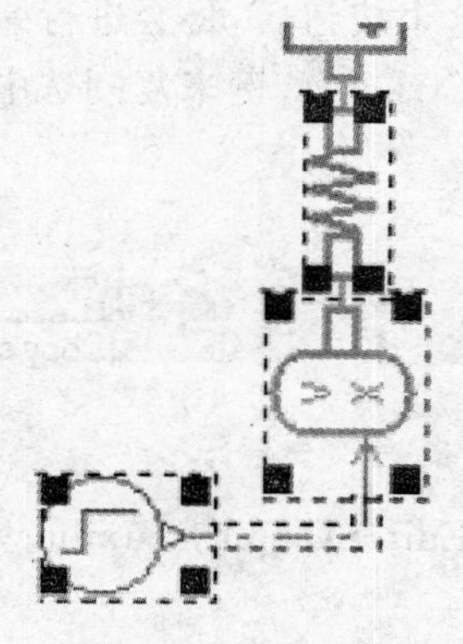

图 8.2　选择元件

注：如果对象没有被矩形框完全覆盖，那么它将不能被选中。

(3) Ctrl＋A 快捷键法

按 Ctrl＋A 快捷键，可选定草图中的全部元件。

8.2 通过永久的工具栏按钮来使用的工具

8.2.1 更改模式

图 8.3 所示的 4 个按钮允许在 4 种 AMESim 模式下进行更改。

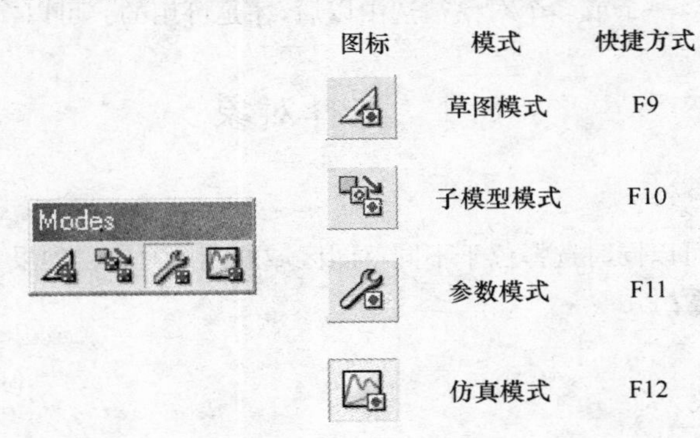

Modes
图标
模式
快捷方式
草图模式
F9
子模型模式
F10
参数模式
F11
仿真模式
F12

图 8.3 模式操作工具

但有下述几点限制：

- 只有当草图中所有的端口都已经连接完成后，才可以从 Sketch(草图)模式下进入 Submodel(子模型)模式。
- 只有当所有的元件以及连线和子模型关联上后，才可以从 Submodel 模式下进入 Parameter(参数)模式或 Simulation(仿真)模式。

除此之外，当离开一种模式时，可能会出现问题，此时必须关闭显示的对话框。

8.2.2 将选中的项复制到附件文件

复制按钮如图 8.4 所示。只有当草图中的一个或几个对象被选中以后，复制按钮才是可用的。当单击这个按钮后，将会进行一次复制并将其存储到 auxiliary system (附件文件)中。也可以通过按 Ctrl ＋ C 键来复制选中的对象。

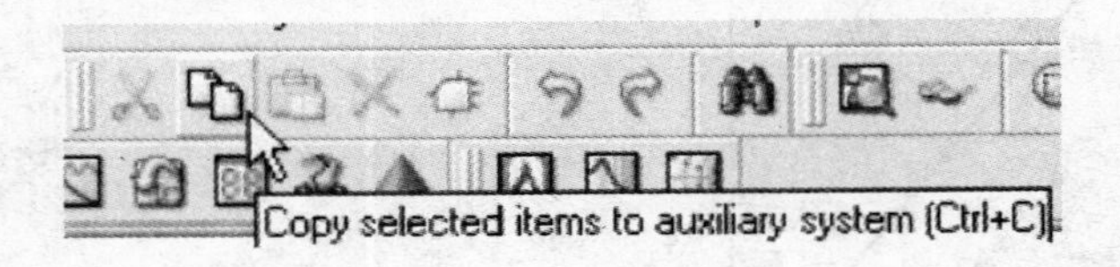

图 8.4 复制按钮

通过选择 Edit→Display auxiliary 或按 Ctrl＋D 键，可以查看当前的附件文件。

8.2.3　草图注释工具

草图注释工具中的插入工具如图 8.5 所示。

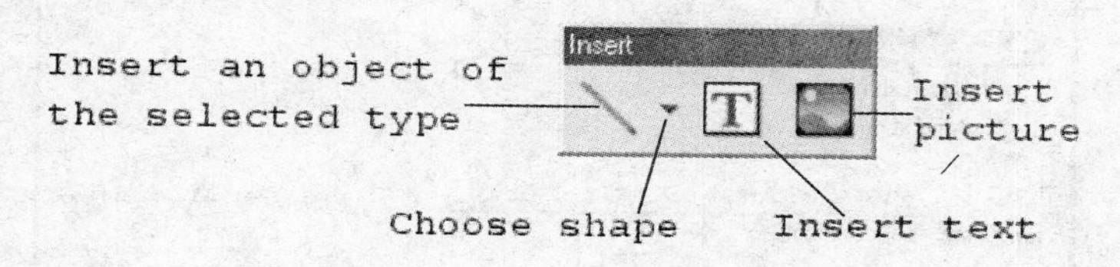

图 8.5　插入工具

(1) 给草图添加文本

当单击插入文本按钮 T 后，在草图区域移动光标时，光标将变为形状 T。在草图区域单击一下并在输入对话框中输入文本：Type here。

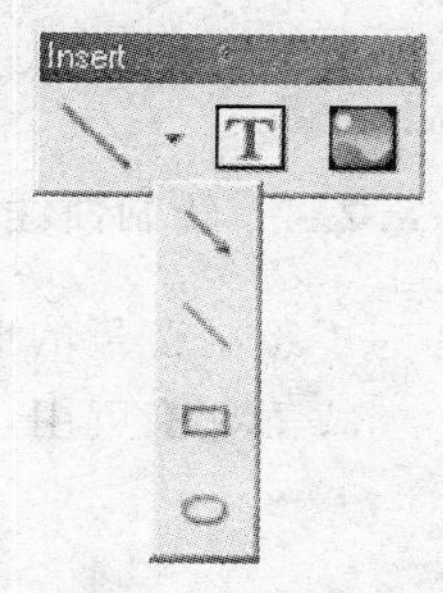

图 8.6　对象菜单

(2) 改变注释对象

可以通过下拉菜单来改变注释对象，如图 8.6 所示，箭头、直线、矩形和椭圆均是可用的，默认值是直线。当改变对象时，当前选中对象按钮的外形将会改变。

(3) 给草图添加对象

单击 Insert(插入)按钮，将显示图 8.7 所示的插入对象按钮，在草图区域光标将改变其外观。

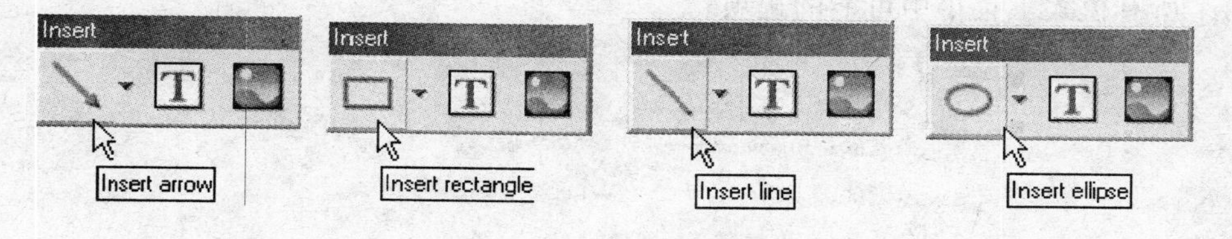

图 8.7　插入对象按钮

① 添加箭头和直线：

● 在草图中单击起始点和任意一个中间点；

● 双击终止点。

② 添加矩形和椭圆：

● 单击草图中合适位置并按住鼠标左键，这个位置将定义矩形或椭圆框的一个角；

● 移动光标并释放此按钮来定义框的另一个角。

(4) 给草图添加已保存的图片

① 单击 Insert image(插入图片) 按钮，将出现一个 Select an Image(选择图片)浏览器，如图 8.8 所示。

② 浏览所需要的图片并单击 OK 按钮。

③ 光标将变为所选择图片的形式，在草图区域找到所期望的位置单击鼠标来添加。

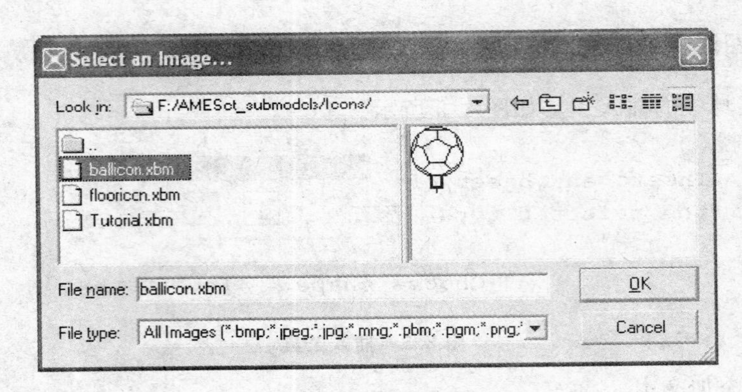

图 8.8 选择图片浏览器

8.2.4 绘制曲线

为了绘制变量的曲线，一般在 Parameter 和 Simulation 模式下可以使用按钮图。但在所有的模式下它都可用，当然也可以从曲线文件中来加载曲线。

8.3 通过草图区域菜单使用的工具

在草图区域右击，将会产生一个菜单，如图 8.9 所示。菜单的属性取决于光标的位置和对象，即单击选中的对象。这里的对象可以是一个元件、连线、文本或任何其他类型的对象。下面列举了所有模式下菜单中可能的选项。

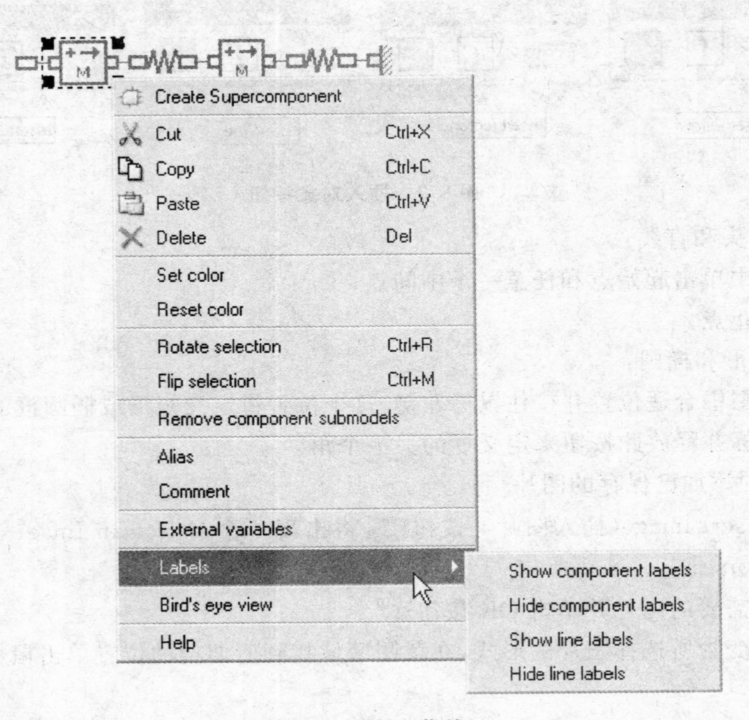

图 8.9 右击菜单

8.3.1 复 制

复制时至少要有一个对象被选中，选中的对象被复制到附件文件或剪贴板。通过选择 Edit→Display auxiliary 或者按 Ctrl＋D 快捷键，可查看附件文件。使用这个功能进行粘贴时，可以实现下述功能：

- 在同一个或不同的 AMESim 文件之间进行粘贴；
- 粘贴到某个特定的文字处理软件中；
- 构建一个超模块。

8.3.2 颜 色

1. 设置颜色

改变元件和连线的颜色，这个过程可以被应用到一个选中对象的集合体或一个特殊类型的所有对象。

① 右击所选择的元件或连线；

② 单击 Set color(设置颜色)；

③ 通过选择一种 basic colors(基本颜色)或在颜色模板中移动十字光标来设定颜色，如图 8.10 所示。

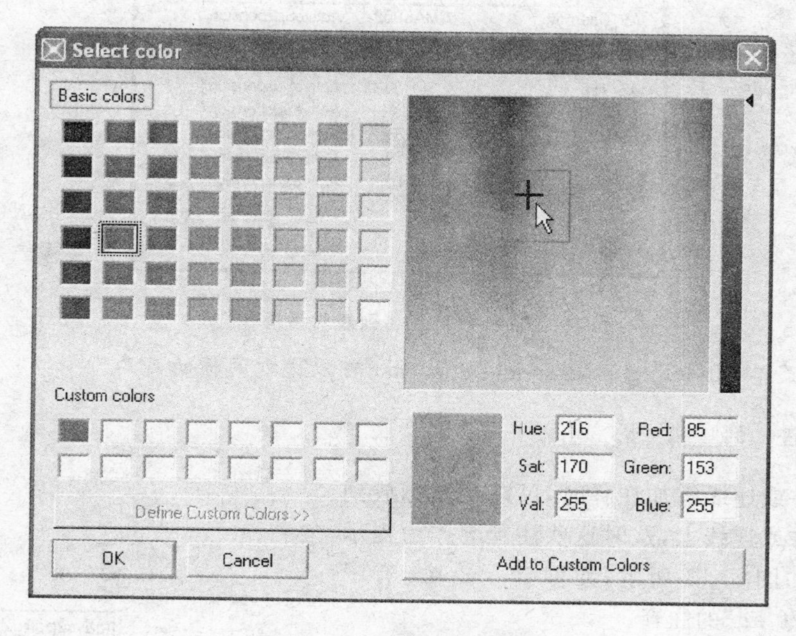

图 8.10 设置颜色对话框

2. 重置颜色

要想将一个选中元件的集合体和连线恢复到它们默认的颜色，按以下步骤完成：

① 右击选择的元件和连线；

② 选择 Reset color(重置颜色)。

8.3.3 别　名

当选择 Alias 菜单时，将弹出一个图 8.11 所示的对话框，这时可以给选中的元件指定一个别名。

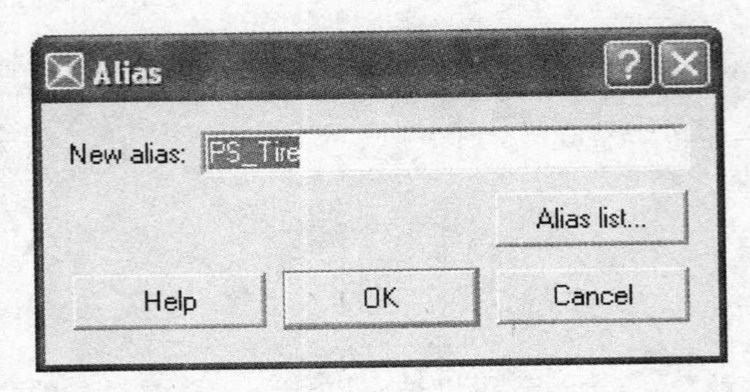

图 8.11　子模型别名对话框

可以获取所有已存在别名子模型的列表，如图 8.12 所示。

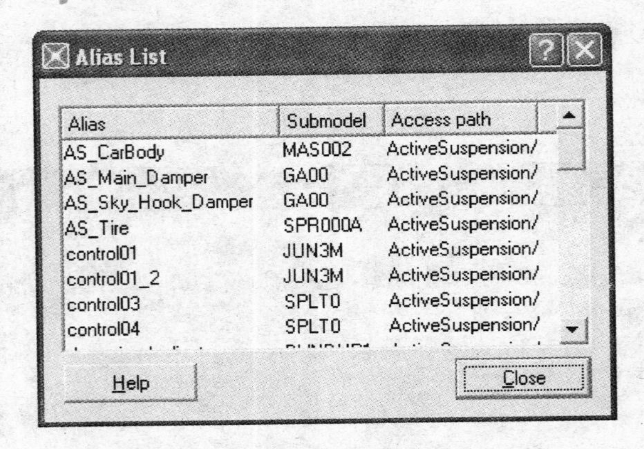

图 8.12　别名列表对话框

注：选择菜单 Modeling→Submodel alias list 可以达到同样的目的。

8.3.4 注　释

当给元件或连线添加注释时，可以把鼠标放到所关心的元件或连线上，这时这些注释会作为提示显示出来。如图 8.13 所示，元件 mass2port 有了"Projectile: 20 kg"的注释。

1. 插入注释

右击元件或连线并选择 Comment(注释)，可打开 Comment 对话框，如图 8.14 所示。

在 New comment(新注释)区域中键入需要的文字，单击 OK 可进行确认，单击 Cancel 可取消创建注释并关闭对话框。

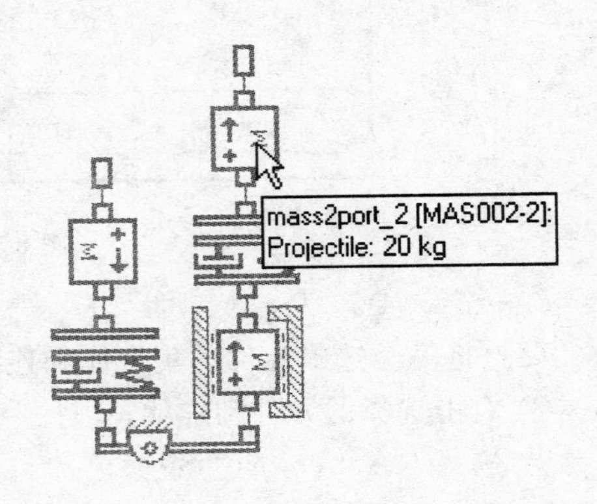

图 8.13　元件注释

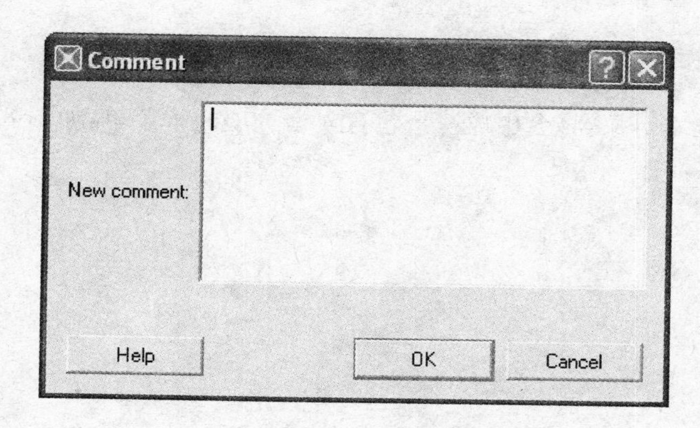

图 8.14　注释对话框

2. 查看或修改注释

通过打开 Comment List(注释列表)可以查看或修改现有的注释,在 Modeling(建模)菜单下面这个功能可以使用。Comment List 中会显示出所有元件和连线的子模型名称及其别名,以及为其创建的所有注释,如图 8.15 所示。

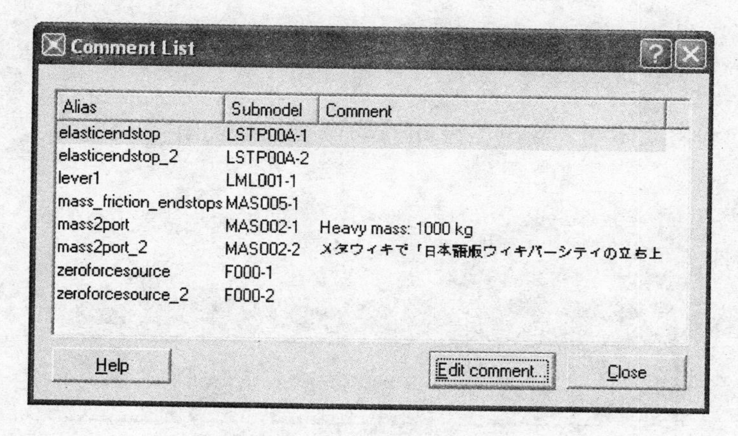

图 8.15　注释列表对话框

选择相应的行,并单击 Edit comment(编辑注释)可以对注释进行编辑或添加一个新注释。这时会重新打开 Comment 对话框允许用户来编辑现有的注释或添加一个新注释。

注释可以有多行,但只有第一行会显示在 Comment List 中,可以通过单击列标题来进行排序。

8.3.5　标　签

标签的子菜单如图 8.16 所示。此功能仅仅适用于元件或连线。

右击草图任一位置,在弹出的菜单中选择 Labels,将会生成一个子菜单,此项操作将作用于所有选中的对象;但是,如果没有对象被选中,则操作将作用于所有这种类型的对象。

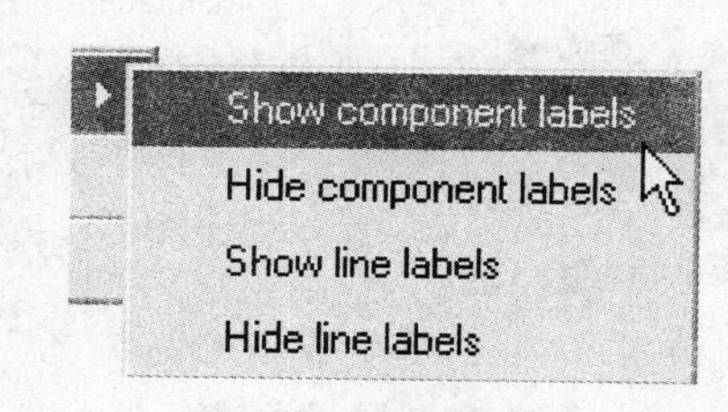

图 8.16　标签子菜单

8.3.6 文本操作

至少选中一个文本对象，将会生成一个包含 4 个选项的子菜单，如图 8.17 所示。注意，不能同时编辑几个文本串。

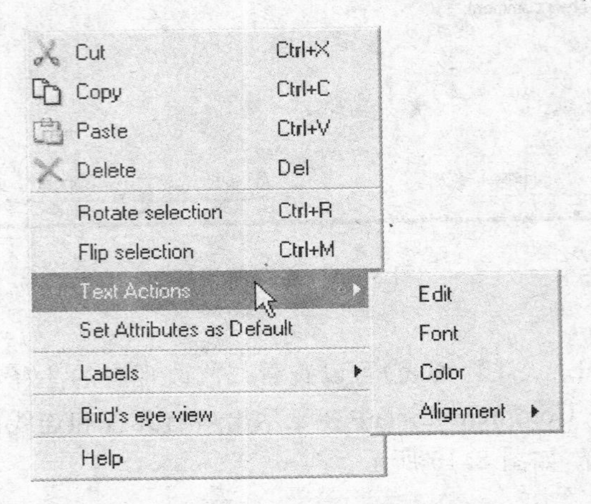

图 8.17 用于文本操作的右键菜单

(1) 编 辑

单击 Edit，可以将文本输入到想要编辑 Main damper. 的形式中。

(2) 字 体

单击 Fout，将生成一个 Select Font(选择字体)对话框，如图 8.18 所示。可以用来改变选中文本对象的属性。

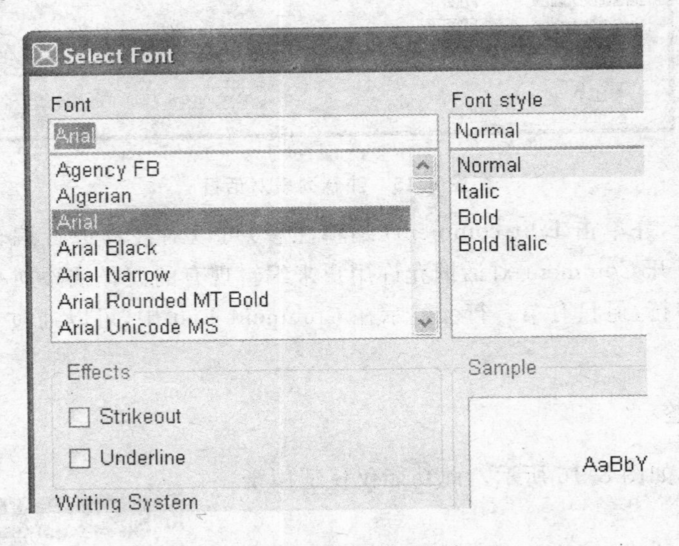

图 8.18 选择字体对话框

(3) 颜 色

单击 Color，将生成一个与图 8.10 所示完全相同的 Select Color 对话框，可以用来改变选中文本对象的颜色属性。

(4) 对　齐

将光标指向 Alignment 将产生一个图 8.19 所示的子菜单,可以用来改变选中的所有文本对象的排列位置。本操作对于两行以上的文本才有用。

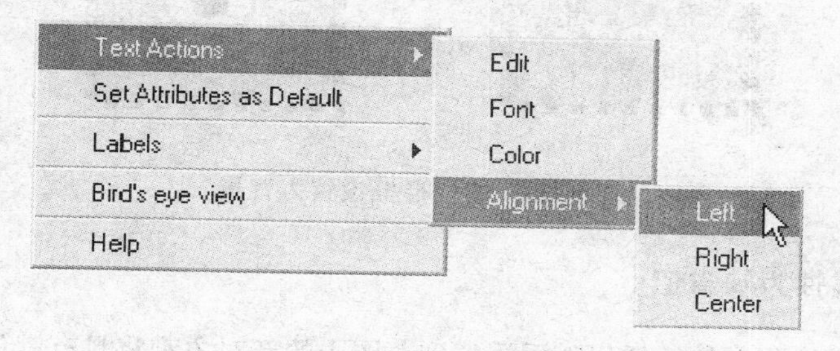

图 8.19　对齐子菜单

文本对齐的 3 种选项的例子如图 8.20 所示。

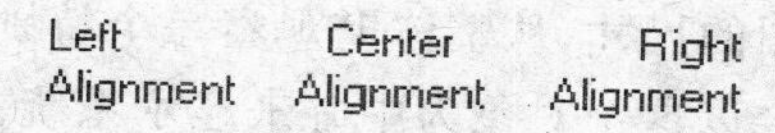

图 8.20　文本对齐

8.3.7　注释对象操作

本操作仅应用于除了文本之外的其他被选中的注释对象。

(1) 编辑属性

当选中 Transparency(透明)复选框时,将显示图 8.21 所示的对话框;否则,会生成一个填充的矩形或椭圆。

(2) 次　序

当需要重新排列重叠对象的次序时,将光标指向 Order,将产生一个子菜单,如图 8.22 所示。

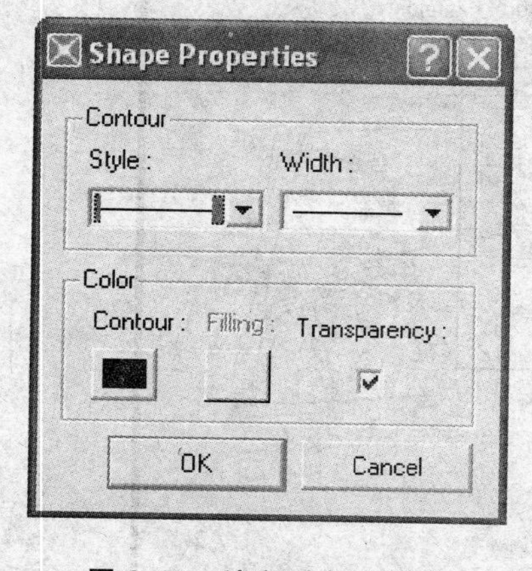

图 8.21　注释对象的属性

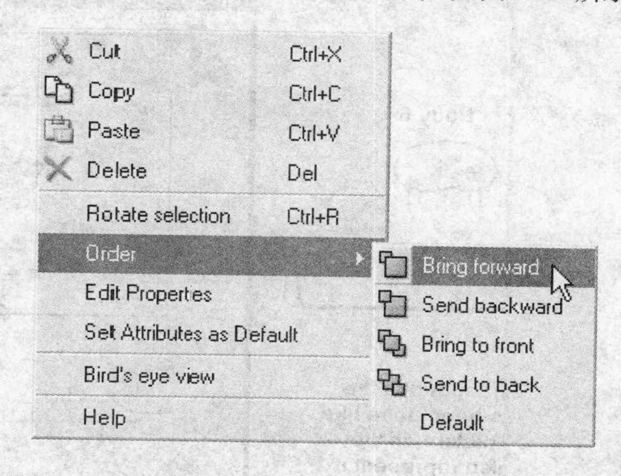

图 8.22　排序子菜单

如选中 Send backward(置为背景),则可将矩形框移至底层成为背景,如图 8.23 所示。

图 8.23　将矩形框设置为背景

8.3.8　设置属性为缺省值

应用于被选中的注释对象。任何随后添加到草图中的新对象都将具有默认值设置的属性。

8.3.9　鸟瞰视图

单击按钮，可以缩小草图的尺寸，从整体上观察一个特别大的系统。在草图中，当单击任何一个对象时，AMESim 将会以这个对象为中心来显示系统。矩形区域内为在主草图中可见的缩小的草图部分。可以移动这个矩形，主草图将随之相应变化，如图 8.24 所示。

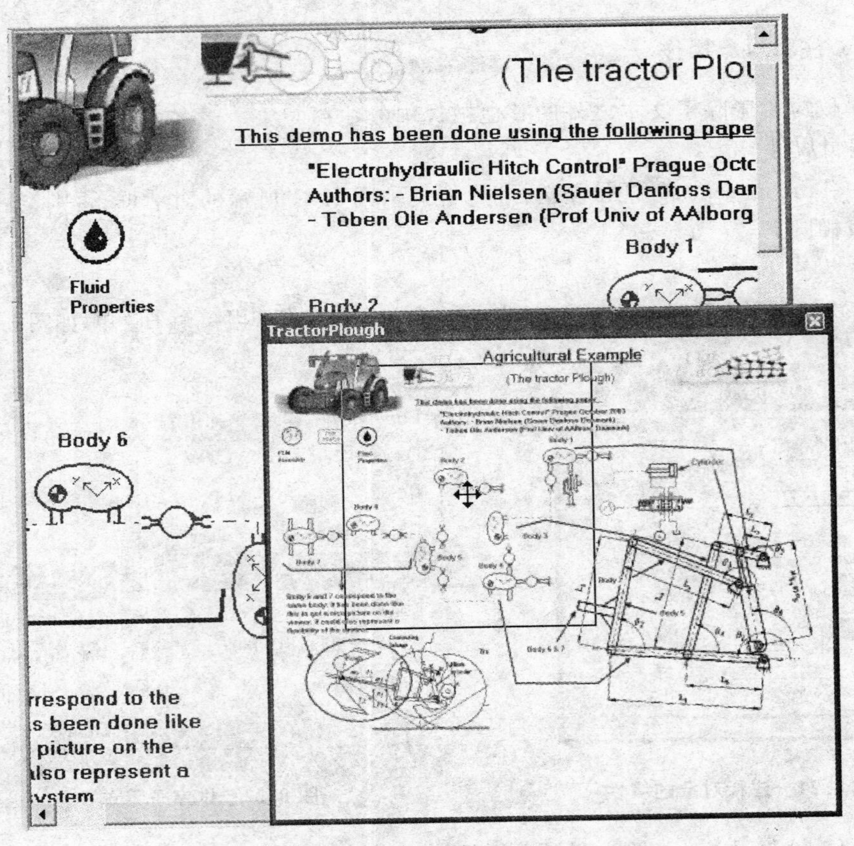

图 8.24　鸟瞰视图界面

也可以选择 View→Bird's eye view 来启动此工具。

如果在 Bird's eye view(鸟瞰视图)界面右击，将会出现图 8.25 所示的菜单。

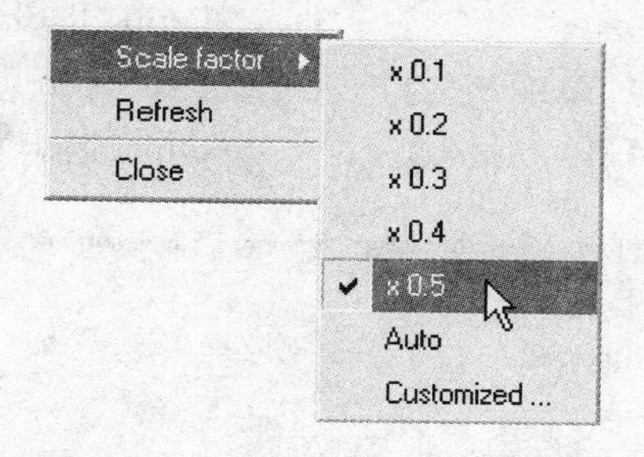

图 8.25　鸟瞰视图下的右键菜单

这时可以调整视图的尺寸，刷新视图，关闭 Bird's eye view 窗口；也可以重设窗口的大小来调整视图的尺寸。

必须选择 Refresh(刷新)菜单选项来刷新草图中的图形。

8.3.10　帮　助

该菜单选项在任何模式下都是可用的，如图 8.26 所示，当元件或连线被选中以后可以显示相关的帮助文件。

图 8.26　右键弹出的菜单

当在背景区域(换句话说，不是在元件或连线上)右击时，如果满足下面的条件，那么与模型相关的文件可以显示出来：

- 存在关联的 HTML 文件；
- 关联的 HTML 文件与模型具有相同的名字，但紧跟着一条下划线；
- 关联的 HTML 文件与模型在相同的路径中。

比如，如果模型的名字为 system. ame，这时通过弹出的菜单选择了 Help(帮助)，那么应用程序将试图去打开位于与模型相同路径下的文件名为 system_. html 的文件。

8.4　通过菜单栏使用的工具

本节内容讲述了在所有模式下通过菜单栏使用的工具。对于 Modeling(建模)、Settings(设置)、Simulation(仿真)和 Analysis(分析)菜单，都有相关的章节进行了介绍。

8.4.1　File(文件)菜单

文件菜单如图 8.27 所示。

在所有模式下都可以使用的选项：

New(新建)

Open(打开)

Close(关闭)

Save(保存)

Save as(另存为)

Save as Starter(存为启动文件)

Write auxiliary files(写入附件文件)

Force model recompilation(强制重新编译模型)

Create HTML report(创建 HTML 报告)

Display HTML report(显示 HTML 报告)

Print(打印)

Print selection(打印选择)

Print display(打印显示)

Last Open files list(最近打开文件的列表)

Quit(退出)

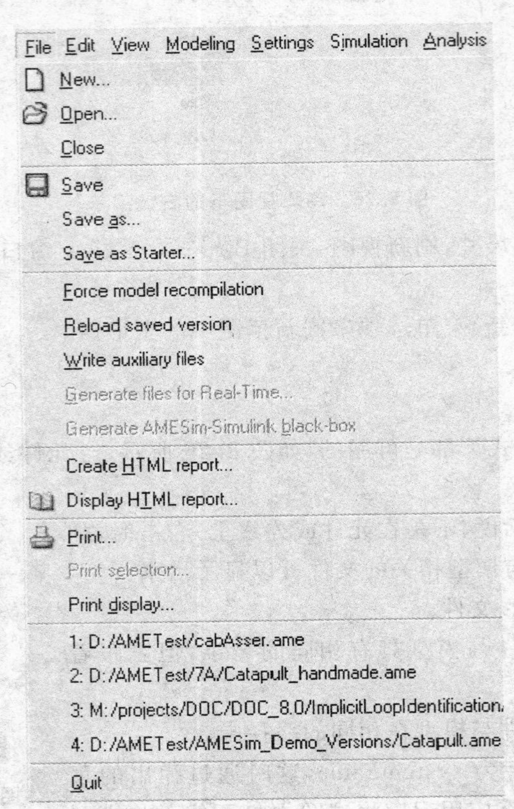

图 8.27 文件菜单

1. 创建一个新的系统

有 3 种方法可以创建一个新的系统：

- 单击工具栏中的 New 按钮；
- 选择菜单栏中的 File→New；
- 按 Ctrl+N 键。

当单击工具栏中的 New 按钮时，将打开一个空白的草图区域；而对于使用上述其他两种方法，将打开一个 New(新建)对话框。这个对话框给出了所有可用启动文件的列表，如图 8.28所示。

启动文件是一个模型的组合，包括建模过程中经常用到的特定库的图标和子模型。与从草图启动不同的是，每次创建的模型都必须具有相同的类型，可以通过使用相对应的启动文件来实现。

基本启动文件由 AMESim 类所需要的属性图标来提供。当使用这些启动文件以及它们类中的元件时，必须要确保那些必需的图标包含在了系统中。

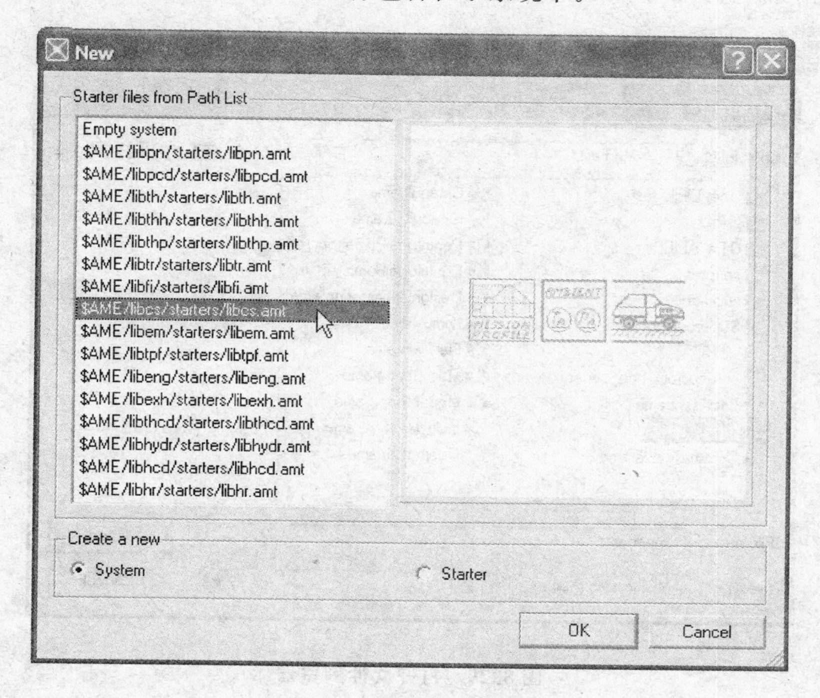

图 8.28　可用启动文件列表

另外，通过单击 New 对话框中的 Starter（启动文件）按钮，也可以创建自己的启动文件；通过选择文件菜单中的 Save as Starter（存为启动文件），可以将一个现有的系统存为启动文件。

在这些情况下，启动文件包含了与回路相关的子模型及其参数和全局参数；如果有运行参数，也包含在启动文件中。

图 8.28 中的列表以下述两种方式来创建：

● 对于标准的启动文件，可以使用路径列表；

● 对于用户自定义的启动文件，可以使用启动文件目录。这个启动文件目录可以通过应用参数选择来进行设置。

注：在 AMESim 参数选择中，必须设置一个路径作为启动文件的上级目录。在这个上级目录中，AMESim 将自动创建一个启动文件的子目录来存储启动文件。

选定需要的启动文件（可以通过预览来帮助用户进行选择）以后，单击 OK 按钮将创建一个基于所选启动文件的新模型。

注：● 选择一个 Empty System（空白系统）启动文件，相当于单击工具栏上的 New 按钮；

● 选择多个启动文件，将创建相应的新系统。

2. 打开一个已经存在的系统

有 3 种方法可以打开一个已经存在的系统：

● 选择菜单栏中的 File→Open；

● 单击工具栏中的 Open 按钮；

● 按 Ctrl＋O 快捷键。

所有情况下都将出现一个文件浏览器，可以改变路径和在路径中选择一个. ame 文件，如图 8.29 所示。

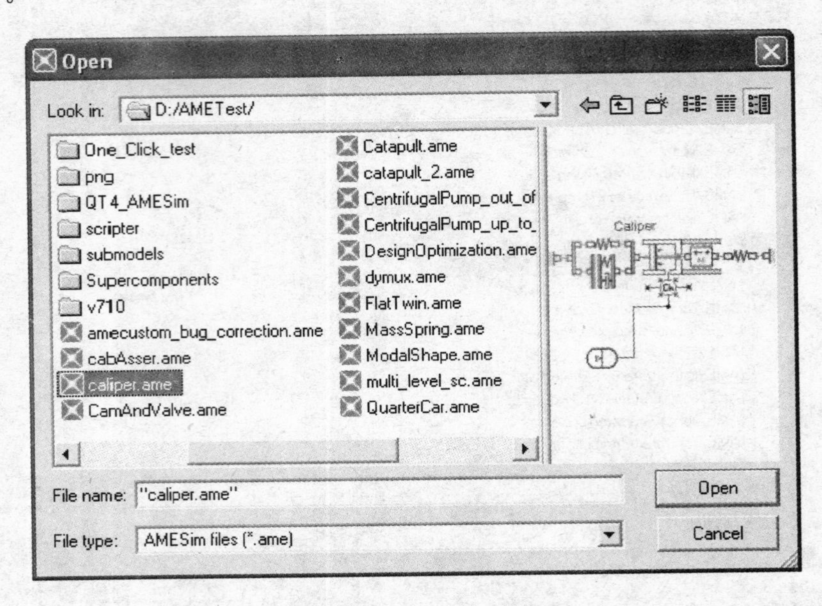

图 8.29　打开文件浏览器

如果想要打开的系统位于最近打开过的文件列表中，则可以直接单击它来打开，如图 8.30 所示。

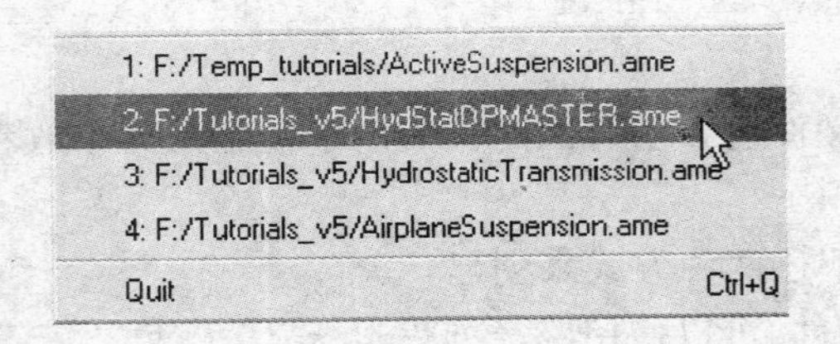

图 8.30　最近打开的文件列表

也可以更改最近打开文件的数目。

3. 保存和另存为

可以使用 Save(保存)或 Save as(另存为)工具。一个新建的系统没有名字，所以在进入 Parameter 模式之前，AMESim 将启动 Save as。如果在一个新系统没有名字之前使用 Save，则 AMESim 将自动转为 Save as。

Save as 对于使用一个新的名字来保存当前系统是非常有用的。在使用 Save as 之前使用 Save 可能更方便，此时将创建一个原始系统的复制品，且以最近形式的名字命名。

有 3 种方法来启动 Save：

● 选择菜单栏中的 File→Save；

● 单击工具栏中的 Save 按钮；

● 按 Ctrl+S 快捷键。

只有 1 种方法来启动 Save as，即选择菜单栏中的 File→Save as。

Save as 将生成一个文件浏览器，可以用来改变路径，如图 8.31 所示。

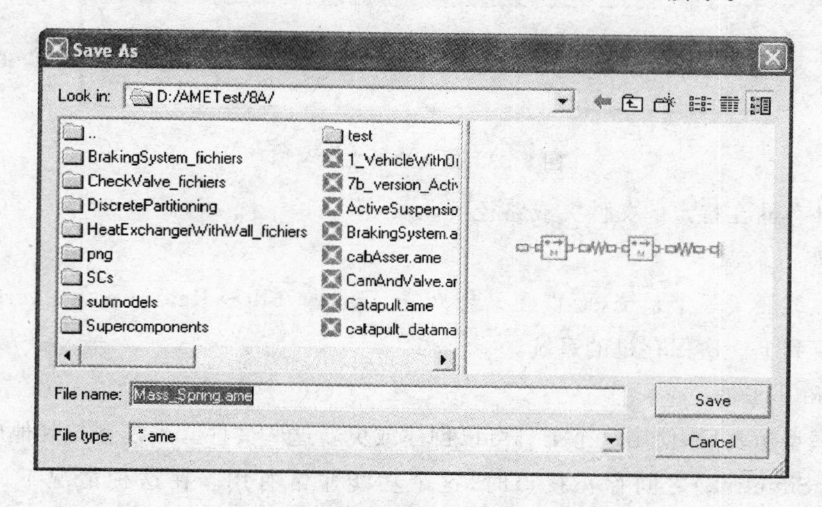

图 8.31　Sane as 浏览器

单击文件浏览器中的按钮，可以创建一个新的文件夹或路径。此时必须输入一个文件名，一个没有空格的名字。可以输入包括.ame 扩展名的全部的名字。如果省略了此扩展名，AMESim 将加上这个扩展名。如果输入的名字与在同一个文件夹中已存在的系统的名字相同，则会出现一个警告对话框，如图 8.32 所示。

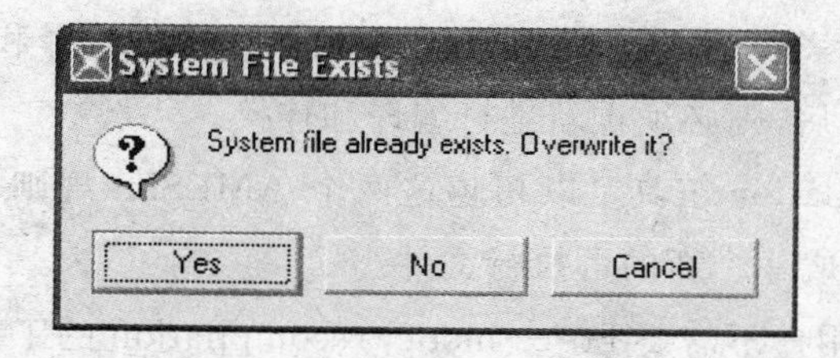

图 8.32　警告对话框

4. *存为启动文件*

除了 AMESim 所提供的特殊的启动文件之外，还可以创建自己的启动文件。这些模型在创建新模型时可以直接加载。下面列出用户希望添加到启动文件中的内容：

● 用户经常使用的关联了子模型的元件或超级元件；
● 用户公司的 Logo；
● 特殊对象相关的文字；
● 用户优选的仿真参数；
● 用户喜欢的全局参数。

当配置完所需要的系统以后，可以选择 File→Save as starter 来进行保存。这时会出现图 8.33 所示的对话框，允许用户输入名称。

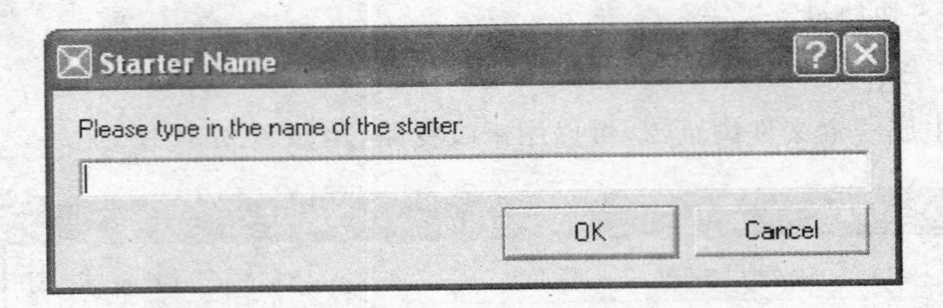

图 8.33　定义启动文件名称

启动文件存储在特定的文件夹或路径下。

5. 重载保存的版本

如果已经改变了一个系统，而现在又想恢复，则选择 File→Reload saved version，就可以将该系统恢复到上一次保存过的系统。

6. 写入附件文件

当启动模型仿真后，使用这个工具可以创建或更新这些文件。当模型与其他应用程序（例如 Matlab 或 Simulink）之间存在接口时，这个功能非常有用。在这种情况下，选择 File→Write auxiliary files 可以将可用的模型文件进行更新。

7. 强制重新编译模型

当从 Sketch 或 Submodel 模式进入 Parameter 或 Simulation 模式时，AMESim 有时会编译和链接代码来生成一个可执行文件，而有时却不会。主要取决于以下两项基本的准则：

① 如果没有可执行文件存在，则必须要进行编译和连接；

② 如果已经存在了一个可执行文件，则当需要时可以进行编译和连接。当系统的改变使得可执行文件已经过时以后，则必须重新进行编译和连接。

Force model recompilation 工具可以超越这两个 AMESim 规则，并在进入 Parameter 或 Simulation 模式时强制生成一个新的可执行文件。

大多数的 AMESim 用户不需要 Force model recompilation 的工具。但是，对于一些高级用户在创建他们的子模型时将会发现它是十分有用的。

(1) 在仿真模式下进行重新编译

正常情况下，当从 Sketch 或 Submodel 模式进入 Parameter 或 Simulation 模式时，模型会由 AMESim 进行自动编译。但在某些特殊情况下，当从 Parameter 模式进入 Simulation 模式时，会启动一次新的编译。

当模型所包含子模型中的参数中标志 Recompile on value change 为真，那么如果这个参数值进行了调整，当从 Parameter 模式进入 Simulation 模式时模型会重新进行编译。

参数标志 Recompile on value change 设为真时，参数后面会有一个图标来进行标注。这个图标显示如下：

① 在 Change Parameters（更改参数）对话框中，Options（选项）显示如图 8.34 所示。

② 在 Contextual view（关联视图）窗格中的显示如图 8.35 所示。

Change Parameters
Submodel
MAS502-1
1 port mass capable of one-dimensional motion
External variables
Parameters
Title
Value
Unit
Minimum
Defau
displacement port 1
0 m
-1e+006
activity of mechanical inertia (mass)
0 degC
0
mass
100 kg
1e-006
Save
Load
Default value
Max. value
Reset title
Min. value
Display more information on the parameters
Help
OK
Cancel
<< Options

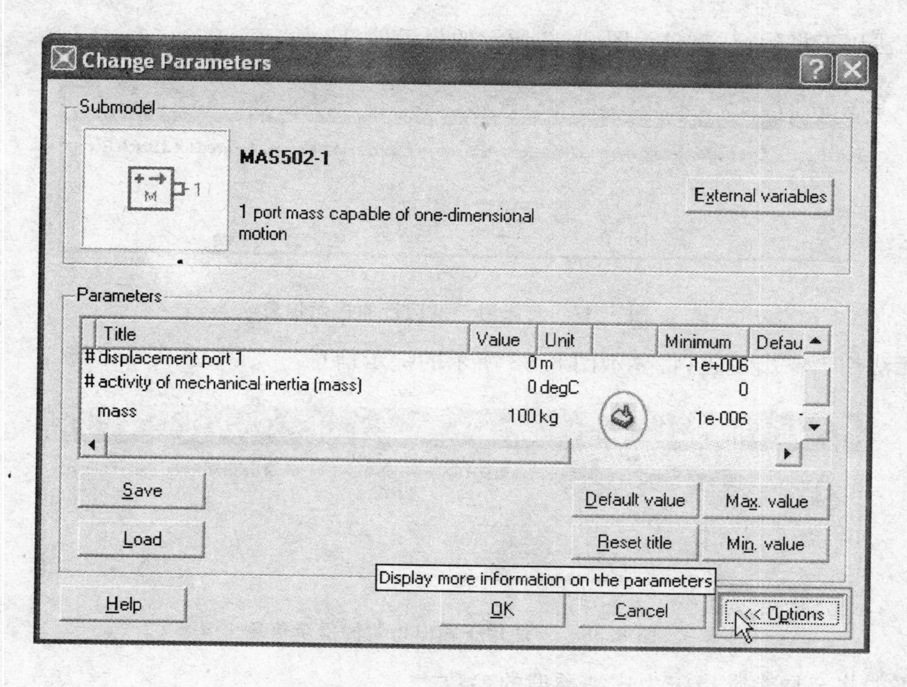

图 8.34　更改参数对话框

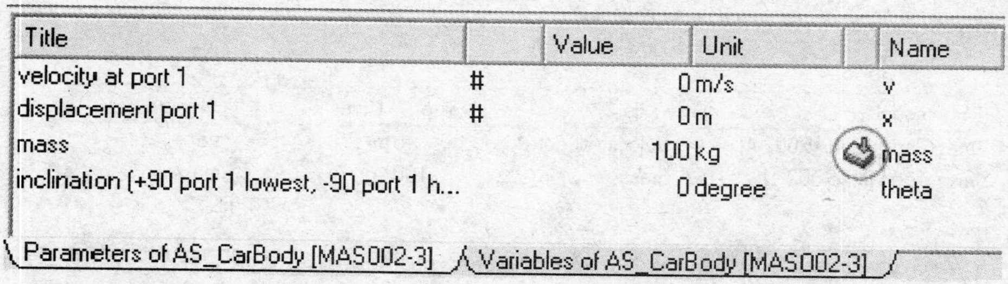

Title
Value
Unit
Name
velocity at port 1
#
0 m/s
v
displacement port 1
#
0 m
x
mass
100 kg
mass
inclination (+90 port 1 lowest, -90 port 1 h...
0 degree
theta
Parameters of AS_CarBody [MAS002-3]
Variables of AS_CarBody [MAS002-3]

图 8.35　在 Contextual view 窗格中的显示

③ 在 Watch Parameters(查看参数)窗格中的显示如图 8.36 所示。

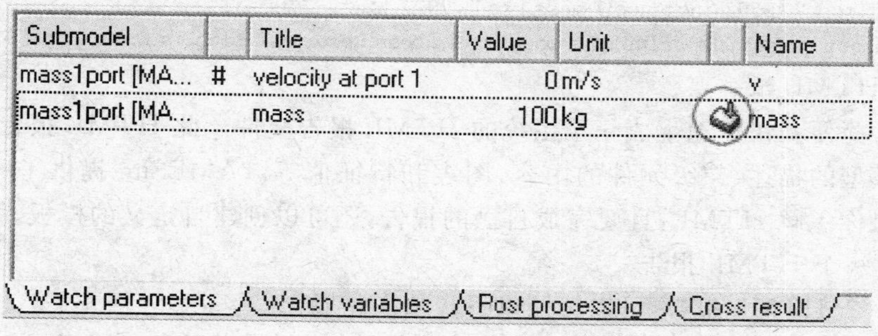

Submodel
Title
Value
Unit
Name
mass1port [MA...
#
velocity at port 1
0 m/s
v
mass1port [MA...
mass
100 kg
mass
Watch parameters
Watch variables
Post processing
Cross result

图 8.36　在 Watch Parameters 窗格中的显示

(2) 限制条件

这种参数具有一些特定的限制条件：

① 无法用于批运行，将显示图 8.37 所示的提示信息。

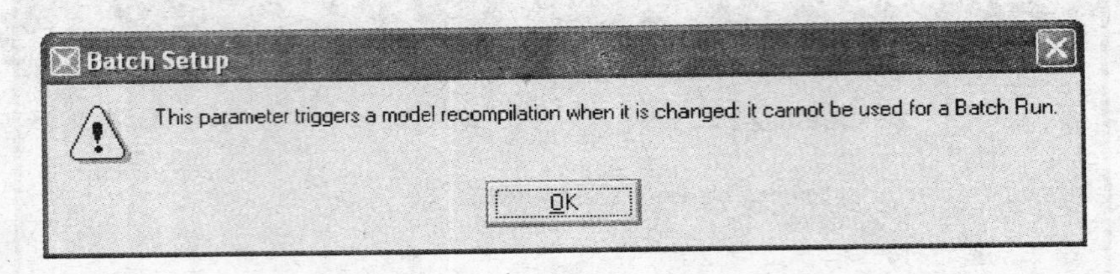

图 8.37　无法用于批运行的提示信息

② 无法用于输出设置，将显示图 8.38 所示的提示信息。

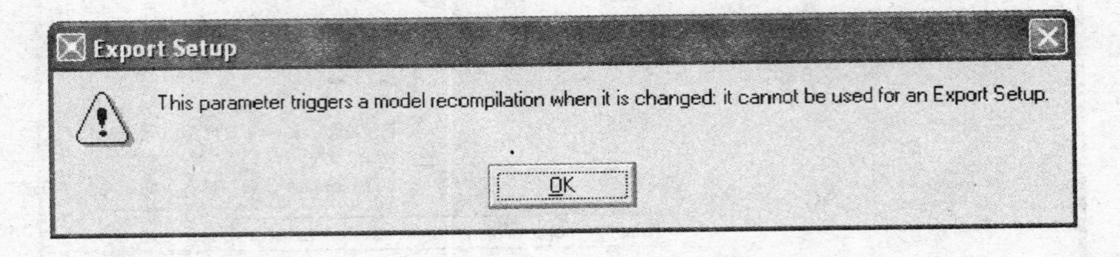

图 8.38　无法用于输出设置的提示信息

③ 不能将全局参数指定为这种类型的参数。

④ Simulation 模式下，不能在 Watch 或 Contextual view 窗格中调整这种类型的参数，如图 8.39 所示。

Submodel		Title	Value	Unit		Name
mass2port_2 [MAS002-4]	#	velocity at port 1	0	m/s		va
mass1port [MAS502-1]		mass	100	kg		mass

Watch parameters　Watch variables　Post processing　Cross result

图 8.39　显示参数不可调整的标志

⑤ 不能通过 AMESim MATLAB 的脚本命令 ameputp 来调整这种类型的参数：

```
>> ameputp('ms','MAS502 instance 1 mass [kg]',999)
Warning:Cannot change the value of a parameter whose Recompile flag is true.
```

8. 创建 HTML 报告

可以非常简便和快速地生成一个系统的 HTML 报告文件。此 HTML 报告包括草图、元件和连线子模型的描述、超级元件的内容、图表和特征值等。AMESim 提供了一个标准的报告，但是，如果你了解 HTML，且要完成自己的报告，还可以创建自定义的模板。

(1) 创建一个 HTML 报告

要创建一个 HTML 报告，可以按照以下步骤来完成：

① 选择 File→Create HTML report，将会打开如图 8.40 所示的对话框。

报告名称(在第一个区域中)是一个默认值。报告与模型存储在相同的路径下，并与模型具有相同的名称外加一条下划线，以及.html 的扩展名。单击 OK 以后，将会生成一个 HTML 报告。当模型保存时，这个报告及其关联的文件夹(包括其图片)会同时保存在.ame 文件中。这样的优点是，当用户将模型拷到其他路径或机器上时，报告不会丢失。当模型在 AMESim 中打开以后，可以通过 HTML 书签图标来获取报告。

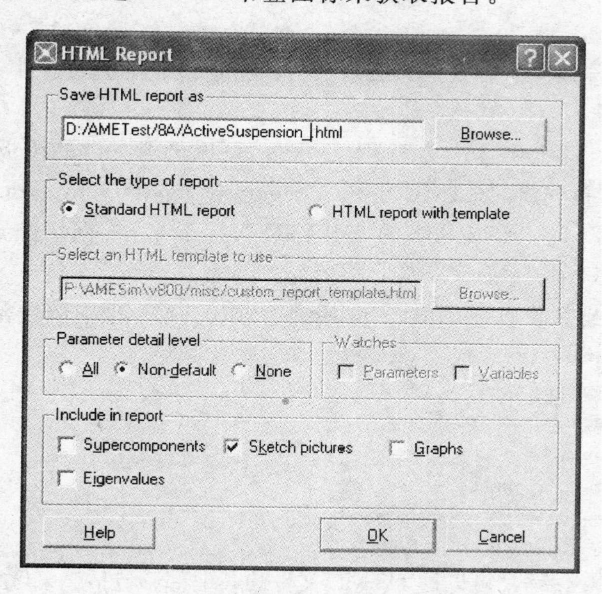

图 8.40　HTML 报告对话框

② 为了给 HTML 报告指定一个不同的名字，可以在这个区域中进行编辑。但是，建议保留默认的名字，因为这可以在模型及其报告之间保留其链接关系。在这种情况下，当在草图的空白区域(不是在元件或连线上)右击，并选择 Help 菜单时，HTML 报告会显示在 AMESim 中。如果破坏了这个规则，那么 Help 选项将不会显示 HTML 报告，就需要用户使用 AME-Help 来手动打开。如果转移了模型，那么报告也不会跟随转移。

③ 根据需要来选择相关选项：

● Save HTML report as(将 HTML 报告保存为)：给 HTML 报告进行命名并使用浏览器来指明文件的存储路径。

● Select the type of report(选择报告类型)：如果想使用自定义的模板，则单击 HTML report with template 选项。

● Select an HTML tmplate to use(选择一个要使用的 HTML 模板)：如果已经选择了 HTML report with template，那么现在可以使用浏览器来选择想要使用的模板了。

● Parameter detail level(参数说明的详细程度)：选择 Non-default 选项，表明只有缺少默认值的参数才将在 HTML 报告中进行详细说明。

● Watches(查看)：使用这些复选框决定是否在 HTML 报告中包括参数和/或变量查看功能。

● Include in report(报告中包括的内容)：使用这些复选框来标明想要在报告中包含的元素。注意以下的限制条件：

超级元件(Supercomponents)——只有“打开的”超级元件才能包括在 HTML 报告中；
图片(Graphs)——只有在当前应用下打开的图片才能包括在 HTML 报告中；
特征值(Eigenvalues)——必须首先执行一次线性分析。为了在报告中显示特征值，当创建 HTML 报告时，Linear Analysis-Eigenvalues（线性分析-特征值）窗口必须是打开的。

④ 单击 OK 按钮。

HTML 报告将存储到在 Save HTML report as 区域中指定的文件夹中。

（2）创建自定义模板

如果了解 HTML，且想要自定义 HTML 报告，可以创建自己的模板。

要创建一个模板，首先将'%AME%/misc/custom_report_template. html'文件复制到工作路径（假定'%AME%'是 AMESim 的安装路径）；接下来，根据用户需求来调整这个 HTML 模板。

⚠表示不能调整或删除以下 AMESim 用来生成 HTML 报告的段落条目：

```
<p><! -- AME sketch --></p>
<p><! -- AME components --></p>
<p><! -- AME lines --></p>
<p><! -- AME graphs --></p>
<p><! -- AME supercomponents --></p>
<p><! -- AME eigenvalues --></p>
<p><! -- AME globalparams --></p>
```

任何种类的 HTML 代码都可以被 HTML 文件的其他部分包括进来（字体、图片、颜色……）。

9. 显示 HTML 报告

当给模型创建了 HTML 报告以后，可以通过下面的方法来显示这个报告：

- 选择 File→Display HTML report；
- 单击 Display HTML report 按钮；
- 在草图区域右击，选择 Help。

生成的报告将会在 AMEHelp 中打开，如图 8.41 所示。

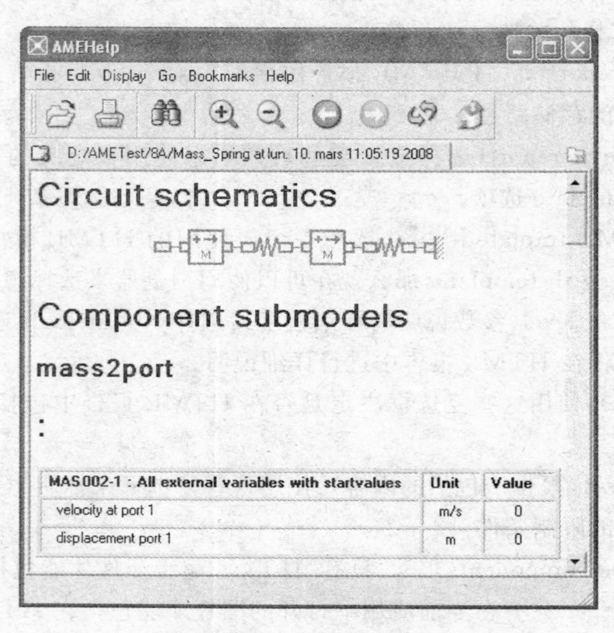

图 8.41　HTML 报告

注：如果在创建 HTML 报告之前选择 Help，将会得到图 8.42 所示的出错信息。

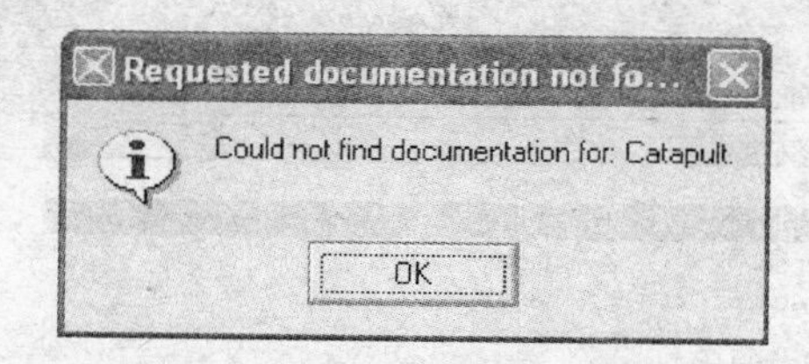

图 8.42 未建 HTML 报告时选择 Help 的出错信息

10. 打印、打印选择和打印显示

所有情况下，都可以得到一个 Print 对话框。

使用 Windows 操作系统时，将会显示一个如图 8.43 所示的或与之相似的对话框。

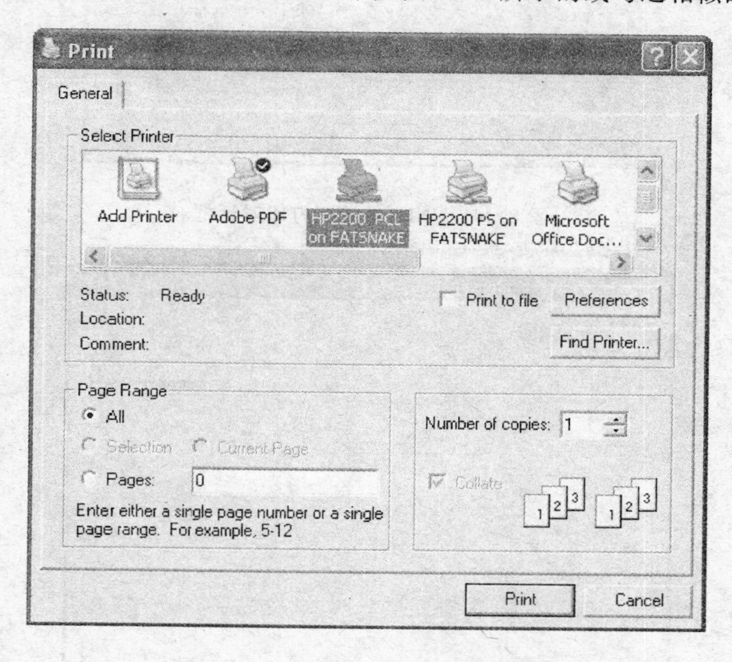

图 8.43 Windows 系统下打印对话框

使用 UNIX 操作系统时，将会显示如图 8.44 所示的对话框。

这些是打印时通用的对话框，可以实现如下操作：

- 选择一个打印机；
- 使用此打印机打印或将该打印稿存储到一个文件中；
- 选择纸张大小；
- 选择 Portrait 或 Landscape；
- 指定彩色或灰度比例；
- 请求重复打印。

如果想要打印一个已经打开的超级元件，可以通过单击 Explore Supercomponent 对话框中的 Print 按钮来实现，如图 8.45 所示。

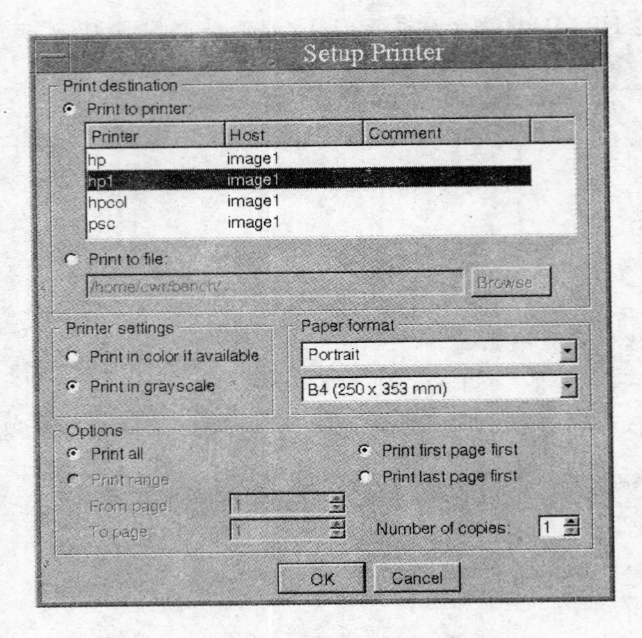

图 8.44　UNIX 系统下打印对话框

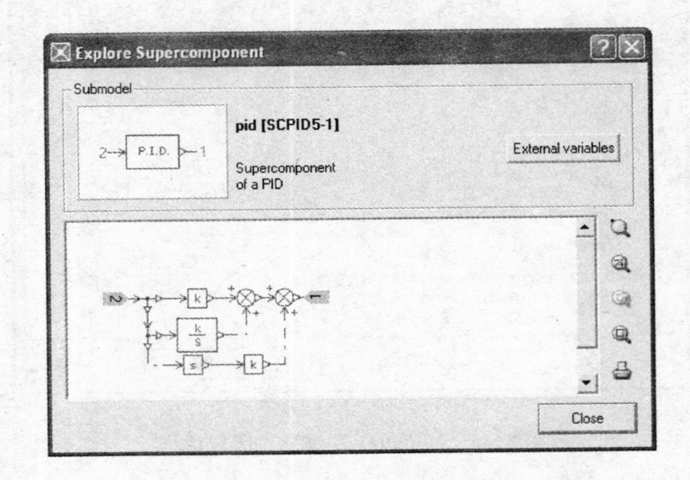

图 8.45　打开超级元件对话框

在 File 菜单中，有 3 种打印选项：

① 打印。这个选项将打印整个系统，即使其中的某一部分或整体不在当前屏幕上。可以使用快捷方式 Ctrl+P。

② 打印选择。只有当系统中至少有一个对象被选中以后，这个选项才是可用的。它将只打印当前被选中的对象。

③ 打印显示。将只打印在当前窗口下系统的可见部分。

11. 最近打开的文件列表

File 菜单中显示了最近打开的文件列表。可以选择 AMESim preferences（参数选择）来指明想要显示的最近打开的文件的个数。

12. 关闭

要关闭当前活动的系统，可以选择 File→Close。

要关闭当前 AMESim 所使用的所有系统，可以选择 Windows→Close all。

如果系统有所调整，则 AMESim 将会提醒是否需要保存；如果仿真正在运行，将会出现图 8.46 所示的对话框，询问是否要停止仿真。

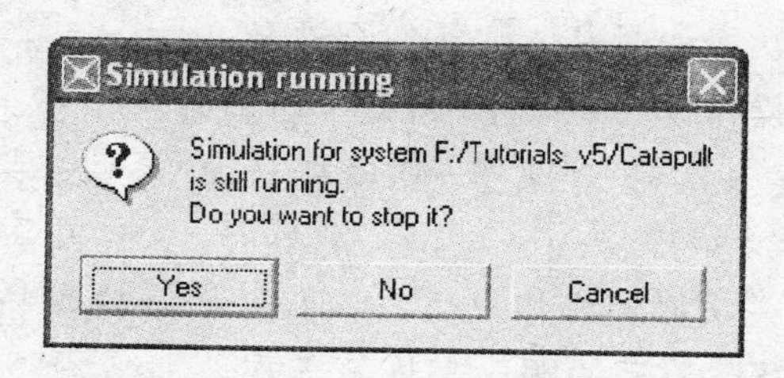

图 8.46　退出 AMESim 之前的警告信息

如果选择 No，那么 AMESim 将关闭系统，但系统的仿真会继续运行。以后可以正常打开这个系统文件，但会弹出图 8.47 所示的对话框，询问是否要使用未保存的文件。如果选择 Yes，那么将得到上次的仿真结果。

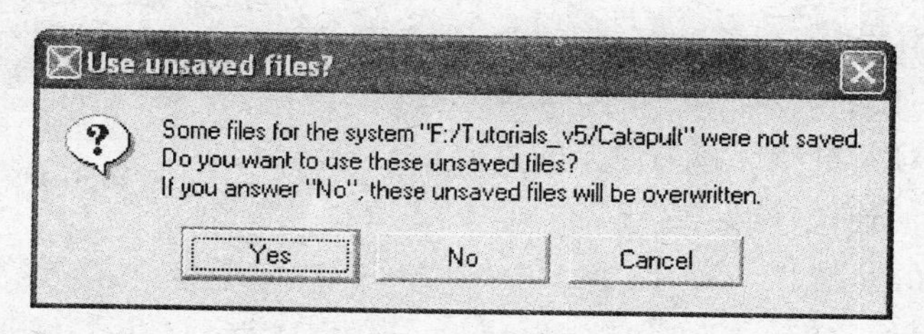

图 8.47　AMESim 询问是否要使用未保存的文件

13. 退　出

要退出 AMESim，可以选择 File→Quit 或者按 Ctrl+Q 快捷键。

如果任何一个系统有所调整，则 AMESim 将会提示是否需要保存。

如果一次仿真正在运行，将会出现一个对话框来询问是否停止此次仿真。

8.4.2　Edit(编辑)菜单

编辑菜单如图 8.48 所示。

● 在所有模式下都可以使用的选项：

Undo and Redo(撤销和恢复)　　*Find*(查找)

Select all(全选)

● 当有对象被选中时可以使用的选项：

Copy(复制)　　Create supercomponent(创建超级元件)

External variables(外部变量)

● 当有对象已经被复制时可以使用的选项：

Paste from clipboard(从剪贴板中粘贴)　　Display auxiliary(显示附件文件)

1. 撤销和恢复

通过使用 Undo(撤销)或 Redo(恢复)按键，可以撤销用户的上次操作或恢复先前撤销的操作；也可以使用快捷方式 Ctrl＋Z(撤销)或 Ctrl＋Y(恢复)。

(1) 撤销和恢复的使用

当在草图区域执行一次操作时，Undo 按钮会被激活(颜色变为绿色)。每次操作都会在一个堆栈中进行保存，因此可以依次进行多次撤销操作，最多可达50次。

当在草图区域执行过一次撤销操作以后，Redo 按钮会被激活，可以按照与撤销相反的顺序来恢复多次之前被撤销的操作。

例如，如果用户进行了下列操作：

a. 删除了一个元件；

b. 删除了一条连线；

c. 旋转了一个对象。

那么，撤销操作的顺序是：

a. 将被旋转的对象重新旋转为原先的方向；

b. 恢复被删除的连线；

c. 恢复被删除的元件。

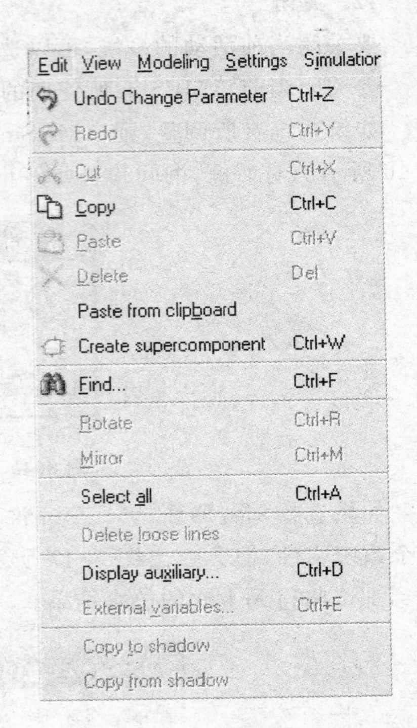

图 8.48 编辑菜单

(2) 撤销和恢复的范围

① 撤销和恢复可用于下列操作：在草图区域添加对象；删除选定的草图(单个或多个元件)；移动选定的草图(单个或多个元件)；镜像选定的草图；旋转选定的草图；创建连线；添加、删除或更改子模型，包括 Premier Submodel(优选子模型)的使用；更改别名；更改注释；更改端口标签；更改参数(不是变量)的名称和数值。

② 撤销和恢复目前尚不可用于下列操作：更改变量名称；调整放置在草图中的文字(包括字体和颜色)；调整放置在草图中的箭头和线条；调整放置在草图中的图形和图片。

(3) 撤销和恢复堆栈的清空

在下列情况下，撤销和恢复堆栈将会被清空：加载或重加载一个系统；检查子模型的使用；AMECompare(AMEDiff)。

2. 复　制

选择 Edit→Copy 或按 Ctrl＋C 键，可以将元件复制到附件文件中或将注释元素复制到剪贴板中，这样用户可以将其粘贴到其他应用程序，例如 Word 处理器。

3. 从剪贴板中粘贴

选择 Edit→Paste from clipboard，可以将元件从剪贴板粘贴到草图中，也可以从剪贴板中将其他应用程序的内容粘贴到 AMESim 中，不仅仅是在 AMESim 之间进行粘贴。

4. 查　找

使用这个工具可以查找草图中的一个或多个子模型。选择 Edit→Find 或按 Ctrl＋F 键，可显示出 Find(查找)对话框,如图 8.49 所示。

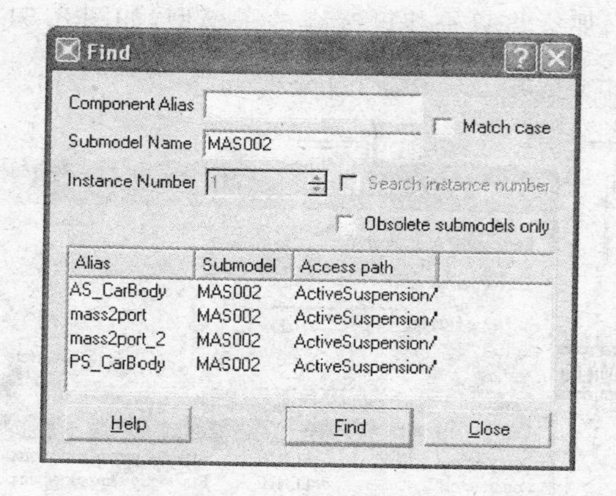

图 8.49　查找对话框

① 在 Submodel Name(子模型名称)中键入子模型的名字;

② 如果知道更多的细节,还可以:

- 在 Component Alias(元件别名)中键入子模型的别名;
- 检查 Search instance number 复选框并键入子模型的序号。Search instance number 复选框只有在 Parameter 模式和 Simulation 模式下才可用。

③ 如果知道的细节很少,那么可以使用通配符"*",如图 8.50 所示。

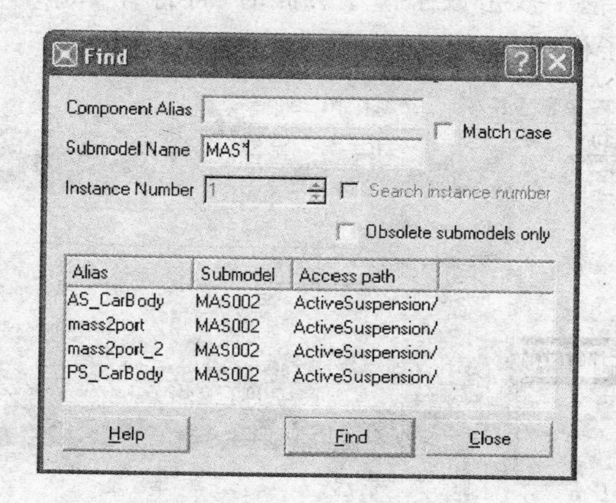

图 8.50　使用通配符

可以使用"*"来替换子模型名称或别名中的全部或部分字符。"*"允许替换子模型名称中不知道的那一部分或者来扩大查找的范围,也可以使用"?"来替换一个单独的字符。

例如:

- 如果用"SPR*"来查找,那么将得到所有以 SPR 开头的子模型;
- 如果用"*01"来查找,那么将得到所有以 01 结束的子模型;
- 如果仅仅知道子模型的序号,则在 Instance Number 复选框中键入子模型的序号,并在 Submodel Name 中键入一个"*",那么将会得到所有包括该序号的子模型。

④ 单击 Find 按钮。

只针对已废弃的子模型(Obsolete submodels only)。

如果勾选了该复选框,那么将只查找已废弃的子模型,如图 8.51 所示。

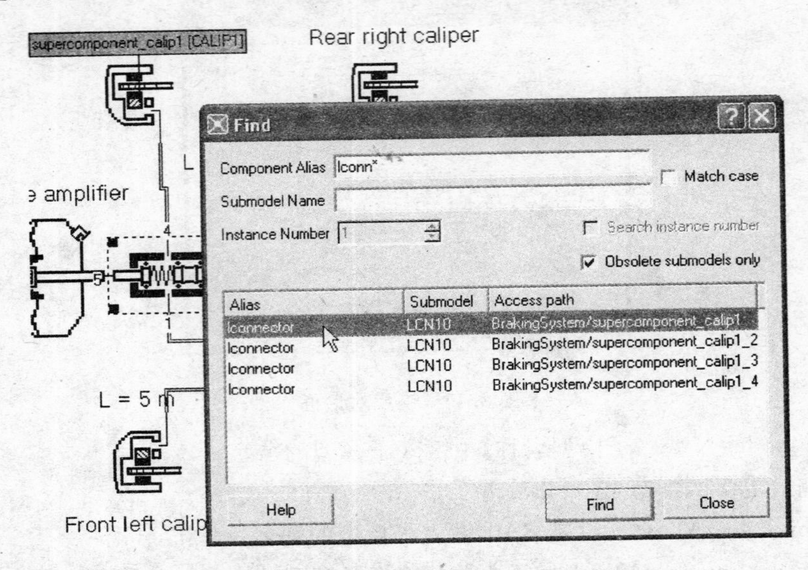

图 8.51　超级元件中的已废弃子模型

上述的例子中,已废弃的子模型(LCN10)包含在一个超级元件中。要查看已废弃的子模型本身,可以在 Find 对话框中双击该子模型。此时,将打开 Explore Supercomponent 窗口,同时,高亮显示已废弃的子模型,如图 8.52 所示。

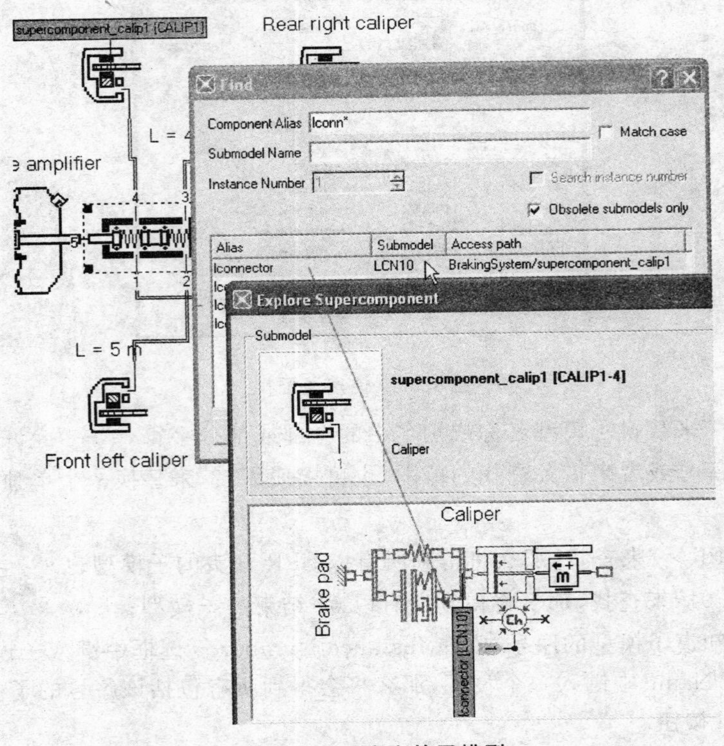

图 8.52　已废弃的子模型

注：已废弃的子模型在 Check Submodel(检查子模型)的过程中也会列表显示出来，如图 8.53 所示。

5. 全　选

选择 Edit→Select all 或按 Ctrl＋A 键，可选中系统中的全部对象。

6. 显示附件文件

选择 Edit→Display auxiliary 或按 Ctrl＋D 键，将会出现一个包括附件文件的对话框。在 Auxiliary system 对话框中，可以创建一个超级元件。

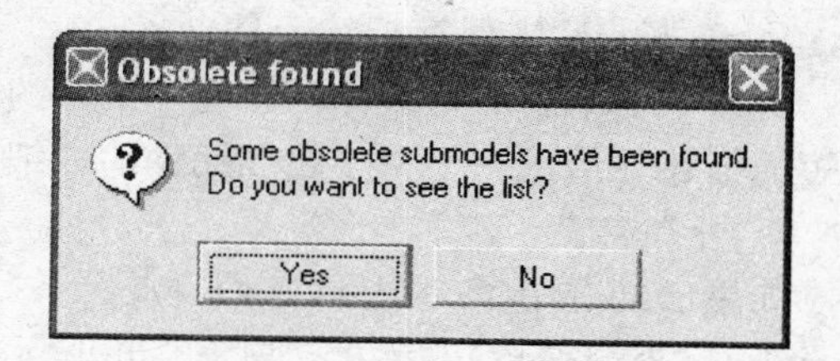

图 8.53　已废弃子模型列表提示框

7. 创建超级元件(Create supercomponent)

要使用这个工具：

① 必须至少选中一个对象。如果对象是一个元件，则它必须有一个子模型。不能将一个单独的连线复制到超级元件中，它必须要至少连接到一个元件上。

② 选择 Edit→Create supercomponent。这将生成一个 Auxiliary system 对话框，如图 8.54 所示，在这个对话框中可以创建一个超级元件。

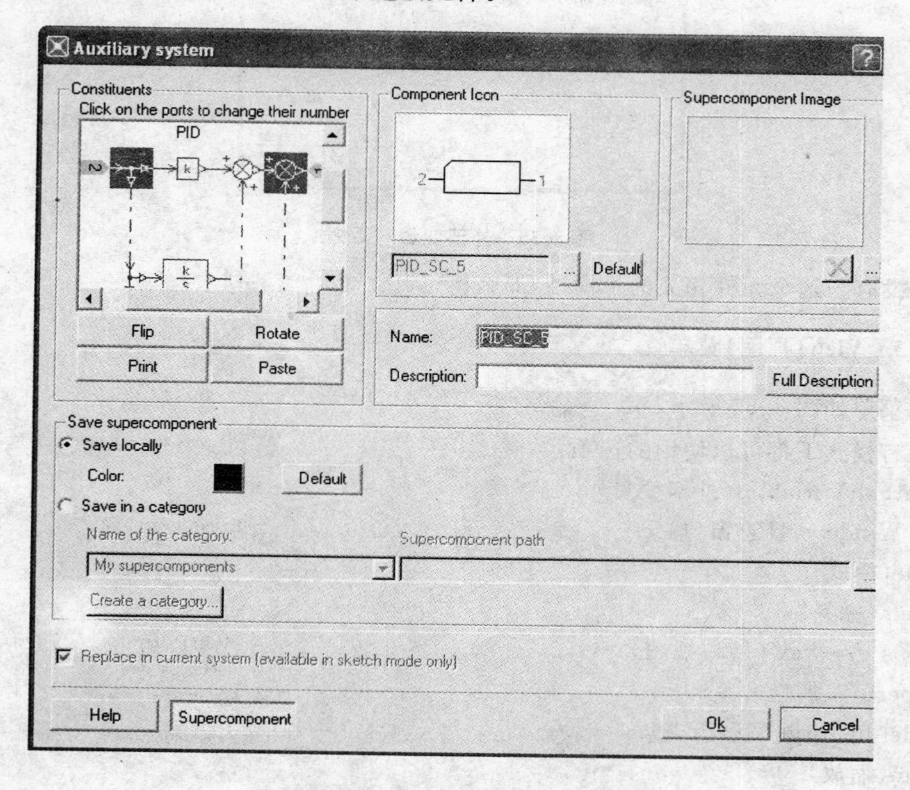

图 8.54　附件文件对话框

Mirror(镜像)、Rotate(旋转)、Paste(粘贴)和 Print(打印)按钮的功能是显而易见的。如果单击一个 Supercomponent，将会出现一个不包括特殊按钮和对话框的较小尺寸的对话框，而这对于创建一个超级元件又是必需的。

要创建一个超级元件，至少要完成：

① 指定超级元件是保存在当前路径下还是保存到其他库中(如果在 Sketch 模式下);

② 决定是否在当前系统中用新的超级元件替换原有的部件;

③ 如果不是 Saving Locally(保存在当前路径下),指定一个文件夹作为 Supercomponent path(超级元件存储路径)来存储超级元件;

④ 单击 OK 来保存超级元件。

可以为一个新的超级元件指定一个新的名称(如果不想使用默认的名称)。建议指定一行简短的描述并给出一个关于超级元件的详细描述。

8. 外部变量

如果已经选中了一个元件,而且此元件与一个子模型相联系,那么可以得到一个 External Variables(外部变量)对话框,如图 8.55 所示。

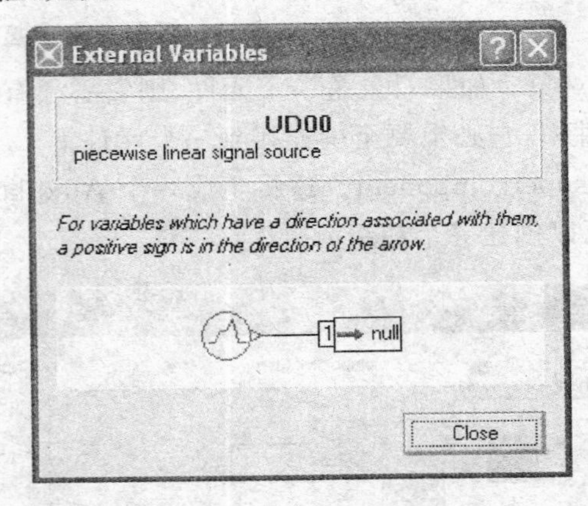

图 8.55　外部变量对话框

如果没有与这个元件相关的子模型,那么将打开一个子模型列表。

8.4.3　View(视图)菜单

视图菜单如图 8.56 所示。

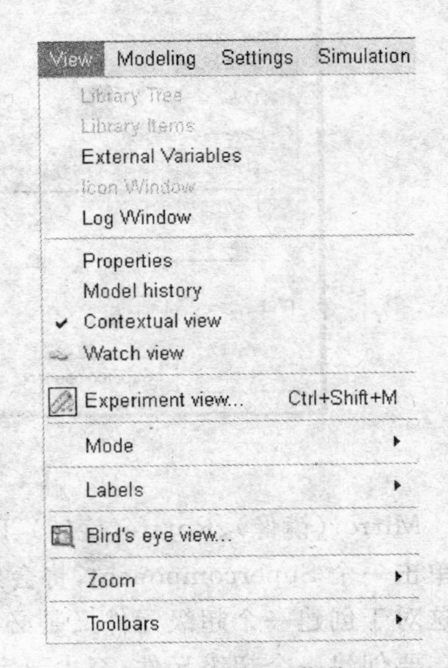

图 8.56　视图菜单

在所有模式下都可以使用的选项:

External Variables(外部变量)

Log Window(日志窗口)

Mode(模式)

Labels(标签)

Bird's eye view(鸟瞰视图)

Properties(属性)

Model history(模型历史)

Zoom(缩放)

Toolbars(工具条)

1. Mode(模式)

可以使用该菜单在以下 4 种工作模式中进行切换:

草图模式 —— 快捷键 F9

子模型模式 —— 快捷键 F10

参数模式 —— 快捷键 F11

仿真模式 —— 快捷键 F12

2. Labels(标签)

在 Sketch 模式下,可以使用该菜单功能来显示(Ctrl+L)或隐藏(Ctrl+Shift+L)子模型和连线的标签。如果当前已经选定了某些子模型或连线,那么该操作将作用于这些选中的子模型和连线;如果当前没有任何元素选定,那么该操作将显示或隐藏全部子模型和连线的标签。

3. Bird's eye view(鸟瞰视图)

要打开 Bird's eye view(鸟瞰视图),操作如图 8.57 所示。

右击草图中任一位置并在菜单中选择 Bird's eye view 选项,或选择 View→Bird's eye view。

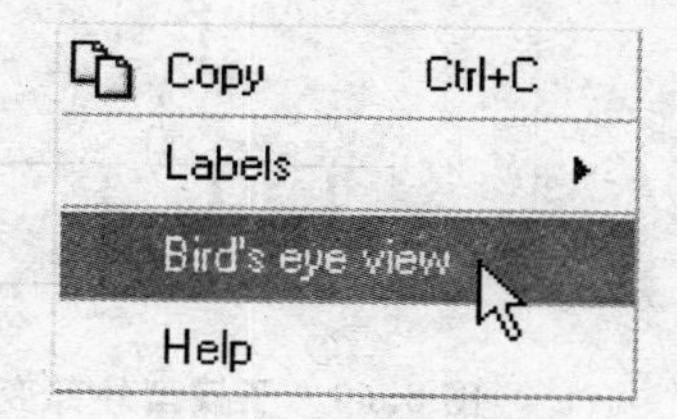

图 8.57 打开鸟瞰视图

4. Library Tree(库目录)和 Library Item(库元件)

注: 关于如何使用库目录,可以参阅"库目录"说明。

(1) 库目录

在 Sketch 模式下,通过该选项,用户可以显示或隐藏 Library Tree。该视图可以显示出在当前 Category path list(类路径列表)中的全部库,如图 8.58 所示。

(2) 库元件

在 Sketch 模式下,通过该选项,用户可以显示或隐藏 Library Items。该视图可以显示出在当前库中的全部元件,如图 8.59 所示。

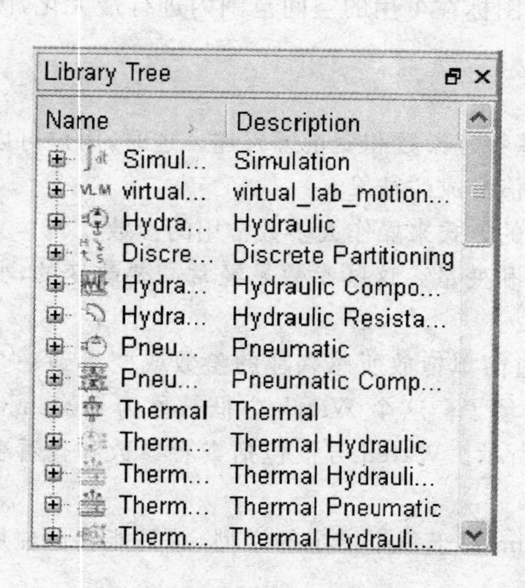

图 8.58 库目录显示

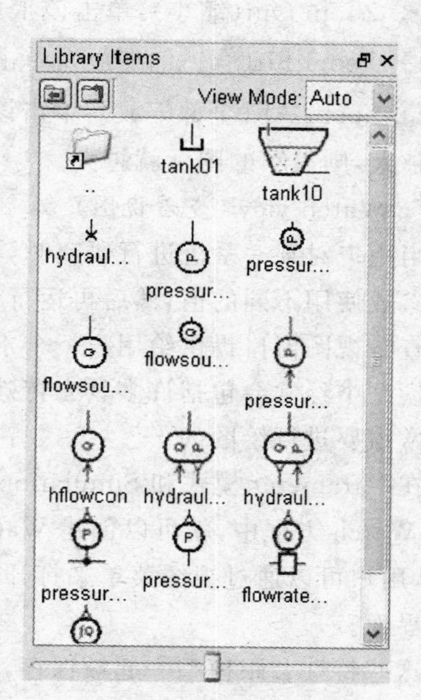

图 8.59 库元件显示

5. External Variables(外部变量)

该工具可以显示所选子模型的外部变量,如图 8.60 所示。

6. Icon Window(图标窗口)

图标窗口如图 8.61 所示。

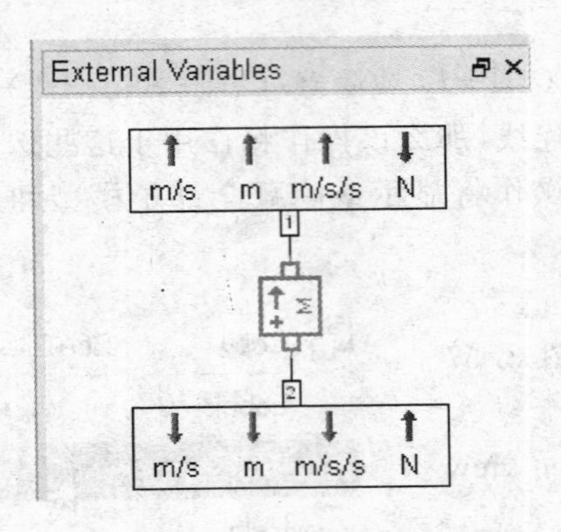

图 8.60　子模型外部变量显示

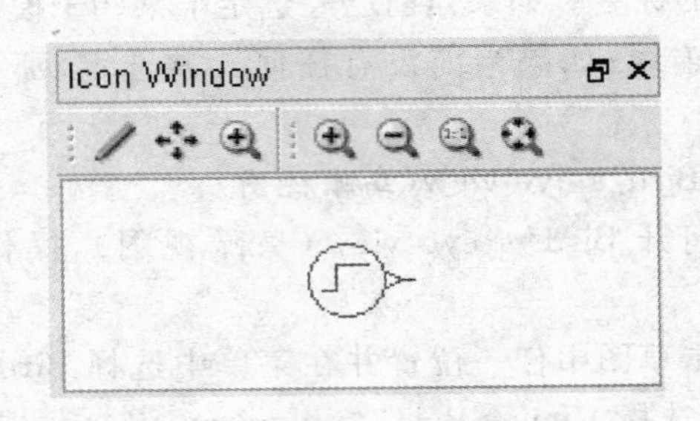

图 8.61　图标窗口

该窗口可以显示在 Library Tree 或 Library Item 视图中所选择的元件的图标，其中包括用于调整图标视图的工具：

Normal Mode(正常模式)：图标显示在窗口中央。

Pan Mode(全景模式)：当对图标进行了缩放操作后，可以使用该工具来拖拉该图标，以查看其详情。

Zoom In(放大)：单击该工具可对图标进行放大。

Zoom Out(缩小)：单击该工具可对图标进行缩小。

Zoom Fit(合适的缩放)：单击该工具可重新加载图标，使其还原到标准的大小。

Zoom All(全部缩放)：单击该工具可以将图标在可用的空间范围内进行最大化，图标窗口越大，则显示的图标就越大。

7. Watch view(查看视图)

当用户对某一系统进行研究时，可能会对某些特定参数和变量感兴趣。这时，用户可以对同一参数使用不同的值，然后再运行，以比较不同值生成的结果。

查看视图窗口提供给用户一个永久的和直接的方式来操作大多数常用的参数。

模型中经常会包括许多具有特殊意义的参数和变量。这些参数是经常需要改变的，变量是经常需要进行绘图的。

在 Parameter 模式和 Simulation 模式下，通过简单拖放所感兴趣的参数或变量到一个特殊的 Watch 方框中，就可以创建 Watch 参数或变量了。这个 Watch 方框被称为 Watch view 方框，用户可以通过视图菜单来打开，如图 8.62 所示。Watch 方框包括查看参数和查看变量两个界面。

这些特性会跟模型一起被保存，因此，AMESim 对于每个给定的模型，总是能够记住用户感兴趣的参数和变量。

(1) 更改参数

用户可以在 Watch parameters(查看参数)页面中对参数值进行更改。对于一个比较大的模型，这种方式提供了一种非常快捷的方式来对重要的模型参数进行修改。

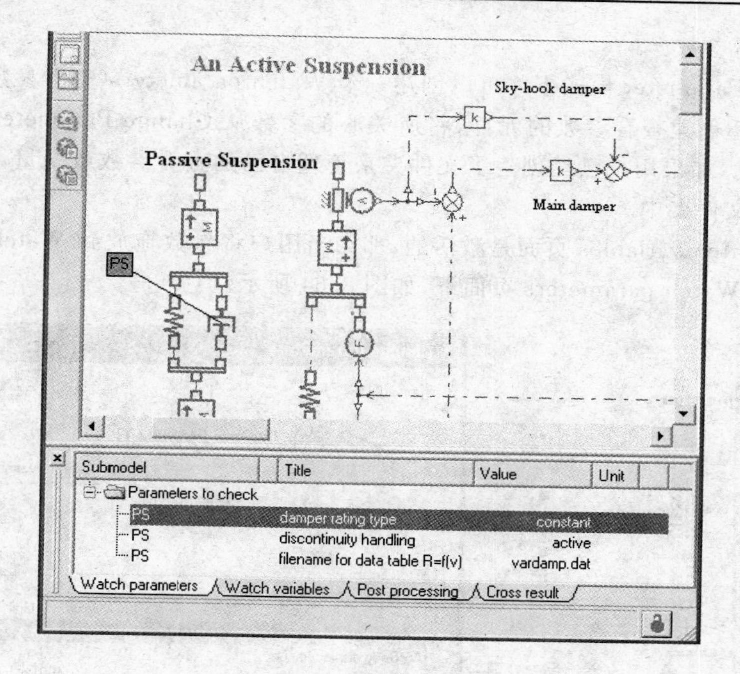

图 8.62　查看变量

(2) 绘制变量的曲线

用户可以通过从 Watch variables(查看变量)页面中拖放一个变量到草图区域来直接绘制变量的曲线,如图 8.63 所示。

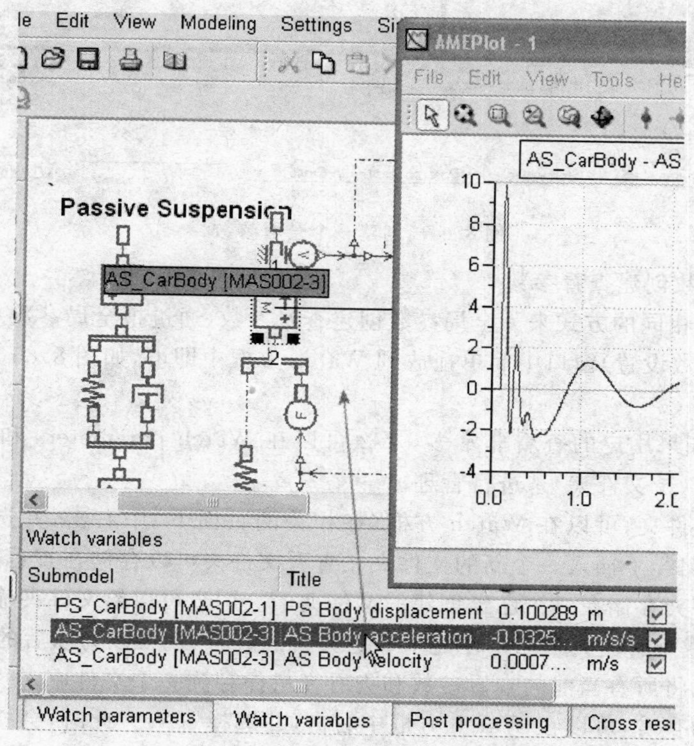

图 8.63　绘制一个查看变量的曲线

(3) 创建查看参数

用户只有在 Parameter 模式下才可以创建一个 Watch parameters(查看参数)。

双击用户希望创建查看参数的元件,将所关心的参数从 Change Parameters 窗口中拖放到 Watch 方框中。如果用户已经创建了文件夹来管理自己的查看参数或变量,那么也可以直接将参数拖放到文件夹中。

如果当前 Watch variables 页面是激活的,那么当用户将参数拖放到 Watch 方框中时,系统将自动转换到 Watch parameters 页面下,如图 8.64 所示。

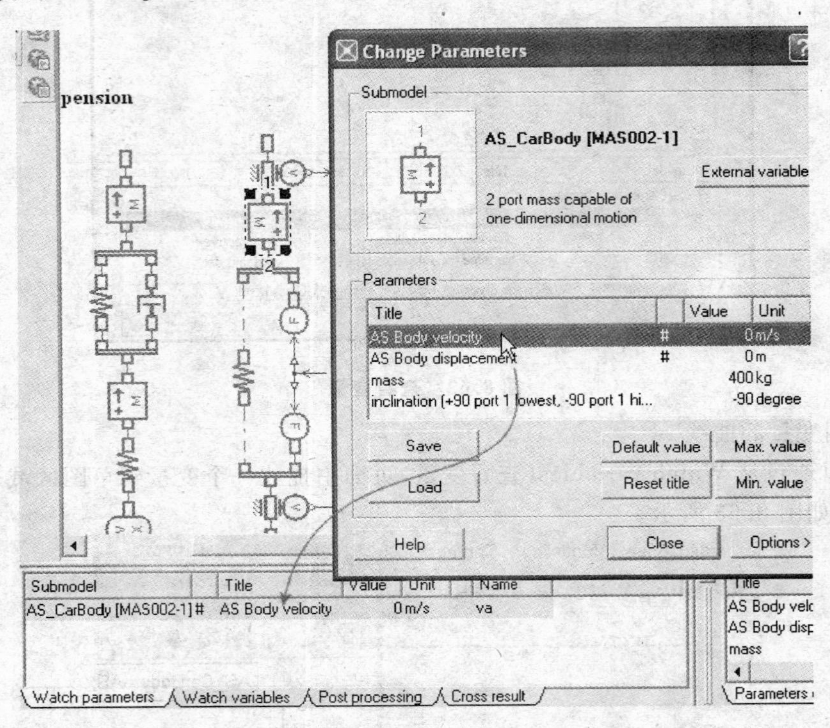

图 8.64 创建一个查看参数

(4) 为全局参数创建查看参数

用户可以采用相同的方式来为全局参数创建查看参数,通过把全局参数从 Global Parameter Setup(全局参数设置)窗口中简单拖放到 Watch 方框中即可,如图 8.65 所示。

(5) 管理查看

① 文件夹。如果用户的查看非常多,那么可以在 Watch parameters 和 Watch variables 方框中采用文件夹(子文件夹)来进行管理。

要创建一个文件夹,可以在 Watch 方框(在相关的页面下)中右击,并选择 New(新建)。此时,将在选中的路径下插入一个新的文件夹。查看文件夹可以存储在查看列表的根目录下,或作为一个子文件夹存储在一个已经创建的文件夹下。用户可以给文件夹输入名称。

② 保存和加载查看。一旦用户创建了一定数目的查看,就可以为以后的使用来保存该配置。这个过程可以将所有当前的查看参数和查看变量保存到一个文件中,便于以后加载使用。

要保存当前的查看,可以在 Watch 方框中右击,并选择 Save。此时,会打开一个文件浏览器,允许用户为指定的查看选择保存位置。通过浏览来选择需要的保存位置,输入文件名称并

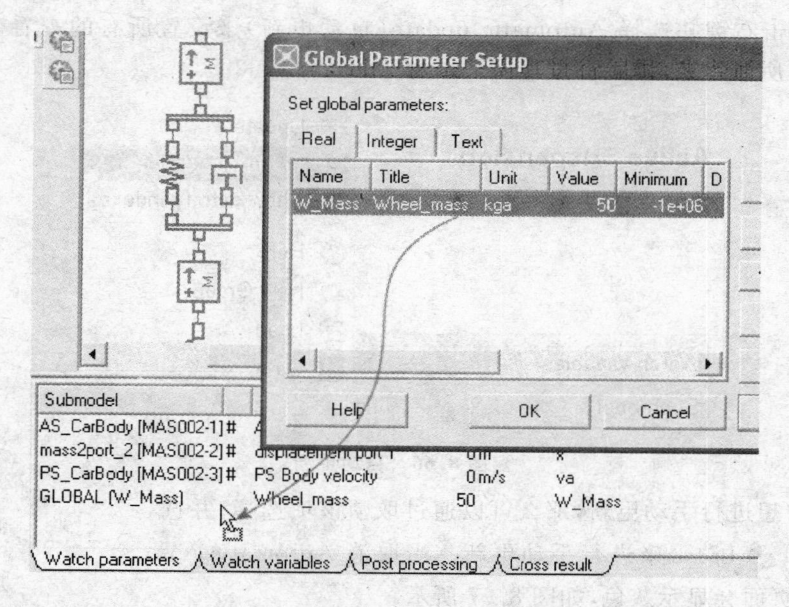

图 8.65 创建一个全局参数的查看

单击 Save。

注： 查看将被保存到一个. pvc 的文件中。

要加载已保存的查看，可以在查看方框中右击，选择 Load(加载)。此时，将打开一个文件浏览器，通过浏览找到之前保存的查看文件，选择并单击 Open(打开)。

注： 当前的所有查看将会被用户刚刚所加载的查看所替换。

③ 复制、粘贴、删除和剪切查看。用户可以通过在查看或查看文件夹中右击来复制/剪切，并将其粘贴到一个新的位置/文件夹/子文件夹中，或者进行删除。如果复制并粘贴了一个查看文件夹，那么将会同时复制并粘贴其所包含的全部查看。

注： 当进行复制、粘贴、删除或剪切操作时，可以按住 Ctrl 或 Shift 不放，然后单击所选择的文件进行多选。

④ 清空查看。用户可以全部清空在 Watch 方框中的当前配置的所有查看，并对每个页面单独进行处理。选择 Watch parameters 或 Watch variables 页面，同时右击页面的任意位置，然后从关联菜单中选择 Clear All(清空全部)即可。此时，对于所选中的页面中的全部查看都将被移除。

(6) 编辑查看

用户可以在 Watch 方框中对查看进行编辑，并在 Parameters 模式下编辑查看参数，也可以在 Simulation 模式下检查查看变量。

对于每一个查看参数，可以直接单击 Title(名称)或 Value(数值)区域来对它们进行编辑，或者可以在 Change Parameters 窗口中进行修改。

对于每一个查看变量，可以直接单击 Title 区域来对其进行编辑，或者通过 Source file(源文件)复选框来选择一个源文件，或者在 Variable List(变量列表)窗口中进行修改。

(7) 更新查看变量

用户可以将查看变量设置为自动更新，或者通过手动来进行更新。通过在 Watch variables 页面下单击右键并选择 Automatic update（自动更新）来设置所有的查看变量为自动更新，如图 8.66 所示。

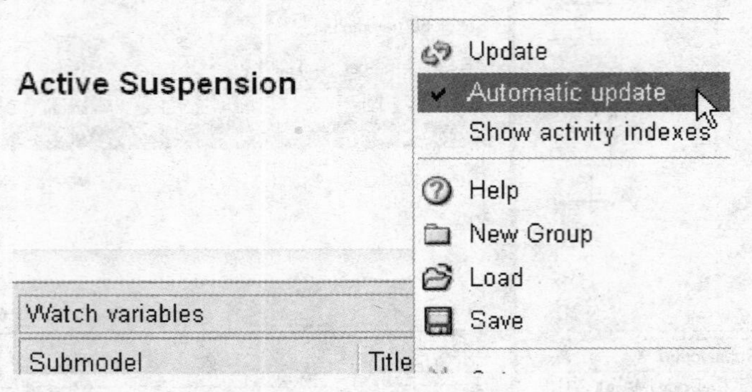

图 8.66　自动更新

如果用户想进行手动更新，那么可以通过取消该项选择，并选择更新菜单项 Update 来进行手动更新。当取消 Automatic update 后，时钟页面会显示灰色，如图 8.67 所示。

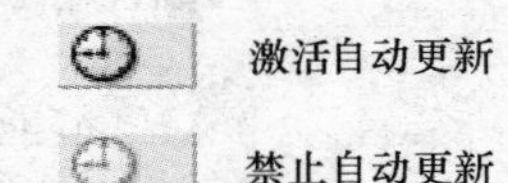

图 8.67　自动更新中

(8) 使用低版本中的参数和变量集

如果用户打开一个由低于 AMESim R07 版本创建的模型时，那么由低版本所创建的参数或变量集将自动转换为 Watch 方框中的新的组，如图 8.68 所示。

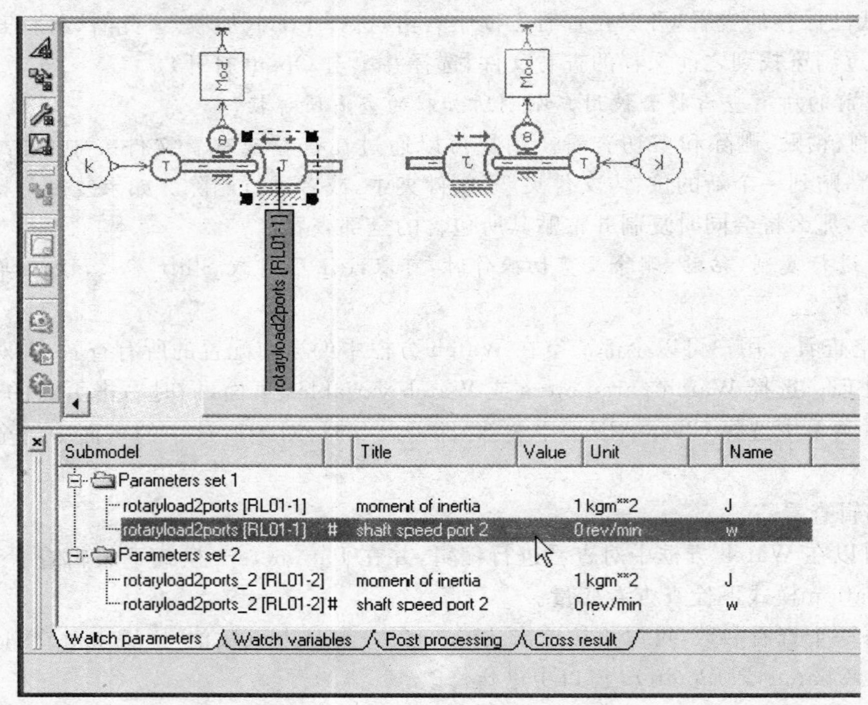

图 8.68　参数集

此外，Parameters to check（参数检查）页面将不再存在，所有用户希望进行检查的参数将会作为一个独立的组，列在 Watch parameters 方框中，如图 8.69 所示。

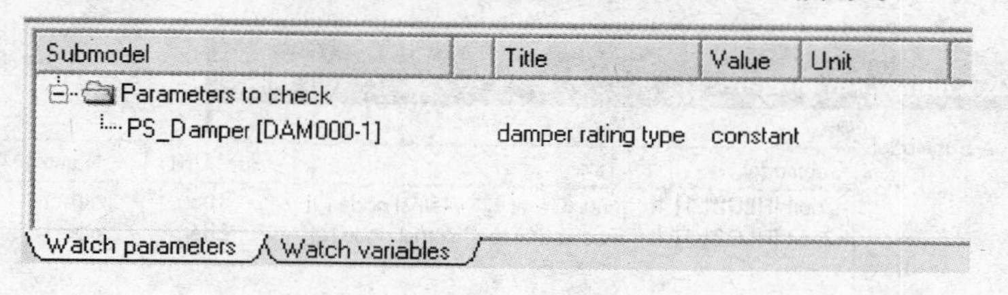

图 8.69　参数检查

(9) 在 Watch（查看）中对矢量的操作

用户可以在 Watch 方框中对子模型的矢量直接进行编辑，如图 8.70 所示。

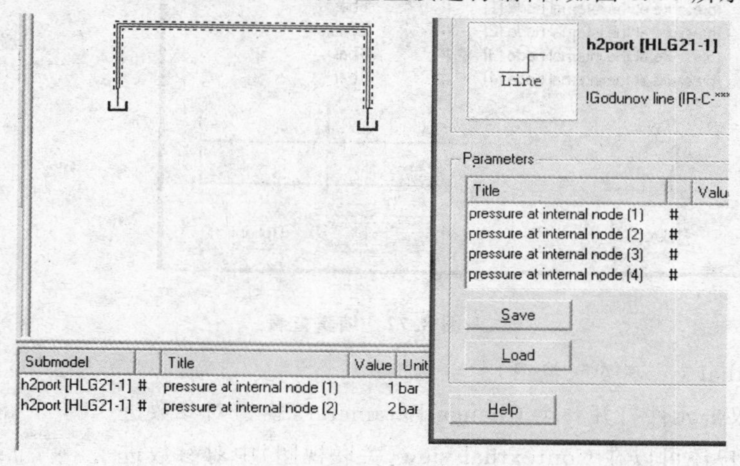

图 8.70　编辑矢量

选择 Tools→Options→Expand vectors 后，用户可以直接将矢量类型元件的参数拖放到查看方框中。接下来，就可以像编辑其他任何类型的参数一样来对矢量的名称和数值等进行编辑。此外，还可以在查看中对矢量元件名称中的索引值进行修改，这时 Watch（查看）就会与输入到查看中的元件的名称对应起来了。在这种情况下，用户可以查看这个元件的数值。当然，需要的话也可以进行编辑。下面通过一个非常简单的实例来进行说明。

如图 8.71 所示，在上面的截屏中对矢量进行编辑，对两个查看进行配置。如果将第 1 个的索引值“pressure at internal node (1)”（值为 1bar）更改为“pressure at internal node (3)”，那么其数值将相应的变为矢量元件的第 3 个数值，即为 3bar。

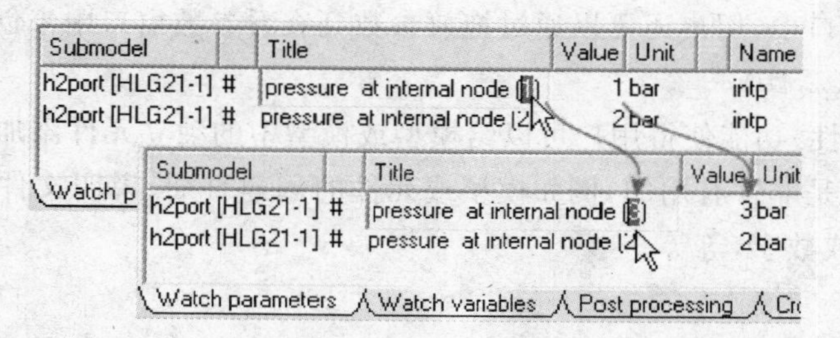

图 8.71　编辑一个矢量

另外，如果用户编辑了一个查看的数值或名称，那么在 Change Parameters 窗口中的相应数值或名称会自动进行更新，如图 8.72 所示。

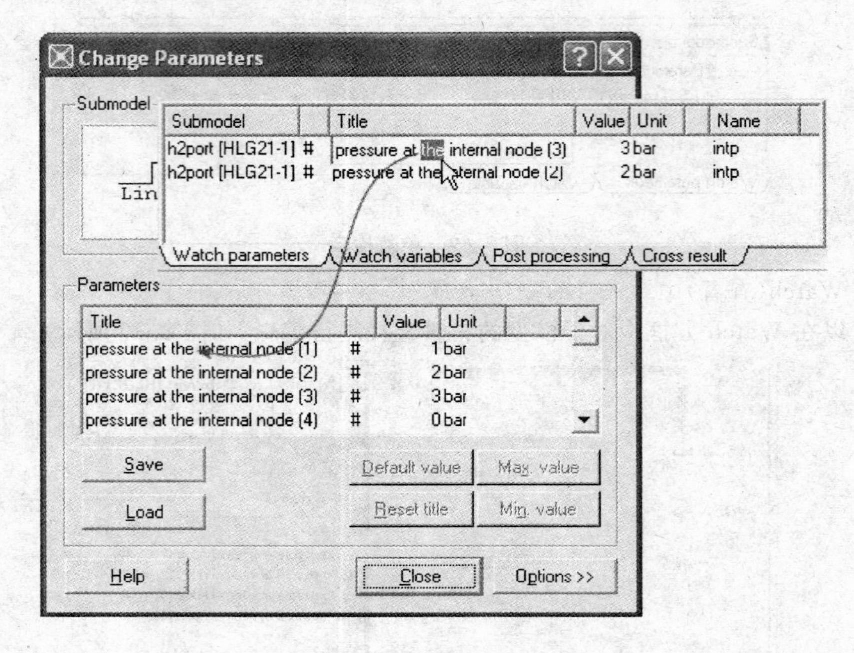

图 8.72　编辑查看

8. Contextual view(关联视图)

除了通过双击元件打开一个 Change Parameters 窗口对参数进行编辑以外，用户还可以在 Contextual view(关联视图)中对参数进行编辑。默认情况下，这个选项是激活状态。用户可以在视图菜单中禁止或激活该项功能，如图 8.73 所示。

图 8.73　视图菜单

在该选项激活后，每单击一个元件，都会将其所有参数显示在一个停靠窗口中，如图 8.74 所示。这时，用户就获取了与 Change Parameters 窗口中一样的参数和变量，还可以采用相同的方式来对其进行编辑。在 Change Parameters 窗口中进行的任何修改也会立刻应用到 Contextual view 中，反之亦然。

用户在 Contextual view 中，还可以通过拖放相应的变量到草图区域来进行绘图，如图 8.75 所示。

从关联视图窗口中，用户还可以通过拖放参数到查看参数窗口中来创建查看参数。

9. Properties(属性)

Properties(属性)功能使得用户可以给模型或模型中的独立元件添加各种类型的信息，这些信息对模型来说是非常有用的，例如模型或元件的创建日期、说明文件等，甚至可以是一幅图片、简单的文字或数字，等等。

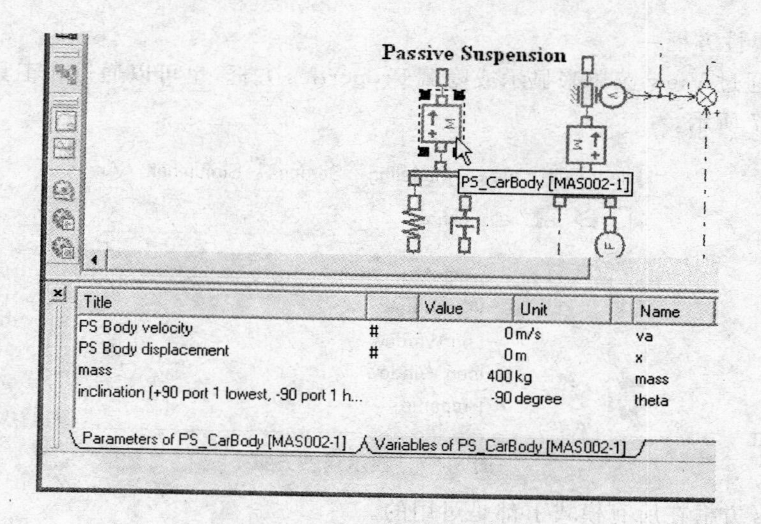

图 8.74　关联视图激活后

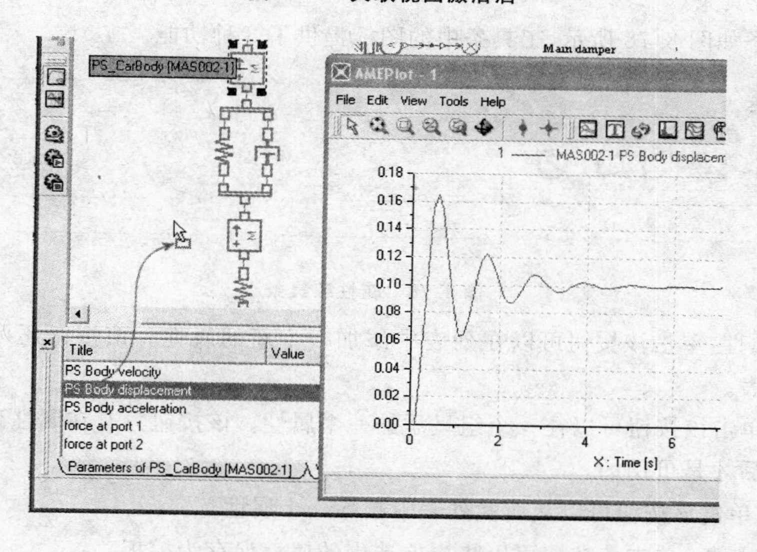

图 8.75　在关联视图下进行变量绘图

Title		Value	Unit	Name
PS Body velocity	#	0	m/s	va
PS Body displacement	#	0	m	x
mass		400	kg	mass
inclination (+90 port 1 lowest, -90 port 1 highest)		-90	degree	theta

Parameters of PS_CarBody [MAS002-1]　Variables of PS_CarBody [MAS002-1]

Submodel
mass2port_2 [MAS002-4]
PS_CarBody [MAS002-1]

Watch parameters

图 8.76　创建一个查看参数

(1) 显示属性方框

用户可以通过 View 菜单来显示或隐藏 Properties 方框，也可以通过在工具栏右击来进行选择，如图 8.77 所示。

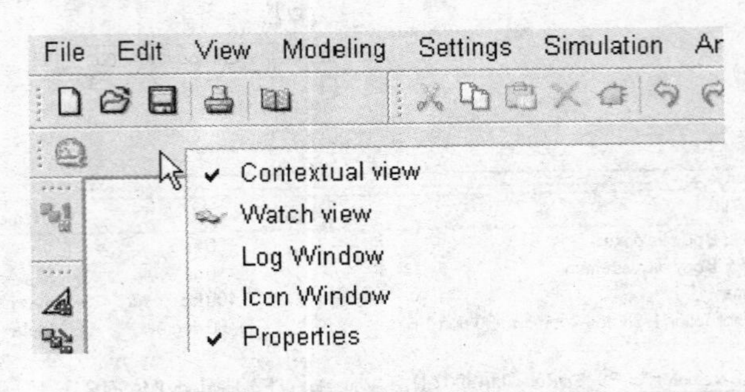

图 8.77　显示属性方框

Properties 方框在所有模式下都是可用的。

(2) 属性工具条

属性工具条如图 8.78 所示，工具条中的图标提供了 8 种功能。

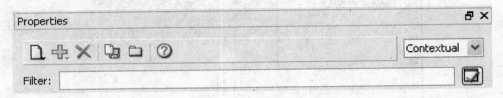

图 8.78　属性工具条

新建属性：单击该按钮可以在列表中添加一个新的属性。该按钮还可以显示出所有可用属性的列表。

添加：单击该按钮可以往一个组里添加一个属性。该按钮只有在属性列表中选中一个已存在的组之后才是可用的。

删除：单击该按钮可以从属性列表中删除一个属性。

保存为模板：单击该按钮可以将当前选中的属性保存为模板。

管理模板：单击该按钮可以打开可用的模板并进行管理。

帮助：单击该按钮可以打开属性在线帮助。

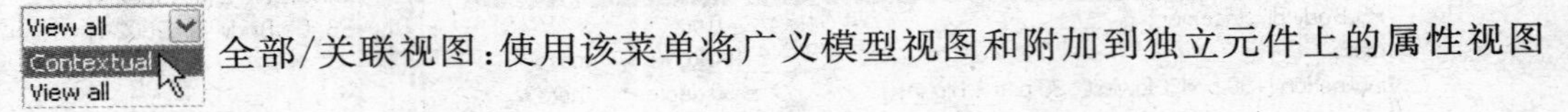

全部/关联视图：使用该菜单将广义模型视图和附加到独立元件上的属性视图的显示属性联系起来。

Contextual：属性列表只显示与选中的元件相关的属性，如果没有选中任何元件，那么属性列表将显示出整个模型的属性，但不包括每个独立的元件。

View all：属性列表将显示出所有的属性，无论是元件还是整个模型。

过滤器：在过滤器中输入相应的文字，然后单击该按钮可对属性列表进行过滤。

(3) 添加属性。

当打开一个模型后，Properties 方框中的各个不同选项都将被激活。

用户可以给整个模型添加一个属性，如图 8.79 所示，可以事先选定一个独立的元件或连线，然后单独给该元件添加属性。从图 8.80 所示的截屏中可以看到两个属性，一个是添加到独立元件(PS_CarBody)上的，另一个是添加到整个模型上的。

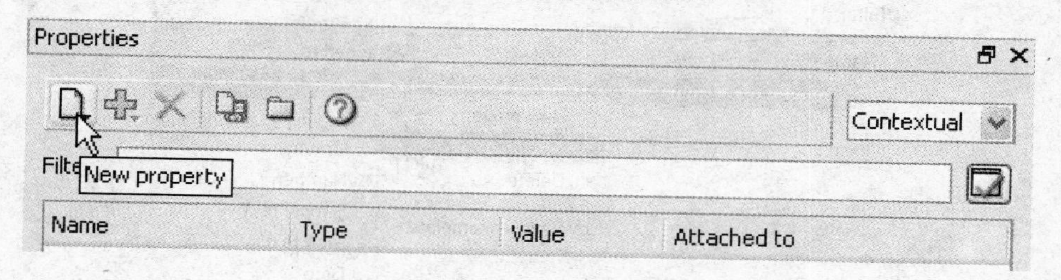

图 8.79　添加一个新的属性

Name	Type	Value	Attached to
property	Simple text	Mass 400kg	Component PS_CarBody
Circuit creation	Date	27/08/2009 09:18:17	Model

图 8.80　给模型和元件添加属性

用户也可以给一个试验添加属性。如果在 Experiment view(试验视图)中选择了一个试验，接下来在 Properties view 中选择添加属性，那么此时属性会添加到选中的试验中。

在图 8.81 所示的截屏中，为名为 exp_1 的一次试验添加了一个 File 属性。

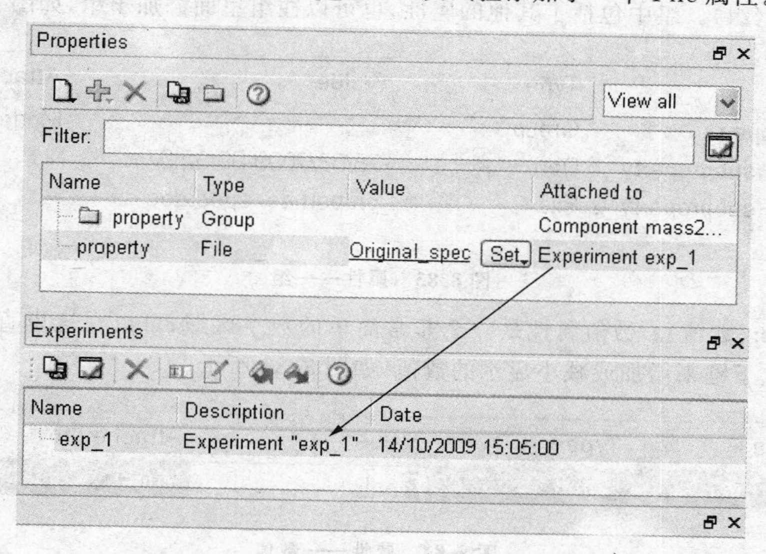

图 8.81　给名为"exp_1"的试验添加属性

如果使用工具条按钮，也可以通过在属性列表中单击来添加属性，如图 8.82 所示。

如果单击 New property(新建属性)，那么将会在属性列表的最下面添加一个新的属性。如果在当前列表中存在一个或多个组，那么也可以使用相应的选项 Add to group(添加到组)：

- 如果在当前列表中只有一个组，那么该属性将添加到该组中。
- 如果在当前列表中有两个或多个组，那么用户可以选择将属性添加到哪个组中。

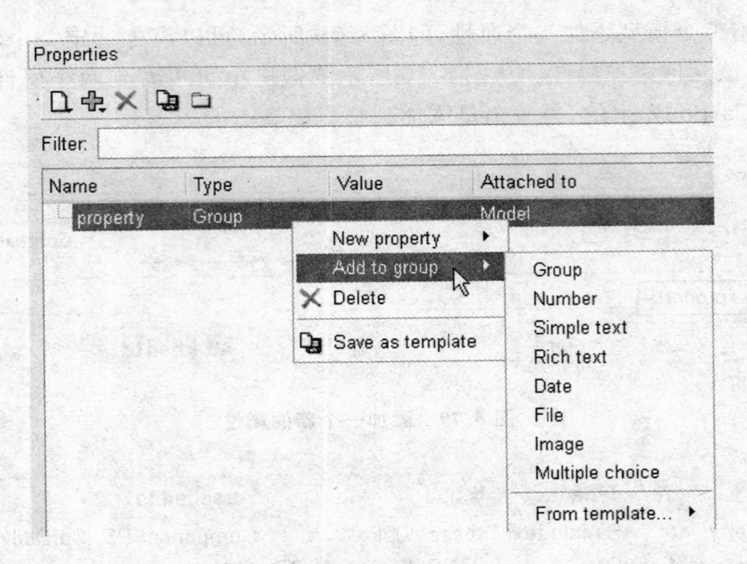

图 8.82　添加属性

(4) 属性类型

记住所有的属性都可以添加到每个独立的元件或整个模型上，用户任何时候都可以更改属性的名称、数值及其类型，可以给模型或独立元件添加多个相同的属性。

下面是所有可用的属性：

① Groups(组)。组中包括了其他的属性，也可以往组里面添加子组，如图 8.83 所示。

Name	Type	Value	Attached to
property	Group		Model
subproperty_1	Date	28/08/2009 09:32:07	
subproperty_2	File	properties_spec.doc	

图 8.83　属性——组

② Number(数值)。数值属性是一个非常简单的数字区域，可以在这里直接输入一个数字，或者通过上下键来增加或减小显示的数值，如图 8.84 所示。

Name	Type	Value	Attached to
property	Number	0	Model

图 8.84　属性——数值

③ Simple text(简文本)。这是一个文本区域，可以在其中输入一个字符串，如图 8.85 所示。

Name	Type	Value	Attached to
property	Simple text	First draft	Model

图 8.85　属性——简文本

④ Rich text（富文本）。当在 Value 区域单击时，会打开一个 Rich text（富文本）编辑器，如图 8.86 所示。

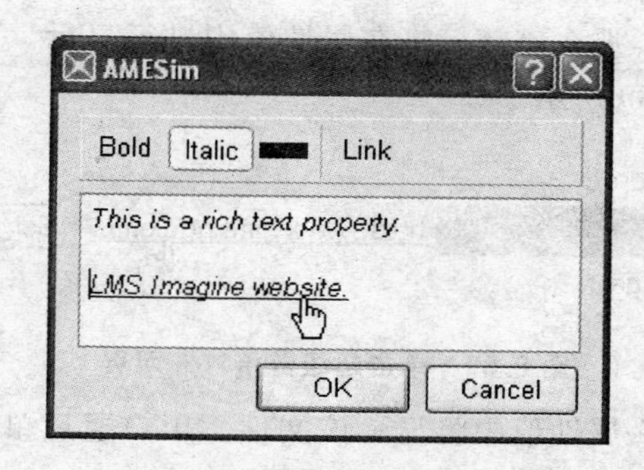

图 8.86　属性——富文本

⑤ Date（日期）。默认情况下，当添加 Date（日期）属性时，会自动显示当前的日期。当然，用户也可以手动编辑这个日期，或者单击下拉箭头来打开日历进行选择，如图 8.87 所示。

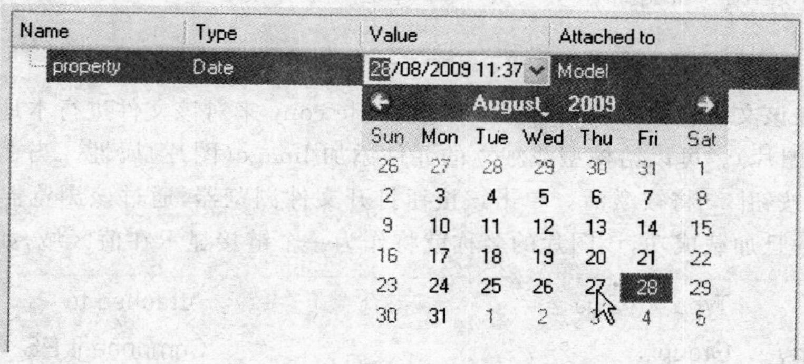

图 8.87　属性——日期

⑥ file（文件）。可以给模型或元件添加文件属性。例如，用户可能会希望给模型添加最初始的说明文件。当在 Value 区域单击后，可以输入可用目标文件的路径（URL），如网址，或者通过文件浏览器打开文件来进行添加。在第 2 种情况下，添加的文件会存储在. ame 文件中，因此，当在 AMESim 中打开该模型时会直接加载该文件。

当单击文件值区域时，将激活 Set（设置）按钮，如图 8.88 所示。

图 8.88　属性——文件

单击该按钮可以进行选择：

Link（链接）：输入一个超链接。单击该按钮后，会打开一个对话框，在其中可以输入所选择的超链接。

Attach file(附加文件):给模型或选中的元件附加一个文件。单击该按钮后,将打开一个文件浏览器供用户选择希望附加的文件。

如果输入是一个超链接,那么该链接将在属性值中进行显示。用户可以通过单击该链接来打开相应的网页,如图 8.89 所示。

图 8.89　单击超级链接打开网页

如果添加一个文件,那么属性值中将显示该文件。用户通过单击该链接可以打开这个文件(如果已经安装了必需的应用程序),如图 8.90 所示。

图 8.90　属性——打开一个文件

用户可以在该文件链接上右击,并选择 Save file copy 来对该文件进行本地保存。

⑦ Image(图片)。可以给模型或独立的元件添加 Image(图片)属性。当在该 Value 区域单击后,浏览器按钮[...]将被激活。单击该按钮打开文件浏览器,通过该浏览器可以添加希望加载的图片。一旦加载成功,该图片的名称就将作为一个链接显示在值区域,如图 8.91 所示。

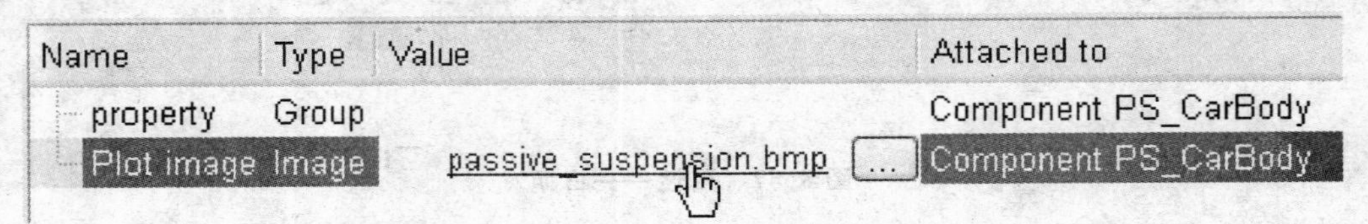

图 8.91　属性——打开一幅图片

单击该链接可以打开一幅图片的视图,如图 8.92 所示。

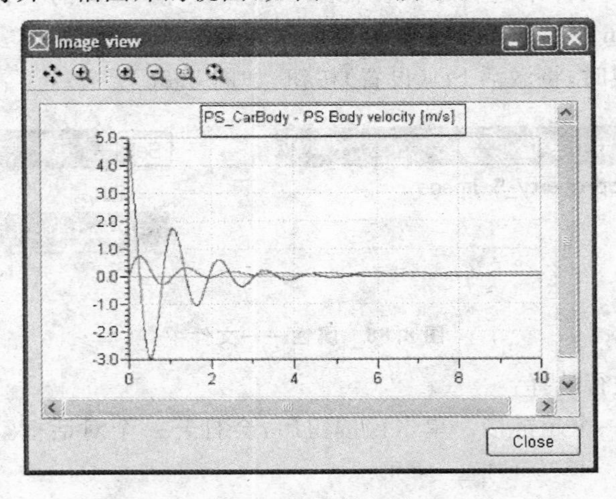

图 8.92　图片视图

用户可以在该图片链接上右击，并选择 Save image copy 来对该图片进行本地保存。

⑧ Multiple choice（多重选择）。使用这个属性可以创建一个多重选择列表。在 Value 区域单击后，可以编辑可用的值来输入期望的选项，如图 8.93 所示。

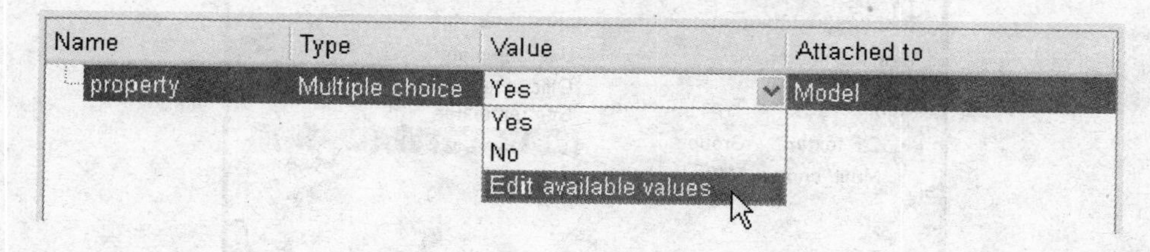

图 8.93　属性——多重选择

⑨ 创建属性模板。可以将一组属性保存为模板来添加到其他模型或元件。当创建了一组属性后作为一个模板是非常有用的，单击 Save as template（保存为模板）按钮，将打开对话框并在其中输入模板的名称，如图 8.94 所示。

Save template

Template name:

OK　Cancel

图 8.94　属性——保存模板

输入名称并单击 OK 或 Cancel，来关闭对话框而不对模板进行保存。单击 OK 后，模板将保存为. ame 文件。

⑩ 创建定点属性模板。用户也可以创建 Site（定点）属性模板供其他用户使用，Site 属性模板基于 User（用户）属性模板。当创建 User 属性模板时，在下列位置存储名为 AMEUser-PropertyTemplates. xml 的文件：

在 UNIX/Linux 下，存储在用户路径下；

在 Windows 下，存储在 C:\Documents and Settings\%user%\Application Data\Imagine SA\AMESim。

要创建一个 Site 属性模板，用户必须首先创建所需要的 User 属性模板，接下来用 AMEUserPropertyTemplates. xml 文件来替换 $AME/properties/SitePropertyTemplates. xml 文件。完成该替换以后，用户所创建的 User 属性模板将变为可用的 Site 属性模板。

注： 如果路径 $AME/properties 不存在，必须首先进行创建。在 $AME 路径下必须具有写权限来进行操作。

⑪ 管理属性模板。为了查看、编辑或删除所创建的模板，单击 Manage templates（管理属性模板）按钮，将打开 Property templates（属性模板）窗口，如图 8.95 所示。

在 Template source（模板源）列表中，可以选择想要使用的模板：

Official templates（官方模板）—— 该模板由 LMS Imagine 公司提供；

Site templates——该模板由用户自己组织提供；

User templates——该模板由用户或其他使用模型的用户来提供。

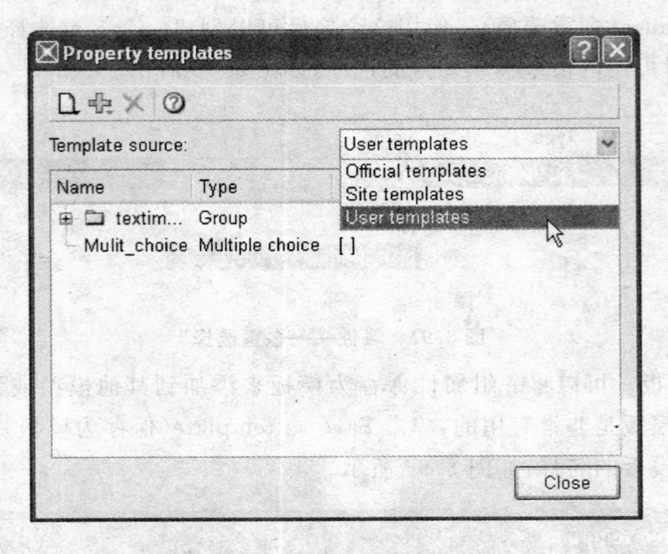

图 8.95　属性模板窗口

在这个窗口下，提供了用户管理模板所需要的基本工具，如图 8.96 所示。用户可以添加一个新的属性或往组里添加一个属性或删除一个属性。

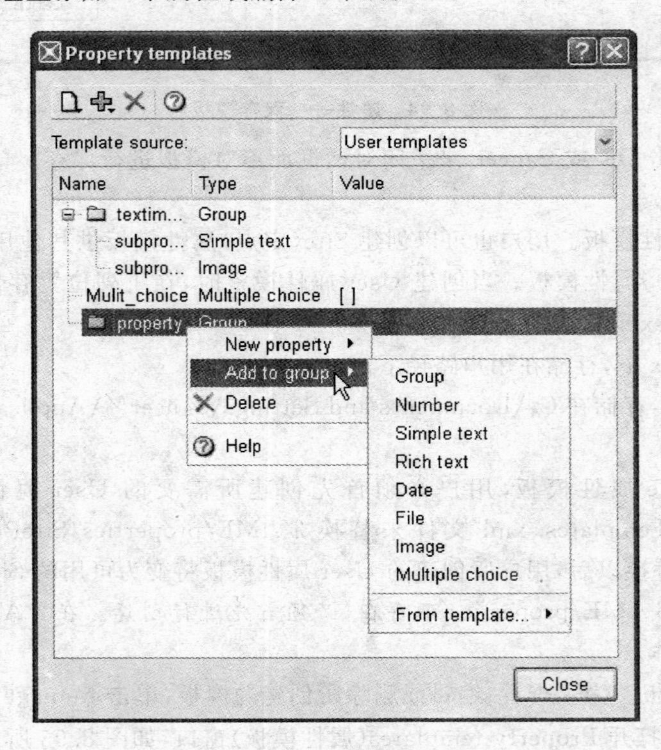

图 8.96　编辑属性模板

⑫ 使用属性模板。如果用户创建了模板，那么右击元件或模型就可以使用，如图 8.97 所示。

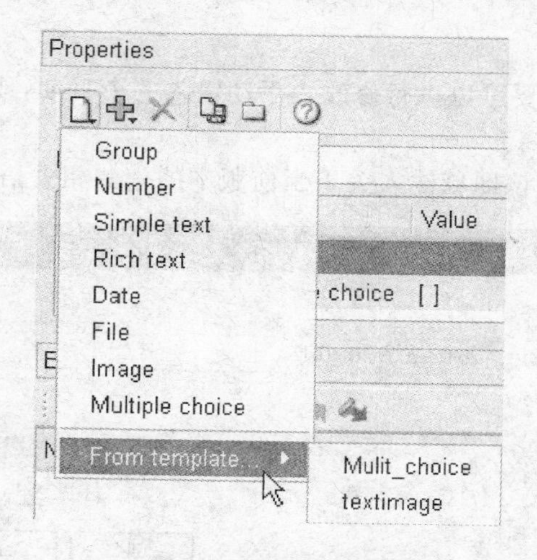

图 8.97　选择一个模板

⑬ 属性过滤

如果模型中添加了大量的属性，那么可以使用属性过滤来加载单独的属性，如图 8.98 所示。

图 8.98　过滤属性

在 Filter 区域中输入搜索字符串，并单击 Filter 按钮，这时在 Properties 列表中将显示出与搜索字符串相对应的属性。要重新显示全部的属性列表，可以通过删除过滤 Filter 区域中的所有字符，并再次单击过滤按钮来完成。

10. Model history（模型历史）

Model history（模型历史）功能提供给用户一个非常简单的方式来记录对于模型所做的更改。通过 View 菜单或在工具条上右击可选择显示还是隐藏 Model history 方框，如图 8.99 所示。

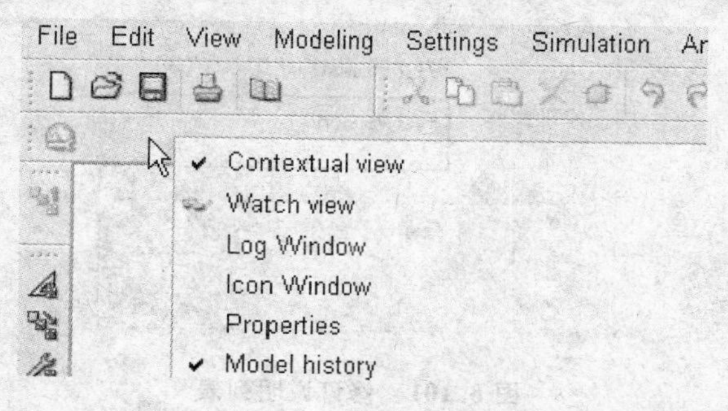

图 8.99　显示模型历史

Model history 功能在所有模式下都是可用的。

要在 Model history 方框中添加一个新的模型说明，可以单击按钮 Add new revision（添加新的修订说明），将会打开一个 Add new revision 对话框，如图 8.100 所示。在这里，可以输入以下信息：

- Author(作者)。
- Date(日期):如果需要可以进行修改。手动输入一个日期,或单击下拉箭头打开一个日历来进行选择。
- Comment(注释):在该区域输入关于当前版本的一些相关信息。

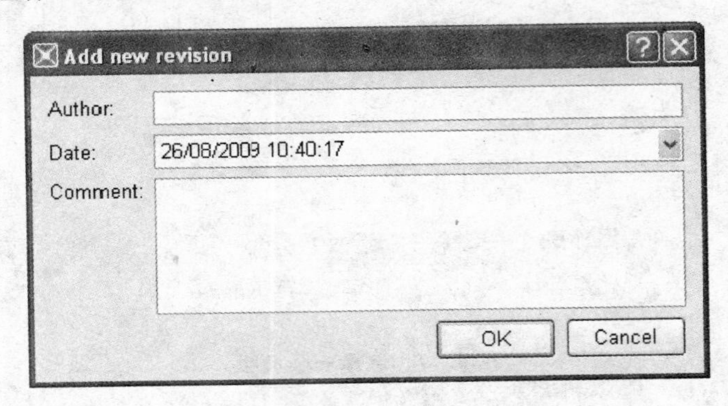

图 8.100 添加新的修订说明

所有这些区域都是可选的,用户可以不在 Author(作者)和 Comment(注释)中添加任何信息,可以接受默认的日期(当前的日期)或将其改为用户想要的任何日期。

修改完成后,单击 OK 接受修订,或单击 Cancel 关闭该对话框而不进行保存。

如果单击 OK,那么当前的修订说明会出现在修订说明列表的最上面,如图 8.101 所示。

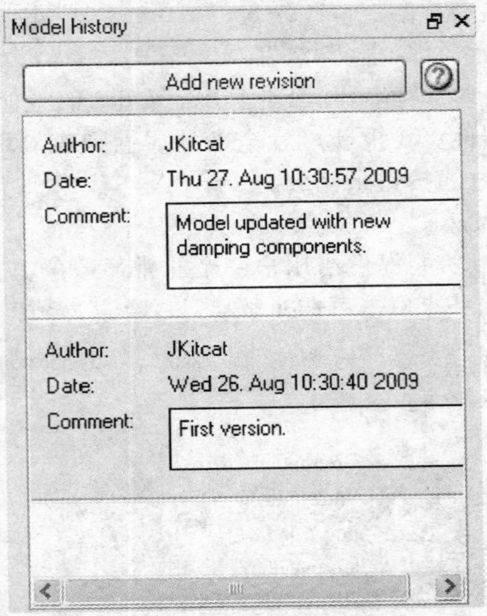

图 8.101 修订说明列表

11. Zoom(缩放)

可以使用图 8.102 所示的图标来对模型草图进行查看或缩放,这些图标可以在 View 菜单中的 View 工具中使用。

图 8.102 视图工具

Bird's eye view(鸟瞰视图)：打开或关闭关于模型草图的 Bird's eye view。

Zoom on a selection(对选定的部分进行缩放)：缩放比将进行自动计算，因此所有选定的部分将在屏幕上放大显示。在放开鼠标左键之前按键盘上的 Esc 键可以取消选定操作。

Zoom mode(缩放模式)(+/-)：单击该图标后，鼠标会变为形状。此时，单击可以进行放大操作，右击可以进行缩小操作。

Zoom previous(先前的缩放)：单击该图标后，用户可以回到先前的缩放比例，最多可以回退到前 10 次的缩放设置。

Zoom all(全景缩放)：单击该图标后，模型将自动缩放到全部显示状态。

用户还可以使用键盘上的快捷键来进行放大和缩小操作：按住键盘上的 Ctrl 键，然后可以使用鼠标滚轮来进行模型放大和缩小操作。

注： 当保存系统时，当前的缩放设置和屏幕视图将保存到其他系统文件中，在下次打开系统时会自动进行加载。缩放历史也同时被保存，因此，在下次打开系统时仍然可以使用 Zoom previous 选项。

用户还可以使用 Bird's eye view 与缩放选项进行关联。

12. Toolbars(工具条)

Toolbars 菜单选项如图 8.103 所示，该菜单选项允许用户对不同的工具在应用程序窗口中是否显示来进行设置。

钩号✔表明当前激活的工具项。要激活或隐藏一个工具，只需单击其名称即可。

用户也可以通过在工具项区域右击来选择添加或移除工具，如图 8.104 所示。

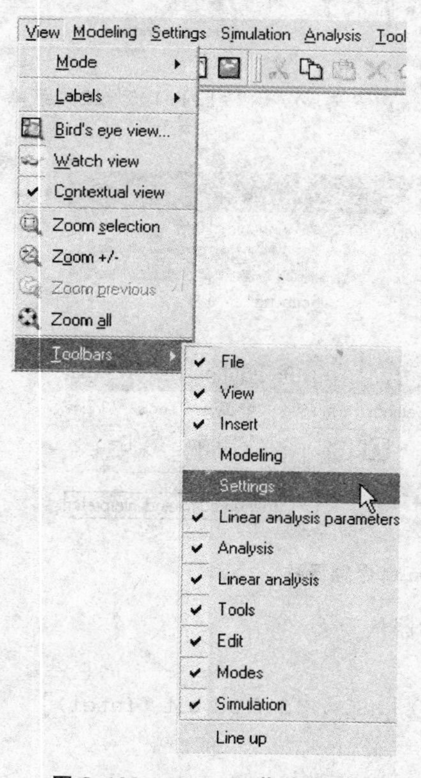

图 8.103 Toolbars 菜单选项

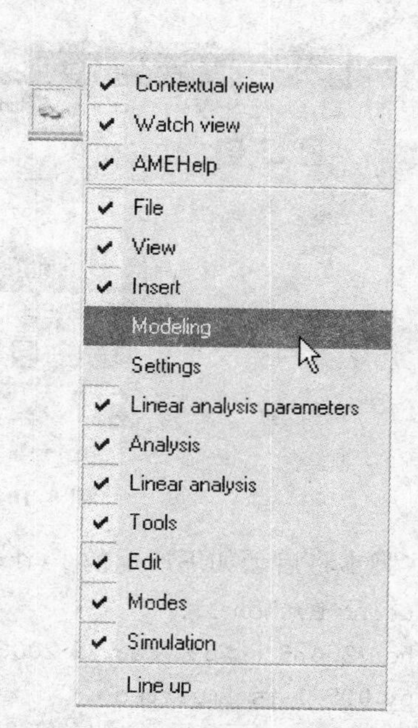

图 8.104 添加或移除工具

8.4.4　Tools(工具)菜单

工具菜单如图 8.105 所示。

在所有模式下都可以使用的选项：

Python Command Interpreter(Python 命令翻译器)

Scripting(脚本)

Expression editor(表达式编辑器)

Table editor(表格编辑器)

Icon designer(图标设计器)

Purge(清除)

Pack/Unpack(打包/解包)

Start(启动)AMECustom/AMESet/Matlab/Modelica Editor

Options(选项)

License viewer(许可证观察器)

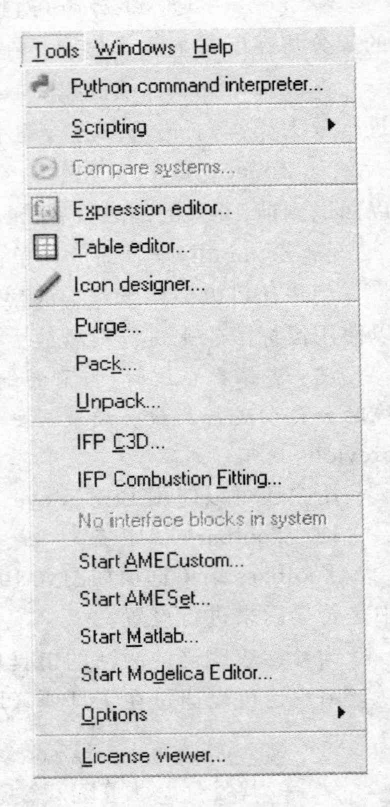

图 8.105　工具菜单

1. Python Command Interpreter(Python 命令翻译器)

如图 8.106 所示，在 AMESim 中有两种方法来启动 Python 命令翻译器：

● 通过 Tools 菜单；

● 通过工具栏中的按钮。

此外，还可以使用 AMESim 所提供的命令注释脚本工具来加载：

● 在 Windows 下，%AME%\python. bat；

● 在 UNIX 下，$ AME/python. sh。

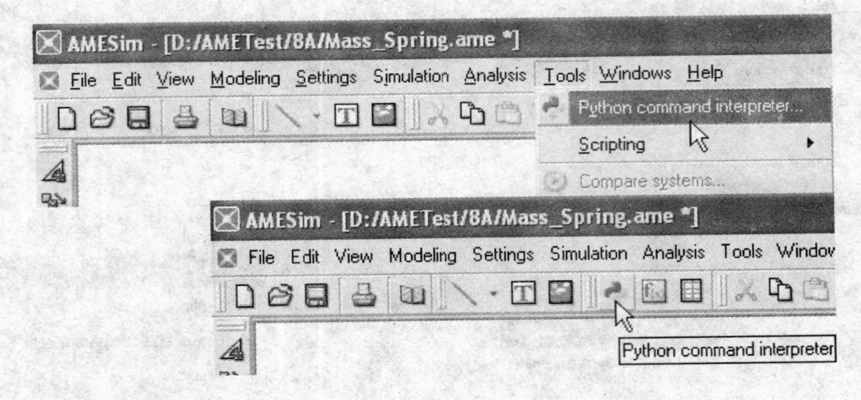

图 8.106　启动 Python 命令翻译器

这些脚本将启动如下所示的 Python 命令翻译器信息：

```
Starting Python ...
Python 2.4.3 (#69, Mar 29 2006, 17:35:34) [MSC v.1310 32 bit (Intel)]
Scipy 0.5.1 is imported
AMESim module is imported
```

```
Current directory is C:\AMETest
Type help('amesim') to see a list of AMESim commands
>>>
```

关于 AMESim Python 的脚本解释参阅第 7 章。

关于 Python 脚本语言的说明请参考 Python 的官方帮助文档，包括：Python 库参考手册；Python 指南手册。

2. Scripting(脚本)

选择菜单中的 Tools→Scripting，将提供下面的功能：

- Generate Python script file(生成 Python 脚本文件)；
- Generate CPP source file(生成 CPP 源文件)。

这些功能与 AMESim 的应用程序接口(API)相关，可以生成与当前激活系统相关的 Python 或 C 代码。

这个功能在 API 脚本生成过程中可以大量节省时间。用户不需要从最初始状态来写脚本命令，可以先在 AMESim 中创建系统，然后加载脚本功能，此时将创建一个脚本语言的框架结构。

注：使用较早版本(低于 7.0)创建的脚本语言也可以工作，但不包括旋转和镜像的相关说明。

3. Expression editor(表达式编辑器)

(1) 启动表达式编辑器

正常情况下，表达式编辑器用于在 Change Parameters 对话框中输入表达式形式的值。然而，在所有模式下，都可以通过菜单 Tools→Expression editor 或单击工具栏上的图标来启动。

表达式编辑器由两个页面组成：

- Functions and operators(函数和操作符)页面，如图 8.107 所示。
- Declared operands and constants(声明的操作数和常数)页面，如图 8.108 所示。

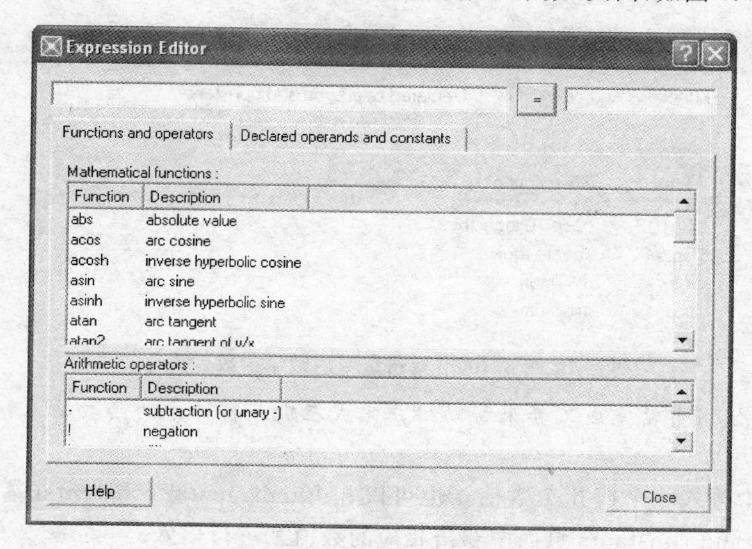

图 8.107　函数和操作符页面

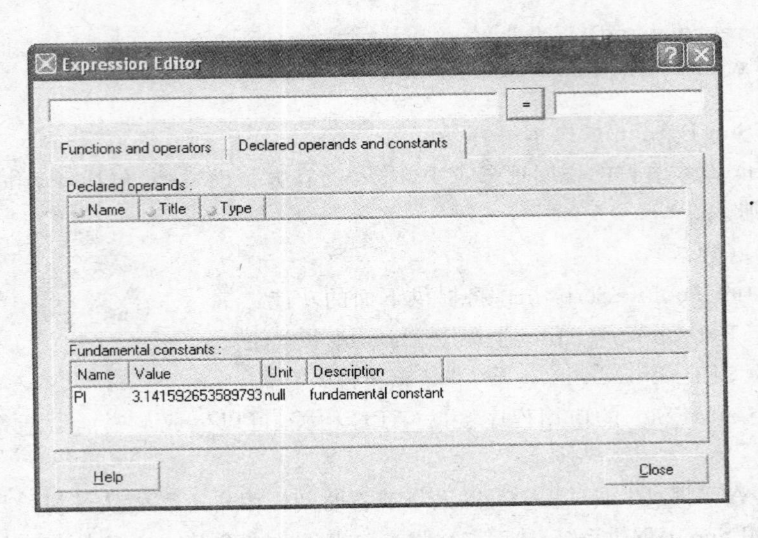

图 8.108　声明的操作数和常数页面

(2) 使用表达式编辑器

使用表达式编辑器可以：

- 进行一般的计算；
- 输入数学函数和表达式并将其作为参数值。

使用表达式编辑器的流程如下：

① 在输入窗口中输入数学函数，或者在 Functions and operators 页面中的 Mathematical functions(数学函数)项下选择一个数学函数。

② 双击选中的数学函数，此时，该数学函数将会放置到输入窗口中，如图 8.109 所示。

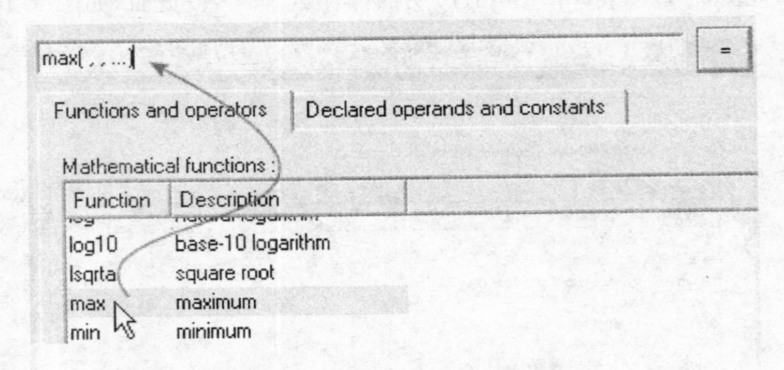

图 8.109　双击选中的数学函数

注：也可以使用自动完成工具来帮助用户完成在输入窗口中的函数输入，如下面的描述，详见自动完成。

③ 在括弧中输入 1 个或几个数值。也可以在 Fundamental constants(基本常数)和 Declared operands and constants 页面中双击相应的数值来进行输入。

④ 如果需要，可以在两个页面中选择操作数和函数。

⑤ 当表达式输入完成后，单击等于按钮 [=]，可以将计算出的结果显示在该按钮旁边的方框中。

(3) 自动完成

为了简化在表达式编辑器中输入数学函数、操作符、操作数或常数的过程，可以使用自动完成这个功能。

当用户把鼠标放到输入窗口中时，可以首先键入想要输入函数的首字母，然后按住 Ctrl+空格键来得到以下的结果：

- 如果只有一个匹配结果，那么将直接插入该函数；
- 如果有多个可能的匹配结果，那么将给出与输入字母相关的函数列表。

例如，如果在输入窗口中键入字母 e，然后按住 Ctrl+空格键，那么函数 exp 将会插入(因为只有这个函数以字母 e 开头)。如果在输入窗口中键入字母 s，然后按住 Ctrl+空格键，那么将得到图 8.110 所示的列表来供用户选择。

当该列表显示出来后，用户还可以继续键入进一步的字母，此时，列表会根据新键入的字母进行自动更新。在上面的例子中，键入字母 si 后，将更新为 sign、sin 和 sinh 的列表；键入字母 sq 后，将直接在输入窗口中输入 sqrt 函数。

当在列表中出现多种选择时，也可以通过移动鼠标来选择需要的函数，或者采用键盘上的上下键来选择需要的函数，然后单击 Enter 完成输入。

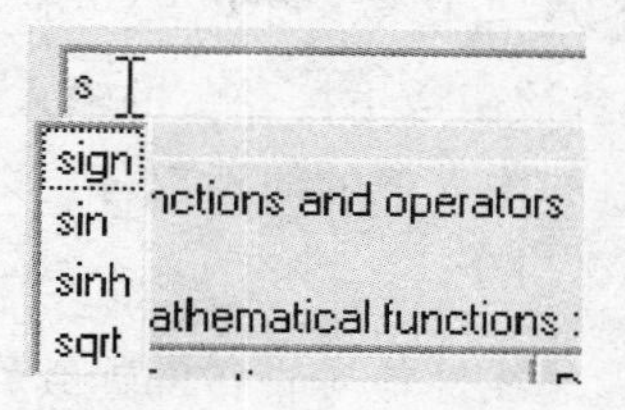

图 8.110　函数名的首字母对应多选情况

(4) 表达式编辑器的有效表达式

下列表达式是有效的：

- 全局参数；
- 实型和整型常数；
- 用来表示 π 的近似值的字符 PI；
- 算术操作符+，-，*，/和幂指数^或 * *；
- 布尔操作符!，! =，&&，||，>，<，>=，<=，==；
- 具有通常数学意义的圆括号“(”和“)”；
- 用于分隔变量的逗号“,”；
- 单变量的函数：

abs	绝对值	exp	指数
acos	反余弦	fabs	浮点值的绝对值
acosh	反双曲余弦	integ	积分
asin	反正弦	log	自然对数
asinsh	反双曲正弦	log10	以 10 为底的对数
atan	反正切	sin	正弦
atanh	反双曲正切	sinh	双曲正弦
cos	余弦	sqrt	开方
cosh	双曲余弦	tan	正切
differ	微分	tanh	双曲正切

- 双变量的函数：

atan2	y/x 的反正切	sign	符号
lsqrta	平方根		

● 多个变量的函数：

min　最小值　　max　最大值

上述大部分函数的功能都是显然的，在此，对下面一些函数作详细说明：

atan　函数 atan2(a,b)，当 $b\neq0$ 时，等价于 atan(a/b)；当 $b=0$ 时，等价于 atan(∞) $=\pi/2$ ($a\neq0$)，否则将报错。

sign　函数 sign(a,b)的功能是给出的结果是 a 的绝对值加上 b 的符号(正负号)。

differ　函数 differ 的功能是关于时间的微分，而 integ 的功能是对其进行积分。这两个函数只能对存储在结果文件中的数据进行操作。对这两个函数没有相应的误差控制，它们仅仅是给出一个比较粗糙的估算(仅采用 1 阶算法)。

lsqrta　函数 lsqrta 的功能是用于计算输入值的平方根，其有效积分区间是$[-\infty,+\infty]$。实际上，该函数也接受负的输入值，并返回如下的结果 $-\sqrt{-x}$。函数 lsqrta 也可以只给出靠近零点的输入值的线性部分。以 0 为中心的线性区域的幅值可以由用户通过设定 $x$crit 来完成，那么对于 $-x\text{crit}<x<x\text{crit}$，其平方根将作为线性考虑。通过调整线性部分的斜率来保证线性和非线性信号直接的连续性，其值为$\dfrac{1}{\sqrt{x\text{crit}}}$，如图 8.111 所示。

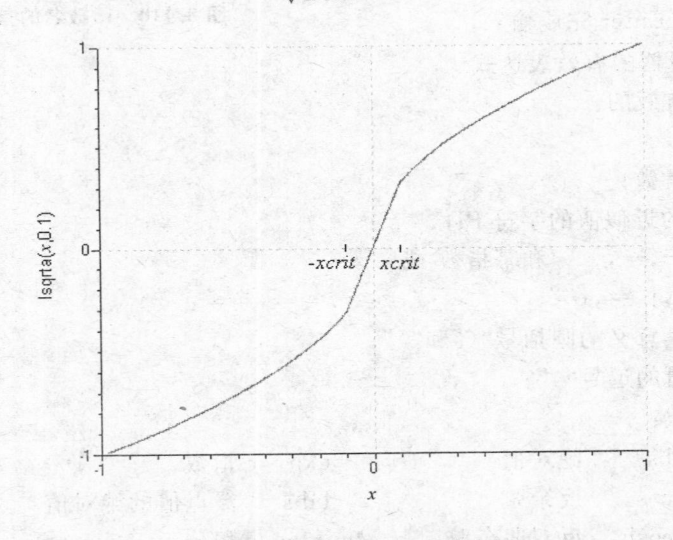

图 8.111　函数 lsqrta 的特性曲线

max/min　这两个函数的功能是返回给定自变量中的最大或最小值，用户可以输入需要的足够多的自变量。

(5) 全局参数

如果在全局参数列表中定义了全局参数 GP1，GP2 和 GP3，如图 8.112 所示，那么下列表达式都是有效的：

```
GP1 + GP2                GP1 * pi
GP1 - GP2                GP1 * * 2
(GP1 + GP2)/GP3          GP1^2
sin(GP1)                 max(GP1,GP2/GP3,abs(GP1))
```

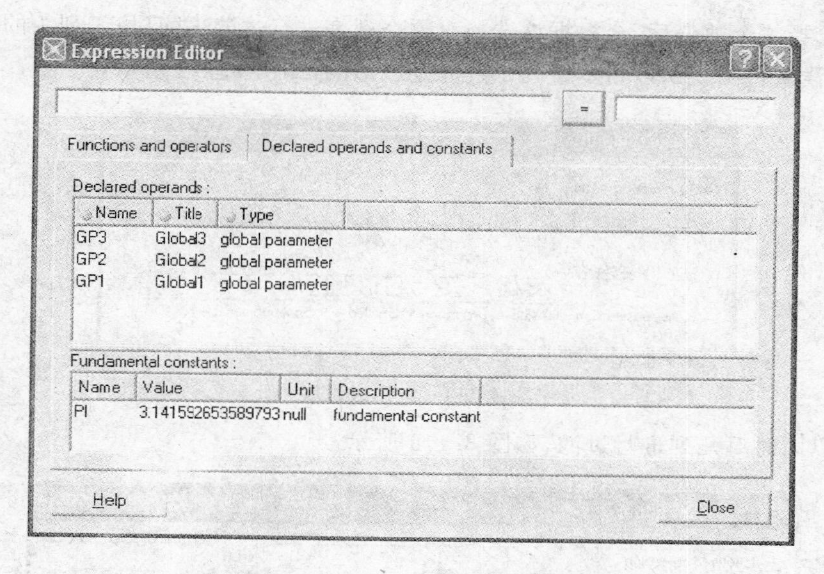

图 8.112　表达式编辑器中的全局变量

一般情况下，AMESim 会首先对输入的表达式进行检查，检查通过后，会把该表达式作为在 Change Parameters 对话框中启动 Expression editor 来设定参数时的参数值。

注： 输入的表达式最多支持 255 个字符。

如果是在 Export setup（导出设置）对话框或 Post Processing（后处理）页面中打开的表达式编辑器，那么会发现还有其他一些函数供使用。

（6）过滤列表

如果用户在 Expression editor 中定义了非常多的声明操作数，那么当查找一个特定项时会非常麻烦。为了简化这个过程，Expression editor 和 Y-Axis selection（Y 轴选择）窗口提供了一个过滤功能。用户可以根据列值来对一个列表进行过滤。

当单击一个列头时，两种基本的排序功能是可用的：升序排列和降序排列。

此外，所有出现在该列的数值均出现在一个组合框中。用户可以通过选择其中的一个值来对整个列表进行过滤，如图 8.113 所示。

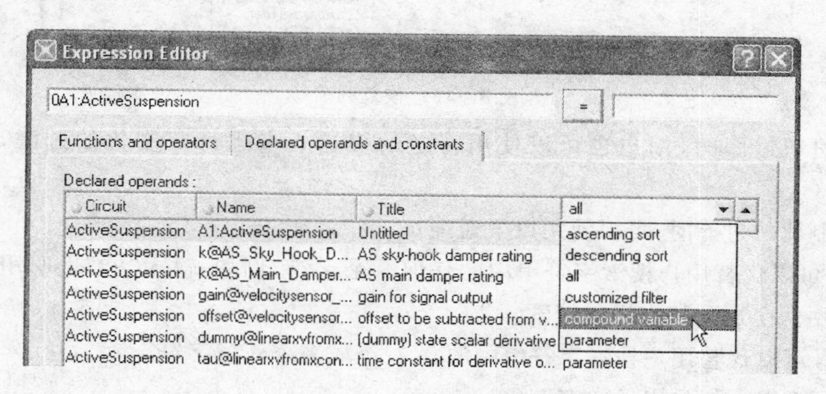

图 8.113　表达式编辑器中的过滤

当用户选择一个数值后，会根据该选择对整个列表进行过滤，并且位于列头的按钮会变为绿色（此处为浅灰色圆点），以指示该列中过滤是激活的，如图 8.114 所示。

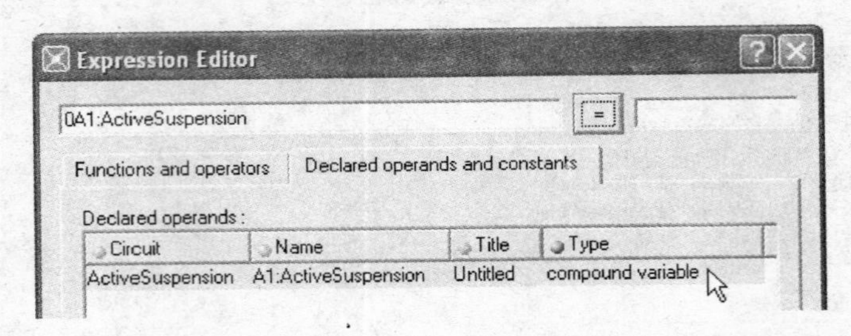

图 8.114　激活过滤后

用户可以同时对几列进行过滤，如图 8.115 所示。

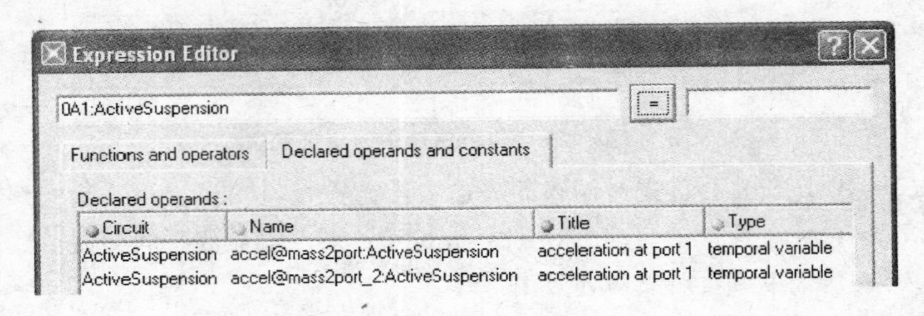

图 8.115　多列过滤

如果要恢复列中的全部列表，可以在组合框中选择 All（全部），如图 8.116 所示。

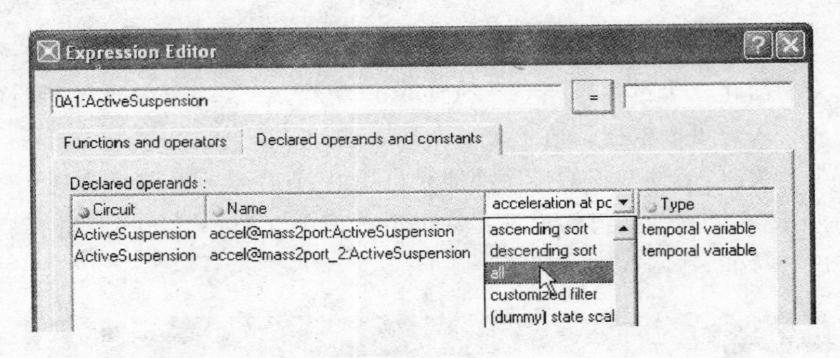

图 8.116　恢复列表

在对列进行过滤时，用户也可以使用特定的表达式来进行定制化的过滤，如图 8.117 所示。

使用定制化的过滤时，可以使用以下通配符：

?：问号可以代替用户搜索字符串中的任何一个字符，例如，输入“??”表明用户的搜索字符串中将使用两个通配符来进行搜索。

*：星号可以代替用户搜索字符串中的 0，一个或多个任意字符。

[…]：所有以方括号表示的字符集。

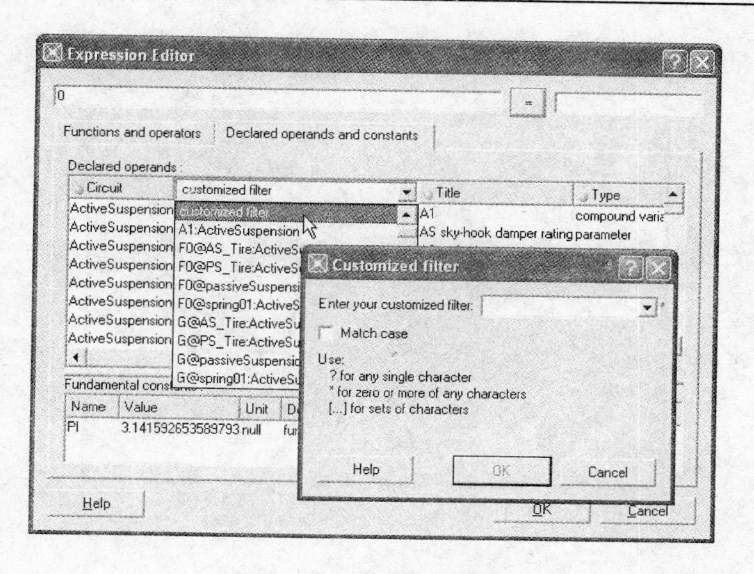

图 8.117　定制化的过滤

4. Icon designer(图标设计器)

如果选择了菜单 Icons→Icon designer,那么图标设计器工具可以象一个通用的工具一样来使用。当创建一个新的类图标或为一个超级元件创建图标时,都可以使用它。

使用 AMESim 的 Icon designer(图标设计器)可以创建和保存一个或多个 AMESim 图标并对端口进行设置,并把它们导入到 AMESim 中并与一个超级元件相关联(或导入到 AMESet 的子模型中)。既然在 Icon designer 中并不直接关联子模型或超级元件,那么对于可以添加的端口也没有什么特殊的限制。

(1) 启动图标设计器

有 4 种不同的方法来启动 Icon designer:

① 选择 Tools→Icon designer。注意,如果选择这种方法,则无法在图标上添加端口。

② 创建一个超级元件时,选择 New Comp Icon 图标,如图 8.118 所示。

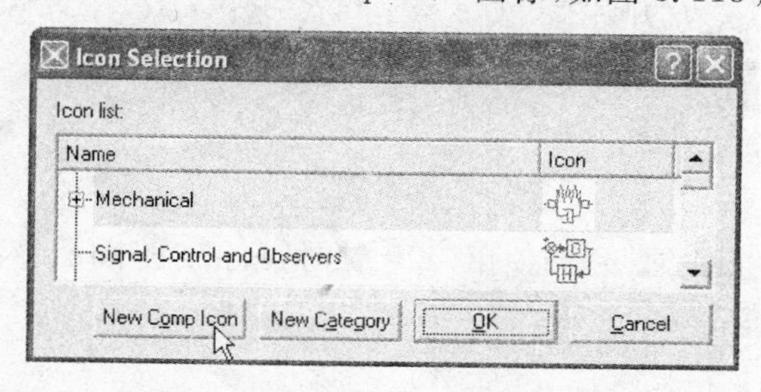

图 8.118　在图标选择框中选择创建元件图标

③ 添加一个类时,选择 Modeling→Category settings→Add category。

④ 添加一个元件时,选择 Modeling→Category settings→Add component。

(2) 图标设计器的说明

采用不同的方法来启动图标设计器时,前后会有些差异。先给出一个总体的说明,再对每一种启动方法的变化进行详细说明。

Icon designer 对话框的通用格式如图 8.119 所示。

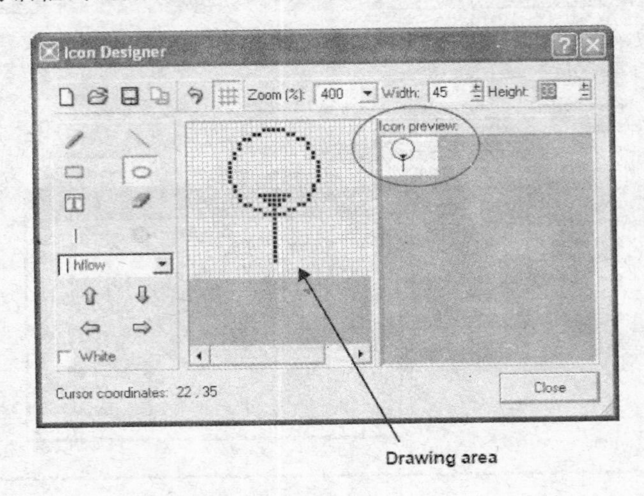

图 8.119　图标设计器

用户可以在 Icon Designer 界面的中间部分绘制需要的图标，所绘制的图标将在 Icon preview（图标预览）区域中实时显示出来。要完成这些工作需要如下工具：

：清空绘图区域并重新开始。

：从文件中装载图标。

：保存图标到一个特定的文件。正常情况下，这样保存的图标可以在文件中装载图标时被读取出来。

：保存图标到 AMESim 文件。当创建一个超级元件时，选择该选项，一个新类的图标将会被保存到. xbm 文件中，一个新元件的图标将会被保存到. ico 文件中。

：撤销上次操作。

：在图标上添加或删除网格。

Zoom (%): 400 ：缩放左边的画图区域。

Width: 45 Height: 33 ：调整图标的尺寸。

：徒手画线。

：画直线：

：画矩形和椭圆；或者，当使用 shift 键时，画正方形和圆。

：添加文本。

：橡皮擦。

：上、下、左、右移动画图。

Cursor coordinates: 3 , 24：检查光标位置。

(3) 给图标添加端口

图标端口用于元件与元件或连线之间的连接。端口必须被定位在：

● 一个黑色方块中；

● 图标的周边上，但不是在一个角上。

AMESim 的端口有不同的类型且每一个都有其自己特殊的形式，如图 8.120 所示。

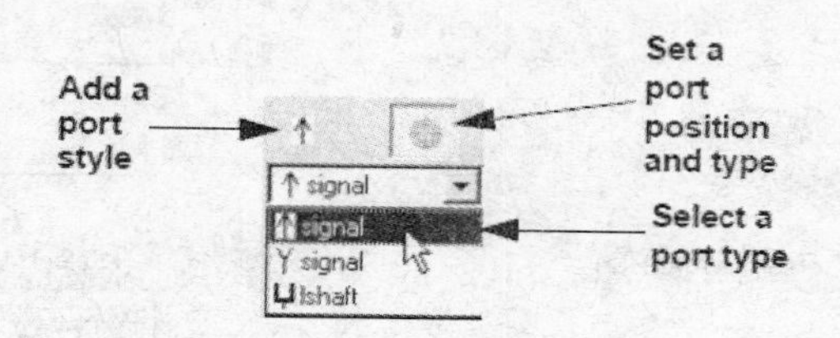

图 8.120　添加端口

给图标添加端口的步骤如下：

第 1 步：使用下拉菜单来选择一个端口类型。可能会有不太严格的限制或很小的限制，使用 Add a port style 按钮将会显示出所选择端口的外形，如图 8.121 所示。

(a) 选择端口类型　(b) 端口坐标

图 8.121　端口设置

第 2 步：单击端口类型按钮并在绘图区域上方移动光标。此时将会在绘图区域边缘出现端口式样。当光标位于想要的位置时，单击进行确认。注意端口类型已经被添加到图标上了，但是还没有设置端口。

第 3 步：单击设置端口位置按钮并注意光标的变化。只有当用户为一个超级元件创建一个图标时这个选项才是可用的。

使用光标的中心来选择端口的位置，会发现使用网格和缩放工具来设置端口是非常容易的。注意在 Icon preview 中，当前端口位置的列表一直在刷新。

5. Purge(清除)

想要从与 AMESim 系统相关的. ame 文件中删除一些不是必需的文件(这些可删除的文件都是非常方便创建的文件)，必须使用这个工具。这个工具非常有用，例如，用户想通过 e-mail将自己建立的比较大的模型发给其他用户时，还有在使用 Tools→Pack 工具来打包文件时，都非常有用。

使用流程：

建议用户在关闭 AMESim 所建立的模型文件后来使用清除工具。因为当用户保存模型系统时，会再次创建所有可删除的文件。

① 要清除一个. ame 文件，选择 Tools→Purge，将出现一个图 8.122 所示的对话框。

② 单击 Select file 按钮，将会出现一个图 8.123 所示的文件浏览器。

③ 选中要清除的. ame 文件并单击 Open 按钮，此时与当前模型相关的所有文件的列表将被显示出来，如图 8.124 所示。

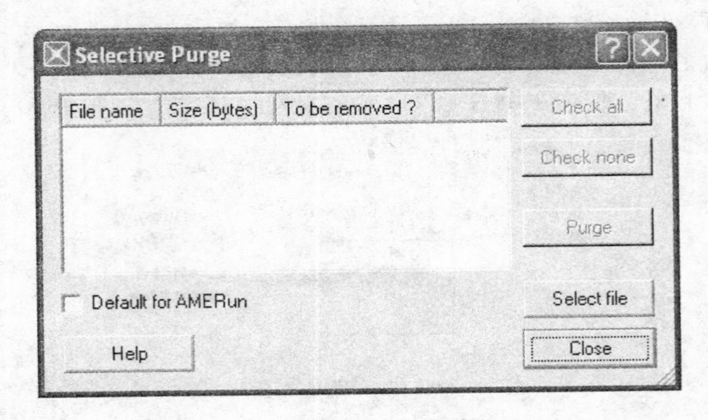

图 8.122　选择清除对话框

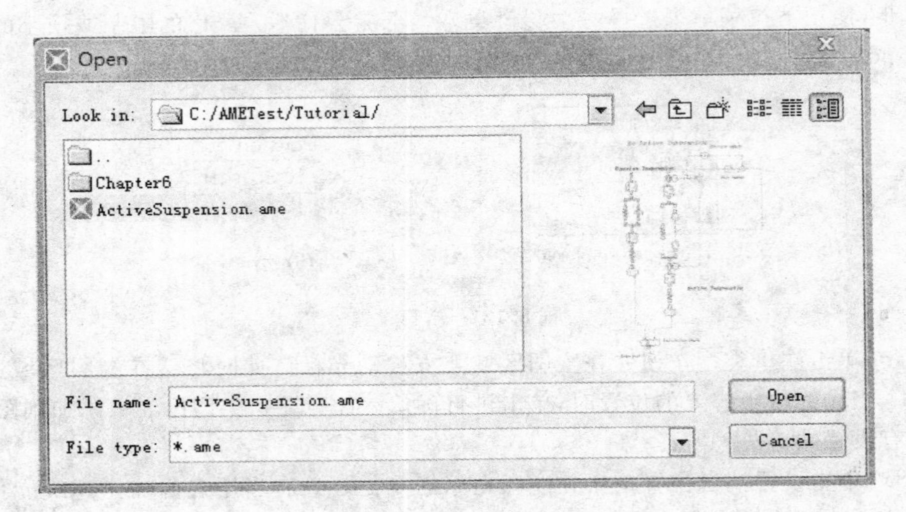

图 8.123　文件浏览器

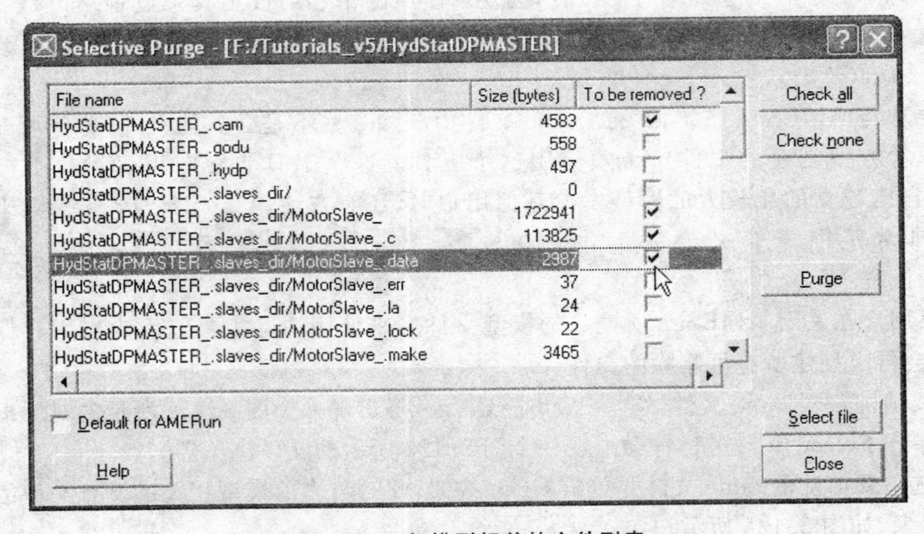

图 8.124　与模型相关的文件列表

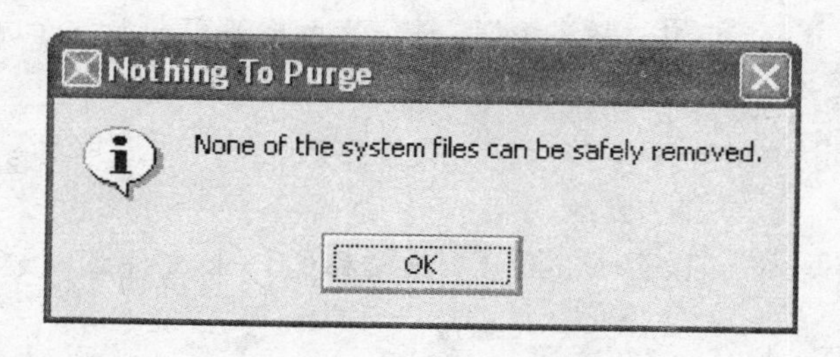

图 8.125　没有文件可删除

"To be removed?"列中的复选框用来选择文件是否需要删除。

④ 也可以通过单击复选框中的两个按钮 Check all 和 Check none 来选择想要删除的文件。

⑤ Default for AMERun 复选框用于阻止删除对于 AMERun 来说必需的一些文件(尽管这些文件可以在 AMESim 中被删除)。

⑥ 如果想删除所选中的文件,则单击 Purge 按钮;如果想放弃这次操作,则单击 Close 按钮。

注: 如果所选择的.ame 文件只包含一些必需的文件,那么将得到一个如图 8.125 所示的对话框。

6. Pack/Unpack(打包/解包)

Pack/Unpack(打包/解包)工具的主要目的是,在用户之间需要交换模型时提供便利的方法,另外一个用途就是提供模型方便的存档功能。

对 Pack/Unpack 工具来说,以下术语是必需的:

① 附件文件(Auxiliary files)。直接发送.ame 文件是可行的,例如通过 E-mail。但是,经常会导致打开文件时失败,原因在于某些"附件文件"可能丢失了。下面是一些附件文件的例子:

- 子模型需要读取的表格(比如数据文件);
- 包含在文件中的图片;
- 与标准 AMESim 模型不同的用户自定义子模型及其相关的.spe,.c,.f,.html,.obj 或者.o 文件等;
- 用户自定义超级元件及其相关的.spe,.sub 和.html 文件等;
- 用户定制化的对象及其相关的.spe,.sub 和.html 文件等;
- submodels. index,AME. make 文件;
- 定义用户自定义库的文件及包含在该库中的图标;
- 库(. lib 或者. a)及其相关的源文件和. make 文件。

② AMESim 节点(AMESim nodes)。这些是子模型和超级元件存储的父文件夹或父目录。如果子模型存储在文件夹/home/user/simulation/valves/submodels 中,那么/home/user/simulation/valves 就是一个 AMESim 节点。所有的 AMESim 节点都必须包含一个 submodels. index 文件。

③ AMESim 节点标签(AMESim nodes labels)。如果子模型/超级元件存储在 AMESim

节点 H:\simulation\injection 中，那么 AMESim 节点标签就是 injection。理想情况下，所有的 AMESim 节点标签都应该是统一的。

④ 同类转移(Homogeneous transfer)。该转移的.pck 文件其发送平台和接收平台是相同的。

⑤ 异类转移(Heterogeneous transfer)。该转移的.pck 文件其发送平台和接收平台是不同的。

采用打包工具，用户可以非常快速地对包含附件文件的所有模型进行打包；采用解包工具，接收用户可以打开.pck 文件并直接安装模型和附件文件。

注：当用户通过 e-mail 来发送模型系统文件时，Pack/Unpack 工具是非常有用的。因为如果直接发送，对于大多数网络防火墙来说都将阻止.exe 文件的传送。

(1) 如何打包一个系统

Pack 工具采用 AMEPack Wizard(AMEPack 向导)来指导用户的打包，因此使用起来非常简单。在整个打包过程中，用户可以使用 Back(回退)按钮回退到上一步。

要打包一个系统，参考下述步骤：

第 1 步：准备。

这是最重要的一步，如果在这一步偷工减料，那么接下来将付出更多时间。首先决定想要打包的模型(.ame 文件)，并检查一下模型是否工作正常。为了提高打包的成功率，请进行以下操作：

① 执行一次 Check Submodels，改正检测到的所有问题。

② 选择 File→Force model recompilation 来进行一次强制编译，查看是否所有文件都能进行正确的编译。如果不是，那么改正所存在的问题。

③ 运行模型并检查运行结果，对接收方来说，能想到的任何操作都是非常重要的。

如果合适的话，对模型进行清除操作。

检查一下接收方使用哪个平台软件，是使用 AMESim、AMERun 还是二者都使用？

决定希望添加的安全性等级，是否不希望包括源文件？是否不希望包括.spe 和.sub 文件？

当使用 Pack 工具时，用户可能会收到模型存在问题的报告，例如有一个子模型不存在。如果发生这种情况，说明没有正确地完成第 1 步。打包工具可以忽略这些问题而继续，但是，当接收方使用该模型时，也将会遇到同样的问题。

第 2 步：定义包的属性。

① 必须关闭希望打包的模型。

② 选择 Tools→Pack，打开 AMEPack Wizard，如图 8.126 所示。

Package Name(包的名称)区域中必须进行指定。允许用户选择希望保存新建的.pck 文件的路径。

③ 单击浏览器按钮 ... 选择保存路径，将打开一个 Save as 浏览器。

④ 选择希望保存.pck 文件的路径。

⑤ 输入文件名。

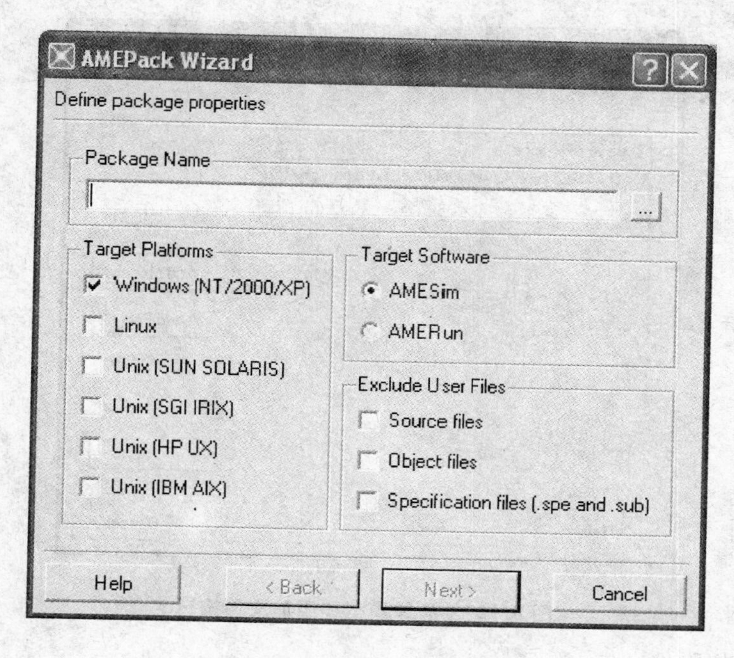

图 8.126　AMEPack 向导

⑥ 单击 Save 按钮。

⑦ 在 Target Platforms(目标平台)区域，选择发送的模型期望接收方运行的平台。默认情况下，会选择用户当前正在使用的平台。

⑧ 在 Target Softwares(目标软件)区域，选择系统将要运行的软件平台(AMESim 或 AMERun)。如果用户想在 AMESim 和 AMERun 中同时运行，那么就选择 AMESim。默认情况下，会选择用户当前正在使用的软件。如果系统仅仅在 AMERun 平台上运行，那么将会自动排除所有的用户自定义文件。

⑨ 在 Exclude User Files(排除用户文件)区域，选择不希望添加到打包文件中的文件。这个功能对用户的机密来说非常有用，可以允许用户限制他人获取关键信息。

对于异类转移，用户可以排除目标文件，但必须包含源文件；对于同类转移，可以通过包含目标文件而排除源文件和说明文件。

⑩ 单击 Next(下一步)来继续。

在单击 Next 之前，必须至少输入一个包的名称并指定一个平台。

第 3 步：选择待交换的模型和文件。

图 8.127 所示的对话框包含了一个空的列表，允许用户选择待交换的模型和文件。

① 按 Add Models(添加模型)和 Add Files(添加文件)按钮，输入想要进行交换的文件名称和路径。

② 当添加完所有需要的文件后，单击 Next。

注：必须在列表中至少添加一个文件。如果想要删除一个添加的文件，可以通过键盘上的 Del 键来直接删除。

③ 如果忘记了对模型进行清除操作，可以选择一个模型，并单击 Purge 来完成。

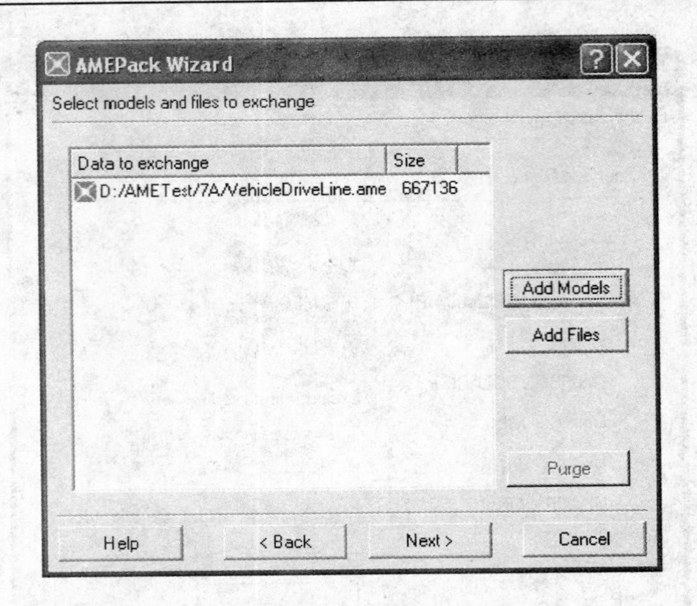

图 8.127　添加模型和添加文件按钮

第 4 步：添加附件文件。

AMEPack Wizard 会自动搜索. ame 文件来查找附件文件，并打开一个新的对话框，其中包含了将要包含在打包文件中的文件列表，如图 8.128 所示。

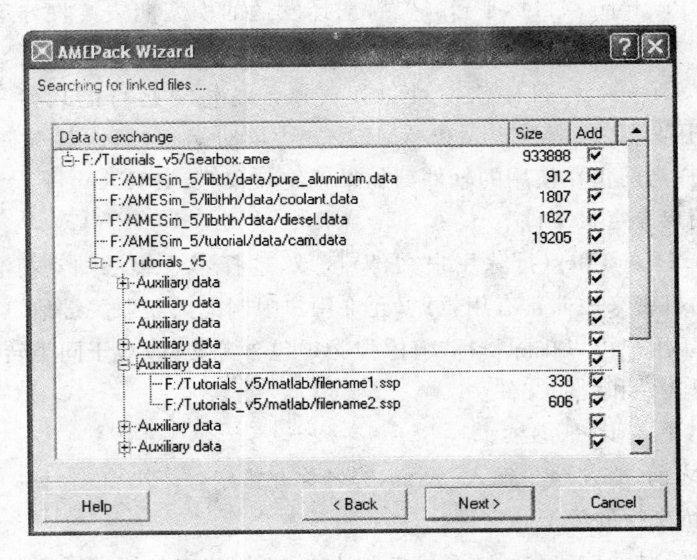

图 8.128　运行系统所必需的文件列表

列表文件的颜色表示如下：

黑色：文件包含在包中。

灰色：文件排除在包外，因为是路径%AME%(或 $ AME)的一部分，这意味着目标用户可以获取该文件，但不是必须添加到. pck 文件中的文件。

红色：AMEPack Wizard 没有发现该文件，在完成打包之前，必须添加这些缺失的文件。

如果用户认为其中某些文件是没有用的，那么可以排除这些文件。要排除一个文件，只需在 Add 列中取消复选框的勾选即可。如果想移除所有的源文件，只需回到第 1 步，并在 Exclude source files 复选框中进行勾选即可。

如果用户认为有一个非常关键的文件丢失了，那么可以后退，并在 Add files 时进行添加。

在当前的例子中，最后一个文件是灰色的且不能被取消选择，也不能从列表中进行删除。实际上，这个文件在指定文本参数时进行了使用，有个子模型在运行 AMESim 时要对该文件进行读取。

在这一步需要一些运行系统所必需文件的相关知识，如果想了解更多关于 AMESim 运行系统所需文件的信息，请参阅附录 A。

单击 Next。

第 5 步：创建打包文件。

第 4 步完成后，将会打开一个新的对话框通知用户打包过程的结果，并对该打包文件的基本信息进行总结，如图 8.129 所示。

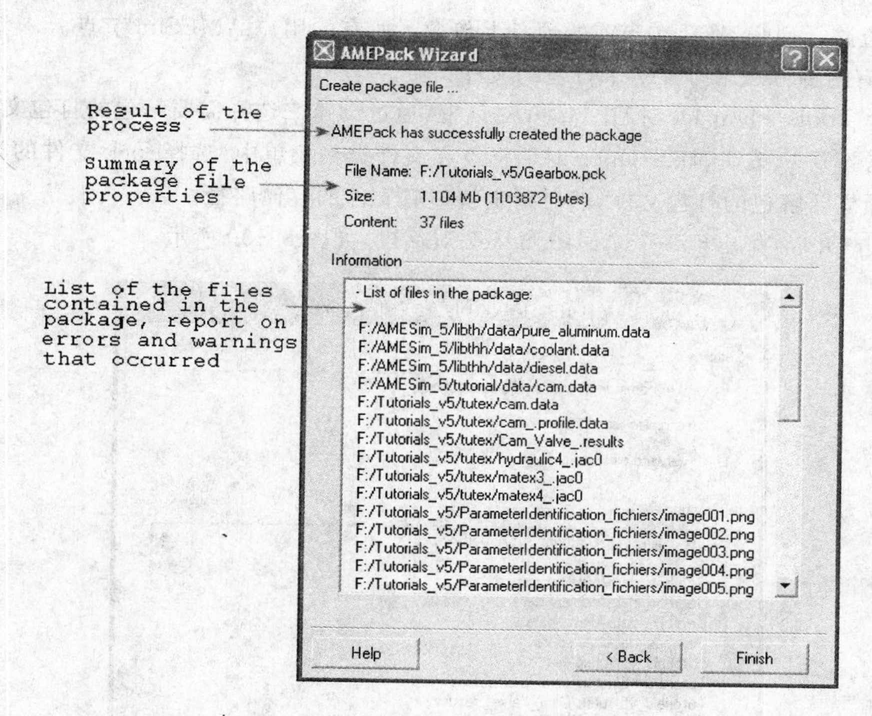

图 8.129　打包过程结果

这时单击 Finish，打包文件就创建完成了。用户可以将 .pck 文件发送给其他用户，其他用户可以对该文件进行解包并使用了。

(2) 解包一个 .pck 文件

如果接收到了一个包含系统和附件文件的打包文件 .pck，那么用户必须首先对该文件进行解包，然后对其所包含的模型才能使用。除模型之外，.pck 文件中还可能包含附件文件，例如用户自定义子模型和超级元件等。

一个潜在的问题是用户可能已经获得了某些这类附件文件，特别是当用户经常从相同的来源接收模型时经常发生；但用户一般不希望多次得到这些文件的复制文件。AMEUnpack 会帮助用户来避免这种情况的出现，但需要用户的一些帮助。在使用 AMEUnpack 时，最好采取以下措施：

用户必须在. pck 文件中包含的特定路径下存储所获取的模型，推荐用户创建一个新的路径，该路径是一个空路径。

注： 理想情况下，用户应该在自己的硬盘上调整路径列表以包含所有的用户 AMESim 节点，至少应包括所有重要的文件。

当 AMEPack 查找重要的附件文件，例如相关的子模型和超级元件时，其包含了发送方路径系统的 AMESim 节点标签。如果在接收方路径列表中发现了相同的节点标签，那么 AMEPack 将试图在这个节点上安装这些文件。

要解包一个. pck 文件，需要下述步骤：

① 在想要解包打包文件的硬盘上创建一个新的路径，并将其指定为提取路径。

② 在该路径下保存. pck 文件。

③ 检查路径列表，确保在当前的硬盘上包含了所有的用户 AMESim 节点。

目前，有两种方法来打开一个打包的文件：

- 选择 Tools→Unpack，打开 Open 对话框，通过浏览来选择需要解包的打包文件。
- 单击打开按钮，打开 Open 对话框。在文件类型菜单中，选择. pck 文件的类型，同时选择想要解包的打包文件，然后指定解包后文件的存储路径。

④ 单击 Open，将出现一个 AMEUnpack 对话框，如图 8.130 所示。

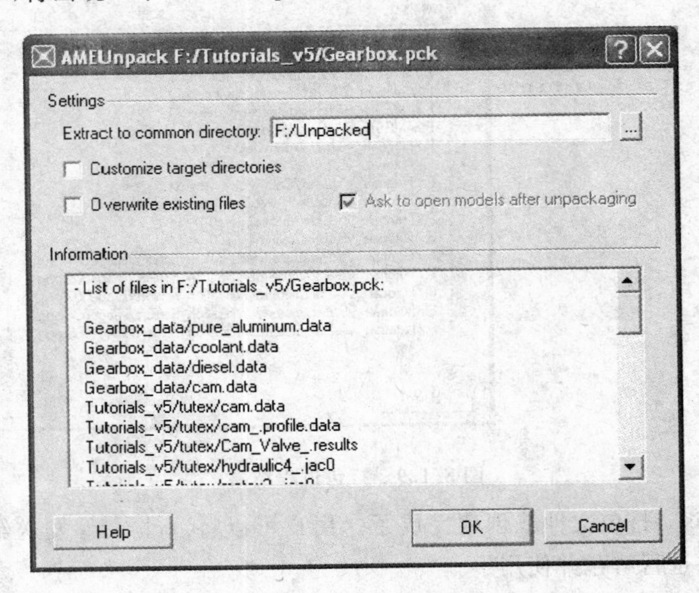

图 8.130　AMEUnpack 对话框

用户必须在 Extract to common directory（提取到普通路径）区域中添加内容。该路径是提取文件的路径，提取的模型（. ame 文件）将存储到该路径下。这些模型所需要的数据文件将存储在该路径下的子路径中。

Customize target directories（用户化的目标路径）：记住 AMEPack 将尝试加载当前 AMESim 节点中与发送路径系统相同的节点标签下的附件文件。对于没有存储在该路径下的其他文件会发生什么呢？默认情况下，一个新的 AMESim 节点将会在当前的提取文件夹下创建一个子路径。但是，如果用户选择了 Customize target directories，那么可以自己选择路径来保存 AMESim 节点。

如果当前路径下已经存在了一些文件，那么用户可以选择 Overwrite existing files（覆盖已经存在的文件），并且可以选择 Ask to open models after unpacking（是否在解包后询问打开模型）。

Information（信息）：在该区域下，用户可以看到所有包含在. pck 文件中的文件列表，并且可以查找到有用的信息来帮助用户解包该打包文件，例如子模型和库的编译信息等。

⑤ 单击浏览器按钮 ... 选择所创建的路径，这时将会弹出一个消息框通知用户打包文件被成功解包。

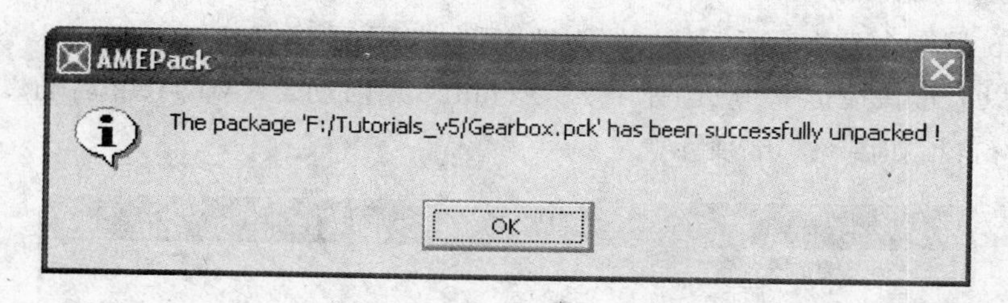

图 8.131　信息消息框

⑥ 单击 OK。

⑦ 单击 Finish 按钮结束该操作。

⑧ 加载传送的模型并进行检查，然后运行即可。

对于异类转移：

AMEUnpack 将通过编译源代码来创建子模型的对象文件，同时 AMEUnpack 也将通过编译源文件和创建库来创建所有的工具库（. lib 或. a 文件）。如果库是通过标准的方式来组织的，那么正常情况下都会成功。

对于同类转移：

正常情况下，对象文件和所有的. lib 或. a 文件都已经包含在打包文件中了。

7. *启动* AMECustom/AMESet/Matlab/Modelica Editor

如果有相应的许可，可以在 AMESim 中来启动 AMECustom，AMESet，Matlab 和 Modelica Editor。

8.4.5　Windows（窗口）菜单

窗口菜单包括所有的显示工具，可以选择下列方式之一来显示窗口：

Cascade：层叠显示；

Tile：平铺显示；

F:/Tutorials/ActiveSuspension.ame：显示一个打开的文件；

Close all：关闭所有的文件。

8.4.6 Help(帮助)菜单

帮助菜单如图 8.132 所示。

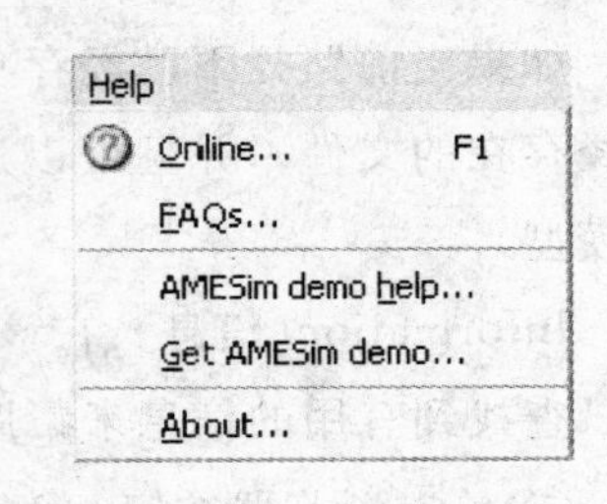

图 8.132 帮助菜单

帮助菜单包括以下选项：

Online(联机帮助)；

FAQs(常见问题回答)；

AMESim demo help(AMESim 演示帮助)；

Get AMESim demo(获取 AMESim 演示模型)；

About(关于)。

1. Online(联机帮助)

AMEHelp 是 AMESim 所采用的联机帮助应用程序。AMEHelp 可以通过快捷键 F1 或选择 Help→Online 来启动。AMEHelp 启动以后，将打开一个 AMEHelp 窗口，如图 8.133 所示。

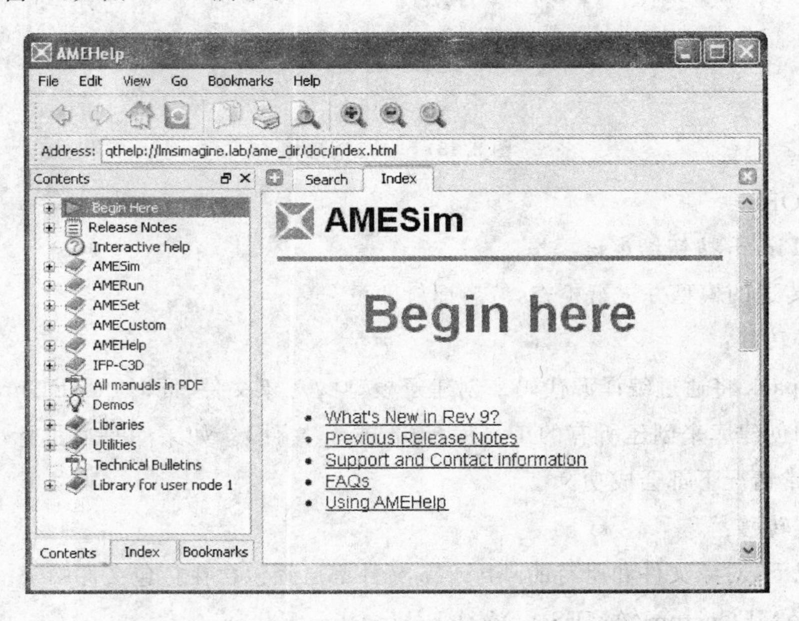

图 8.133 AMEHelp 窗口

Index(索引)页面允许用户在 Library 文件中查找关键词，可以在此区域键入关键词并得到相关的文档，如图 8.134 所示。

在 AMEHelp 中包含了 AMESim 联机帮助应用程序的全部内容，可以通过 Contents(内容)页面来获取，如图 8.135 所示。

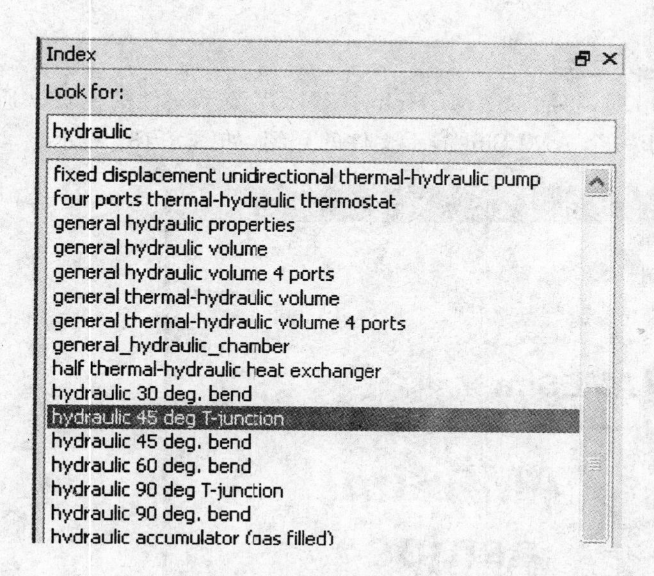

图 8.134 Index 页面输入关键词查找

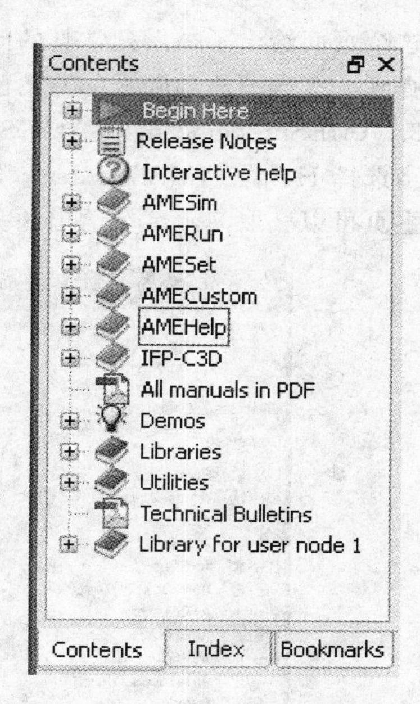

图 8.135 由 Contents 页面查找联机帮助

2. FAQs(常见问题回答)

如果选择了这个菜单项,AMEHelp 将会给出 Frequently Asked Questions(FAQs)(常见问题及其回答),如图 8.136 所示。

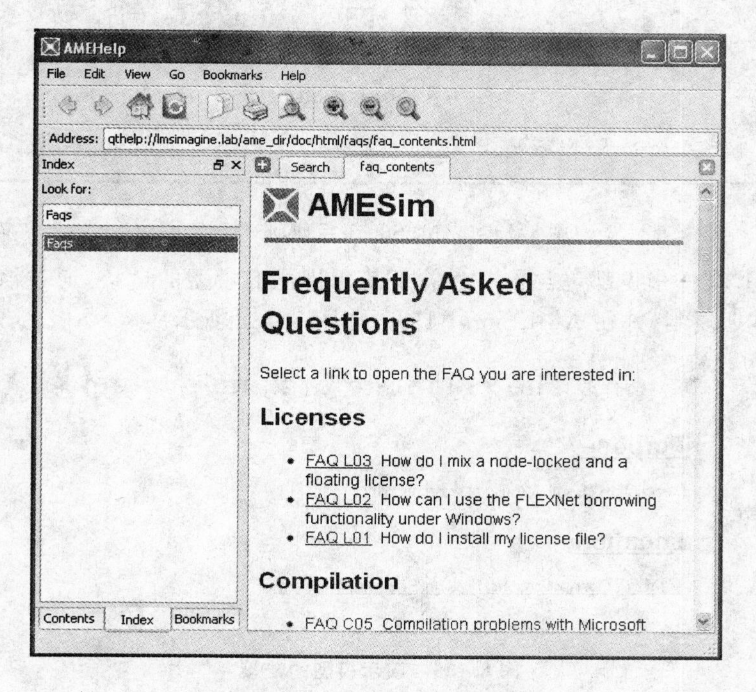

图 8.136 常见问题回答页面

这个页面给出了一系列常见的问题及其相应的解答。大多数的问题都包括了，用户可以在此查到大多数所遇到问题的答案。

3. AMESim demo help（AMESim 演示帮助）

当选择 Help→AMESim demo help 时，将启动 AMEHelp 并显示库演示文件的主页。通过该主页可以获取演示区域给出的关于每个 AMESim 演示文件的介绍，如图 8.137 所示。

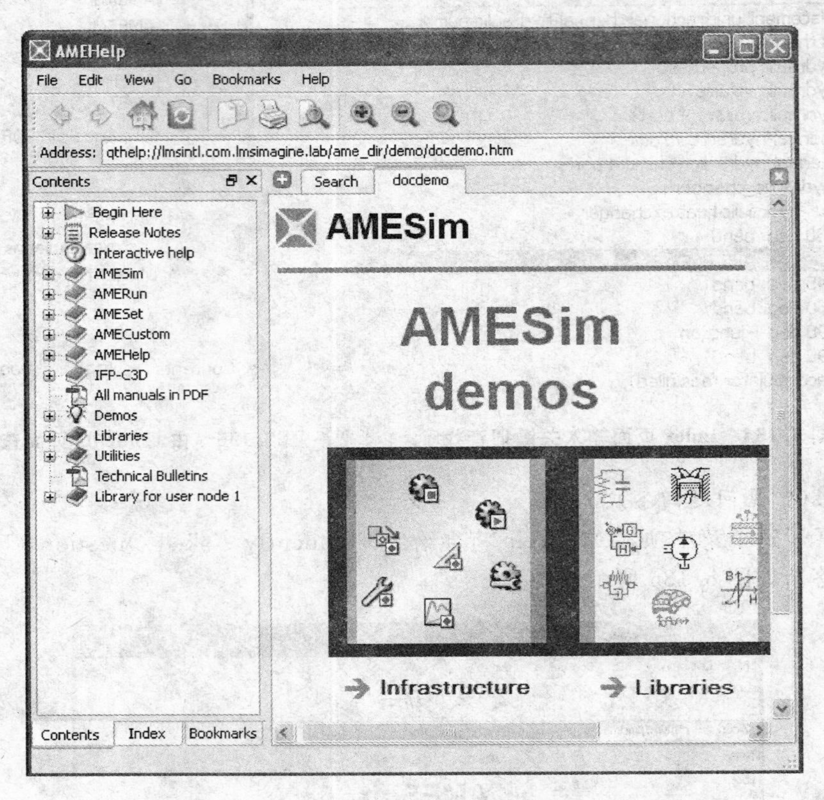

图 8.137　AMESim 演示帮助对话框

这些 HTML 文件中也都包含了一个关于其所描述的模型的链接，通过该链接可以获取该模型的一个本地复制，并在 AMESim 中打开，如图 8.138 所示。

The complete braking system

Purpose

Description of an hydraulic braking circuit.

Location

$AME/demo/Applications/Braking/BrakingSystem.ame

图 8.138　演示模型的链接

单击该链接后，会出现图 8.139 所示的对话框来询问用户是否要获取该演示模型的本地复制。

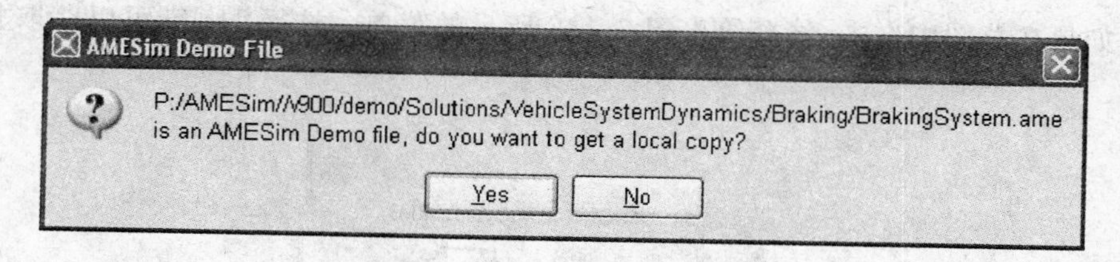

图 8.139　通过文件获取演示模型

单击 Yes,会弹出一个路径浏览器供用户选择要复制演示文件的指定路径,如图 8.140 所示。

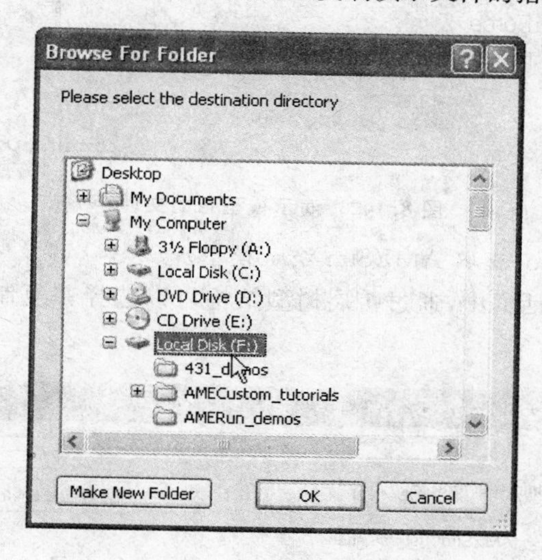

图 8.140　选择存储路径

如果单击 OK,那么演示模型会复制到所选择的存储路径下,并在 AMESim 中打开,如图 8.141 所示。

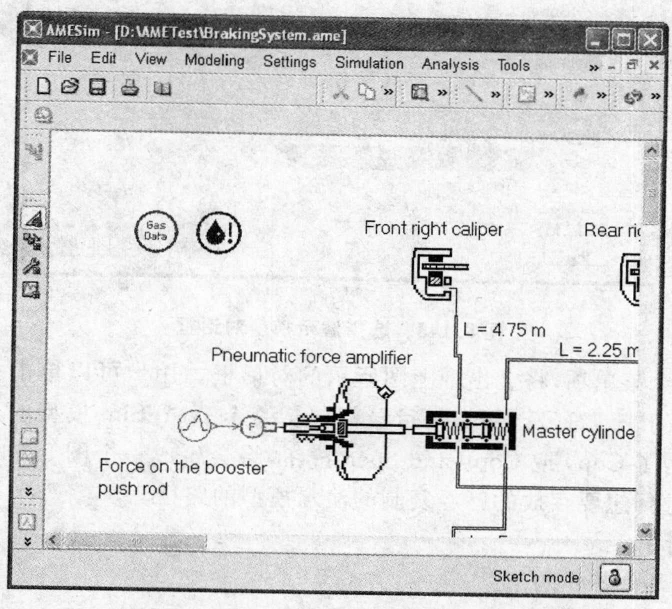

图 8.141　在 AMESim 中打开的演示模型

此时，如果在草图中右击，将会给出图 8.142 所示的菜单。选择 Help，可以获取相关的帮助文件。

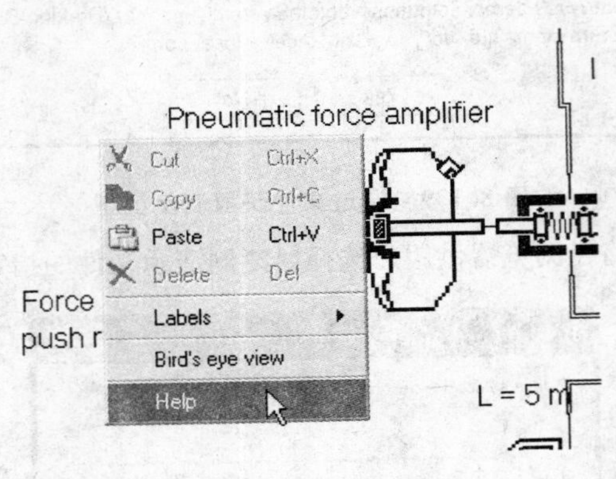

图 8.142　演示模型帮助文件

4. Get AMESim demo（获取 AMESim 演示模型）

从图 8.143 所示的对话框中，通过扩展树型结构可以选择并复制任何一个模型到用户指定的路径中。

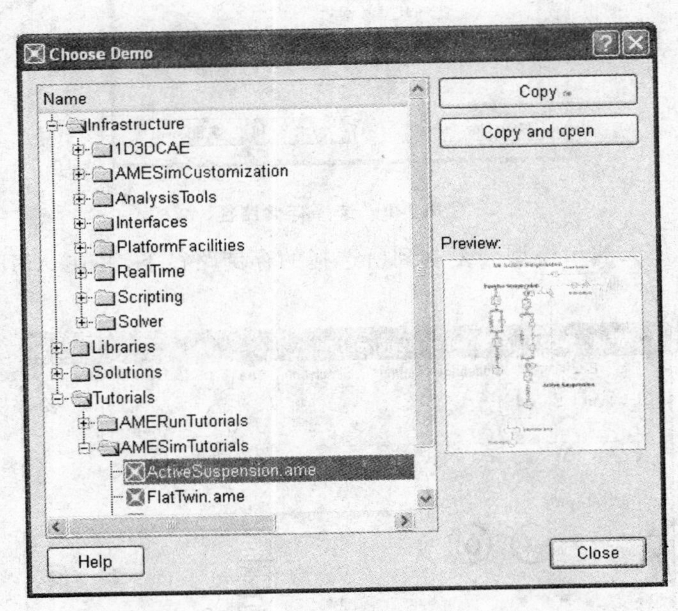

图 8.143　选择演示模型对话框

如果选择了这个菜单项，将会出现上图所示的对话框。用户可以单击一个与自己所感兴趣的演示路径相关的“+”符号。每一个目录都包括一个 AMESim 模型的列表。如果选择了其中的一个，并单击了 Copy 或 Copy and open 按钮，将会生成一个图 8.144 所示的目录浏览器。在这里，可以选择想要存放的已经复制的演示模型的路径。

5. About（关于）

这个功能提供各种各样的信息，包括：

● AMESim 的版本；

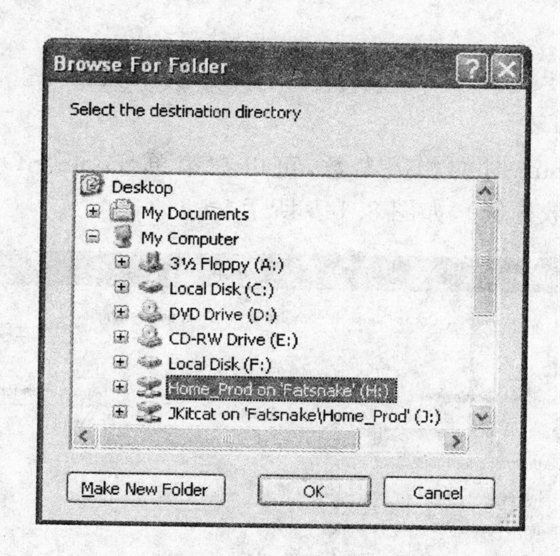

图 8.144　目录浏览器

● 允许使用的库；
● 如何联系 AMESim。

选择了这个菜单项后，将会出现图 8.145 所示的对话框。

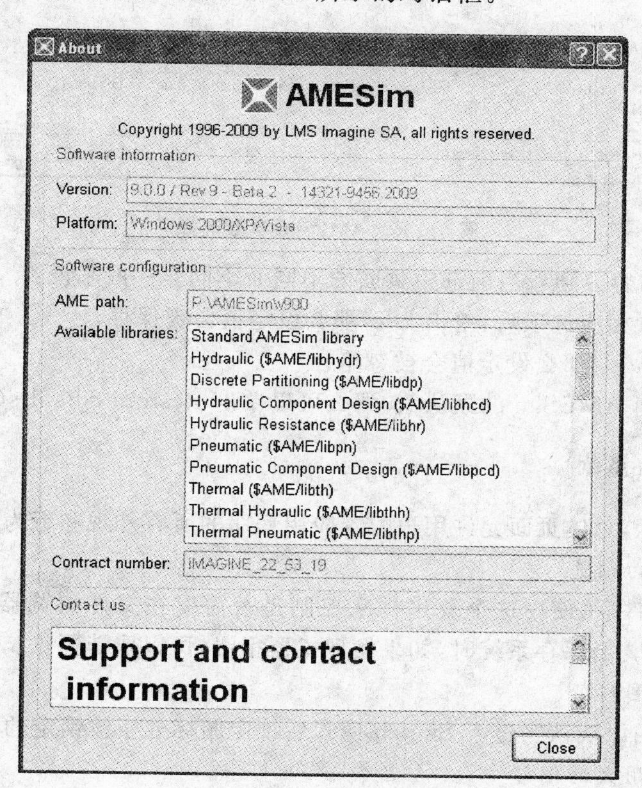

图 8.145　关于 AMESim 的相关信息

如果需要使用热线工具，这些信息都是非常重要的。

8.5　AMESim 参数选择

为了设置使用 AMESim 时的相关参数，可以在菜单 Tools→Options 中选择 AMESim Preferences（AMESim 参数选择），如图 8.146 所示。

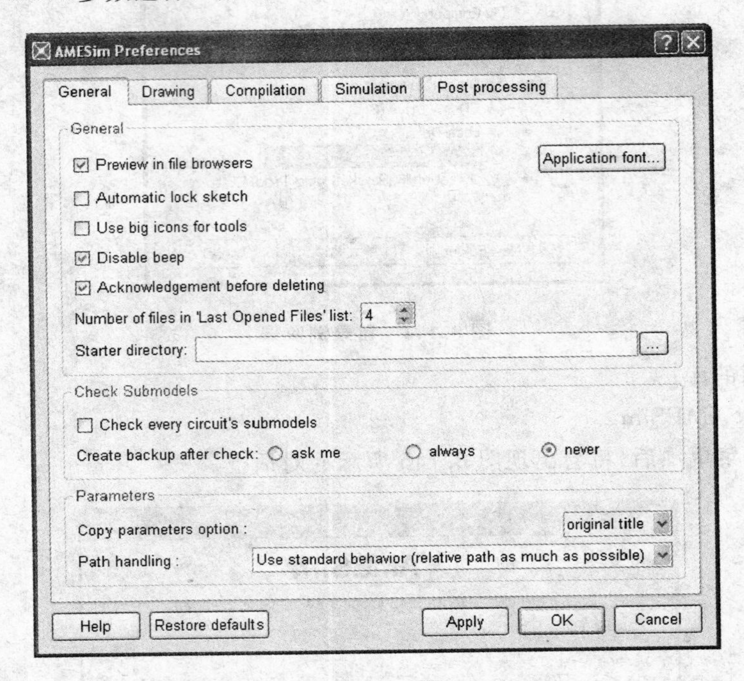

图 8.146　AMESim 参数选择

这个对话框的内容会随着当前选中页面的不同而不同。一般来说：

● 根据需要设置相应选项后，单击 OK，那么设定值会被保存；

● 如果单击 Cancel，那么设定值会被忽略；

● 如果要返回到 AMESim 的默认值，那么可以单击 Restore defaults（重载默认值）按钮。

8.5.1　Generl（总体）

如图 8.146 所示，总体页面允许用户配置应用程序的所有外观和行为。

1. 文件浏览器的预览

当选中.ame 文件后，使用这个复选框来控制是否需要在文件浏览器中显示的系统的预览，如图 8.147 所示。当保存系统时，如果发现机器很慢，可以取消预览。

2. 自动锁定草图

选中这个选项用以确认当进入 Sketch 模式后锁定图标处于被锁定的状态。

3. 对于工具采用大的图标

选中这个选项用以将应用工具的图标进行放大。

4. 禁止鸣警

选中这个选项用以当出现错误时禁止 AMESim 鸣警。

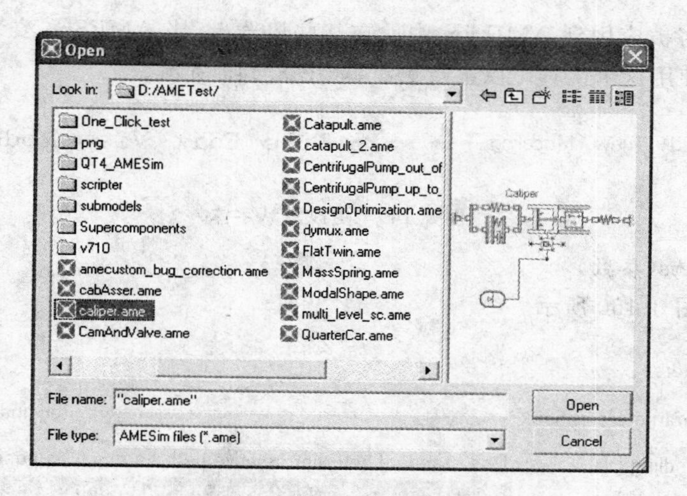

图 8.147　在文件浏览器中对系统进行预览

5. 删除之前进行确认

如果希望 AMESim 在从草图中删除任何对象时都需要进行确认，则选中该复选框。

6. 在“最近打开文件”列表中显示的文件的数量

默认值是 4 个，最大支持 20 个文件。

7. 启动文件的路径

为了应用方便，用以设置启动文件的路径。在当前路径下，AMESim 将自动创建一个启动文件的子路径用以存储启动文件。

8. 检查子模型

如果选择了该复选框，那么每次打开一个模型时，系统都会自动对子模型进行检查。

9. 应用字体

该按钮将给出一个 Select Font(字体选择)对话框，如图 8.148 所示。

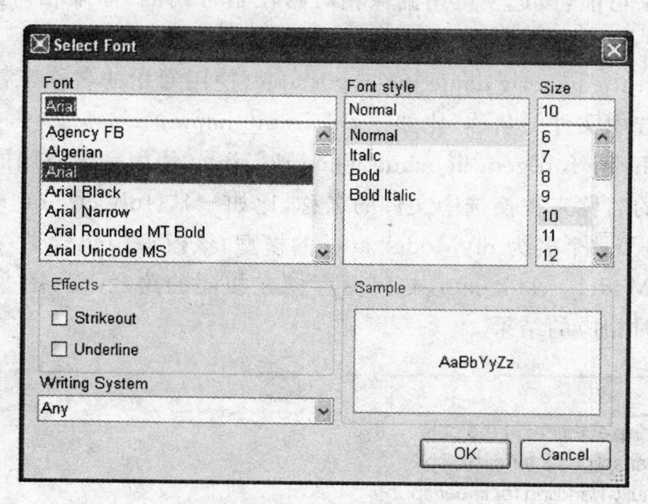

图 8.148　字体选择对话框

任何改变都将被应用到 AMESim 中。在某些机器上，当 AMESim 安装时缺省的字体可能是不合适的。使用这个工具可以进行更正，如图 8.149 所示。

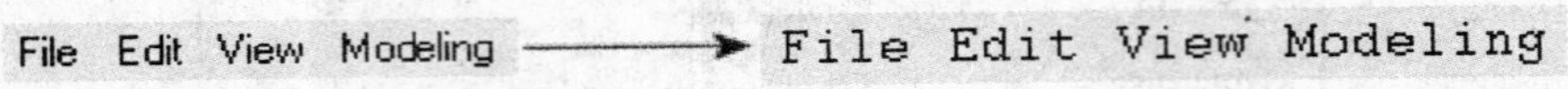

File　Edit　View　Modeling ——→ File Edit View Modeling

图 8.149　更改默认字体

10. parameters(参数)

参数窗口如图 8.150 所示。

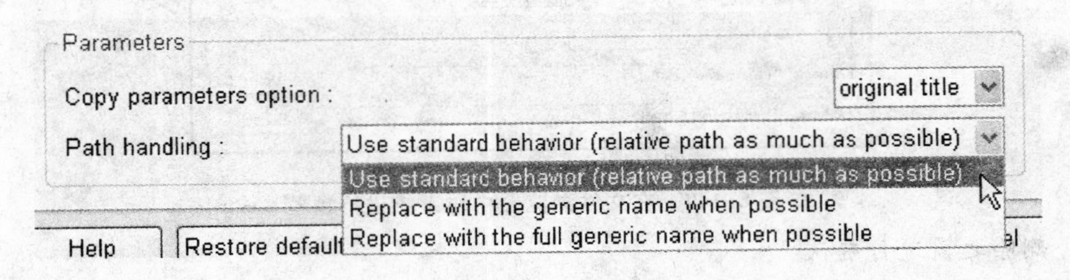

图 8.150　参数窗口

① Copy parameters option(复制参数选项)。这个选项允许对复制参数的方式进行选择。按 set(设置)的标题或 original(最初)的标题或 both(两种)标题进行参数复制。

② Path handling(路径处理)。有 3 个选项是可用的。对于最后两个选项，必须遵守下面的先决条件：

● 数据文件的名称必须以模型文件的名称开头，并紧跟着_. filename 来命名；

● 数据文件必须与模型文件存储在相同的位置。

3 个选项具体如下：

① Use standard behavior(使用标准的行为)：如果用户选择该选项，那么选中文件的名称将会保持不变。如果可能，该选项可用确保相对路径是可用的；如果相对路径不能使用，那么将采用绝对路径。

② Replace with the generic name when possible(使用通用的名称来替换)：该选项将使用通用的名称来替换选中文件的名称，比如－＄{circuit_name}。

③ Replace with the full generic name when possible(使用完全通用的名称来替换)：该选项将使用完全通用的名称来替换选中文件的名称，比如－＄{full_circuit_name}。

例如：用户创建了一个名为 myModel. ame 的模型，该模型中包含了一个采用数据文件定义的元件，名为 MyModel_. cam. data，与模型存储在相同的路径下。图 8.151 至图 8.153 给出了选择不同选项时相应的结果。

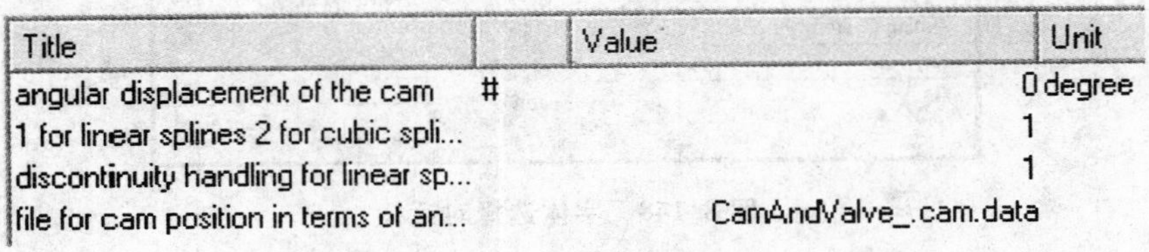

Title		Value	Unit
angular displacement of the cam	#	0	degree
1 for linear splines 2 for cubic spli...		1	
discontinuity handling for linear sp...		1	
file for cam position in terms of an...		CamAndValve_.cam.data	

图 8.151　使用标准的行为

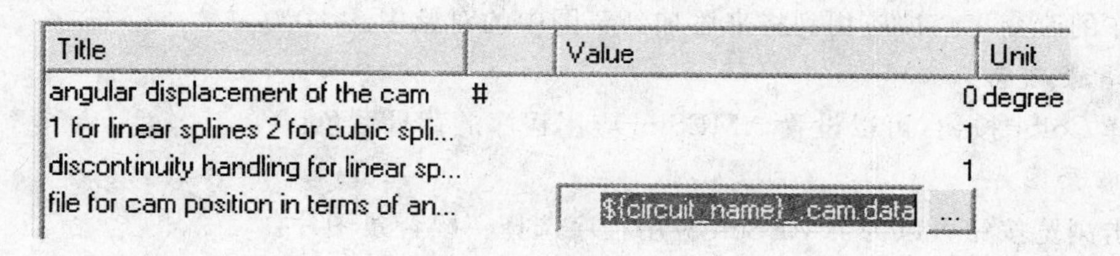

图 8.152 使用通用的名称来替换

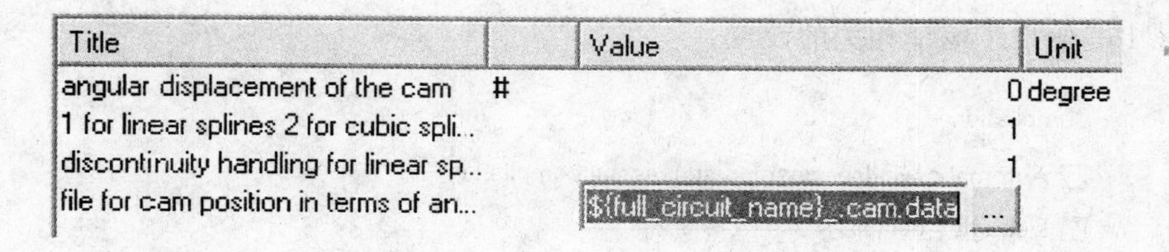

图 8.153 使用完全通用的名称来替换

如果用户将刚才的模型另存为 myNewModel. ame，那么当选择第一个选项时，运行仿真将会报错，这是因为此时应用程序无法查找到数据文件 myNewModel_. cam. data。如果此时选择的是另外两个选项，那么仿真将可以成功运行，因为数据文件的名称会随着模型名称的变化而自动进行更新。

注：对于全局参数，标准行为总是在 Global Parameters 窗口中使用，即使用户选择了其他另外两个选项。

8.5.2 Drawing(绘图设置)

选择这个页面将会给出一个改变注释对象默认特性选项的集合，如图 8.154 所示。

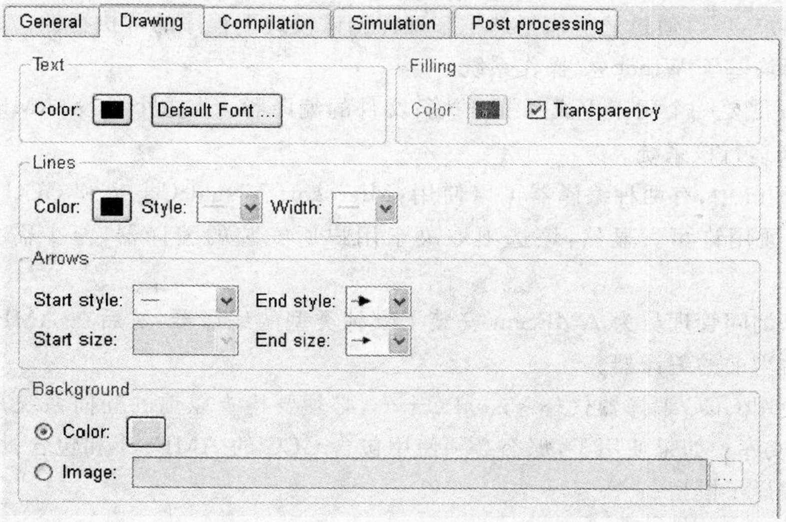

General | Drawing | Compilation | Simulation | Post processing

Text — Color: Default Font ...

Filling — Color: Transparency

Lines — Color: Style: Width:

Arrows — Start style: End style: Start size: End size:

Background — Color: Image:

图 8.154 注释对象的设置

所作的改变将会被应用到将来添加到草图中的对象中。

1. 背景颜色

选择 Color 按钮，可以设置 AMESim 应用程序的背景颜色。

2. 背景图片

单击浏览按钮可以为 AMESim 应用程序选择一幅背景图片。

8.5.3 Compilation（编译）

图 8.155 给出了编译相关的设置。

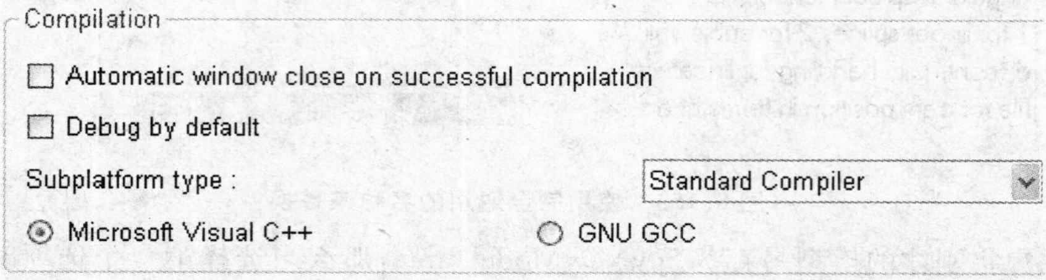

Compilation

☐ Automatic window close on successful compilation

☐ Debug by default

Subplatform type : Standard Compiler

⊙ Microsoft Visual C++ ○ GNU GCC

图 8.155 标准编译器

1. 编译成功后窗口自动关闭

Automatic window close on successful compilation（编译成功后窗口自动关闭）复选框的状态，决定了当创建模型并进行编译可执行文件时 System Compilation（系统编译）对话框的行为。如果选中该复选框，那么当编译成功以后该对话框会自动关闭；如果没有选中该复选框，那么当编译成功以后需要手动单击 Close 来手动关闭。

2. 默认调试

对绝大多数用户来说，一般不需要选择 Debug by defanlt 复选框。对于掌握如何使用源代码调试的用户，可以通过选择该复选框来确保调试模式下程序的可执行性。

以下说明均基于 Windows 操作系统。

AMESim 需要一个用于生成系统可执行文件的编译器。在这个阶段，AMESim 将生成一个. exe 文件来运行该系统。

在 AMESim 中，有两种编译器可以使用：Microsoft Visual C＋＋和 GCC 编译器。GCC 使用 GNU 的通用许可。显然，该选项取决于用户所安装的编译器，至少需要安装一种编译器。

用户可以询问管理员为 AMESim 安装了哪种类型的编译器，然后在 AMESim 参数选择中将其设置为当前的编译器。

如果想使用 GCC 编译器代替 Visual C＋＋，必须要检查以前的任何系统是否使用了“自制”的子模型或库。如果使用了，那么必须使用包含 GCC 的 AMESet 和包含批处理命令文件的库来重新编译子模型。

8.5.4 Simulation（仿真）

图 8.156 所示页面用于定义仿真和后处理的相关选项。

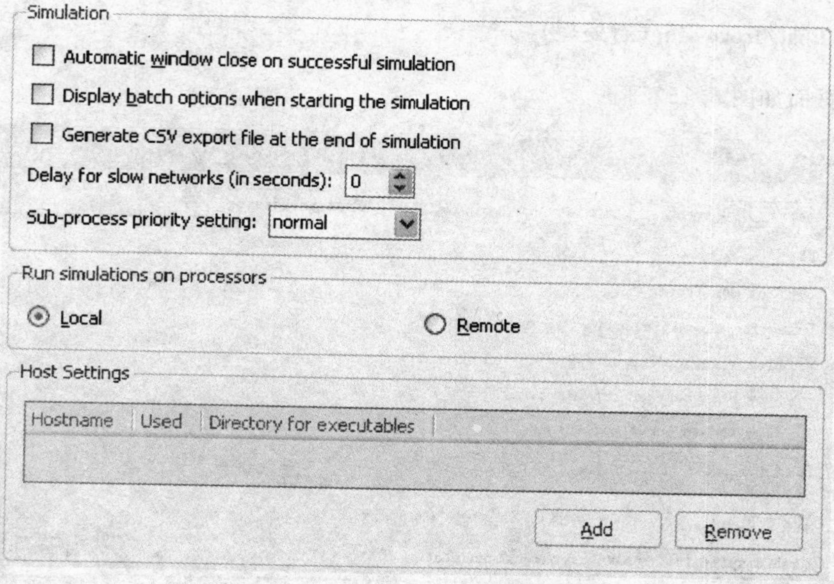

图 8.156　仿真和后处理的相关选项

(1) 仿真成功窗口自动关闭

Automatic windw close on successful simulation 复选框的状态决定了当运行仿真时 Simulation Run(仿真运行)对话框的行为。如果选中该复选框,那么当仿真运行成功以后该对话框会自动关闭;如果没有选中该复选框,那么当仿真运行成功以后需要手动单击 Close 来手动关闭。

(2) 启动仿真时显示批处理选项

选中 Display batch options when starting the simulation 复选框后,当用户启动仿真时,Batch Run Selection(批运行选择)对话框会自动打开,以方便用户对批运行仿真进行选择。

(3) 仿真结束后生成 CSV 输出文件

选中 Generate CSV export file at the end of simulation 复选框后,当仿真结束时,所有在 Watch 窗口中的变量将自动输出到文件名为. / $ {system_name_. csv} 的文件中。

(4) 慢速网络的延迟(单位:s)

当模型存储在远程计算机上时,如果增加这个值,将会得到一个与模型的. data 文件相关的出错信息。

(5) 子进程的优先级设置

用户可以设置仿真运行的优先级。这个功能对于采用单核的计算机非常有用,尤其是用户运行非常多的并行批处理时。用户可以设置子进程优于下面的任一进程:

- normal(正常),默认设置;
- below normal(低于正常);
- Idle(空闲)。

8.5.5 Post processing(后处理)

后处理页面如图 8.157 所示。

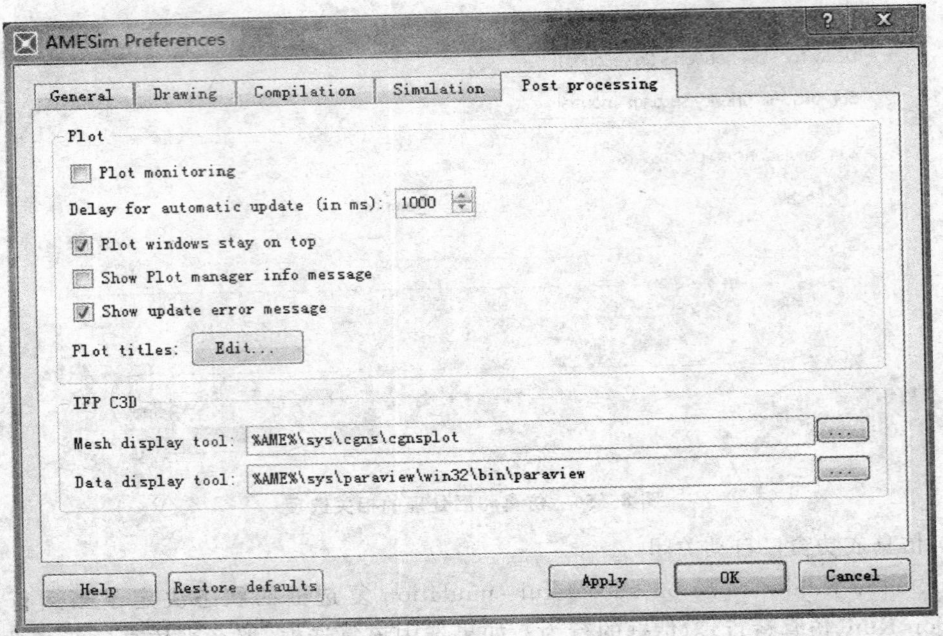

图 8.157 后处理页面

1. 绘图监控

在绘图自动更新特性中,Plot Monitoring(绘图监控)选项使得其性能得以大大提高。该功能采用了一个新型的仿真体系结构,使得 AMESim 环境和仿真器直接建立了一个数据通信通道。

该新型的仿真体系结构与某些特定的标准运行参数不兼容,因此,当选择了 Plot Monitoring 选项后,不允许用户再选择下列选项:

- 积分器类型(标准/定步长);
- 统计;
- 连线运行;
- 使用原来的最终值;
- 仿真模式;
- 求解器类型;
- 最小的非连续处理;
- 稳态运行选项;
- 定步长选项。

2. 自动更新的延迟(单位:ms)

该数值用来控制当选择 Automatic update(自动更新)选项时,多长时间进行一个绘图更新。默认值是 2000 ms,这也是可接受的最小值。

(3) 绘图窗口位于前面

该选项用来决定绘图窗口是否始终位于前面或可以作为背景。

(4) 显示绘图管理器信息的消息

Plot manager(绘图管理器)的大多数功能现在改由 Results Manager(结果管理器)来进行处理。选择该选项后,每次启动绘图管理器都将出现一个 Plot manager 信息的消息,用以通知用户该绘图管理器已经不再创建复合项了。用户可以通过该复选框来关闭警告信息,当然也可以通过该复选框来恢复该警告信息。

(5) 显示更新错误的消息

选择该选项后,如果同时激活了 Analysis(分析)菜单中的 Update after simulation(仿真后更新)这个选项,且 AMESim 在试图更新绘图而无法更新时,那么该更新错误的消息将会显示出来,如图 8.158 所示。在这种情况下,会打开一个更新错误窗口,列出所关心的曲线及所碰到的问题。

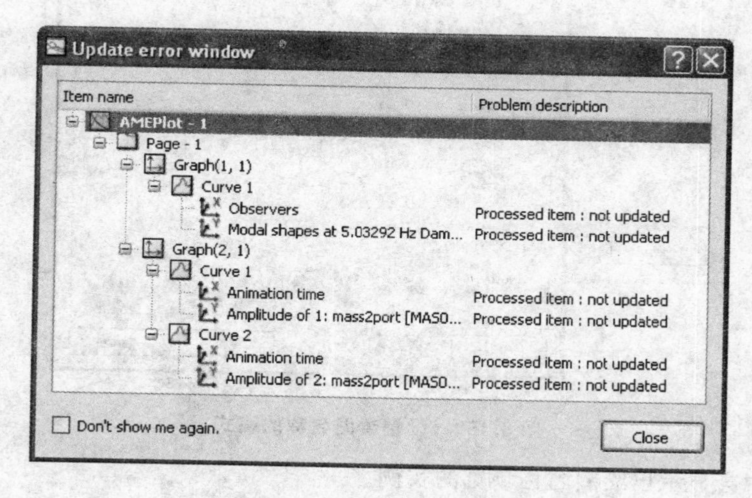

图 8.158　更新错误窗口

如果不希望将来打开时出现该窗口,可以勾选 Don't show me again 复选框。

(6) 绘图名称

通过 Plot titles(绘图名称)编辑按钮可以在绘图中更改默认的绘图名称格式,如图 8.159 所示。

① Shown titles(显示名称)页面,可以定义绘图中绘图名称如何显示。

② Title format(名称格式)页面:

- 当选择 Submodel-instance(子模型-实例)时,绘图名称将包括子模型的名称和元件或连线的实例数目,其中包含将要绘制曲线的变量。用户自己不能修改子模型名称和实例数目。
- 当选择 Component alias(元件别名)时,绘图名称中将包括元件或连线的别名,其中包含了将要绘制曲线的变量。用户可以通过元件和连线的交互菜单来编辑元件的别名。
- 当选择 Batch run 时,绘图名称中将包含与批仿真相关变量的索引值。
- 当选择 Unit(单位)时,绘图名称中将包含将要绘制曲线变量的单位。

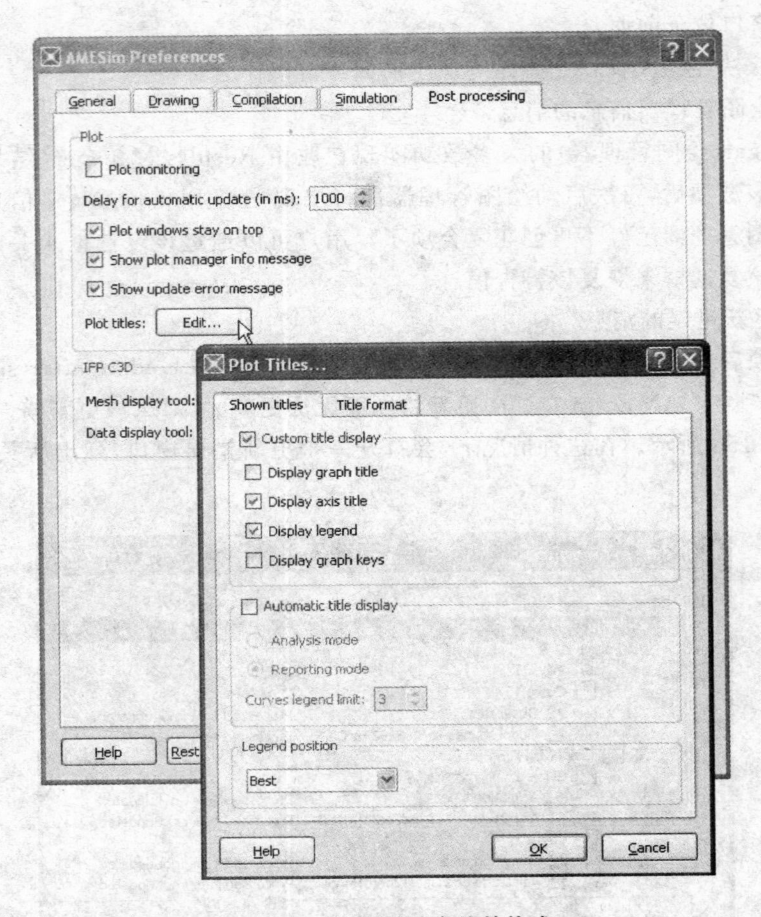

图 8.159　设置绘图名称的格式

预览区域中会显示出绘图名称预览的实例。

注：绘图名称将总会显示变量名，而且不允许进行修改。

(7) IFP C3D -网格显示工具

网格显示工具的路径。注：如果用户更新了 AMESim 版本后，请不要忘记同时更新网格显示工具位置相关的路径。

(8) IFP C3D -数据显示工具

数据显示工具的路径。注：如果用户更新了 AMESim 版本后，请不要忘记同时更新数据显示工具位置相关的路径。

8.5.6　工具菜单—— 其他选项

1. 优选单位

AMESim 允许用户调整参数和变量的单位，因此可以用 bar 来替换 psi 作为压力的单位，或用 kg 来替换 g 作为质量的单位。如果选中了这个菜单项，那么将会出现一个图 8.160 所示的对话框。

在第 1 列有一个列表的区域，在第 2 列有一个与这个区域相关的用来表明单位的复选框。

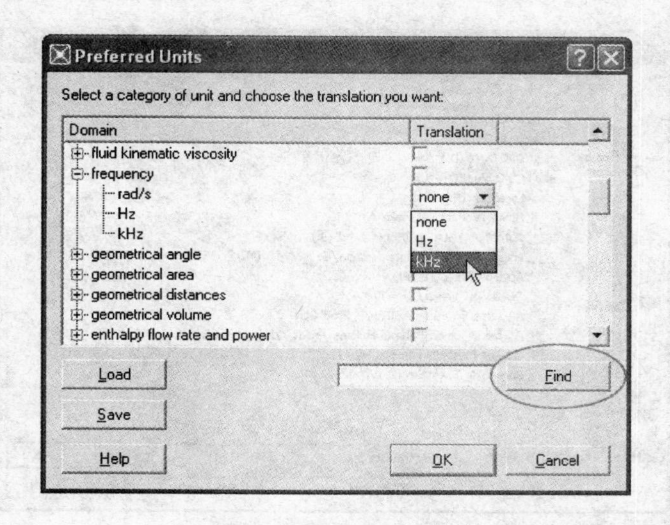

图 8.160　优选单位

通过单击左侧的"十"符号，可以看到一个单位的列表。

使用与该区域相联系的 Find 按钮，可以帮助查找所给出的单位位于哪个区域。

图 8.160 所示为将频率的单位从当前给定的 Hz 替换为 kHz 时的状态。更改后，以 Hz 为单位的参数和变量变为了图 8.161 所示的 kHz。

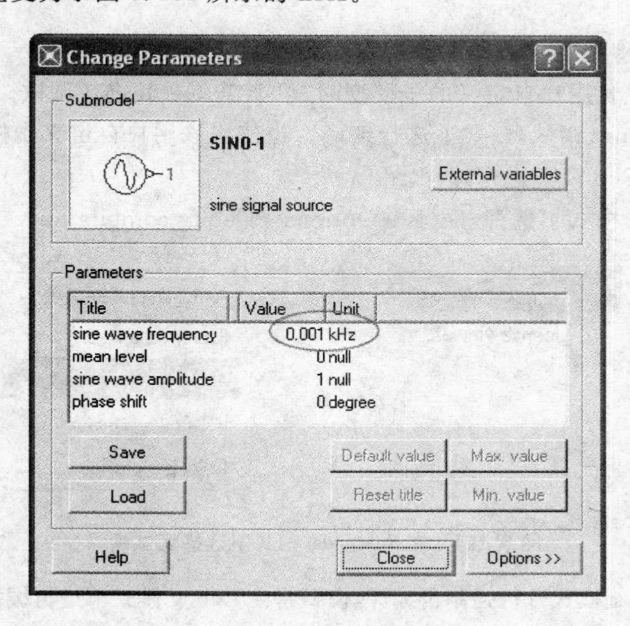

图 8.161　更改参数对话框

单位配置被保存在当地文件 AME. units 中，所有在这个区域打开的系统将使用这个文件，当然会因此而使用相同的单位配置。

通过 Save 和 Load 按钮可以导出和导入对单位的相关配置。当单击 Save 时，会打开一个文件浏览器，供用户为优选单位文件指定一个文件名和保存位置，如图 8.162 所示。

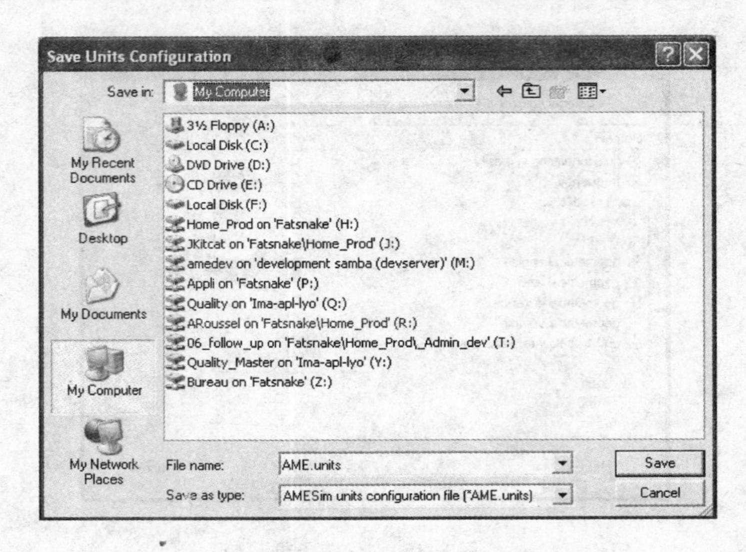

图 8.162　保存优选单位

接下来可以通过 E-mail 进行发送，或将其导入另外一个 AMESim 文件中。

当单击 Load 时，会打开一个文件浏览器来供用户选择优选单位文件，然后单击 OK，那么将会采用配置好的单位。

2. 调试编译

对调试器来说，将生成一个合适格式的可执行程序。

当用户系统中包含用户自定义的子模型时，可能需要对其进行调试。如果要进行调试，那么子模型必须在 debug（调试）模式下进行编译。当使用该用户自定义子模型时，也必须在 debug 模式下对 AMESim 模型进行编译。

① 在 Submodel 模式下选择 Tools→Options→Debug compilation，如图 8.163 所示。

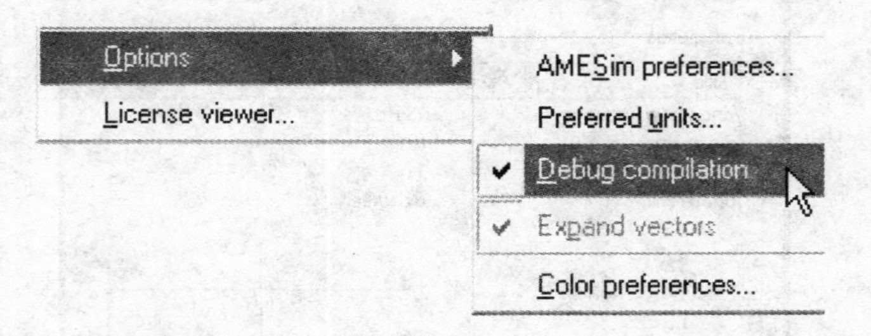

图 8.163　在 Submodel 模式下选择调试编译

② 转到 Parameter 模式进行强制再编译，模型将在 Debug 模式下进行编译，如图 8.164 所示。

注：在 debug 模式下进行编译时仅仅当模型中包含了至少一个子模型时才使用该模式。

3. 颜色参数选择

如果想改变类以及与此类相关的元件和连线的颜色，则可以使用这个工具。选择这个选项，将会出现一个对话框。用户可以使用 3 个下拉列表来调整类的颜色、连线的颜色和连线的风格。

这个过程将应用于当前激活草图中的所有对象，以及接下来将要添加到任何草图中的所有对象。

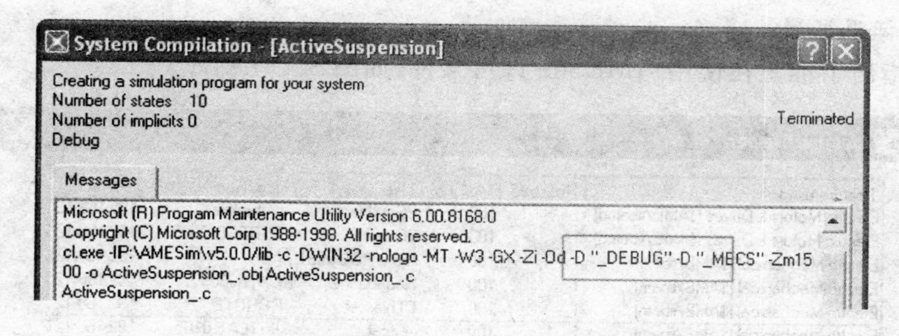

图 8.164　调试模式下的编译

① 选择 Tools→Options→Color preferences，将会生成图 8.165 所示的 Color preferences（颜色参数选择）对话框。

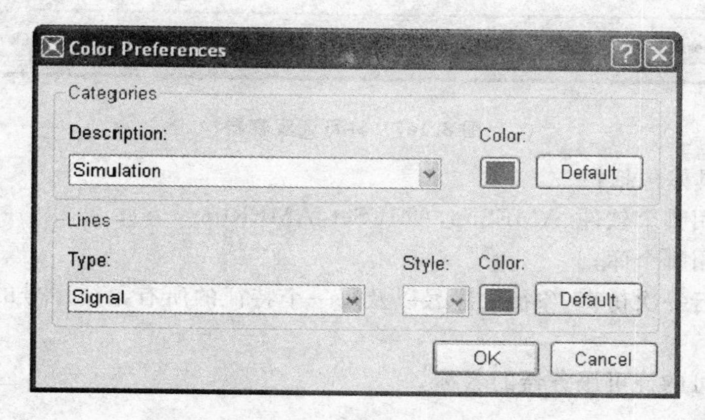

图 8.165　颜色参数选择对话框

② 在菜单中选择类或连线；

③ 单击 Color（颜色）按钮来打开 Select Color 对话框；

④ 选择 basic colors 或将鼠标移到调色板中选择用户自定义的颜色，如图 8.166 所示。

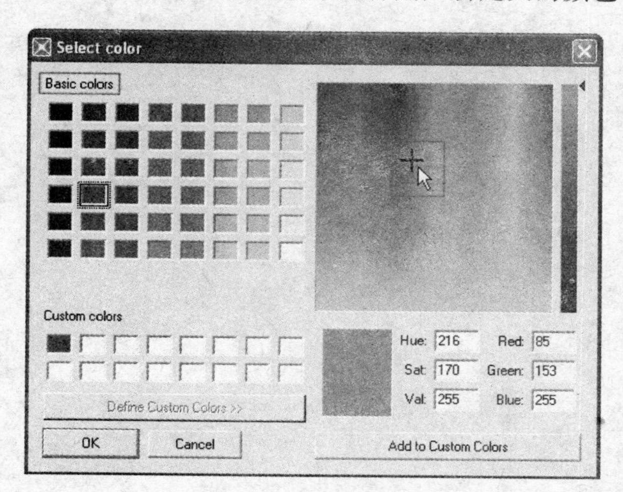

图 8.166　颜色选择对话框

4. 许可证观察器

该功能指出了谁正在使用 AMESim 许可文件，如图 8.167 所示。

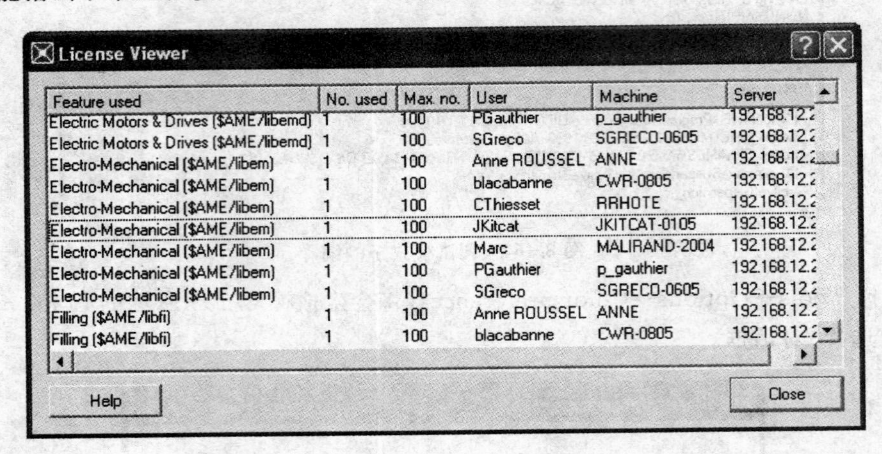

图 8.167　许可证观察器

在当前时刻具体包括：

- 谁正在使用哪个软件(AMESim，AMESet，AMERun……)；
- 谁正在使用哪个库；
- 谁正在运行一次仿真，象征的序号以及每一个特征的所有象征序号的总数也将会被给出来；
- 被检查许可的许可服务器的名称。

第 9 章　草图模式下的可用工具

本章介绍只能在 Sketch(草图)模式下使用的工具，主要涉及第 3 章 Modeling(建模)菜单下可用的工具。

草图模式的主要操作是在草图中添加或移除对象。

9.1　添加对象到草图

在任何模式下都可以添加文本和注释对象。请参阅第 8 章所有模式下的通用工具。

连线和元件对象只能在 Sketch 模式下才可添加到系统。

重叠规则对于某些 AMESim 对象是有严格限制的。

9.1.1　AMESim 的重叠规则

AMESim 对象中元件或文本字符串的形状基本是长方形，而连线的形状是互成直角的分段线段。这些对象之间必须没有重叠，除非连线可以跨越文本对象及其他连线。

注释对象与其他文本对象相比可不必须服从重叠规则。

9.1.2　添加元件到草图

1. *添加方法*

有两种方法可将元件添加到草图：元件光标方法及元件拖放方法。无论哪种情况，必须先打开元件的库对话框，另外，锁定按钮必须处于解除锁定状态。

(1) 光标方法

① 单击库名以展开包含所需元件的列表，然后选择该元件。当在草图区域上移动光标时，所指向的元件会以黑色外观显示。

② 如有必要，右击或按 Ctrl ＋ M 键来镜像元件(关于一个垂直轴的镜像)。

③ 如有必要，按鼠标中键或按 Ctrl ＋ R 键按需求旋转元件。

④ 欲放弃操作可按 Del 或 Escape，或者单击删除按钮，光标将恢复其常态外观。

⑤ 将元件移到所需位置，然后单击，如图 9.1 所示。这是添加元件到草图的最灵活的方法，因为在将元件定位或将其连接到其他元件之前，可以轻松地旋转和镜像该元件。

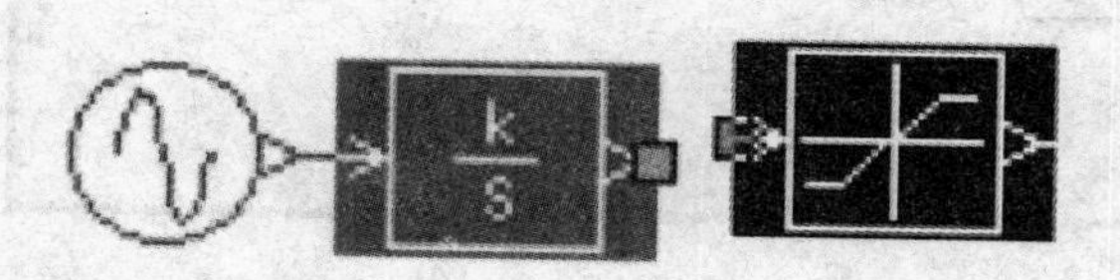

图 9.1　光标法添加元件到草图

(2) 拖放方法

① 选择所需的元件；

② 拖动元件并将其放置到所需位置。

无论使用哪种方法将元件添加到草图均将执行以下操作：

- 试图将元件连接到其他已经添加到草图的元件(当两元件足够接近时)。
- 如果仅有一个子模型可选,则该子模型即指派给元件。如果路径列表中没有子模型可选,则不能将元件添加到草图中。

2. 兼容端口

如果两个端口的类型相同或至少一个是信号端口,那么这两个端口是兼容的。

3. 元件之间的连接

AMESim 允许将元件端口以无连线的方式连接在一起。当满足下列条件时,两元件的端口可被连接：

- 端口是类型兼容的；
- 端口在阈值距离(12 像素)以内；
- 至少存在一个兼容的子模型组合。

如果端口是类型兼容的,当组件彼此接近时将显示绿色方块,如图 9.2 所示,其中显示为灰色方块。

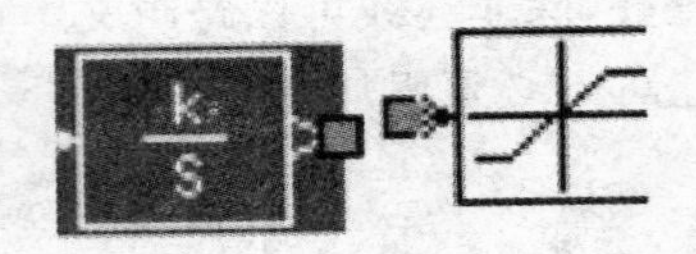

图 9.2　端口兼容时显示为绿色方块

如果单击对象(若没有任何重叠问题),元件将“咬”到一起, 即它们已连接在一起。

4. 两个元件不能连接起来的原因

当试图将两个元件连接起来时,即使端口具有兼容的类型,也可能会有图 9.3 所示的错误信息提示。

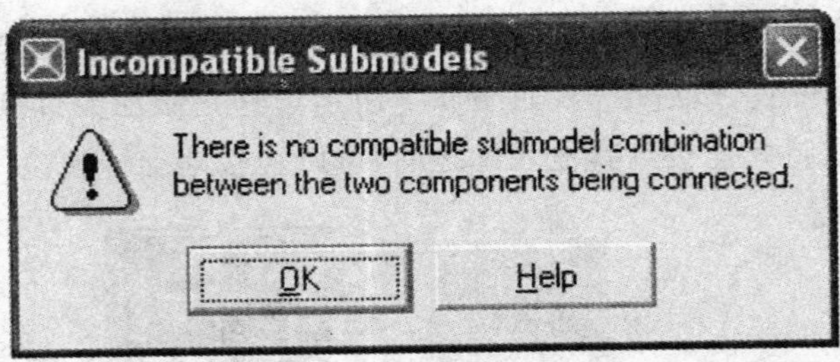

图 9.3　元件不能连接的提示

这种情况将发生在这两个元件之间存在不兼容子模型的情形下。元件和连线与子模型是相互关联的，并且需要通过变量和其他元件交换信息，这些参量称为外部变量(external variables)。

子模型的主要功能是根据其输入计算输出。由子模型生成的外部变量称为输出，子模型所需的外部变量称为输入。

当一个子模型可以从另一个子模型接收输入时，这两个子模型是兼容的。

为了显示与元件或连线相关联的子模型的外部变量，右击此对象，并选择下拉菜单的 External variables(外部变量)项，如图 9.4 所示。

- 如果子模型已附加到该对象，将直接得到 External Variables(外部变量)对话框，如图 9.5 所示。
- 如果没有子模型附加到该对象，将得到一个 Submodel List(子模型列表)对话框，可从中选择要检查其外部变量的子模型，如图 9.6 所示。

当子模型被选定时，单击 External variables(外部变量)按钮，将显示图 9.7 所示的对话框。

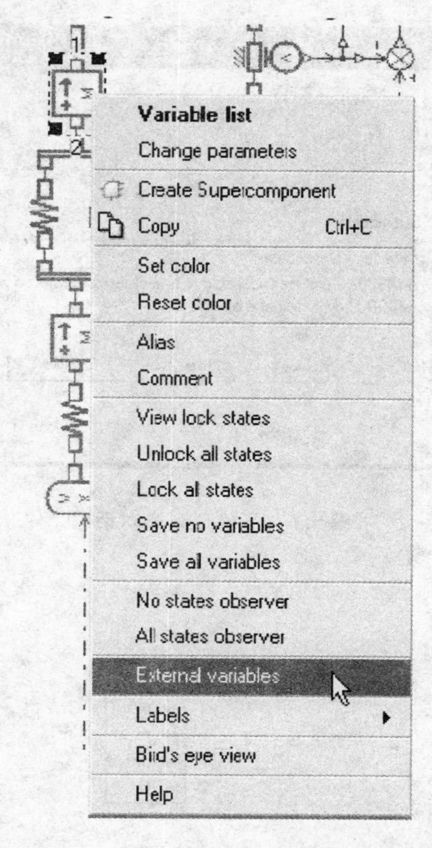

图 9.4　右击对象以获得外部变量

要了解为什么不能把两个元件连接一起时，可观察它们的外部变量。总会发现至少一个元件的至少一个输入未能由另一元件提供，如图 9.8 所示。

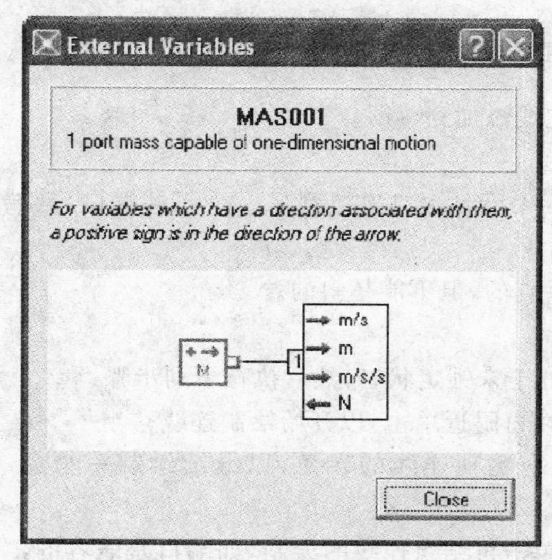

图 9.5　外部变量对话框

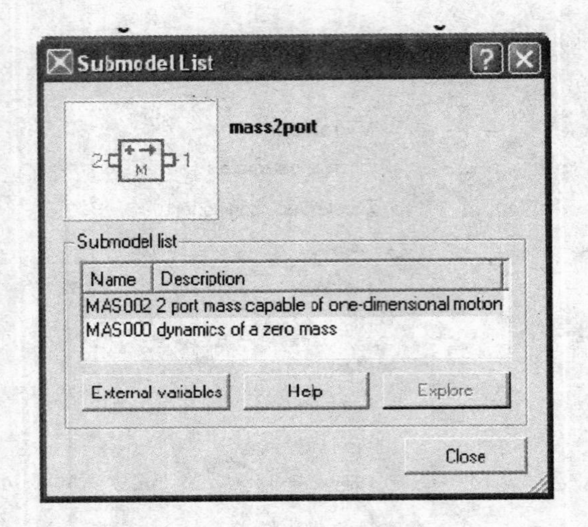

图 9.6 子模型列表对话框

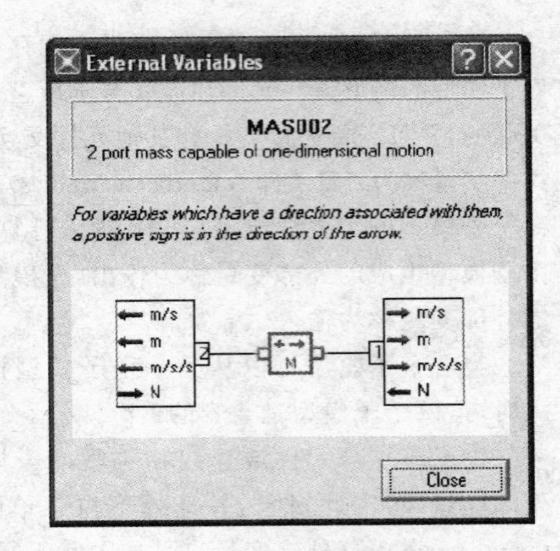

图 9.7 外部变量对话框

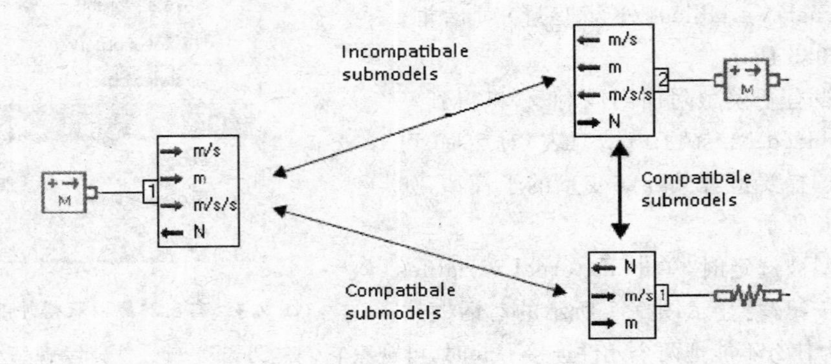

图 9.8 质量块与弹簧相连而不是其他质量块

9.1.3 添加新连线到草图

此部分介绍如何将连线添加到草图。

1. 定义

AMESim 连线可从一个元件端口连接到另一个元件端口，且端口必须是兼容的，连线由一个或多个线段组成。

线段可以是水平或垂直的，但不能是斜的。

2. 绘制连线

请确认锁定按钮处于未锁定状态，然后执行下列步骤：

① 在未连接的元件端口附近单击，以开始绘制连线；

② 可在任何地方单击实现连线的转角，以继续绘制一个新线段；

③ 在兼容端口附近单击可结束连线的绘制，如端口是兼容的，将出现绿色方块，如图 9.9 所示（此处显示为灰色方块）。

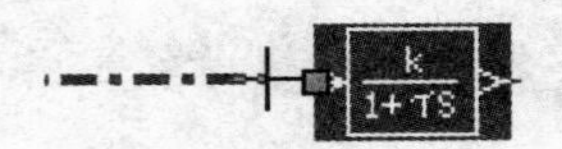

图 9.9 端口兼容时的提示

注：右击可删除最后一个线段，但如果只有一条线段，该连线将被完全删除。

按住 Ctrl 键并单击，可停止连线的绘制或选取连线的终点。

3. 为何不能用连线连接两个元件？

有时，当单击以结束连线时，会出现一个警告对话框，如图 9.10 所示。

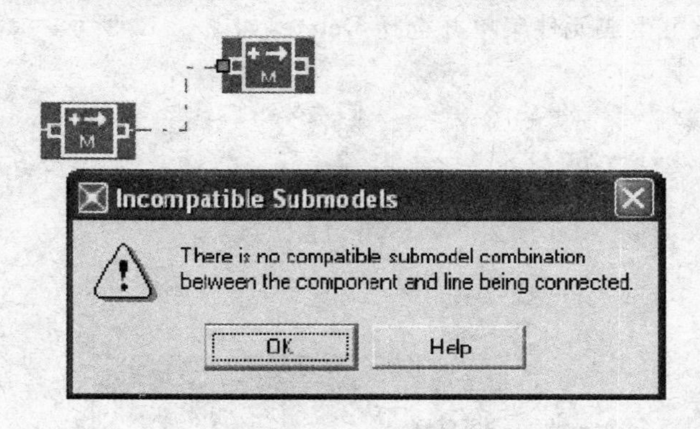

图 9.10　关于无效连线的警告

图 9.10 与图 9.3 的情况类似，但可表明。在 Submodel 模式下，AMESim 中所有元件都有子模型，连线也是如此。

如果将图 9.10 中的一个质量块以弹簧替换，如图 9.11 所示，则由质量块、弹簧及其连线组成的子模型必须是兼容组合的。

在一些 AMESim 库（液压、热液压、气动……）中，连线代表管道；而这些管道存在摩擦，并且管内的流体具有惯性和可压缩性。为这些管道建立一个相对复杂的子模型是必要的，例如图 9.12 中液压管线的子模型是 HL000。

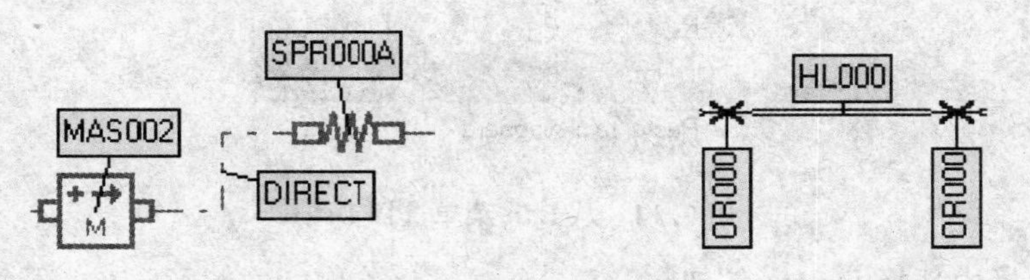

图 9.11　用连线连接质量块与弹簧　　　图 9.12　液压管线的子模型

在许多其他库中连线不需要有子模型，机械（绿色的）库就是一个示例。对于这些连线有一个通用的伪子模型 DIRECT 可实现直接的短连接，就好像没有连线，只有元件间端口到端口的连接似的。

注意，在草图中不要使用不必要的连线。

9.2　用删除和剪切操作来移除 AMESim 对象

此部分介绍如何从草图中移除 AMESim 对象。

9.2.1　移除对象

通过删除或剪切可将对象从 AMESim 系统中移除。剪切操作将保存从 AMESim 辅助系统中移除对象的副本，删除操作则不然。

执行这两个操作时,锁定按钮必须处于解除锁定状态。首先选择一个或多个要移除的 AMESim 元件或连线,执行如下任一操作即可完成删除:

① 按 Del 或 Backspace 键;

② 右击元件对象可生成元件菜单并选择 Delete,如图 9.13 所示。

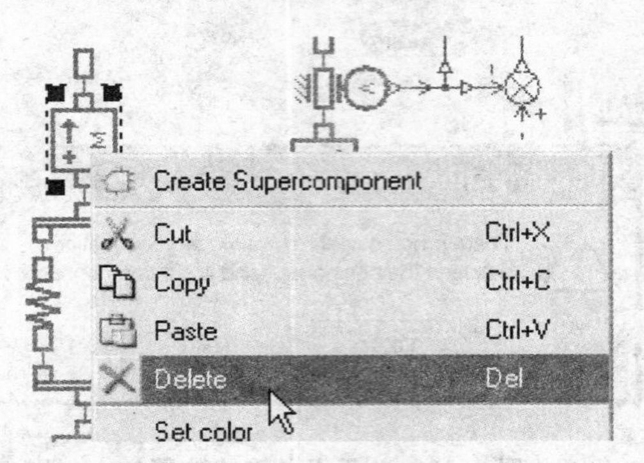

图 9.13 右击菜单

③ 从 Edit 菜单中选择 Delete,如图 9.14 所示。

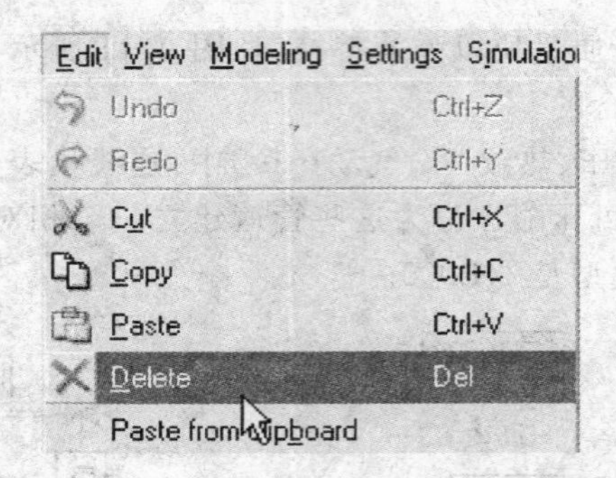

图 9.14 从 Edit 菜单选择 Delete

④ 在工具栏中选择 Delete 按钮。

欲实现剪切,可执行以下任一操作:

① 右击元件对象以生成元件菜单,再选择 Cut,如图 9.15 所示。

② 从 Edit 菜单中选择 Cut,如图 9.16 所示。

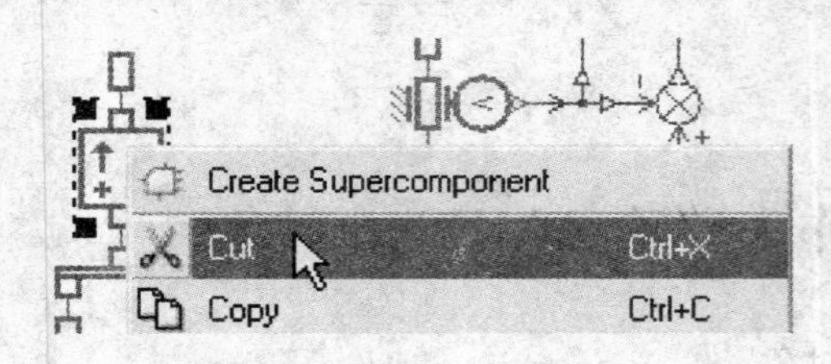

图 9.15 右击元件生成的菜单

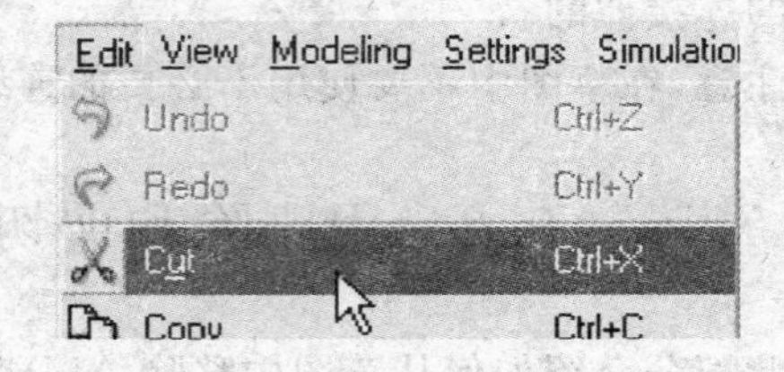

图 9.16 Edit 菜单

③ 按 Ctrl + X 键。

④ 在工具栏中选择 Cut 按钮剪切对象。

如果一个元件是所选对象之一，但其连线未被选中，那么连线就会被漏删，此连线称之为未约束连线。通常应该删除或重新连接这些未约束连线。

9.2.2 删除未约束连线

欲删除一个或多个未约束连线，可做如下操作之一：

① 选择未约束连线并像其他 AMESim 对象一样将它们删除；

② 在 Edit 菜单中选择 Delete loose lines。

9.2.3 重新连接未约束连线

欲重新连接一个未约束连线，可做如下操作之一：

① 提供一个兼容元件(注意绿色方块)并让它"咬"到连线，如图 9.17 所示。

② 在未约束连线的端点附近按住 Ctrl 键并单击。

随后 AMESim 便表现得与连线绘制过程相同。如果可能，将会保留连线的子模型及其参数。

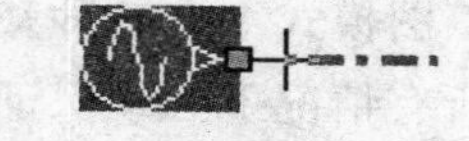

图 9.17 将连线拖至兼容元件端口

9.3 AMESim 辅助系统

1. 将对象复制到 AMESim 辅助系统

移除对象的剪切操作可将对象放置在一个特定的 AMESim 辅助系统中，也可将选定对象放在此辅助系统中而不移除它们。可作如下操作：

① 在 Edit 菜单中选择 Copy；

② 右击元件，在下拉菜单中选择 Copy；

③ 按 Ctrl + C 快捷键；

④ 单击工具栏中的 Copy 按钮。

复制操作可在任何模式下完成。可将辅助系统中的对象粘贴到当前处于激活的系统或其他已被激活的系统(只要该系统处于草图模式并未被锁定)。这些对象也可以转换为一个超级元件。

与未被选中元件相连的连线是不能被复制的。

> 窗口使用：
>
> 上文所述的复制过程也将对象的副本置于系统剪贴板中，随后可将其粘贴到文字处理器上。
>
> 也可以使用系统剪贴板从其他软件复制对象到 AMESim 中。若要执行此操作，选择 AMESim 菜单栏 Edit→Paste from clipboard。

2. 粘贴 AMESim 辅助系统的内容

首先检查下列各项：

① 如果要从一个系统复制到另一个系统就要改变活动窗口；

② 确认系统处于 Sketch 模式；

③ 确认锁定按钮处于未锁定状态。

接下来可以：

① 从 Edit 菜单中选择 Paste；

② 按等效快捷键 Ctrl ＋ V；

③ 单击工具栏中的 Paste 按钮。

光标将呈现出辅助系统中的内容。如果需要，可以旋转并/或镜像该对象，然后可通过单击该元件来添加它到系统中。

9.4 移动元件

在草图模式下有 3 种移动元件的方法：元件光标法、拖放法及箭头键法。

在所有情况下必须保证锁定按钮处于未锁定状态。

1. 元件光标法

此方法仅可用于移动单个元件：

双击元件，元件将会首先从草图中被移除，并以光标的形式再现。未曾与组件连接的连线将作为未约束连线被保留。

2. 拖放法

此方法可用于移动一个或多个元件：

① 选择欲移动的元件(组)；

② 按住鼠标左键不放；

③ 移动指针和元件(组)到新位置；

④ 释放鼠标左键。

这一操作被称为 drag and drop(拖放)。AMESim 将试图把元件组作为一个整体单元移动，并保持连线的连接；但仍将遵守 AMESim 的重叠规则。

3. 箭头键法

此方法可用于移动一个或多个元件：

① 选择欲移动的元件(组)；

② 使用箭头键移动该元件(组)。

每敲击按键 1 次系统将移动 16 个像素，如果使用箭头键与 Ctrl 键组合，则每敲击按键 1 次将移动 1 个像素。

9.5 AMESim 端口

目前有 11 种标准的 AMESim 端口类型，每种端口都有其特定的外观。为防止把不同类型的端口连接起来，AMESim 使用了特殊的端口分类，因此无法将一个弹簧连接到液压泵的输出端口上。除了信号端口，其他端口一般都是功率传输端口。下面给出 11 个端口的类型，并给出每个端口的显示外观。

线性端口对应于轴，线性端口表示一维直线运动，弹簧两端就具有此特征。典型的带有单位的线性端口外部变量如图 9.18 所示。

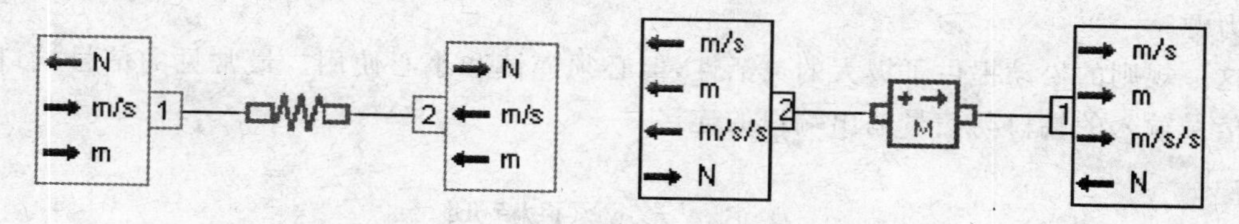

图 9.18　带单位的线性端口外部变量

旋转端口的代表旋转轴如泵和马达的轴。典型的具有外部变量的旋转端口如图 9.19所示。

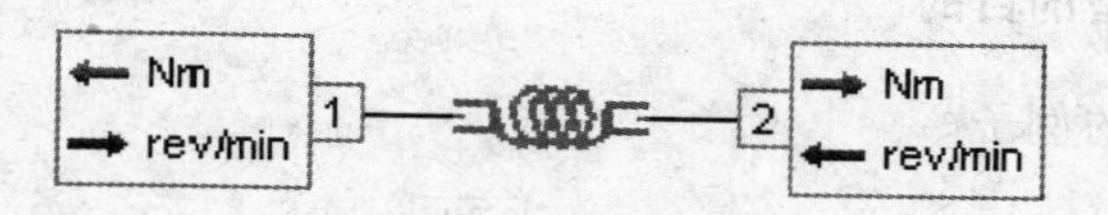

图 9.19　具有外部变量的旋转端口

绳索端口与线性端口类似，它们的外部变量具有类似的单位。但以 m 为单位的参量是指绳索的展开位移，与线性端口的位移有所不同。

信号端口不能传输能量。它只是简单地将参量，也就是信号，传输给下一个元件。通常该信号可通过元件以某种方式修改，在控制系统中信号端口非常普通，元件在信号输入端口处接收信号并由元件的信号输出端口传输送给另一个元件。输入和输出信号端口会以不同的显示方式来强调信号的传送方向，如图 9.20 所示。

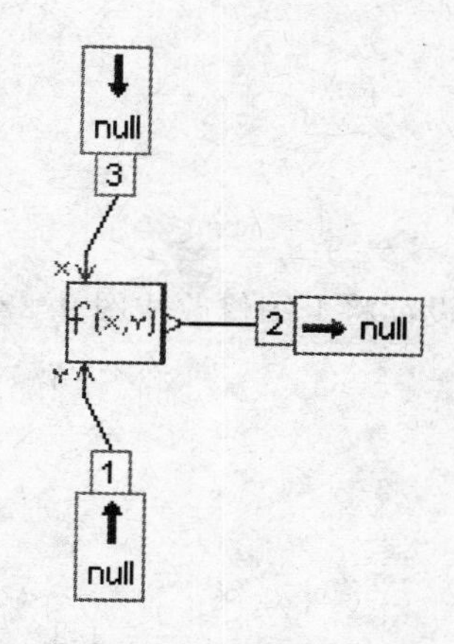

图 9.20　信号传输方向的表示

远程端口是由发射机和接收机子模型使用的。该端口不可以物理连接，但可通过端口标签来传输信号或功率。

对于其余的端口仅描述其端口外观，请参阅库手册查看典型的外部变量。

流体端口可以是液压、热液压、气动或热气动的。流体端口表示流体的输入口或输出口，例如液压泵的输入和输出的端口。该端口的通常外观与流体动力工业的传统标准相一致。

电气端口以一定量的电压和电流传输电功率。

热力端口用于当固体和固体之间或固体和流体之间存在热流时。

磁性端口用于传输磁力。

Meca2D 端口用于传输二维位移、速度和加速度以及转矩和力。

Geocom 端口用于传输蒸发器和冷凝器的几何数据。

在早期的 AMESim 版本中，一个端口只能连接到另一个严格同类的端口。此规则必须严格遵守，以避免不可能的连接。

为了便于信号端口附加到任何其他端口，该规则已稍有放宽，但仍无法把液压泵输出口连接到一个机械弹簧。然而，任一信号端口均可连接到机械弹簧或液压泵的输出口。如果信号源连接到液压泵的输出口，即可认为它是一个压力源。如果把它连接到质量块，则可认为它是一个力源。

这一规则的松动提供了极大的灵活性，但必须谨慎和小心使用。最常见的信号端口连接仍是信号输入的端口与信号输出端口的连接。

9.6 移除子模型

本节介绍如何移除一个子模型。

9.6.1 移除子模型的目的

请看图 9.21 所示的例子。

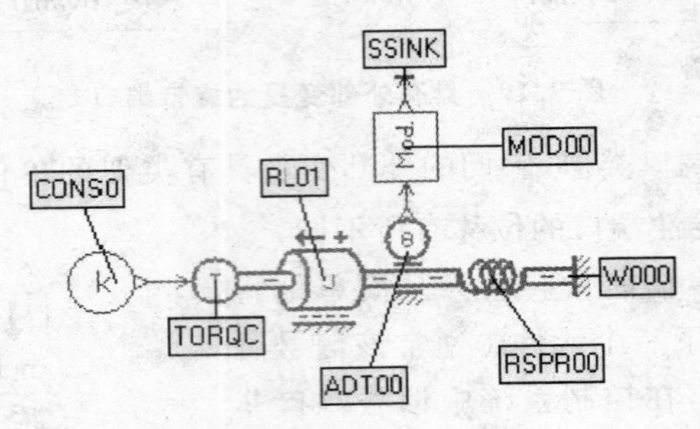

图 9.21 转动负载

假设欲将上图修改成图 9.22 的样子：

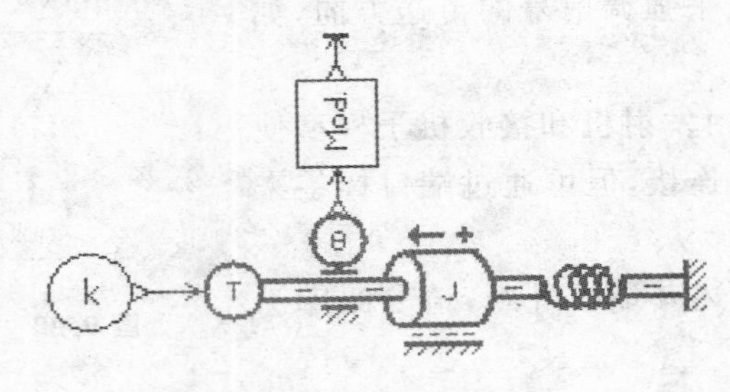

图 9.22 转动负载的位移

如果试图作这样的修改而不移除任何子模型，则图 9.23 便是能得到的最接近的框图。

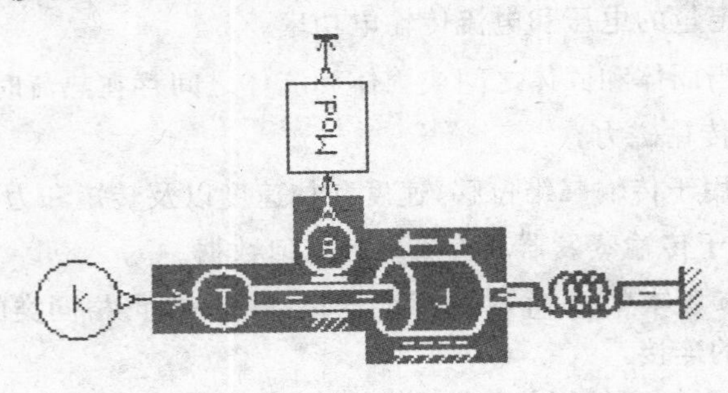

图 9.23 移除某些子模型

问题是角度传感与转矩转换模块及回转惯性模块均未相连。原因是附加到这些元件 TORQC、RL01 和 ADT00 的子模型不兼容，这可从图 9.24 中清楚看到。

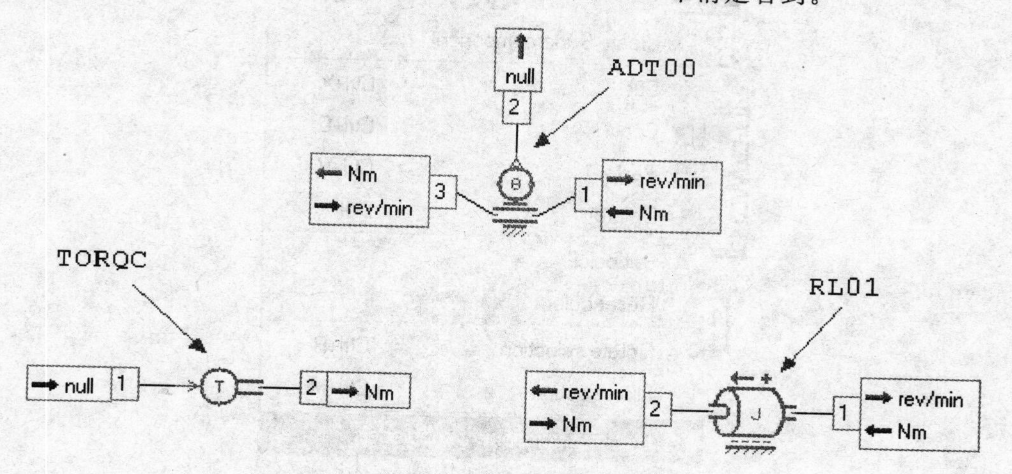

图 9.24　原始子模型的外部变量

当从角度传感器移除子模型（ADT00）并转入 Sketch 模式时，便为该元件选择了一个不同的子模型，且该子模型与 TORQC 和 RL01 兼容，如图 9.25 所示。

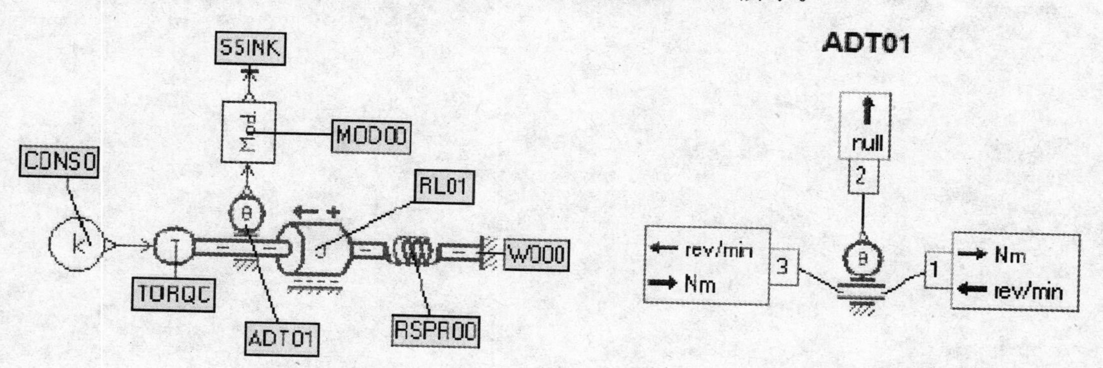

图 9.25　传感器的新子模型的外部变量

9.6.2　移除一个或多个子模型

在 Sketch 模式中，元件可能存在子模型；在某些库中连线也可能存在子模型，如果存在子模型，则子模型可以被移除。移除子模型的操作如下：

① 选择欲移除的元件和/或连线的子模型；

② 右击其中之一，弹出图 9.26 所示下拉菜单；

③ 选择 Remove component submodels（移除元件子模型），所有选中的元件和（或）连线的子模型将被移除。

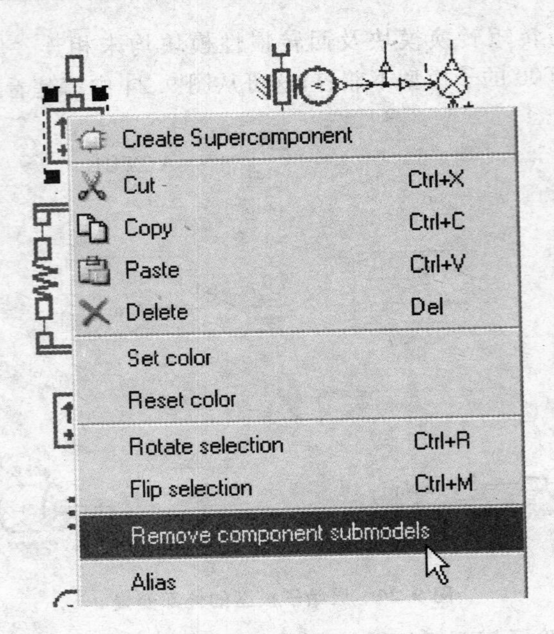
Create Supercomponent
Cut　Ctrl+X
Copy　Ctrl+C
Paste　Ctrl+V
Delete　Del
Set color
Reset color
Rotate selection　Ctrl+R
Flip selection　Ctrl+M
Remove component submodels
Alias

图 9.26　右击菜单

第 10 章　子模型模式下的可用工具

本章主要介绍 Modeling(建模)菜单下的可用工具。

10.1　子模型模式——选择子模型

① 在从 Sketch(草图)模式切换至 Submodel(子模型)模式之前,所有的元件和连线均应连接完毕,否则将不能切换到 Submodel 模式。

② 当新建系统且第一次进入 Submodel 模式时,子模型将被自动设定,并自动指派子模型给指定的元件或连线,当元件或连线仅有一个子模型,并且该子模型与其相联元件或连线的子模型相兼容,或元件或连线有不止一个子模型,但仅有一个子模型与其相邻的子模型相兼容时,在连线情况下,与之相关联的子模型将可能是 DIRECT 子模型,DIRECT 子模型是可能的最简单连线子模型。由连线连接的两个端口看似直接连接在一起。

③ 当有不止一个子模型和与之相邻的子模型相兼容时,将不会自动地给指定的元件或连线指派子模型。在这种情况下,用户必须从相应的子模型列表中为该元件或连线手动选择一子模型,还未与子模型相关联的元件和连线将负像显示(前景色与背景色互换),如图 10.1 所示。

在这个例子中,中间的两个元件(双端口质量和弹簧)均有两个或更多的子模型可用,因此当切换至 Submodel 模式时该元件将负像显示。

图 10.1　未与子模型关联的元件以负像显示

④ 在进入 Parameter(参数)模式之前,所有的元件及连线均应与子模型关联。

注:

① 在 Submodel 模式中有一个标记为 Premier submodel(首选子模型)的特殊按钮;

② 当进入 Submodel 模式时,Categories(库)将消失,因为此时它已不能再使用。

10.2　首选子模型按钮

单击 Premier submodel 按钮,可给当前未与子模型关联的所有元件和连线指派最简单的可能子模型。

当这个过程以手工操作完成时,所选择的子模型将显示在相应子模型列表的最顶部。对于指定的元件或连线,标准的 AMESim 子模型将按一定的顺序排列,最简单的列在顶部,而最复杂的列在底部。

这意味着当单击 Premier submodel 按钮时,列表中的第一个子模型将被自动选择并指派,这一操作可用于所有还未与子模型关联的元件与连线。

恰当地使用此工具选择最简单的可能子模型，这在建模初期是很有用的。随着建模的深入，必要时仍可手工选择较为复杂的子模型。在未完成对所有元件进行子模型设置的情况下，如试图切换到 Parameter 模式，将显示图 10.2 所示的提示信息。

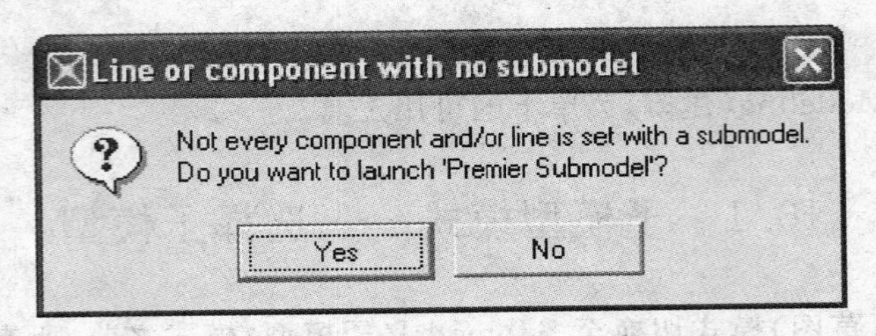

图 10.2　未完成子模型设置的提示信息

如果单击 Yes，Premier Submodel 将自动为所有需要设置子模型的元件指派子模型，并直接进入 Parameter 模式；如果单击 No，将停留在 Submodel 模式，可继续手工为需要的元件或连线设置子模型。

10.3　为元件选择子模型

1. 为元件选择子模型的步骤

① 单击所关注的元件，将生成图 10.3 所示的对话框。内容包括：

- 相应子模型列表；
- Copy common parameters when submodel changes（当子模型改变时复制公共参数）复选框；
- 6 个按钮：OK，Cancel，External variables，Help，Explore 和 Remove。

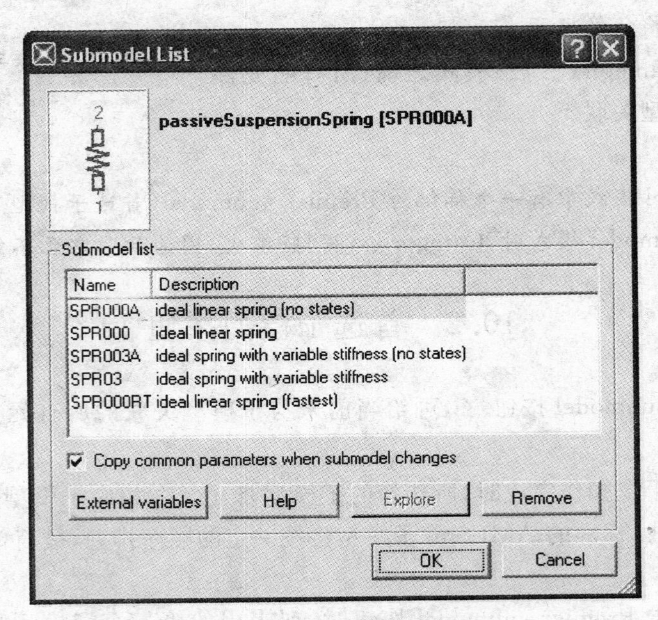

图 10.3　子模型列表对话框

初始状态下列表中的第一个子模型将高亮显示,也可以任意选择列表中的其他子模型。当单击 OK, External variables 或 Help 按钮时,高亮显示的子模型将变为激活状态。

与相邻元件子模型的兼容性检查同时完成,这意味着不兼容的子模型不包括在该列表之中。

② 根据需要确定是否勾选 Copy common parameters when submodel changes 复选框。此框通常必须勾选,以确保参数值对于下列子模型仍是共用的:

- 当前已指派的子模型;
- 新的子模型(单击 OK 按钮后处于激活的那一个)。

如果不想保留这些参数的当前值,只需反勾选该复选框,此时新子模型的参数将被设置为缺省值。

③ 单击 OK 按钮。

此时高亮显示的子模型即与指定的元件实现了关联。

2. 关于子模型列表对话框的说明

(1) 外部变量

单击 External variables(外部变量)按钮可生成一对话框,示出高亮显示子模型的外部变量,外部变量由子模型生成,如图 10.4 所示。该子模型可跟其他已与元件或连线关联的子模型进行数据交换。

子模型的主要功能是根据其输入计算其输出。由子模型生成的外部变量称为输出,子模型所需的外部变量称为输入。

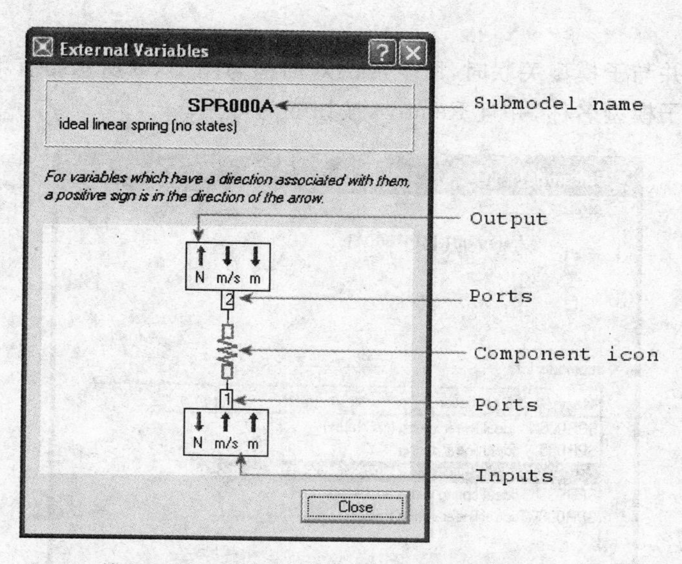

Output—输出、Ports—端口、Component icon—元件图标、Inputs—输入

图 10.4　外部变量对话框

图 10.4 所示为一典型的例子,在查找子模型能否连接的原因时,关于输出和输入的信息是很有用的。

另外,AMESim 所使用的外部变量的符号约定也很重要:

For variables which have a direction associated with them, a positive sign is in the direction of the arrow.（对于自身有方向的变量，正号表示与箭头方向一致）

单击 Close 即可关闭 External Variables 对话框。

(2) 帮　助

单击 Help 按钮可得到高亮显示的子模型说明。此说明是 HTML 格式的，在另一个分立的窗口显示，如图 10.5 所示。

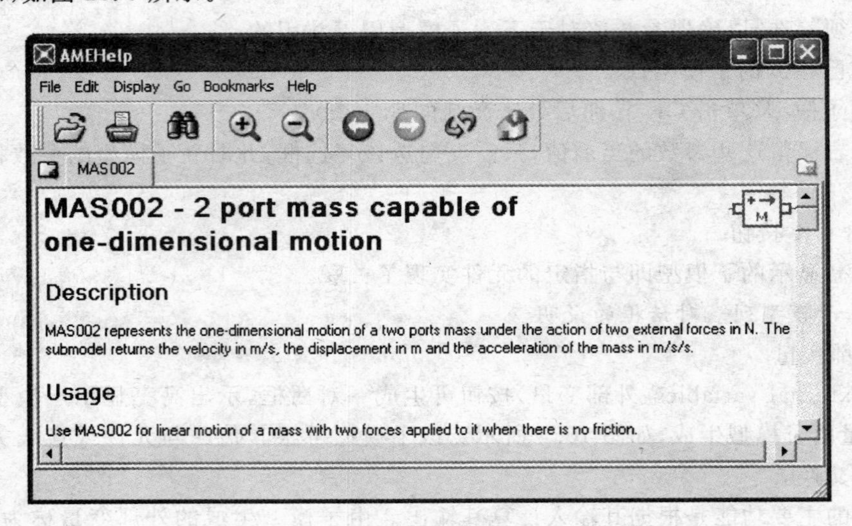

图 10.5　显示关于子模型的信息

(3) 移　除

当元件被选择并与子模型关联时，所生成的对话框与图 10.6 所示略有不同。表头将指示当前指派给元件的子模型名称，并且 Remove 按钮变为可用。

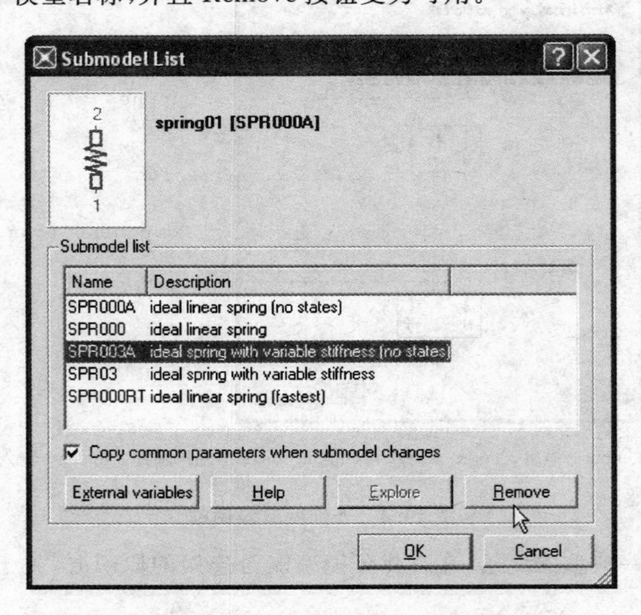

图 10.6　移除子模型

单击 Remove 按钮，当前子模型将从元件移除。此按钮很少用到，通常只需简单地选择另一子模型，当前子模型即被自动移除。此时若勾选了 Copy parameters when submodel changes 的复选框，AMESim 会将原子模型的参数复制给新的子模型。有一种情况属特例，此时必须明确移除元件子模型，详见 10.4 节。

(4) 取　消

Cancel 按钮可用于关闭 Submodel List（子模型列表）对话框，而不作任何子模型设置。

10.4　移除元件子模型

在下述之一情况下必须移除元件的子模型：

- 给某一元件指定特殊的子模型，但该子模型却不在该元件相应的子模型列表之中；
- 所需的子模型与当前相连接元件所关联的子模型不兼容。

在这些情形下，必须选择相连接元件，并单击 Remove 按钮以移除其与子模型的关联，然后才可能为指定元件选择所需的子模型，因为此时该元件与相连接元件已无兼容性限制。

10.5　为元件指派超级元件

如果单击的图标已被用于创建一个超级元件，那么子模型列表将包含该超级元件的名称，如图 10.7 所示。指派超级元件给元件与指派标准子模型的方法完全一样。

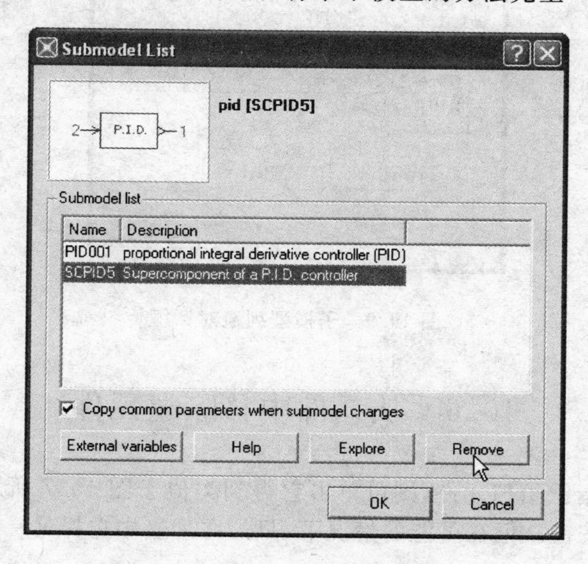

图 10.7　用于超元件的子模型列表对话框

注：如果在列表中选择了超元件，Explore 按钮将变为可用，并且可通过单击此按钮浏览其内容，如图 10.8 所示。

如果再随意单击超元件组成元素中的任意一个，则会出现另一个 Submodel List 对话框，如图 10.9 所示。

新的 Submodel List 对话框只包含一项，即在超元件中指派给元件的子模型，不允许从此对话框中移除或替换与超元件组成元素相关联的子模型。

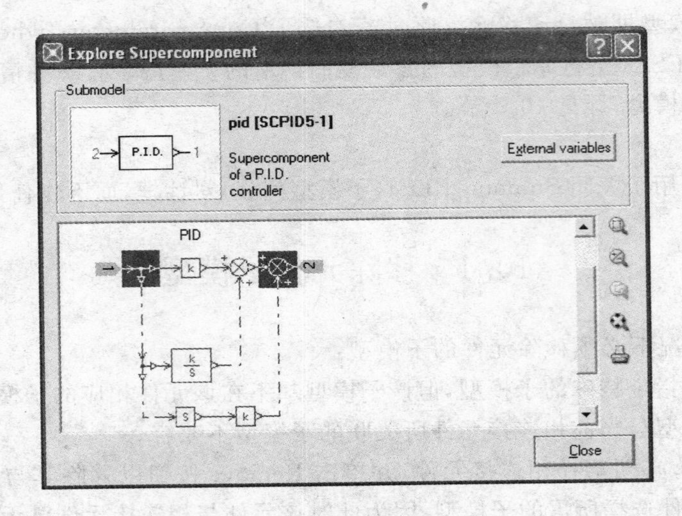

图 10.8　探索超元件

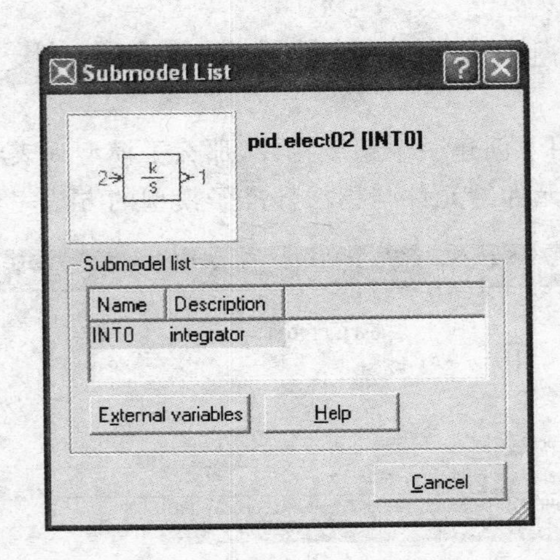

图 10.9　子模型列表对话框

10.6　从元件中移除超元件

如果一个元件已指派给超元件，则可单击它得到类似于图 10.7 所示的对话框；欲移除超元件可单击 Remove 按钮。但在可能的情况下，只需在列表中选择另一个子模型或超元件。

10.7　影像子系统

该节介绍影像子系统。

10.7.1　定　义

Shadow subsystem（影像子系统）工具可以拷贝当前所选系统及其子模型参数，同时所有的子模型将从草图中标记的元件移除。草图可以通过某种方式修改，并且子模型参数将自动备份。在下述两种情况下此工具是很有用的：

- 正在使用 Hydraulic Component Design(液压元件设计)库，并且必须要作较大的重构，而该重构包含因果关系的切换及接续使用其他子模型；
- 正在使用 Hydraulic Resistance(液压阻力)、Thermal Hydraulic(热液压) 或 Filling(注油)库时，并且想在上述库之间切换时不丢失参数。

10.7.2 示 例

下面以一个非常简单的例子来解释影像子系统的原理。此例是由标准的 AMESim 库(而不是可选库)构建的，图 10.10 所示为一带有子模型的机械系统。

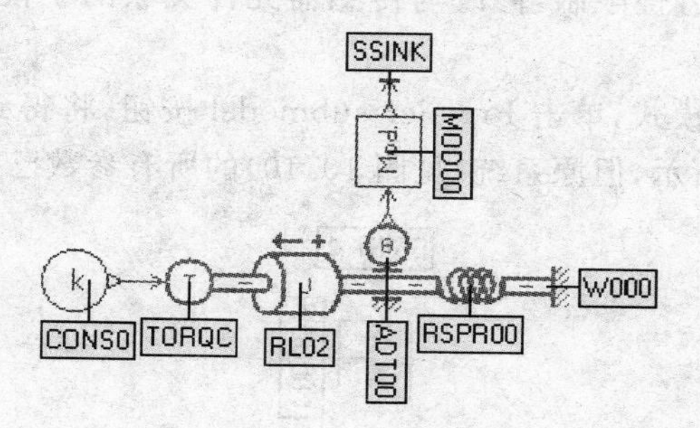

图 10.10 转动负载

假设已经仔细地为子模型设置了参数并且不想丢失此设置，现在又想改变传感器(ADT00)的位置，把它放在转矩源(TORQC)和负载(RL02)之间。此时该操作是不可能的，因为 ADT00 的外部变量与 TORQC 和 RL02 的外部变量是不兼容的：单位是没有问题的，但方向却不一致。

解决此问题的一个方案就是移除指派给这些元件的子模型，并在系统重构时以相兼容的元件替代该元件。

欲实现参数不丢失，须按下面步骤执行：

① 选择系统的所有元件。

② 从菜单中选择 Edit→Copy to shadow，将显示图 10.11 所示的对话框。

③ 单击 Yes 即保存该模型。

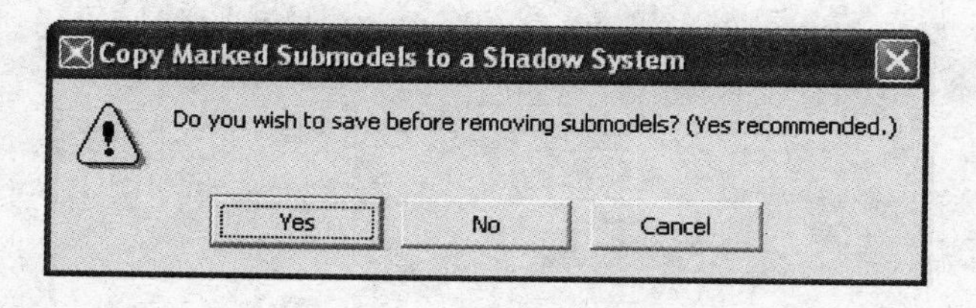

图 10.11 建议保存为 shadow system

④ 如图 10.12 所示，子模型均被移除。

注：如果立即重选所有的元件，然后选择 Edit→Copy from shadow，则子模型将以原状态被重新覆盖，这有些像“撤销”工具。

⑤ 返回到 Sketch 模式，并按图 10.13 所示修改系统。

图 10.12 移除子模型

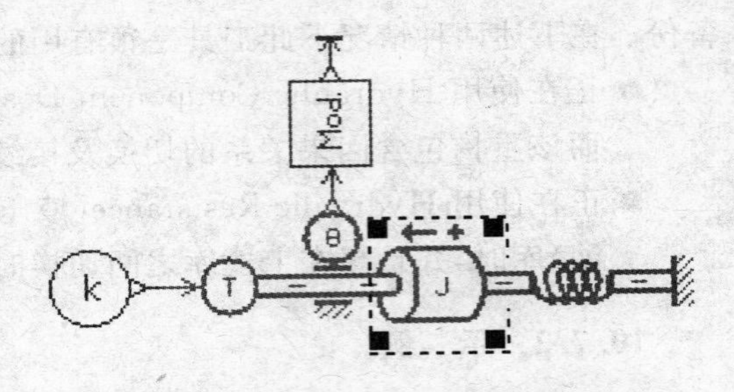

图 10.13 紧邻扭簧放置旋转负载

由于与相邻元件的兼容性限制，修改与传感器元件关联的子模型 ADT00 也许还是不能完成。

⑥ 切换至 Submodel 模式，单击 Premier submodel 按钮，将得到关于传感器（ADT01）不同的子模型，如图 10.14 所示，但原系统（见图 10.10）的所有参数已被保护。

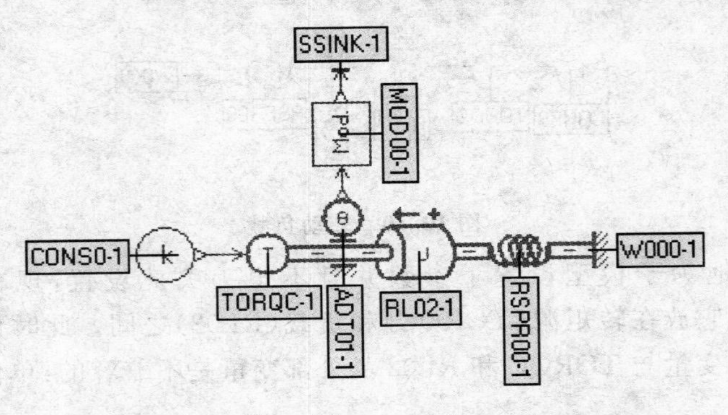

图 10.14 如需要可改变子模型但参数将被保护

第 11 章 参数模式下的可用工具

本章主要介绍第 4 章中 Settings(设置)菜单下的可用工具。

11.1 进入参数模式

从 Sketch(草图)或 Submodel(子模型)模式进入 Parameter(参数)或 Simulation(仿真)模式时,AMESim 有时可能会编译并连接代码以创建新的可执行文件,有时则不会,其依据是:

① 如果可执行文件不存在,则一定会进行编译和连接;

② 如果可执行文件已存在,则编译和连接只在确有必要的情况下才会进行。(所谓确有必要是指由于系统的更改使得可执行文件过期的情形)

11.2 系统编译窗口

当编译开始时,会出现图 11.1 所示的对话框。

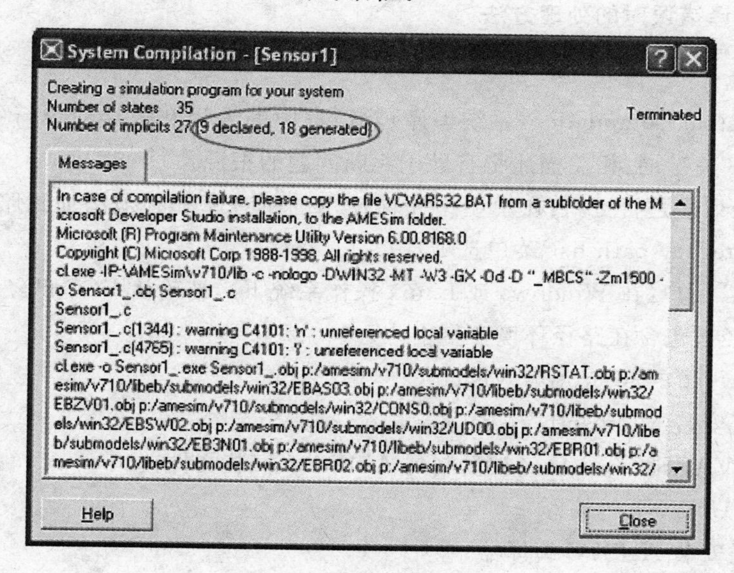

图 11.1 系统编译窗口

此窗口可提供如下信息:

- 模型中状态变量的数量;
- 已声明或生成的隐含变量的数量;
- Messages(信息)窗口,此窗口可显示为 AMESim 模型生成的源代码的编译和连接信息。如果编译成功,Messages(信息)选项卡会显示信息"System build completed!(系统构建完成!)”;如果编译没有成功,则窗口显示相关错误信息,如图 11.2 所示。

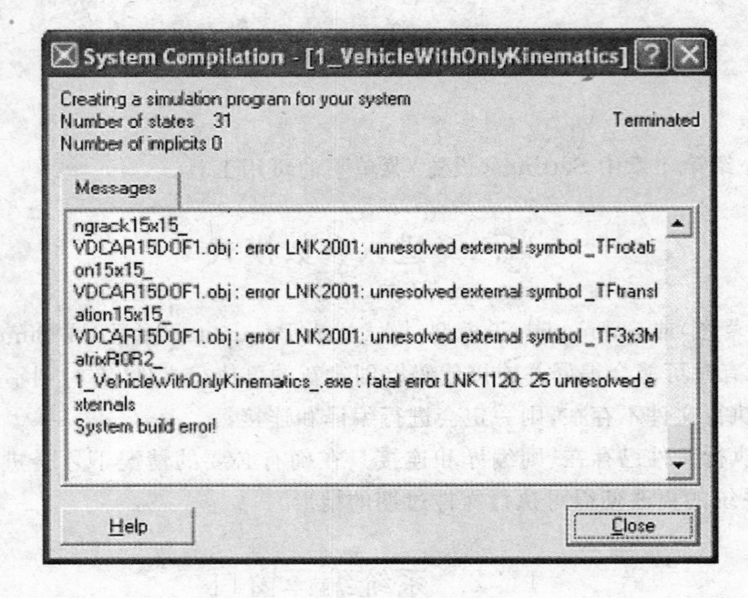

图 11.2 系统编译错误

11.2.1 编译错误时的处理方法

1. 标准模式

- 查看 System Compilation(系统编译)对话框中的编译和连接命令行并在信息栏里搜索“错误”关键词:相关描述将有助于判断问题的根源。
- 查看路径列表是否更新:在模型中元件使用的所有库都必须添加到路径列表(Modeling→Category path list 菜单选项)中。
- 对于 GCC 用户(在 Windows 或 Linux 操作系统下),请确认 GCC 已经安装且其安装文件夹已经被包含在路径环境变量中。

(1) Windows 下的 Microsoft Visual C++

- 确认已经安装 Microsoft Visual C++;
- 确认 VCVARS32. bat 已经被复制到 AMESim 安装文件夹。

(2) Linux/UNIX 下的编译

- 确认已经安装 ANSI C 编译器;
- 确认编译器的安装目录已被添加到路径。

2. 包含接口模块的模式

- 确认 AMEsim 版本与接口所用的软件是否兼容(请查看相应的接口手册);
- 对于 Windows 用户,确认在 AMESim 参数选择中的选定默认编译器是 Microsoft Visual C++,因为大多数接口只支持这一编译器(Tools→Options→AMESim preferences 菜单选项)。这就是说,对 Windows 下的 Microsoft Visual C++的需求得以满足。
- 对于 Windows 用户,如果已经使用 Microsoft Visual Express 2005 或者 Toolkit 2003

版，则应当安装 Microsoft SDK 平台，然后按照微软使用说明的指示，声明并指定 MSSDK 环境变量。

● 在使用 Simulink 或 SimuCosim 模块的情况下：

① 对于 Windows 用户：

● 确认 MATLAB 已经安装以使用 Microsoft VC++（mex-setup 命令）；

● 确认 Microsoft VC++与 MATLAB 版本兼容（请查阅 MATLAB 的帮助文件）；

● 确认 MATLAB 环境变量已经设置到 MATLAB 的安装目录。

② 对 UNIX/Linux 用户：

● 确认 ANSI C 编译器与 MATLAB 版本兼容（请查阅 MATLAB 的帮助文件）；

● 确认 MATLAB_ROOT 的环境变量已经设置到 MATLAB 的安装目录。

11.2.2　使用参数模式

Parameter 模式的主要目的是用于改变子模型和超级元件的参数，共有如下 5 种可能：

● 双击或右击元件或者连线以在 Change Parameters（更改参数）对话框中显示其参数；

● 单击元件或连线以在 Contextual view（关联视图）窗口中显示其参数；

● 使用 Watch parameters（查看参数）工具；

● 保存到文件以及从文件调用参数设置；

● 复制并粘贴参数设置到其他元件或连线。

Settings（设置）菜单中的大多数项目只有在 Parameter 模式下才被激活，但下列情况例外：

● 导出设置和锁定状态选项：在 Simulation 模式下也是可用的。

● 保存 all/no 变量以及 All/No 状态观测器：只在 Simulation 模式下可用。

这些工具将在第 12 章描述。

Settings 菜单中的选项可以启动更多涉及参数的复杂进程。

注：如果改变了对话框的位置和大小，则在下一次打开同类对话框时，其配置将被保留。

11.3　访问参数和变量

访问参数和变量共有 3 种方式：

● 通过 Change Parameters（更改参数）对话框和 Variable List（变量列表）对话框；

● 通过 Contextual view（关联视图）；

● 通过 Watch view（查看视图）。

11.3.1　更改参数对话框

Parameter 模式下双击元件或连线可打开 Change Parameters 对话框，在此对话框中可改变参数值，如图 11.3 所示。

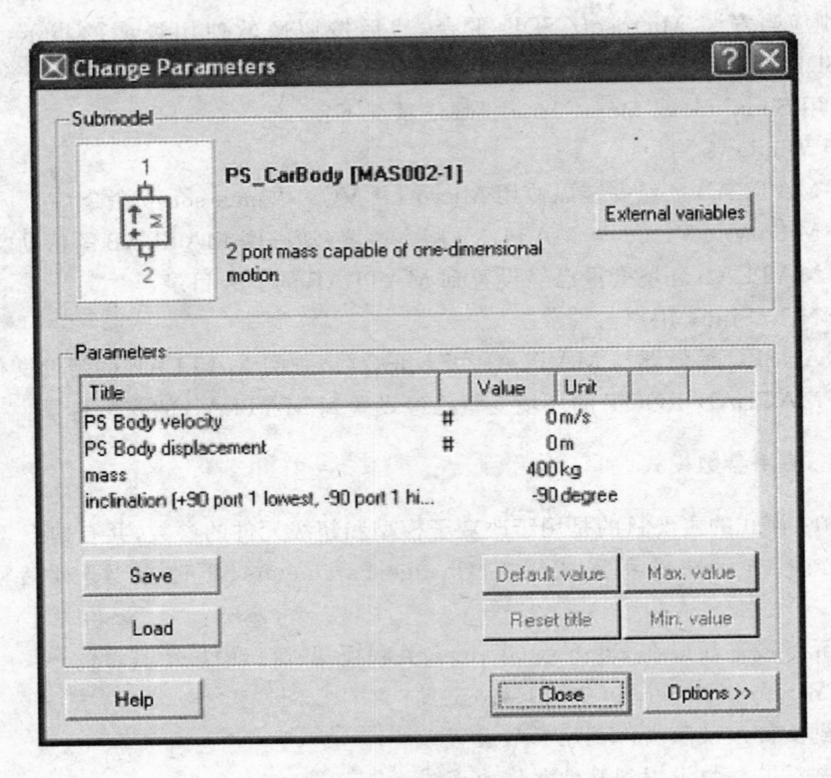

图 11.3　更改参数对话框

此对话框也可通过右击元件或连线打开，如图 11.4 所示。

图 11.4　右击元件打开菜单

列表中的每一项都有其标题，并且此区域是可编辑的，选择该区域即可按需求更改，如图 11.5 所示。

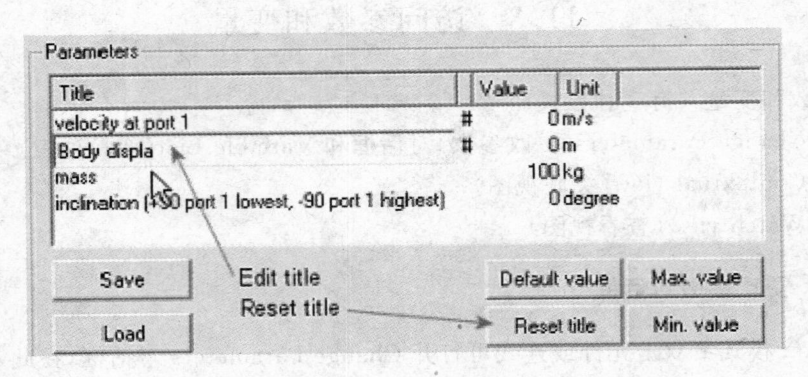

图 11.5　可编辑的标题

欲恢复到其最初的标题，可选择列表中的选项，单击 Reset title(重置标题)按钮。

可以编辑标题，也可编辑参数和全局参数的取值。

在 AMESim 中，对参数标题等对象的字符数是有所限制的，如表 11.1 所列。

表 11.1　对象字符数的限制

对　象	限制的字符数/个
参数值	255
文本参数值	512
参数的标题(Paremeter title)	127

注：可同时打开多个 Change Parameters 对话框。

11.3.2　变量列表对话框

在 Parameter 模式下，右击元件或连线可打开 Variable List(变量列表)对话框，如图 11.6 所示。

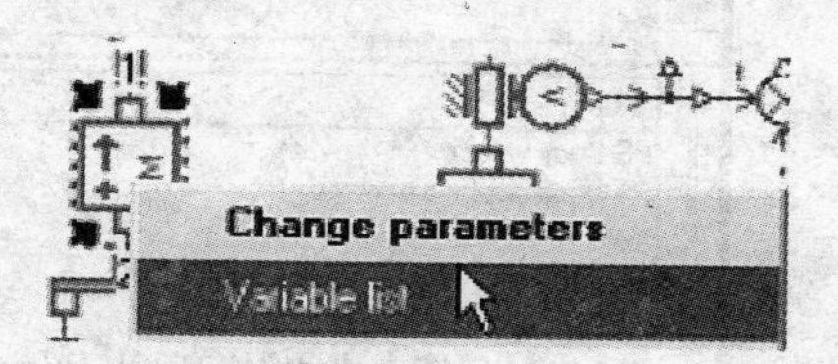

图 11.6　在参数模式下打开变量列表对话框

由此可在 Parameter 模式下给变量绘图、查看变量终值、更改变量标题以及为变量修改 Save next(保存下一个)状态，如图 11.7 所示。

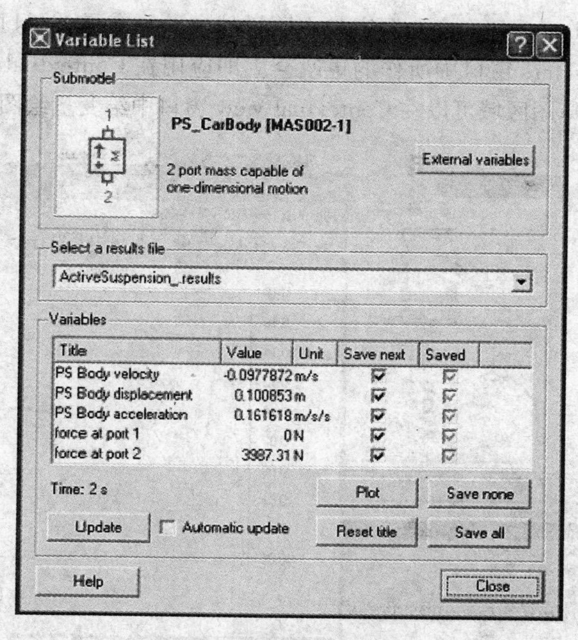

图 11.7　变量列表对话框

注：可同时打开多个 Variable List 对话框。

11.3.3 关联视图

除了通过双击元件打开 Change Parameters 窗口外，还可在 Contextual view(关联视图)中编辑取值。此选项默认是激活的，也可在 View(浏览)菜单中取消(或恢复)关联视图，如图 11.8 所示。

在该选项激活的情况下，单击元件可在停靠窗口(若 Watch view 的停靠窗口被激活，则在其上或旁边)中显示其参数，如图 11.9 所示。

图 11.8 浏览菜单

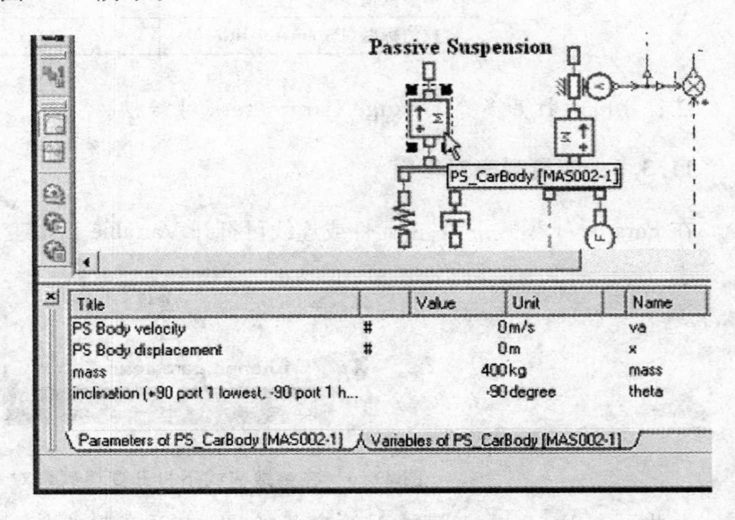

图 11.9 激活的关联视图

在此可以访问与 Change Parameters 窗口中同样的参数和变量，并且可以用同样的方法编辑它们。在 Change Parameters 窗口中所作的更改会立即应用在 Contextual view 中，反之亦然。

通过将变量拖曳到草图区域可以在 Contextual view 窗口中给变量绘图，如图 11.10 所示。

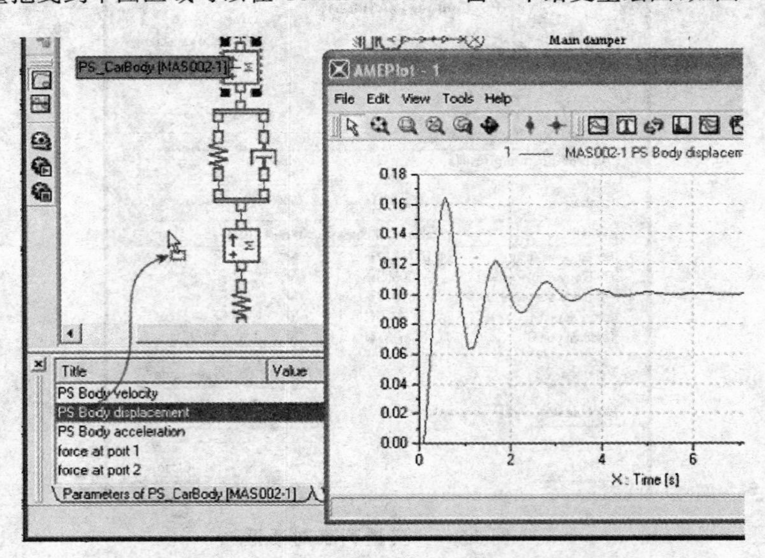

图 11.10 从关联视图中给变量绘图

通过从 Contextual view 停靠窗口拖曳元件到 Watch parameters 窗口中可以创建参数的查看，如图 11.11 所示。

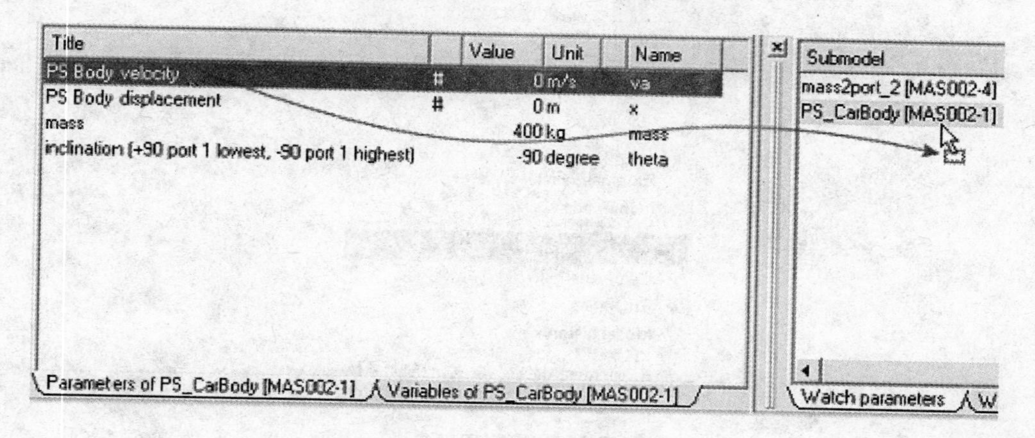

图 11.11　创建参数查看

通过右击元件可复制元件或者变量的位置，如图 11.12 所示。

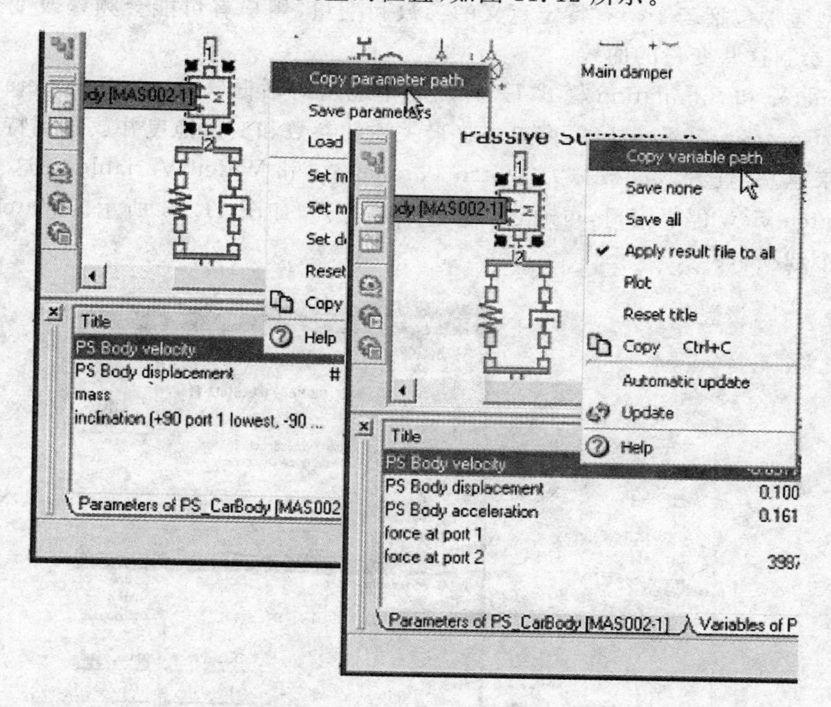

图 11.12　复制元件位置

这可以获得脚本处理中使用的元件或变量的唯一的 ID。

11.3.4　查看视图

由视图菜单可查看视图，如图 11.13 所示。

当研究系统性能时，可能会特别关注某些参数和变量的值；也可能会对相同的参数设置不同的取值；通过并多次运行仿真以比较其结果。

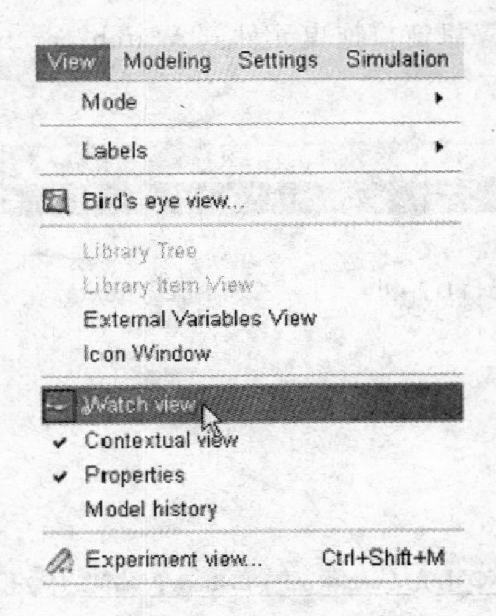

图 11.13 视图菜单

Watch view(查看视图)窗口可给最常用的参数和变量提供永久的和直接的访问。

一个模型通常包括若干个有特定意义的参数和变量,用户有可能会频繁改变这些参数的取值,并频繁绘制这些变量的曲线。

在 Parameter 和 Simulation 模式下,可以简单地从对话框(Change Parameters 或 Variable list)或者 Contextual view 停靠窗口中将最关注的参数和变量拖曳并放置到特定的 Watch (查看)窗格来建立"查看",这被称为 Watch Parameters 和 Watch Variables。这一 Watch 窗格被称为 Watch view 停靠窗口,可通过 View 菜单打开,如图 11.14 所示。Watch view 停靠窗口包括 4 个选项卡:

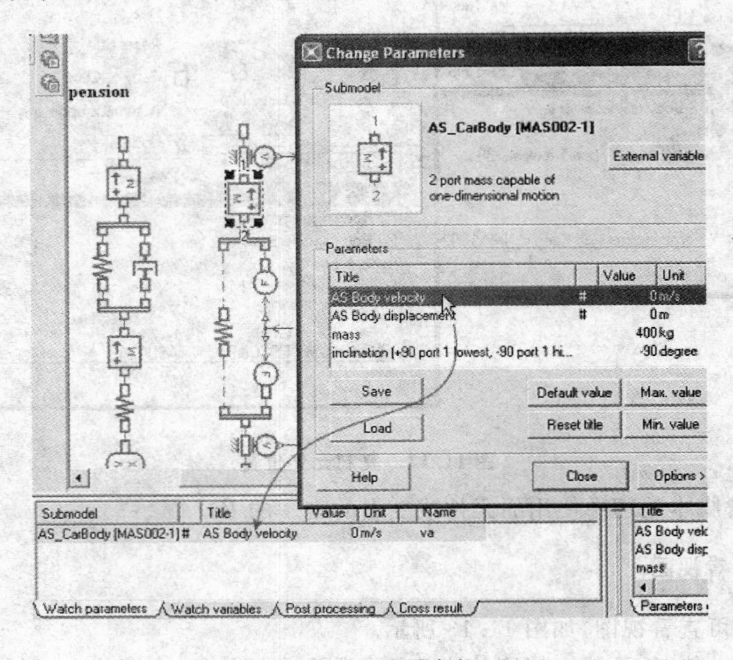

图 11.14 查看参数

- Watch Parameters；
- Watch Variables；
- Post processing(后处理)；
- Cross result(交叉结果)。

所得特征将和模型一起保存下来，作为 AMESim 的结果文件，对某一给定模型最关注的参数和变量将被保存。

(1) 更改参数

在 Parameter 或 Simulation 模式下的 Watch Parameters 标签里均可更改参数的取值和标题。对于规模较大的模型，这一功能提供了快速访问重要模型参数的途径。

单击 Title(标题)或 Value(取值)区域可以直接编辑它们，就像在 Change Parameters 窗口或在 Contextual parameters 选项卡中一样。

(2) 绘制变量曲线

在 Parameter 或 Simulation 模式下，均可通过拖曳和放置变量到草图区以直接由 Watch variables 选项卡中绘制曲线，如图 11.5 所示。

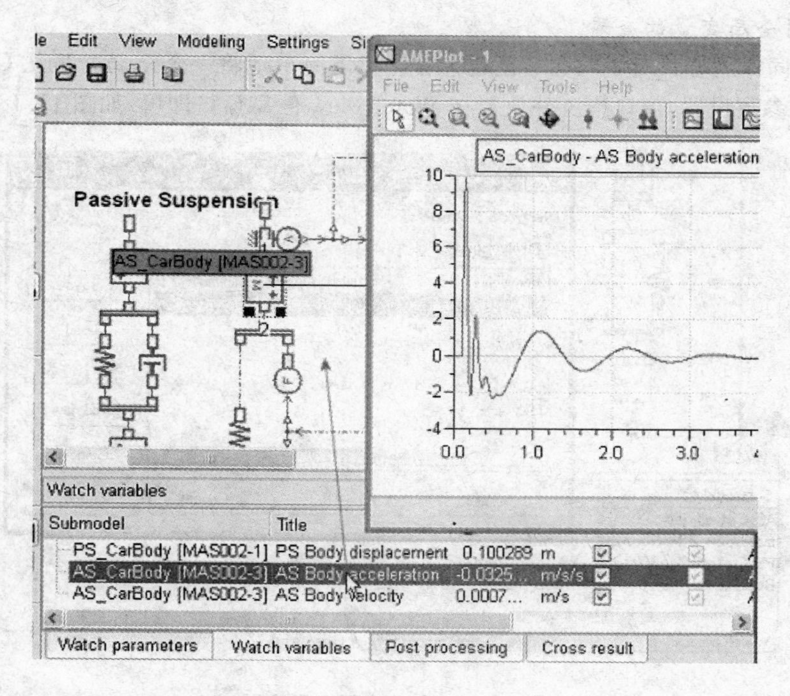

图 11.15　绘制查看变量曲线

也可单击 Title 区域来进行编辑，或使用 Source file(源文件)组合框来选择源文件，就像在 Variable List 窗口或 Contextual variables 选项卡中一样。可设置查看变量自动更新，或手动更新，右击 Watch variables 选项卡并选择 Automatic update(自动更新)便可让查看变量自动更新，如图 11.16 所示。

欲手动更新查看变量，可取消选择 Automatic update 并选择 Update(更新)菜单选项 Update，以手动更新。当 Automatic update 被禁用时，时钟标志变为灰色，如图 11.17 所示。

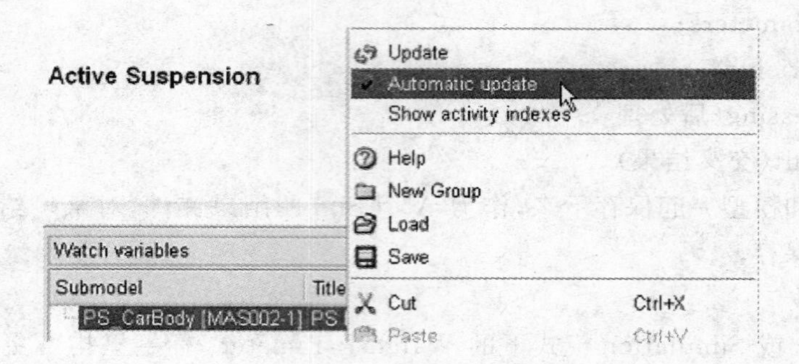

图 11.16 自动更新

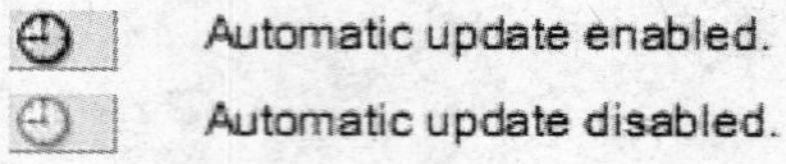

Automatic update enabled.

Automatic update disabled.

图 11.17 自动更新被禁用

1. 创建对全局变量的查看

可用上述同样的方式对全局参数创建查看。只需简单地将一个全局变量从 Global Parameter Setup(全局参数设置)窗口拖曳并放置在 Watch view 停靠窗口即可,如图 11.18 所示。

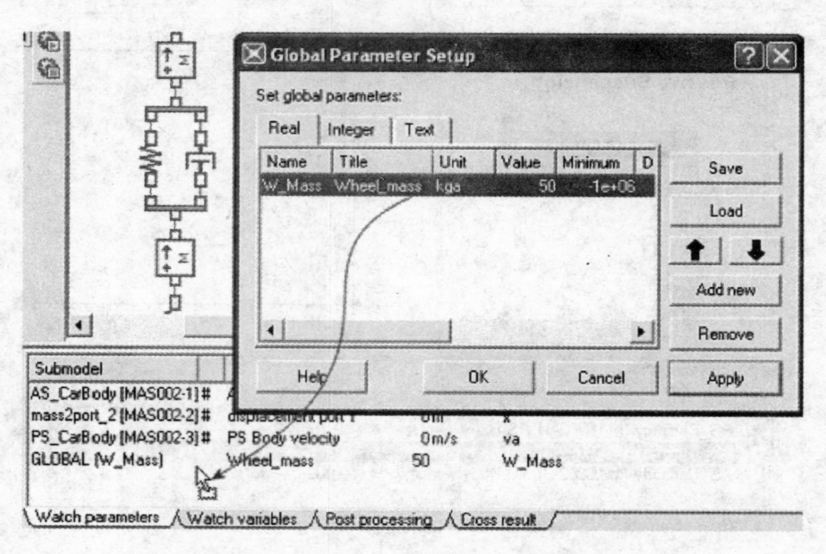

图 11.18 创建全局变量查看

2. 配置查看

(1) 文件夹

如果查看量很大,在 Watch parameters 和 Watch variables 选项卡中均可将查看对象保存在文件夹(和子文件夹)中。

欲创建文件夹,可右击 Watch view 停靠窗口中相关的选项卡,并选择 New(新建)。此时会在选定的位置插入一个新文件夹,此文件夹既可在查看列表的根目录下,也可根据需要在已存文件夹的子目录下。此时可输入文件夹的名称。

(2) 保存和读取查看

一旦创建了若干个查看，便可将其配置保存起来以备使用。这一过程会将所有当前的查看参数和查看变量保存到文件中以便读取。

欲保存当前的查看，右击 Watch view 停靠窗口并选择 Save。此时文件浏览器打开，以便选择查看的保存位置，浏览并选择所需的位置，输入文件名并单击 Save。

注： 查看将以 .pcv 格式文件保存在本地。

欲读取已保存的查看，右击 Watch view 停靠窗口并选择 Load。此时文件浏览器打开，浏览并找到已保存的查看文件，选择它并单击 Open(打开)。

注： 当前已经配置的任何查看都将被正在读取的文件中定义的查看所取代。

(3) 复制、粘贴、删除和剪切查看

右击查看或查看文件夹，以对其复制/剪切并将其粘贴到一个新的位置/文件夹/子文件夹，或对其删除。如果复制并粘贴的是一个查看文件夹，则文件夹下的所有查看也将复制并粘贴。

注： 在复制、粘贴、删除和剪切查看时，可使用 Ctrl ＋click(单击)或 Shift ＋ click，以选择多项。

(4) 清除查看

用户可以清除在 Watch view 停靠窗口配置的所有查看，但必须单独地对每个选项卡进行操作。选择 Watch parameters 或 Watch variables 选项卡的任意一个，然后右击选项卡的任何地方，从关联菜单中选择 Clear all(清除所有)，所有现存于所选选项卡里的查看将被移除。

3. 使用由低版本所设置的参数和变量

如果打开一个早于 Rev7 的旧版 AMESim 所创建的模型，任何一个用低版本以选项形式创建的查看参数或变量设置都将在 Watch view 停靠窗口被转换为新的群组，如图 11.19 所示。

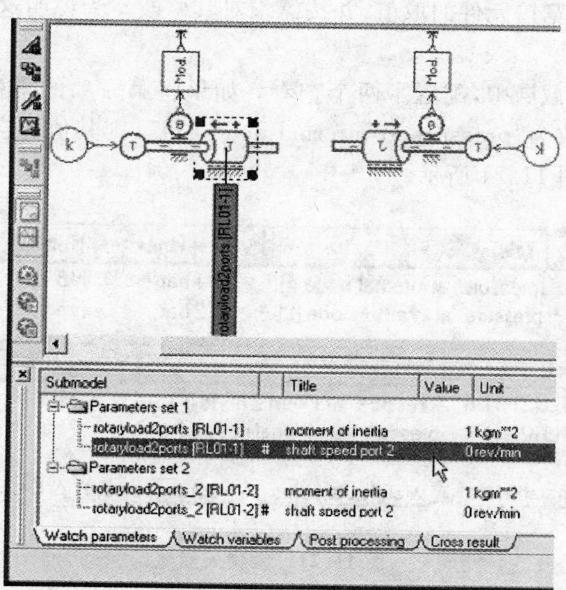

图 11.19　参数设置

此外，Parameters to check（待检查参数）选项不再存在，任何需要检查的参数均以分立的组群列写在 Watch parameters 选项卡中。

4. 矢量的查看与设置

在 Watch view 停靠窗口中可由子模型直接编辑矢量，如图 11.20 所示。

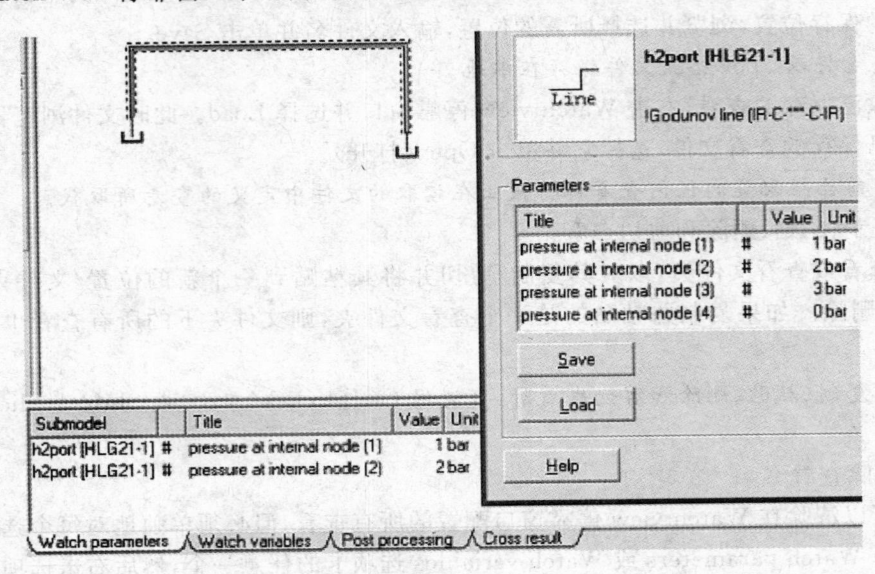

图 11.20　编辑矢量

当选择 Tools（工具）→Options（选项）→Expand vectors（展开矢量）时，可将矢量型参数元件拖放到 Watch view 停靠窗口，然后像其他任何参数一样修改矢量的标题或其取值。不仅如此，在查看的标题中还可以修改矢量元件的索引，随后查看会与在查看的标题中所输入的元件相一致。此时可以浏览该元件的取值，并按需求对其修改。为说明这一点，举一个非常简单的例子：

在图 11.19 所示的截屏中，配置了两个查看。如果将第一项的索引“pressure at internal node (1)”（值为 1bar）改为“pressure at internal node (3)”，则其值便会改为与第 3 个元件矢量对应的值（3bar），如图 11.21 所示。

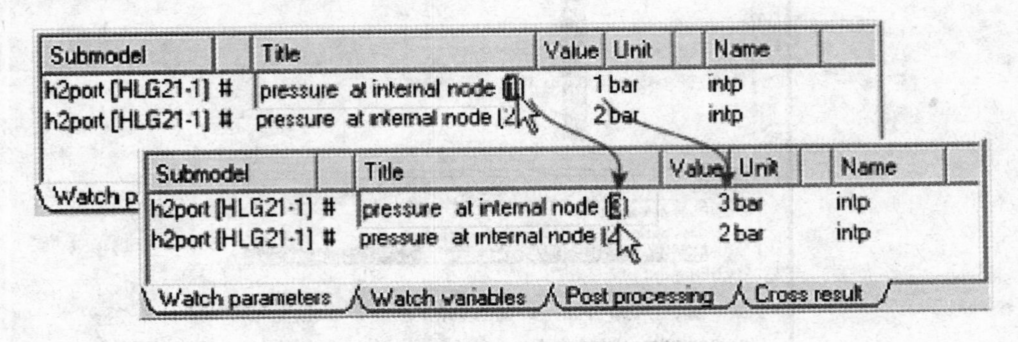

图 11.21　编辑矢量

另外，如果编辑一个查看的取值或者标题，则在 Change Parameters 窗口的取值也会相应改变，如图 11.22 所示。

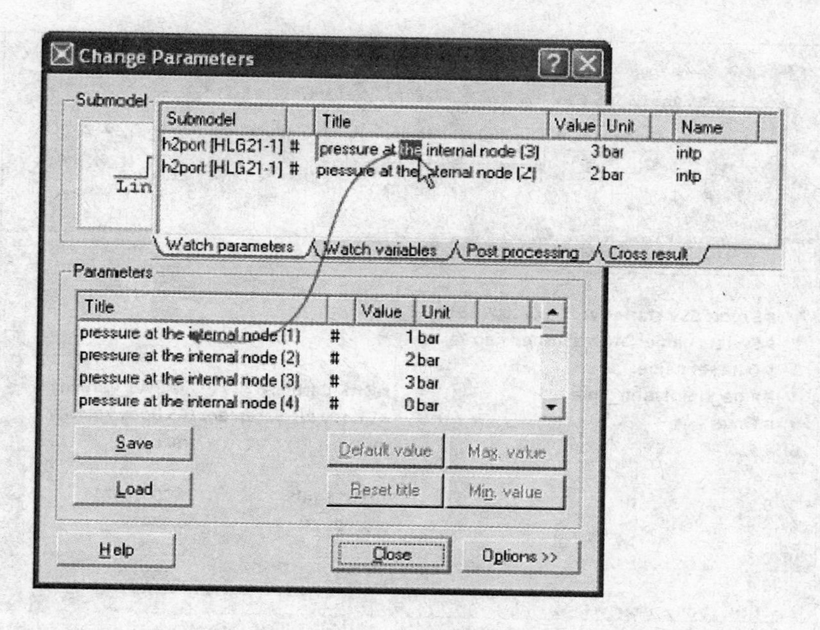

图 11.22　编辑查看

5. 导出查看变量

通过在查看窗格右击并选择 Export variables to CSV file(导出变量到 CSV 文件)，可以将查看变量导出到. csv 文件，如图 11.23 所示。

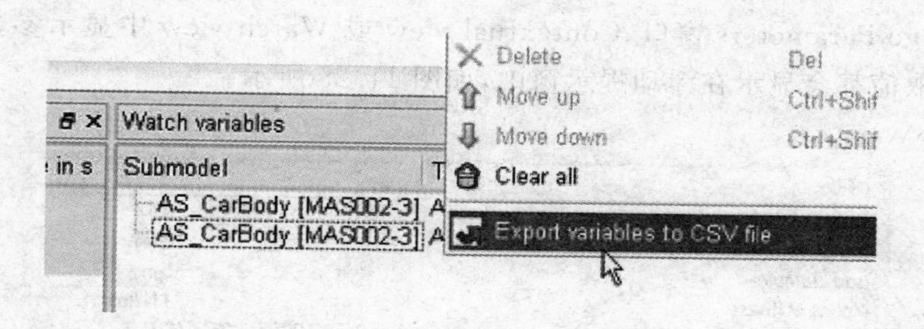

图 11.23　导出变量到. csv 文件

此时文件浏览器打开以便为导出选择目标文件夹。导出的. csv 文件将包含查看变量窗格中全部查看变量，如图 11.24 所示。

随后生成的文件包含以下信息：

- 导出的日期和时间；
- 系统名称；
- 导出的变量数据路径；
- 导出变量的标题；
- 导出变量的单位；
- 导出变量的值。

这一选项也可通过 AMESim 的参数选择设置自动激活，参见“仿真”部分。

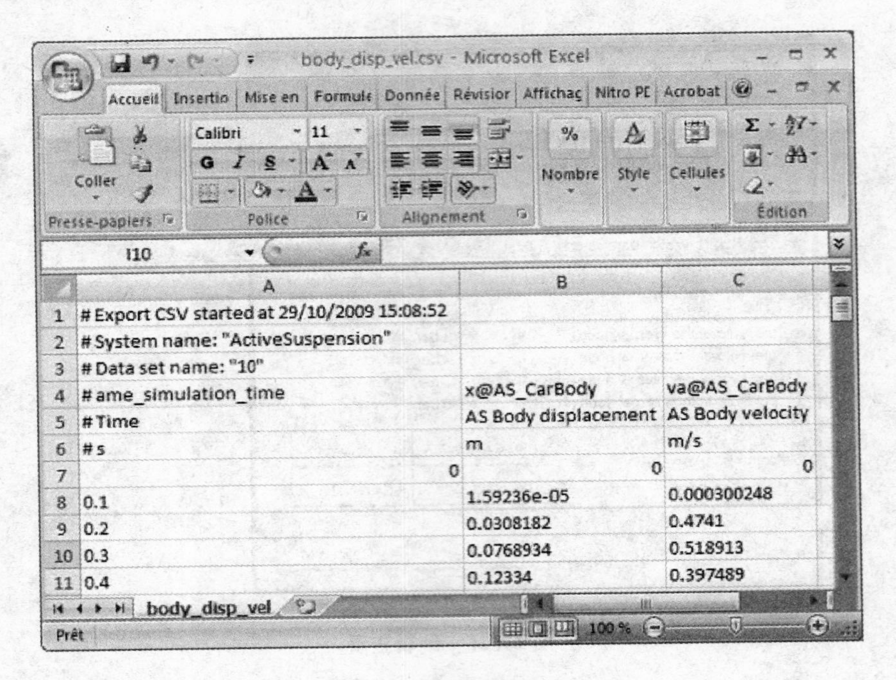

图 11.24　导出 .csv 文件所包含的信息

11.3.5　参数预览下的表达式估值

当在 Change Parameters 窗口、Contextual view 或 Watch view 中显示参数时，任何包含表达式的参数取值都会显示在浮动提示窗中，如图 11.25 所示。

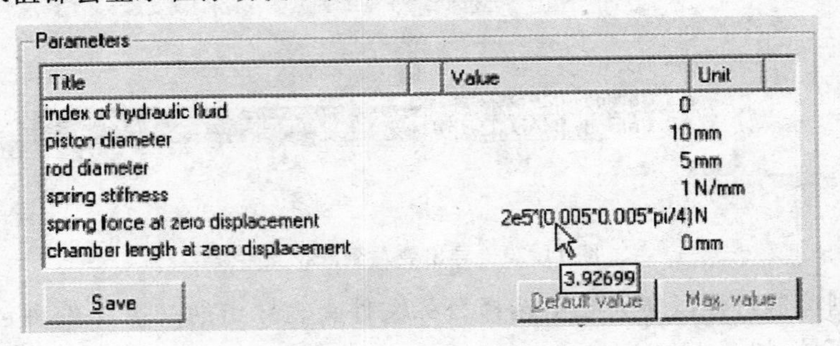

图 11.25　带表达式的参数

如果取值栏大小被调整过窄而无法显示表达式，则浮动提示窗会同时显示表达式和取值，如图 11.26 所示。

11.4　结果管理器

Watch view 窗口包含两个选项卡，构成了 Result Manager(结果管理器)：Post processing (后处理)和 Cross result(交叉结果)。详见 12.5 节“结果管理”。

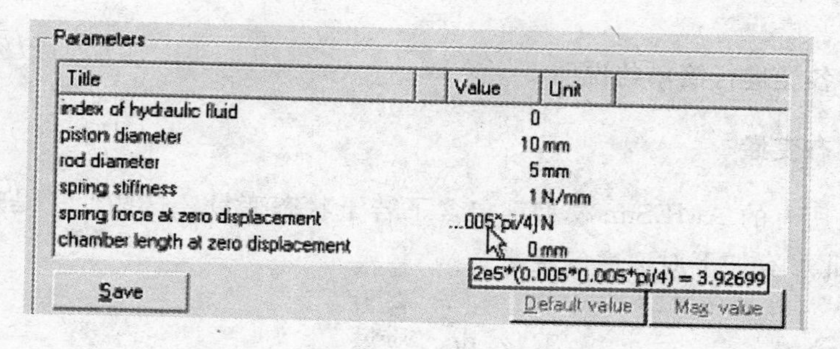

图 11.26　取值栏调整时的参数值

11.5　参数类型

图 11.27 是一个双击元件或连线后产生的对话框的例子。

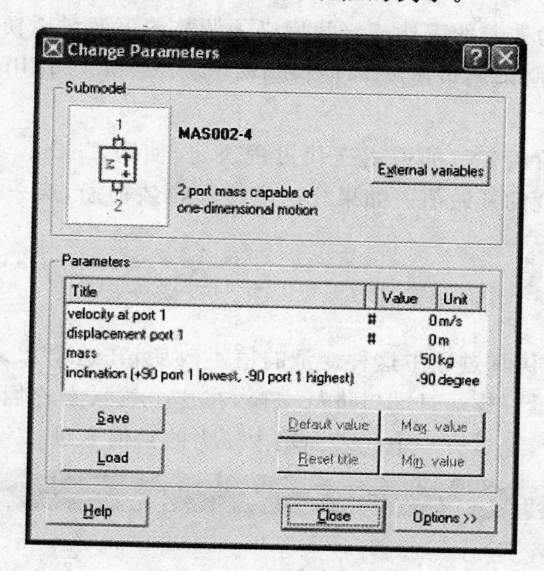

图 11.27　可访问的参数

这里显示了所有参数和部分变量的列表，用户可对其进行更改。窗口中有 Title(标题)、Value(取值)和 Unit(单位)三栏，其中前两栏是可编辑的。此列表与 Watch parameters 和 Contextual parameters 选项卡中的类似。

列表中可能包含如下内容：

- State variables(状态变量)的初值(冠以＃)；
- 用于 Constraint variables(约束变量)的初值(冠以＃)；
- Fixed variables(常值变量)的取值(冠以＃)；
- Discrete variables(离散变量)的初值；
- 上述类型变量的矢量；
- 实型参数；
- 整型参数；

● 文本参数。

下面对上述各类进行简单的说明。

11.5.1　状态变量

多数但不是所有的 AMESim 模型都包含了若干状态变量。这些变量是通过一个常微分方程定义的，因此可有如下对速度的定义：

$$\frac{\mathrm{d}v}{\mathrm{d}t}=\frac{\text{合力}}{\text{质量}}$$

为了跟踪 v 相对时间的变化，有必要知道 v 的开始值或初值。这一取值可通过 Change Parameters 对话框设置。

对于实型参数，可使用图 11.34 所示的 Expression editor（表达式编辑器）。

11.5.2　约束变量

约束变量包含被称为残差的表达式。我们必须调整约束变量以使残差尽可能接近 0。对于零质量系统这个特例，必须调整速度 v，使得当两个力 F_1 和 F_2 作用时下式的残差为 0。

$$\varepsilon=F_1+F_2$$

在仿真运行的初始阶段变量的值由迭代过程决定，使用 Change Parameters 对话框可设置在这一迭代过程中用到的开始值。如果此迭代过程收敛很慢，换一个更好的开始值可能会加快收敛。

11.5.3　常值变量

看起来有些矛盾，在仿真过程中这种变量的值不改变，在这个意义上它们是固定的；同时这些变量也可和其他变量一样通过端口进行交换，在这个意义上它们是变量。液压油箱子模型 TK000 便是一个例子，这里有一个代表油箱内压力的常值变量。

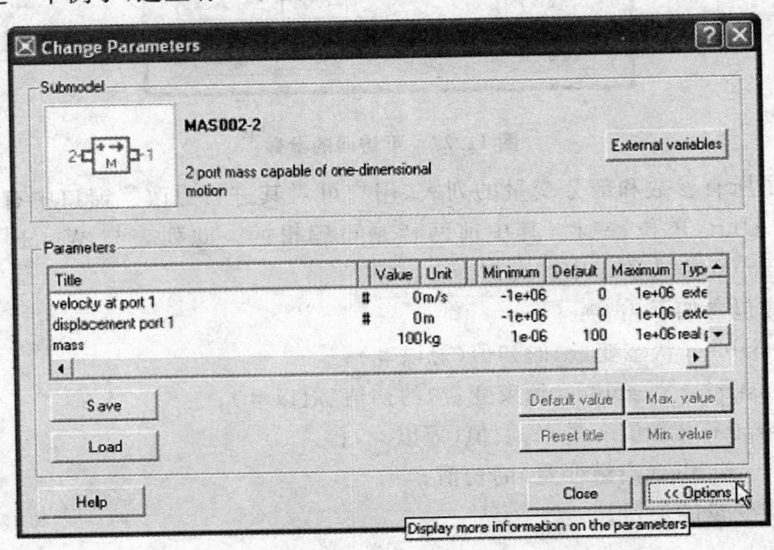

图 11.28　扩展选项

注： 单击 Options 按钮，可获得列表中项目的特性，如图 11.28 所示。

11.5.4　离散变量

离散变量可用在需要进行分段设置常值变量的子模型中，已被广泛用于液压的离散分割子模型中。与状态变量一样，离散变量只能在非连续标志为 0 时才可以重置。

在 AMESim 的 Simulation 模式下，当 Discontinuities printout（非连续打印输出）开启时，一个典型的离散变量曲线如图 11.29 所示。

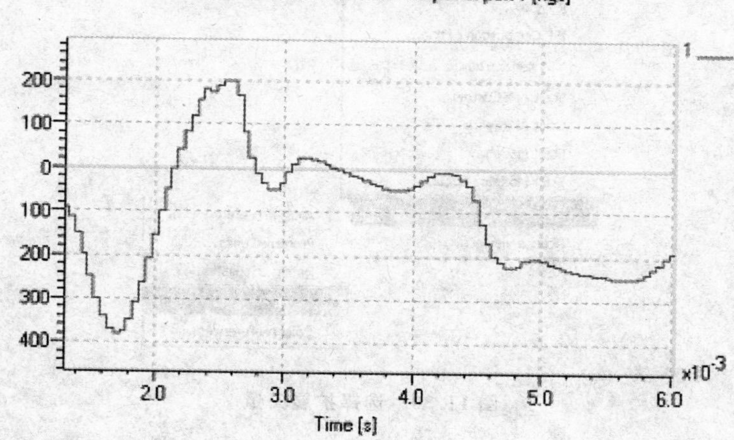

图 11.29　典型的离散变量曲线

11.5.5　矢量变量

状态、常值、约束和离散变量的共同之处在于它们都可以为矢量，这就意味着它们的维数可以大于 1。此时，矢量的每一个分量可能是如下情形之一：

- 相同的初始值；
- 不同的初始值。

根据 Tools→Options 菜单下的 Expand vectors（扩展矢量）选项的状态，矢量可以以两种方式显示，如图 11.30 所示。

如果选中这一选项，则矢量的每一个分量均可单独设置，如图 11.31 所示。

如果没有选中，则一次操作即可将矢量的所有分量设为相同的值，如图 11.32 所示。

注： 如果给定矢量的所有分量具有相同的值，则此共同值会显示出来；否则，Value 区域被设置为“???”，如图 11.33 所示。

11.5.6　实型参数

实型参数在仿真运行中被作为实常数，但是事实上它们是以文本字符串保存的，这大大增强了灵活性。因为输入一个像 1/60 这样的表达式，比输入 0.01666666666667 方便得多。也允许使用包括全局实型参数、全局整型参数、pi（π）和一些数学函数的表达式。在 Value 输入框可使用图 11.34 所示的表达式编辑器。

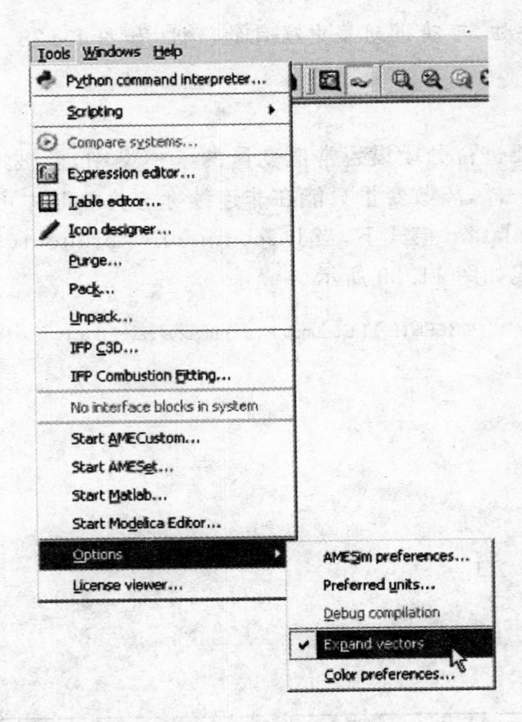

图 11.30　选择扩展矢量

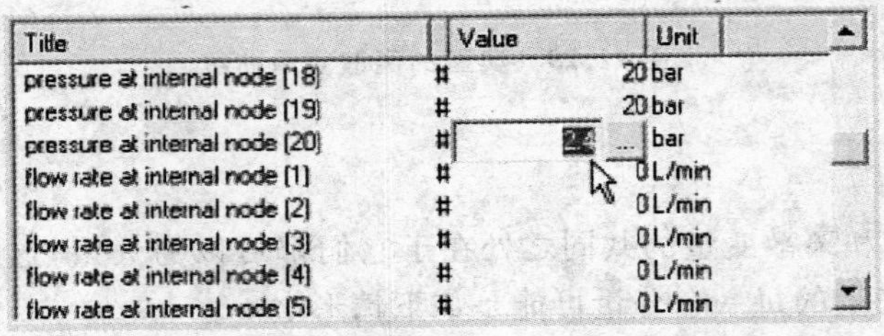

Title		Value	Unit
pressure at internal node [18]	#	20	bar
pressure at internal node [19]	#	20	bar
pressure at internal node [20]	#		bar
flow rate at internal node [1]	#	0	L/min
flow rate at internal node [2]	#	0	L/min
flow rate at internal node [3]	#	0	L/min
flow rate at internal node [4]	#	0	L/min
flow rate at internal node [5]	#	0	L/min

图 11.31　单独设置取值

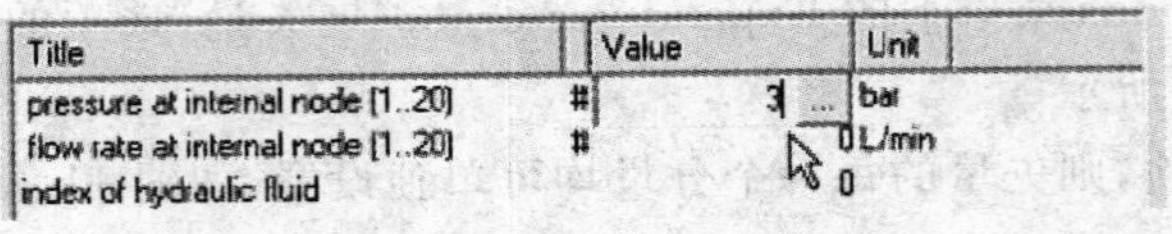

Title		Value	Unit
pressure at internal node [1..20]	#	3	bar
flow rate at internal node [1..20]	#	0	L/min
index of hydraulic fluid		0	

图 11.32　所有分量的取值相同

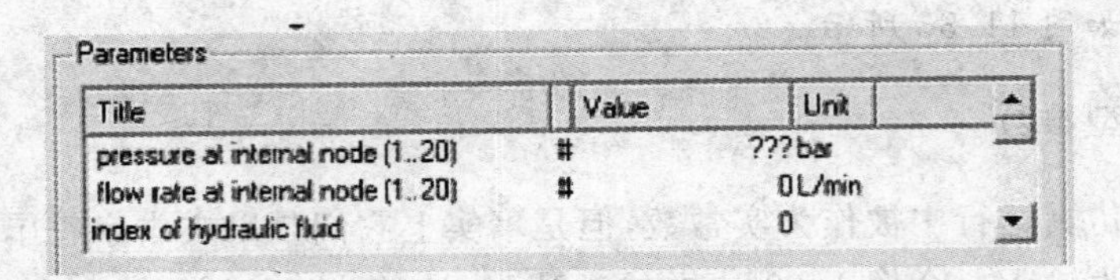

Parameters

Title		Value	Unit
pressure at internal node [1..20]	#	???	bar
flow rate at internal node [1..20]	#	0	L/min
index of hydraulic fluid		0	

图 11.33　取值不相同

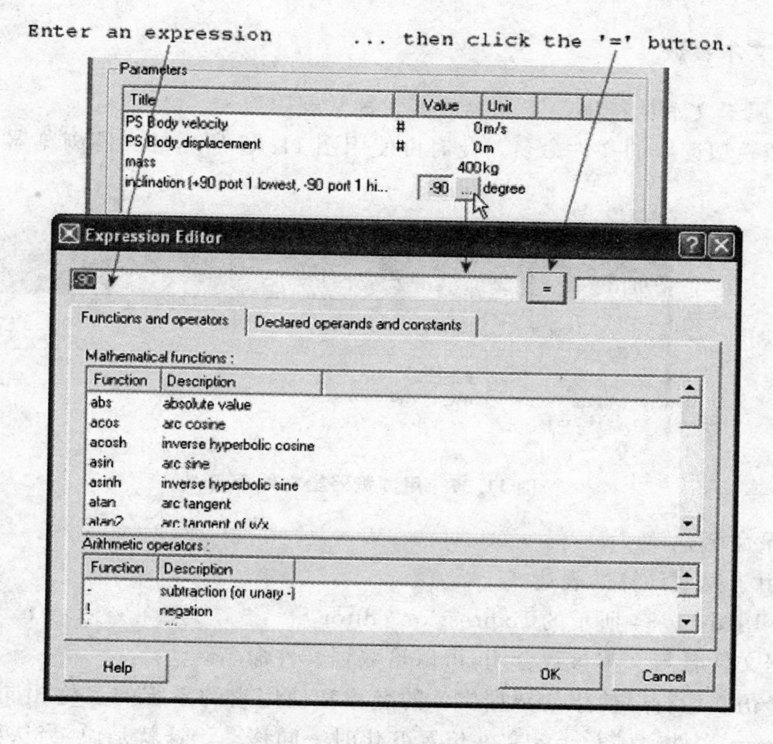

图 11.34　表达式编辑器

Expression editor 允许输入表达式，通过单击"="按钮，可检查其有效性及取值。当对输入表达式满意时，单击 OK 按钮。注意，对实型参数来说，其最小值和最大值只是提醒而已。

11.5.7　整型参数

共有两种整型参数：

① Standard(标准型)。此类参数和实型参数相似，但是其最小和最大值被严格限定，如图 11.35 所示。

② Enumeration(枚举型)。此类参数和字符串列表相关，如果列表中的第 1 个字符串被选中，则参数取值被指定为 1；如果第 2 个被选中，则参数值被指定为 2。以此类推，如图 11.36 所示。

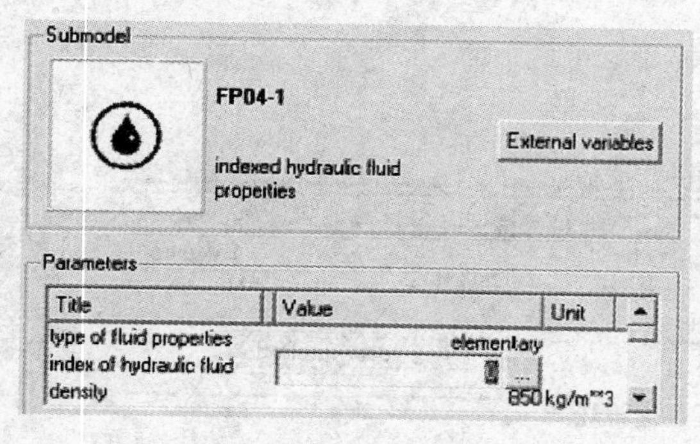

图 11.35　标准型

图 11.36　枚举型

11.5.8 文本参数

文本参数属于文本字符串。文本参数有 3 种常规用途：

① 给由子模型读取的文件命名。此时可使用图 11.37 所示的文件浏览器，也可使用通用数据文件名。

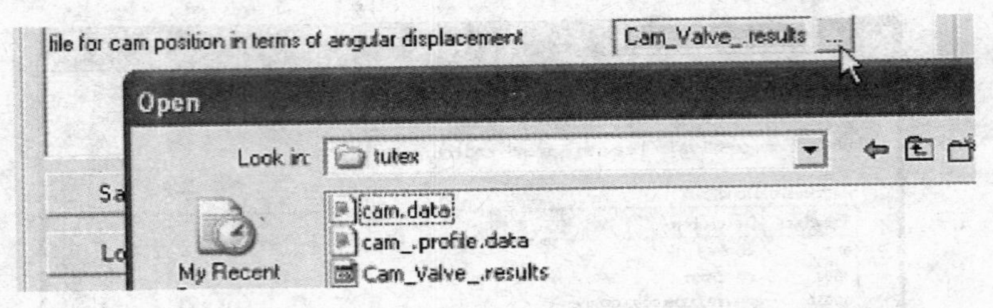

图 11.37 用浏览器给文件命名

② 给目录命名；

③ 给出由子模型计算的表达式。

此时可使用图 11.34 所示的 Expression editor。

通用数据文件名与文本参数合用，可以给数据文件命名。

如果一个仿真运行时使用的数据文件的名称和使用它的系统的名称相同，则此数据文件将被包含进.ame 文件，且随.ame 文件位置变化时一同移动。这就是说，当从新位置打开系统时，此数据文件依然是可用的。然而，如果将系统保存为新的名称（以避免更改其他人在原系统中的工作），相关的数据文件在重新命名的系统下将无法访问，而且当执行运行时将显示失败，因为文本参数仍然指向此前的文件名。

仿真中使用的数据文件名可以部分自动生成。就是说，如果将系统保存在一个新的文件名下，将不必再更正所有元件的文本参数来重新命名数据文件以反映新的系统名称。

为此可以使用下列关键词：

● ${full_circuit_name} 在运行的执行中自动被系统的全名替代，并包含其完整路径；

● ${circuit_name} 在运行的执行中自动被系统的名称替代（不包含其路径）。

下面以实例说明使用通用数据文件名的方法：

图 11.38 所示的例子（名为 cam.ame）包含一个使用数据文件（cam_.profiledata）的元件。

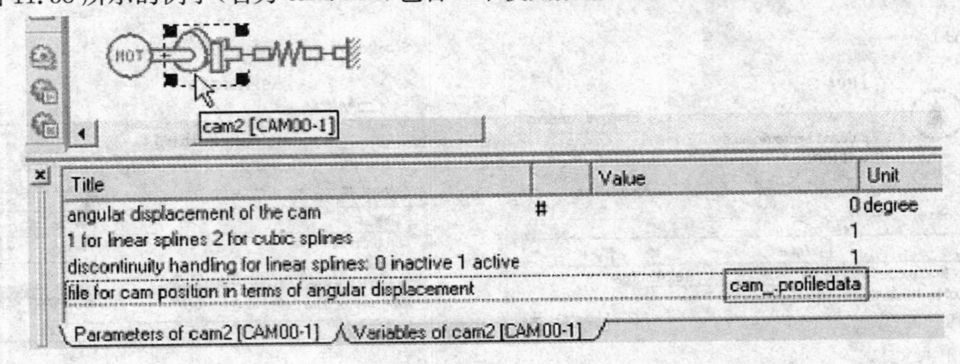

图 11.38 关联视图

如果将例子保存在新的文件名(例如:new_cam.ame)下,则 cam_.profiledata 文件对新的例子将不再可使用,会得到错误信息,如图 11.39 所示。

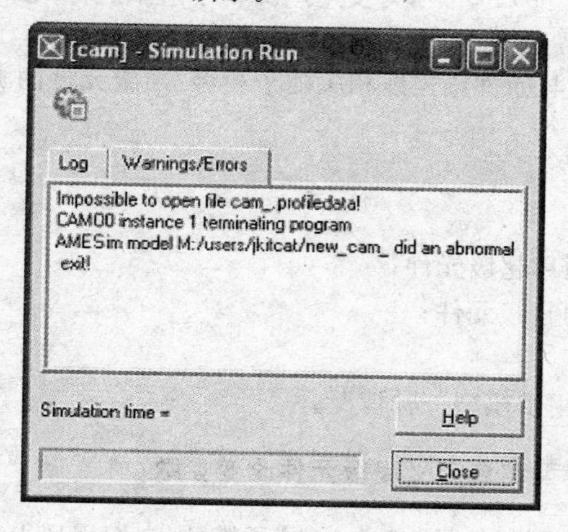

图 11.39　运行失败

为使文件名依赖于回路名称,可将文件名以关键词 ${circuit_name} 替代,如图 11.40 所示。

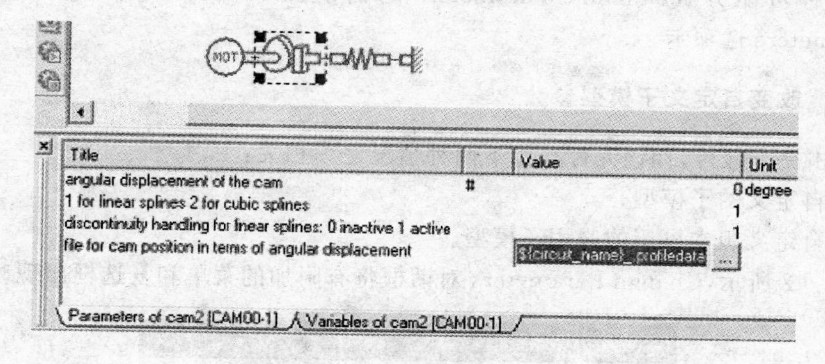

图 11.40　数据文件名

当转换到 Simulation 模式并运行仿真时,仿真将正确运行,如图 11.41 所示。

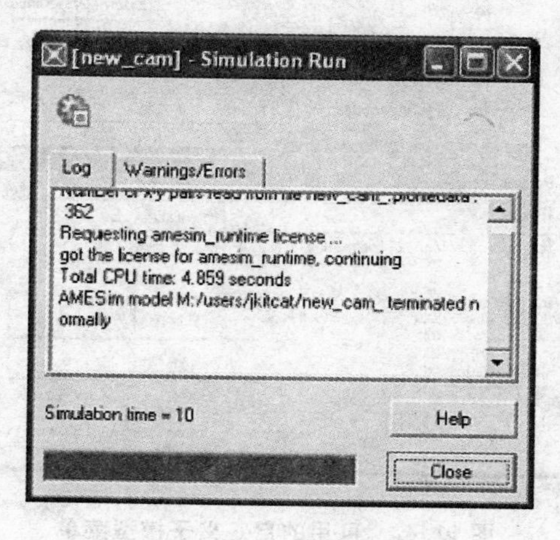

图 11.41　仿真成功

11.6　改变参数:可能的情况

对话框的形式依赖于与元件或连线相关的子模型/超级元件的类型。对于一个元件,可能有 5 种情况:

- 通用子模型;
- 自定义子模型;
- 不含全局参数的通用超级元件;
- 含全局参数的通用超级元件;
- 自定义超级元件。

对于连线,则只有通用子模型一种情况。

11.6.1　为通用子模型和自定义超级元件改变参数

可以认为,自定义的超级元件是“名义上的”子模型,它们表现得就像通用子模型一样,不可能“爆炸”或对其进行查看。自定义超级元件的设计者可以决定使用的参数和变量,仅此而已。

共有 3 种可能方式:Change Parameters 对话框、Contextual parameters 选项卡以及 Watch parameters 选项卡。

11.6.2　改变自定义子模型参数

如果双击一个元件,而该元件与以下两种情况之一相关:

- 一个自定义的子模型;
- 一个自定义版本可用的通用子模型。

如图 11.42 所示,Change Parameters 对话框将有附加的菜单和复选框出现。此菜单允许

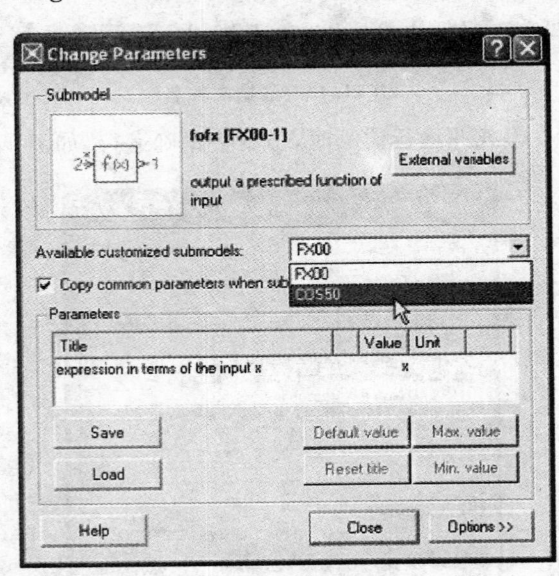

图 11.42　可用的自定义子模型菜单

在通用"父"类和其可用的自定义版本之间转换。复选框标记为 Copy common parameters when submodel changes(当子模型变化时复制共用参数),且通常必须选中,以便保持新旧子模型的公共参数具有相同的取值。

如果不需要参数保存其原来的值,只需取消选择这一复选框。此时新子模型的参数将被指定为其默认值。

对于通用子模型,关联视图和查看视图是完全一样的。

11.6.3　为没有全局参数的通用超级元件改变参数

当双击一个元件,而此元件与没有全局参数的通用超级元件无关时,会出现 Explore Supercomponent(探索超级元件)对话框,示例如图 11.43 所示。

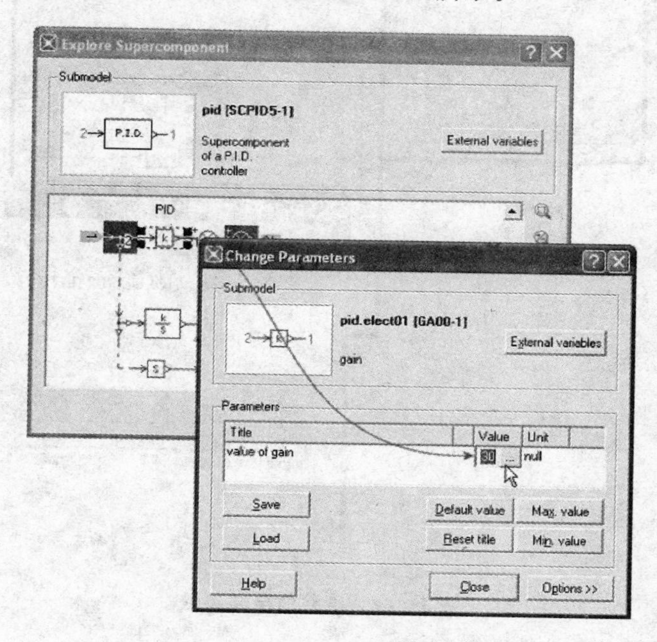

图 11.43　可以更改超级元件参数

欲继续,可通过选择元件和连线将这些内容看做一个系统来处理,以检查并修改其参数:

- 双击元件和连线,以得到 Change Parameters 对话框;
- 单击元件和连线,以得到 Contextual view 停靠窗口。

11.6.4　为有全局参数的通用超级元件改变参数

这是介于没有全局参数的通用超级元件和自定义超级元件之间的媒介。这里讨论的全局参数范围受超级元件的限制。

如图 11.44 所示,当双击超级元件时,会弹出 Change Parameters 对话框,对话框显示全局变量。或者单击超级元件以得到 Contextual view 停靠窗口。

然而,与自定义的超级元件不同的是,这里增添了一个 Explore(探索)按钮,当单击它时,将会看到超级元件的组成部分。欲继续,应当选择元件和连线,并将这些内容当成一个系统,以便检查和修改其参数。注意这些与全局参数相关的组成部分的参数是被隐藏的。

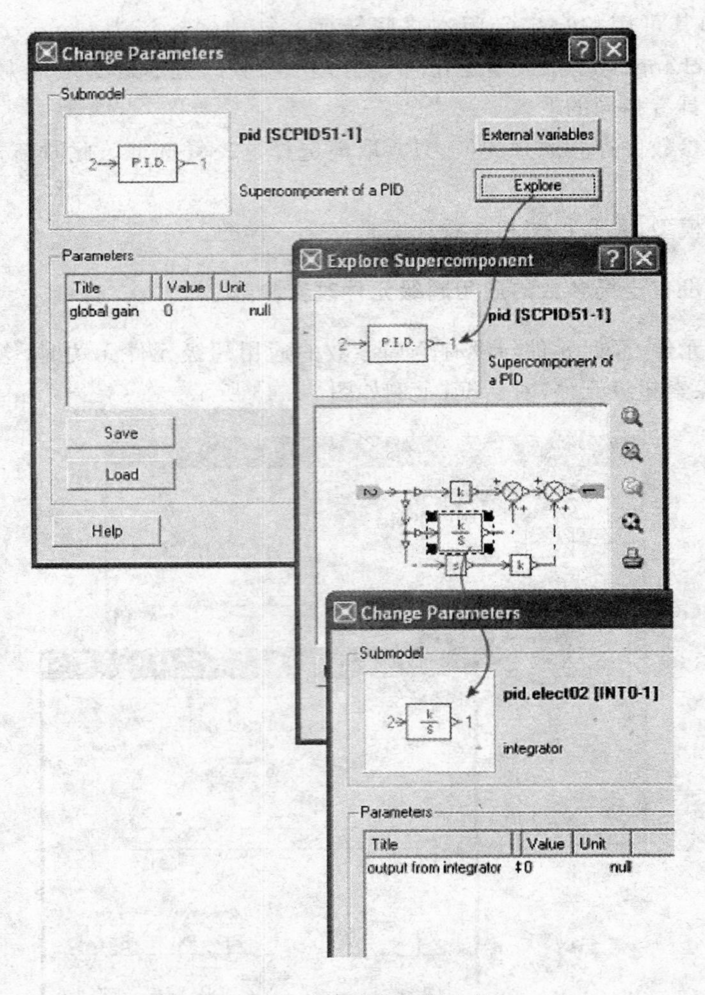

图 11.44　隐藏的全局参数

可以参看 Tutorial（指导）手册中 Creating a generic supercomponent containing global parameters（创建包含全局参数的通用超级元件）一节中的例子。

在子模型 INT0 中，value of gain（增益值）这一参数是隐藏的。其取值的设置是由超级元件 SCPID51 的 global gain（全局增益）参数完成的。

11.7　读取/保存参数值

注意图 11.42 中的 Load（读取）和 Save（保存）两个按钮。这些按钮用来保存特定的子模型或超级元件参数（来自源子模型），以便将其重新读取并应用在另一个子模型或超级元件（即目标）中。源子模型和目标子模型不必是相同的。如果源子模型是一个超元件，则目标子模型必须是一个同样超级元件实例。

这一工具也可通过右击元件菜单得到，既可以单击 Contextual parameters 选项卡，也可以直接单击元件图标，如图 11.45 所示。

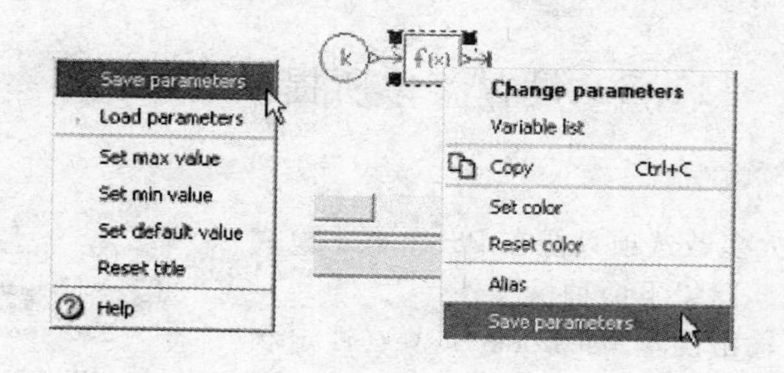

图 11.45　右击元件菜单

(1) 保存参数

① 选择 Save 按钮或菜单选项。

② 选择一个已存在的文件或输入一个新文件名，如图 11.46 所示，首选的扩展名是.par。

③ 单击 Save 按钮。

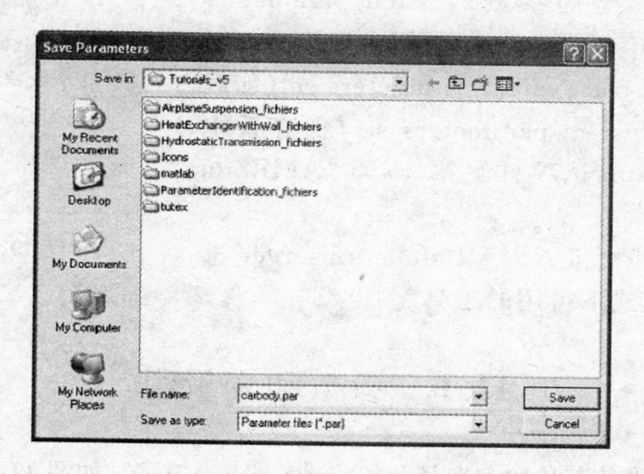

图 11.46　保存参数

(2) 读取参数设置

① 选择 Load 按钮或菜单选项。

② 单击 Load 按钮。

③ 选择一个包含所需参数的文件，如图 11.47 所示并单击 Open。

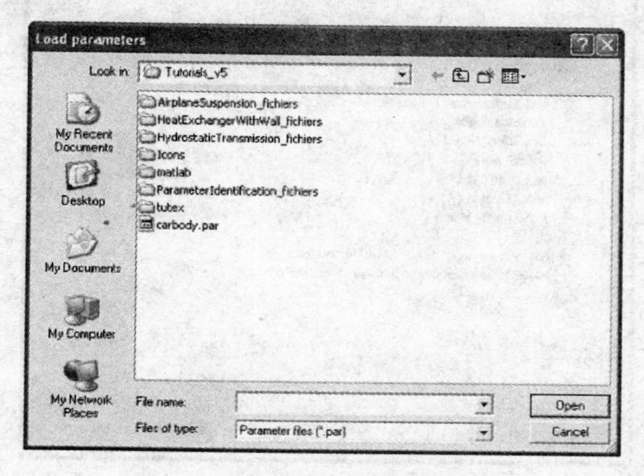

图 11.47　读取参数

11.8　设置菜单所提供的工具

Settings 菜单中，大多数选项只能在 Parameter 模式使用，如图 11.48 所示。除以下两种情况外：

① Export setup（输出设置）和 Lock States（锁定状态）选项还可以在 Simulation 模式下使用；

② Save all/no variables（保存/不保存全部变量）和 No/All states observer（无/全部状态观测器）选项只在 Simulation 模式下可用。

以下选项详见第 4 章“设置”：

Global paramsters（全局参数）、Batch parameters（批处理参数）、Common parameters（共用参数）、Set final values（设置终值）、Load system parameters set（加载系统参数设置）、Save system parameters set（保存系统参数设置）。Export Setup 选项详见第 15 章“AMESim 输出模块”。

Save all/no variables 和 No/All states observer 选项详见第 12 章“仿真模式下可用的工具”。

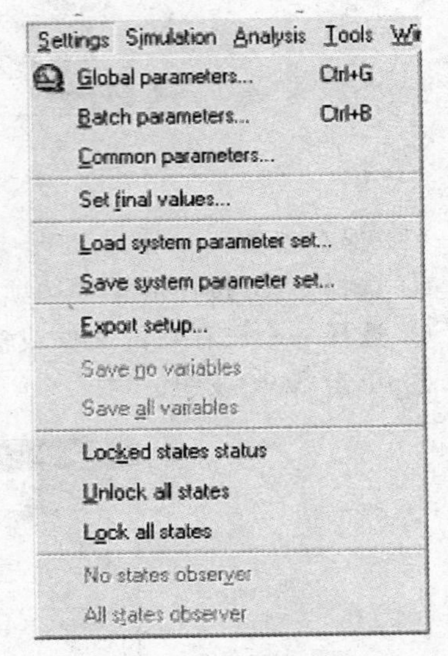

图 11.48　设置菜单

11.9　参数和变量组

通过配置子模型可以使其参数和变量分组集中。此时其显示，如图 11.49 和图 11.50 所示。

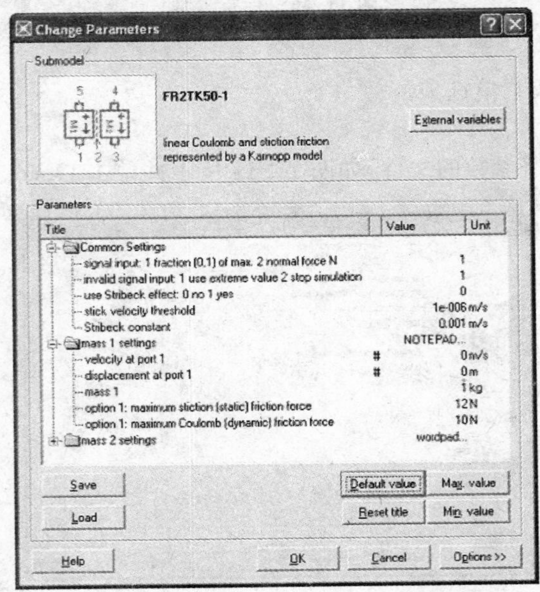

图 11.49　参数分组

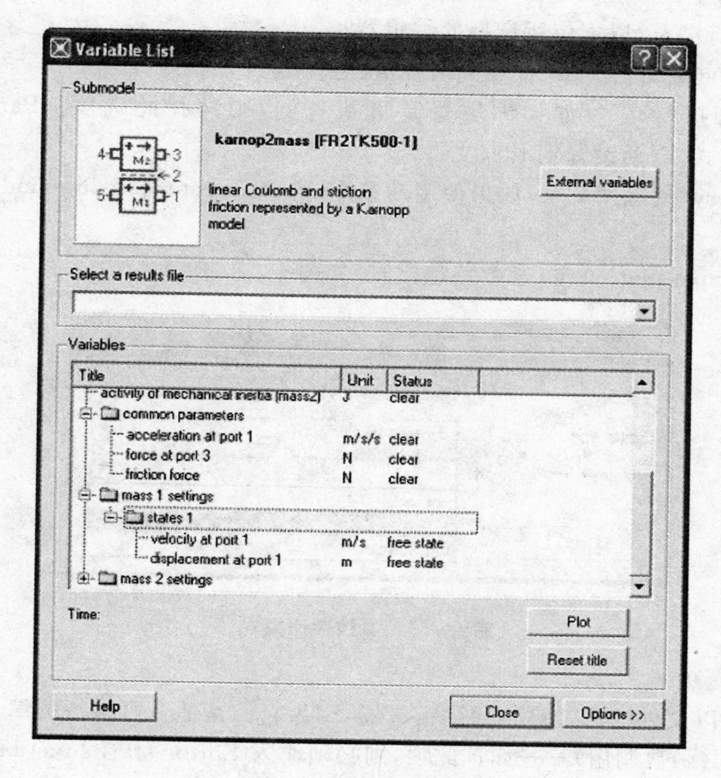

图 11.50　变量分组

注：只有参数和变量组在 AMESim 中配置过才有图中所示。

可像通常一样改变参数设置并绘制曲线。

如果参数组被配置为可编辑的，则配置的编辑器将列在参数组标题旁边，如图 11.51 所示。

图 11.51　参数组编辑器

单击编辑器名称可进行下列任一操作：

- 配置不同的编辑器；
- 启动编辑器。

第 1 步：配置不同的编辑器。

① 单击 ... ，以打开 Configure Parameter Group（配置参数组）对话框，如图 11.52 所示。

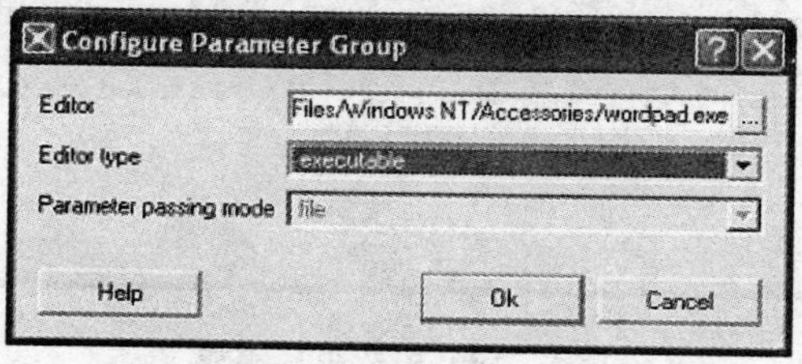

图 11.52　配置参数组对话框

② 单击[...]进行浏览，以定位所选择的编辑器；

③ Editor type(编辑器类型)从下列两种情况选择：

executable(可执行)——如果编辑器是可执行的，则选择此选项。Parameter passing mode(参数传递模式)自动设置到 file(文件)。

dynamic library(动态库)——如果使用动态库，则 Parameter passing mode 会有两个选项见④。

④ Parameter passing mode(参数传递模式)如图 11.53 所示。

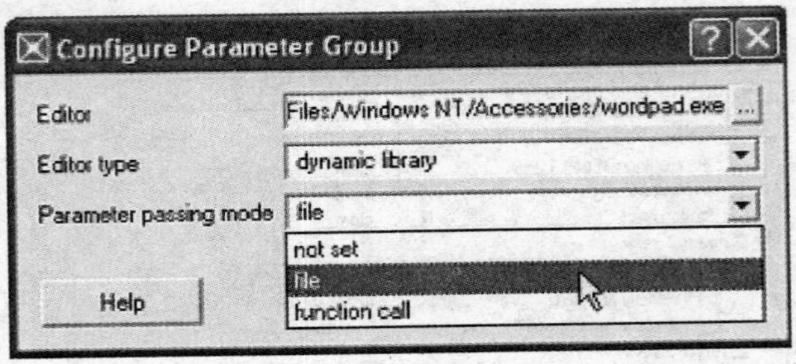

图 11.53　参数传递模式

此处有两个选项：

file——参数以文件的形式被传递到编辑器，因为它们是适合可执行的编辑器类型的；

Function call(函数调用)——如选此项，则必须输入 Editor start function(编辑器开始函数，函数名称包含在用来恢复编辑器中待用数据的动态库中)和 Editor close function(编辑器关闭函数，函数名称包含在可由编辑器提供已修改数据的动态库中)。

第 2 步：启动编辑器。

单击 Start(启动)按钮以打开在配置的编辑器中所选定的组，如图 11.54 所示。

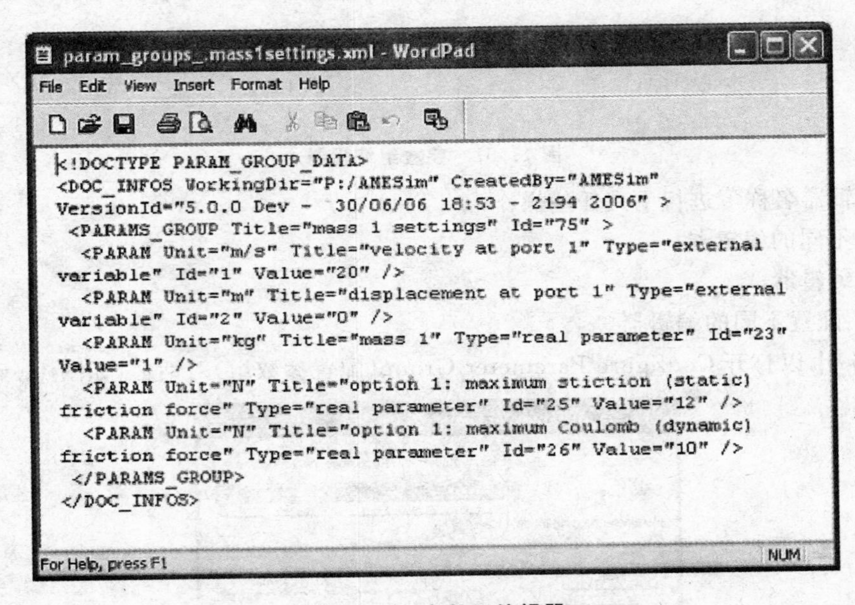

图 11.54　参数组编辑器

11.10　菜单栏中其他菜单提供的工具

本节介绍前面未讲述过的菜单所提供的工具。

11.10.1　工具菜单中的比较系统项

如图 11.55 所示，可由工具菜单选择比较系统选项。

通过比较两个系统可以突出二者的不同。比较两个完全不同的系统是可能的，但是大多数情况下更关注的是比较两个相似的系统，它们包含不同的子模型及参数乃至少数不同元件。

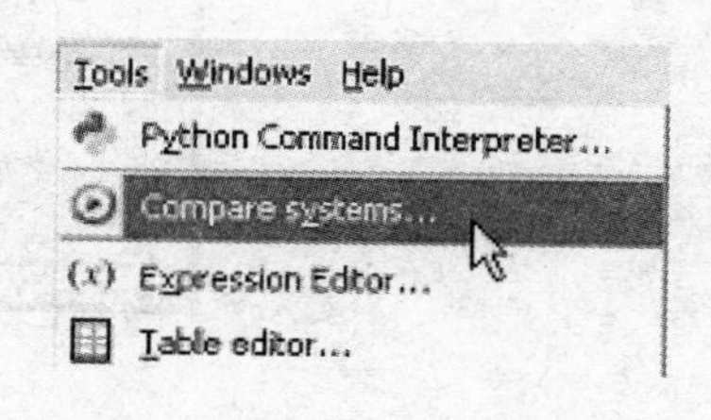

图 11.55　工具菜单

1. 使用比较系统工具

即使 AMESim 中有多个被打开的系统，也只能就两个系统进行比较。如果已打开的系统超过两个以上，则必须选择参考系统和待分析的系统。

① 确认待分析的两个系统均已打开，且处于 Parameter 模式；

② 选择 Tools→Compare systems，以打开 Compare Systems（比较系统）对话框，如图 11.56所示。

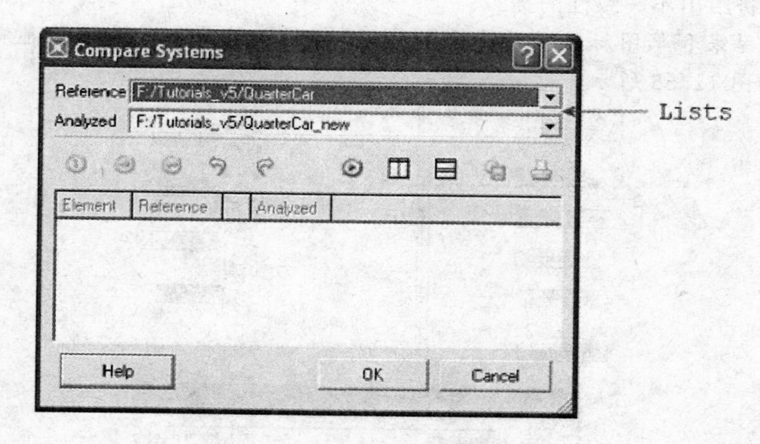

图 11.56　比较系统对话框

默认状态下，Reference（参考）系统指向用 AMESim 打开的第一个系统，可使用列表切换 Reference 和 Analyzed（被分析）系统。

③ 单击按钮以开始比较。

进行比较的数据会显示在，图 11.57 所示的窗口中。

欲分析二者的不同，就必须知道 Compare systems 工具中关于颜色的使用规则。

用于比较系统工具中的颜色说明：

在 AMESim 中进行两个系统比较时，所使用的颜色的含义有助于尽快明确比较的结果：

蓝——子模型相同，但参数或标题不同；

橙——元件相同，但子模型不同，或者其中的一个为自定义；

绿——此元件仅在被分析的模型中出现；

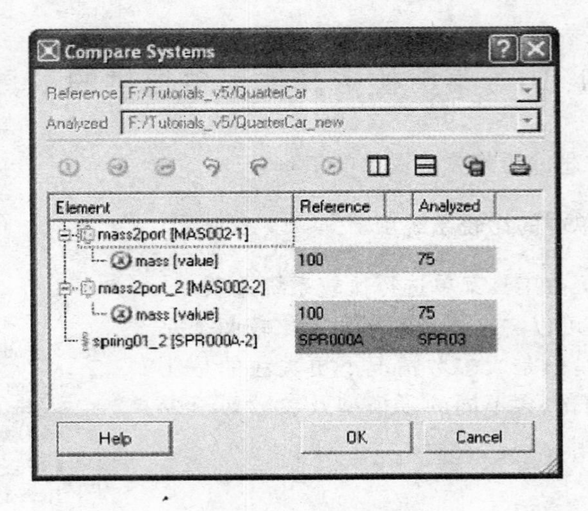

图 11.57　比较数据

红——此元件未在被分析的模型中出现；

黄——参数取值已从一个系统复制到另一个，在参数旁边会有箭头显示，单击 OK 按钮可设置其取值；

紫——此子模型已经使用 AMESet 进行了修改。多数情况下，当打开系统时，Check submodels 工具将给出不一致性的提示。

注：当比较结果和草图标签显示出来的时候，必须清楚地知道这些信息都是基于 Analyzed 系统的，如图 11.58 所示。

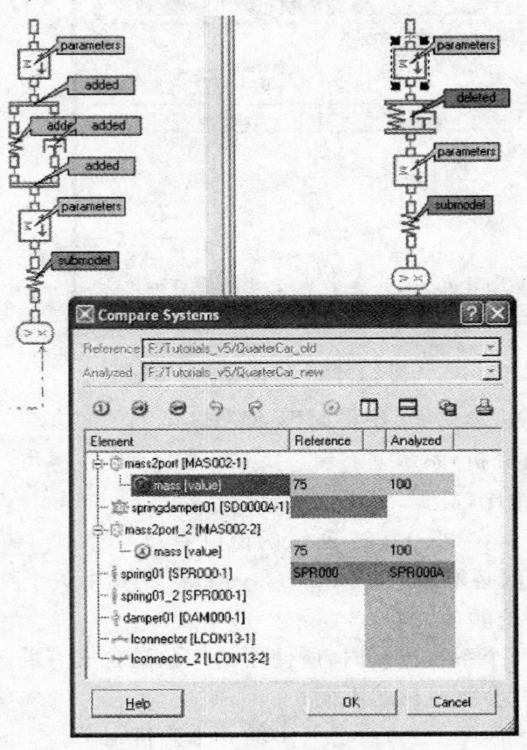

图 11.58　草图所显示的标签

2. 比较系统对话框中可用的工具

（1）复制参数

欲对参数进行修改，可通过复制 Reference 参数到 Analyzed 参数，或反向复制。复制工具只有在参数以蓝色显示时才可使用。

要复制参数，可按如下步骤：

① 选择要复制的参数。在 Compare Systems 对话框里，会有两个按钮⊖和⊖被激活，如图 11.59 所示。

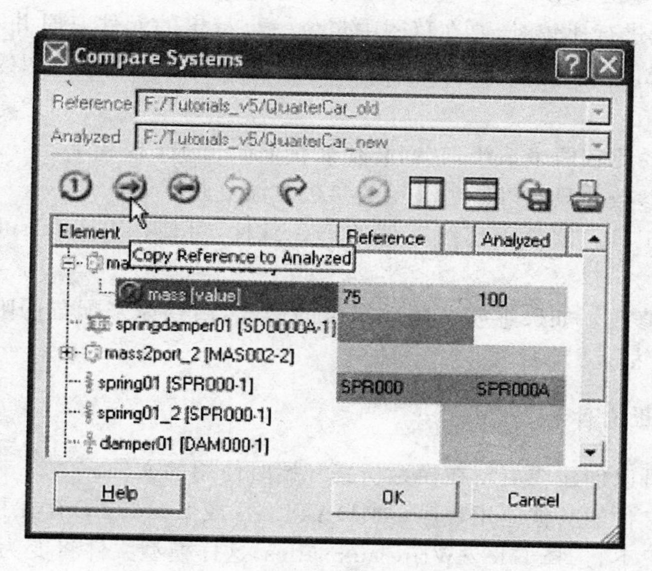

图 11.59　箭头按钮

② 单击右箭头按钮⊖，以将 Reference 参数复制到 Analyzed 参数：

Analyzed 参数值标示为黄色，箭头表明当单击 OK 按钮时 Reference 参数将复制到 Analyzed 参数，如图 11.60 所示。

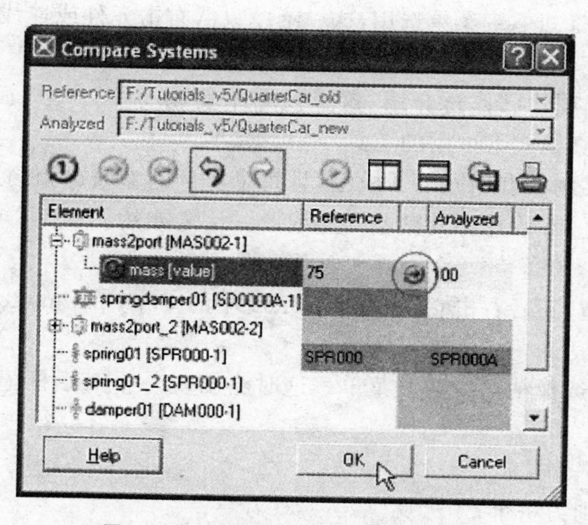

图 11.60　箭头指示将要复制的参数

③ 欲取消复制操作，可使用图 11.60 中以红色（此处显示为深灰色）方框突显的 Undo（撤销）和 Redo（重做）按钮。

④ 欲使修改生效，单击 OK 按钮。

当单击 OK 按钮时，Compare Systems 对话框将关闭。如果再次将其打开，之前复制的参数将不会出现在列表中，因为它们在两个系统中不再不同。如果想回到此前的状态，唯一的解决方法是关闭系统且不保存。

(2) 将元件置于草图中心

当对一个大系统进行比较时，要在草图中定位一个特定的元件有时并不是一件简单的事情。使用 Center element（元素居中）按钮，可以将选定的元素置于草图的中心。

3. 技巧和提示

① 参数模式。要比较两个系统，它们必须都在 Parameter 模式下。

② 蓝色显示的参数。只有以蓝色显示的参数才能复制。

③ 查看子模型工具。欲更正超级元件的不一致性，可使用 Check submodels（查看子模型）工具。

④ 取消最后的修改。如果想放弃最后作出的修改，回到原来配置的唯一方法是，将当前系统关闭且不保存，然后重新打开。

11.10.2 写辅助文件

使用这一工具可以创建或更新在模型仿真开始时使用的文件。

当与使用模型文件的其他应用程序（如 MATLAB 或 Simulink）存在接口时，此工具是极为有用的。在此情况下，选择 File→Write aux. files，这样模型文件将变为可用的并且是已更新的。

11.11 右键操作

某些参数工具可以通过右键菜单选用，这一菜单只需右击元件或连线即可出现，如图 11.61 所示。

菜单中的大部分选项均已作过介绍，这里仅介绍复制/粘贴参数，而 Lock states（锁定状态）选项在第 12 章“仿真模式下可用的工具”中介绍。

有时会有若干个实例具有相同的子模型，且每个实例的参数也相同，这时利用复制子模型参数工具，就可复制元件参数并将其粘贴到连线上。反之亦然。

(1) 复制参数

首先选定源子模型，随后右击它，选择图 11.61 中的 Copy parameters（复制参数）子菜单。

(2) 粘贴参数

右击目的子模型，选择粘贴参数子菜单。这时会出现一个对话框显示有多少参数已被复制，如图 11.62 所示。

可进行如下复制操作：

- 从一个子模型到另一个；
- 从超级元件中的一个子模型到超级元件中的另一个子模型；

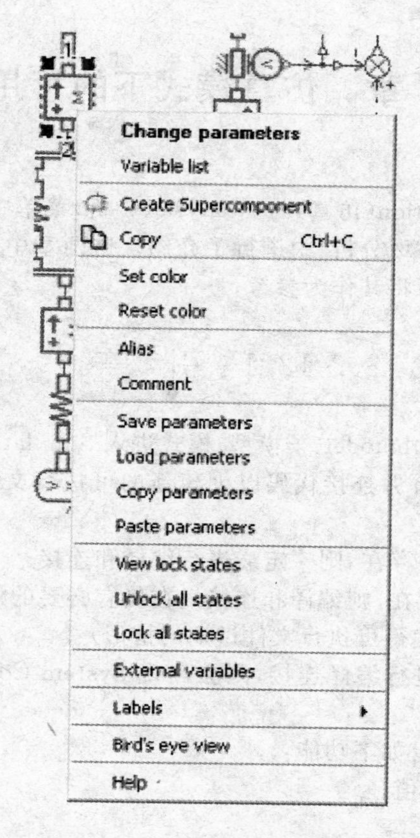

图 11.61 右击元件或连线菜单

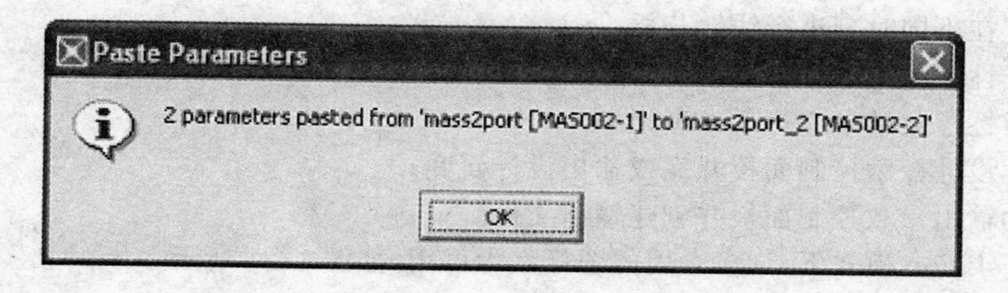

图 11.62 粘贴参数的信息

- 从超级元件中的一个子模型到一个常规子模型；
- 从一个常规子模型到超级元件中的另一个常规子模型。

也可在如下情况下复制参数：

- 从一个子模型到同一子模型的另一个实例；
- 从一个子模型到另一个不同的子模型。

在后一种情况下，如果子模型存在公用参数，即相同的标题和相同的单位，则将会进行复制操作。若名称相同，也可以在超级元件之间进行复制。

最后要注意，由于自定义对象可看作子模型，因而所有以上的情况也可应用于自定义对象。

第 12 章　仿真模式下的可用工具

本章主要介绍在 Simulation(仿真)与 Analysis(分析)菜单中可用的工具。这两个菜单已分别在第五章“仿真”和第六章“分析”中进行了介绍。这两章中对仿真的设置、运行以及后处理进行了全面的解释,读者可将其作为参考。

12.1　引　言

当从 Sketch(草图)或 Submodel(子模型)模式进入 Simulation(仿真)或 Parameter(参数)模式时,AMESim 有时会编译并连接代码以创建新的可执行文件,而有时则不会。其依据是以下两条标准:

① 如果没有可执行文件存在,则一定会进行编译和连接。

② 如果可执行文件已存在,则编译和连接只在确有必要的情况下才会进行。(所谓“确有必要”是指由于系统的更改使得可执行文件过期的情形)

如果 AMESim 对代码进行编译连接,则会出现 System Compilation(系统编译)对话框,详见 11.2 节“系统编译窗口”。

在 Simulation 模式下,有如下功能:

- 指定仿真运行的参数值;
- 初始化仿真运行;
- 仿真结果绘图;
- 指定在不同时刻进行线性分析;
- 对线性分析结果进行后处理;
- 对活性指数结果进行后处理;
- 启动设计探索控制面板并完成输出设计研究;
- 启动输出参数控制面板并创建输出文件。

在 Simulation 模式下,许多专用的图标变为可用,如图 12.1 所示。

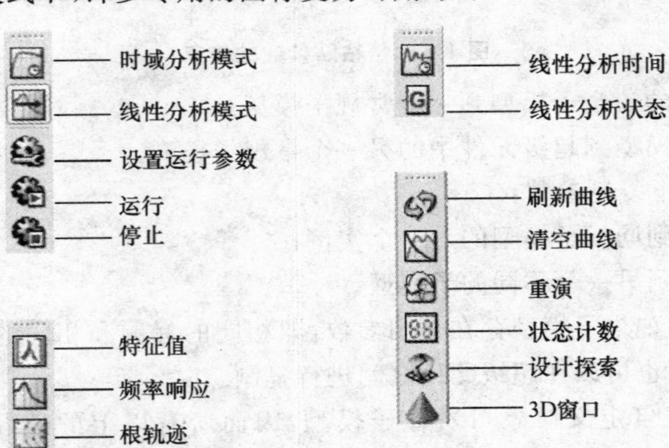

图 12.1　仿真模式下的可用图标

注： 由于曲线的绘制是一项主要的功能，所以关于时域曲线的详细介绍将在下一章给出。

12.2　变量和参数的访问

有 3 种方法可以对变量和参数进行访问：

- 通过变量列表对话框和更改参数对话框；
- 通过关联视图停靠窗口；
- 通过查看视图停靠窗口。

下面介绍第 1 种方法。

12.2.1　变量列表对话框

在 Simulation 模式下，双击元件或连线即可打开 Variable List（变量列表）对话框，如图 12.2 所示。在此对话框中，可以绘制变量曲线、观测变量终值、更改变量的标题以及修改变量的 Save next（保存下一个）状态。

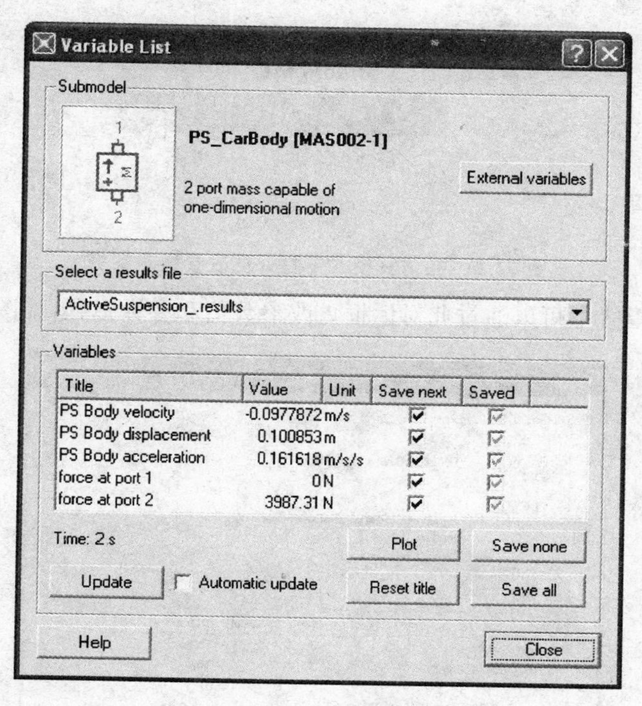

图 12.2　变量列表对话框

此对话框也可通过右击元件或连线来打开，如图 12.3 所示。

列表中的每一项均有一个标题并且可以对其进行编辑，选中相应的标题即可进行修改，如图 12.4 所示。

在列表中选中某一项并单击 Reset title（恢复标题）键即可恢复到初始的标题。

注： 用户可以打开多个 Variable list 对话框。

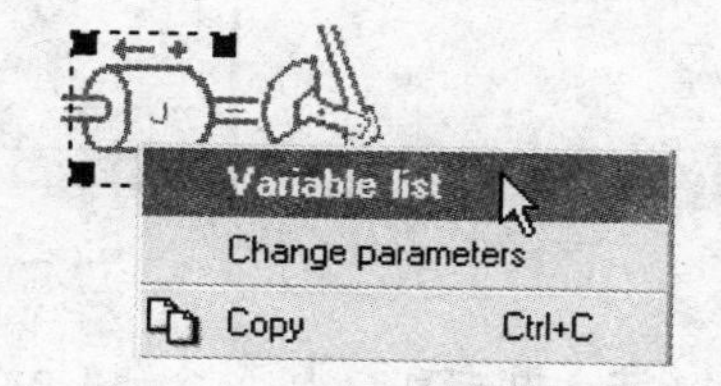

图 12.3　右击元件或连线菜单

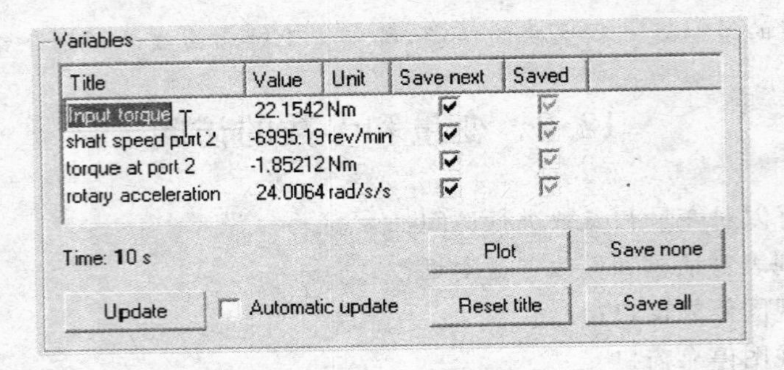

图 12.4　可编辑的标题

12.2.2　更改参数对话框

在 Simulation 模式下，右击元件或连线可打开 Change Parameters 对话框，如图 12.5 所示。

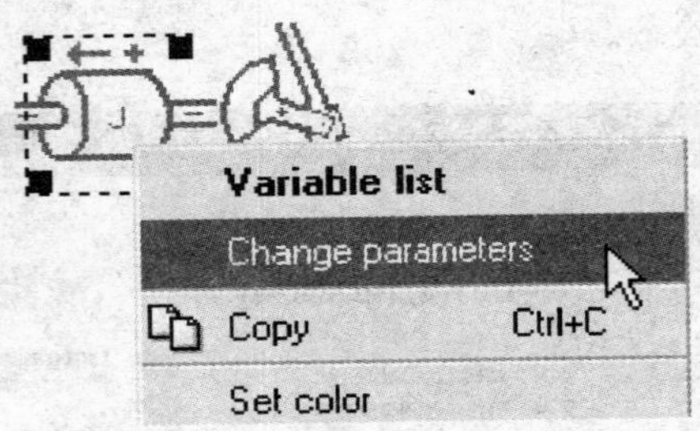

图 12.5　在仿真模式下打开更改参数对话框

在 Simulation 模式下可以通过此对话框更改参数值和参数标题，如图 12.6 所示。

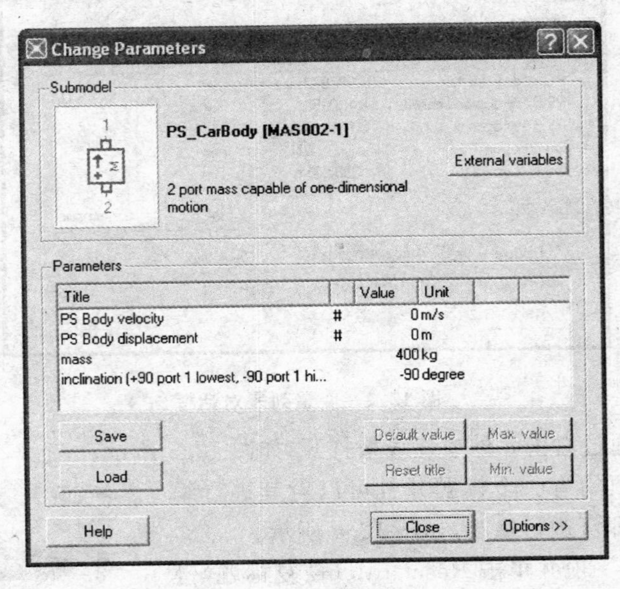

图 12.6　更改参数对话框

注：用户可以打开多个 Change Parameters 对话框。

12.3 时域分析和线性分析模式

当单击元件或连线时，根据当前选择的模式是 Temporal analysis(时域分析)还是 Linear analysis(线性分析)(见图 12.1)，AMESim 会进行不同的操作。

在以下两种模式下，运行参数均可被设置并且运行可初始化：

① 在 Temporal analysis 模式下可以绘图。这一操作包括 AMESim 从标准运行或批处理运行中读取.results 文件。

② 在 Linear analysis 模式中有如下功能：

- 为下一次运行的线性分析设置特征参数；
- 查看特征值；
- 绘制波特图，奈奎斯特曲线和尼科尔斯图；
- 检验模态；
- 绘制根轨迹曲线。

这包括 AMESim 读取.jac(雅可比)文件。

如果 Linear analysis 模式被选中，则将显示一组专用的图标，如图 12.7 所示。

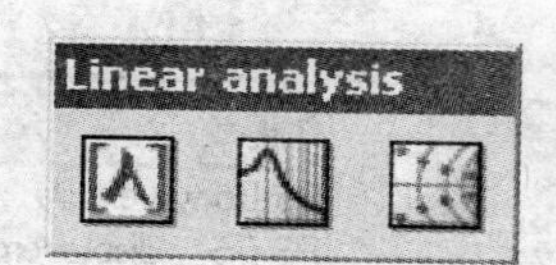

图 12.7 Linear analysis 模式下的专用图标

12.3.1 保存变量的当前状态和下一状态

Save next(保存下一个)状态仅在 Temporal analysis 模式下可用。

如果在 Simulation 模式下双击元件，将打开一个 Variable List 对话框，如图 12.8 所示。

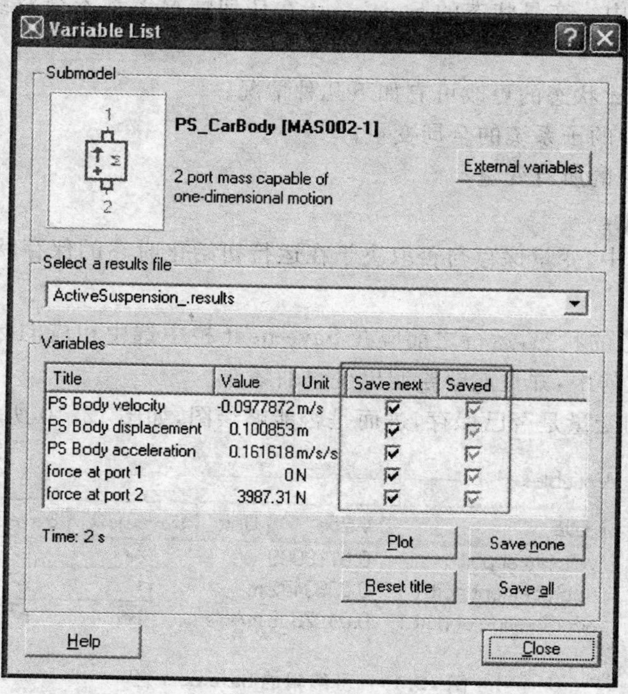

图 12.8 变量列表对话框

注意，对话框中标记有 Save next 和 Saved 的两栏，如果在 View（视图）菜单中 Contextual view（关联视图）是可用的，当单击一个元件时将可以在 Contextual view 中访问相同的栏目，如图 12.9 所示。

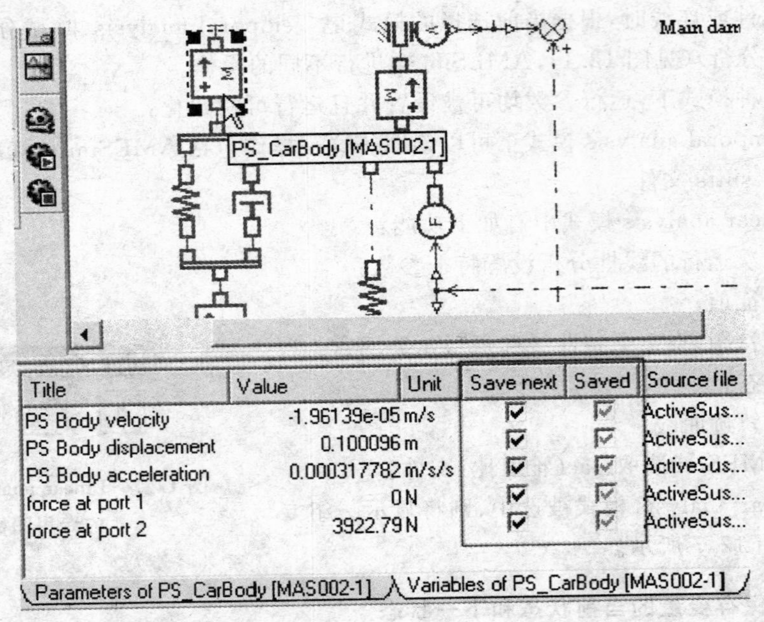

图 12.9　关联预览

如果变量状态的 Save next 为真（复选框被选中），那么在下一次运行中，该变量的值将被添加到. results 文件中。变量状态的 Save next 在任何情况下都不会对线性分析的结果产生影响。

变量的 Save next 状态的更改可有如下几种情况：

● 针对当前选中的子系统的全局变量；

● 针对子模型中的所有变量；

● 针对个别变量。

在. results 文件中，变量保存与否取决于在运行初始化时它的保存状态，这可能会与当前状态有所不同。

如果想改变变量的状态，运行之前应在 Save next 栏中选中相应的标记框，则保存的变量将添加到. results 文件中，并且能够绘制出变量曲线。

Saved 一栏标明变量是否已保存，进而是否能够绘图，如图 12.10 所示。

Variables

Title	Value	Unit	Save next	Saved
velocity at port 1	-0.0119009	m/s	☑	☑
displacement port 1	0.0993472	m	☐	☑
acceleration at port 1	0.0427636	m/s/s	☑	☑

图 12.10　可编辑的 Save next 栏

在上面的截屏中，变量 displacement port 1 在上一次运行中被保存且能够绘制曲线，但它在下一次运行中将不被保存。

注： Saved 栏是不可编辑的，它只是提供信息。

1. Save next 状态的全局改变

① 选择系统的指定部分或整个系统：

按 Ctrl＋A 键或选择 Edit→Select all。

② 打开右键菜单或 Settings 菜单，在其中选择 Save all variables（保存所有变量）或 Save no variables（不保存变量），如图 12.11 所示。

如果是对一个大型系统进行一系列的线性分析，则可将所有变量的 Save next 状态设为 false（假）进行仿真运行，这样可以大幅缩减仿真的时间。

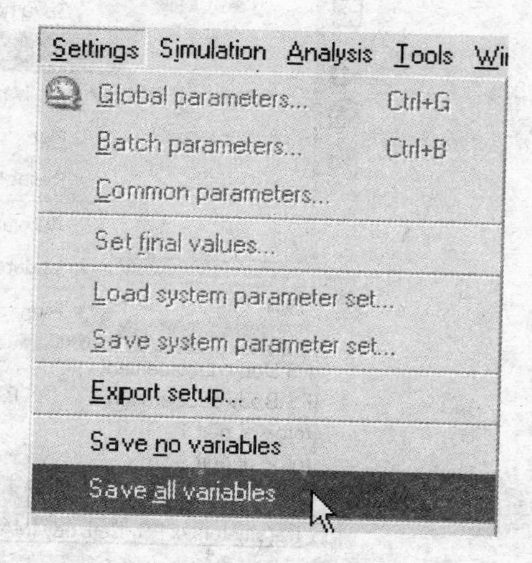

图 12.11　设置菜单

2. Save next 状态的子模型改变

① 确定处于 Temporal Analysis 模式下。

② 双击元件或连线打开 Variable List 对话框，然后单击 Save all，确认子模型中的所有变量将在下次运行中被保存；或单击 Save none，确认子模型中的所有变量在下次运行中不被保存，如图 12.12 所示。

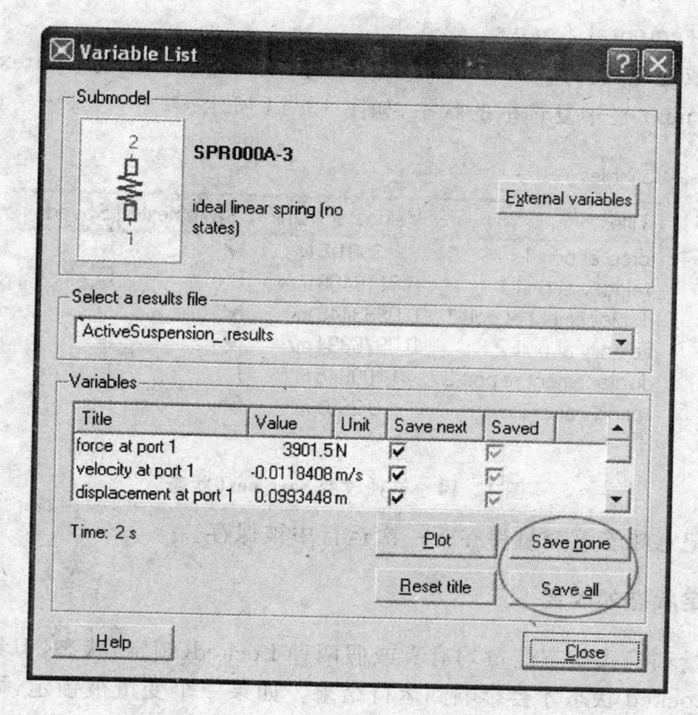

图 12.12　变量列表对话框

③ 单击元件（如果 Contextual view 是激活的），然后使用右键菜单选择 Save all 或 Save

none,如图 12.13 所示。

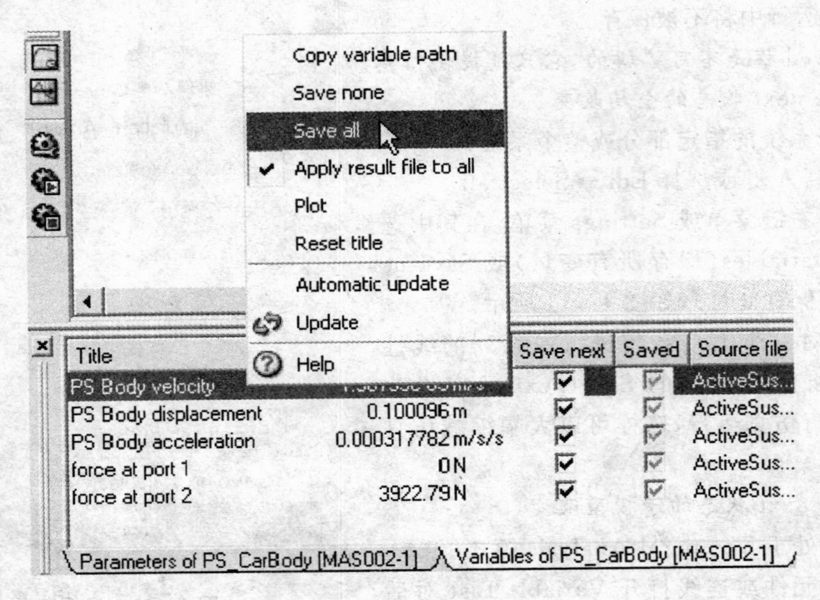

图 12.13　关联预览

④ 右击相应元件,选择 Save no variables 或 Save all varibles。

3. Save next 状态的单个变量改变

① 确定处于 Temporal Analysis 模式下；

② 双击元件或连线,打开 Variable List 对话框(或单击已激活的 Contextual view);

③ 更改 Save next 栏中复选框的状态,如图 12.14 所示。

Variables

Title	Value	Unit	Save next	Saved
force at port 1	3901.5	N	☑	☑
velocity at port 1	-0.0118408	m/s	☐	☑
displacement at port 1	0.0993448	m	☑	☑
velocity at port 2	0.0976834	m/s	☑	☑
displacement at port 2	-0.100845	m	☐	☑
spring compression	0.2601	m	☑	☑

图 12.14　单独改变 Save next 状态

复选框被标记意味着该变量将在下一次运行中被保存。

12.3.2　锁定状态的改变

显式状态变量和隐式状态变量均有真或假两种 Locked(锁定)状态,但约束变量除外。在稳态运行时,该 Locked 状态才会影响到运行结果。如果一个变量被锁定,那么在稳态运行中它的值将无法被改变。

Locked states 工具对于希望获得系统局部平衡的高级用户是非常有用的。

变量的 Locked 状态的更改可有如下几种情况:

● 对当前选中的子系统的全局改变；
● 对子模型中的所有状态变量的改变；
● 对个别状态变量的改变。

也可以观察到按 Locked/Unlocked 状态分类的当前模型的所有状态变量。

1. Locked 状态的全局改变

① 选择指定系统的部分或整个系统，单击 Ctrl＋A 键或选择 Edit→Select all。

② 打开右键菜单或使用 Settings 菜单，在其中选择 Unlock all states(解锁所有状态)或 Lock all states(锁定所有状态)，如图 12.15 所示。

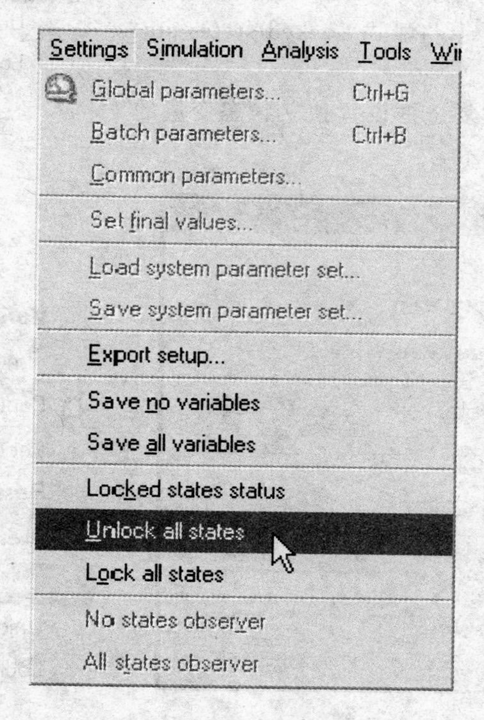

图 12.15　工具菜单

③ 显示一确认对话框，如图 12.16 所示。

注：

① 所有状态变量均默认为解锁的状态，也就是说在稳态运行中所有状态都能够自由变化。

② 如果所有状态变量都被锁定，则稳态运行将不能进行，所有状态变量的值均为在 Parameter 模式下设置的值。

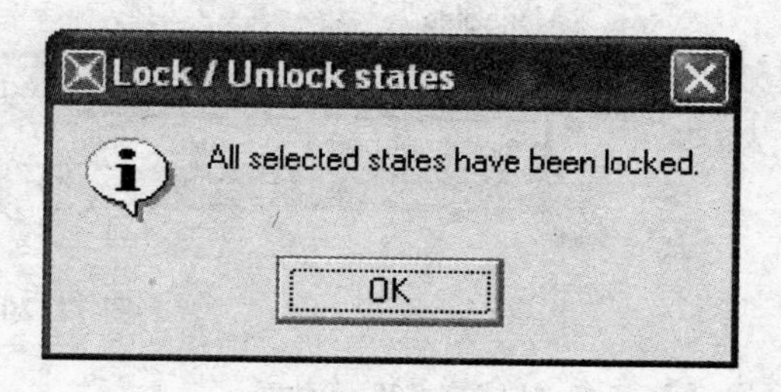

图 12.16　确认对话框

2. 锁定状态的子模型改变

① 右击元件或连线弹出菜单，如图 12.17 所示。

② 根据需要选择 Unlock all states 或 Lock all states；或者选择 View lock states（浏览锁定状态），将显示 Locked states status（锁定状态）对话框，如图 12.8 所示。

③ 酌情选择 Unlock All（解锁所有）或 Lock All（锁定所有）。

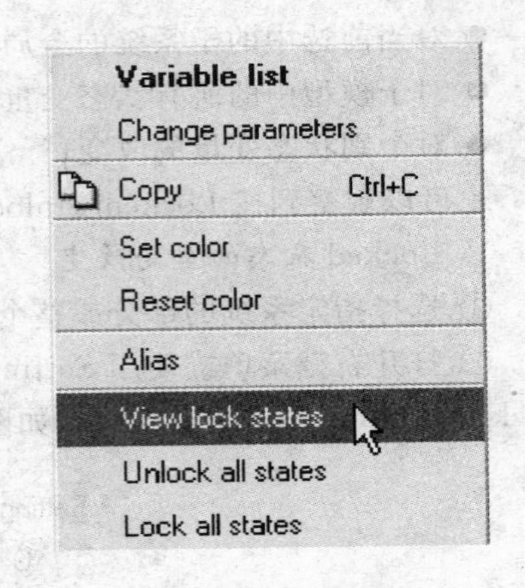

图 12.17 右键菜单

3. 独立状态变量的锁定状态改变

① 右击元件或连线将显示菜单，如图 12.19 所示。

② 选择 View lock states，将显式 Locked states status 对话框。

③ 通过 Locked 栏中的复选框设置独立状态变量的 Locked 状态，如图 12.20 所示。

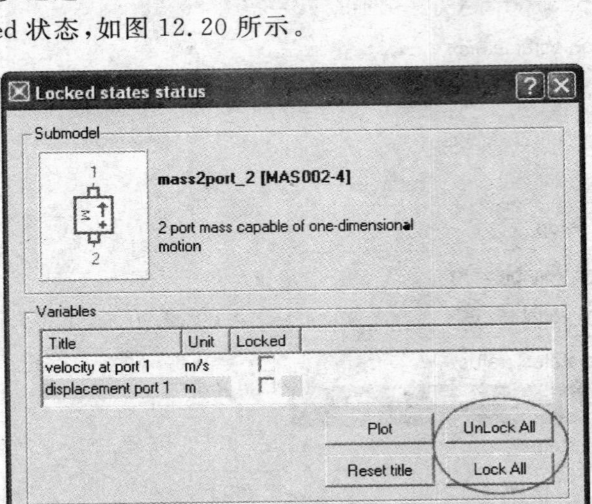

图 12.18 锁定状态对话框

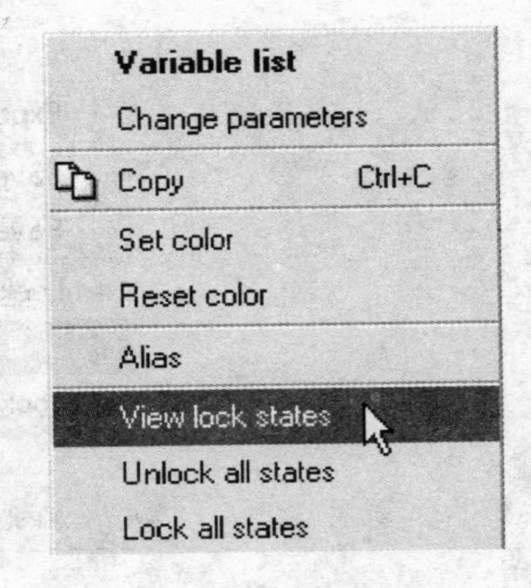

图 12.19 右键菜单

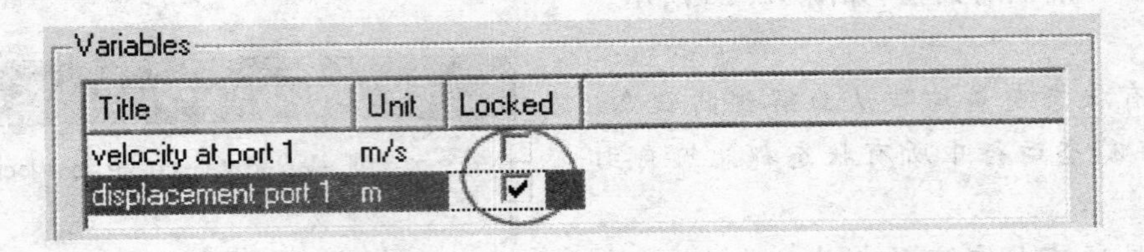

图 12.20 锁定状态

4. 全局观测锁定/解锁状态

全局观测一个完整模型中所有状态变量的锁定/解锁状态的浏览方法是：

选择 Settings→Locked states status 菜单，将出现一个包含系统所有状态变量的对话框。这些状态变量分成两组：Locked states（锁定状态变量）和 Unlocked states（解锁状态变量），如图 12.21 所示。

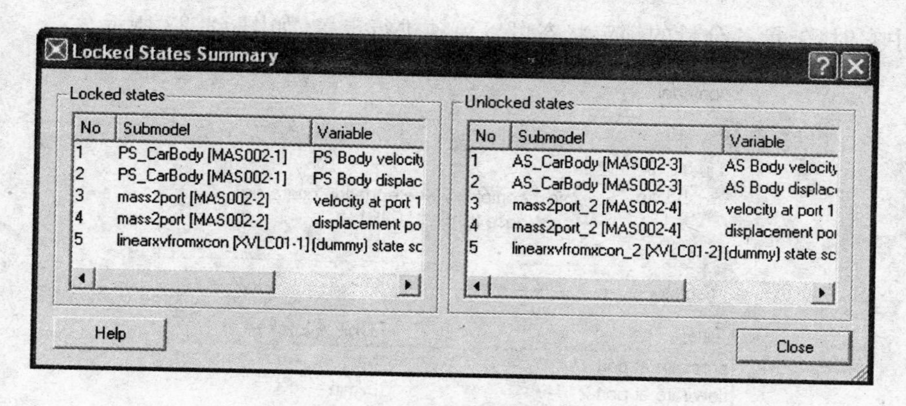

图 12.21 锁定状态概览对话框

12.3.3 矢量状态变量的锁定状态

状态变量、固定变量和约束变量的共同特征就是它们均为矢量，即它们的维数大于 1。在这种情况下，一个给定矢量的各个分量可以有相同的锁定状态或不同的锁定状态。

在 Tools→Options 菜单中的 Expand vectors 项的设置，如图 12.22 所示，决定了矢量显示的两种方式。

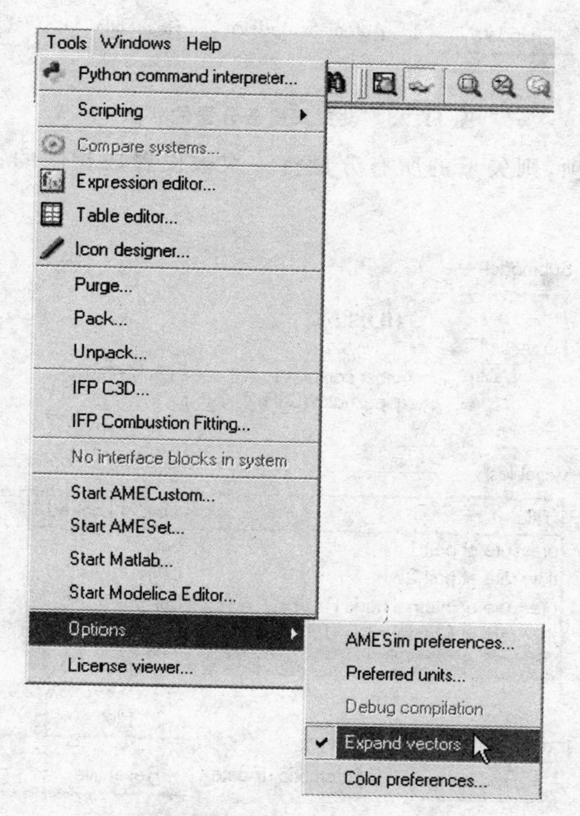

图 12.22 选定 Expand vectors 选项

当选中它时，矢量各分量的锁定状态可以单独进行设置，如图 12.23 所示。

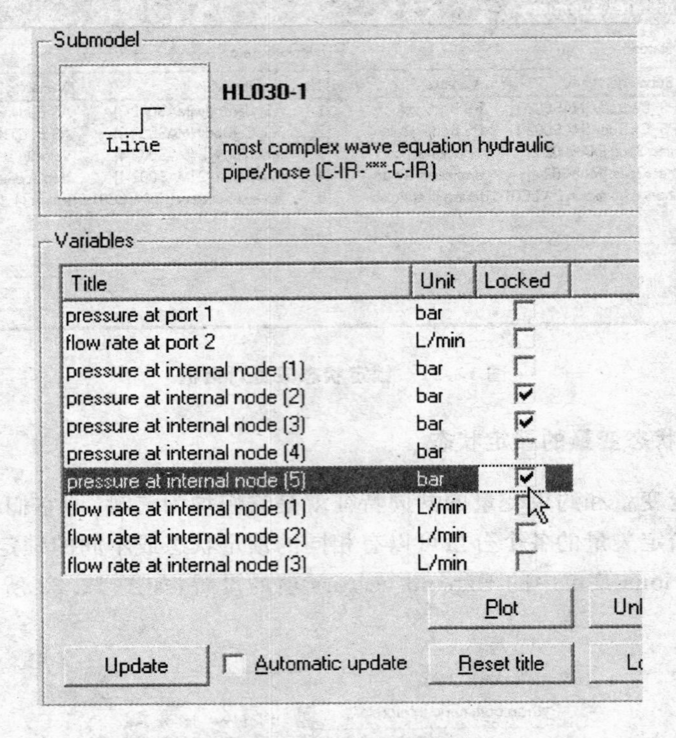

图 11.23　设置矢量各分量的状态

如果没有选中该项，则矢量的所有分量将一次被设置成相同的锁定状态，如图 12.24 所示。

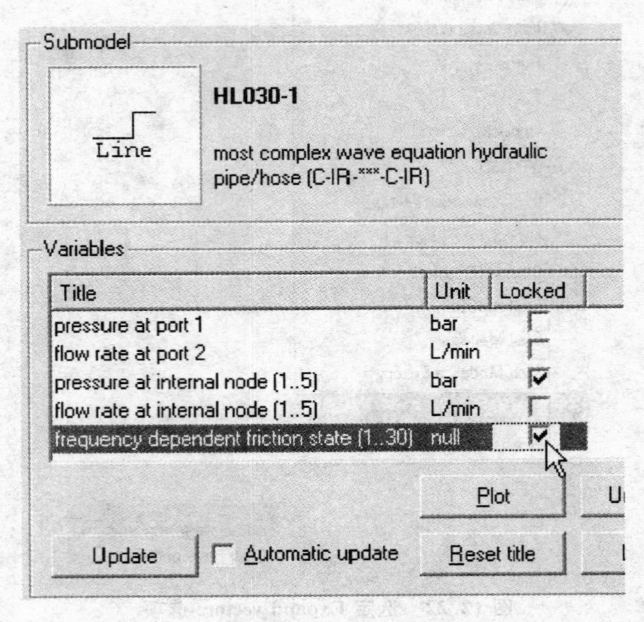

图 12.24　矢量各分量的状态可统一设置

如果一个给定矢量的所有分量都有相同的锁定状态，那么共同状态将如图 12.24 所示；否则，在 Locked 栏中将显示第一个分量的状态并在后面显示“???”，如图 12.25 所示。

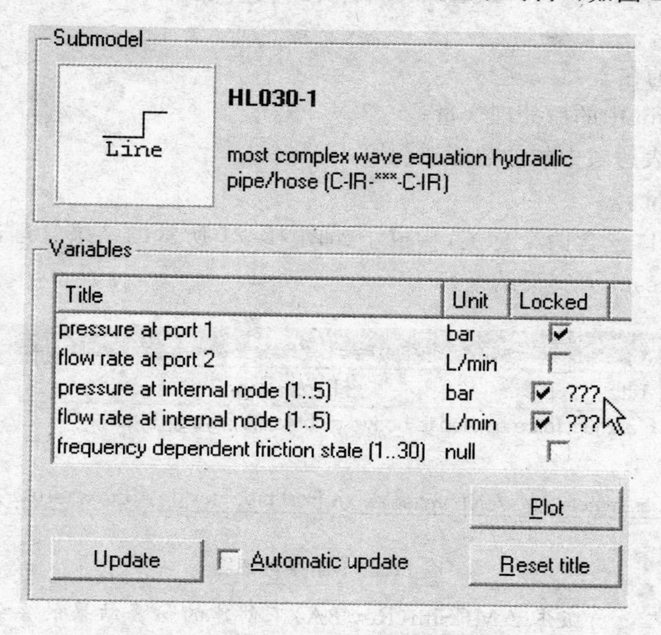

图 12.25　矢量各分量的状态不同时的显示

注：当改变一个标有“???”的矢量的锁定状态时，“???”将消失并且该矢量的所有分量将被置为新的同样的锁定状态，如图 12.26 所示。

Variables

Title	Unit	Locked
pressure at port 1	bar	☑
flow rate at port 2	L/min	☐
pressure at internal node (1..5)	bar	☑ ???
flow rate at internal node (1..5)	L/min	☐
frequency dependent friction state (1..30)	null	☐

图 12.26　改变标有“???”的矢量

12.4　创建观测变量

在 Parameter 或 Simulation 模式下均可创建观测变量。

与观测参数类似，可通过双击元件并将关注的变量从 Variables List 中拖放到 Watch variables 标签中，即可创建观测变量。

如果 Watch parameters 标签当前被激活，那么当一个变量被拖入 Watch 停靠窗口时程序将自动切换到 Watch variables 标签。

12.5 结果管理器

结果管理的目的在于：

- 创建 AMESim 中的后处理变量；
- 使得后处理表达式中的参数能够利用；
- 引进交叉变量。

Watch view 窗口包含两个标签，构成了如图 12.27 所示的结果管理器：Post processing（后处理）和 Cross results（交叉结果）。

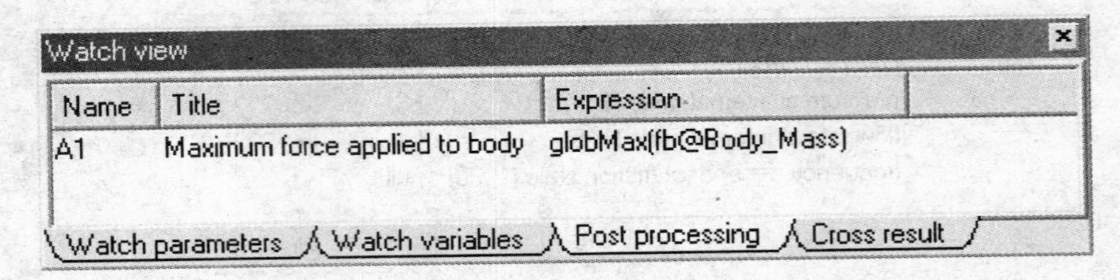

图 12.27 结果管理器

注：一个包含在之前版本 AMESim(Rev 8A)下创建的仿真结果的系统被打开后，当用户切换到 Parameter 模式时，AMESim 会将其转换为结果管理器可用的结果。当系统包含很多变量时，这一操作会耗费较长时间，但这仅在当前版本中第一次打开时执行。

12.5.1 后处理

Post processing 标签用于创建后处理变量。它可以处理多种类型的数据：

参数——子模型的标准实型参数或全局参数；

简单变量——标准子模型变量；

复合输出变量——由包含参数、简单变量和复合变量的数学表达式定义。

1. 后处理变量

如图 12.28 所示，一个后处理变量由以下部分组成：

Name(名称)——变量在系统中唯一的名称；

Title(标题)——用来创建某一变量标题的区域；

Expression(表达式)——可以包含来自系统的数值、变量、参数(包括全局参数)或后处理变量；

Source file(源文件)——变量读取的结果文件；

Value(值)——变量的终值，单击刷新按钮后其值才会更新，当数值过期时则显示为灰色，如图 12.29 所示。

2. 变量表述

变量可以通过其路径来定位：variable_name@component_path。

用户可通过 Contextual view 来获取变量的路径。选择变量所属的元件(在草图中)，然后在 Contextual view 中右击该变量，并选择 Copy variable path(复制变量路径)，如图 12.30 所示。

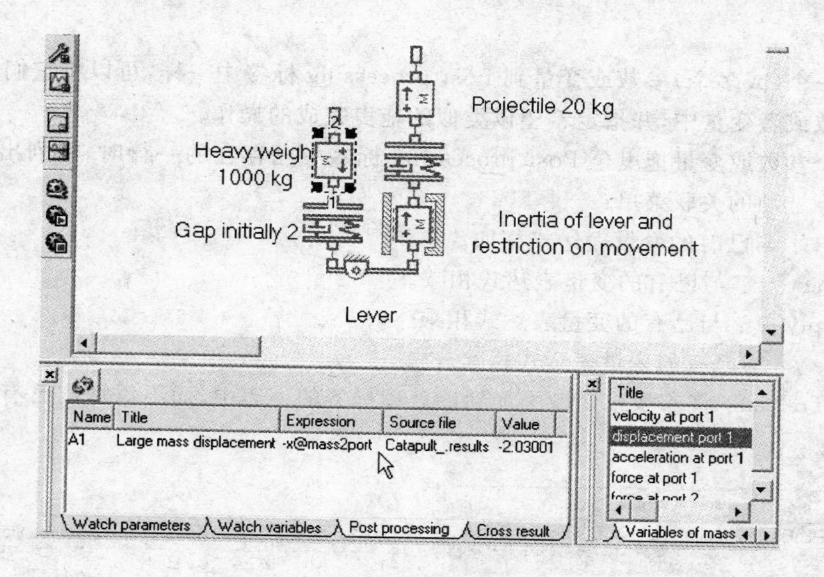

图 12.28 结果管理器中的后处理结果

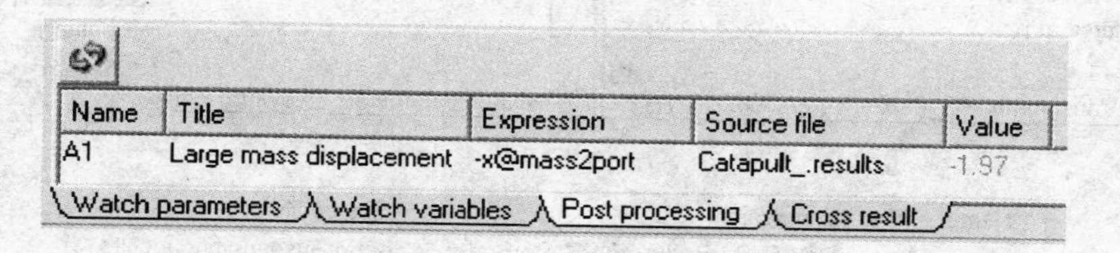

图 12.29 以灰色显示过期数值

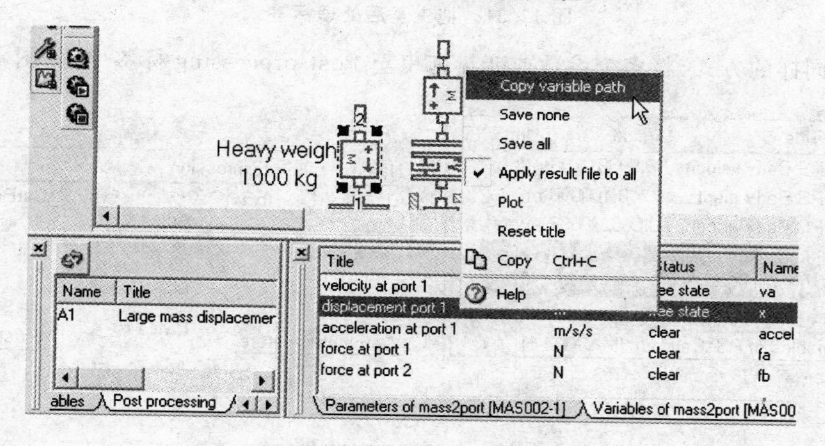

图 12.30 选择复制变量路径

此时可将变量路径粘贴到 Post-processing 标签中的表述区域内。

注：可以参考其他系统中的变量或参数，在这种情况下，添加 system_name(系统名称)到变量路径中，例如：x@Body:QuarterCar2。这里，系统名称“QuarterCar2”被添加到变量路径中。

也可以通过浏览按键▭打开表达式编辑器，来访问可用变量的完整列表和数学函数。

注：在 Post processing 标签中编辑表达式时，可以开启 Expression Editor(表达式编辑

器）。

同拖曳一个（或多个）参数或变量到 Post processing 标签中一样，可以将它们直接应用到已存在的参数或者变量中，并指定希望以类似的拖曳完成的操作。

当将一个参数或变量拖曳至 Post processing 标签中已存在的一行时，将列出如图 12.31 所示的含如下选项的关联菜单：

- Add ＋：与已有的变量表达式相加。
- Subtract －：与已有的变量表达式相减。
- Multiply ＊：与已有的变量表达式相乘。
- Divide /：与已有的变量表达式相除。
- Add To List：将参数或变量添加到后处理标签的列表中，而不添加到已有的变量表达式中。

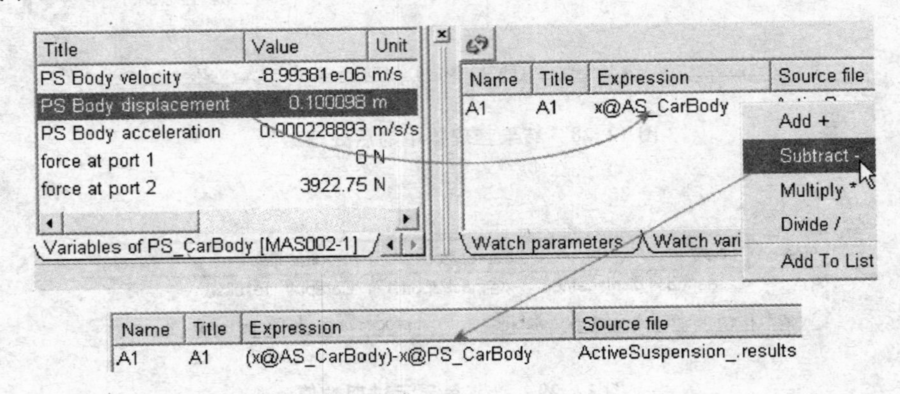

图 12.31　拖曳至后处理标签

可以用同样的方式，将多个参数或变量拖曳至 Post processing 标签中，如图 12.32 所示。

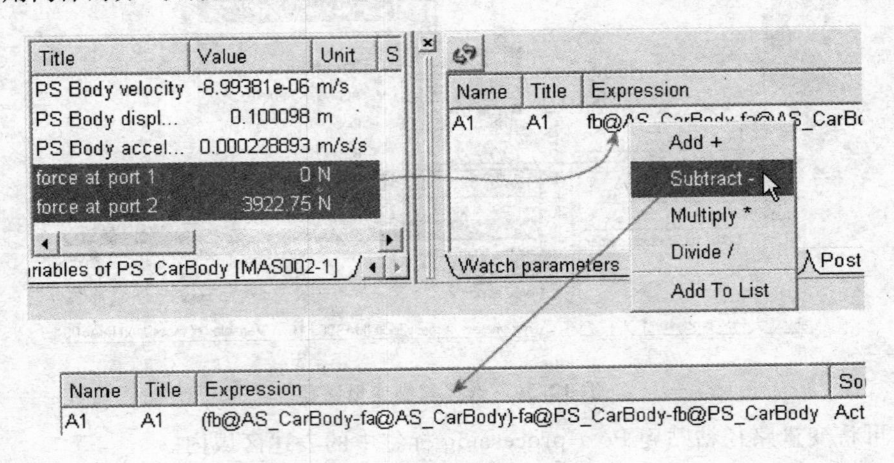

图 12.32　添加多个变量

12.5.2　交叉结果

交叉结果用于描述某一变量值随仿真运行次数的变化。交叉变量 Y 坐标包含仿真结束时基础变量值的集合，X 坐标包含一个运行的索引。

注：如果要查看在某一给定时刻的变量值，可以创建一个后处理变量，并使用 valueAt（值在）功能，如图 12.33 所示。

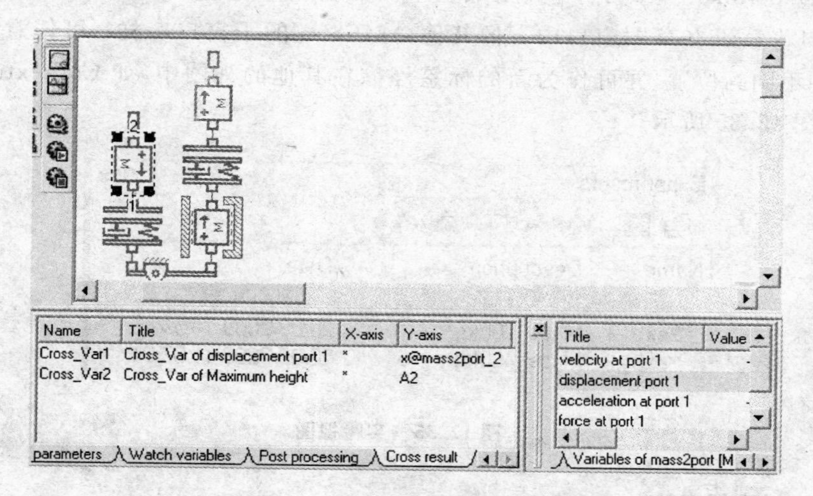

图 12.33　结果管理器中的交叉结果

当在 Cross result 标签中添加一个区域时，将打开 Y-Axis selection（Y 坐标选择）窗口，如图 12.34 所示。

Y-Axis selection

Name	ascending sort	Type
A1	A1	compound variable
F0@AS_Tire	spring force with both displacements zero	parameter
F0@PS_Tire	spring force with both displacements zero	parameter
F0@passiveSuspensionSpring	spring force with both displacements zero	parameter
F0@spring01	spring force with both displacements zero	parameter
G@AS_Tire	material shear modulus	parameter
G@PS_Tire	material shear modulus	parameter
G@passiveSuspensionSpring	material shear modulus	parameter
G@spring01	material shear modulus	parameter
ab@AS_CarBody	sign reversed duplicate of acceleration at port 1	temporal variable
ab@PS_CarBody	sign reversed duplicate of acceleration at port 1	temporal variable
ab@mass2port	sign reversed duplicate of acceleration at port 1	temporal variable

图 12.34　Y 坐标选择窗口

双击一选项将其添加到 Cross result 标签中。

12.6　实验视图

Experiment view（实验视图）是一个可以存储、加载和显示实验的工具。在 AMESim 中，实验是指参数及相关结果的集合。Experiment view 可以让用户保存参数及相关结果，并可快速对一个模型的不同结果访问。

典型的例子：通过改变重物质量的大小并运行仿真，来分析不同质量的重物对仿真结果的影响。Experiment manager（实验管理器）可以保存这些不同的参数和仿真结果并将其应用于系统以考察其差别。

12.6.1　显示实验视图

欲显示 Experiment view，可单击工具栏中的图标 或选择 View→Experiment view，实验视图子窗口将显示在草图窗口中。像其他 AMESim 的子窗口一样，可任意拖放 Experiment view 到不同的位置，并可作为新的标签停靠在其他的视图中，如 Contextual 或 Watch views 中，如图 12.35 所示。

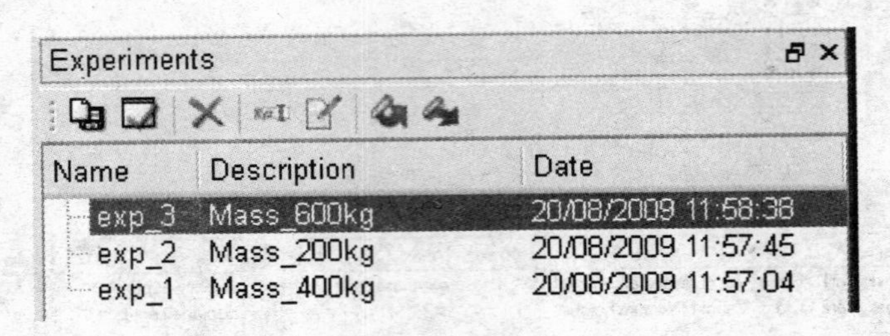

图 12.35　实验视图

12.6.2　创建新实验

当创建一个新实验时，需要给系统的当前参数和结果拍一张“快照”，因此可以简单地设置实验所需的参数，并有选择地执行仿真。完成以上操作后，单击 Experiment view 中的 Save to experiment（保存到实验）键 ，此时将出现一个新的条目，如图 12.36 所示。

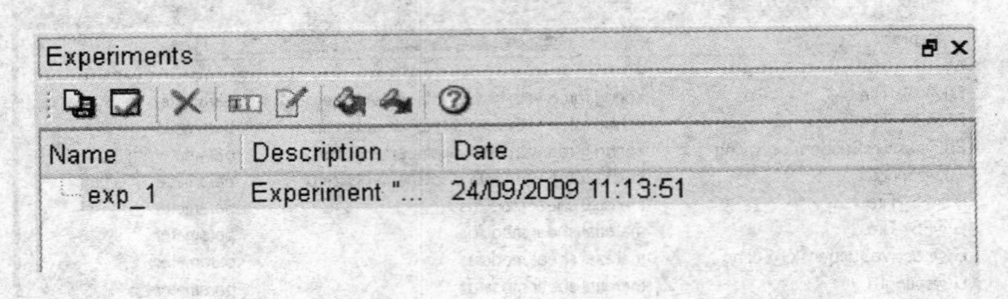

图 12.36　已保存的实验

该条目列出了实验的名称、说明和创建日期。其中名称和说明可通过以下方式进行编辑：

- 双击该区域进行编辑；
- 右击该实验，从关联菜单中选择 Edit name（编辑名称）或 Edit description（编辑说明）；
- 选择实验并使用工具栏图标 （编辑名称）和 （编辑说明）。

如果刚刚改变了系统的某些参数，并运行了一个新的仿真，则可以再次单击 Save to experiment 键，在实验列表中创建一个新的条目，如图 12.37 所示。

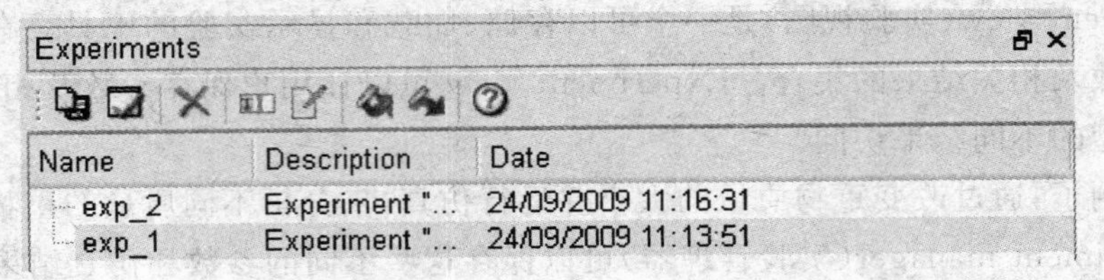

图 12.37　实验列表

默认的名称和说明是增序生成的，显然针对每一个实验的不同参数，这些默认的名称和说明无法提供有用的信息。这就是每创建一个实验时要对说明和名称进行编辑的原因。

注：用户无法修改已存在的实验的参数，实验只是系统在某一特定时刻的一个"映像"。当实验是"错误的"或不需要时，只需将其删除并根据需要创建一个新的实验。

欲删除一个实验，可选中它并单击"删除"按钮 ✕。之后会出现一条警告信息要求确认是否进行删除，如图 12.38 所示。

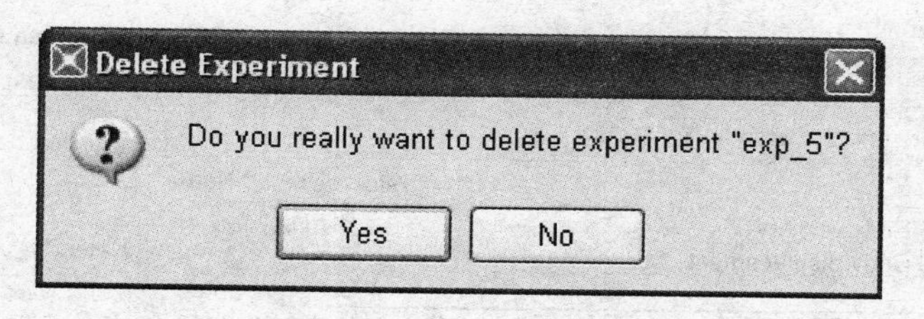

图 12.38　删除确认警告信息

12.6.3　加载与应用实验

一旦为系统创建一套实验之后，就可以直接应用包含其中的不同参数和结果。可以通过以下方式加载和应用实验：

- 右击该实验并从关联菜单中选择 Load and apply（加载和应用）项；
- 选中实验并在工具栏中单击 Load and apply 按键。

随后将出现一条警告信息，如图 12.39 所示。

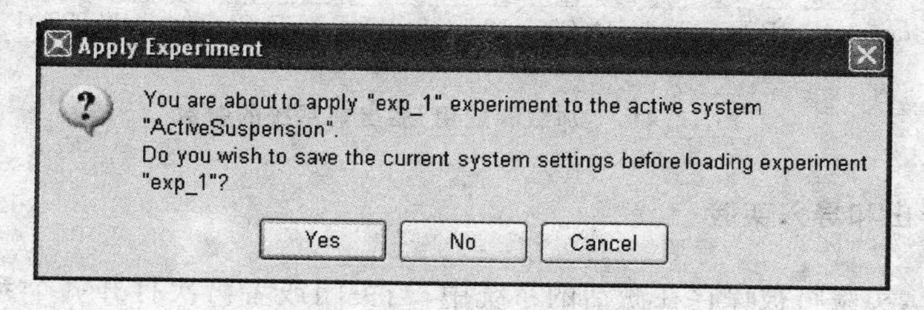

图 12.39　单击 Load and apply 按键的警告信息

- 如果希望在应用实验设置前保存当前的系统设置，则单击 Yes；
- 如果仅仅是应用一下实验设置，而不想保存当前的系统设置，则单击 No；
- 单击 Cancel 可终止操作。

当单击 Yes 或 No 时，选中的实验参数和结果（如果可用）将会应用到系统。

如图 12.40 所示，将 exp_2 "加载和应用"到系统中，当前质量参数设置为 400 kg；但在 exp_2 中，设置为 200 kg，无论单击 Yes 或 No，质量参数都将变为 200 kg，如图 12.41 所示。

如果在创建 exp_2 之前进行了一次仿真（质量设置为 200 kg），则该仿真的结果将被保存在实验中。因此，任何打开的绘图都将被新的实验结果更新。如果针对所关注的绘图选择了 Automatic update（自动更新），则绘图将自动刷新；如果没有选择自动更新，则在选择 AME-Plot 中的 Tools→Update 后才能看到新的结果。

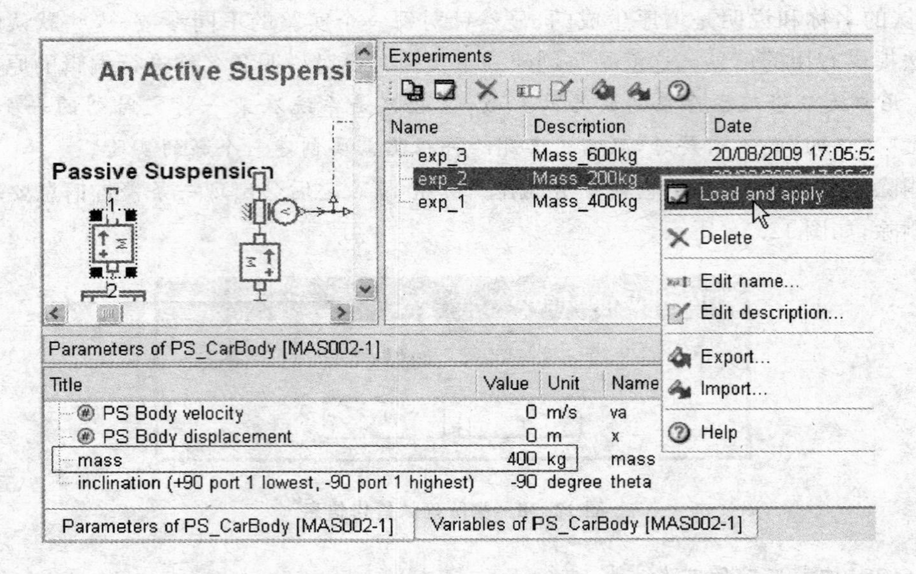

图 12.40　“加载和应用”的实例

Parameters of PS_CarBody [MAS002-1]

Title	Value	Unit	Name
PS Body velocity	0	m/s	va
PS Body displacement	0	m	x
mass	200	kg	mass
inclination (+90 port 1 lowest, -90 port 1 highest)	-90	degree	theta

Parameters of PS_CarBody [MAS002-1]　Variables of PS_CarBody [MAS002-1]

图 12.41　“加载和应用”后当前系统的参数

12.6.4　导出和导入实验

默认情况下，实验将被保存在激活的系统中；当关闭或者再次打开一个系统时，所创建的实验将在 Experiment view（实验视图）中可见。

也可以将实验保存到一个独立于系统之外的文件中，这样将创建一个扩展名为.exp 的存档文件。

1. 导出实验

可以通过两种方式导出实验：单击 Export（导出）键或者右击该实验，在关联菜单中选择 Export 项。

在这两种情况下，将打开一个文件浏览器供用户设定导出实验的名称并选择目标文件夹。

2. 导入实验

可以通过两种方式导入实验：单击 Import（导出）键或者右击该实验，在浏览菜单中选择 Import 项。之后将打开一个文件浏览器供用户定位已保存的实验并将其导入当前系统。

需要注意的是，所要导入实验的目标系统必须包含与导入实验相适应的组件。例如，如果实验中包含 Mechanical(机械)库中组件的参数，而那些组件在目标系统中并不存在，那么当要加载和应用该实验时，将会出现一条警告信息，如图 12.42 所示。

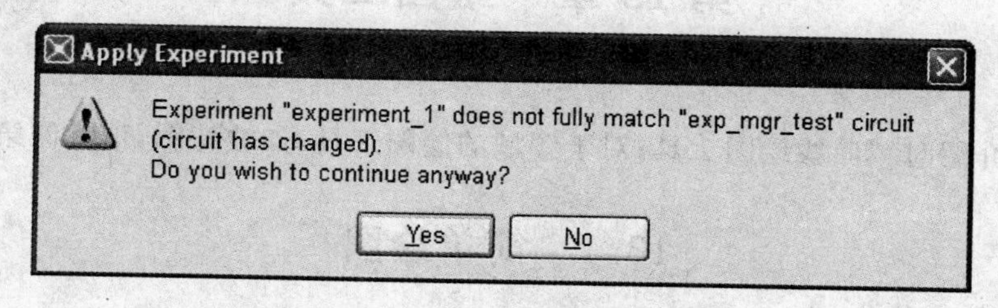

图 12.42　导入实验与目标系统不匹配的警告信息

如果此时确实加载并应用了该实验，则对目标系统中的组件可能不会有影响。

第 13 章　绘图工具

本章主要介绍时域曲线绘图工具；对于频域的绘图工具，如波特图，请参阅第 6 章。

13.1　简单绘图

本节介绍绘图的基本步骤。

13.1.1　创建绘图

在 Simulation（仿真）模式下可以用 5 种方法绘制曲线：

① 从 Variable List（变量列表）对话框中选取一个变量，然后单击 Plot（绘图）按钮，如图 13.1 所示。

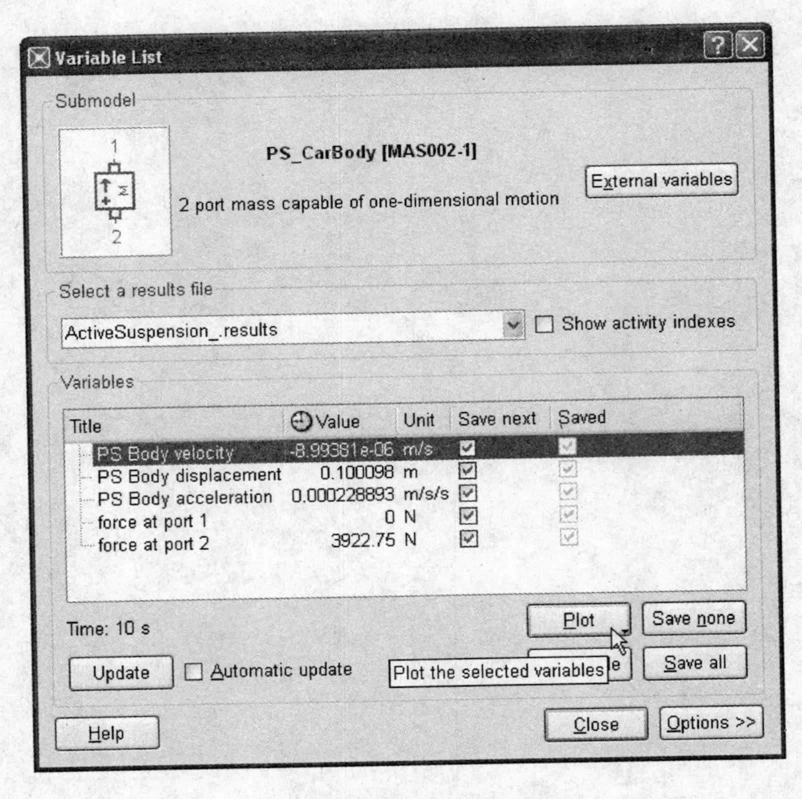

图 13.1　变量列表对话框

注：通过 Shift 和 Ctrl 键，可以同时选中列表中多个变量以绘制曲线。

② 可以从 Contextual variables（关联变量）标签和 Watch variables（观察变量）标签两个选项卡中选择需要绘图的变量，并将其拖放到草图上。

③ 从 Variable List(变量列表)对话框中选取一个变量,然后把它放到草图上。

④ 从 Contextual variables(关联变量)选项中选择一个变量,右击之并选择 Plot。

⑤ 通过单击 Analysis 工具栏上的 Blank Plot 按钮打开一个空白绘图界面,然后选择 Variable List (变量列表)对话框中的一个变量,并将其拖入空白绘图中。也可以将变量拖到任何一张已经存在其他曲线的曲线图中,这种情况下无需再创建一张新的空白曲线图。

注: 如果这里有不只一个相关的结果文件(比如批处理运行的结果文件),则可以从 Variable List 对话框中的 Contextual variables(关联变量)和 Watch variables(观察变量)菜单中选择一个想要绘制的变量,如图 13.2 所示。

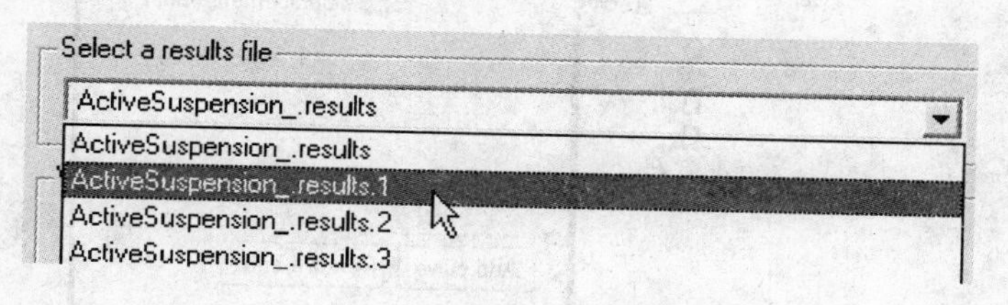

图 13.2　选择结果文件

13.1.2　高亮元件

在绘图窗口可以高亮显示元件。如果在 Plot manager(绘图管理器)中单击图形或曲线,在模型中与图形数据相对应的元件就会用绿色标签标注,如图 13.3 和图 13.4 所示。

- 如果单击曲线以外的部分,则所有的绿色标注都会消失。
- 除非单击草图标签进行移动,否则单击草图就会使标注消失。

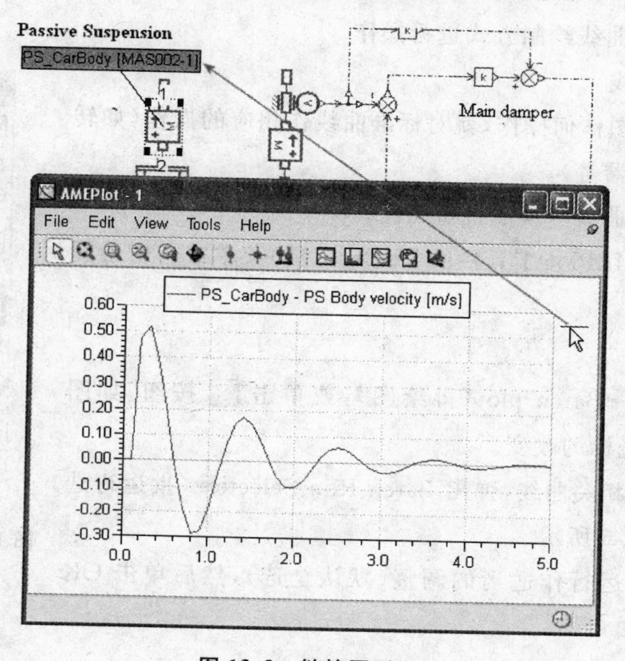

图 13.3　链接图形

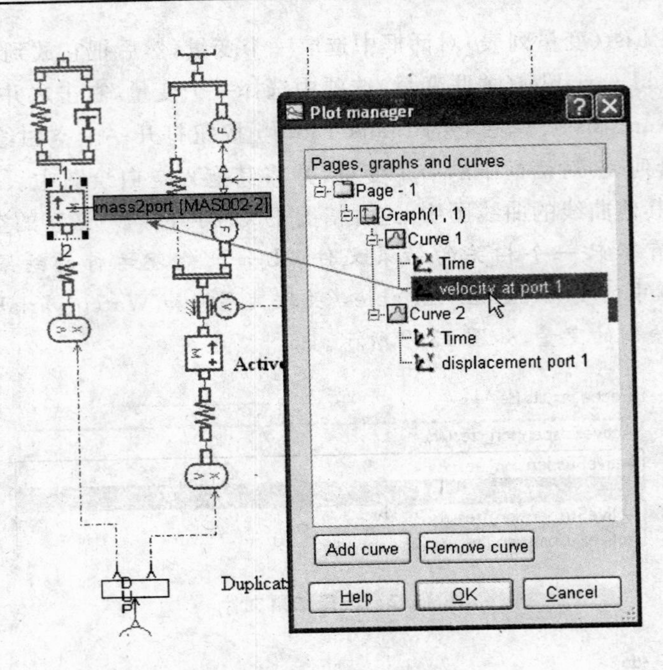

图 13.4　链接绘图管理

13.2　批处理绘图

只有批运行后才可能进行批绘图。可以采取以下步骤实现批处理绘图：

第 1 步：用标准曲线绘制方式进行操作。

① 生成标准曲线。

② 想对批量绘图作何操作，就对标准曲线作相应的操作（如转换坐标轴，绘图管理器等）。

第 2 步：将标准曲线转换成批量绘图。

可通过选择 AMEPlot 工具栏的 Tools（工具）菜单或右击绘图区域来实现。

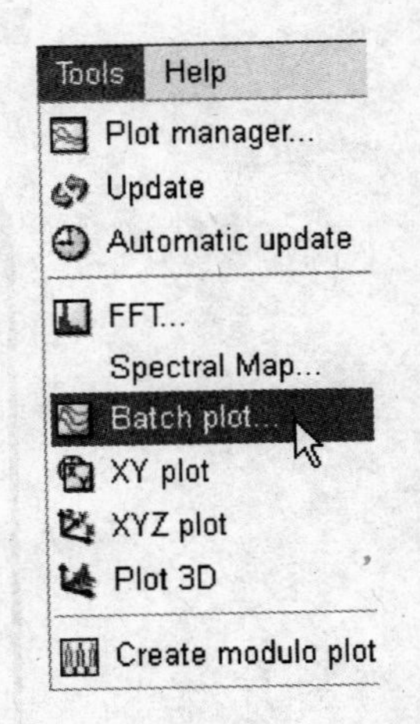

图 13.5　单击批绘图选项

方法 1：

① 选择 Tools→Batch plot（批绘图），或单击按钮，如图 13.5 所示，并注意光标的改变。

② 单击绘图区相关曲线，弹出 Batch Run Selection（批运行选择）对话框，如图 13.6 所示。

③ 对所需的批运行作适当的调整（默认全选），然后单击 OK 按钮。

方法 2：

① 单击绘图区，选择 Options（选项，如图 13.7 所示），如图 13.8 所示。

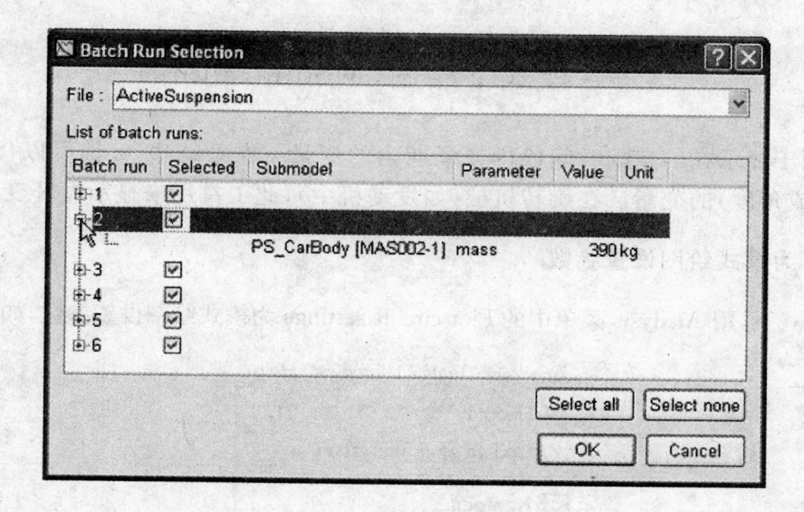

图 13.6　批运行选择对话框

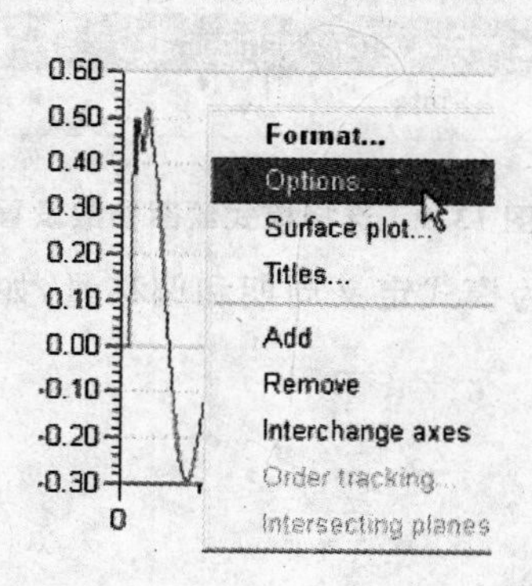

图 13.7　单击绘图区并选择 Options

② 勾选 Batch plot，如需要可以单击 Select batch runs 按钮，来确认批运行的子集，此时将弹出批运行选择对话框。

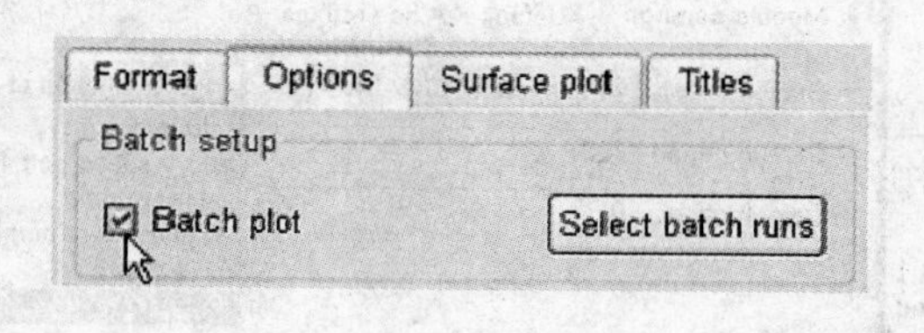

图 13.8　绘图区格式对话框

③ 单击 OK 按钮，标准曲线转换成批量绘图。

注：运用到标准绘图曲线的所有操作，也可以独立运用于批量绘图的曲线操作；同样，可以从批量绘图返回到标准曲线。

通过设置 AMESim，可以在每一次批运行后自动显示批处理选择对话框。

13.3 模式下绘图(Modulo plots)

此工具用于显示在给定的时间段内或周期内的变量。在系统中，x 轴可以代表时间或表示位移(直线或角度)的变量。在旋转机械(如发动机中)，此工具用来显示循环变量。

13.3.1 为模式绘图设置参数

在运行模式下，用 Analysis 菜单中的 Plot circuit settings 为模式绘图设置参数，如图 13.9 所示。

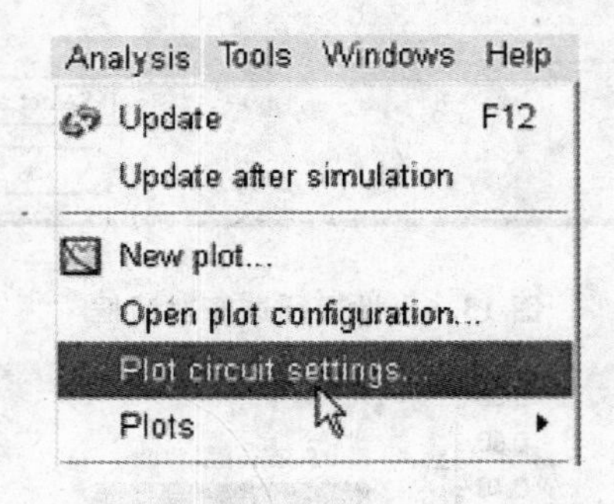

图 13.9 选择模式绘图参数设置

在此可以为 x 轴定义变量，为模式定义周期和偏移量，如图 13.10 所示。

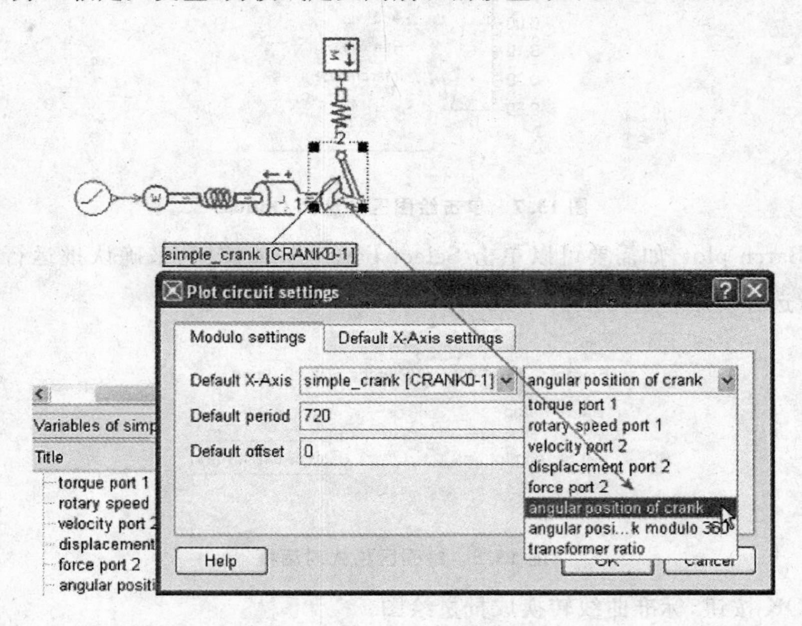

图 13.10 设置模式绘图参数

13.3.2 显示模式绘图

一旦进行了仿真运行，就可以用下列方式显示模式绘图：

① 通过右击关联窗口或查看窗口，如图 13.11 所示。

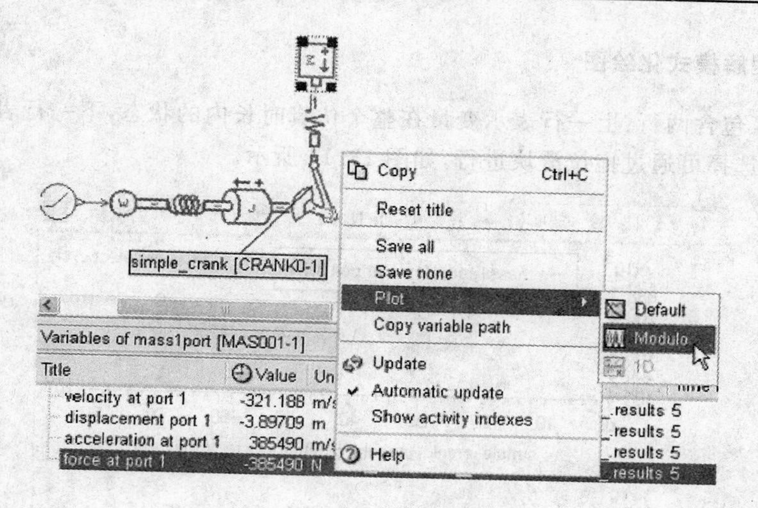

图 13.11　选择显示模式绘图

② 通过标准绘图窗口里的 Tools 菜单，如图 13.12 所示。

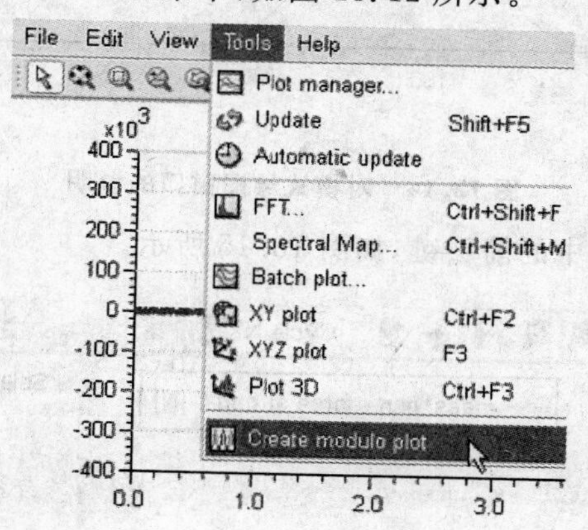

图 13.12　用 Tools 菜单选择模式绘图

一旦选择上述之一，模式绘图便会显示在绘图窗口中，如图 13.13 所示。

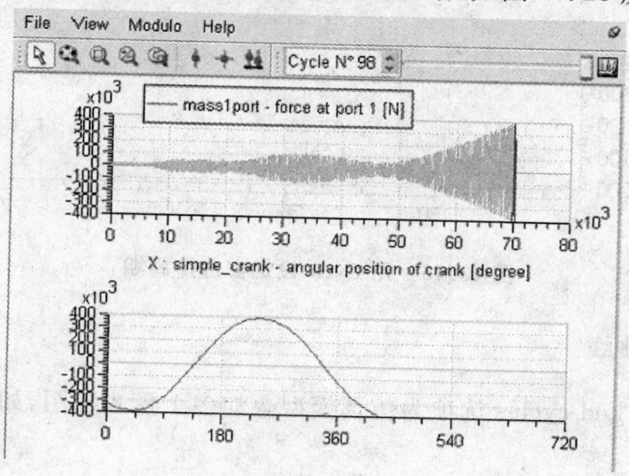

图 13.13　模式绘图显示窗口

13.3.3　理解模式化绘图

模式绘图区包含两行：上一行表示变量在整个仿真时长内的状态，下一行表示所选择周期内的状态；周期选择可通过拖拉滑块进行，如图 13.14 所示。

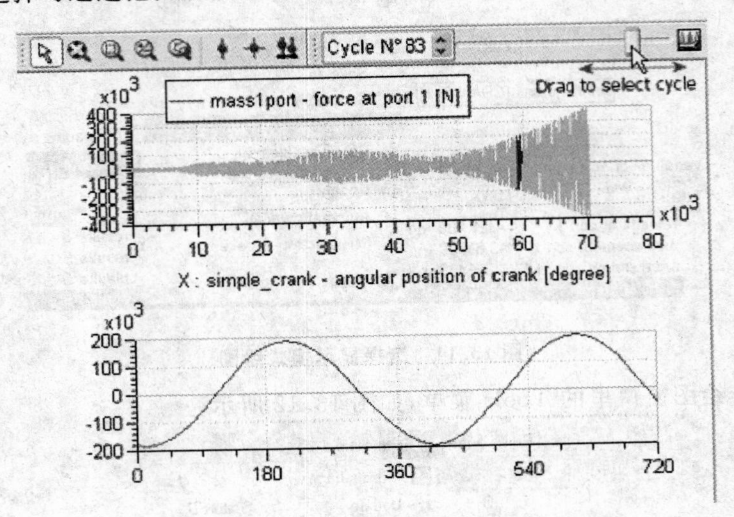

图 13.14　对模式绘图窗口的说明

或者使用 Cycle 设定窗中的箭头键，如图 13.15 所示。

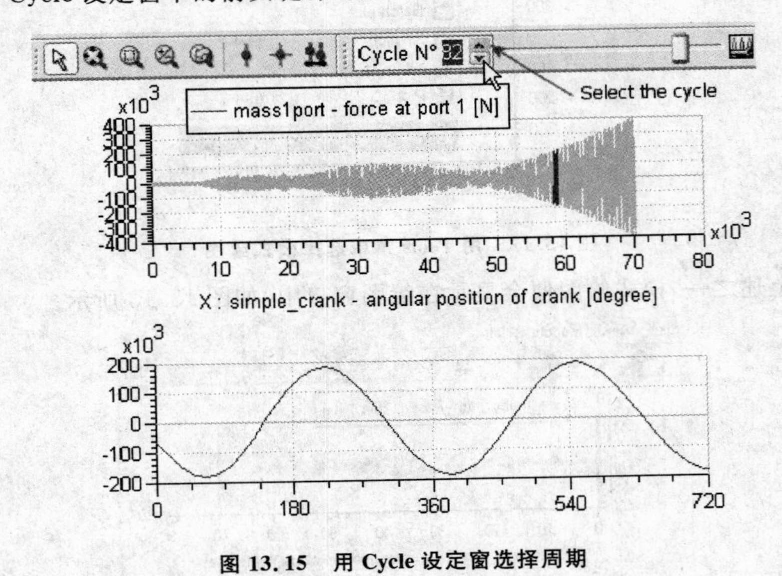

图 13.15　用 Cycle 设定窗选择周期

13.3.4　多循环曲线

可以用 Show stacked cycles 选项为仿真模型叠加多个模式绘图，如图 13.16 所示。

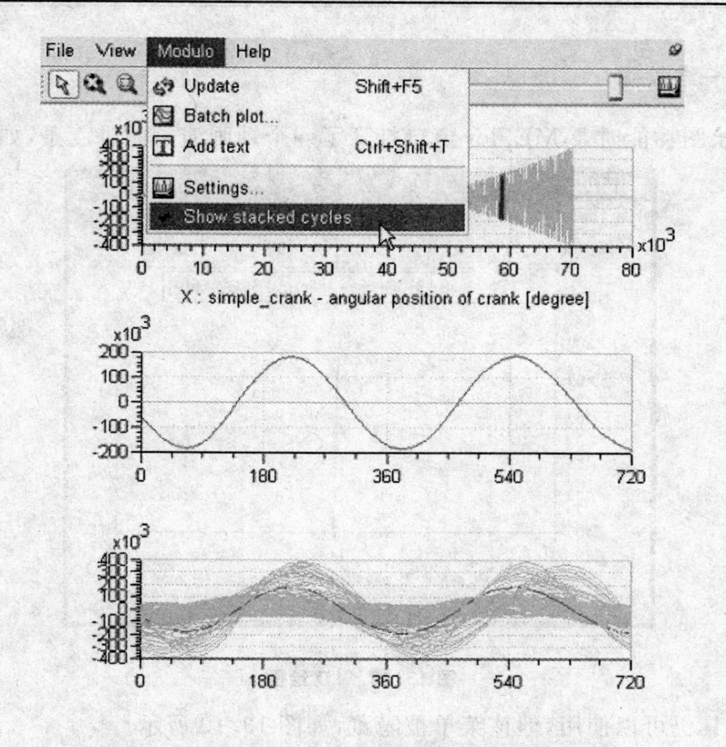

图 13.16　多个模式绘图的叠加

13.4　一维图形

一维绘图可以重点关注波形的走势，比如沿管道长度方向上的变化。

13.4.1　创建一维图形

可以通过单击相关部件选择变量，然后从关联菜单中选择 Plot→1D，如图 13.17 所示。

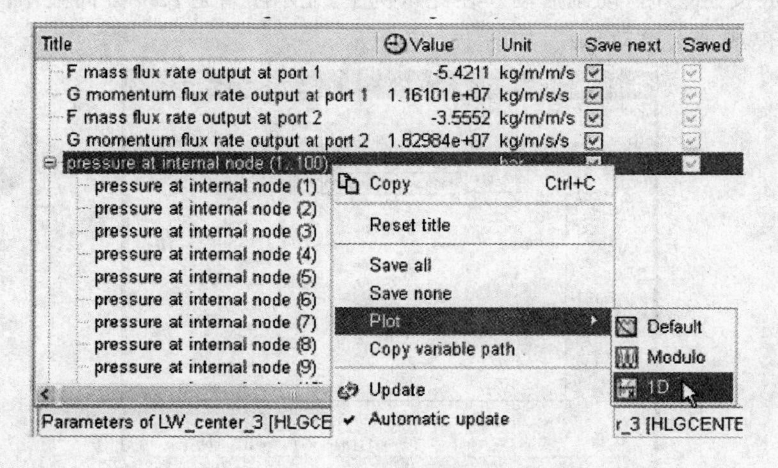

图 13.17　创建 1D 绘图

13.4.2　用一维绘图

当使用 1D 绘图功能时，AMEPlot 窗口打开了一个动画演示的进度条，如图 13.18 所示。

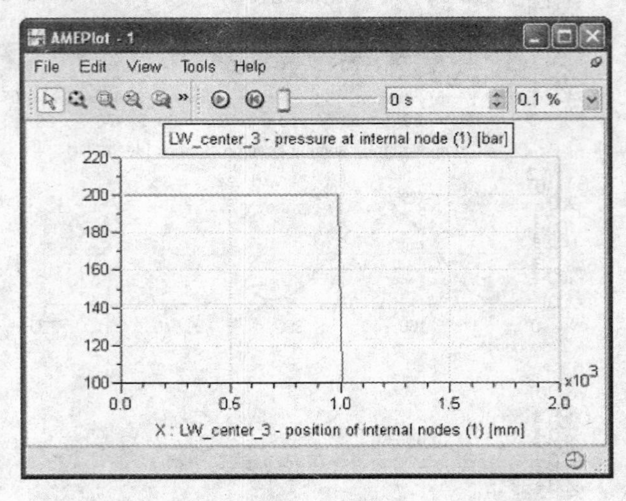

图 13.18　1D 绘图

标准绘图工具仍可以使用，但该菜单被隐藏，如图 13.19 所示。

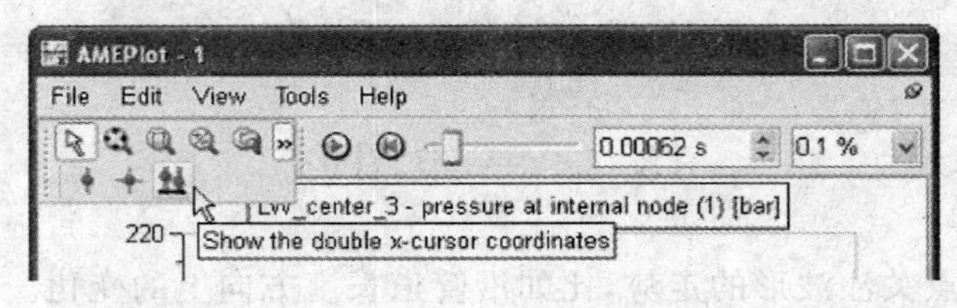

图 13.19　标准绘图工具

1. 播放动画

当单击播放按钮时，动画启动。在此示例中，显示了管道长度方向上不同点处的压力。按钮亦可暂停或再次启动动画，如图 13.20 所示。

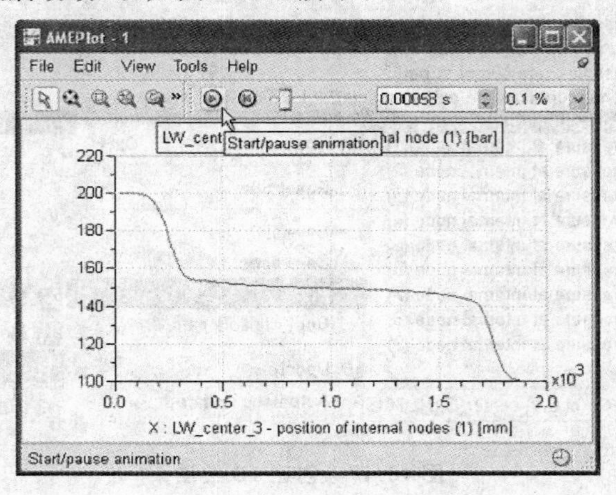

图 13.20　1D 绘图动画暂停

2. 控制动画

可以在动画控制窗口右侧的下拉菜单修改动画的速度，如图 13.21 所示。或者，通过手动移动图 13.22 所示的滑块推进动画。

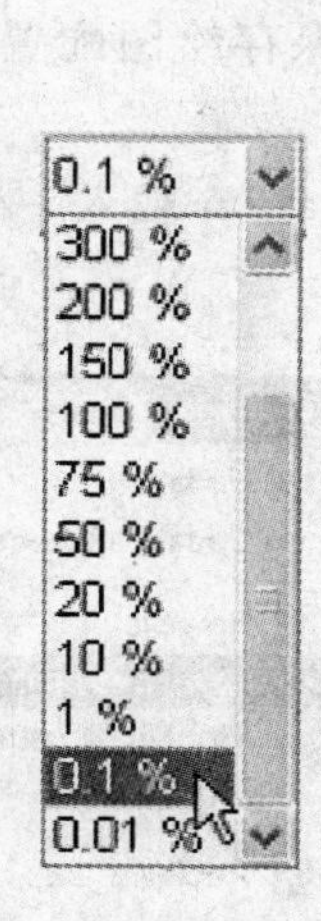

图 13.21　选择动画的速度

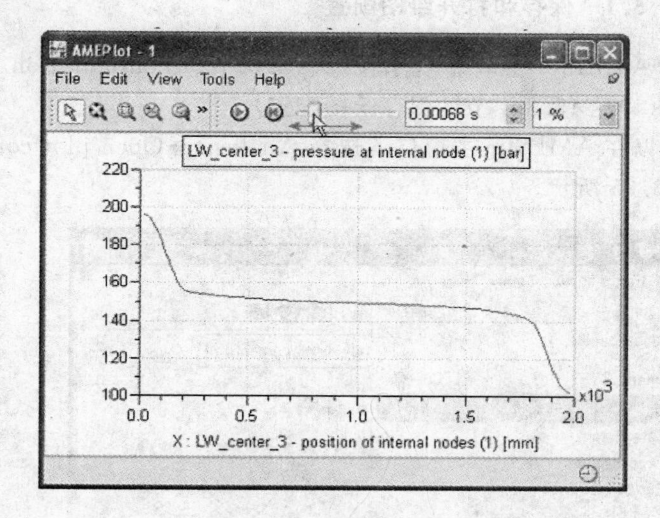

图 13.22　手动推动动画

为了更精确地控制动画，可以利用箭头微调动画的位置，如图 13.23 所示。

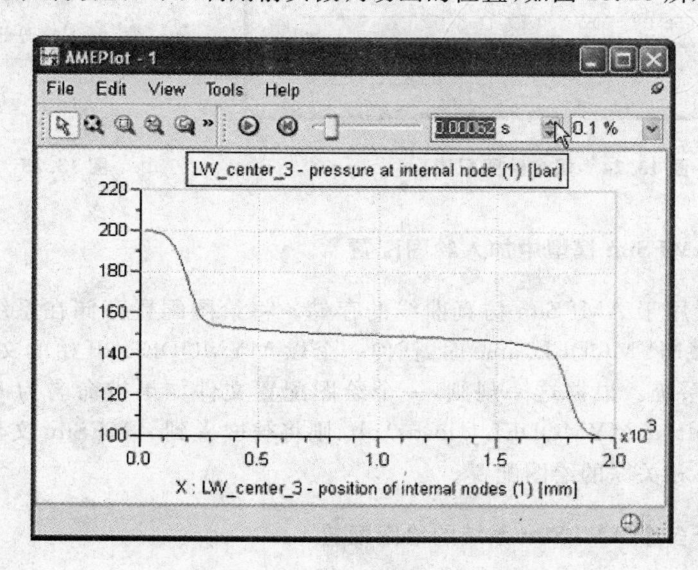

图 13.23　动画精细的调整

最后，单击 reset 按钮 可以返回动画的开始点。

13.5　绘图配置

绘图配置是一种用于布局设置和数据绑定的绘图模板，可以通过绘图配置有效地建立结果比较。

绘图配置通过文本文件进行处理，其文件扩展名一般为. plt。

注：绘图配置不能自己保存原始数据。

13.5.1　保存和打开绘图配置

在 AMEPlot 窗口中，选择 File→Save plot configuration 可以保存绘图配置，如图 13.24 所示。（详见 13.8.1 节的保存绘图配置）

可以在 AMESim 主窗口下选择 Analysis→Open plot configuration 载入一个绘图配置，如图 13.25 所示。

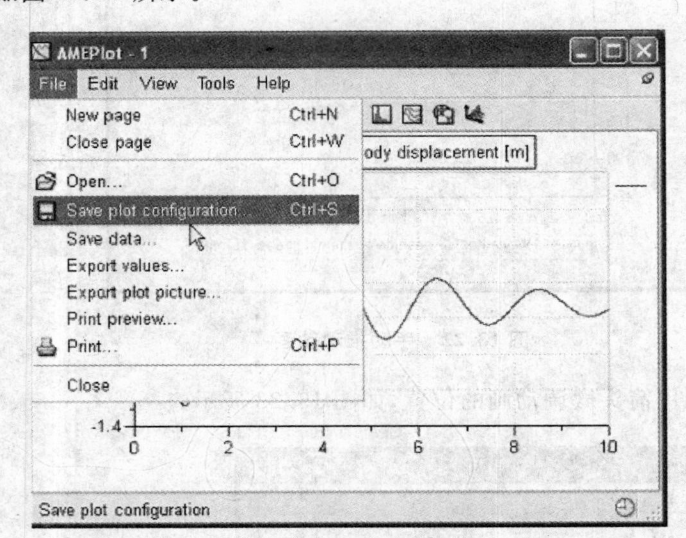

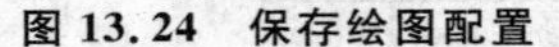

图 13.24　保存绘图配置

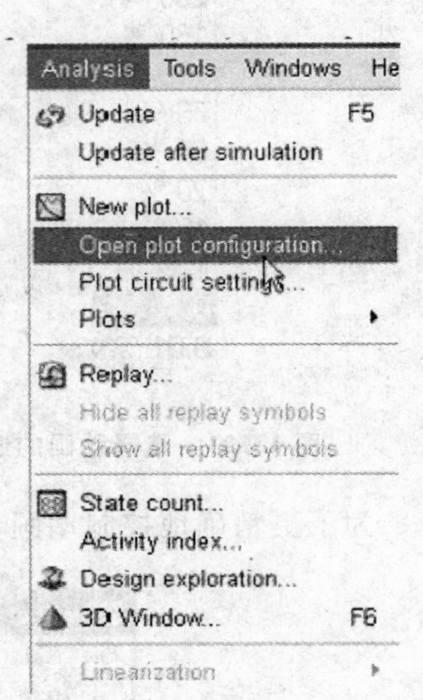

图 13.25　打开绘图配置

13.5.2　在 AMESim 模型中加入绘图配置

通常绘图配置用于 AMESim 仿真曲线的存储。将绘图配置存储在系统中是很有用的。当一个系统命名为 MYMODEL. ame 时，任何一个以 MYMODEL_开始的文件名的文件将被存储进. ame 文件系统。根据这一规则，一个绘图配置文件如果被命名为 MYMODEL. plt、MYMODEL_. 1. plt 或 MYMODEL_. loads. plt，则将被嵌入到 AMESim 文件，如图 13.26 所示。这有利于分享相关联的绘图配置。

13.5.3　关于多个 AMESim 系统的绘图配置

绘图配置没有明确的关联到一个系统。绘图配置文件通过变量数据路径来建立与被显示数据的链接。只要配置所提供的数据路径对于每个系统均是有效的，就可以把绘图配置用在不同的系统中。因此绘图配置常常被用到 AMESim 模型中作为结果比较的手段，如图13.27所示。

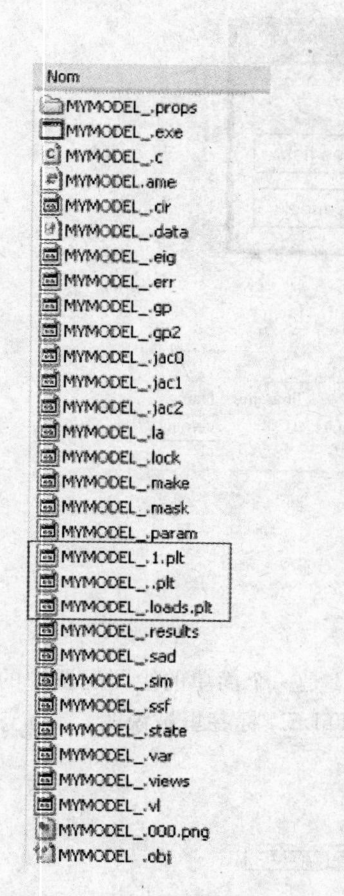

图 13.26　绘图配置文件

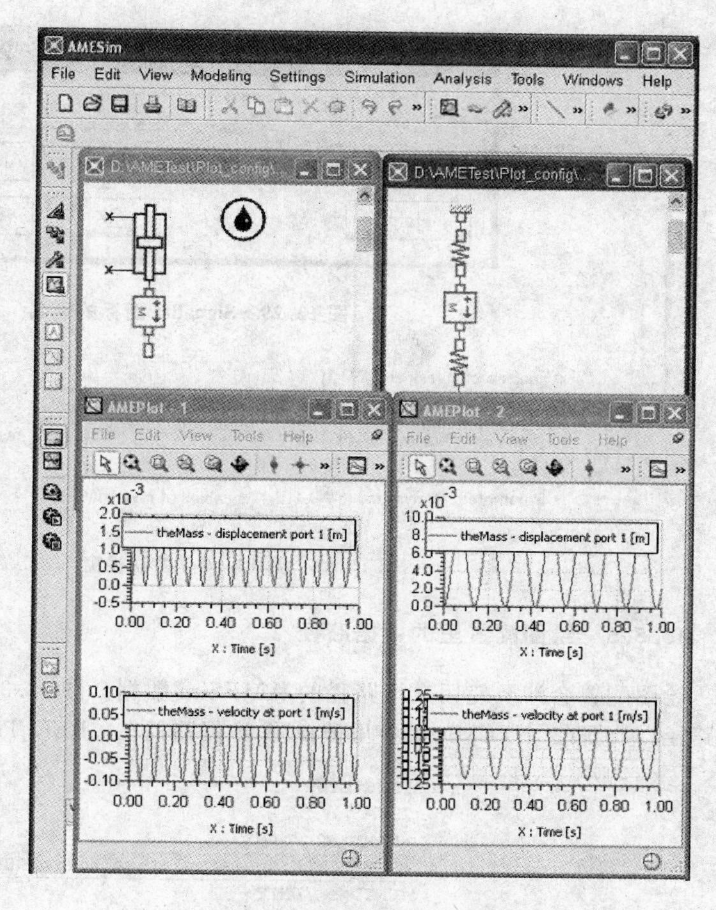

图 13.27　绘图配置用于结果比较

特别需要注意的是：当一个绘图配置从 AMEsim 系统打开时，它将自动应用于活动的系统，新建的曲线将与草图保持链接，以确保任何可能的更改均被考虑。

为了把绘图配置应用于另一个系统，用户必须首先把系统激活，然后再重新打开绘图配置。

13.5.4　从 AMESim 数据路径引用数据

一个变量的数据路径的形式为 varname@component_alias，例如，图 13.28 所示的 signal01 图标的输出变量的数据路径为 output@mysignal。

Signal01 图标的别名为 mysignal，在图标工具提示窗和图 13.29 所示的对话框中显示。

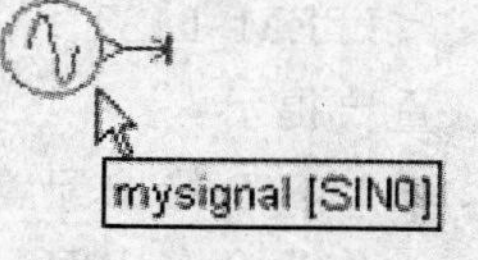

图 13.28　指向 signal01 图标

signal01 的变量名称被系统内部定义，不能修改。可以用关联视窗里的名称栏显示的名称来检查参数和变量名，如图 13.30 所示。

使用数据路径（参数/变量名和元件别名），用户可以相当容易地定义一个系统的所有参数和变量。甚至可以确定一个在系统中独立有效的数据路径命名方案。这使不同系统间使用绘图配置成为可能。

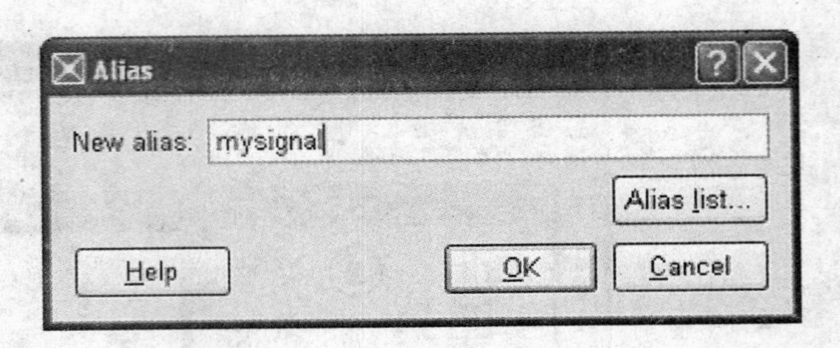

图 13.29　Signal01 图标的别名

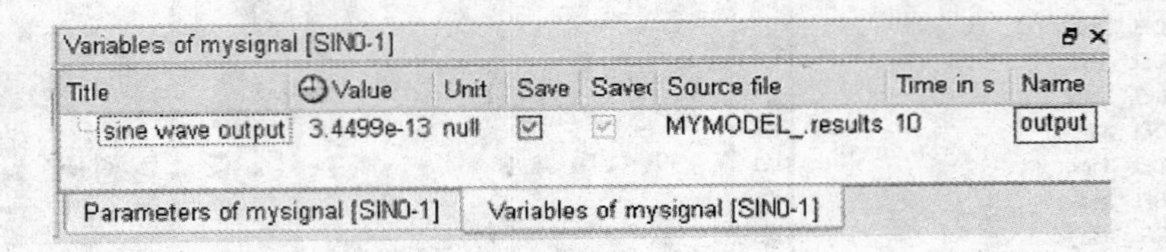

图 13.30　关联视窗

13.5.5　绘图配置里的数据路径

绘图配置会涉及使用数据路径的 AMESim 数据。图 13.31 是一个简单的绘图配置中的数据路径。数据在<ITEM>标签里被说明，数据路径在<REF_TITLE>标签里被说明。

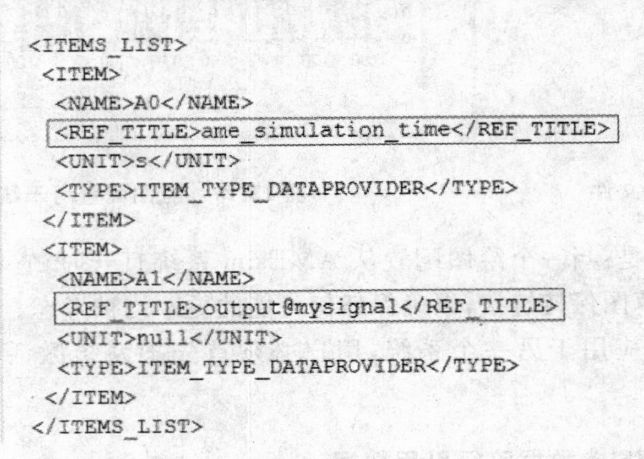

```
<ITEMS_LIST>
  <ITEM>
    <NAME>A0</NAME>
    <REF_TITLE>ame_simulation_time</REF_TITLE>
    <UNIT>s</UNIT>
    <TYPE>ITEM_TYPE_DATAPROVIDER</TYPE>
  </ITEM>
  <ITEM>
    <NAME>A1</NAME>
    <REF_TITLE>output@mysignal</REF_TITLE>
    <UNIT>null</UNIT>
    <TYPE>ITEM_TYPE_DATAPROVIDER</TYPE>
  </ITEM>
</ITEMS_LIST>
```

图 13.31　绘图配置中的数据路径

仿真时间变量有一个特别的数据路径：ame_simulation_time。

<ITEM_LIST>内容并不指向任何特定的 AMESim 系统。

重要提示：

- 当一个绘图配置涉及多个数据来源时，不属于当前运行系统的变量将把它们的数据源作为命名空间。(<NAME_SPACE>标签)
- 当一个绘图配置涉及的是相同模型的不同运行(批处理)所使用的数据时，变量将把运行索引作为一个数据组来参考。(标签<NAME_SPACE>)

13.5.6　绘图配置的布局

图 13.32 所示的绘图有 1 个页面、1 个区域和 1 条的曲线。

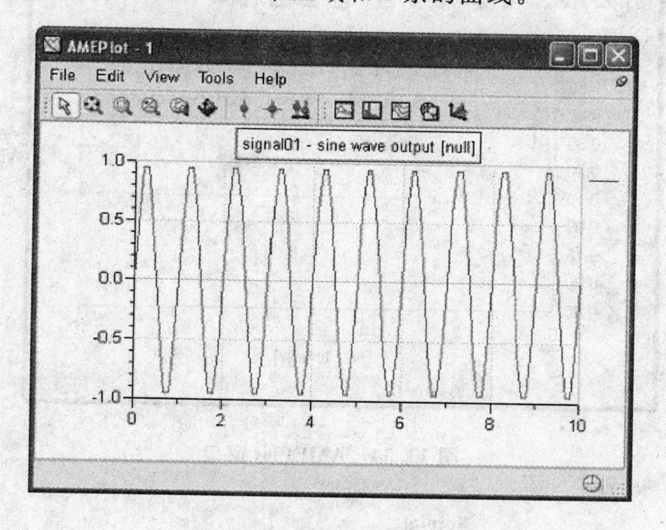

图 13.32　通常的绘图窗口

此时曲线将引用已说明的 A0、A1 项，如图 13.33 所示。

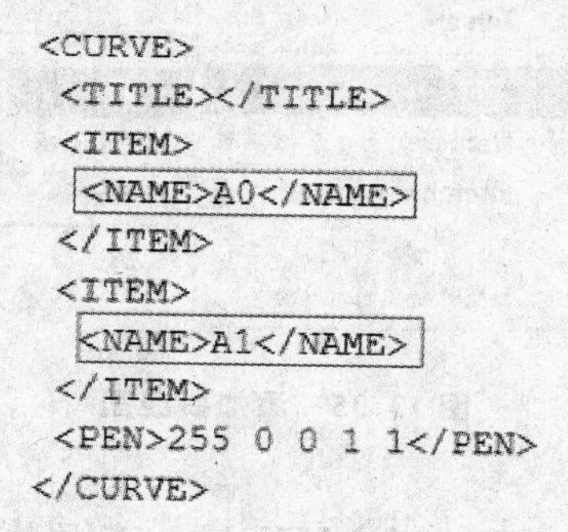

```
<CURVE>
 <TITLE></TITLE>
 <ITEM>
  <NAME>A0</NAME>
 </ITEM>
 <ITEM>
  <NAME>A1</NAME>
 </ITEM>
 <PEN>255 0 0 1 1</PEN>
</CURVE>
```

图 13.33　曲线的数据引用

对于一个 2D 曲线，第 1 项将被用作 X 值，第 2 项将被用作 Y 值。

13.6　AMEPlot 结构

一旦打开 AMEPlot 窗口，就可以发现，其包括菜单栏(Menubar)、工具栏(Toolbar)、主窗体(Main window)、状态栏(Statusbar)，如图 13.34所示。

菜单栏和工具栏中的一些工具可运用到整个主窗体，其余的可运用到单个的绘图区域。

如图 13.35 所示，在主窗体中可以添加曲线图：

① 要在同一窗体中添加其他曲线图，可以在第 1 个曲线图上右击。

② 选择 Add 下的 Row 或者 Column 选项。

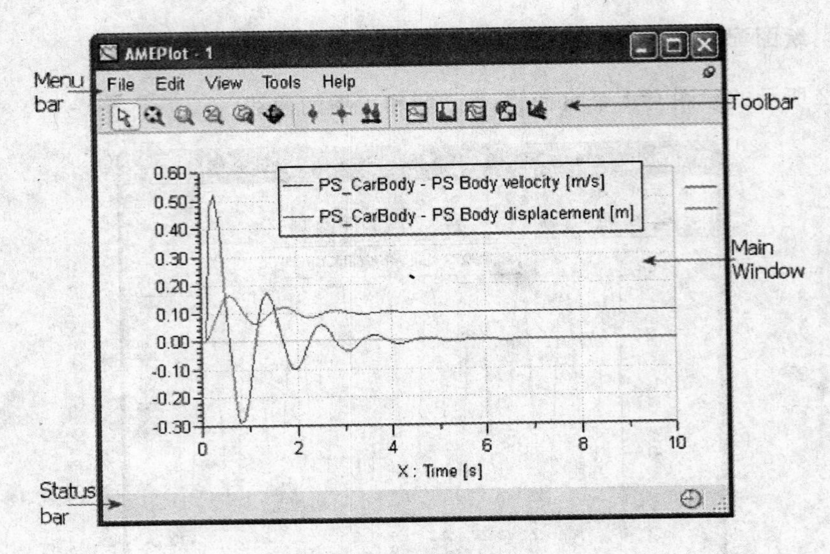

图 13.34　AMEPlot 窗口

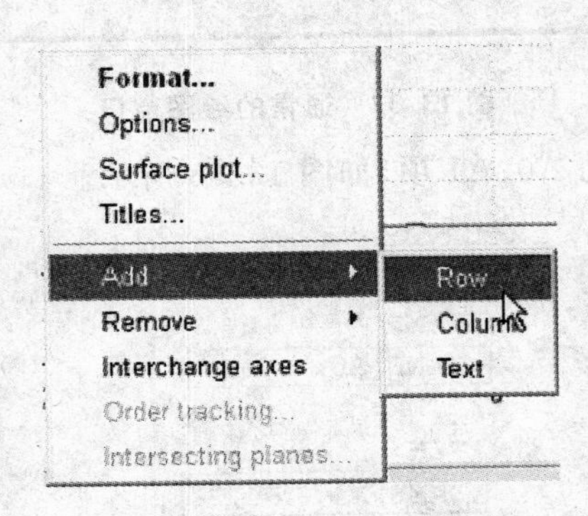

图 13.35　添加曲线图

13.7　AMEPlot 工具栏

AMEPlot 有两个工具栏，它们与菜单栏中的选项完全相同：

	View→AutoScale	自动缩放
	View→Zoom	查看
	View→Zoom+/−	放大/缩小
	View→Zoom Previous	前一视图
	View→Rotate	旋转
	View→Coordinates temporal	查看坐标
	View→Coordinates XY	查看 XY 坐标
	Tools→FFT	快速傅里叶变化
	Tools→Batch plot	批量绘图
	Tools→XYplot	2D 曲线

Tools→Convert 2D plot to 3D	转换 2D 曲线到 3D 曲线
View→Double x-coordinates	双 X 坐标
Tools→Plot manager	曲线图管理器

13.8　AMEPlot 菜单栏

菜单中包括 AMEPlot 可用到的主要工具。

13.8.1　File(文件)菜单

文件菜单如图 13.36 所示，其中的一些工具在 Standard(标准)工具栏中也能找到。它们能够运用于整个 AMEPlot 主窗体。

File　Edit　View　Tools　Help

New page	Ctrl+N
Close page	Ctrl+W
Open...	Ctrl+O
Save plot configuration...	Ctrl+S
Save data...	
Export values...	
Export plot picture...	
Print preview...	
Print...	Ctrl+P
Close	

图 13.36　文件菜单

1. 建立新页和关闭当前页

在 AMEPlot 中通过 File 下的 New page 打开新页，如图 13.37 所示。

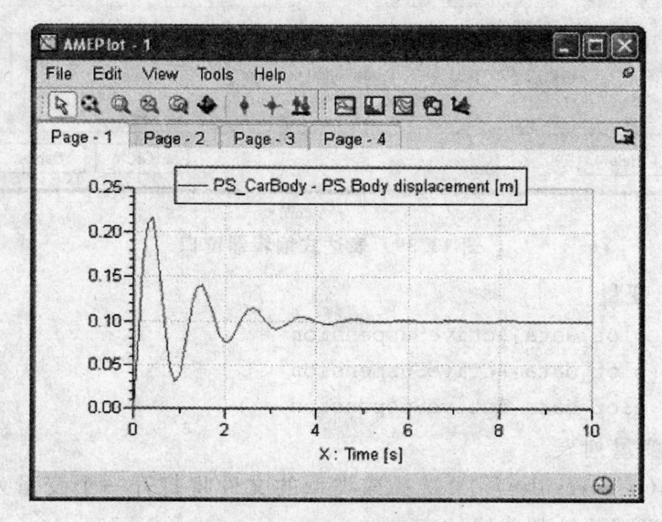

图 13.37　新页

可以把变量拖到这些新页中，所以一个 AMEPlot 窗口可以包含多个变量曲线。如果拖一个变量到某一页面的标题区，则 AMEPlot 将自动切换到该页，也可以直接把变量拖到曲线区。

选择 File→Close page，可关闭显示在顶层的当前页。

2. 打　开

如果选择该菜单项或单击按钮，则会出现一个文件浏览器如图 13.38 所示。可以选择 3 种类型的文件。

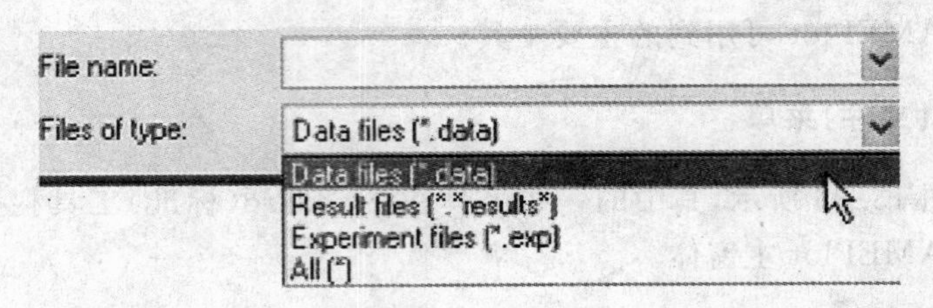

图 13.38　为曲线选择一个文件

① Datafiles(＊.data)：该类型文件是之前通过选择 Save data 保存数据时建立的数据文件。它包含之前所显示的曲线上的数据点，这些数据可能与当前的仿真不相干。该工具用来比较不同的结果是十分有用的。此外，当下载文件时，这些变量被加载到结果管理器。可以通过查看窗口中的后处理标签里的 Expression Editor 来检查，如图 13.39 所示。

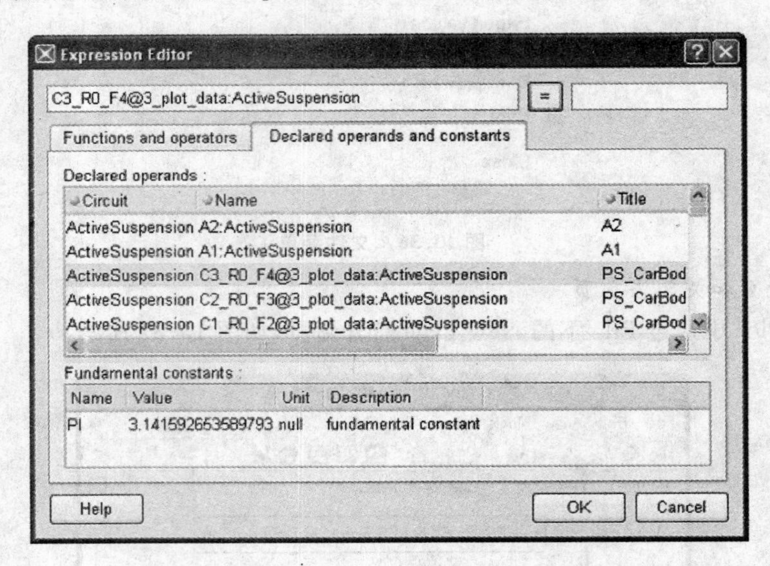

图 13.39　表达式编辑器窗口

在这个例子中，变量

C3_RO_F4 @ 3_plot_data:ActiveSuspension

C2_RO_F3 @ 3_plot_data:ActiveSuspension

C1_RO_F2 @ 3_plot_data:ActiveSuspension

已经加载并添加到变量列表。

② Result files(＊.＊results＊)：选择该类型的文件将打开一个变量列表对话框，使用此对话框可以用来选择需要绘制曲线的变量。

③ Experiment files(*.exp)：该类型的文件是在试验视图中选择导出实验时所创建的。当打开一个后缀为.exp 的文件时，会给出实验结果文件中可用的变量，如图 13.40 所示。

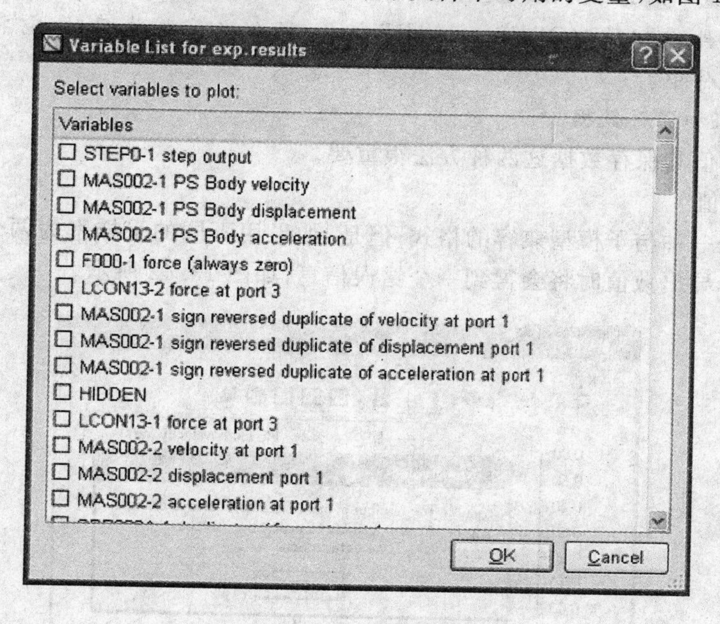

图 13.40　实验结果变量列表

3. 保存绘图配置单击按钮

当单击按钮保存配置时，便记录了曲线的全部设置。该选项并没有保存曲线上的数据点，文件的扩展名为. plt。当打开. plt 文件时，AMESim 将尽力用当前的结果文件来实现这一设置。

● 选择 File→Save plot configuration(保存绘图配置)，出现文件浏览器，如图 13.41 所示。
● 选择所保存数据文件的路径。
● 键入文件名，并单击 Save 按钮。

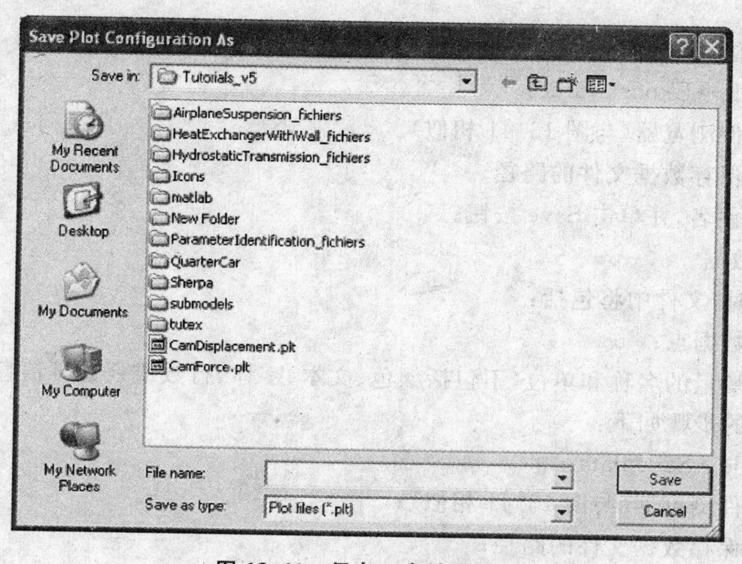

图 13.41　保存一个绘图配置

保存曲线首选的文件扩展名应为.plt。

注：如果系统命名为 MYMODEL. ame，那么所给的.plt 文件将以"MYMODEL_."为开头，因此，如果文件以"MYMODEL_. 1. plt"命名，那么当系统关闭时，它将被保存在 MYMODEL. ame 文件中。

4. 导出数值和保存数据

区分导出数值和保存数据这两种方法很重要。

(1) 导出数值

导出数值是一种与子模型兼容的格式；但是，如果用不同的采样率为两个变量绘制曲线，那么当试图选择导出数值时将会得到一个错误信息，如图 13.42 所示。

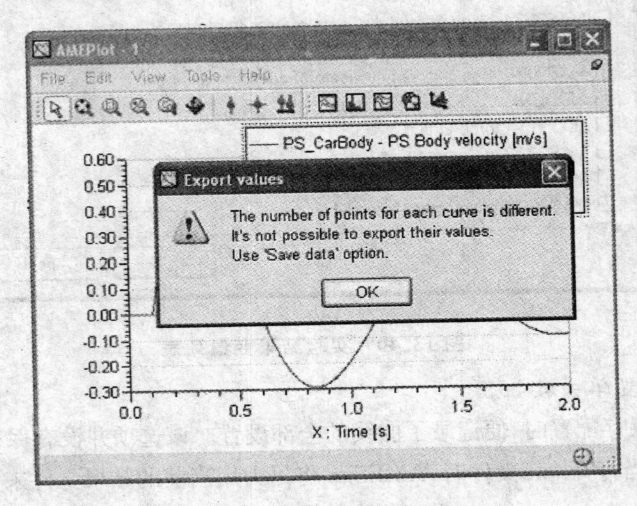

图 13.42　导出数值出错

不同的值根据采样率、运行时间等不同保存为数据组，以便它们能被载入到一个新的绘图。

导出数值的步骤如下：

① 选择 File→Export values。

② 弹出文件浏览器(与图 13.41 相似)。

③ 选择所保存数据文件的路径。

④ 键入文件名，并单击 Save 按钮。

(2) 保存数据

保存数据时，文件中将包括：

- 曲线的数据点；
- 所包含变量的名称和单位(不包括颜色、文本、字体、行数或列数等信息)。

保存数据的步骤如下：

- 选择 File→Save data；
- 弹出文件浏览器(与图 13.41 相似)；
- 选择所保存数据文件的路径；
- 键入文件名，并单击 Save 按钮。

至此，文件已经保存，但没有特殊的后缀名。

(3) 导出数值

这是最低水平的保存。当导出数据时，文件只包含曲线的ASCII格式的数据点。如果想在电子数据表或MATLAB等其他地方用到曲线上的数据点，或者是想为图13.43所示的子模型(如UDA01)生成一张数据表格，则上述保存的文件非常有用。

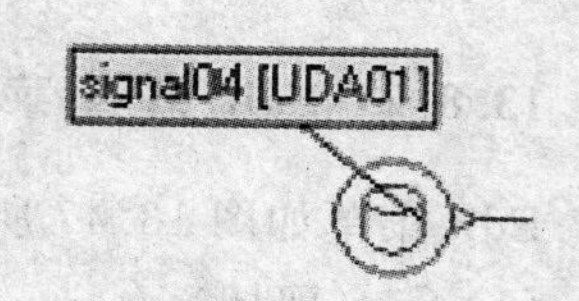

图 13.43　子模型 UDA01

注： 所有通过 Export values 工具保存的曲线，都必须有相同的变量作为横坐标。Table editor 表格编辑器可以读取这种格式。

5. 导出曲线图

该工具可以存储各种格式的图片。结果文件能被大多数文字处理软件读入，图片也能够被导入AMESim并加入到草图中。导出曲线图的步骤如下：

① 选择 File→Export plot picture，弹出一个文件浏览器（与图13.41相似）。

② 选择想用的文件格式如图13.44所示。

③ 选择所保存数据文件的路径。

④ 键入文件名，并单击Save按钮。

图 13.44　选择图片的文件格式

6. 打印预览

选择该选项可在打印绘图之前预览AMEPlot窗口。

7. 打　印

如果想打印出AMEPlot主窗体的内容，则选择打印或单击打印按钮，弹出图13.45所示的Print对话框。在该对话框可以选择所使用的打印机，然后单击OK按钮，得到图13.46所示的打印预览窗口。

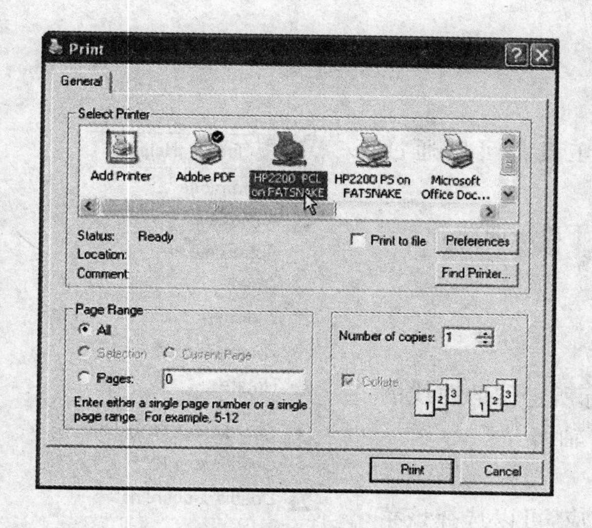

图 13.45　打印设置

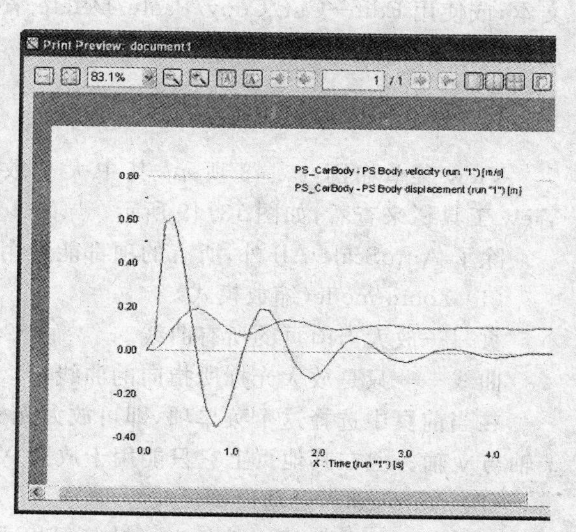

图 13.46　打印预览窗口

8. 退　出

如果想关闭 AMEPlot 窗体，则选择该菜单项。

13.8.2　Edit(编辑)菜单

Edit 菜单如图 13.47 所示，图中所列的操作可运用于整个主窗体。

(1) Cut(剪切)

这个菜单项可以移除所在页的所有内容(曲线和文件)。已剪切的内容可被粘贴到一个新的页中或被应用到其他地方，例如一个文件编辑器。如果某一特定的对象(如一个坐标或曲线名称)被选中，则只有该对象被剪切。

(2) Copy(复制)

如果选择该菜单项，则 AMEPlot 主窗体的内容将被复制到了剪贴板，通过 Windows 可以将其复制到一些其他的软件中，例如大多数的文字处理软件。如果某一特定的对象(如一个坐标或曲线名称)被选中，则仅是被选中的对象被复制。

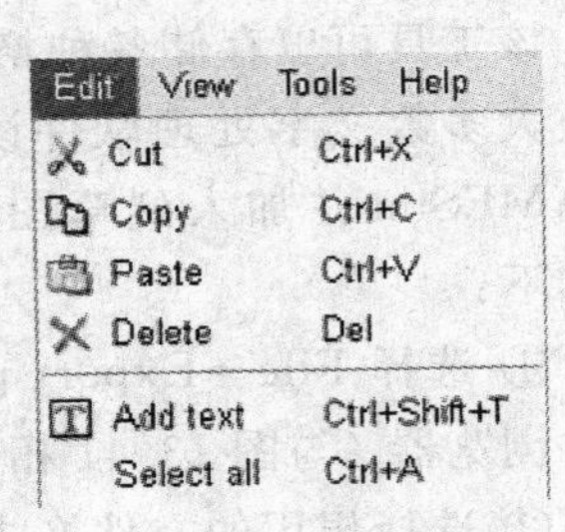

图 13.47　Edit 菜单

(3) Paste(粘贴)

选择该菜单项可以从 Windows 剪贴板粘贴文件到 AMEPlot 主窗口。

(4) Delete(删除)

这个菜单项删除所在页的曲线的所有内容。如果某一特定的对象(如一个坐标或曲线名称)被选中，则只有该对象被删除。

(5) Add text(添加文本)

该菜单项的功能是往曲线中添加文本。

(6) Select all(选择所有)

这一功能将选择 AMEPlot 主窗体中显示的所有文本。然后可以按下 Del 键删除所有的文本，或使用 Edit→Cut/Copy/Paste/Delete 来执行相应的操作；或者按 Ctrl ＋ A 键选择所有文本。

13.8.3　View(查看)菜单

View 菜单如图 13.48 所示，其中大多数工具都可以通过 View 工具栏来查看，如图 13.49 所示。

除了 AutoScale All 外，所有的项都能运用于单条曲线。

(1) Zoom mode(缩放模式)

页——放大当前页的所有曲线。

曲线——只是放大光标所指向的曲线。

在当前页中选择这个菜单项，即可放大光标所定位的曲线的 x 轴与 y 轴。但在其他页上它只能用于放大 X 轴。

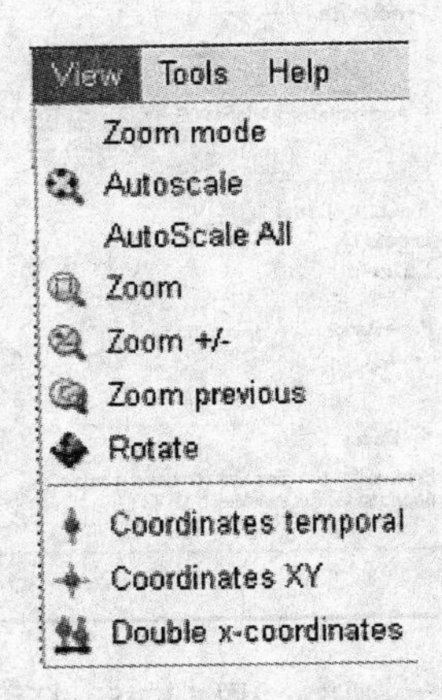

图 13.48　View 菜单

(2) Autoscale(自动比例模式)

欲使得原始码曲线点数与坐标轴范围相适应，可以选择该菜单项或单击该按钮。

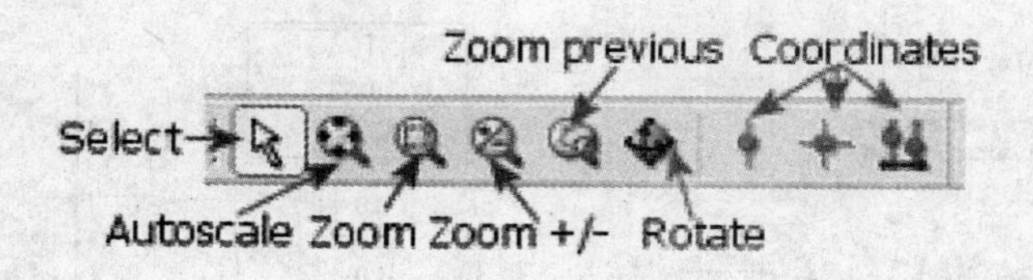

图 13.49　View 工具栏

(3) Autoscale All(全部自动比例)

该工具的作用与前一项(Autoscale)相同,但可以运用于主窗体中所显示的所有曲线。

(4) Zoom(缩放)

如果选择该菜单项,则光标显示成十字线,这时可以对曲线的某一特定部分定义一个矩形区域。首先按下鼠标左键,定义矩形区域的左上角,然后不松开鼠标,将光标拖动到矩形的对角,再松开鼠标。完成后,被选中的区域被放大,并取代了原来的曲线。

(5) Zoom +/-(缩放+/-)

如果选择该菜单项,则光标显示为 Zoom +/-图标。放大时,在想放大的曲线区域单击;如果想缩小,则右击曲线区域。

注:也可以用鼠标滚轮进行放大和缩小。

(6) Zoom previous(上一次缩放)

当想取消上一次放大操作时,选择该菜单项或单击该按钮。

(7) Rotate(旋转)

当想调整图 13.50 所示的曲面图或三维图的视角时,可以使用该菜单项。

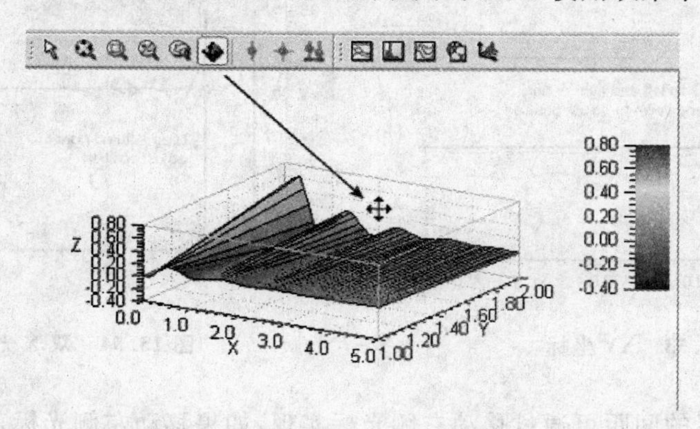

图 13.50　三维图视角调整

(8) Coordinates(坐标)

① Temporal Coordinates(当前坐标)

当想知道曲线上所给点的坐标时,选择该菜单项或单击工具栏按钮,将产生一条垂直线型光标,并能移动到需要的位置。当移动鼠标时,可以在 AMEPlot 窗口的左手顶端看到当前的坐标。该工具还可以用于放大以后的区域,使图形更精确,如图 13.51 所示。

可以通过单击坐标的数值调整的 X 光标位置。输入一个新值,按回车键,如图 13.52 所示。

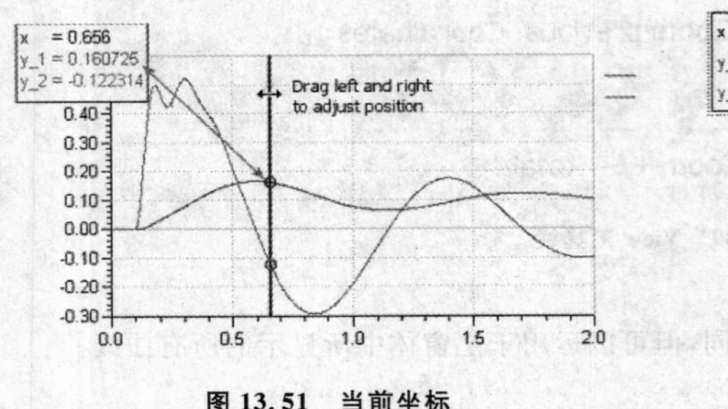

图 13.51　当前坐标

图 13.52　编辑 X 光标的值

② XY Coordinates(XY 坐标)

当想知道曲线上给定点的坐标时,使用该菜单项或单击工具栏按钮。将会出现一个十字型光标,并能移到所需要位置。当移动鼠标时,可以在 AMEPlot 左窗口顶端看到当前的坐标,如图 13.53 所示。如果想更精确,可以在放大一个区域后再使用此工具。

③ Double x-cursor coordinates(双 X 光标坐标)

当想计算同一个曲线上两个值之间的差异时,使用此菜单项或工具栏按钮。可显示被光标标注了的两个点之间的增量,如图 13.54 所示。在这个例子中,可以看到(2)－(1) 在 y_1 之间的增量为－8.8568。

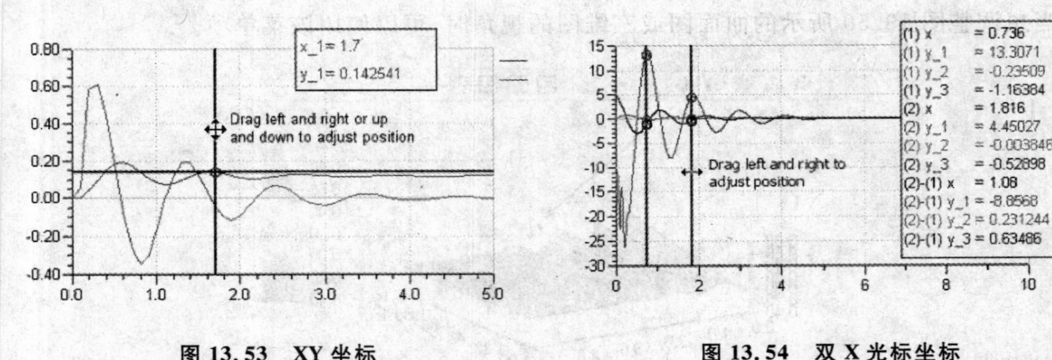

图 13.53　XY 坐标　　　　图 13.54　双 X 光标坐标

X 方向上两光标的间距可通过移动右侧光标实现,如果移动左侧光标,其间距将保持不变(两光标同步)。

可以通过单击坐标值调整 X 光标位置。输入一个新值,然后按回车键,如图 13.55 所示。

(9) 光标同步

如果 AMEPlot 窗口有两行以上曲线图,则光标协调同步工具可使多行同步——移动其中一行的光标同时也就移动了其他行。也可以打破这种同步,操作如下:

① 取消光标同步:右击光标线关闭光标同步,如图 13.56 所示。

② 恢复光标同步:选择一个光标线,然后按住键盘上的 Ctrl 键,同时选择欲同步的其他行的光标线。光标是同步在最后选定的光标上。

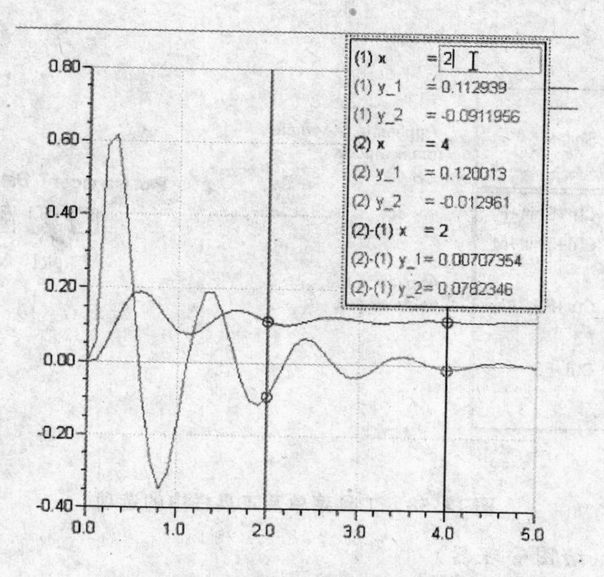

图 13.55　编辑双 X 光标坐标

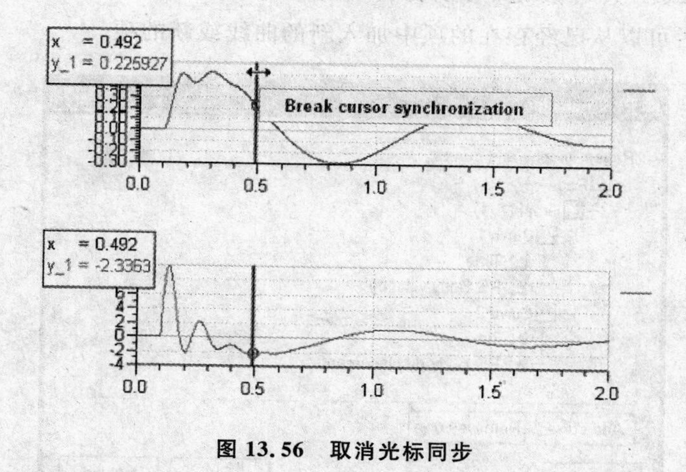

图 13.56　取消光标同步

(10) 标准功能恢复

当选择坐标功能时，其他选项（如缩放功能）将被禁用。单击选择箭头按钮以恢复标准功能。

(11) 复制光标数据

右击 x 或 y 值打开一个关联菜单，如图 13.57 所示。可以复制选定项的值和所有关联菜单中的值，也可以选择值的格式（AMESim 或 Scientific）。然后，将其粘贴到另一个应用程序，如文本编辑器。

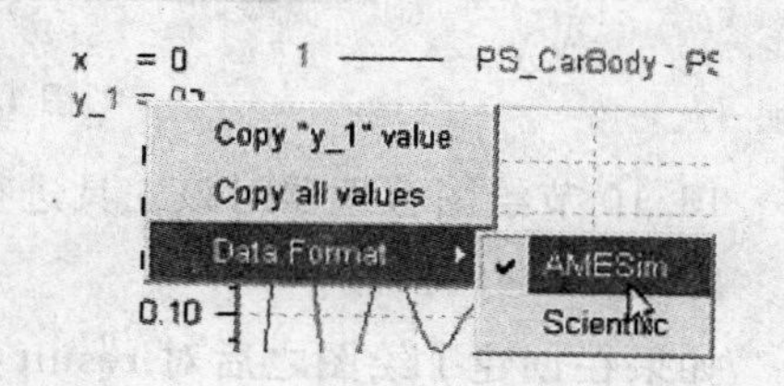

图 13.57　坐标关联菜单

13.8.4　Tools(工具)菜单

Tools 菜单包含 10 项，比较常用的工具也会出现在工具栏中。如图 13.58 所示。

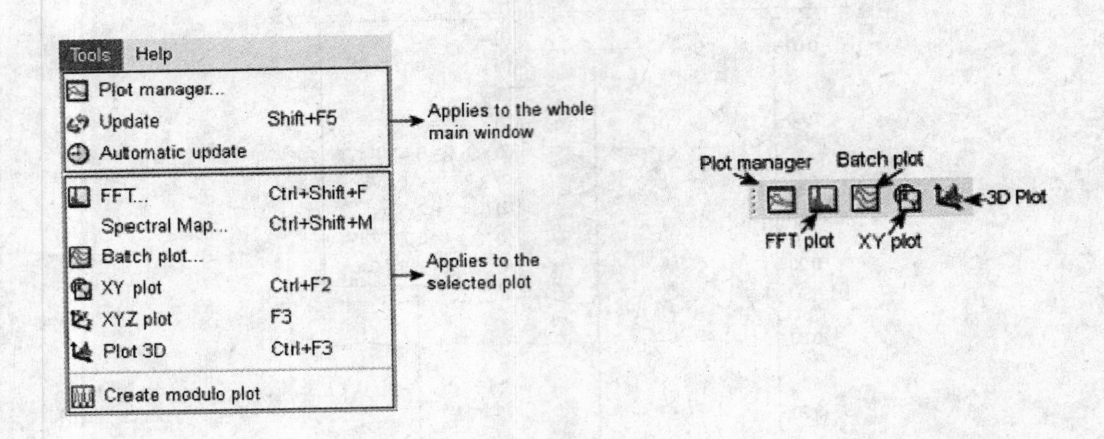

图 13.58　工具菜单及工具栏中的选项

1. Plot manager(绘图管理器)

通过该菜单项或工具栏按钮，可以打开一个显示当前曲线和变量(项)的对话框，如图 13.59所示。然后可以从已经存在的项中加入新的曲线或新的项。

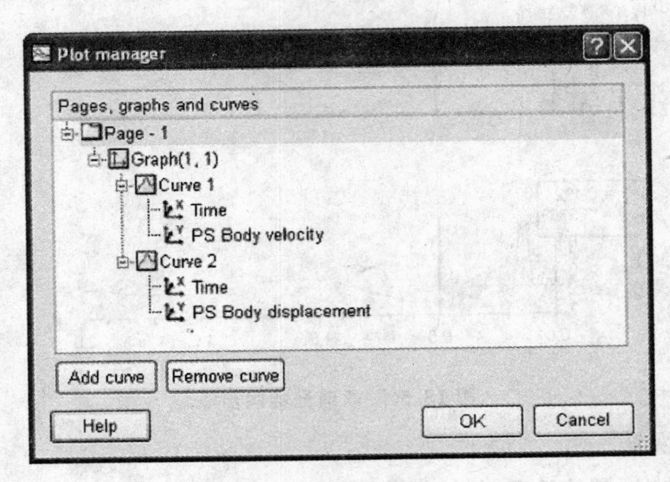

图 13.59　绘图管理器对话框

13.10 节绘图管理器对该工具进行了详细具体的说明。

2. Update(刷新)

如果在创建了绘图之后对.result 文件进行过改动，会希望了解这些改动情况并刷新曲线，这时可选择该菜单项或工具按钮。这些工具可以在启动一次新的仿真之后，或者仿真仍在进行过程中使用。

3. Automatic update(自动刷新)

当运行一项时间较长的仿真时，即使是在仿真还没有结束的时候就可能需要了解曲线变量。这时可以在仿真过程中手动刷新曲线(使用 Update 菜单项)，或者让 AMESim 来替代做这项工作。选择了该菜单项时，在曲线图左下角将出现一个小时钟。

4. Fast Fourier Transform(快速傅里叶变换)

该工具用于对所选中的曲线作快速傅里叶变换，可在分析数据的频率特性时使用。当选择该菜单项时，鼠标光标显示为 FFT 图标，然后单击想运用 FFT 的曲线图，此时将显示图 13.60 所示的 FFT 选项对话框。

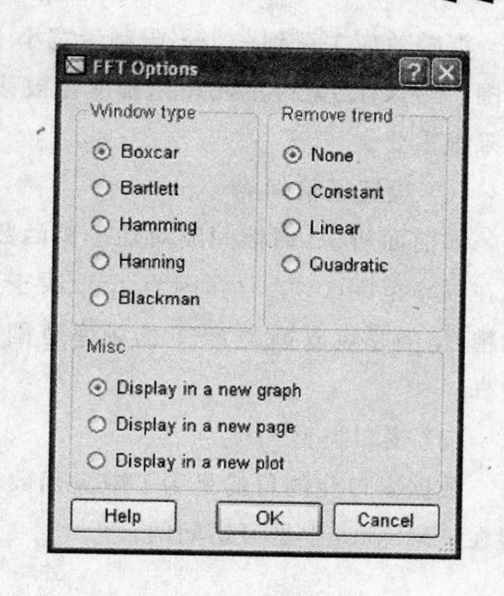

图 13.60　FFT 对话框

单击 OK 按钮，FFT 曲线使显示在原始曲线的下面，如图 13.61 所示。如果想返回原始曲线，则选择 FFT 菜单项，然后再单击 FFT 绘图。

注：

① 也可以选择 Display in a new page 或者 Display in a new plot checkboxes，在新的曲线页或一个新的 AMEPlot 窗口中，打开 FFT 绘图。

② FFT 只适用于那些把 X 轴当成时间轴的曲线。

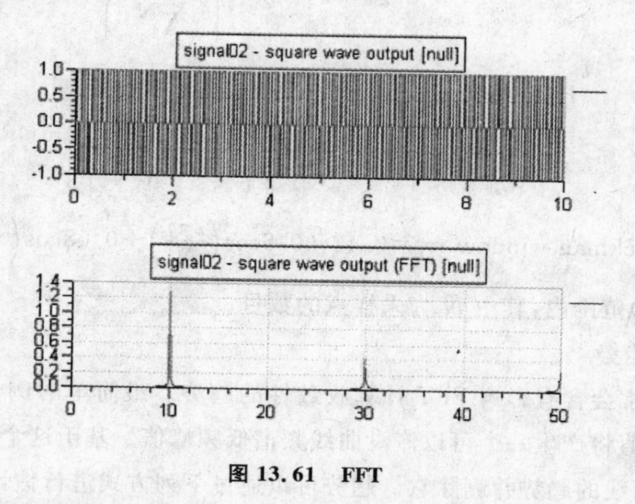

图 13.61　FFT

一个物理过程，既可由时域函数 $h(t)$ 描述，也可由频域函数 $H(f)$ 来描述。

可以为 $h(t)$ 和 $H(f)$ 作为两种不同的描述方式描述着同一个函数，通过傅里叶变换方程将两个不同域的函数联系在一起：

$$H(f)=\int_{-\infty}^{\infty} h(t)e^{2\pi ift}\,dt$$

$$h(t)=\int_{-\infty}^{\infty} H(f)e^{-2\pi ift}\,df$$

如果 t 的单位是 s，则 f 的单位是 Hz。当然，也可用其他单位来计算。请注意，角频率 ω 也被广泛使用，f 和 w 的关系是：

$$w=2\pi f$$

(1) 混叠效应

混叠效应关系到一个不限制带宽小于 f_c 的连续函数的采样。在这种情况下，所有在频带范围($-f_c$, f_c)之外的功率谱密度将被移入该范围。选择正确的通信区间对获得正确的频率结果很重要。

(2) 设置通信间隔

如前面所说，通信间隔对功率谱函数的影响非常大。通过 AMESim 仿真计算的 FFT 将落在频率范围(0, f_c)内，因为 f_c 取决于通信间隔 Δ 的倒数，因此减少通信间隔不能提高 FFT 的精度，但是可以扩大 FFT 的频率范围。要提高 FFT 的精度，必须要进行更长时间的时域仿真。

(3) 窗口类型

数据窗口化的目的是为了减少函数 $h(t)$ 的功率谱密度(PSD)估算的缺失。下面的窗口类型在 AMESim 中是可访问的：

$$\text{Boxcar } w_j = 1$$

$$\text{Bartlett window } w_j = 1 - \left| \frac{j - \frac{1}{2}N}{\frac{1}{2}N} \right|$$

$$\text{Hamming winow } w_j = 0.54 - 0.46\cos\left(\frac{2\pi j}{N}\right)$$

$$\text{Hanning window } w_j = \frac{1}{2}\left[1 - \cos\left(\frac{2\pi j}{N}\right)\right]$$

$$\text{Blackman window } w_j = 0.42 - 0.5\cos\left(\frac{2\pi j}{N}\right) + 0.08\cos\left(\frac{4\pi j}{N}\right)$$

j 在 (0, $N-1$)范围内，其中 N 为采样点的数目。

(4) 删除一个趋势

数据采样中通常会含有影响 FFT 计算收敛性的趋势。最简单的例子是一个具有非零均值的正弦波。该均值将产生一个可以淹没曲线频谱低频峰值。基于这个原因，在开始 FFT 运算前，可能会计算曲线的趋势并删除它。趋势可以通过下列方式进行估计：

- 恒定值；
- 一阶多项式(线性曲线)；
- 二阶多项式。

图 13.62 所示的例子显示了一条振幅为 1、均值为 2 的正弦波。没有采取降趋措施的 FFT 结果受到了零频率的该均值幅值干扰，如第二条曲线所示；而在第三曲线中采取降趋措施后就没有受到干扰。

AMESim 计算所选择趋势的最小平方差，并在 FFT 计算之前从原始数据样本中减去该趋势。

(5) 应用绘图

① 源曲线的限制。曲线的横坐标必须是时间(单位为秒)。时间值是用来计算数值的增

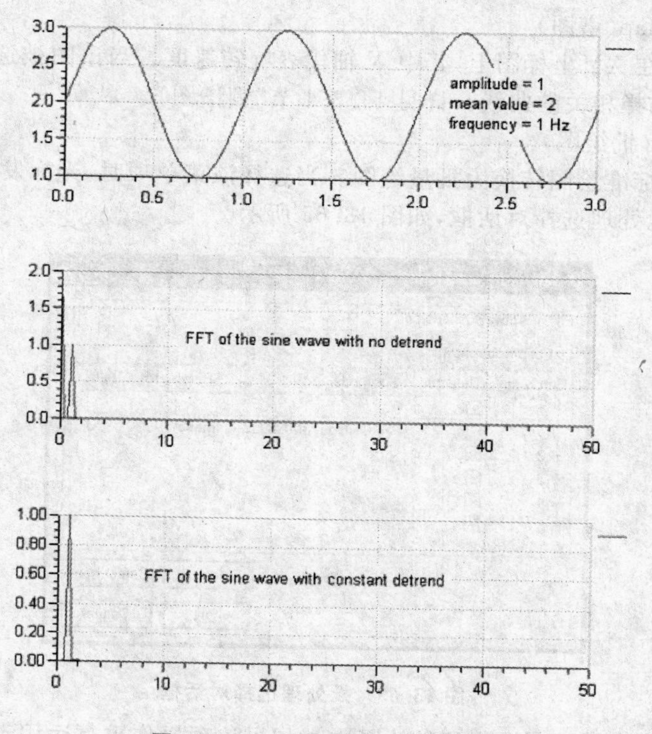

图 13.62　有无降趋的 FFT 对比

量，并推导出 FFT 的频率值。如果 X 轴包含其他类型的数据，则横坐标结果是不确定的。

该 FFT 算法要求源数据在一固定时间间隔内被采样。基于这个原因，当运行仿真时必须删除不连续打印输出选项。

② 输出曲线。由于 AMESim 变量是实际变量，因此 FFT 结果是一个对称的复变向量。基于这个原因，样本的 FFT 只显示 $n/2$ 个点，只包含了正频率。

③ 时间限制。FFT 可应用于绘图窗口中可见的曲线上，考虑到在 X 轴的缩放约束，在处理 FFT 前可以放大曲线。一旦 FFT 通过 FFT 设置菜单（右击曲线右边的曲线名称并从菜单中选择 FFT settings，如图 13.63 所示）完成计算，就可以修改时间限制，如图 13.64 所示。

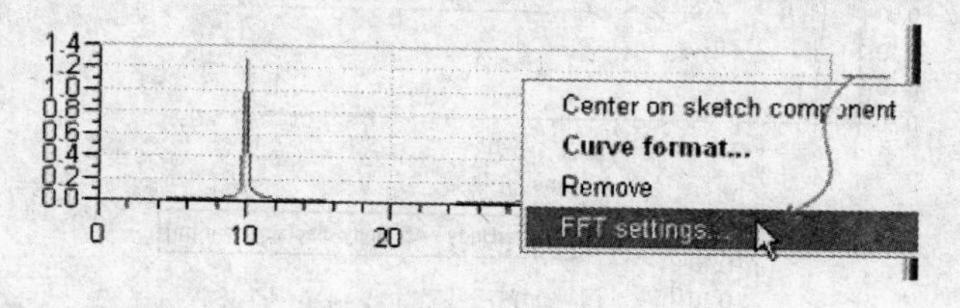

图 13.63　FFT 设置

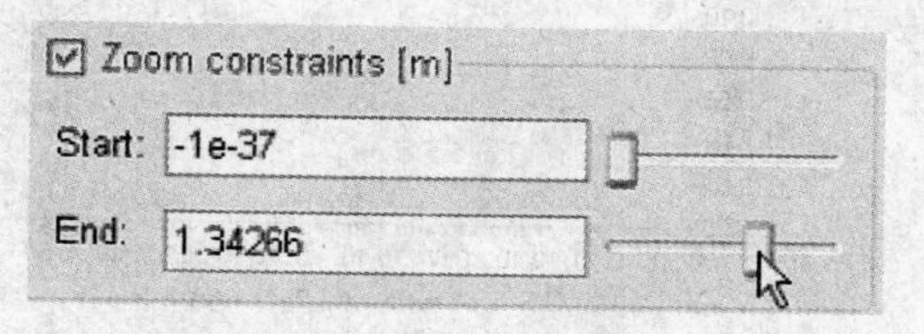

图 13.64　缩放约束

(6) Spectral Map(谱图)

通常开始点是在 XY 坐标图上，其中 X 轴代表旋转速度。当谱图被选中时光标将发生改变，然后用该指针选择相关的曲线。详见 14.3.1 节"频谱图"。

(7) Batch plot(批绘图)

该工具用于将标准绘图转换为批量绘图。当选择该菜单项时，光标发生改变，单击想要转换的绘图，将打开批处理选择对话框，如图 13.65 所示。

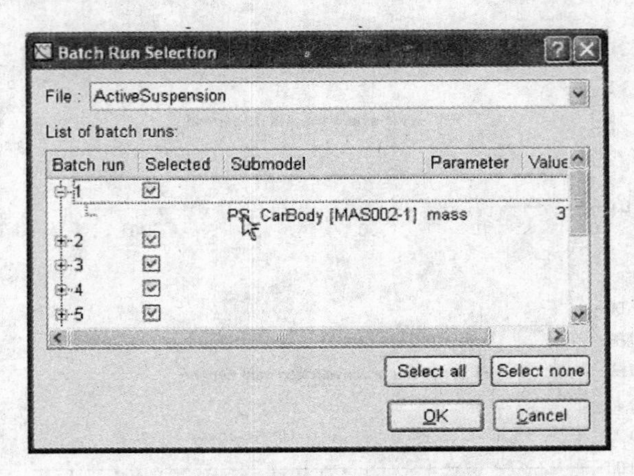

图 13.65　批处理选择对话框

这里，可以选择将哪一项运行到批绘图中。如果该项操作重复运用于同一曲线，则又回到原始曲线。

(8) *XY* plot(XY 曲线)

该菜单项用于消除当前 X 轴变量，并以最后一个 Y 轴变量替代之。这意味着必须有至少两个 Y 轴变量。光标发生改变后，选择想要对其进行操作的曲线，如图 13.66 所示。

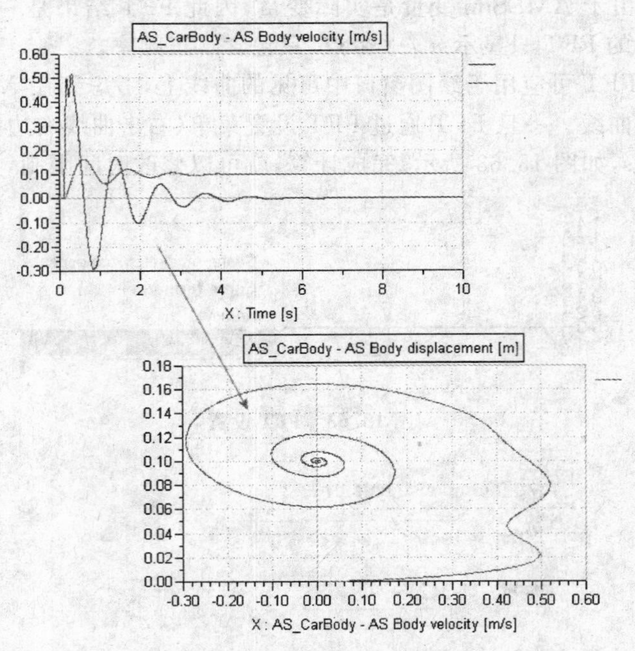

图 13.66　一个典型 XY 曲线

(9) XYZ plot(XYZ 曲线,三维曲线图)

该菜单项用于消除 X 轴变量,以第 1 个 Y 轴变量取代之。第 2 个 Y 轴变量称为一个新的 Y 轴,剩下的一个 Y 轴变量则称为 Z 轴。这表示必须有至少 3 个 Y 轴变量。光标改变后,选择想要对其进行操作的曲线图,如图 13.67 所示。如果原有 N 个 Y 轴曲线,则结果是在三维空间中存在 $N-2$ 个螺旋曲线。

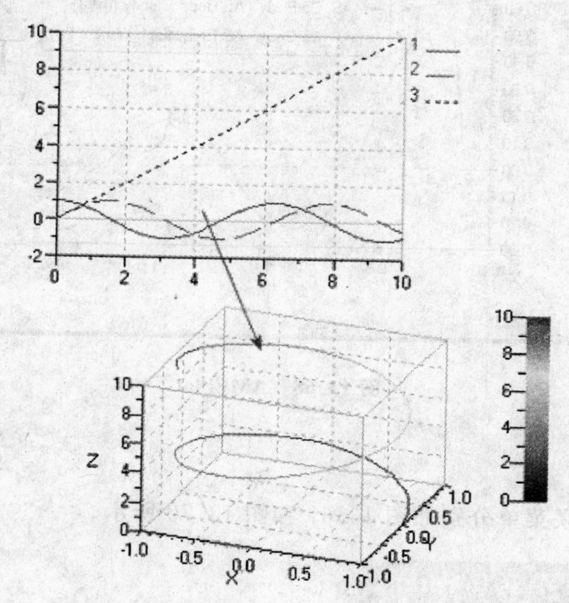

图 13.67　一个典型的 XYZ 绘图

(10) plot 3D(3D 绘图)

这个菜单项用来将二维图转换成三维绘图。

(11) Greate modulo plot(创建模式图)

详见 13.3 节“模式下绘图”。

13.8.5　Help(帮助)菜单

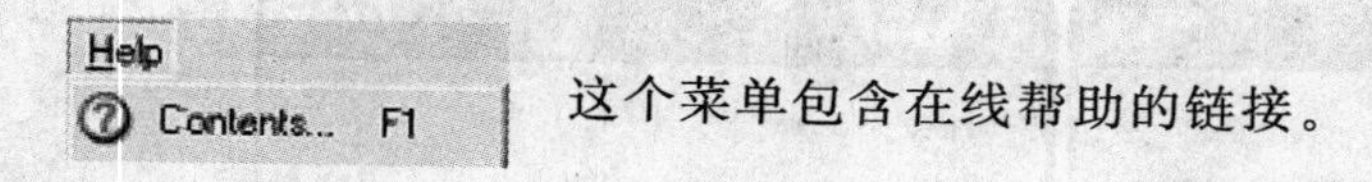

这个菜单包含在线帮助的链接。

13.9　AMEPlot 主窗口

主窗体是指绘制曲线图的区域。右击不同的位置,可以得到不同的右键菜单,如图 13.68 所示。

- 右击曲线轴或附近,会得到曲线轴(axis)菜单;
- 右击绘图区域,会得到曲线图(plot)菜单;
- 右击指示曲线标号的数字,会得到曲线(curve)菜单;
- 右击文字串,会得到文本(text)菜单;
- 在除去以上几点的任何其他地方(绘图区域以外,在其右边或者上边)右击,会得到边缘(margin)菜单。

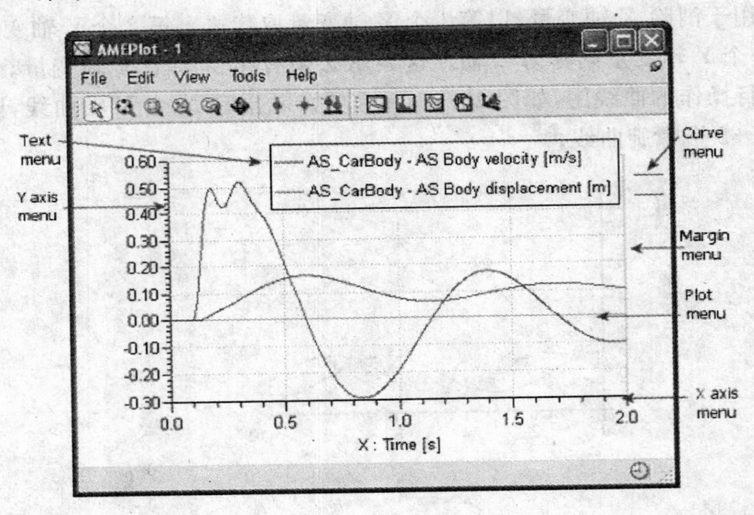

图 13.68　AMEPlot

13.9.1　轴菜单

X 轴和 Y 轴的关联菜单分别如图 13.69 和图 13.70 所示。

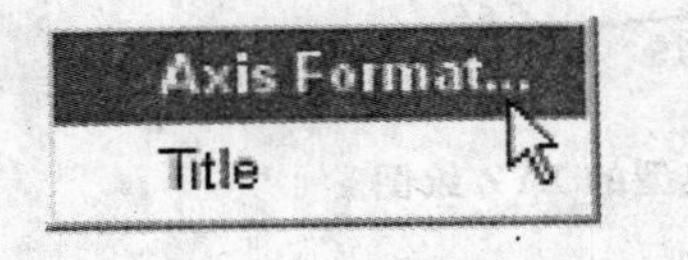

图 13.69　*X* 轴关联菜单

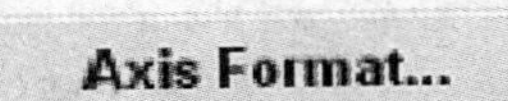

图 13.70　*Y* 轴关联菜单

1. 轴格式

右击轴可以打开轴的格式菜单，得到修改所选轴的格式或刻度的对话框，如图 13.71 所示。

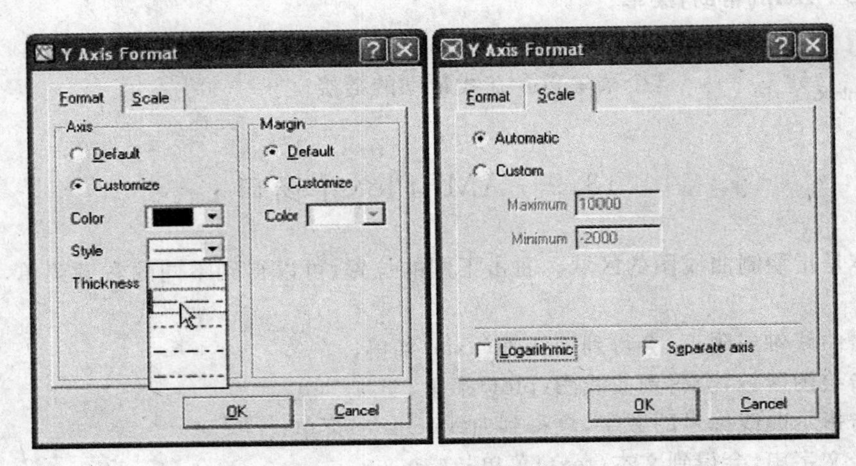

图 13.71　格式和刻度标签

（1）格式标签

不但可以为所选轴选择一个新的颜色，也可以选择不同的类型和线宽。还可以通过这个标签为边界选择一个新的颜色。

（2）刻度标签

① 可以修改所选轴的最大最小值，通过检查 Custom 查看对话框来设置新值代替旧值。

② Logarithmic 自定义对话选择框用于对数模式和线性模式之间的转换。

③ Separate axis 自定义对话框选择框用于所有曲线变量的垂直轴模式和每个曲线变量的 Y 轴模式之间的转换。

2. X 轴名称

如果选择 Title 菜单项，则与 X 轴相关的变量的单位和名称就被显示出来，如图 13.72 所示。

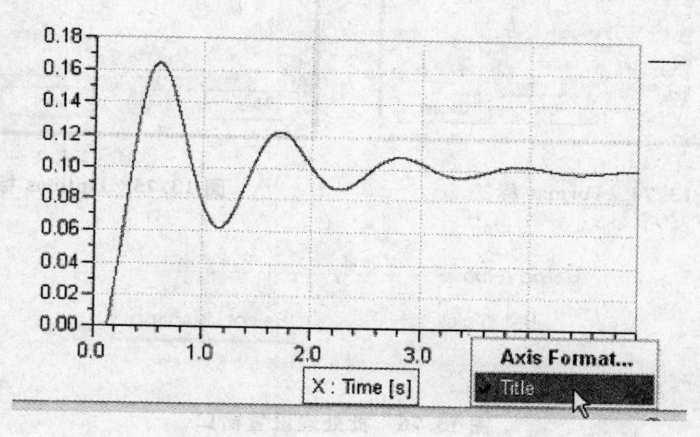

图 13.72　设置名称

13.9.2　绘图菜单

绘图菜单的下拉菜单选项如图 13.73 所示。

1. Format（格式）

如果选择该菜单项，则产生如图 13.74 所示的 Graph Area Format 对话框且 Format 项被选中。可以修改曲线图网格属性（包括颜色、线型和线宽）以及背景的颜色。

2. Options（选项）

选择 Graph Area Format 对话框中的 Options 标签，如图 13.75 所示此标签下可处理。

（1）Batch setup（批处理设置）

如果存在批运行结果文件，则该选项允许将一标准曲线转换为批量绘图，勾选 Batch plot 选项然后单击 OK 按钮，如图 13.76 所示。

图 13.73　绘图菜单的下拉菜单选项

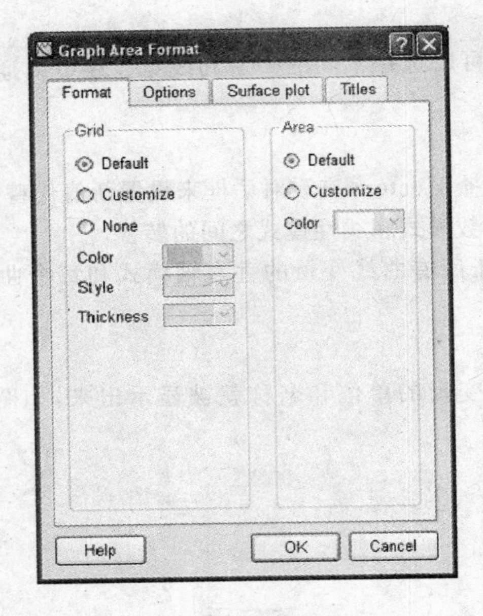

图 13.74　Format 标签

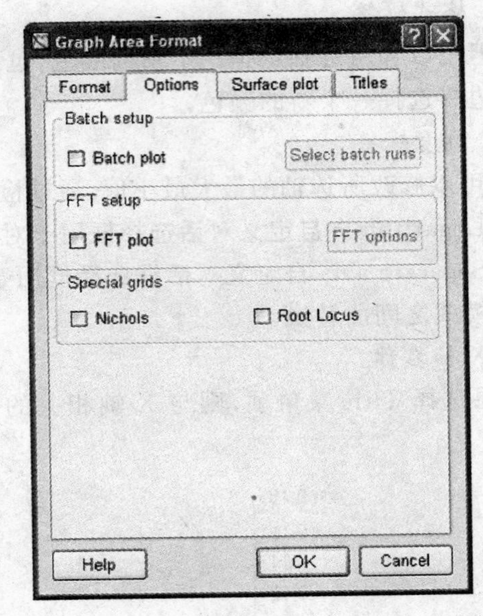

图 13.75　Options 标签

图 13.76　批处理设置窗口

也可以单击 Select batch runs 按钮以得到批运行列表，然后选择想包含到曲线图内的任何仿真。

(2) FFT setup(FFT 设置)

勾选 FFT plot 选择框可对绘图区域进行快速傅里叶变换，不勾选则取消傅里叶变换，如图 13.77 所示。

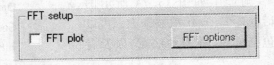

图 13.77　FFT 设置窗口

同样的操作可以通过工具栏上的 FFT 按钮来实现。如果复选框被选中，可以通过单击 FFT options 按钮选择不同的窗体和 FFT 的 Detrend(去趋势)类型。

注：

① Boxcar 选项适用于大部分的数据。但如果水平轴范围不包括周期的整数倍，则应使用其他的窗口选项。

② 如果 Remove trend(移除趋势)的设定值不取 None，如图 13.78 所示，则将移除信号的非周期部分，否则意味着没有 Detrend(去趋势)。

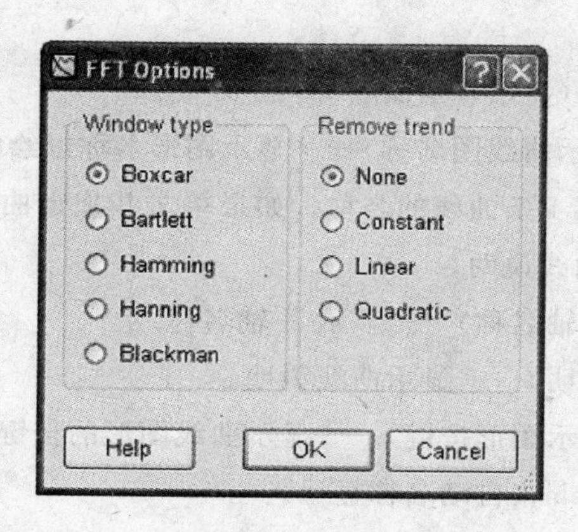

图 13.78　FFT 选项

(3) Special grids(特殊网格)

除了标准网格外，尼科尔斯曲线和根轨迹曲线要用特殊的网格。对于这些曲线，特殊网格是默认的。但可以通过确认相应的复选框没有被选中来去掉特殊网格，如图 13.79 所示。

图 13.79　不选择相应的复选框

3. Surface plot(表面曲线)

在 Graph Area Format 对话框，单击 Surface plots 标签可以得到表面曲线属性，如图 13.80 所示。

4. Titles(名称)

此项可以选择不同的名称显示选项，如图 13.81 所示。

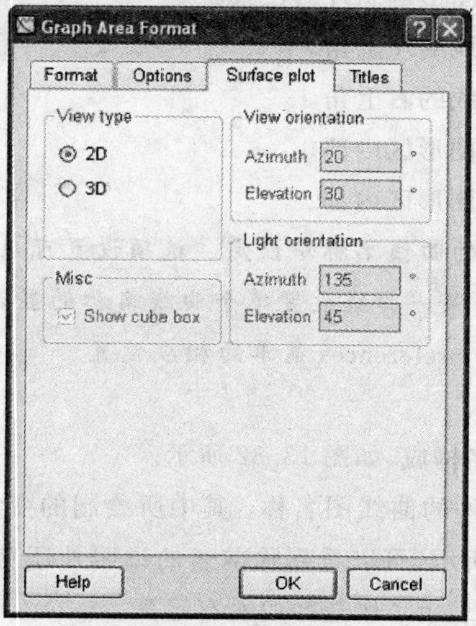

图 13.80　表面曲线标签

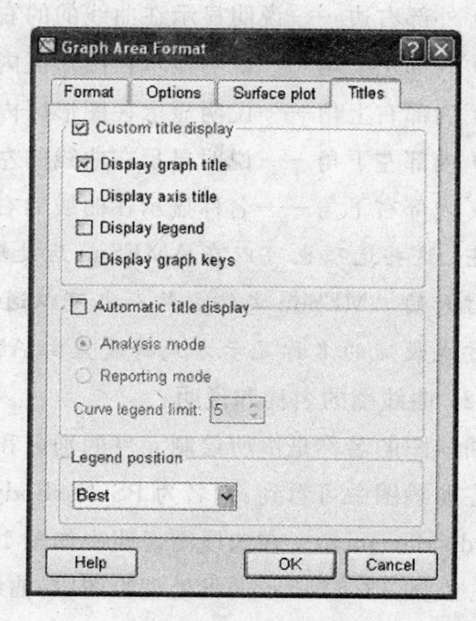

图 13.81　名称标签

(1) 功能介绍

① Custom title display(显示自定义名称)：

Display graph title(显示曲线图名称)——显示图形名称以绘制元件的别名和变量的名称为基础。该图形名称包含第 1 条曲线的名称。如果单击并拖动曲线进行重新安排，则这个图形名称将更新为最顶端的曲线说明。

Display axis title(显示轴名称)——显示 X 轴名称。

Display legend(显示说明)——显示曲线说明。

Display graph keys(显示图形按键)——显示曲线图形的按键。

② Automatic title display(自动名称显示)：

Analysis mode(分析模式)——在分析模式中，只显示曲线。此选项可提供最小的绘图文本说明及更具可读性的绘图结果分析。曲线名称可在曲线工具提示中得到。

Reporting mode(报告模式)——在报告模式下，可显示曲线图说明。一旦仿真完成，且无需再作模型的调整，这种模式更适合表达结果。

Curve legend limit(曲线说明限制)——使用此选项来定义有多少曲线名称将在图中显示。如果设置限额为 3 且绘制曲线为 3(或更少)，则所有曲线名称将被显示；如果设置为 3 而绘制曲线为 4，则只显示在曲线图中最上面的曲线。如果删除一条曲线(此时图中包含 3 条曲线)则剩余的所有曲线名称将显示出来。

③ 说明位置

- 自由——未定义说明位置。
- 最好的——AMEPlot 选择最好的位置。
- 外部顶端——说明显示在曲线的顶部，图形区以外的位置。
- 外部右边——说明显示在曲线的的右手边，图形区以外的位置。
- 内部左上角——说明显示在图形区内部，曲线的左上角。
- 内部右上角——说明显示在图形区内部，曲线的右上角。
- 内部左下角——说明显示在曲线的左下角，图形区内部。
- 内部右下角——名称显示在曲线的右下角，图形区内部。

注：这些选项也可以在 AMESim 后处理标签的曲线名称中设定。选项设置可应用于所有已打开的 AMESim 文件。然而也可以通过右击某一曲线设置单个曲线名称的显示方式。按此方式设定的名称显示方式将覆盖由 AMESim preferences 菜单的相应设置。

(2) 曲线图的名称和说明

曲线图的名称是由所绘制元件的别名和变量名构成，如图 13.82 所示。

在曲线图中可看到：别名为 PS_CarBody 的元件的曲线图名称，其中所绘制的变量为 PS Body displacement。在曲线图说明中如图 13.83 所示，可以看到除前述的说明外还有一曲线图例。在图 13.84 所示的批处理绘图中，曲线图例表示了所选择的所有运算。

曲线图包含 3 种不同菜单：

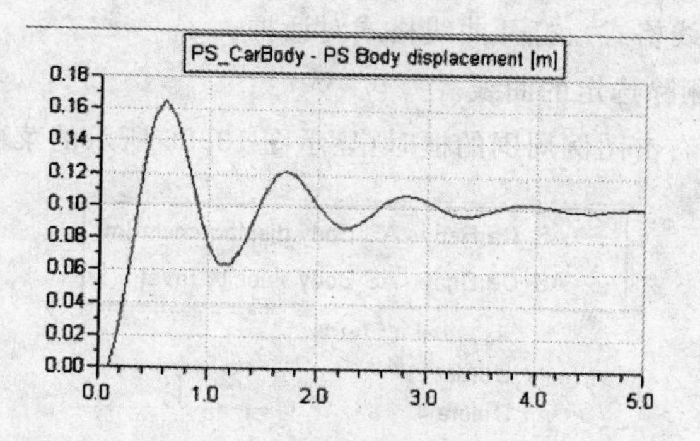

图 13.82　曲线图名称

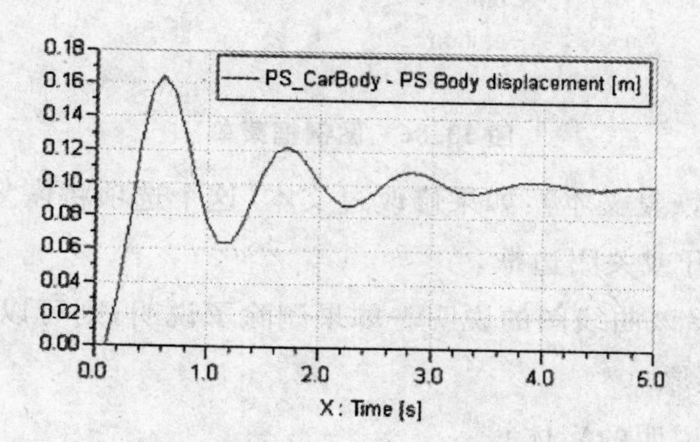

图 13.83　曲线图图例

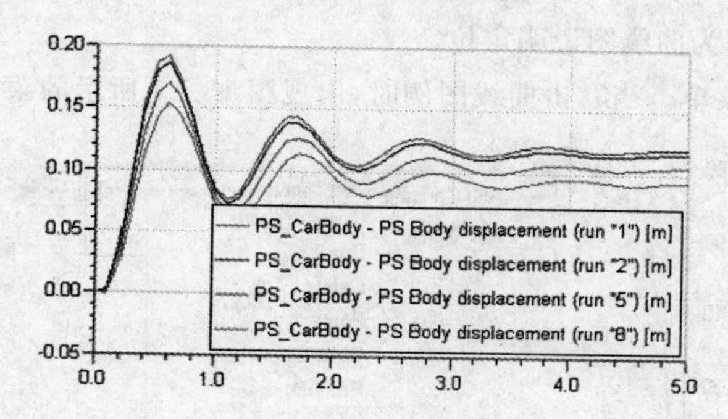

图 13.84　批处理的曲线图图例

① 曲线图图例菜单。当右击一条曲线时，将显示图 13.85 所示的菜单。

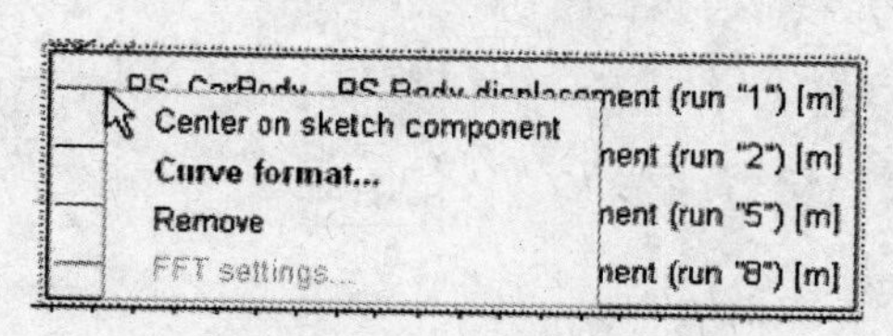

图 13.85　右击曲线图例

- Center on sketch component（居中草图元件）：突显草图中的相应元件，并将其在草图中居中。

● Curve format(曲线格式):打开曲线格式对话框。

● Remove(删除):删除选定的曲线。

② 图例框菜单。当右击图例周围的框时,显示图 13.86 所示的菜单。

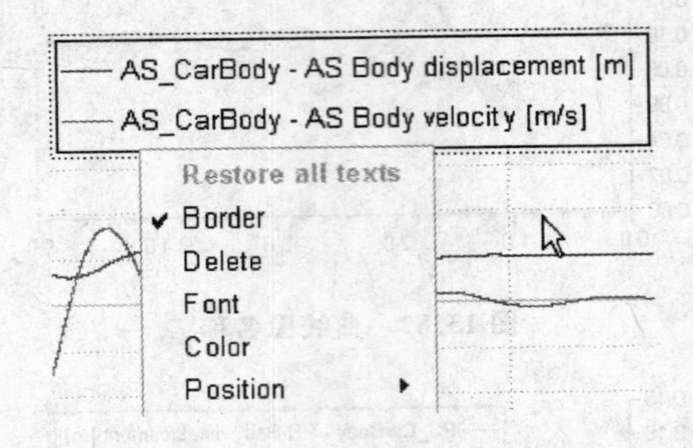

图 13.86 图例框菜单

● Restore all texts(恢复文本):如果修改过文本,这个选项将恢复原始文本。

● Border(边框):打开或关闭边框。

● Delete(删除):删除该曲线图的说明。如果删除了说明,则可以通过右击曲线图并选择 Title 选项,再次还原。

● Font(字体):选择说明的字体。

● Color(颜色):选择说明的色彩。

● Position(位置):为曲线图说明定位。

③ 文本和图例框菜单。当右击曲线图例时,出现图 13.87 所示的菜单。

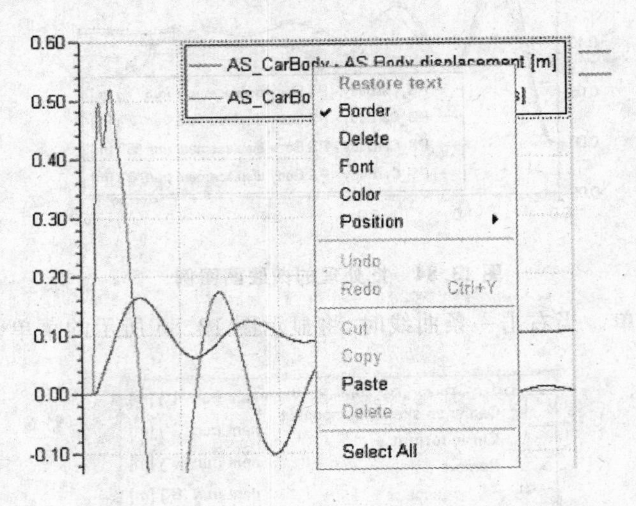

图 13.87 文本和图例框菜单

此菜单可用于所有与曲线图例文本和文本框相关的选项。

(3) 曲线图键的工具提示

曲线图键和图例键提供了一个显示 X 轴和 Y 轴参数的工具提示,如图 13.88 所示。

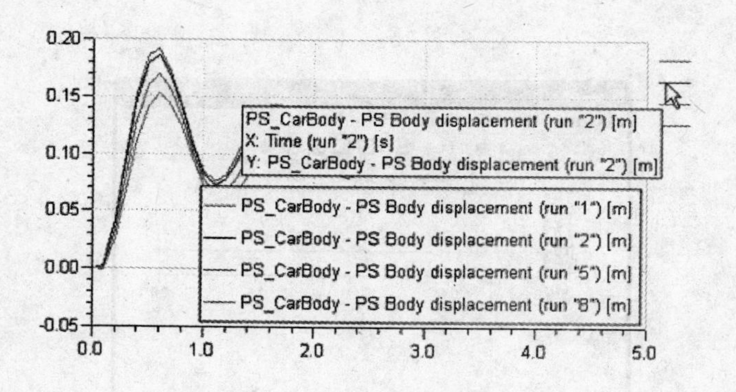

图 13.88 曲线图键工具提示

(4) 标题显示

通过右击任一点可以更改显示在曲线图上的名称显示格式,如图 13.89 所示。在随后的关联菜单中,可以执行以下操作。

- Restore text(恢复文本):如果删除了部分或全部标题文本,可以使用此选项还原它。
- Delete(删除):删除标题。
- Font(字体):更改标题的字体。
- Border(边框):打开和关闭边框。
- 使用标准的文本编辑功能:撤销/重做、剪切、复制、粘贴、删除、选择所有。

5. Add(添加)

通过这个菜单项可得到一个附加菜单,为曲线增加行、列及文本,如图 13.90 所示。

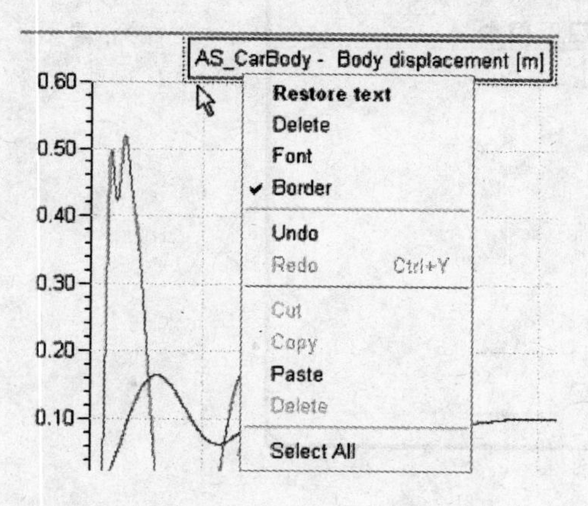

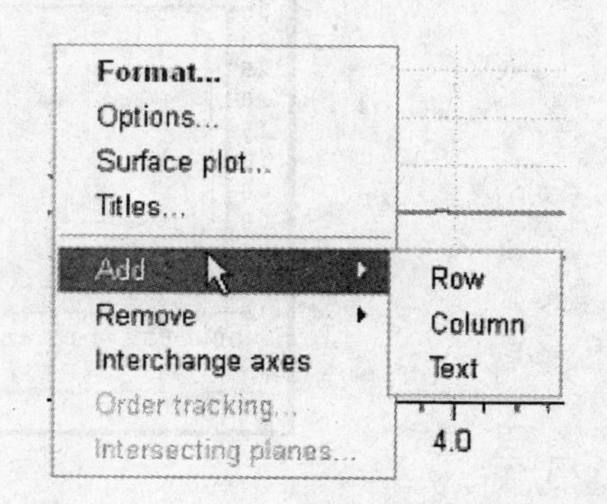

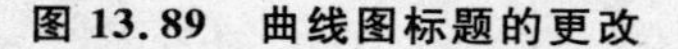

图 13.89 曲线图标题的更改

图 13.90 Add(添加)选项的下拉菜单

(1) Row(行)

如果选择 Row(行),则在 AMEPlot 主窗体的底端出现一空白区域,如图 13.91 的示。可以从已经存在的曲线图(选中其相关数码)中拖动任何曲线到其中,这样一个包含选中曲线的新的曲线图就产生了。如果在该项操作过程中同时按下 Ctrl 键,则是对同一曲线的复制;如果没有按下 Ctrl 键,则只是移动曲线。除此之外,还可以从 Variable List 对话框,关联窗口或查看窗口中拖曲线。

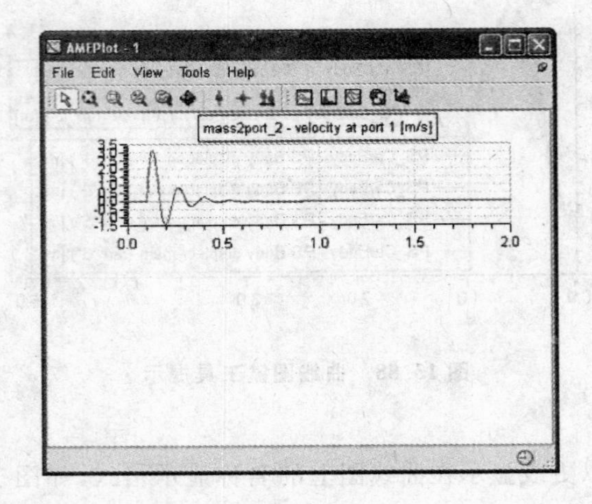

图 13.91　添加 1 行

(2) Column(列)

如果选择 Column(列),则在 AMEPlot 主窗体的右端出现一空白区域,如图 13.92 所示。可以从已经存在的曲线图(选中其相关数码)中拖动任何曲线到其中,这样一个包含选中曲线的新的曲线图就产生了。除此之外,还可以从 Variable List 对话框,关联窗口或查看窗口中拖曲线。

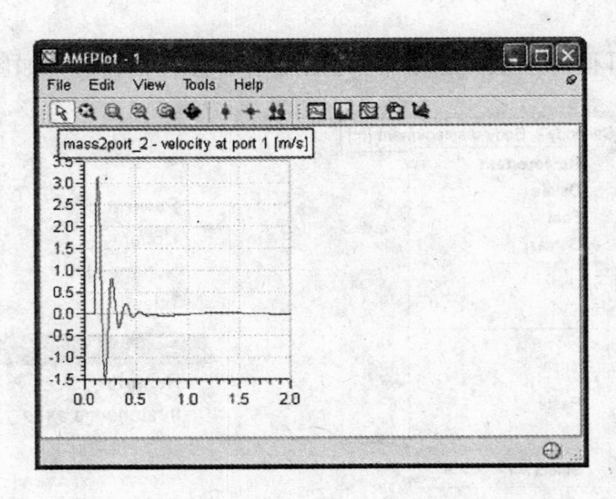

图 13.92　添加 1 列

(3) Text(文本)

选择 Add→Text,单击想要添加文本的绘图区域,会出现一带光标的空白区域。键入想添加的文字,按回车键起始新的一行,单击曲线图的其他区域则操作结束。

6. Remove(移除)

通过该菜单项,可以得到子菜单,如图 13.93 所示。

● 选择 Row 可以移除主窗体的最后一行。

● 选择 Column 可以移除主窗体的最后一列。
● 选择 graph 移除所有的曲线

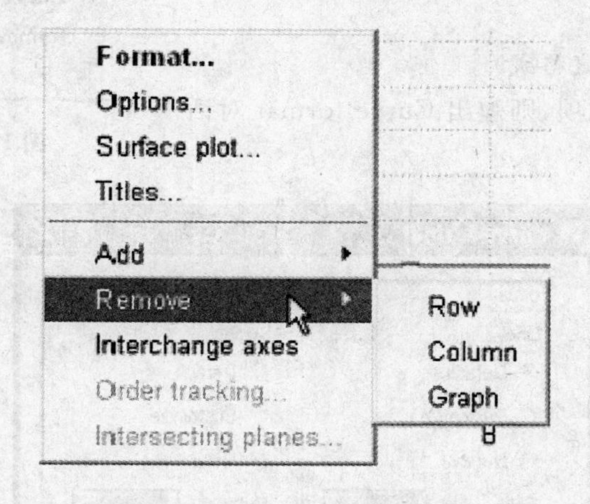

图 13.93　移除选项的下拉菜单

7. Interchange axis(交换轴)

该项可以用于对选中曲线交换轴。

8. Order tracking(状态轨迹)

该菜单选项仅在显示频谱图时可用。

9. Intersecting planes(交叉面)

当显示曲面绘图时,此菜单才可用。

13.9.3　边缘菜单

该菜单只包括 Margin format 项,该项允许为边缘选择一种新的颜色,如图 13.94 所示。该工具也可以通过 Axis format 项得到。详见 13.9.1 节。

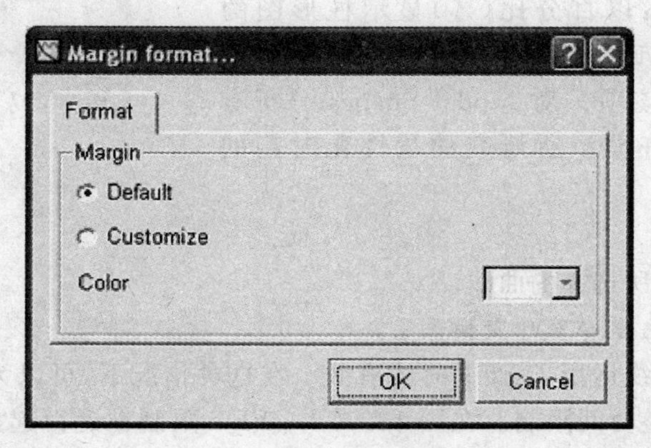

图 13.94　设置边缘格式

13.9.4　曲线菜单

曲线菜单如图 13.95 所示。

1. Center on sketch component(居中草图元件)

选择此选项,可以突显已经绘制的变量元件,并且放置元件在中心部分。

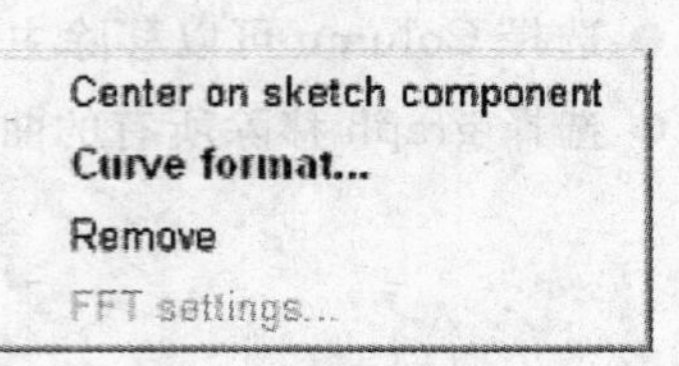

图 13.95　曲线菜单

2. Curve format(曲线格式)

如果在菜单中选择此项,则弹出 Curve format 对话框,如图 13.96 所示。

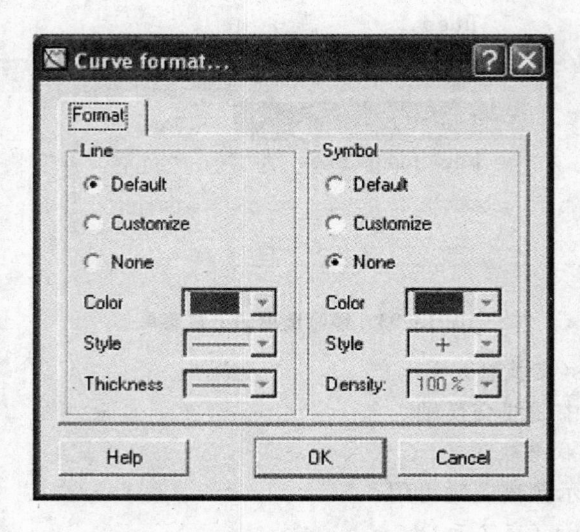

图 13.96　改变曲线格式

通过该项操作可以调整曲线的属性(颜色、线型、线宽);也可以为曲线增加符号标志,并指定这些标志的属性(颜色、类型、灰亮度)。

如果曲线是柱形图,则存在一个特殊的 Bar Chart options 标签。该标签中有两个选项,如图 13.97 所示。

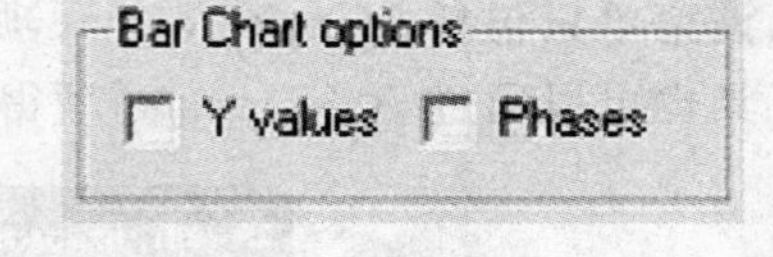

图 13.97　柱状图表选项

- Y values(Y 值):以百分比(%)显示柱形图的值,这对于 Activity Index 活动索引曲线有效。
- Phases(相值):该项只对 Modal Shapes 分析有效。该选项允许显示所研究的线性化时刻的相角。

3. Remove(移除)

使用该选项可移除所选择的曲线。

4. FFT settings(快速傅里叶变换设置)

该选项只有当对曲线运用了 FFT 时才有效。在这种情况下,可以为 FFT 选择不同窗口和阵势方式,也可以调整时间限制。在图 13.98 中,FFT 限制在运行起始时间0 s和终止时间5 s,有时可能需要调整。也可以限制时间轴的范围为 2 s～7 s,然后再作 FFT。利用 Zoom constraints 工具,可以直接调整起始时间和终止时间。

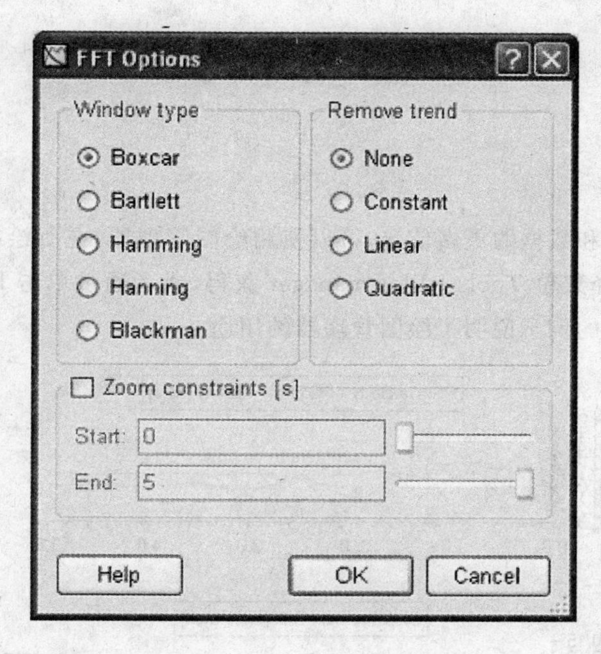

图 13.98　FFT 选项

13.9.5　文本菜单

图 13.99 所示的文本菜单用于所选中的文本。文本可以为曲线轴的名称，也可以为手工加入的文本。

欲编辑文本，请双击文本编辑区域。当调整选中的文本时，选择该菜单项，文本就出现在一个可编辑的区域。下列标准文本编辑功能均可使用。

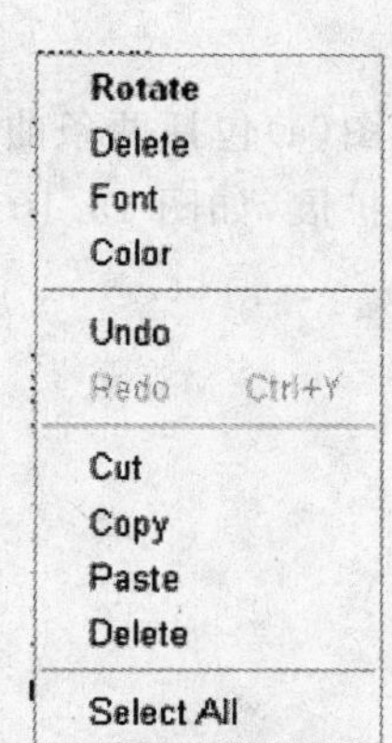

图 13.99　文本菜单

- Rotate(旋转)：选择该选项可旋转选中的文本 90°。
- Delete(删除)：当想删除选中的文本时，选择该选项。
- Font(字体)：当想改变选中文本的字体时选择该选项，弹出选择字体对话框，然后可以选择所要的字体属性。
- Color(颜色)：当想改变所选中文本的颜色时选择该选项，弹出颜色对话框，然后可以选择所要的颜色。
- Undo/Redo(撤销/恢复)：Undo 和 Redo 的对象是对文本的最后一次操作。
- Cut/Copy/Paste/Delete(剪切/复制/ 粘贴/删除)：剪切/复制/粘贴/删除文本框；
- Select All(选择所有)：在文本对话框选择所有文本。

13.10 绘图管理器

13.10.1 简 介

为获得绘图、曲线和数据的更多信息,可以使用绘图管理器,在所绘制的曲线中对其进行操作。这可以通过选择菜单 Tools→Plot manager 获得,或者通过单击 Plot manager 按钮获得。图 13.100 所示的例子说明了绘图管理器的用途。

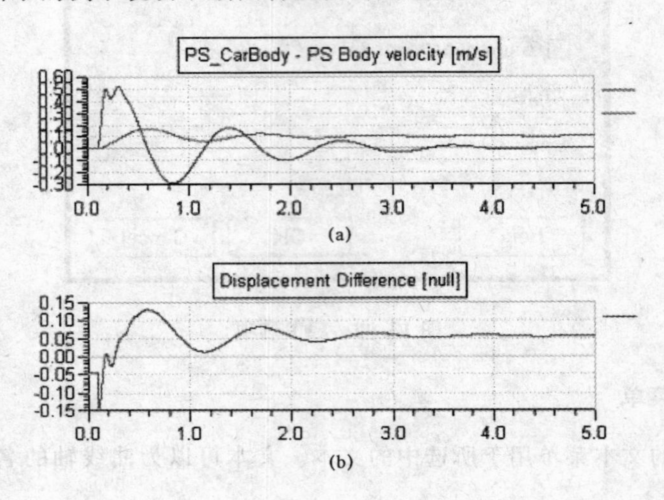

图 13.100 多曲线绘制

图(a)包括两条曲线,图(b)只有一条。如果想得到这个曲线更多的信息,可以在绘图管理器中扩展,如图 13.101 所示。

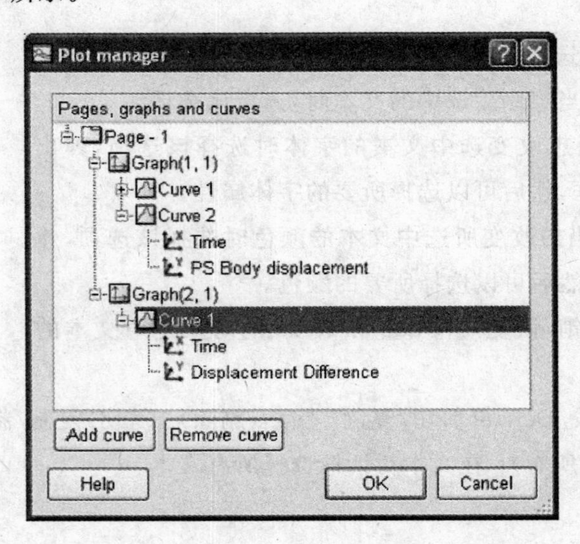

图 13.101 绘图管理器

Graph(1.1)中的 Curve 1 包括两个数据项目：X 项是时间，Y 项是车体位移。当将鼠标移到某一项目上时，会出现一工具提示，给出更多的信息，如图 13.102 所示。

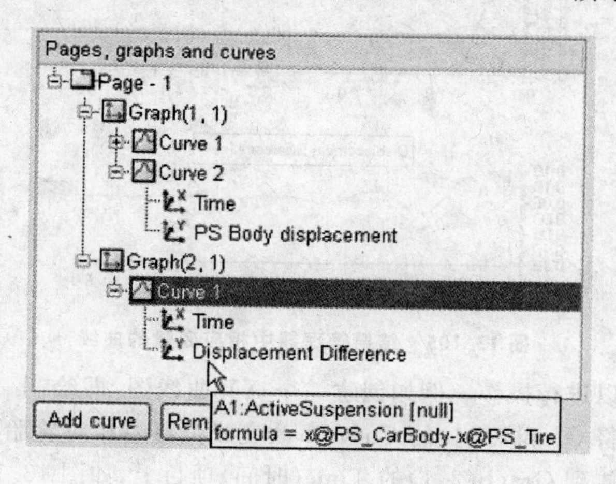

图 13.102　绘图管理器的工具提示

Graph(2,1)的 Y 项目，位移差是一个由结果管理器生成的复合变量，如图 13.103 所示。

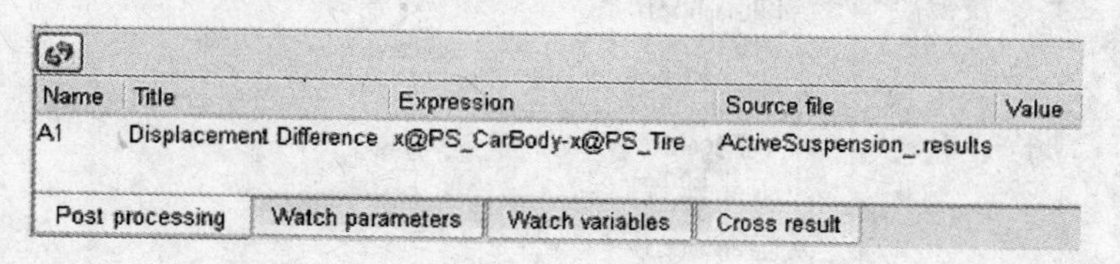

图 13.103　结果管理器中的复合变量

此时已经生成了一个位移差变量表达式：

x @ PS_CarBody － X@ PS_Tire

即从 x @ PS_CarBody(PS 车体位移量)中减去 x @ PS_Tire(PS 轮胎的压缩量)。右击所关注的变量便可获得其路径，如图 13.104 所示。

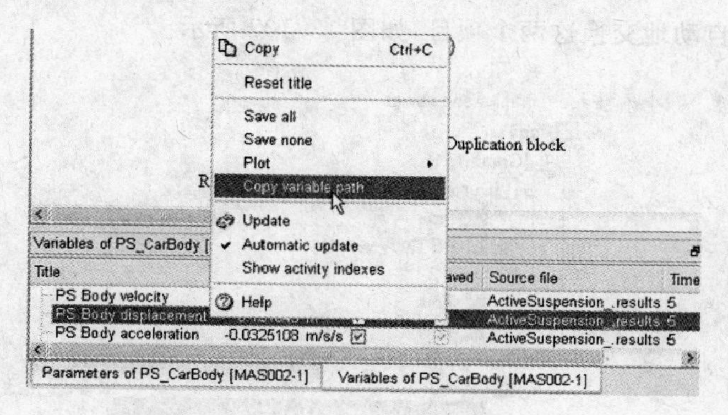

图 13.104　查找变量路径

欲获得关于复合变量的更多信息，请参考 11.4 节“结果管理器”。相应的曲线如图 13.105 所示。

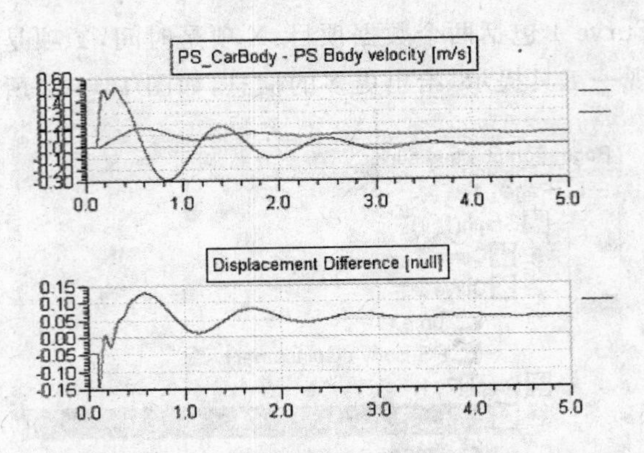

图 13.105　结果管理器中相应变量的曲线

对项目和曲线可以进行操作。例如创建一个 *XY* 曲线图，即绘制一个横轴不是时间而是其他变量的曲线。欲将 Graph(2,1)的 Curve 1 改变成位移差相对轮胎压缩量的曲线，只需简单地把轮胎压缩量拖放到 Graph(2,1)的 Time(时间)项目上，如图 13.106 所示。

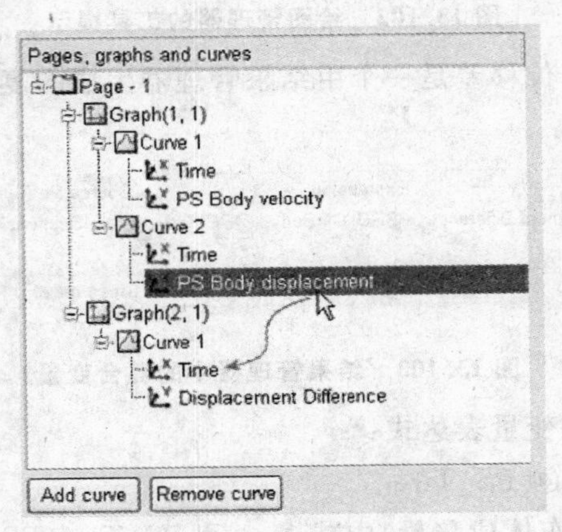

图 13.106　创建 *XY* 曲线图

绘图管理器会自动地交换这两个项目，如图 13.107 所示。

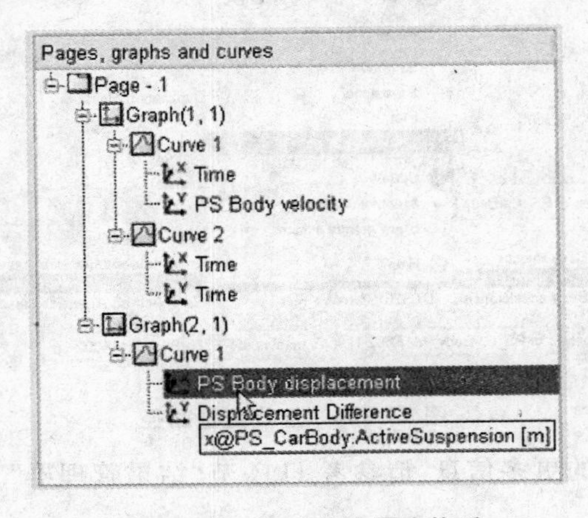

图 13.107　两曲线变量交换后

这时 Graph (1, 1)和 Curve 2 就不需要了，因此可以移除它们，如图 13.108 所示。

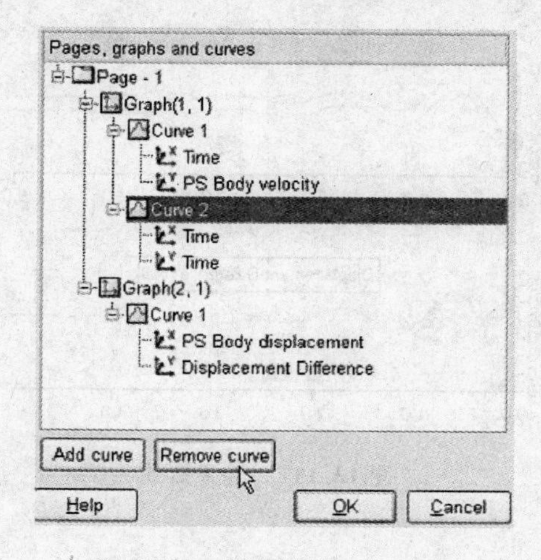

图 13.108 移除废弃的曲线

当单击 OK 按钮时，将显示新的曲线，同时曲线被重新排序，如图 13.109 所示。

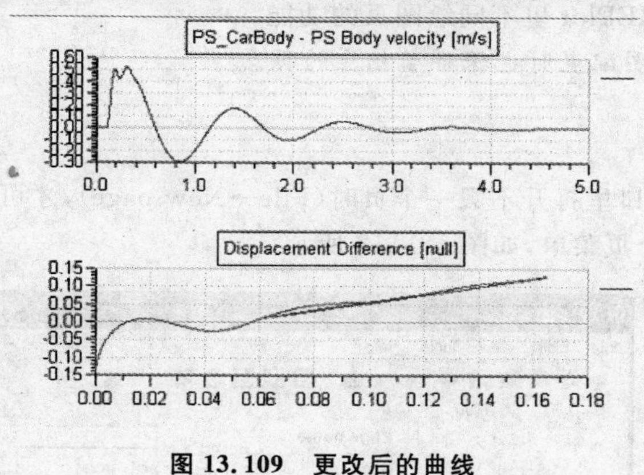

图 13.109 更改后的曲线

如果想要以原格式保留曲线时，可在进行拖放的同时按下 Ctrl 键，这样就可复制曲线，而不是与目标曲线交换，如图 13.110 所示。

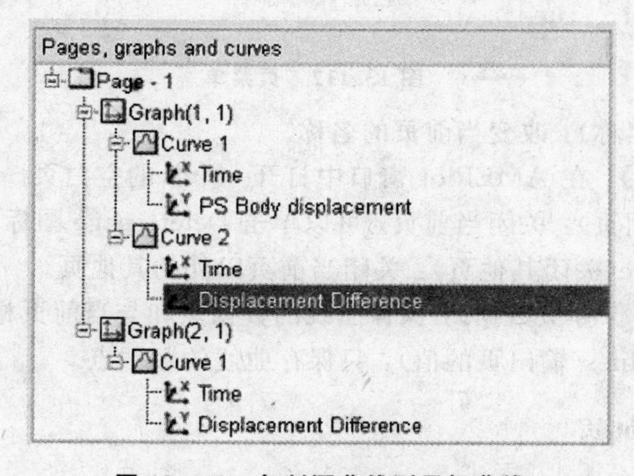

图 13.110 复制源曲线到目标曲线

相应的结果曲线图如图 13.111 所示。

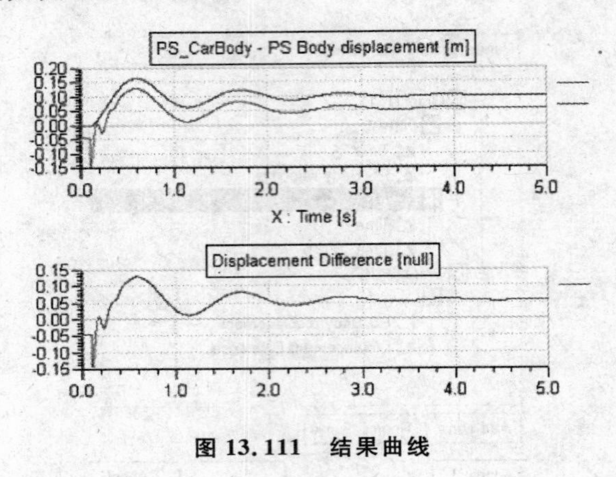

图 13.111 结果曲线

13.11 用曲线图页工作

本节主要介绍 AMEPlot 里不同绘图页的功能。

注：当保存一个绘图配置时也保存了相应的页。

13.11.1 页菜单

当在 AMEPlot 窗口里打开不只一个页时(File→New page)，才可访问页菜单。用右击曲线图页标题来打开一个页菜单，如图 13.112 所示。

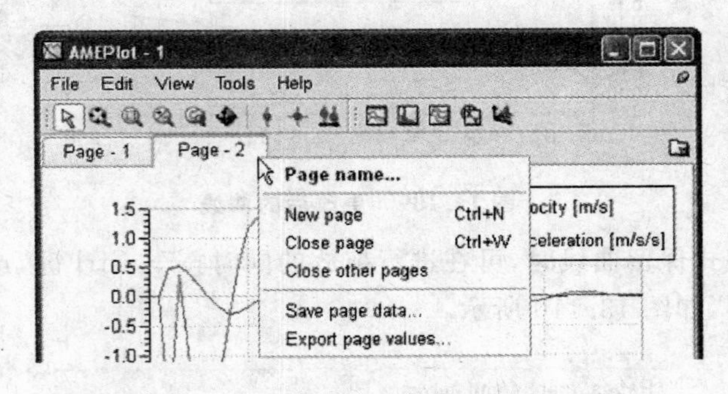

图 13.112 页菜单

- Page name(页名称)：改变当前页的名称。
- New page(新页)：在 AMEPlot 窗口中打开一个新的空白页。
- Close page(关闭页)：关闭当前页。可以单击 Delete page 图标来关闭页。
- Close other page(关闭其他页)：关闭当前页以外的其他页。
- Save page date(保存页数据)：保存曲线的数据点和与当前页相关的变量名称的单位。
- Export page values(输出页的值)：只保存曲线的数据点。

13.11.2 AMEPlot 页

可以打开 AMEPlot 窗口中的许多不同的页，并可以通过很多方法对它们进行操作。

可以往左或右拖拉页来改变他们的顺序，如图 13.113 所示。在这种情况下，页码会进行自动更新。当把第 2 页往左拉时，页码会变成第 1 页，同时，原第 1 页会变成第 2 页。

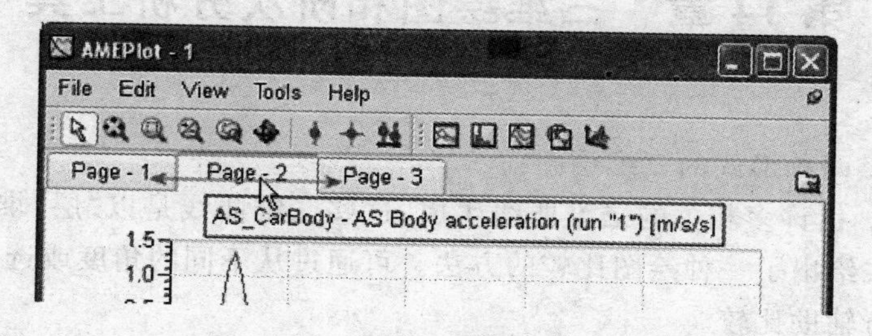

图 13.113　重新对曲线图页进行排序

13.11.13　复制和粘贴曲线图

可以将曲线图从一页复制到另一页，来创建了一个新页。新的一页也会像所复制的页一样，在进行仿真运行后进行更新。

- 按 Ctrl ＋ C 快捷键可复制曲线图；
- 按 Ctrl ＋ V 快捷键可粘贴曲线图。

AMEPlot 窗口里当前所有的元素被复制——曲线、标题、图例和按键。请记住，如果想复制整个曲线图，必须确保没有选择单个元素（标题、文字等）。

也可在 AMEPlot 窗口里复制并粘贴曲线图。

注：可以复制并粘贴曲线图（作为一个图像）到一个外部应用程序，如 Word 或 PowerPoint。例如用于演示文稿中的使用。所有当前显示的内容（曲线、标题、图例）都被复制。

13.12　AMEPlot 的有效操作快捷方式

对 AMEPlot 的有效操作快捷方式如表 13.1 所列。

表 13.1　AMEPlot 的快捷操作方式

工具	快捷方式	工具	快捷方式
打开文件	Ctrl＋O	放大/缩小	Ctrl＋Shift＋F
保存文件	Ctrl＋S	放大先前的	Ctrl＋Z
打印	Ctrl＋P	旋转	Ctrl＋Shift＋R
剪切	Ctrl＋X	坐标暂存	Ctrl＋Space
建立新页	Ctrl＋N	XY 坐标	Ctrl＋Shift＋Space
关闭新页	Ctrl＋W	添加文本	Ctrl＋Shift＋T
复制	Ctrl＋C	更新	Shift＋F5
粘贴	Ctrl＋V	FFT	Ctrl＋Shift＋F
选择所有文件	Ctrl＋A	频谱图	Ctrl＋Shift＋M
自动比例尺	Ctrl＋F	XY 绘图	Ctrl＋F2
放大	Ctrl＋F	XYZ 绘图	F3
		3D 绘图	Ctrl＋F2

第14章　三维绘图和阶次分析工具

AMESim提供两种形式的三维绘图：

① 曲面绘图。由许多相关的二维曲线生成，这些二维曲线是以“层”堆叠的方式显示的，这种三维表达方式给出了一种绘图比较的方法。可通过从不同的角度或选择不同的明暗度观察这些曲面来进行辅助比较。

② XYZ绘图。XY绘图的一个自然扩展，其结果可被描述为三维空间中的“螺旋线”。

14.1　曲面绘图

在以下两种常见的情况下，使用AMESim的曲面绘图是很有用的：

① 作一次批处理运行，并绘制了结果的二维图，此时对比大量的曲线会比较困难，这时可以将其转换为一个曲面绘图。

② 用一个数组值来绘制二维图。例如，在液压管路子模型中的压力和流量便是一个数组变量，故可将其转换为曲面绘图或可视化水锤效应。

欲得到一个理想的结果至少需要5个二维图。下面通过对各种不同类型曲面绘图的例子来介绍该内容。

在二维绘图中鼠标右击，并选择曲面绘图(Surface plot)选项，此时将会出现如图14.1所示的Graph Area Format(绘图区域格式)对话框，并且已经选中了Surface plot选项卡，同时单选按钮2D也被选择。

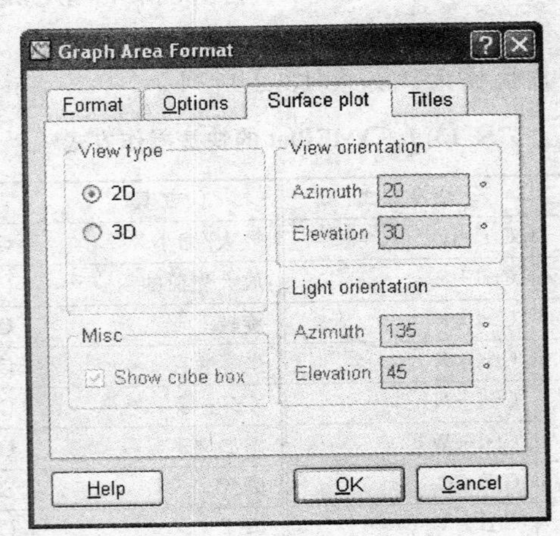

图14.1　绘图区域格式对话框

二维图总是绘图的起始点，但当已经生成了一个曲面绘图之后，也可以通过选择单选按钮2D返回到二维绘图。

14.1.1　曲面绘图的类型

把二维图转换为三维图后，右击图例，如图 14.2 所示，可打开 Surface Format（曲面格式）对话框，如图 14.3 所示。

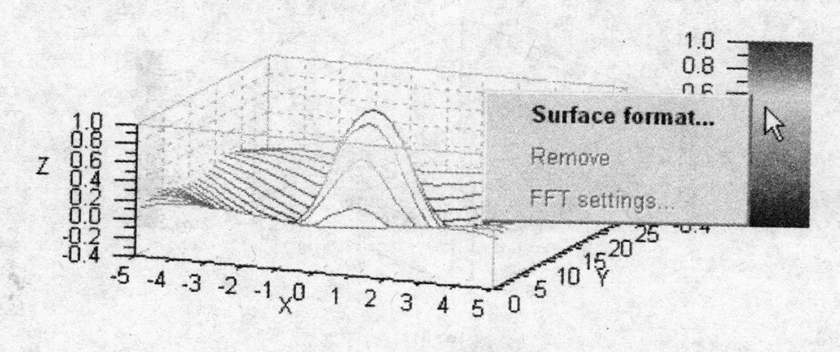

图 14.2　选择曲面格式

Surface Format
Display Type
Mesh
Waterfall
Surface
Surface with light
Colormap
jet
Interpolate colors
Options
Hide lines
Show mesh
OK
Cancel

图 14.3　曲面格式对话框

可用的显示类型如下：

1. 瀑布绘图

这是最简单的曲面绘图。它是一层一层的简单堆积，每层都可以通过选中隐藏线（hide line）来进行隐藏（默认是隐藏的）。*Y* 轴表示层的数目，颜色随 *Z* 值的不同而改变，如图 14.4 所示。

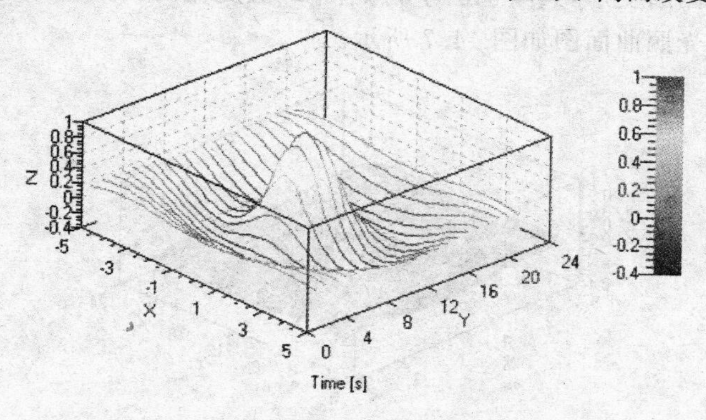

图 14.4　瀑布绘图

2. 网格绘图

此选项是通过在曲面上的瀑布绘图曲线中添加线实现网格绘图的。当每一层的 X 值都相同时，所添加的线将平行于 Y 轴，并且俯视时可发现这些网格矩形的；否则，将是其他不规则的多边形，如图 14.5 所示。

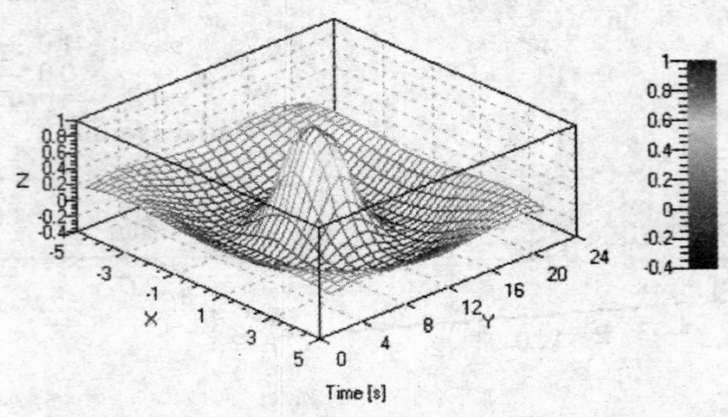

图 14.5 网格绘图

3. 曲面绘图

除了曲面上的多边形被涂上色彩以外，这与网格绘图是相同的，网格可选择黑色的，如图 14.6 所示。

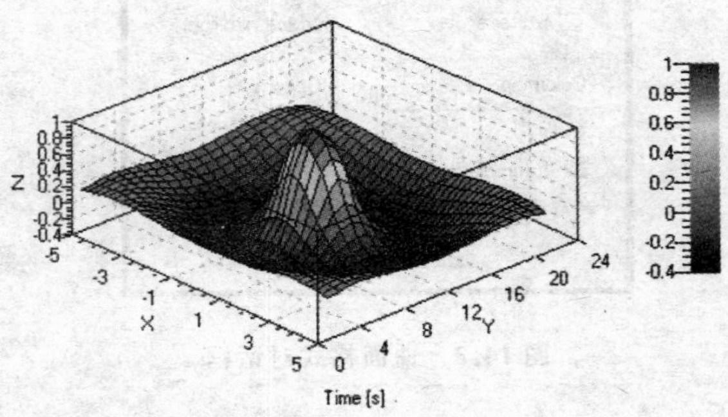

图 14.6 曲面绘图

4. 光照曲面图

这是一种曲面绘图的变形，其颜色已不再是随 Z 值变化的函数，而是针对某一光向量的多边形方位的函数。光照曲面图如图 14.7 所示。

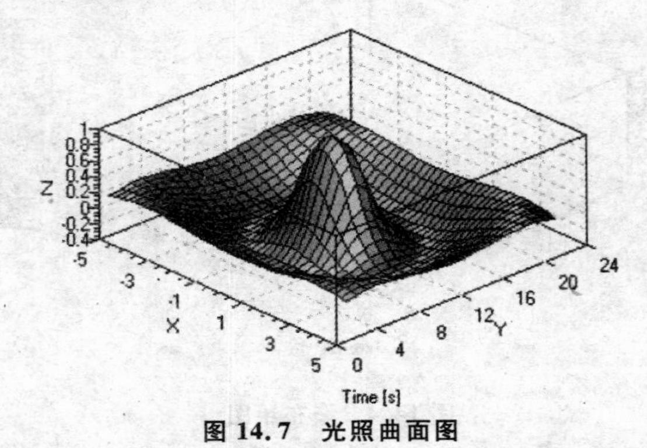

图 14.7 光照曲面图

14.1.2　如何创建一个曲面绘图

下面将通过一个批运行的例子来说明如何创建一个三维绘图。以落在水面上的水滴效果为例建立其模型，如图 14.8 所示。

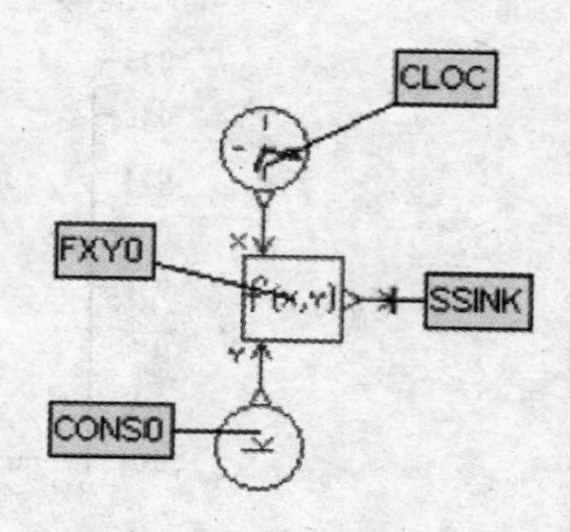

图 14.8　创建水滴落水模型

第 1 步：设定参数。

① 键入以 X 和 Y 为输入的信号函数：

cos(sqrt(x□x+y□y))/max(1,sqrt(x□x+y□y))

② 打开 Batch Control Parameter Setup(批控制参数设置)对话框，选择 Settings→Batch parameters，或者按 Ctrl+B 键。

③ 将 CONS0－1 的参数拖放到批控制参数设置对话框中，并设置如下批运行参数，如图 14.9 所示。

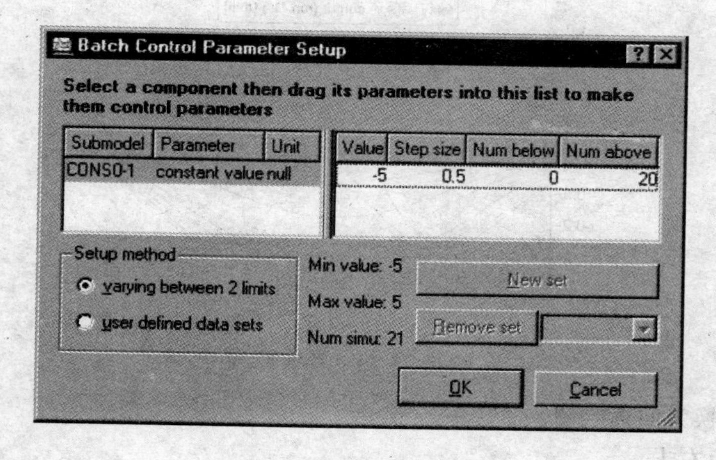

图 14.9　设置批运行参数

④ 单击 OK，关闭对话框。

第 2 步：运行系统。

① 进入 Simulation(仿真)模式。

② 在 Run parameters(运行参数)对话框中设置运行参数，如表 14.1 所列。

表 14.1　运行参数取值

参数名称	数　值
起始时间/s	－5
终止时间/s	5
通信间隔/s	0.25

③ 选择 Batch run(批运行)。

④ 开始运行。

第 3 步：绘制函数 $f(x,y)$ 的输出，将生成一个简单的二维绘图，如图 14.10 所示。

第 4 步：转换为一个批绘图。

① 使用下列方法之一即可将绘图转换为批绘图：

单击绘图工具中的 Convert standard plot to batch(转换标准绘图到批绘图) 按钮 图，并注意光标的变化。或者选择 Tools→Batch plot 菜单，并注意光标的变化。

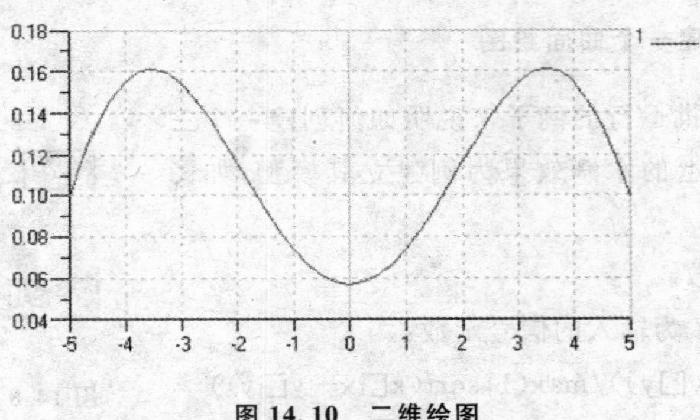

图 14.10 二维绘图

② 在任一情况下，单击绘图区域。

③ 单击 Batch Run Selection（批运行选择）对话框中的 OK 按钮，即可得到如图 14.11 所示的批绘图。

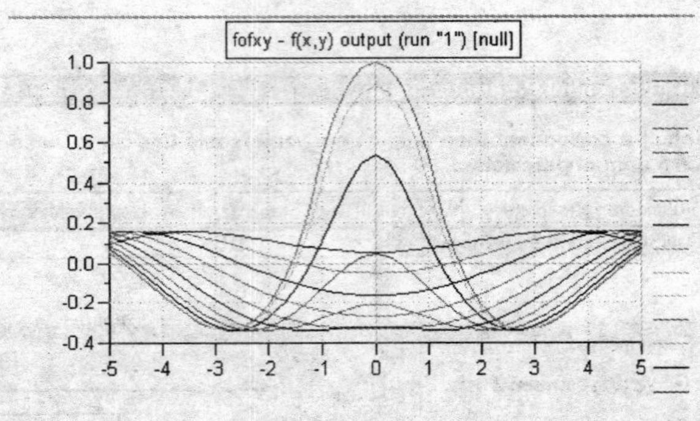

图 14.11 批绘图

第 5 步：转换为曲面绘图。

① 在绘图上右击。

② 选择 Surface plot 菜单选项，单击 3D 单选按钮，然后单击 OK 按钮。

③ 尝试显示在 14.1.1 节中所描述的不同类型的曲面绘图。

第 6 步：从不同角度来观察曲面绘图。

① 单击绘图工具栏中的 3D rotation（三维旋转）按钮。

② 将光标放在曲面绘图上，按住鼠标左键并移动光标。当放开左键时，表面绘图将会刷新显示。

14.1.3 曲面绘图选项

要学习所使用的曲面绘图选项，最好的方法是在 Graph Area Format 和 Surface Format 对话框中，通过选择不同的选项组合来展示绘图。

(1) 绘图区域格式选项

绘图区域格式对话框请见图 14.1。

① View type（视图类型）：选择 2D 或 3D。

② View orienlation（视角定位）：设置 Azimuth（方位）角和 Elevation（俯仰）角。俯仰角

范围是－90°～90°。

③ Light orienlation(光源定位)：对于光照曲面绘图，可以指定光源的位置。设置光源的 Azimuth(方位)角和 Elevation(俯仰)角。

④ Misc(其他)：Show cube box(显示包络框)可以显示或隐藏三维图的边界包络框。

(2) 曲面格式选项

曲面格式对话框请见图 14.3。

① Display Type(显示类型)：不同的曲面绘图类型已经在 14.1.1 节描述。

② Colormap(调色板设置)：可使用此菜单修改曲面图的颜色。

如果 Interpolate colors(扩展调色)选项没有设置，则调色板只能使用有限的几种颜色。

③ Options(选项)：

Hide lines(隐藏线)：在瀑布绘图和网格绘图中，可以显示或隐藏被曲面遮挡的线条。

Show mesh(显示网格)：可以显示或隐藏绘制曲面所使用的点所对应的网格。

14.1.4　相交面

相交面在曲面图和用户自定义平面之间建立一个交集。欲建立相交面可选择相交面选项。

注意：此工具只能用于曲面绘图，不能用于 2D 绘图。

1. 创建一个相交面

为了说明建立相交面的过程，我们继续看 14.1.2 节中的例子：

① 在曲面图中右击，并选择 Intersecting planes(相交面)选项，如图 14.12 所示。

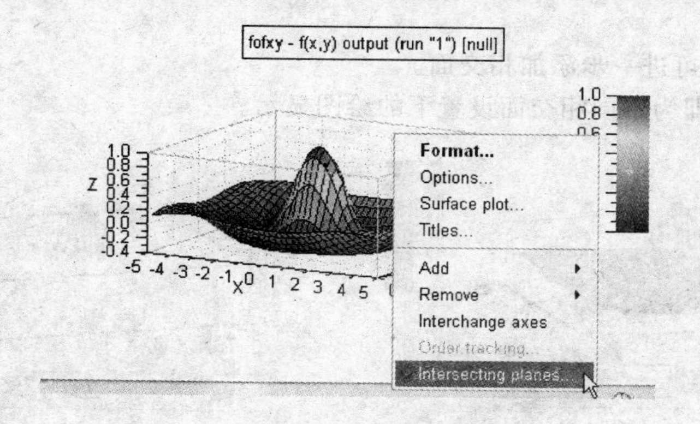

图 14.12　相交面

此时 Intersecting Plane Manager(相交面管理器)对话框将被打开，如图 14.13 所示。

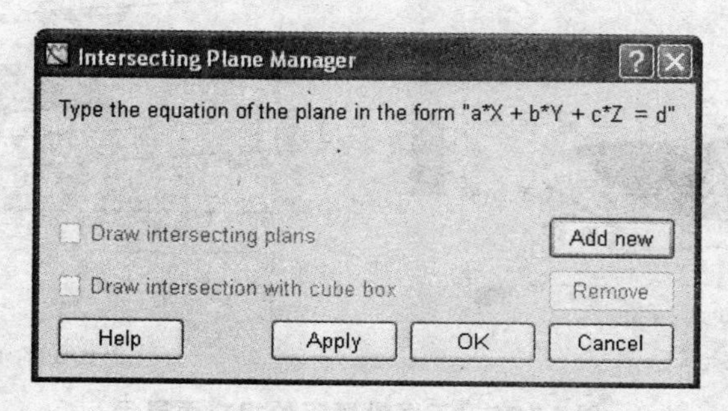

图 14.13　相交面管理器对话框

对话框包含现有的相交面列表(如果已经存在)，每一个相交平面均由下列形式的平面方程约束：

$$a*X+b*Y+c*Z=d$$

其中的 4 个系数 a，b，c 和 d 均为实数。

② 单击 Add new 按钮，一个新的相交面就被添加到相交面管理器中，如图 14.14 所示。

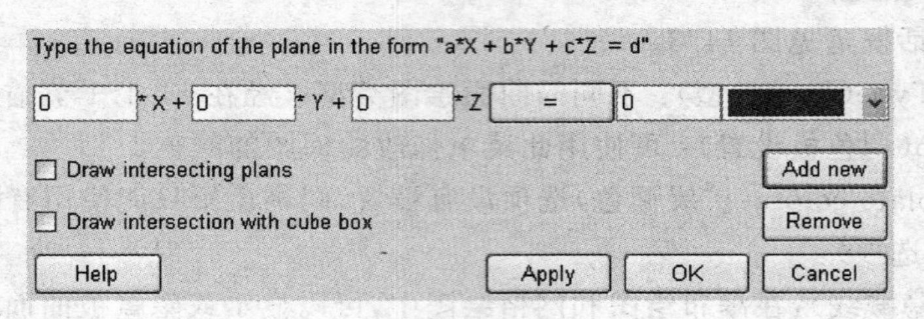

图 14.14　创建一个相交面

③ 在文本对话框键入平面方程的 4 个系数。

④ 单击"＝"按钮设置方程的关系运算符。不断单击此按钮来选择可能的设置，如"＝"、"＞"、"＜"。

⑤ 单击色彩窗口的下拉菜单按钮为具有方形包络框的相交面设置一个新的颜色(如果需要)，并且当选择"＝"作为关系运算符时还将为曲面图的相交面设置颜色。当添加多个相交面时，这一方法是很有用的。

⑥ 单击 Apply 按钮将方程应用于绘图，或者单击 OK 按钮将方程应用于绘图并同时关闭相交面管理器。

⑦ 根据需要还可进一步添加相交面。

图 14.15 所示即为不同相交面设置下的绘图显示。

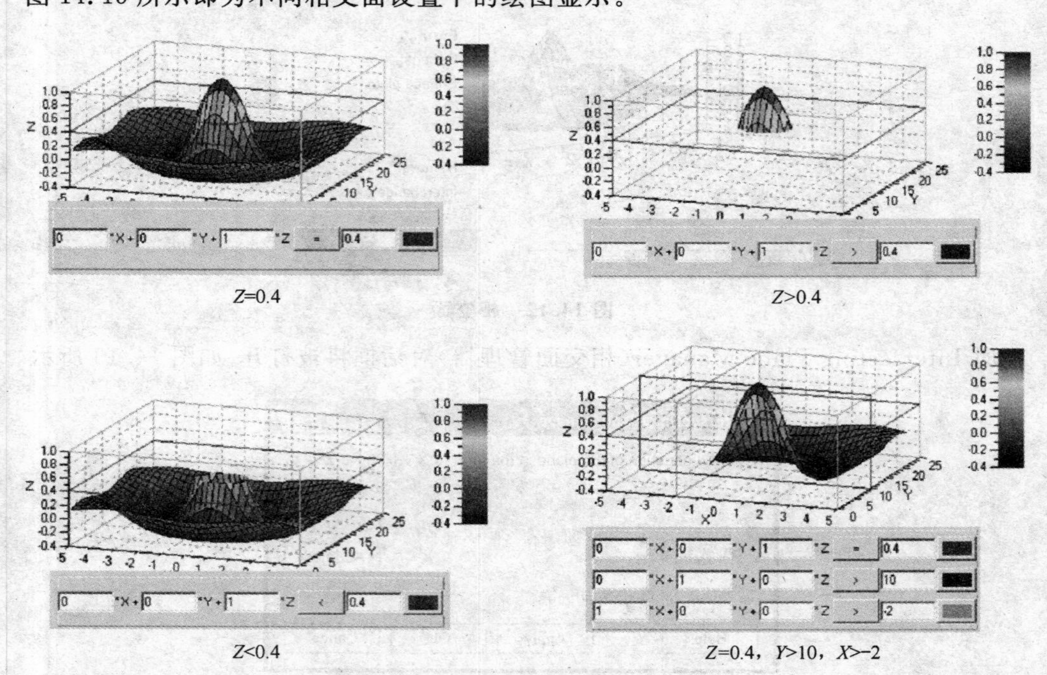

图 14.15　不同设置下的相交面显示

2. 相交面选项

当添加相交面时，将出现下列选项：

移除——移除最后添加的相交面；

绘制相交面——用此复选框选择是否绘制相交面；

绘制具有包络框的相交面——用此复选框选择是否插入与坐标轴的相交面。

14.2　XYZ 绘图

我们知道，如果想绘制一个 XY 绘图，必须首先绘制至少两条关于时间的曲线。当这两条曲线被转换为 XY 绘图时，第一个量将成为 X（水平轴）的值，而另一个量将为 Y 轴的值。

关于 XYZ 绘图的规则，可以看成是 XY 绘图规则的一个扩展。在绘制 XYZ 绘图时，需要至少 3 条关于时间的曲线，但当被转换为 XYZ 绘图时，第 1 个量变成 X 轴；第 2 个量变成 Y 轴，其他量则变成 Z 轴。

一旦将一个二维绘图转换为一个 XYZ 绘图，就不能够再回到二维绘图。

下面举例说明如何由一个可生成螺旋曲线的数学模型创建一个 XYZ 绘图。所用的数学公式为：

$$x=\cos(\theta)$$
$$y=\sin(\theta)$$
$$z=0.01\theta$$

可建立如图 14.16 所示的系统。

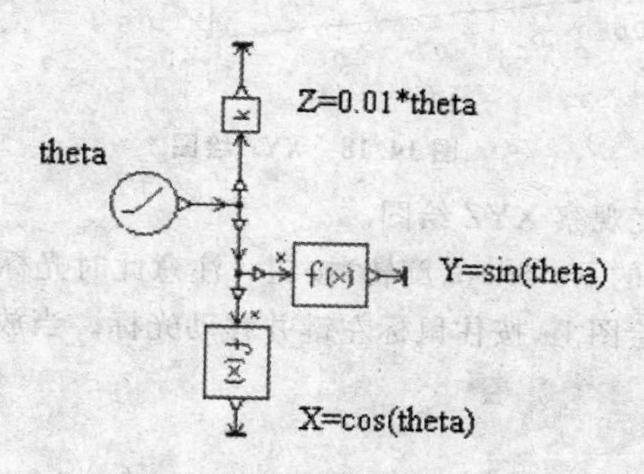

图 14.16　创建螺旋线系统 Spiral.ame

第 1 步：设置参数。

从图 14.16 中可以看出方程的参数是显式的，但必须用 x 表示 θ，且保留其斜率在默认值。

第 2 步：运行仿真并绘制 X、Y 和 Z 相对于时间的曲线。

设定终止时间为 50 s，并运行程序。绘制 X、Y 和 Z 关于时间的函数曲线，并注意曲线的顺序，如图 14.17 所示。

第 3 步：转换成 XYZ 绘图。

① 选择 Tools→XYZ plot 菜单。

② 单击绘图区域以生成如图 14.18 所示的螺旋线。

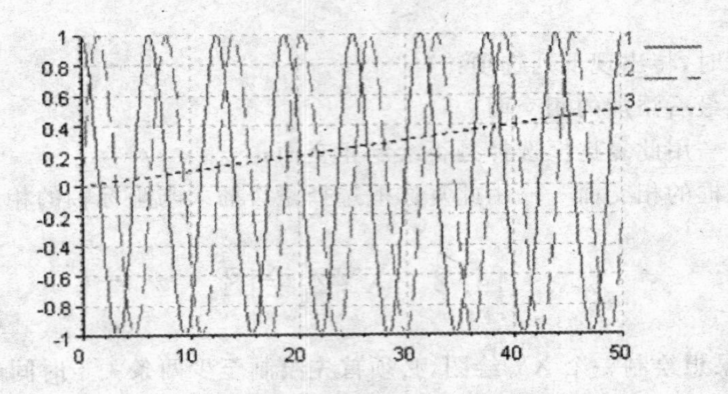

图 14.17　绘制 *X*、*Y* 和 *Z* 关于时间的曲线

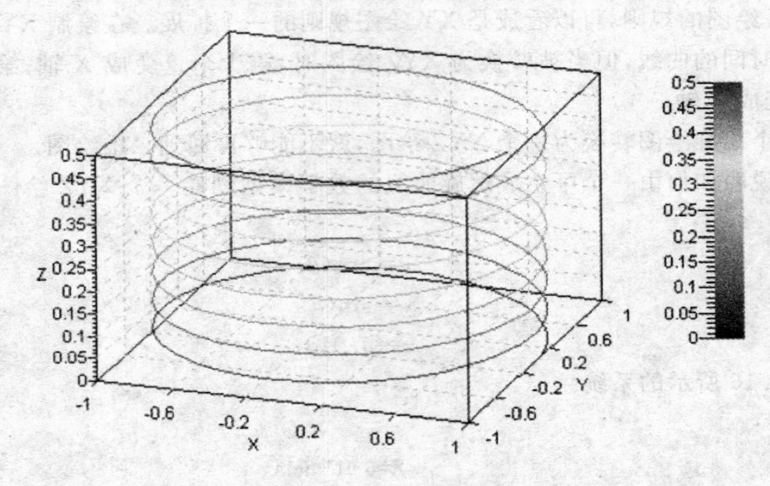

图 14.18　XYZ 绘图

第 4 步：从不同的角度观察 XYZ 绘图。

① 单击绘图工具栏中的 Rotation(旋转)按钮。注意此时光标将变为 。

② 将光标放在 XYZ 绘图上，按住鼠标左键并移动光标。当放开左键时，会看到图形将以另一视角显示。

14.3　阶次分析工具

阶次分析是一种广泛应用于汽车工业中的后处理工具，可以分析并诊断变速系统中(通常是汽车引擎中)的振动和噪声。

14.3.1　频谱图

频谱图由一系列应用于相同变量的 FFT 组成，每个 FFT 都在一个限定的时间范围内进行处理。时间窗口是相互连接且可以重叠的，如图 14.19 所示。

通过这种方式可在某一条件范围内进行 FFT 变换。

注意，尽管所指的变量是时间范围，但通常也会是一些其他量。在下面的例子中变量的单位是 rev/min。

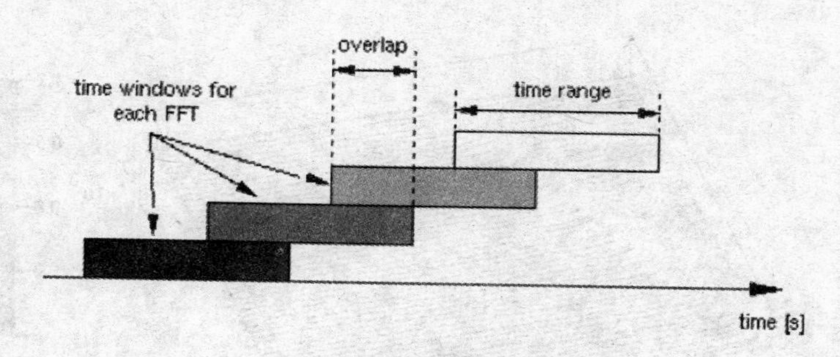

图 14.19 FFT 系列

通常有 2 种方法来产生频谱图：阶次跟踪和固定采样阶次分析。

1. 阶次跟踪

在这种情况下，数据的采样随时间而变化，它通常是与系统的变量(如转速)成比例的。数据的采集量是以定速率增长的。

最大的可观测频率取决于系统的参考速度。因此，在频域中精确度和可观测阶次是不变的，但这没有用在 AMESim 中。

2. 固定的采样

这种方法是以定常的采样频率采集数据，即数据的采样是在不变的时间增量下完成的，该增量与 AMESim 中的通信间隔时间(communication interval)相对应。通信间隔时间决定了 Nyquist 临界频率，即最大的可观测频率。通信间隔时间越短，可观测频率将越高。

这种方法意味着随着转速的变化每转的采样数量将不再是常数。当转速增加时，采样数量将减少；在高转速下，只有少许阶次可被观测到，而精确度则在低速时更好。

AMESim 使用固定采样阶次分析方法，是因为由生成的可执行文件所返回的结果具有不变的时间增量(通常情况下，其他中断输出在过程中不能使用)。

频谱图的开始点通常是与图 14.20 所示的旋转速度相对应的变量。

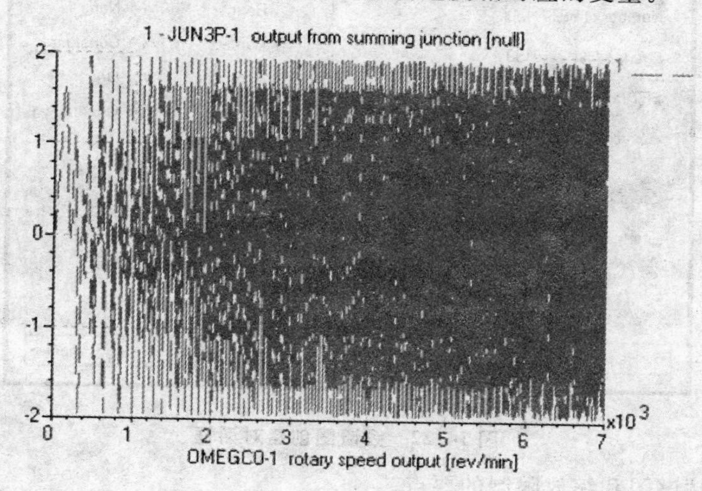

图 14.20 初次绘图

最终的绘图是如图 14.21 所示的基于一系列 FFT 曲线数据的频谱图，此图以瀑布绘图的形式显示。

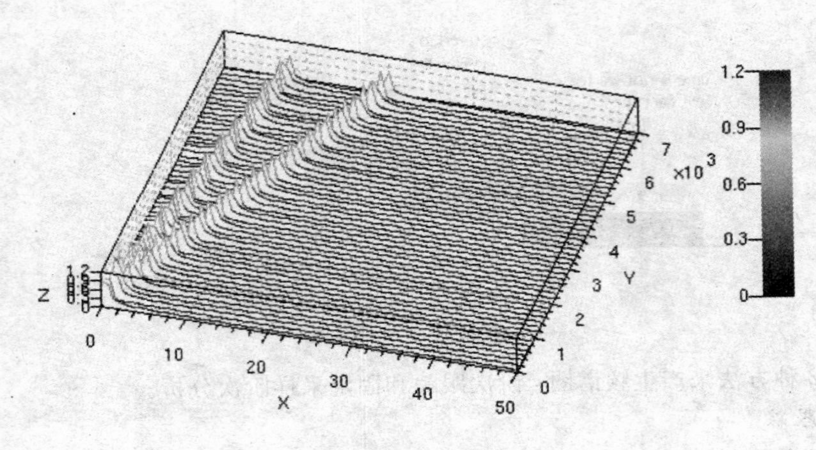

图 14.21　频谱图

一组完整的 FFT 曲线可以表示在整个速度变化范围内的演变过程。

欲生成这样的频谱图需做如下定义：

① 对转速范围的限制，即所谓的缩放限制(Zoom constraints)；

② 时间窗口的特性和它们之间的重叠；

③ 常规的 FFT 选项；

④ 所生成的绘图是在原绘图窗口中还是在新的窗口中。

将一个 XY 绘图转换成 FFTs 绘图的基本步骤是选择 Tools→Spectral map 菜单项。这将生成 Spectral Map Creation(频谱图创建)对话框，如图 14.22 所示，可在其中定义相应的设置。

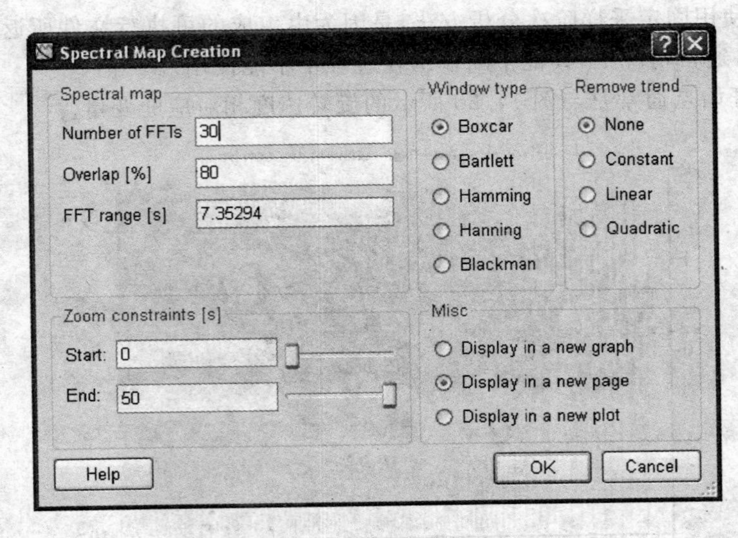

图 14.22　频谱图创建对话框

以下是设置频谱图和缩放限制的要点。

(1) Sepctral map(频谱图)

① Number of FFTs(FFTs 的数目)

如图 14.23 所示，FFT 的数目是时间间隔的数目，也就是瀑布绘图中的层数。如果设置的数目大于结果文件中与其相关的数据点的数目，那么将弹出如图 14.24 所示的警告对话框。如果出现这种情况，或者减小 FFTs 的数目，或者采用一个较短的通信时间间隔来重新运行，以得到更多的数据点。

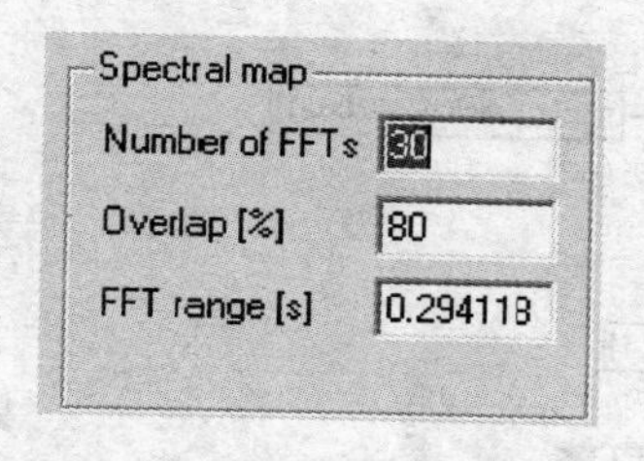

图 14.23　设置 FFT 数目

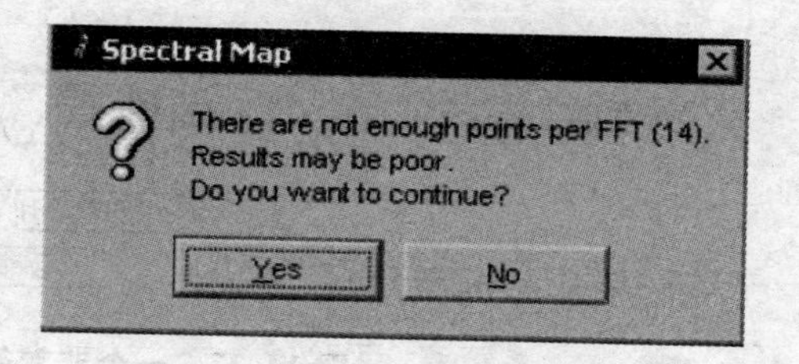

图 14.24　警告消息

② Overlap(重叠)

重叠是每个 FFT 时间窗口与相邻的 FFT 时间窗口的公共部分相对中的时间范围的一个百分比(见图 14.19)。切记时间范围对所有的 FFT 都是相同的，如图 14.25 所示。

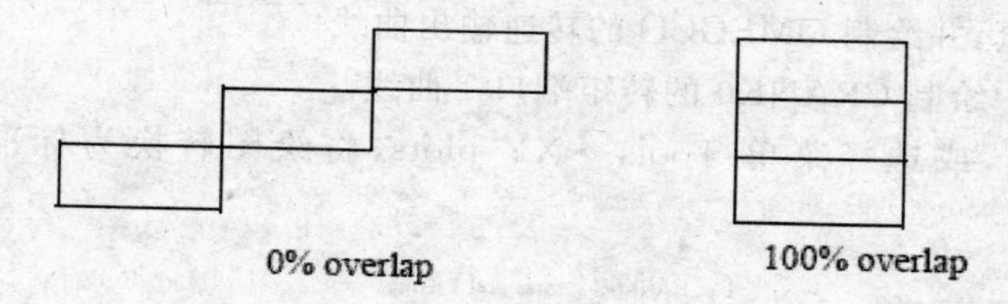

图 14.25　重叠

③ FFT range(FFT 值域)

每个 FFT 的时间范围由缩放限制、FFT 的数目和重叠来决定。然而，应该注意的是：变量通常并不是时间，并且原始绘图的 X 轴上的实际单位将会被显示(rev/min)。

(2) Zoom constraints(缩放限制)

通常会希望将计算限制在有限的转速范围之内，这就是所谓的缩放限制。这可以通过以下两种方法来完成：

① 在选择阶次跟踪之前缩放最初的曲线；

② 在频谱图创建对话框中使用缩放限制滑尺完成缩放，如图 14.26 所示。

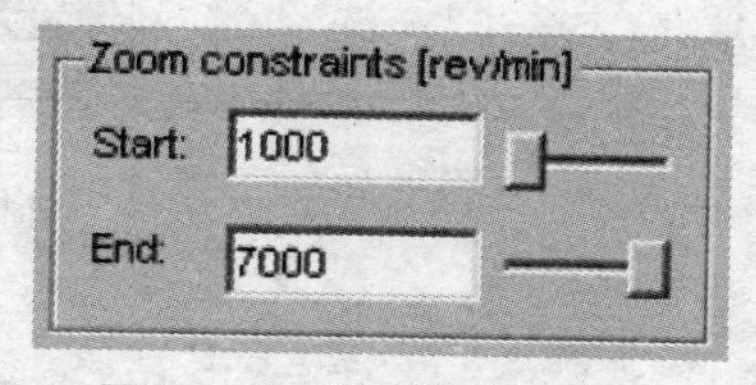

图 14.26　缩放限制的设置

14.3.2　创建频谱图

下面的实例可能会是一个复杂的引擎模型，但可通过图 14.27 所示的一个非常简单的例子说明所有的主要特征。

设置子模型 RAMP0，以给出引擎速度从 1000rev/min 到 7000rev/min 增长斜率，通常称为引擎加速。构建该系统，并令所有的参数都取默认值，除了子模型 RAMP0 的下列参数值：

加速前转速值：1000；

加速斜率，600。

设置 RL02 的初始转速为－1000rev/min 以与输入转速相吻合。接下来按以下步骤完成：

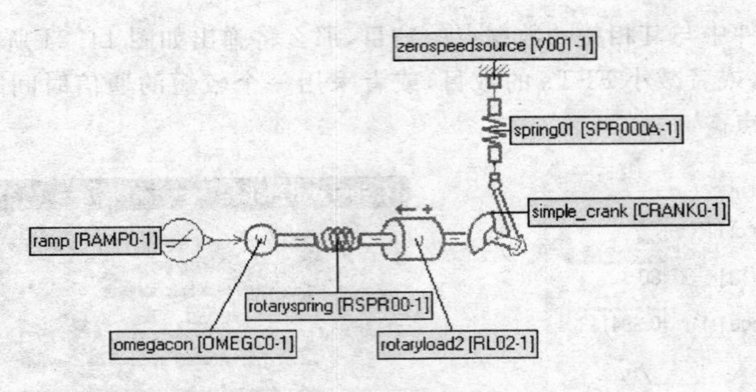

图 14.27　一个非常简单的引擎

① 设置通信时间间隔为 0.001 s,并运行一次仿真。

这样可以保证每个变量都有 10 000 个数据点。通常为了得到一个好的频谱图,需要许多数据点。这意味着在一个复杂的系统中,必须选择适当的保存工具。不要使用其他的中断输出,这没有任何帮助。

② 运行一次仿真,并绘制 OMEGCO 的转速输出曲线。

③ 在同一绘图中绘制 CRANK0 的转矩端口 1 曲线。

④ 单击按钮 ,或选择菜单 Tools→XY plots,将绘图转换为标准的二维绘图,如图 14.28 所示。

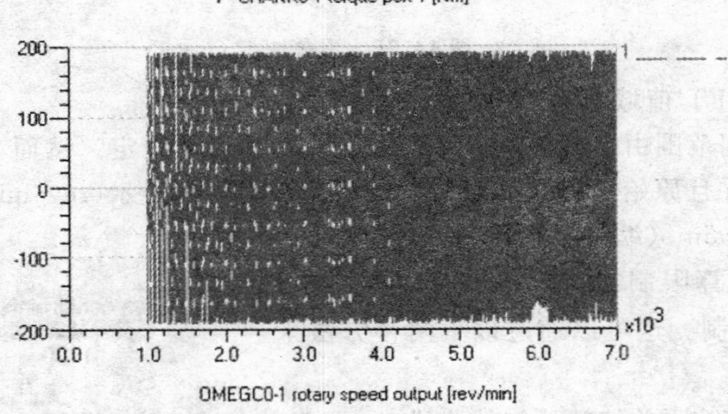

图 14.28　二维绘图

⑤ 选择 Tools→Spectral Map 菜单,并单击该绘图,将弹出如图 14.29 所示的 Spectral Map Creation(频谱图创建)对话框。

⑥ 将 FFT 的数目增加到 50,并选择 Remove trend(移除趋势)选项卡中的 Quadratic 项。

⑦ 单击 OK 按钮。

与变量相关的频谱图将以瀑布绘图形式显示,如图 14.30 所示。

注:

① X 轴是频率,单位为 Hz。

② Y 轴是转速,单位为 rev/min。

③ 频谱图清楚地反映出转矩对周期强迫函数(引擎转速)的 4 个周期响应,称之为阶次,并且它们与引擎速度的频率及其频率的 2、3 和 4 倍值相关。第 1 阶(引擎转速)是非常强烈

的，第 2 阶的影响也较大，而另外两阶(3 阶和 4 阶)则是比较微弱的。

④ 可以改变任何轴的比例。

⑤ 可以旋转观测点，尝试俯视绘图。

Spectral Map Creation
Spectral map
Number of FFTs 50
Overlap [%] 80
FFT range [rev/min] 555.556
Window type
Boxcar
Bartlett
Hamming
Hanning
Blackman
Remove trend
None
Constant
Linear
Quadratic
Zoom constraints [rev/min]
Start: 1000
End: 7000
Misc
Display in a new graph
Display in a new page
Display in a new plot
Help
OK
Cancel

图 14.29　设置 FFT

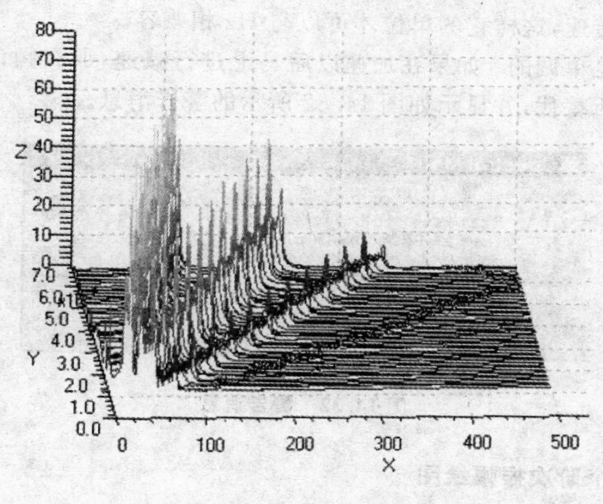

图 14.30　瀑布绘图

14.4　阶次振幅

14.4.1　定　义

阶次振幅显示的是与系统参考速度相应的不同阶次的振幅。它对应着频谱图中垂直层面的集合。这样一个曲线可以显示系统的一些可能的共振态。

14.4.2　阶次跟踪技巧

由于 AMESim 中所使用的采样方法是固定的时间间隔，故频谱图中的阶次与频谱线不是对应的，因此必须在一个特定的频段上积分以获得一个有价值的阶次振幅。频段宽度和阶次可以在如图 14.31 所示的阶次分析对话框中选择，此对话框可通过绘图右键菜单中的阶次跟踪选项设置。

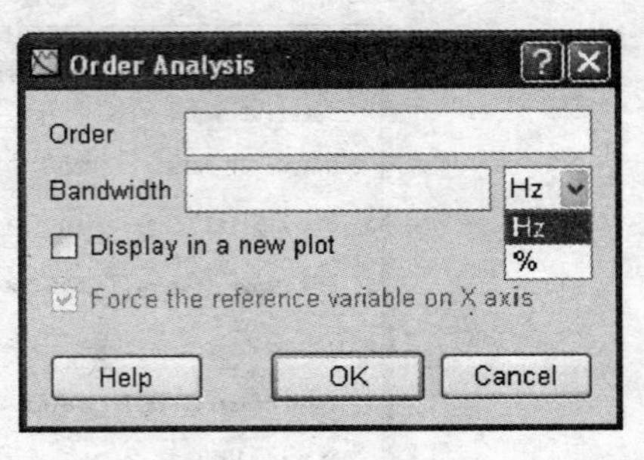

图 14.31　阶次分析对话框

图 14.30 表明，在低速下阶次是相互靠近的；在非常低的转速下，一个定常的积分频段宽度可以积分超过 1 个阶次振幅。因此通过选择频段宽度的单位，即以“%”替代“Hz”，是可以实现频段宽度正比于参考速度的。

14.4.3　参考速度

为了处理阶次跟踪，频谱图必须在加速和减速过程中与系统的参考速度相联系。这可以通过设置参考速度作为频谱图源曲线的 X 轴来完成，此时参考速度将出现在瀑布频谱图的 Y 轴上。

参考速度必须是转速，这样它的单位才可以与 Hz 相兼容。

注意速度不需要是单调的。如果在加速以后马上进行减速，那么频谱图中 Y 轴所表示的系统速度将会被时间所替代，并显示如图 14.32 所示的警告消息。

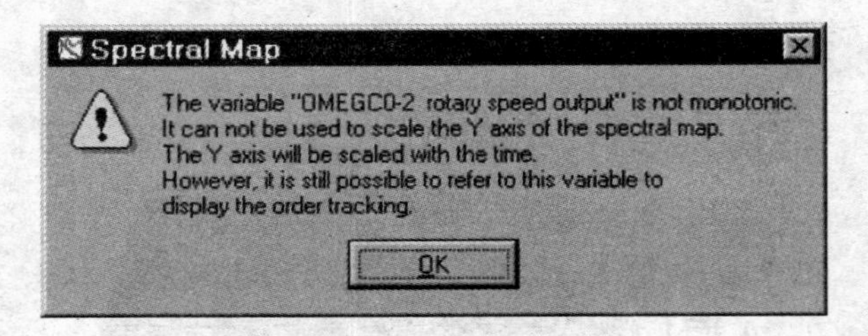

图 14.32　警告消息

14.4.4　创建一个阶次振幅绘图

① 使用在图 14.30 中所创建的频谱图。

② 在频谱图上右击，并在下拉菜单中选择 Order tracking（阶次跟踪）选项，如图 14.33 所示。

③ 设置阶次及频段宽度，如图 14.34 所示。

④ 指定需要创建一张新的绘图。

频段宽度的单位（Hz 或%）用来表示频段宽度是常数还是与参考速度成比例的。

注意阶次 1 与引擎转速相对应。通常阶次值都是一个正整数，但也可以键入任何正实数，这可用在振动的频率是引擎频率的非整数倍，例如 1/2＝0.5 倍和 3/2＝1.5 倍的时候。虽然这些在当前这个例子中并没有出现，但对于复杂的多缸引擎确实是非常有可能的。

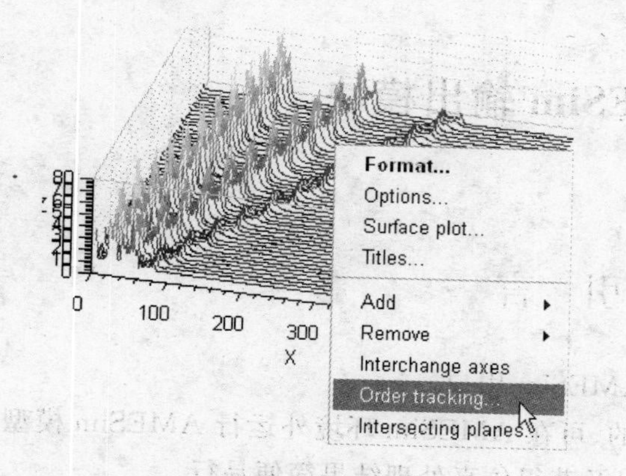

图 14.33　右键菜单

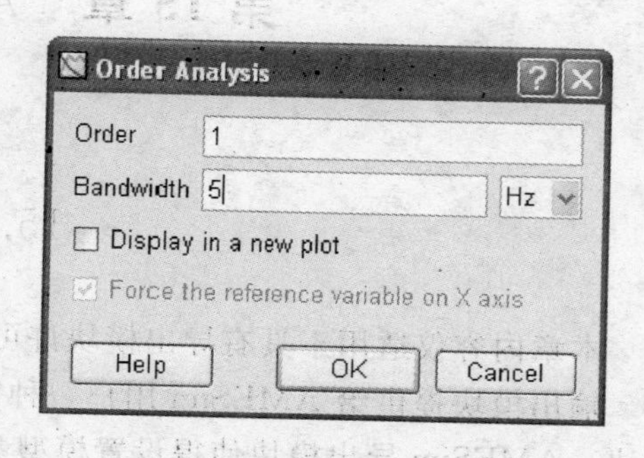

图 14.34　设置阶次分析

⑤ 单击 OK 按钮。

⑥ 重复设置阶次 2、3 和 4，并将这些曲线转换为单一绘图曲线，如图 14.35 所示。

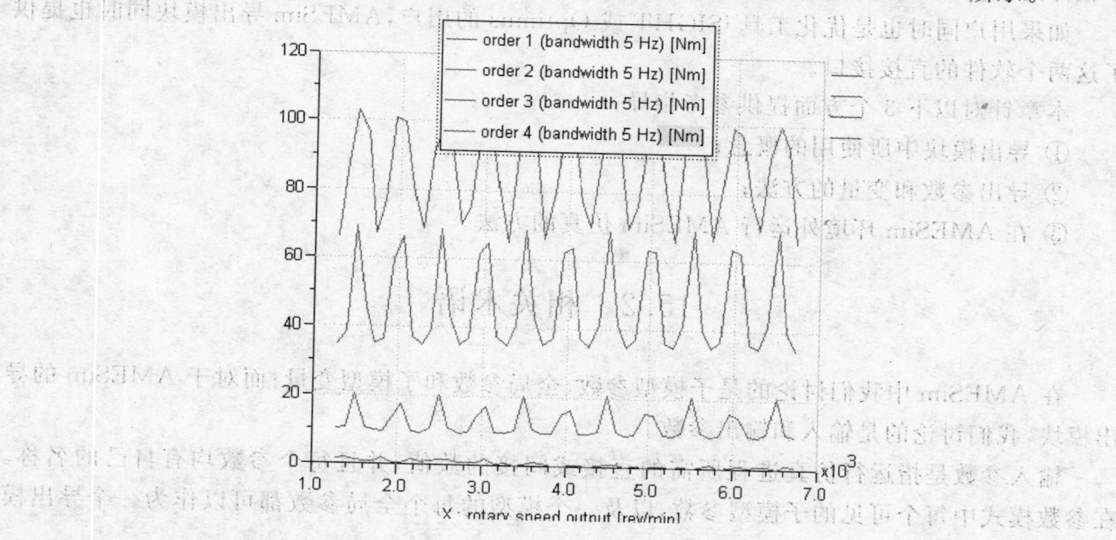

图 14.35　单一绘图

绘图显示出阶次 1 很强，阶次 2 中等，阶次 3 和 4 较弱。在引擎转速没有产生任何共振的情况下，振幅也相应地是个常数。如果建立一个更加符合实际的引擎模型，那么就有可能看到比较有趣的共振了。

第15章　AMESim 输出模块

15.1　引　言

本章内容仅适用于具有导出模块许可的 AMESim 用户。

输出模块提供给 AMESim 用户一种简便的、可在 AMESim 环境外运行 AMESim 模型的方法。AMESim 导出模块使得设置模型参数以及获得仿真处理结果简便易行。

用户可以使用 AMESim 导出模块从命令行中手动启动仿真进程，或者从任何内部软件或商业软件的模块中启动仿真进程。换句话说，AMESim 导出模块提供了 AMESim 与其他许多软件的简便接口。

如果用户同时也是优化工具 iSIGHT 或 Optimus 的用户，AMESim 导出模块同时也提供了这两个软件的直接接口。

本章针对以下 3 个方面提供参考指导：

① 导出模块中所使用的概念；

② 导出参数和变量的方法；

③ 在 AMESim 环境外运行 AMESim 仿真的方法。

15.2　相关术语

在 AMESim 中我们讨论的是子模型参数、全局参数和子模型变量；而对于 AMESim 的导出模块，我们讨论的是输入和输出参数。

输入参数是指运行仿真进程所需的直接或间接的数值，并且每个参数均有自己的名称。在参数模式中每个可见的子模型参数，以及一个模型的每个全局参数都可以作为一个导出模块的输入参数。

输出参数是指运行仿真进程所得出的数值，或者是由其他输出参数计算出的数值，并且每个参数均有自己的名称。每一个子模型变量均可作为导出模块的输出参数，而这样的输出称为简单输出参数。

复合输出参数是指经过处理后的输出：这些输出由用户定义的表达式计算后得出，这些表达式包含了任何输出模块的输入参数、简单输出参数或者其他复合输出参数。在得出复合输出参数的过程中，也会使用到某些特定的函数。

15.3　AMESim 输出的主要原则

导出模块的使用包含以下两个步骤：

① AMESim 中的参数化；

② AMESim 环境外的模型运行。

参数化步骤主要包括在 AMESim 中定义需要导出的输入和输出。换句话说，在这个步骤中，用户需要选择在 AMESim 外可见的参数和变量。同时，为了得到后处理结果，用户也需要定义需运行的后处理过程。参数化步骤完全使用 AMESim 中的专用图形用户界面完成。

执行步骤可以在其他任意软件中运行。在此步骤中，用户（或者是用户使用的软件）需要创建一个 ASCⅡ文件来设定参数、启动可执行的 AMEPilot 程序，以及从另一个 ASCⅡ文件中读取结果。

以下详细介绍这两个主要过程。

15.4 导出参数设置对话框

Export Parameters Setup（导出参数设置）对话框需在 Parameter（参数）和 Simulation（仿真）模式下启动，相应的菜单路径为 Settings→Export Setup。

如图 15.1 所示，Input Parameters（输入参数）、Simple Output Parameters（简单输出参数）和 Compound Output Parameters（复合输出参数）的设置均有相应的分页。

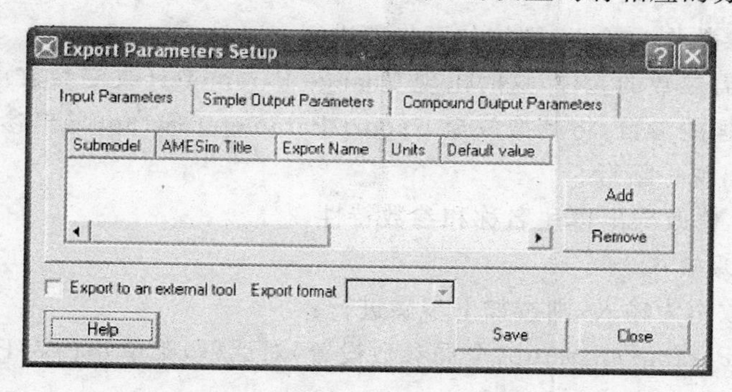

图 15.1 输出参数设置对话框

Export to an external tool（导出至外部工具）复选框和 Export format（导出格式）下拉列表仅用于 AMESim 与 iSIGHT 或 Optimus 的接口中。在任何步骤中，用户都可以使用 Save（保存）按钮保存设置，保存操作不会关闭对话框。如果需要关闭对话框，则使用 Close（关闭）按钮。如果关闭时有未保存的已改变选项，则 AMESim 会提示用户是否保存这些改变的选项。

15.5 导出的输入参数

以下讨论如何设置输出的导入参数。如图 15.2 所示，为输入参数的所有属性的列表。

15.5.1 为导出设置增加输入

在导出设置中增加输入参数，就是在运行时，用户可以使用一个 ASCⅡ文件指定输入参数的具体数值。

输入参数可能源自于以下参数：子模型参数、全局参数、用户自定义参数（即该参数与

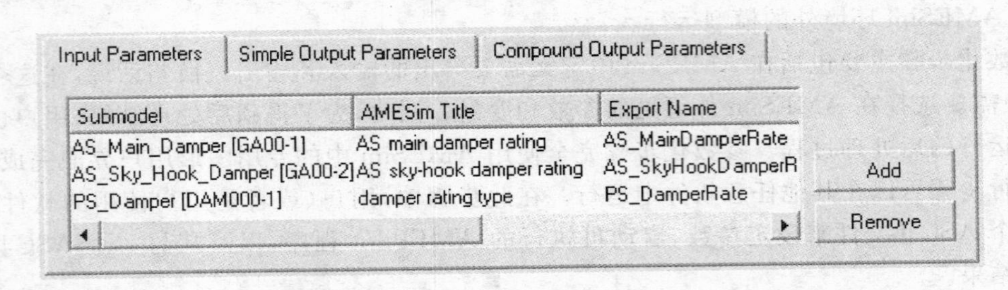

图 15.2 输入参数列表

AMESim 模型无关)。

增加一个输入参数的具体方法取决于参数的来源。但不论何种来源，必须首先进行以下步骤：

① 确保处于 Parameter(参数)模式。

② 选择菜单 Parameters→Export Setup，调出 Export Parameters Setup 对话框并选中 Input Parameters 标签。

1. 子模型参数作为输入

如使用子模型参数作为输入，则按如下步骤进行：

① 双击包含所需参数的元件，这时出现 Change Parameter(改变参数)对话框。

② 选择所感兴趣的参数，将其拖放至 Export Parameter Setup(导出参数设置)对话框，此时在输入列表中将出现一新行。

③ 参考 15.5.3 修改导出模块名称和参数特性。

2. 全局参数作为输入

如使用全局参数作为输入，则按如下步骤进行：

① 打开 GlobalParametersSetup(全局参数设置)对话框，菜单路径为 Parameters→Global parameters.

② 选择所需的全局参数，拖放至 Export ParametersSetup(导出参数设置)对话框，此时输入列表栏将显示一新行。

③ 参考 15.5.3 修改导出模块名称和参数特性。

3. 用户自定义参数作为输入

如添加用户自定义参数作为输入，按如下步骤进行：

① 单击 Add(添加)按钮，此时输入列表栏将显示一新行。

② 参考 15.5.3 修改导出模块名称和参数特性。

用户自定义输入主要用于格式化字符串。关于格式化字符串的概念请参见 15.5.5 节。

15.5.2 从导出设置中删除输入

若要在 Input Parameters(输入参数)页中删除一个参数，应首先在列表中选中该参数，而后单击 Remove 按钮，或按下键盘的 Del 键。

15.5.3 输入参数特性

若已添加了输入参数，则需要设置输入参数的特性。下面详细介绍如何定义输入参数的特性。

1. 导出模块名称

导出模块名称是参数的标识符。该标识符必须是唯一的，即用于某一输入的导出模块名程不能再用于另一输入或输出。在整个输出模块中，该名称用于指定输入参数。在本章的余下部分，将以输入名作为输入的导出模块名称的缩略语。

输入名起始字符须为字母，其余字符只能为字母和下划线。

为简便起见，AMESim 会为输入参数自动设置一个缺省名。强烈建议用户为输入参数设置一个有意义的名称。

2. 参数种类

输入参数有 6 种类别。对于用户自定义输入，当其创建时，它将被自动设置为 Real(实数)型，但它也可被设置为其他 5 种类别，如图 15.3 所示。对于其他类型的输入变量，只有这些类别的某一子集是可选择的。

对于子模型实型参数或全局实型参数，创建时自动设置为 Real(实数)类型，但其也可设置为 Discrete real(离散型实数)，如图 15.4 所示。

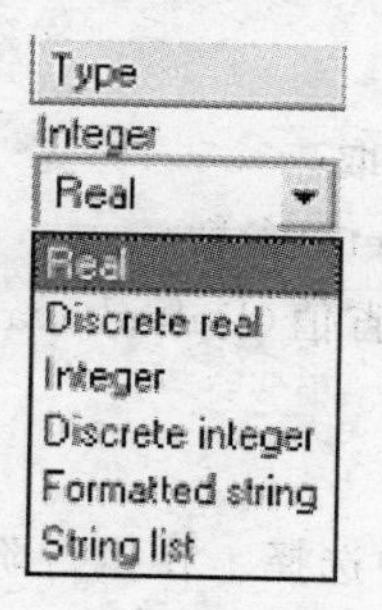

图 15.3　输入参数类别的选择

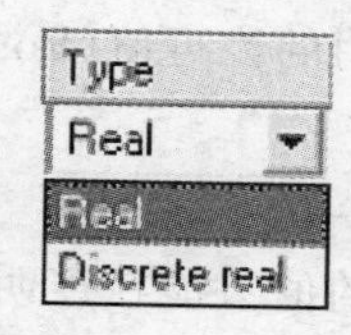

图 15.4　子模型实型参数和全局实型参数的类别选择

对于子模型整型参数或全局整型参数，创建时自动设置为 Interger(整数)类型，但其也可设置为 Discrete interger(离散型整数)，如图 15.5 所示。

对于子模型字符型参数或全局字符型参数，其必须设置为 Formatted string(格式化字符串)或者 String list(字符串列表)类型，如图 15.6 所示。

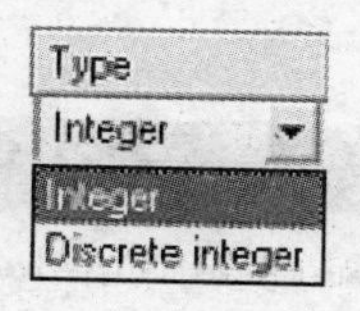

图 15.5　子模型整型参数和全局整型参数的类别选择

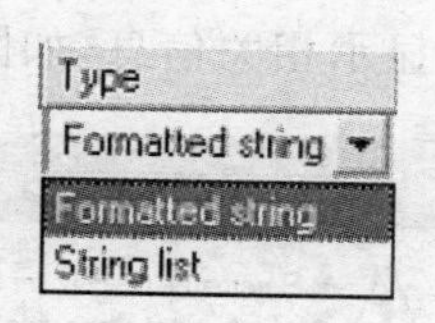

图 15.6　子模型字符型参数和全局字符型参数的类别选择

对于所有类型参数的导出模块名称(Export Name)和缺省值(Default value)域均须预先设置。此外对于每一类型参数的其他域则必须按照表 15.1 所列设置。

表 15.1 参数设置

	Possible values(许可值)	Upper bound(上界)	Lower bound(下界)
Real(实型)	No	Yes	Yes
Discrete real(离散型实数)	Yes	No	No
Integer(整型)	No	Yes	Yes
Discrete integer(离散型整数)	Yes	No	No
Formatted string(格式化字符串)	No	No	No
String list(字符串列表)	Yes	No	No

许可值是用分号(;)隔开的一个或多个元素的列表。列表中最后一个数值之后可不用分号。以下为一实数列表：

12;24.5;1.23e-1

以下为一以文件名作为字符串列(String list)参数的许可值域的例子：

FluidProps1. data;FluidProps2. data;FluidProps7. data

(1) 实型(Real)和整型(Integer)参数

参数值可在上界(Upper bound)和下界(Lower bound)间任取。

(2) 实数离散型(Real discrete)和整数离散型(Integer discrete)参数

参数值可取声明的许可值(Possible values)域中任一值，缺省值(Default value)必须为许可值。

(3) 字符串列参数

字符串列参数的值只能在声明的许可值(Possible values)中选择。在执行阶段，不允许直接设定字符串列参数的值，而只可在许可值域中给期望的字符串赋予其索引。

(4) 格式化字符串参数

这是一个字符串，其中 AMEPilot 将会用其他参数的当前值来取代某些格式化元件。因此，在运行阶段，用户不能直接设置格式化字符串的值，AMEPilot 将会使用其他参数值设置格式化字符串。由于格式化字符串比其他类型的参数更为复杂一些，因此在 15.5.5 节“格式化字符串作为输入参数”中，将会专门讨论格式化字符串。

当要保存参数设置时，AMESim 将会自动执行检查。如果检测到参数设置错误，那么 AMESim 将会显示相关信息，如图 15.7 所示。

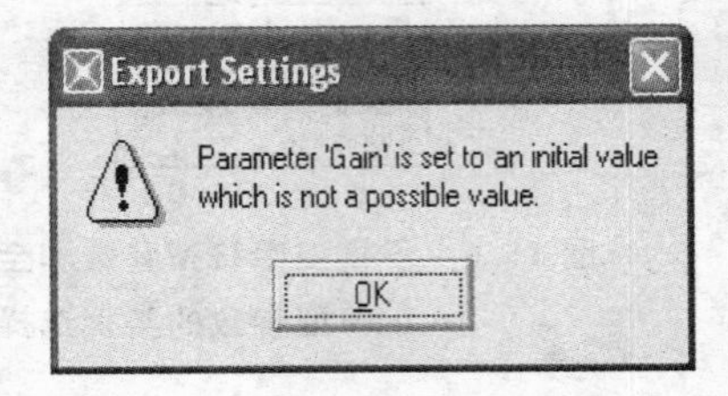

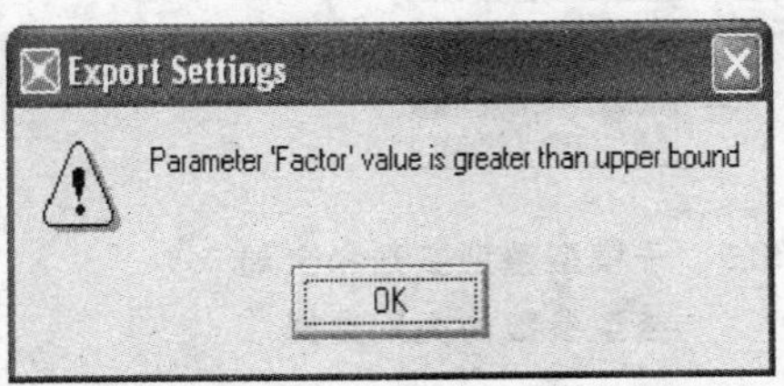

图 15.7 输入参数错误提示信息

注：只有当用户欲使用 AMESim 提供的直接接口或 AMESim 内嵌的设计探索功能时，离散型参数才有用。在其他情况下，导出模块并不使用离散型参数，但用户可使用提示信息来

填充离散型参数。

3. 只读域(Read-only fields)

当输入参数是一个子模型参数或者是一个全局参数时,某些信息将会被继承下来成为输入参数的只读域。当输入参数来源是子模型参数时,Submodel(子模型)域将由子模型名称和样本数构成,参数标题域将用于 AMESim Title(AMESim 标题)域。如果输入参数为一实数参数,则其单位将会复制到 Units(单位)域,如图 15.8 所示。

Submodel	AMESim Title	Export Name	Units	Default value	Type	Possible	Lower	Upper bound
pid.elect01 [GA00-1]	value of gain	mainDamper	null	500	Real		1	2000

图 15.8　输入参数为子模型参数

对于全局参数,处理情况类似,如图 15.9 所示。

Submodel	AMESim Title	Export Name	Units	Default value	Type	Possible	Lower bo	Upper bound
GLOBAL (GLOBAL)	myGlobalParam	GlobalParam	null	J	Real		-1e+06	1e+06

图 15.9　输入参数为全局参数

对于用户自定义型输入参数,子模型、AMESim 标题和单位三个域均为空白,如图 15.10 所示。

Submodel	AMESim Title	Export Name	Units	Default value	Type	Possible	Lower bo	Upper bound
		UserDefined		0	Real		-1e+006	1e+006

图 15.10　输入参数为用户自定义参数

15.5.4　向量作为输入参数

当子模型参数是向量时,向量的设置取决于用户所做的扩展选择。在所选择的输入参数页(Input Parameters tab)下,当拖放一个向量至其中时,如果 Expand vectors 选项被激活,则向量的各个分量均将在输入参数页显示出来,如图 15.11 所示;如果 Expand vectors 选项未被激活,则向量将以单个变量的形式在输入参数页显示,如图 15.12 所示。

Submodel	AMESim Title	Export Name
h2port [HL031-1]	pressure at internal node (1)	Press[1]
h2port [HL031-1]	pressure at internal node (2)	Press[2]
h2port [HL031-1]	pressure at internal node (3)	Press[3]
h2port [HL031-1]	pressure at internal node (4)	Press[4]
h2port [HL031-1]	pressure at internal node (5)	Press[5]
h2port [HL031-1]	pressure at internal node (6)	Press[6]

图 15.11　Expand vectors 选项激活时的显示

Submodel	AMESim Title	Export Name
h2port [HL031-1]	pressure at internal node	Press[1..6]

图 15.12　Expand vectors 选项未被激活时的显示

需要特别强调的是，输入参数不可能只有向量的某个分量。还需要注意的是，不管 Expand vectors 状态：

① 以通常方式改变向量的 Export Name（导出模块名）域，而不在导出名后添加任何类型的括号（此括号在用户确认后，由系统自动添加）。向量的所有分量的导出名将自动更新。

②以通常方式移除向量时（按下 Remove 按钮或按下键盘的 Del 键进行删除），向量的所有分量均将被移除。

对于向量作为输入参数时的其他域，操作情况与 Change Parameter 对话框、Contextual parameters 页或 Watch parameters 页相同。

若向量是在输入参数页中以分量展开形式显示，那么用户可以分别改变每一个分量。当向量在输入参数页中不是以展开方式显示时，此时若向量的分量被设置成不同的值，则此域将显示为 3 个问号“???”；若向量在输入参数页中不是以展开方式显示，此时若更改向量的某域值，则该值将会被系统自动赋予向量的每个分量。上述相应的操作如图 15.13 所示。

Submo	AMESim Title	Export Na	Units	Default
h2por...	pressure at internal node (1)	Press[1]	bar	0
h2por...	pressure at internal node (2)	Press[2]	bar	1
h2por...	pressure at internal node (3)	Press[3]	bar	2
h2por...	pressure at internal node (4)	Press[4]	bar	3
h2por...	pressure at internal node (5)	Press[5]	bar	4
h2por...	pressure at internal node (6)	Press[6]	bar	5

Submodel	AMESim Title	Export Name	Units	Default valu
h2port [H...	pressure at inter...	Press[1..6]	bar	???

Submodel	AMESim Title	Export Name	Units	Def.
h2port [HL...	pressure at internal node	Press[1..6]	bar	12

Submodel	AMESim Title	Export Name	Units	Del
h2port [HL031-1]	pressure at internal node (1)	Press[1]	bar	12
h2port [HL031-1]	pressure at internal node (2)	Press[2]	bar	12
h2port [HL031-1]	pressure at internal node (3)	Press[3]	bar	12
h2port [HL031-1]	pressure at internal node (4)	Press[4]	bar	12
h2port [HL031-1]	pressure at internal node (5)	Press[5]	bar	12
h2port [HL031-1]	pressure at internal node (6)	Press[6]	bar	12

图 15.13　更改向量的输入

15.5.5　格式化字符串作为输入参数

当格式化字符串作为输入参数时，其设置较其他类型的参数要复杂，因此需要本节对其进行专门叙述。在此首先给出一个简单的例子，如图 15.14 所示。

格式化字符串用于定义子模型的文本参数。在这种情况下，格式化字符串实际上是一个数据文件名。由 ${FluidIndex}定义的字符串是对 AMEPilot 的说明，名为 FluidIndex 的输入参数的当前值将被插入该字符串中。如果 FluidIndex 值为 8，那么文件命名为 fluid8. data。由于 FluidIndex 可在包括端点的 0～12 区间内取任意值，因此可定义 13 个不同的字符串。

Submodel	AMESim Title	Export N.	Un	Default value	Type	Possibl	Lower	Up
elementaryhydraulicprops [FP04-1]	name of file specifying...	DataFile		fluid${FluidIndex}.data	Formatted string			
		FluidInd...		C	Integer		0	12

图 15.14　格式化字符串的简单运用

以下是对格式化字符串的一般说明：

格式化字符串就是系统根据其他参数的值来改变文本的参数。它采用在运行时可被替换的格式化的单元。这些格式化的单元是由一个整型或实型输入参数结合“${}”共同构成的导出名，形如“${参数名}”。

运行时，凡是形如${参数名}的部分均将由参数名对应的参数值替代。

15.6　导出简单输出参数

以下介绍 Simple Output Parameter（简单输出参数）。如图 15.15 所示即为以列表形式给出简单输出参数的属性。

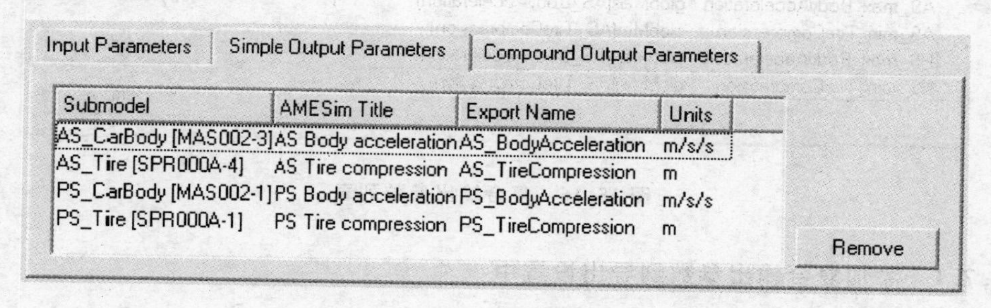

Submodel	AMESim Title	Export Name	Units
AS_CarBody [MAS002-3]	AS Body acceleration	AS_BodyAcceleration	m/s/s
AS_Tire [SPR000A-4]	AS Tire compression	AS_TireCompression	m
PS_CarBody [MAS002-1]	PS Body acceleration	PS_BodyAcceleration	m/s/s
PS_Tire [SPR000A-1]	PS Tire compression	PS_TireCompression	m

图 15.15　简单输出参数列表

15.6.1　在导出设置中添加简单输出参数

简单输出参数是与子模型变量对应的参数。在导出设置中添加一个简单输出参数，用户将得到一个对应于特定变量的最终值（仿真结束时刻的值）。

若用户对终值不感兴趣，但有时为了创建所需的 Compound Output Parameters（复合输出参数）（详见 15.7 节“复合输出参数”），则用户须添加相关的变量到简单输出列表中。

可参照下列步骤添加简单输出参数：

① 确保处于仿真（Simulation）模式；

② 如有必要，选择 Settings→Export Setup，以创建输出参数设置对话框；

③ 选择所关注的变量，并拖放至输出参数设置对话框。

这时在简单输出列表中将出现一新行。

15.6.2　在导出设置中删除简单输出

若要在简单输出参数设置中删除一参数，则在列表中选中该参数，单击 Remove 按钮或按下键盘上的 Del 键。

15.6.3 简单输出参数属性

一旦添加了简单输出参数到列表，就需要对参数的某些属性进行设置：

① 导出名。导出名的设置与输入参数设置输出名的方法相同。

② 只读域。显示在导出参数设置对话框中的简单输出列表里，子模型、AMESim 标题和单位 3 个域均为只读域。它们只和简单输出参数的来源有关。

15.7 复合输出参数

当选中复合输出参数标签时，复合输出参数以具有两个区域的列表形式显示，如图 15.16 所示。

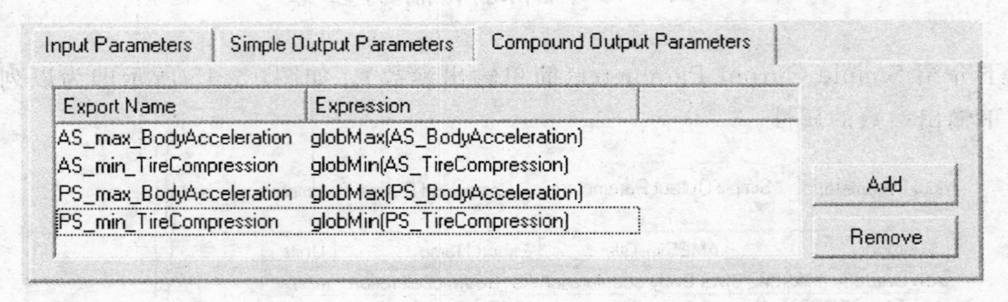

图 15.16 复合输出参数列表

15.7.1 添加复合输出参数到导出设置中

复合输出参数是由 AMEPilot 根据用户定义的表达式计算得到的。表达式可以是下列几种元素的任意有效组合：

① 简单输出参数；

② 输入参数；

③ 其他复合输出参数；

④ 简单的数学函数；

⑤ 特定导出函数。

简单的数学函数是指诸如 sin、exp、abs 等数学函数。

用户可以参照下列步骤添加新的复合输出参数：

① 选择 Parameter→Export Setup，弹出输出参数设置对话框；

② 确认复合输出函数页是激活状态；

③ 单击 Add 按钮。

这时输入列表中会出现一新行。

15.7.2 从导出设置中移除复合输出参数

若要在复合输出参数列表中移除一参数，须首先在列表中选中该参数，然后单击 Remove 按钮或按键盘上的 Del 键。

15.7.3 复合输出参数属性

在添加了复合输出参数后，需要对参数的某些属性进行设置。下面详细介绍定义复合输出参数的这些属性。

(1) 导出名

导出名与输入参数中的导出名相同。

(2) 表达式

AMEPilot 需要此属性用于计算复合输出值。

若要改变表达式，就要双击相应单元格，此时该单元格处于编辑状态，而后输入新表达式。编辑新表达式有以下两种方式：

① 如果表达式较为简单，则用户可以直接输入新表达式，回车后该新表达式生效；

② 单击待编辑单元格右端的...按钮，即可在弹出的表达式编辑器中编辑表达式。表达式编辑器针对导出设置有相应的增强功能，如图 15.17 所示。

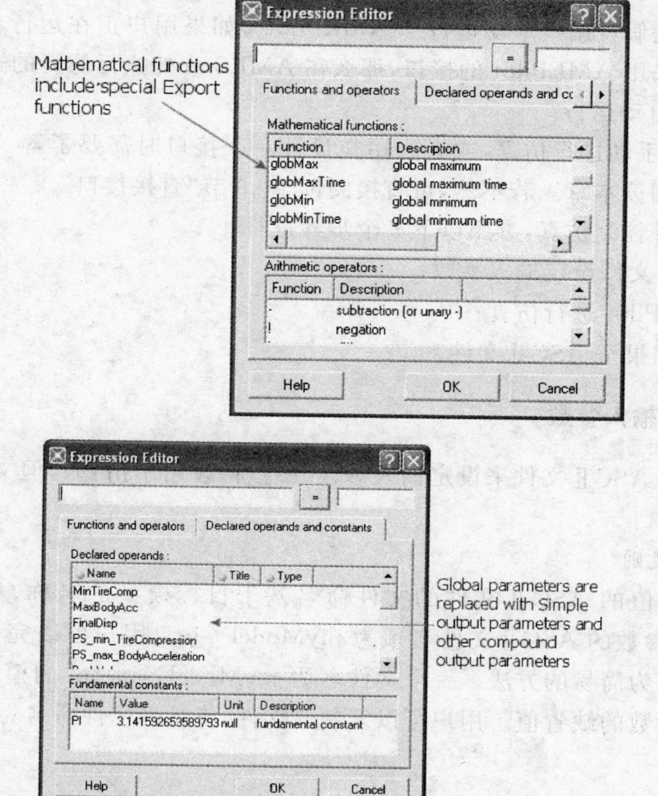

图 15.17 导出设置的特别表达式编辑式

15.7.4 表达式求值规则

在程序运行时，表达式求值有以下法则：

① 对于输入参数，所用的值即为仿真运算所用的数值(如自行设置的值或缺省值)；

② 对于简单输入参数，除非用户特别指定简单输入参数的值(例如使用 valueAt 函数指定输入参数值)，否则运行过程中将使用仿真最后时刻的相应变量的值；

③ 对于复合输出变量，运行过程将使用相应表达式的运算结果；

④ 对于某些特定函数，可以考虑某一变量在整个仿真过程中的所有计算值。如果一个复合输出参数使用了该类函数，那么该复合输出参数在每个仿真通信时刻都将进行计算。

在某些情况下，有时可能无法求解复合输出参数。此时，该复合输出参数的结果将被视为未定义，而使用到该复合输出参数值的其他复合输出参数的结果同样视为未定义。

最后还有一点须加以注意：表达式中的整形输入参数在运行过程中将被视为一个实型参数进行计算。

15.8 在 AMESim 外控制仿真

一旦用户将输入和输出导出至其他外部应用程序中，那么就可以在 AMESim 外控制仿真了。在本节中，总是假设用户手动运行了 AMEPilot。如果用户正在运行 AMESim 设计探索工具，或者使用了采用 AMEPilot 的接口，那么在 AMESim 外执行仿真的过程是类似的，只是 AMEPilot 将都会自动运行。

如果用户需要手动进行仿真，或者当用户设计一个接口时需要了解 AMEPilot 的具体运行过程，那么需要阅读本章。若不然，可直接阅读 15.9 节"直接接口"。

在 AMESim 外控制仿真，参照以下 3 个步骤进行：

①使用 ASCⅡ文件设定输入参数；

② 使用 AMEPilot 进行仿真；

③ 输出仿真结果至 ASCⅡ文件。

15.8.1 设置输入参数

用户可以使用 ASCⅡ文件来设定输入参数(参数将被用于仿真)，但文件名和格式必须遵守相关的基本规则。

1. 文件命名规则

设置输入参数值的 ASCⅡ文件的文件命名基于目标模型的名称。如果用户模型名为 myModel，则输入参数的 ASCⅡ文件名须为 myModel_. in。用户可以完全手工创建该文件，但也有另外一种更为简易的方法。一个文件名为 myModel_. in. tpl 的模板文件已经创建，该文件包含了输入参数的缺省值。用户可以复制该文件，将备份文件命名为 myModel_. in，而后编辑之。

2. 常见格式规则

并非所有的输入参数都必须包含在该文件中。换句话说，用户可以忽略某些参数。此时，被忽略的输入参数将被设为缺省值。

输入参数在文件中的次序没有限制。

3. 实数型输入参数

在输入文件中，对于每一个需要设置的实数型输入参数，均必须是一行。每行须以输入参数的导出模块名字作为行的起始，接下来加入一个或多个空格符，然后是欲设置的参数值。该参数值的格式用户可根据需要确定。因此，如果用户欲将一个名为 mainDampingRating 的输入参数的值设置为 12 000，则输入文件中，该参数的设置行可为如下格式：

mainDampingRating 12000

或

mainDampingRating 12000.00

或

mainDampingRating 1.2e4

对于向量参数，向量的每一个分量对应着单独一行。若一个向量的导出名为 internal-NodePressure，则每一行均以 inernalNodePressure[i]开始，其中 i 为向量分量的编号。举例来说：若一个名为 internalNodePressure 的向量是 3 维的，则用户须在输入文件中添加如下 3 行：

internalNodePressure[1] 1.0
internalNodePressure[2] 1.2
internalNodePressure[3] 1.4

4. 整数型输入参数

与实数型输入参数相同，在输入文件.in 中，对于每一个需要设置的整数型输入参数，均必须是一行。每行须以输入参数的导出模块名字作为行的起始，接下来加入一个或多个空格符，然后是欲设置的参数值。该参数值的格式用户可根据需要确定。因此，如果用户欲将一个名为 indexOfFluid 的输入参数的值设置为 2，则输入文件中，该参数的设置行可为如下格式：

indexOfFluid 2

或

indexOfFluid 0.2e1

5. 字符串列表

字符串列表输入参数的设置与前述几种参数的设置不同，用户不可在文件中直接设置参数值，而必须在可能字符串列表中指派所需字符串的索引标号。

若用户已定义了一个导出的输入参数为字符串列表，且该参数名为 fluidPropsFile；并且该参数所指代的是所使用的流体性质的文件，则用户必须设置如下可能值的列表（这些可能值实际上是可能文件的列表）：

waterProps.data；dieselProps.data；15W40.data.

如果用户在仿真中需使用柴油的流体属性，则须将下列行加入到输入文件中：

fluidPropsFile 2

6. 格式化字符串

格式化字符串不应出现在输入文件中。该类参数所使用的值是用其他输入参数值创建的。

15.8.2 运行仿真程序

执行仿真时，用户需要使用 AMESim 提供的可执行程序，其名字为 AMEPilot。

用户可通过在命令窗口调用该可执行程序，只需输入与用户模型名称相同的参数，不包含. ame 扩展名，但必须包含该模型所处位置的全路径：

AMEPilot ../myArea/myModel.

15.8.3 获取结果

1. 文件名规则

AMEPilot 用以存储输出参数值的文件的名称是基于目标模型的名称而定的，如果目标模型名为 myModel，那么输出文件就会命名为 myModel_. out。

2. 结果格式

每一个输出参数在输出文件中均有对应的一行。该行以输出参数的导出名为行的起始，其后是相应的参数值。

3. 输出模板文件

注意，当保存导出设置时将创建一个输入模板文件，同时也生成了输出模板文件。该文件与输出文件的名称相同，只是其扩展名变为. out. tpl。当用户使用的外部工具(例如优化工具 Optimization)需要这样一个模板时，这将是很方便的。

该文件存储的数值对于用户可能没有什么用途，但对于 AMESim 的某些接口软件，例如 MS Excel 接口，将会使用到这些数值。

15.9 直接接口

AMESim 提供了基于导出模块的某些商用软件工具的直接接口。使用该接口，这些软件工具可以执行仿真并得到仿真结果。本节将分别介绍适用于不同软件工具的直接接口。

在任何情况下，第一步总是要先对导出进行设置。

15.9.1 关于 iSIGHT 和 OPTIMUS 的接口

① 若已完成导出设置，则在 Export Parameters Setup 中勾选 Export Parameters Setup 复选框，此时可选择 Export format 下拉列表中的项目，如图 15.18 所示。

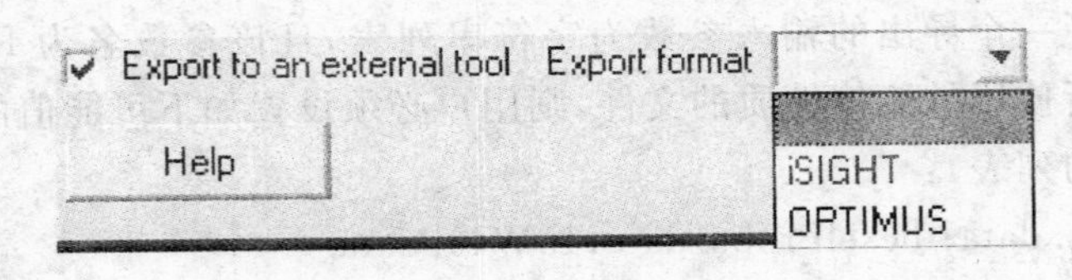

图 15.18 导出格式

② 选择用户想要使用的工具软件的名称。

③ 保存导出设置。

1. iSIGHT

当导出设置已保存时，AMESim 就会创建一个供 iSIGHT 直接读取的文件，该文件使用 MDOL 格式(详见 iSIGHT 手册)。如果模型名为 myModel，那么创建的文件名就是 myModel_. desc。

如要使用该文件，只需将该文件加载到 iSIGHT，而后即可按常规方式运行 iSIGHT。在 iSIGHT 中，用户可以用缺省值、上下界和输出恢复所有输入。

有一点需要注意：每次执行该操作时，myModel_. desc 文件都将被重写。在这种情况下，可能失去用户对设置的更改，因此，强烈建议用户在 iSIGHT 中作任何更改前，先保存描述文件。

2. OPTIMUS

当导出设置已保存时，AMESim 将调用一个 OPTIMUS 提供的可执行程序（须先确认在当前工作环境中可以访问到该可执行程序）。此时便生成了一个 OPTIMUS 文件，该文件可引导 AMESim 模型，并且能从中读取结果。该文件也可被加载到 OPTIMUS 中。该过程的详细情况，请参阅 OPTIMUS 用户手册。

15.9.2　AMESim/Visual Basic 接口

本节仅适用于那些具有使用 VB 编写子程序的基础，同时也具有一些使用 VB 编写应用程序技巧的 Windows 用户。

为了使用户具有一些接口功能的具体概念，用户可以先熟悉一个与 Excel 接口的例子。在 AMESim 菜单中调用路径如下：

Help→Get AMESim demo→Interfaces→AMESimVba

打开其中的 ExcelInterface. ame 系统，并照其指令执行。

Visual Basic for Applications（VBA）是一种用于定制和拓展 MS Office 应用程序的宏语言。AMESim/VBA 接口是由一系列 VBA 子程序构成的 VBA 模块。该 VBA 模块可以在任何可执行 VBA 的程序中运行。由此，用户可以在可运行 VBA 语言的应用程序中，通过运行 VBA 模块来运行 AMESim 仿真程序。

该 VBA 模块的名称为 AMEVbaInterface. bas。该 VBA 模块储存在“%AME%\scriptingVBA”目录下，此处的“%AME%”意为 AMESim 的安装目录。

该过程的执行原理相当简单，即 AMEVbaInterface. bas 模块调用若干个 VBA 子程序。这些子程序可用于：

① 从 AMESim 系统中获取参数（AMEVbaGetPar 子程序）；

② 修改参数（AMEVbaPutPar 子程序）；

③ 在一个 VB 应用程序中运行仿真（AMEVbaRun 子程序）；

④ 获取最终仿真结果（AMEVbaGetFinalRes 子程序）；

⑤ 获取仿真结果（AMEVbaGetRes 子程序）。

其典型应用是：由 Excel 代码使用这些子程序，以在 Excel 工作表中显示参数和运行结果，并可使用这些数据进行进一步的处理。

15.9.2.1　安装

安装需求如下：

① 一个含 AMEPilot 运行功能的权限许可文件；

② 一个可处理 VBA 模块的应用程序（Excel，Word，Visual Basic…）；

③ 一个已打开并已编译的 AMESim 系统。

第 1 步：将 amesim. xlt VBA 模块添加到已连接至 AMESim 系统的 VB 应用程序。

① 创建一个新的 VB 应用程序；

② 将 amesim. xlt 模块导入至该 VB 应用程序项目中。

经过以上两个步骤，amesim. xlt 模块已经导入至当前的 VB 应用程序中，并且该程序可用 AMESim 系统进行仿真。

第 2 步：用 amesim. xlt 模块创建 VB 应用程序的主体代码。

15.9.2.2 使用 AMEVbaInterface. bas VBA 模块

AMEVbaInterface. bas 模块包含 5 个子程序，这些子程序在 VB 应用程序均可调用。一个经验丰富的 VBA 开发人员可以对这 5 个子程序进行各种复合调用。AMEVbaInterface. bas 模块最通常的使用方法可以按以下 10 个步骤进行（用户可参考 AMESim 演示功能中的 ExcelInterface. asm 系统，对 AMEVbaInterface. bas 模块的使用方法进行深入了解）：

① 调用 AMEVbaGetPar 子程序。该子程序从 AMESim 系统中读取参数标题、参数值和变量标题，并将其放入 3 个表格中。参数和变量将从 AMESim 输入至 VBA 代码中。

② 在主代码中添加一过程，该过程可读取参数表和变量表，并在项目界面（如工作表单元格）中显示这些元素。该添加过程须由 VBA 开发人员完成。参数和变量将由 VBA 代码导入到项目界面中（如 Excel）。

③ 由该 VBA 模块的最终用户在项目界面中手工修改参数值（这些参数在上一个步骤已经编写好了）。

④ 读取由最终用户修改的参数，并将其放入 2 个临时表格（此表格的创建过程同步骤①）中。此步骤应由 VBA 开发人员完成。参数由项目界面导出至 VBA 代码中。

⑤ 调用 AMEVbaPutPar 子程序。该子程序读取在步骤④中填入的两个临时表格的内容（内含新参数标题和其值），而后将其放入一个 AMESim 数据文件中。该数据文件已连接到当前的 AMESim 系统。参数由 VBA 代码导出至 AMESim。

⑥ 调用 AMEVbaRun 子程序。该子程序读取由最终用户定义的参数，而后运行仿真，最后它将仿真结果写入 AMESim 结果文件。

⑦ 调用 AMEVbaGetFinalRes 子程序。该子程序读取仿真最终结果（参数标题和参数值），并将其放入 2 个最终结果表格。最终结果由 AMESim 导入至 VBA 代码中。

⑧ 在主体代码中添加一过程。该过程用于读取最终结果表格，并在项目界面中显示最终结果。此过程由 VBA 开发人员编写，最终结果由 VBA 代码导入项目界面。

⑨ 调用 AMEVbaGetRes 子程序。该子程序读取仿真结果（参数标题和参数值），并将其放入 2 个结果表格。结果值由 AMESim 导入至 VBA 代码中。

⑩ 在主体代码中添加一过程。该过程用于读取结果，并在项目界面中显示结果。该过程由 VBA 开发人员编写，结果由 VBA 代码导入项目界面。

15.9.2.3 在 amesim. xlt 中可用的子程序

1. AMEVbaGetPar 子程序

(1) 定 义

① 用于从 AMESim 系统中读取参数标题、参数值和变量的标题，并将它们存入 3 个表格中。

② 如要使用该子程序，所研究的参数和变量必须是在 AMESim 的 Export Setup 功能中

已经导出的参数和变量。

(2) 语　法

调用格式为 Call AMEVbaGetPar(system，inTitles，inValues，outTitles，subErr)或 AMEVbaGetPar system，inTitles，inValues，outTitles，subErr。

(3) 子程序参量

① system：为一字符串，其值为 AMESim 系统的完整路径和文件名(但不包括扩展名)。如果 system 参量是一错误的路径和名称，则将显示错误信息。

② inTitles：字符串类型阵列。该参量储存由 system 参量指定的 AMESim 系统导入的参数标题。该参量必须在主 VBA 代码调用 AMEVbaGetPar 之前声明。

③ inValues：双精度实型量阵列。该参量储存由 system 参量指定的 AMESim 系统导入的参量值。该参量必须在主 VBA 代码调用 AMEVbaGetPar 之前声明。

④ outTitles：字符串类型阵列。该参量储存由 system 参量指定的 AMESim 系统导入的变量标题。该参量必须在主 VBA 代码调用 AMEVbaGetPar 之前声明。

⑤ subErr(可选，缺省值为 0)：整数型量。它储存的是一个对应于调用 AMEVbaGetPar 的最终状态的标志。如果 subErr 为 0，则 AMEVbaGetPar 调用成功；如果 subErr 为 1，则 AMEVbaGetPar 调用失败。

2. AMEVbaPutPar 子程序

(1) 定　义

用于从两个相应表格中读取参数标题和参数值，并将其写入 AMESim 系统中。

(2) 语　法

调用格式为 Call AMEVbaPutPar(system，inTitles，inValues，subErr)或 AMEVbaPutPar system，inTitles，inValues，subErr。

(3) 子程序参量

① system：字符串型量，其值为 AMESim 系统的完整路径和文件名(但不包括扩展名)。如果 system 参量是一错误的系统路径或名称，则将显示错误信息。

② inTitles：字符串型阵列。该参量将写入参数标题至由 system 参量指定的 AMESim 系统。该参量必须在主 VBA 代码调用 AMEVbaPutPar 之前声明。

③ inValues：双精度实型量阵列。该参量将参数值写入由 system 参量指定的 AMESim 系统。该参量必须在主 VBA 代码调用 AMEVbaPutPar 之前声明。

④ subErr(可选，缺省值为 0)：整数型量。它储存的是一个对应于调用 AMEVbaPutPar 的最终结果的标志。如果 subErr 为 0，AMEVbaPutPar 调用成功；如果 subErr 为 1，则 AMEVbaPutPar 调用失败。

3. AMEVbaRun 子程序

(1) 定　义

用于读取储存在 AMESim 系统中的参数，运行仿真并生成仿真结果。

(2) 语　法

调用格式为 Call AMEVbaRun (system，subErr)或 AMEVbaRun system，subErr。

(3) 子程序参量

① system：字符串型量，其值为 AMESim 系统的完整路径和文件名(但不包括扩展名)。

如果 system 参量是一错误的系统路径和名称,则将显示错误信息。

② subErr(可选,缺省值为 0):整数型量。它储存的是一个对应于调用 AMEVbaRun 的最终结果的标志。如果 subErr 为 0,则 AMEVbaRun 调用成功;如果 subErr 为 1,则 AMEVbaRun 调用失败。

4. AMEVbaGetFinalRes 子程序

(1) 定 义

用于从 AMESim 系统中读取仿真最终结果的标题及量值,并将它们存入最终结果表格中。

(2) 语 法

调用格式为 Call AMEVbaGetFinalRes(system, outTitles, outValues, subErr)或 AMEVbaGetFinalRes system, outTitles, outValues, subErr。

(3) 子程序参量

① system:字符串型量,其值为 AMESim 系统的完整路径和文件名(但不包括扩展名)。如果 system 参量是一错误的系统路径和名称,则将显示错误信息。

② outTitles:字符串型阵列。该参量储存由 system 参量指定的 AMESim 系统导入的最终结果的标题。该参量必须在主 VBA 代码调用 AMEVbaGetFinalRes 之前声明。

③ outValues:双精度实型阵列。该参量储存由 system 参量指定的 AMESim 系统导入的最终结果值。该参量必须在主 VBA 代码调用 AMEVbaGetFinalRes 之前声明。

④ subErr(可选,缺省值为 0):整数型量。它储存的是一个对应于调用 AMEVbaGetFinalRes 的最终结果的标志。如果 subErr 为 0,AMEVbaGetFinalRes 调用成功;如果 subErr 为 1,则 AMEVbaGetFinalRes 调用失败。

5. AMEVbaGetRes 子程序

(1) 定 义

用于从 AMESim 系统中读取标题和结果,并将它们存入结果表格中。

(2) 语 法

调用格式为 Call AMEVbaGetRes(system, outTitles, outValues, subErr)或 AMEVbaGetRes system, outTitles, outValues, subErr。

(3) 子程序参量

① system:字符串型,其值为 AMESim 系统的完整路径和文件名(但不包括扩展名)。如果 system 参量是一错误的系统路径和名称,则将显示错误信息。

② outTitles:字符串型阵列。该参量储存由 system 参量指定的 AMESim 系统导入的结果标题。该参量必须在主 VBA 代码调用 AMEVbaGetRes 之前声明。

③ outValues:双精度实型阵列。该参量储存由 system 参量指定的 AMESim 系统导入的结果值。该参量必须在主 VBA 代码调用 AMEVbaGetRes 之前声明。

④ subErr(可选,缺省值为 0):整数型量。它储存的是一个对应于调用 AMEVbaGetRes 的最终结果的标志。如果 subErr 为 0,则 AMEVbaGetRes 调用成功;如果 subErr 为 1,则 AMEVbaGetRes 调用失败。

第 16 章　AMESim 设计探索模块

16.1　简　介

AMESim 的设计探索(Design exploration)模块为用户开发自己的设计空间提供了一系列技术。

设计探索的第 1 步是选择输入（AMESim 模型参数）和用户所关注的输出（AMESim 模型变量）。

AMESim 中提供的技术是这一领域最普遍使用的。本章将会介绍如何使用这些 AMESim 所提供的技术。当然在此不能给出设计探索技术的完全详细的理论介绍，但有许多关于这一内容的优秀的教科书。

注：如果使用多处理器计算机，请参考 5.3 节“并行处理设置”。

16.2　术　语

在导出工具中，使用的术语是输入和输出。这些是有用的一般术语，但在不同的设计探索领域，会采用不同的术语。表 16.1 是不同领域使用的术语对比。

表 16.1　不同领域使用的术语对比

	输入	输出
试验设计	控制或因素	响应
优化	输入	输出
蒙特卡罗	控制	响应

16.3　主要功能

主要功能分为 3 类：试验设计(DOE)、优化设计、蒙特卡罗方法。

16.3.1　试验设计(DOE)

DOE(Design Of Exploration)是一种结构化方法，它允许用户在下列两项之间确定其关系：

① 因素（一个过程的输入，如 AMESim 模型参数）；

② 响应（一个过程的输出，如 AMESim 模型变量，不管是否经过后处理）。

在本节中采用下述定义：

① 参数的序号是 N。

② 参数的阶层是一整套该用于某参数的数值。

用户必须在过程的开始定义参数阶层。

AMESim 提供了 3 种 DOE 方法 ：参数研究、全因素、中心复合。

1. 参数研究

(1) 单向性

这是最简单的 DOE 方法。用户可以为每一个参数设定所需的阶层数。AMESim 首次运行仿真将会为每个参数使用第 1 个阶层，即名义参数组，然后的每次运行仿真只为名义参数组中的一个参数改变赋值。按需要运行足够多次仿真后，将能测试到每一个参数阶层。

没有与此相关的特殊的后处理。

(2) 全组合

此方法针对每一种参数层次的组合均运行一次仿真。

(3) 用户设置

此工具允许用户根据仿真关注的工作点定义所有的参数设置。

看如下例子：a 和 b 作为 DOE 参数，其中 a 的层次为(a0，a1，a2)，b 的层次为(b0，b1)。下列的仿真参数将根据所选择的 DOE 方法的类型而定：

① 单向性时仿真参数为(a0，b0)、(a0，b1)、(a1，b0)、(a2，b0)。

② 全组合时仿真参数为(a0，b0)、(a1，b0)、(a2，b0)、(a0，b1)、(a1，b1)、(a2，b1)。

③ 用户设置时仿真参数为(a0，b0)、(a1，b1)。

DOE 定义界面如图 16.1 所示。

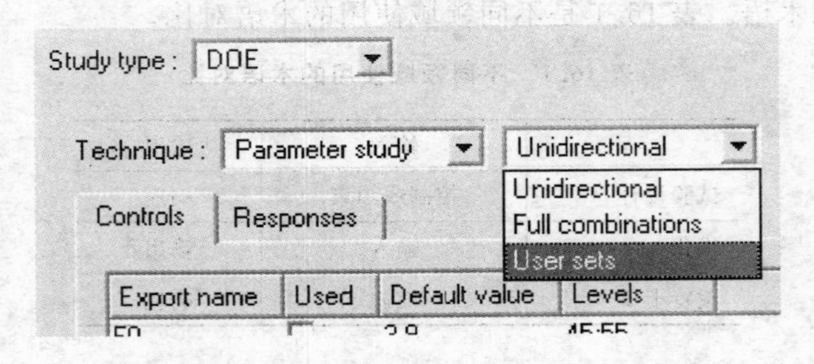

图 16.1 带有用户设置的 DOE 定义

为了说明图 16.1 界面中的选项，请看图 16.2 所示的控制设置。

Export name	Used	Default value	Levels
controlDuration	☑	0.001	0.0009;0.0011;0.0012
railPressure	☑	1000	900;1100

图 16.2 控制设置

选择单向时，将作以下运行：

运行 1　　时间＝0，0009　压力＝900

运行 2　　时间＝0，0011　压力＝900

运行 3　　时间＝0，0012　压力＝900

运行 4　时间＝0,0009　压力＝1100

选择全组合时，将作以下运行：

运行 1　时间＝0,0009　压力＝900

运行 2　时间＝0,0009　压力＝1100

运行 3　时间＝0,0011　压力＝900

运行 4　时间＝0,0011　压力＝1100

运行 5　时间＝0,0012　压力＝900

运行 6　时间＝0,0012　压力＝1100

选择用户自定义时，将得到以下结果：

运行 1　时间＝0,009　压力＝900

运行 2　时间＝0,0011　压力＝1100

2. 全因素

AMESim 提供的全因素 DOE 中，每个参数被限制为 2 个层次。参数的每种组合均需要完成一次仿真，意味着需要运行 2^N 次仿真。

全因素方法允许 AMESim 计算每个因素或者每组因素的主要效果。与其相关的特殊绘图有：Pareto 图、主效果图、交互作用图。

所有的这些后处理在 AMESim 中均有提供，且在 16.8 节“设计探索绘图对话框”中进行说明。

3. 中心复合

中心复合可被视为全析因方法外加一些附加的运行，定义 5 个阶层：高层(high level)、低层(low level)、中央层(central level)、高星层(high star level)、低星层(low star level)。

低层和高层用来运行与全因素相同序列的仿真。其他阶层用于运行 $2\times N+1$ 次附加的仿真。

该方法的主要目的要获得一个二次响应曲面模型。

16.3.2　优化设计

优化是指在不违反某些约束的前提下为达到给定目标而进行的寻找参数最佳值的过程。在 AMESim 中，目标总是使某量尽可能地接近零。

在 AMESim 中提供了两种优化算法：NLPQL 和遗传算法。

1. NLPQL

NLPQL 是顺序二次规划(SQP)法的实现。SQP 是一种基于采用目标函数和约束的梯度来解决非线性优化问题的标准方法。在下述条件下该方法非常适用：

① 问题不是太大。

② 函数和梯度可以足够高的精度计算。

③ 问题是平滑的并且容易改变尺度。

因为 NLPQL 使用梯度的概念，所以离散参数不能用这种方法。该方法的特点之一就是，它一旦找到一个局部最小量寻优即停止，因此，获得的结果很大程度上取决于为这种算法给定的初始值。

2. 遗传算法

遗传算法(GA) 是在基于计算机的达尔文自然淘汰理论的一种延伸。在这种算法中，一个个体代表一套参数值。

AMESim GA 的描述：

① GA 的第一步是随机地生成一个种群。

② 最好的个体被保留，其他个体将从种群中淘汰，取而代之的是这些个体的“子代”。子代是在最好的个体中随机地选择两个“父代”而获得的，并且选择接近于父代的参数。

③ 个体也会变异，它们的特性（参数值)可通过加入摄动进行改变。

④ 在好几世代之后，个体将收敛至一个或数个最佳解。

16.3.3 蒙特卡罗方法

在蒙特卡罗方法中，可为每个参数指派一个与标准偏差(或幅值)相关的统计分布。每一次仿真运行，AMESim 会随机地选择一套参数值，即 AMESim 能使得选择服从参数的统计设定。

AMESim 提供了一些工具，用于进行响应的统计分析（统计动差和柱状图)。

16.4 主要原则

在 AMESim 设计探索工具中，引进了 study(研究)的概念。这里一个研究是一套输入和输出，这套输入输出与一个名字、一种设计探索方法及其属性相关联。

在同一类别中，一个研究的名字必须是独一无二的。

可以同时定义并且储存多个研究。可以运行想要的任何一个研究，但是两个研究不能够同时运行。

所有的研究可以包括在由导出设置中选择的输入和输出参数的子集或整个集合。

在执行阶段，AMESim 进行一系列运行操作，如为每一次运行改变模型的参数并读取结果完成后处理。对于每次运行(或仅为一个子集)，模型的输入和输出参数值储存在一个日志文件中。

在进行这一序列的仿真过程中，AMESim 只是临时地改变模型参数的值，因此不会丢失任何在 AMESim 参数模式中为模型设置的参数值。如果此后再进行一次标准仿真，则在参数模式下设置参数值仍将被使用。

16.5 设计探索对话框

16.5.1 打开设计探索对话框

用户必须在仿真模式下方可打开设计探索对话框，可以通过单击设计探索按钮或选择菜单 Analysis→Design Exploration 来实现。设计探索对话框如图 16.3 所示。

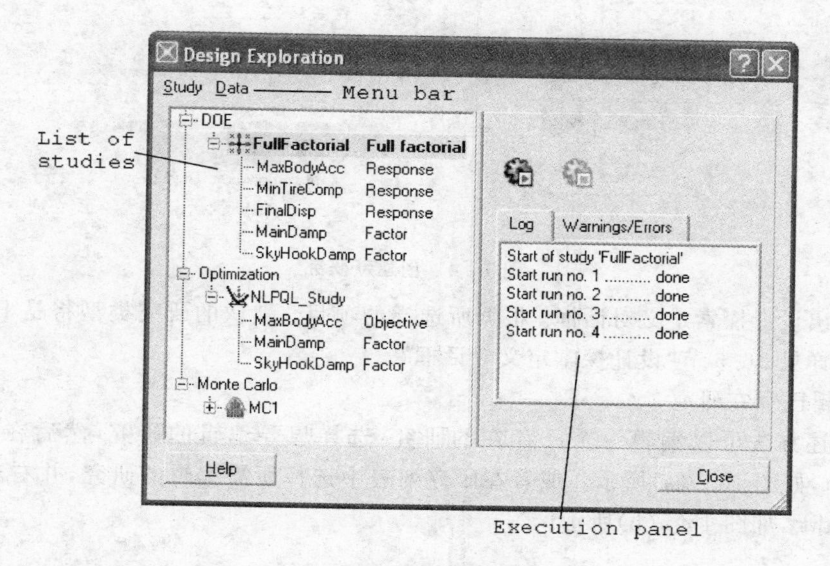

图 16.3 设计探索对话框

16.5.2 研究的列表

对话框的左边显示所有已定义的研究列表,并按研究类型分类。

为了显示或掩藏与某一类型对应的项目列表,可以展开或者折叠对应于研究类型的项目。如果展开一个研究项目(单击研究名称附近的"+"符号),包含在该研究中的一组输入和输出列表将显示出来;如果折叠该研究项目,则该列表就隐藏起来。

16.5.3 执行面板

在执行面板上,可以单击按钮开始已激活的研究,单击停止当前正在运行的研究,并通过日志和警告信息来观察执行的情况。

(1) Log(日志)

日志分页中显示关于研究执行的通用信息。

(2) Warnings(警告)

警告分页中显示:

① 已经执行完的仿真的次数。

② 关于模型仿真或研究处理的警告信息。

③ 关于模型仿真或研究处理的出错信息。

16.5.4 执行设计探索

1. 研究管理

(1) 创建研究

按照下述方法可以创建一个新的研究:选择菜单 Study→New,如图 16.4(a)所示。或者在研究列表中右击 DOE 或 Optimization(优化),或 MonteCarlo(蒙特卡罗)选项,并在菜单中选择 New Study,如图 16.4(b)所示。

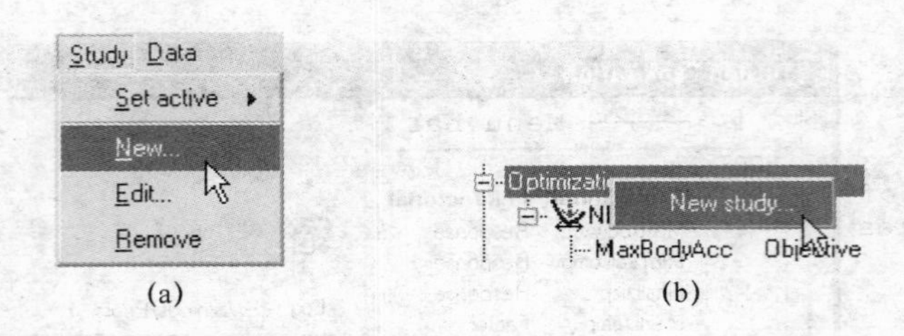

(a)　　　(b)

图 16.4　创建新研究

此时弹出设计探索定义对话框。根据所选择的项目，默认的研究类型将是 DOE、优化或蒙特卡罗。详见 16.6 节“设计探索定义对话框”。

(2) 编辑已存在研究

按照下述方法可以编辑一个已存在的研究：选择想要编辑的研究，然后在菜单中选择 Study→Edit，如图 16.5(a)所示。或者在研究列表中选择所需编辑的研究，并右击，然后在菜单中选择 Edit ，如图 16.5(b)所示。

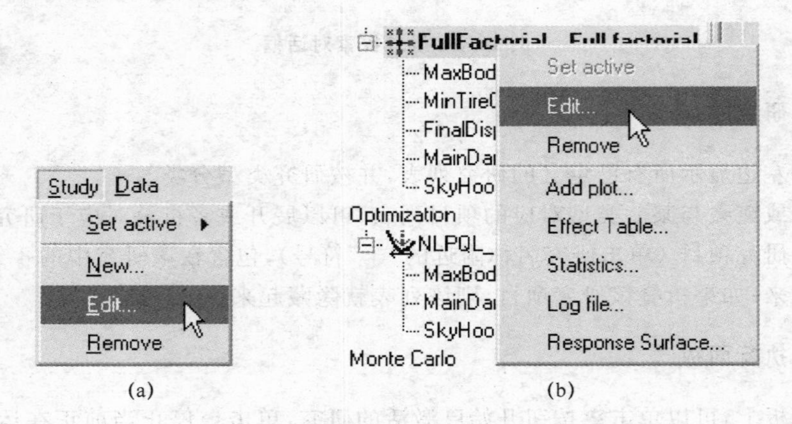

(a)　　　(b)

图 16.5　编辑研究

当需要改变研究的设置时，可使用这一个操作，此操作将同时打开设计探索定义对话框。此时可改变除研究类型外的任何项。如果欲编辑的研究正在运行，则设计探索定义对话框以只读模式打开。详见 16.6 节“设计探索定义对话框”。

(3) 移除研究

按照下述主方法可移除一个研究：选择想要移除的研究，并在菜单中选择 Study→Remove，如图 16.6(a)所示。或者在研究目录中找出想要移除的研究并右击之，选择菜单中的 Remove，如图 16.6(b)所示。

注：不可移除已经在运行的研究。

(4) 设定当前的研究

当前的研究是以粗体显示的研究，如图 16.7 所示。单击 Start(开始)按钮，开始此研究。

有两种方法可以改变当前的研究：

① 选择 Study→Set active，将会出现一份子菜单。子菜单上每一研究都有对应的一个项，当前的研究前用钩号标示出，如图 16.8 所示。

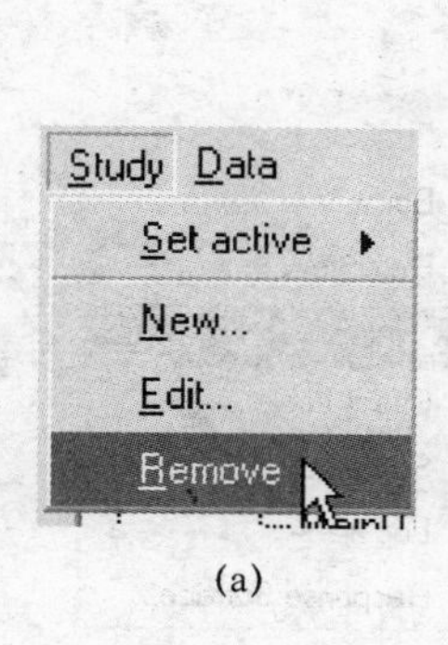

(a)

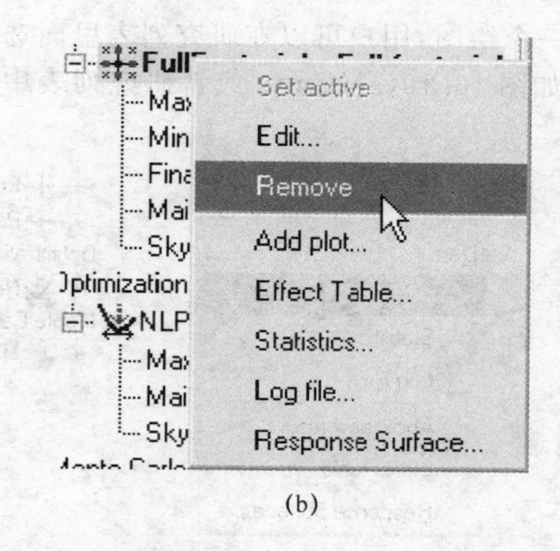

(b)

图 16.6　移除研究

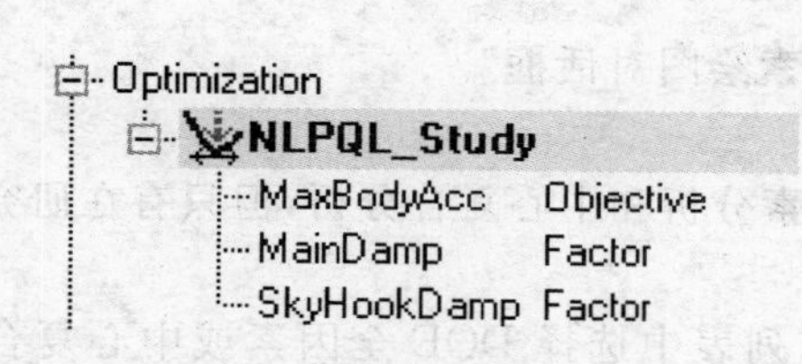

图 16.7　当前研究以粗体显示

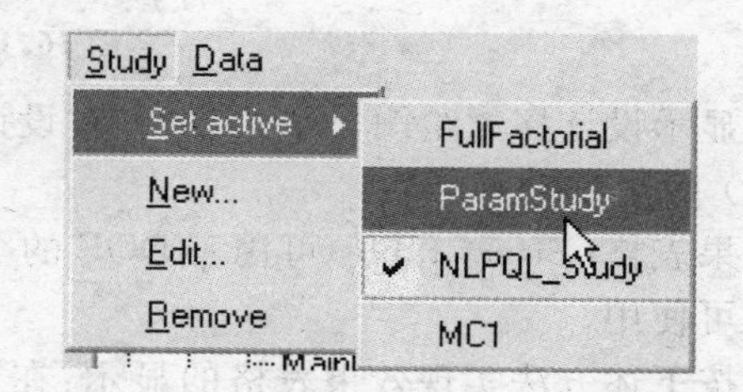

16.8　在当前的研究上的右击菜单

如果选择另一个研究名称，它将变成新的当前研究。

② 右击需要的研究并从弹出的菜单上选择 Set active，如图 16.9 所示。

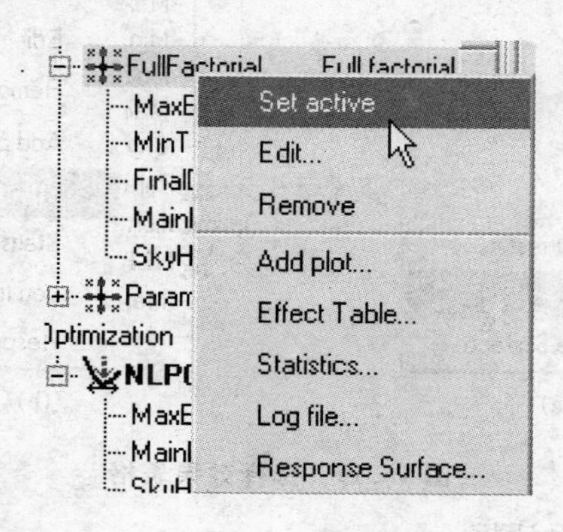

图 16.9　激活研究

注：正在运行的研究是不能改变的。

2. 后处理

(1) 添加绘图

当一个研究尚在进行中时，是可以创建普通的 AMESim 图形的。该功能在设置了图形自动更新情况下显得更为有用，因为这样可以观察到研究的演变。

除此之外，还可以特别为 Design exploration（设计探索）创建一个专用的绘图，可用的绘图类型取决于研究的类型。

要想添加一个绘图，用户可以在研究列表里面选择研究选项，然后在菜单选项中选择 Data→Add plot，如图 16.10(a)所示。或者研究列表中右击，然后在菜单中选择 Add plot，如图 16.10(b)所示。

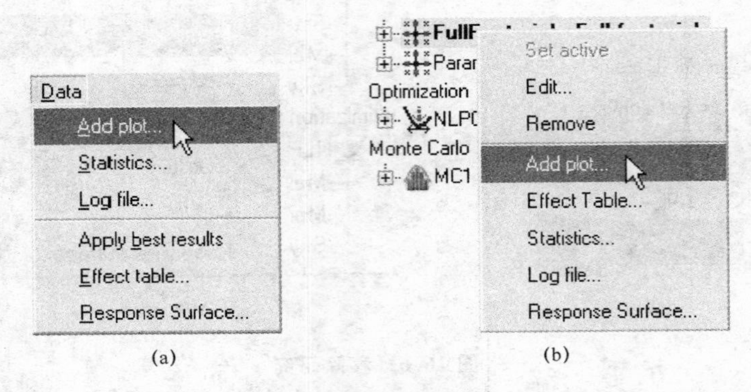

图 16.10 添加绘图

此时将显示设计探索绘图，详见 16.8 节“设计探索绘图对话框”。

(2) 效果表格

效果表格(Effect table)可用于 DOE 的全因素分析和中心复合分析，但只有在研究执行完毕后才可使用。

可按下述方法实现效果表格的显示：在研究列表中选择 DOE 全因素或中心复合研究选项，然后再选择 Data→Effect table，如图 16.11(a)所示。或者在研究列表中右击 DOE 全因素或中心复合研究选项，然后在菜单中选择 Effect Table，如图 16.11(b)所示。

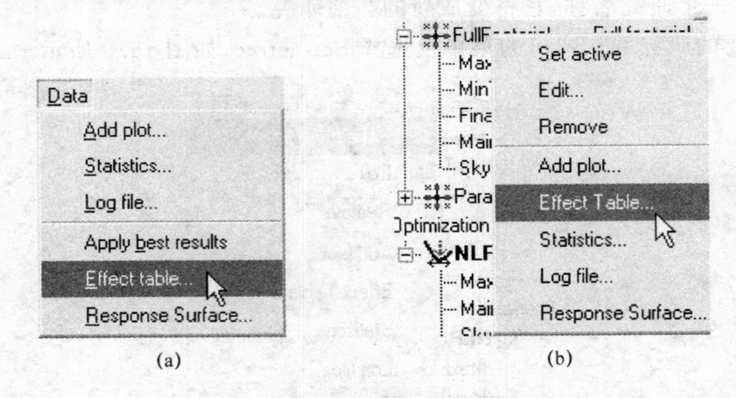

图 16.11 选择效果表格

此时将弹出图 16.12 所示的对话框。

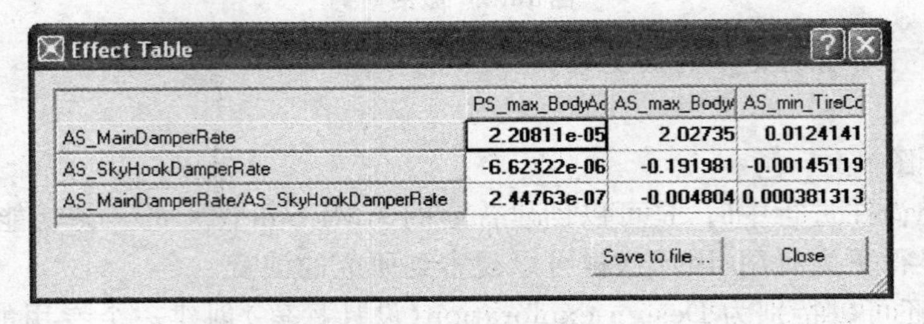

	PS_max_BodyAc	AS_max_Body/	AS_min_TireCc
AS_MainDamperRate	2.20811e-05	2.02735	0.0124141
AS_SkyHookDamperRate	-6.62322e-06	-0.191981	-0.00145119
AS_MainDamperRate/AS_SkyHookDamperRate	2.44763e-07	-0.004804	0.000381313

图 16.12 效果表格

它显示了每个(或每对)输入变化对每个输出产生的平均作用效果。按 Save to file 按钮，可以将该窗口的内容保存为 ASCII 代码文件。

(3) 统　计

按下述方法可显示统计数值表格：在研究列表中选择研究选项，并在菜单中选择 Data→Statistics，如图 16.13(a)所示。或者在研究列表中右击研究选项，并在菜单中选择 Statistics，如图 16.13(b)所示。

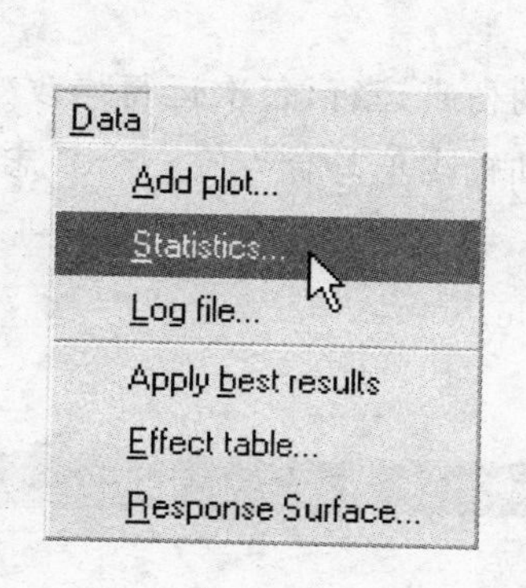

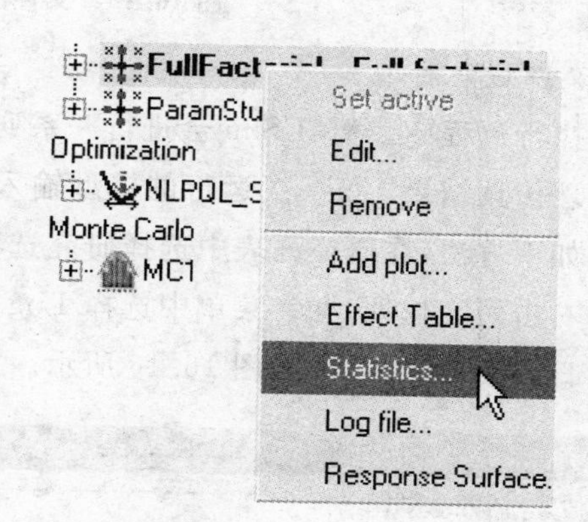

图 16.13　选择统计

此时将弹出图 16.14 所示的对话框。

Statistics

	Mean Value	Std Deviation	Skewness	Kurtosis
MainDamp	1000	500	0	-2
SkyHookDamp	1000	500	0	-2
MaxBodyAcc	9.2984	2.03594	.00144048	-1.9646
MinTireComp	0.00320289	0.0125035	0.0211416	-1.94314
FinalDisp	.48355e-005	0.000151758	1.15127	0.669305

Save to file ...　　Close

图 16.14　统计表格

针对每一个输入该对话框给相应的输入和输出提供了均值、标准偏差、偏斜度和峰态。对于任意的变量 X，得到这些结果的公式是：

$$\text{Mean Value}=\frac{1}{N}\sum_{l=1}^{N}X_i=\mu$$

$$\text{Std Deviation}=\sqrt{\frac{\sum_{l=1}^{N}(X_i-\mu)^2}{N}}=\sigma$$

$$\text{Skewness}=\frac{1}{N\sigma^3}\sum_{l=1}^{N}(X_i-\mu)^3$$

$$\text{Kurtosis}=\frac{1}{\sigma^4}\sum_{l=1}^{N}(X_i-\mu)^4-3$$

按 Save to file 按钮，可以将结果保存到一个 ASCII 文件，该文件的内容如图 16.15 所示。

```
              ;Mean Value            ;Std Deviation        ;Skewness             ;Kurtosis              ;
MainDamp      ;1.00000000000000e+003 ;5.00000000000000e+002 ;0.00000000000000e+000 ;-2.00000000000000e+000 ;
SkyHookDamp   ;1.00000000000000e+003 ;5.00000000000000e+002 ;0.00000000000000e+000 ;-2.00000000000000e+000 ;
MaxBodyAcc    ;9.29839819695238e+000 ;2.03594470930657e+000 ;1.44047941299695e-003 ;-1.96460343348359e+000 ;
MinTireComp   ;3.20288866728379e-003 ;1.25034871583670e-002 ;2.11415530981282e-002 ;-1.94313692834020e+000 ;
FinalDisp     ;9.48355221997304e-005 ;1.51757609575163e-004 ;1.15126912710261e+000 ;-6.69305358045404e-001 ;
```

图 16.15　文件的内容

(4) 日志文件观察器

在研究的执行过程中，AMESim 会进行一系列的仿真运行，每次运行均改变模型参数并且读取和后处理仿真结果。每一次运行的模型输入和输出值均储存在一个日志文件中，欲显示该文件可按如下方法：在研究列表中选择研究选项，并在菜单中选择 Data→Log file。或者在研究列表中右击研究选项，并在菜单中选择 Log file。

此时弹出日志文件观察器，如图 16.16 所示。

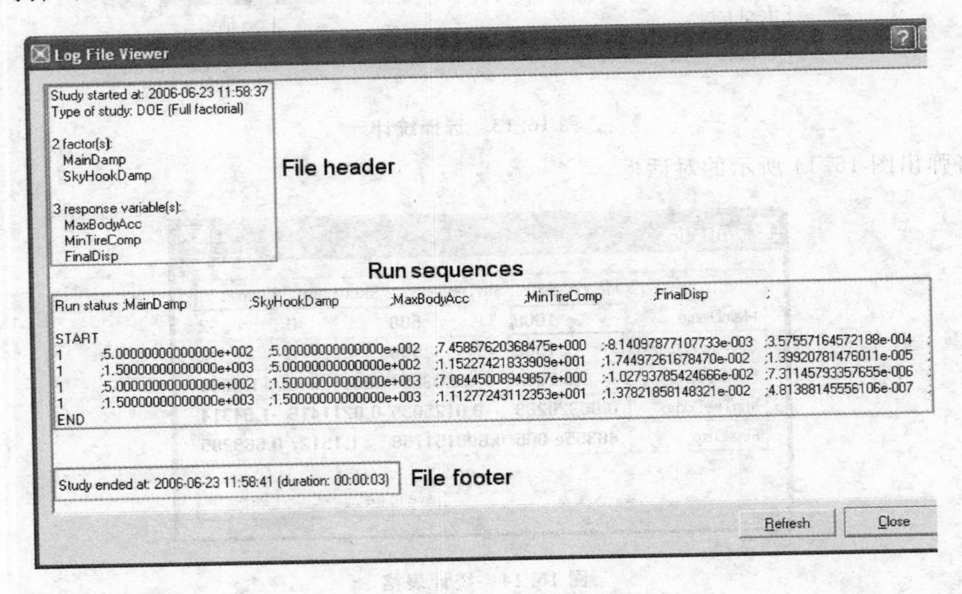

图 16.16　日志文件观察器

文件内容取决于研究所采用的方法，但保持着相同的结构：

① 文件头部给出了相应研究的输入和输出列表，同时也会纪录下研究的类型，并给出开始研究的日期。

② 运行序列为：每行均包含用于运行的输入和相应的输出，在每行的开始，有一个字符表示运行的状态，其含义是 0 表示运行失败，1 表示运行成功，b 表示运行成功并且是所有运行中的最佳结果（只用于基因算法）。

③ 文件尾部给出关于研究运行的一般信息。如果研究未完成，则会在此显示出错信息。如果研究是一个优化分析并且成功地运行，则文件尾部也将包含所获得的最佳结果，如图 16.17 所示。

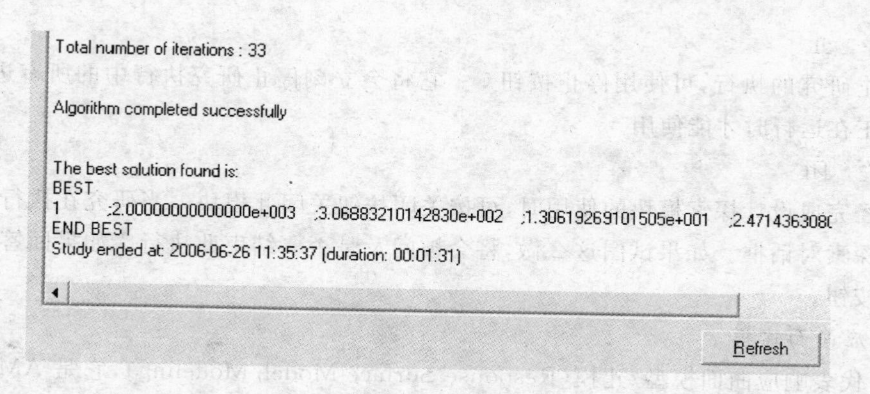

图 16.17 最佳结果

对于 NLPQL 优化研究，并不是所有的运行都会储存在该文件中。在这种情况下，一行对应着一次迭代。

(5) 最佳结果

优化分析的目的就是确定使模型达到给定目标的最佳参数。用于研究的参数设定不能自动地应用到 AMESim 模型中。如果回到参数模式中，将会发现参数并没有改变。

在优化研究中，有时需要将在该研究中找到的"最佳"参数应用到模型中。以下便是两种实现方法：

① 在研究列表中选择研究选项，并在菜单中选择 Data→Apply best results，如图 16.18(a)所示。

② 在研究列表中右击优化研究选项，并从菜单上选择 Apply best results，如图 16.18(b)所示。

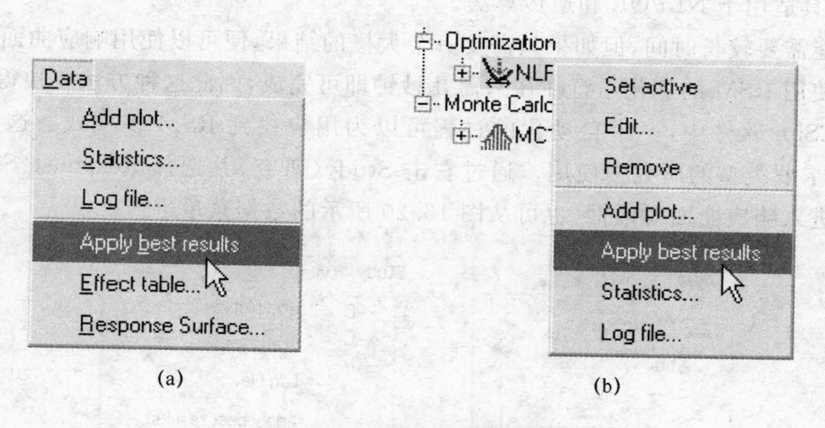

图 16.18 选择应用最佳结果

注意，这只对优化研究可用。另外在使用这一个操作之前，必须已经成功地完成一项研究。只有研究中的有关参数才可以应用到系统中。

3. 执 行

(1) 开 始

按开始按钮 可以开始执行一项研究。它开始的是当前研究，即以粗体字显示的研究。

一次只能开始执行一项研究，当一项研究正在被处理时，开始按钮是不能使用的。

(2) 停　止

欲停止研究的执行，可使用停止按钮。它将会立刻停止研究执行中的所有进程。这只有当仿真正在运行时才能使用。

(3) 关　闭

当已经完成设计探索模块的使用时，可按关闭按钮关闭此模块。当研究在执行中时，不能关闭设计探索对话框。如果试图这么做，将会被问及是否要结束此执行。如果回答是，就如同按了停止按钮。

4. 响应曲面建模

RSM 代表响应曲面模型/建模(Response Surface Model/Modeling)，它是 AMESim 系统或子系统的一个简单的数学模型。该模型可以用来粗略估计 factor(因素)的响应。当选择 Optimization(优化)作为研究类型时，可以看到 RSM 工具栏，如图 16.19 所示。

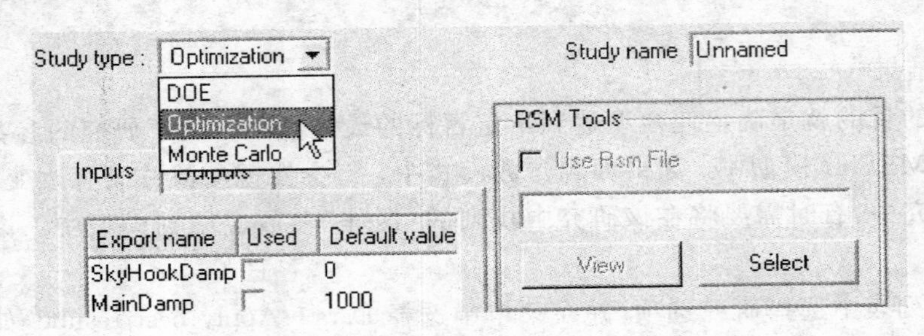

图 16.19　RSM 工具栏

(1) 用响应面模型来工作

RSM 工具适用于 NLPQL 和遗传算法。

优化可能需要较长时间，但如果只需要一个大概的结果，便可以使用响应曲面模型来执行计算。一个使用 RSM 的优化运行往往只需几秒钟即可完成，因此这种方法要快得多。

在 AMESim 软件中，一个自动化的过程可以为用户找到 RSM 多项式。这一功能可在 DOE 和蒙特卡罗类型的研究中使用。通过右击 Study(研究)并选择 Response Surface(响应曲面)，便可进入响应曲面对话框，也可从图 16.20 所示的数据菜单进入。

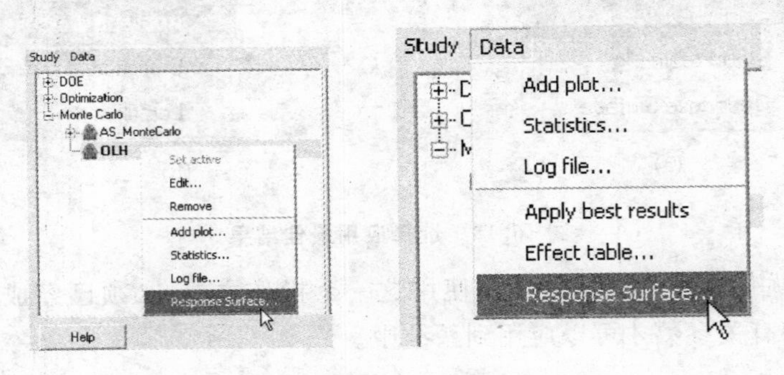

图 16.20　由数据菜单选择响应曲面

若按上述选择，则会出现图 16.21 所示的对话框。可在对话框中选择响应曲面阶数，即响应曲面多项式模型的阶数。

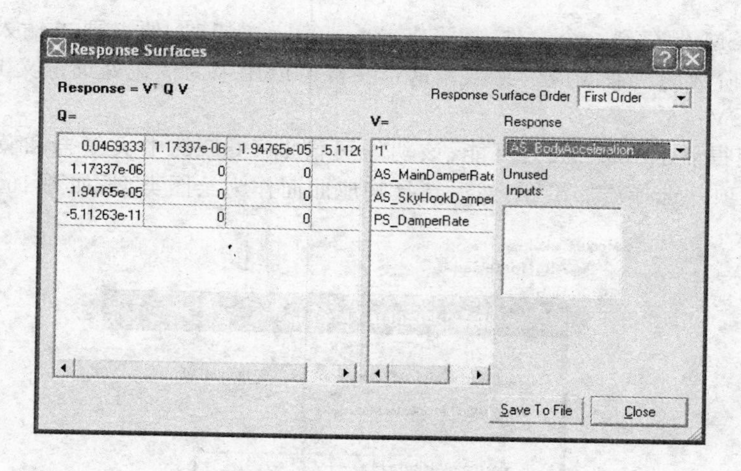

图 16.21　响应曲面对话框

根据为 RSM 所选择的阶数，结果会以两种方式显示：

① 阶数>2：

- 给出多项式(Q)的系数；
- $V=[1, v1, v2, \cdots, vp, v1^2, v1 * v2, \cdots]$；
- 响应≌$Q^T V$。

② 阶数≤2：

- $V=[1, v1, v2, \cdots, vp]$；
- 响应≌$V^T Q V$。

可以从中选择用户感兴趣的响应，所显示的系数用于计算选定的响应。

当阶数大于 2 时，必须在图 16.22 所示的对话框中输入所需阶数。

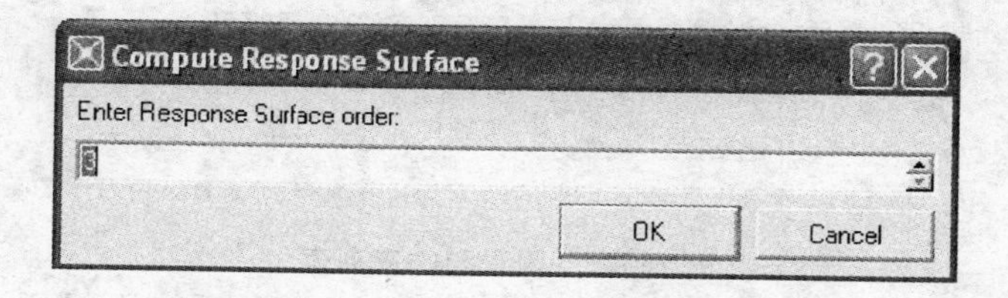

图 16.22　计算响应曲面对话框

注：阶数是没有限制的，但是样本数量必须足够大才能支持相应的计算，否则将被告之所选择的阶数过高而不能运行，如图 16.23 所示。

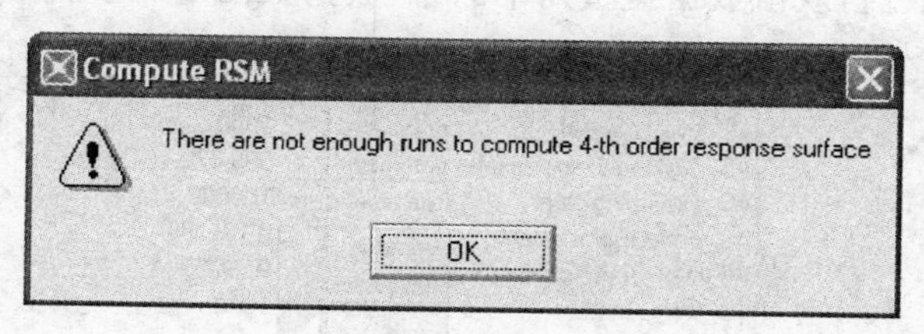

图 16.23　阶数过高报错信息

用户可将 RSM 保存到一个文件，按下 Save to File 按钮时，便会要求输入文件名。此文件包含当前选择阶数的所有响应的系数。这个文件可以用来为优化处理定义 RSM。

(2) 绘制 RSM

AMESim 使得显示 RSM 成为可能，该功能可借助 DOE 的中央复合和蒙特卡罗研究实现。右击研究选项并选择添加绘图，然后选择响应曲面作为绘图类型，如图 16.24 所示。

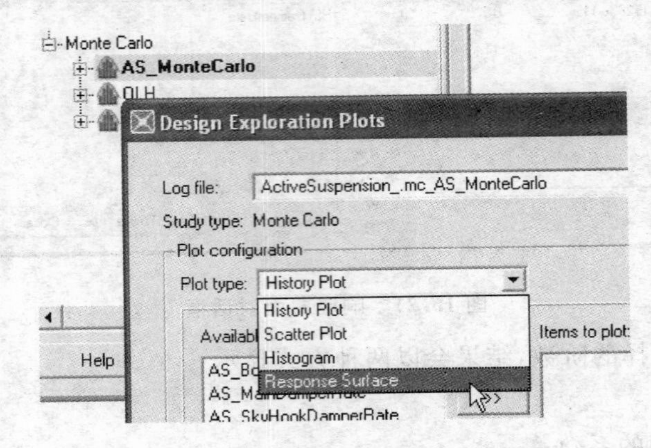

图 16.24　响应曲面绘图类型

此时将显示图 16.25 所示的因素和响应列表。

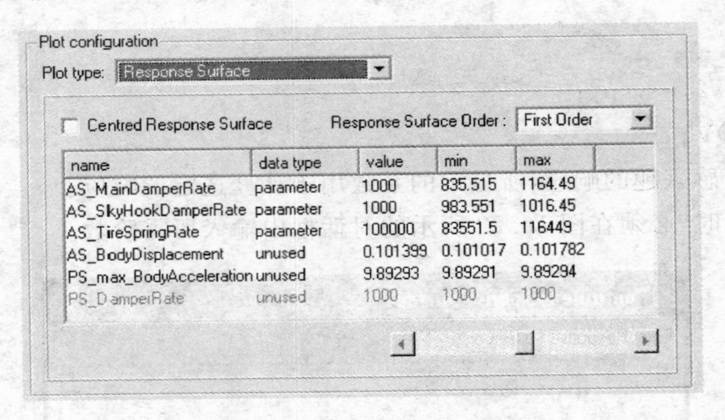

name	data type	value	min	max
AS_MainDamperRate	parameter	1000	835.515	1164.49
AS_SkyHookDamperRate	parameter	1000	983.551	1016.45
AS_TireSpringRate	parameter	100000	83551.5	116449
AS_BodyDisplacement	unused	0.101399	0.101017	0.101782
PS_max_BodyAcceleration	unused	9.89293	9.89291	9.89294
PS_DamperRate	unused	1000	1000	1000

图 16.25　因素和响应列表

将要得到的绘图是一张 3D 绘图。该图显示的是 Z 轴的数值相对 X 和 Y 轴数值的变化，可将 Z 轴的数值看作响应，而另外两个轴的数值看作变量。

(3) 构建绘图

选择想要显示的数值，双击数据类型列中的每一行，如图 16.26 所示。

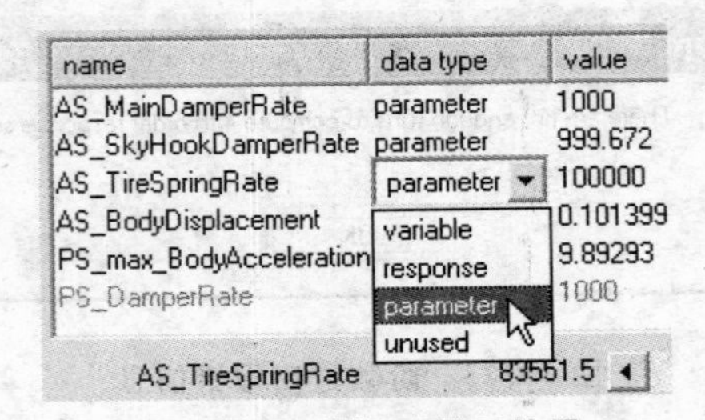

name	data type	value
AS_MainDamperRate	parameter	1000
AS_SkyHookDamperRate	parameter	999.672
AS_TireSpringRate	parameter	100000
AS_BodyDisplacement		0.101399
PS_max_BodyAcceleration		9.89293
PS_DamperRate		1000

图 16.26　选择要显示的量

针对每一行,还应做下列选择之一:

① 变量,将显示在 X 轴或 Y 轴上;

② 响应,将显示在 Z 轴上;

③ 参数,用于计算 RSM。用于当前显示的数值,即为数值列所对应的每一特定值。

④ 未用过的,此值在 RSM 计算中不会被忽略,但其作用未在绘图中显示。

研究中的因素及响应均可以被设置为图形的变量、响应或参数。还可以选择响应曲面的阶数,如图 16.27 所示。

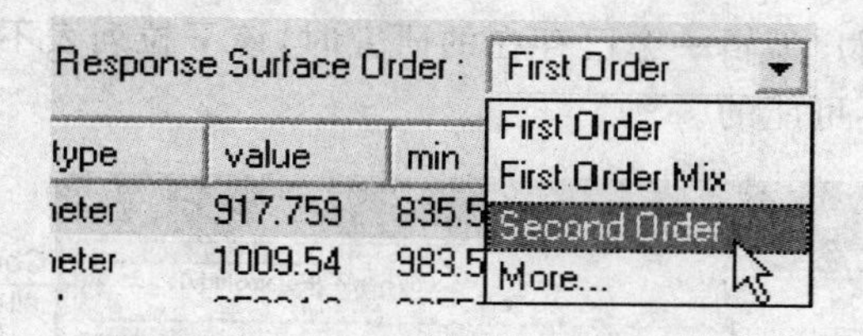

图 16.27　设置响应曲面阶数

正确设置所有的内容后,单击 Update(更新)即可显示图 16.28 所示的绘图。

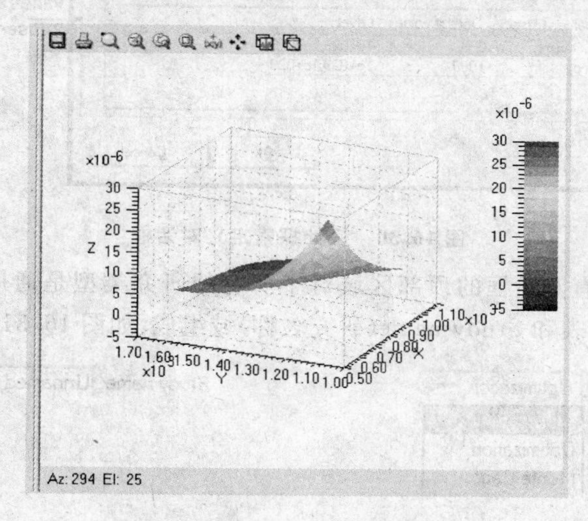

图 16.28　RSM 绘图

单击更新按钮,还可以改变 RSM 的阶数或当前响应或变量。

为了使得参数的影响可视化,可选择相应的线条并移动窗口底部的滑块。用户还可通过编辑相应的单元来定义每个参数或变量的范围。

用户也可通过单击 Save to File(保存到文件)按纽把当前显示的 RSM 保存到文件。

Centred Response Surface(置中响应曲面)复选框说明的是所有的运行是否具有同样的权重。如果勾选,运行的变量及参数值越接近“中心”值,它们得到的影响越大。当光标精确地对在中间时,如图 16.29 所示,变量和参数的值即为所描述的“中心”值。

图 16.29　变量和参数的“中心”值

16.6　设计探索定义对话框

16.6.1　简　介

用户可以使用图 16.30 所示的设计探索定义对话框创建或编辑一个新的研究(参见 16.5.4 节"创建研究"和"编辑已存在研究")。该对话框的界面能根据用户所选择的下拉列表中不同的研究类型而变化。当用户编辑一个已存在的研究时,该下拉列表不可用,因为此时改变一个已存在的研究的类别是不可能的。

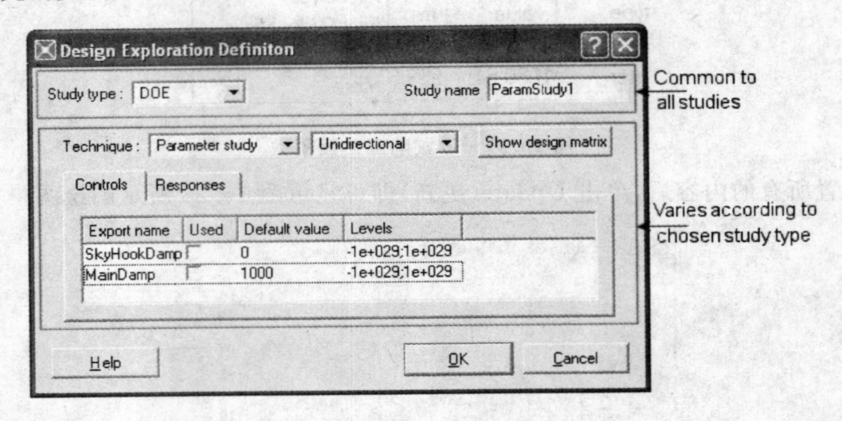

图 16.30　设计探索定义对话框

在该对话框中,只有对话框的顶部区域对于所有的研究类型是通用的。该区域由 Study type(研究类型)下拉列表和 Study name(研究名称)域组成,如图 16.31 所示。

图 16.31　所有研究的公共区域

16.6.2　DOE

如果选择 DOE 研究类型,则用户将看到图 16.32 所示的对话框。

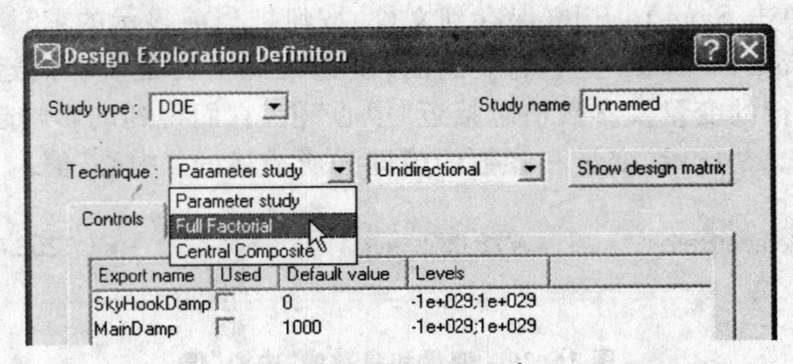

图 16.32　DOE 研究

无论选择的技术方式是何种类型，依赖于研究类型的部分包含：

① 设定技术方式的下拉式列表。

② Show design matrix 按钮，用于根据当前设定显示已安排好的运行顺序。

③ 两个分页：

● Controls 页，列表显示可声明作为控制量的输入；

● Responses 页，列表显示可声明作为响应量的输出。

这几项中，只有 Controls 分页的列表取决于用户选定的技术方式。

Technique 下拉列表允许用户设定 DOE 的技术方式。具体有以下 3 种技术方式可以选择：

① Parameter study（参数研究）；

② Full factorial（全析因）；

③ Central composite（中心复合）。

当用户选择了某一技术方式时，控制列表将根据用户的选择作相应的改变。

当用户单击了 Show design matrix 按钮时，将弹出一个对话框，来根据当前设定显示已安排好的运行顺序。图 16.33 所示对话框显示了一个为 Full factorial 研究安排的运行。

用户可以选择显示每一次运行指派给输入的实际值，也可以选择显示表示阶层的代码。这些代码取决于所选择的技术方式。勾选 Show values 复选框可实现两种显示模式的切换。

Responses 标签显示导出设置中所有可用输出参数的列表，如图 16.34 所示。这些输出参数可以是简单输出参数或者是复合输出参数。

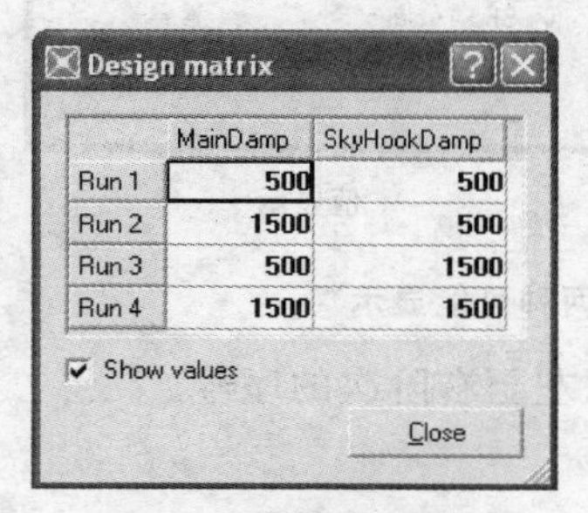

图 16.33 设计因素表

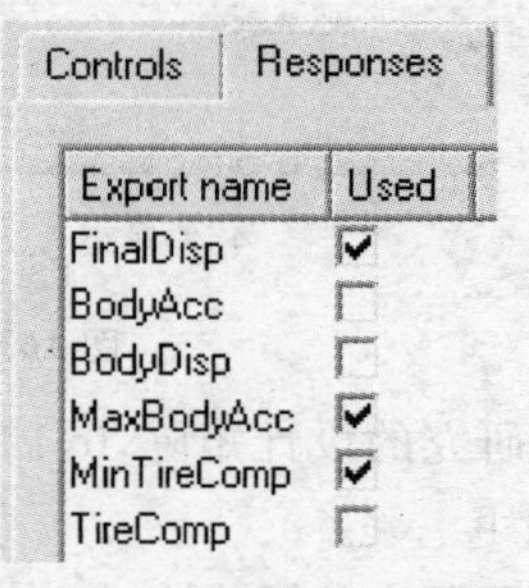

图 16.34 响应标签

该列表由两列组成：第一列包含在导出设置中用户赋予参数的名称（该列为只读）；第二列为一列复选框，只有勾选了复选框才认为该项已被选为响应。这些响应将被存储在日志文件中，并可用于后处理。

尽管该页的内容受限于用户选择的技术方式，还是有些单元对于所有的技术方式都是通用的。对于所有的技术方式，该分页均由两列构成：第一列包含用户在导出设置中指派给参数的名称；第二列包含一列复选框。复选框选中，表示相应的输入参数作为一个因素。

注：缺省值列中所包含的数值，是当某一输入不作为因素时赋予的值（如果相应的复选框未选中）。

(1) 参数研究

针对参数研究技术方式所显示的输入列表如图 16.35 所示。

在 Levels 列中定义的值将被用为因素的阶层。

Export name	Used	Default value	Levels
SkyHookDamp	☑	100	4500;5500;6000
MainDamp	☑	1000	4500;5500;5800;6000

图 16.35 输入列表——针对参数研究技术方式

① 在此输入可能的因素阶层，各阶层间使用一个分号“;”隔开。

② 如要改变该列表，双击相应单元格，并键入新的值。

该列表必须由与导出参数设置相兼容的值组成。例如：只有当实数型输入时为一数值，而离散型输入时其值来源于可能参数列表，等等。

图 16.36 给出的是对应于单方向参数研究的设计矩阵的例子。以图中可以看出，设计矩阵有两种可能的显示。

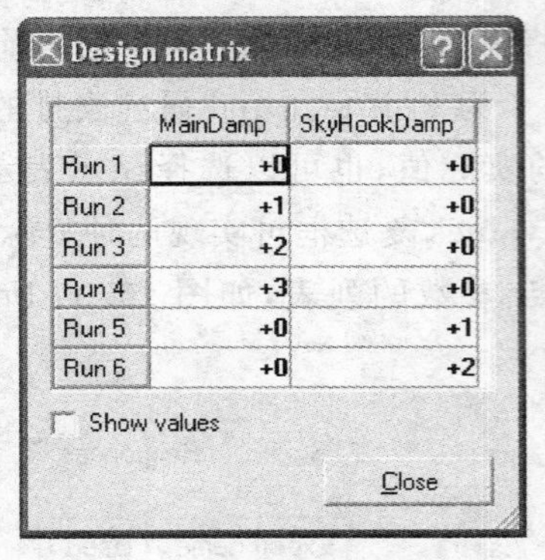

Design matrix

	MainDamp	SkyHookDamp
Run 1	+0	+0
Run 2	+1	+0
Run 3	+2	+0
Run 4	+3	+0
Run 5	+0	+1
Run 6	+0	+2

Show values

Close

代码显示

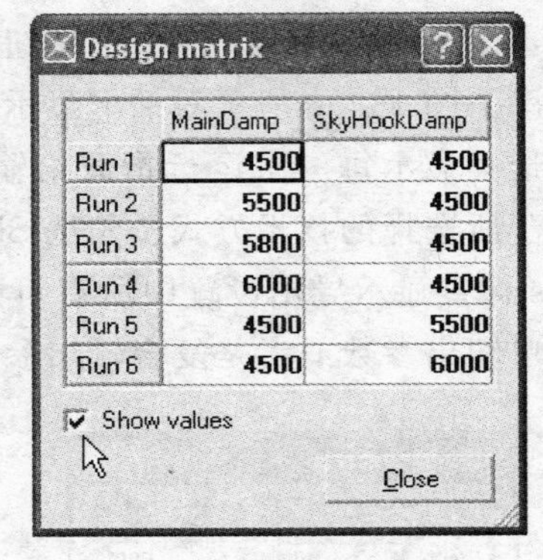

Design matrix

	MainDamp	SkyHookDamp
Run 1	4500	4500
Run 2	5500	4500
Run 3	5800	4500
Run 4	6000	4500
Run 5	4500	5500
Run 6	4500	6000

☑ Show values

Close

值显示

图 16.36 设计矩阵的两种可能显示

对于参数研究的设计矩阵，0，1，2，3……代表从左至右阶次的序号。

(2) 全析因

针对全析因研究的技术方式所显示的输入列表如图 16.37 所示。

Export name	Used	Default value	Low level	High level
SkyHookDamp	☑	0	500	1500
MainDamp	☑	1000	500	1500

图 16.37 输入列表——针对全析因研究的技术方式

相对于标准的输入列表，该输入列表通常多出两个属性列：低阶层和高阶层。

改变这些值的具体方法取决于赋予它的参数类型。若为离散型参数，则：

① 双击相应的单元格，弹出一箭头。

② 单击该箭头，弹出下拉列表，给出参数的可能数值。

选择用户想要设置的数值。

对于其他类型的参数，用户可按通常方式编辑。

图 16.38 所示为一个与 Full Factorial 技术相应的设计矩阵的例子。

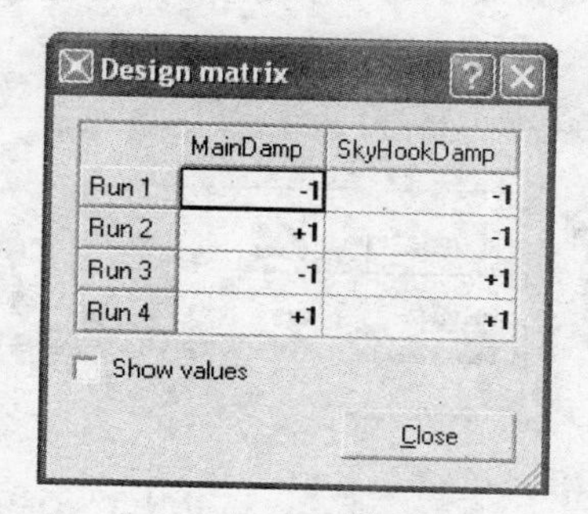

Design matrix

	MainDamp	SkyHookDamp
Run 1	-1	-1
Run 2	+1	-1
Run 3	-1	+1
Run 4	+1	+1

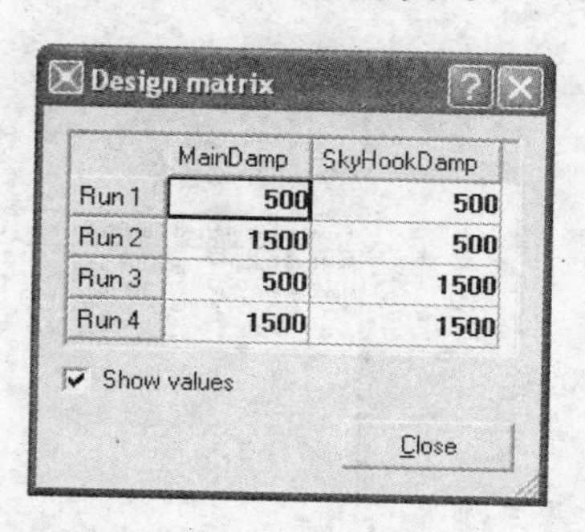

Design matrix

	MainDamp	SkyHookDamp
Run 1	500	500
Run 2	1500	500
Run 3	500	1500
Run 4	1500	1500

图 16.38　全因素设计矩阵

对于 Full FactorialDOE 的设计矩阵，有两种可能的显示方式：

"－1"表示低阶层，"＋1"表示高阶层。

(3) 中心复合

相对于 Full factorial 型 DOE，Central composite 型 DOE 又增加了 3 个属性列。它们分别用于显示低星层、高星层和中间层，如图 16.39 所示。

Controls　Responses

Export name	Used	Default value	Low star level	Low level	Center	High level	High star level
SkyHookDamp	✔	100	50	100	150	200	250
MainDamp	✔	100	50	100	150	200	250

图 16.39　中心复合设计

数值的编辑方法与 Full factorial 型 DOE 的相同。

在设计矩阵过程中，各阶层与代码的对应关系是：－2 代表低星层，－1 代表低阶层，0 代表中间层，1 代表高阶层，2 代表高星层。

图 16.40 所示为一具有双输入的设计矩阵实例。

Design matrix

	MainDamp	SkyHookDamp
Run 1	-1	-1
Run 2	+1	-1
Run 3	-1	+1
Run 4	+1	+1
Run 5	+0	+0
Run 6	-2	+0
Run 7	+2	+0
Run 8	+0	-2
Run 9	+0	+2

Show values　Close

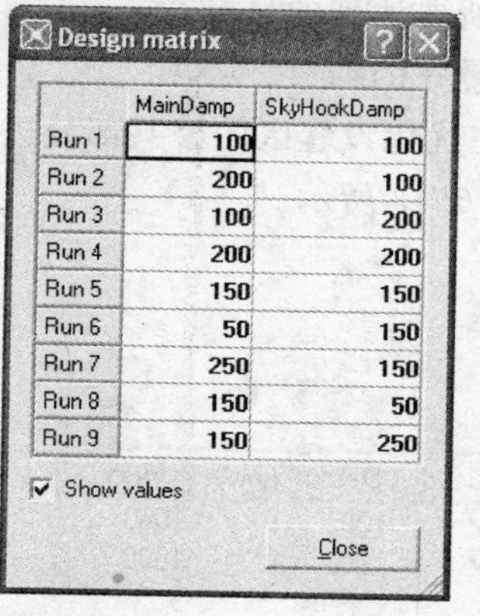

Design matrix

	MainDamp	SkyHookDamp
Run 1	100	100
Run 2	200	100
Run 3	100	200
Run 4	200	200
Run 5	150	150
Run 6	50	150
Run 7	250	150
Run 8	150	50
Run 9	150	250

图 16.40　设计矩阵

16.6.3 优 化

图 16.41 所示的设计探索定义对话框对应于研究类型是优化的情形。

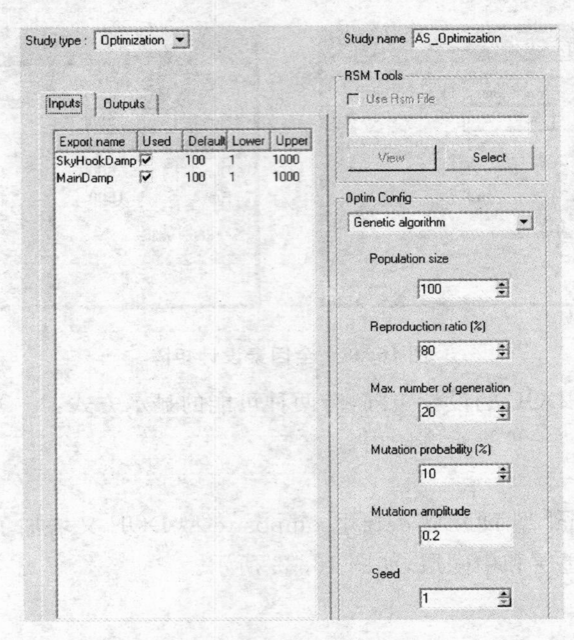

图 16.41 针对优化类型的设计探索定义

优化的定义分为 3 部分：

① 对于所有的优化研究均是相同的，它涉及优化问题的定义；

② 与 RSM 工具相关；

③ 关于解决优化问题的技术方式。

1. 优化问题的定义

要定义一个优化问题，用户须：

① 指定输入参数；

② 设置这些参数值的许可范围；

③ 指定优化所要达到的目标；

④ 指定需要遵守的约束。

这些工作须在优化设置区的公共部分进行。公共部分是由输入和输出两个选项组成的，如图 16.42 和图 16.43 所示。

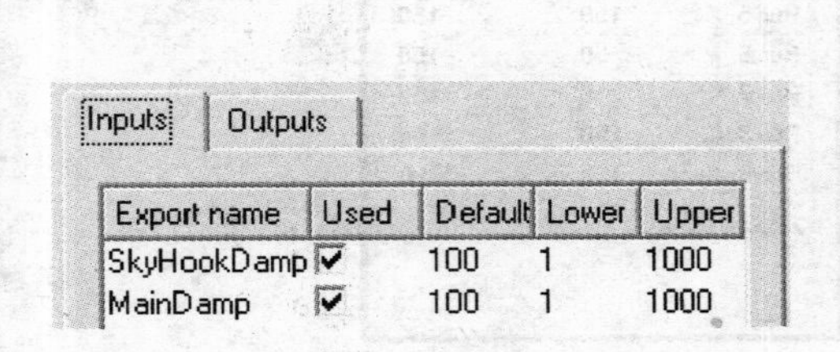

图 16.42 输入列表

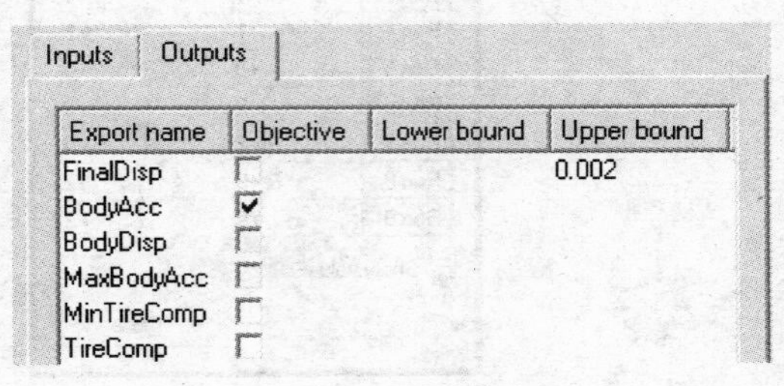

图 16.43 输出列表

对于两个列表，第 1 列均为用户在导出设置中指派给每个参数的名称。

(1) 输入选项

对于在优化过程中需要用到的输入参数(需要变化的参数)，可以选中 Used 列中相应的复选框。当选择了 NLPQL 技术时，对于离散型参数，复选框将会变灰，表示不可选择。如果需要使用离散参数，那么用户须使用遗传算法。

当未选定复选框时，输入参数的值在优化过程中保持不变。该值就是 Default value(图中显示为 Default)列中指定的值。Lower bound 列和 Upper bound(图中显示为 Lower 和 Upper)列中的参数可以忽略不计。

对于其他类型的参数，其值在 Lower 列和 Upper 列中指定的上限和下限之间变动。

对于 NLPQL 算法，用户必须为所有使用到的输入参数指定起始值。在这种情况下，缺省值将作为起始值，缺省值在 GA 优化中被忽略。

(2) 输出选项

在 Objective 列中被选中的输出参数将作为目标。优化算法将求出所有目标输出参数的绝对值之和，并使该绝对值之和最小。使用 Lower bound 和 Upper bound 列，用户可以对某些输出参数值添加限制。

注：在设置限制时不必勾选复选框。

图 16.43 所示的例子是将 BodyAcc 的绝对值最小化，同时保持 FinalDisp 小于 0.002。如果一个输出参数达到优化目标，且优化后其值在用户设定的限制之内，则输出参数将储存在日志文件中。

如果用户已完成优化的公共部分的种种设定，则会有两种解决问题的优化算法以供选择。下面介绍对这两种算法的属性的设置。

2. 优化的技术方法

(1) NLPQL

选中 NLPQL 算法时，显示如图 16.44 所示的属性。① Relative gradient step(相对梯度步长)。NLPQL 算法需要 AMESim 来计算目标函数和约束在设计空间所有方向上的梯度，在优化过程中的每一输入参数均是一个方向。AMESim 使用有限差分方法来计算这些梯度值。下面用一个例子来说明这个计算过程。

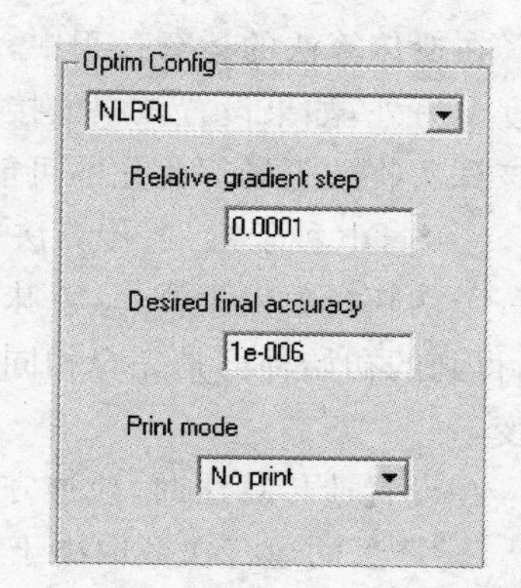

图 16.44 NLPQL 属性

假设目标函数为 $z=f(x,y)$，其中 x 和 y 为两个输入参数，那么，该函数的梯度为：

$$\overline{grad(f)}(x_0,y_0)=\begin{bmatrix}\dfrac{\partial f}{\partial x}(x_0,y_0)\\ \dfrac{\partial f}{\partial y}(x_0,y_0)\end{bmatrix}\approx\begin{bmatrix}\dfrac{f(x_0,y_0)-f(x_0+\delta x_0,y_0)}{\delta x_0}\\ \dfrac{f(x_0,y_0)-f(x_0,y_0+\delta y_0)}{\delta y_0}\end{bmatrix}$$

上述近似公式被用于计算梯度，δ 是相对梯度步长。

首先程序根据 $x=x_0$，$y=y_0$ 计算 $f(x_0,y_0)$，而后两次运行分别计算 $f(x_0+\delta x_0, y_0)$ 和 $f(x_0, y_0+\delta y_0)$。此过程称为一次迭代。在日志文件中，仅记录了第一次运行。

对于其他点，并不需要进行梯度的计算。在这种情况下，这种迭代过程仅进行了一次。

用户所遇到的关于算法收敛性的大多数问题，都和梯度计算的精确度有关。

② Desired final accuracy（期望的最终精度）。这里所讨论的精度是指运算终止的精度。该精度不应高于梯度的计算精度。

③ Print mode（打印模式）。该属性决定了在执行过程中显示输出信息的 3 种模式：不打印模式、诊断模式和详细打印模式。

注：对于诊断模式和详细打印模式中增加的信息，只有当用户对于顺序二次规划理论（SQL）有所了解才是有用的。

（2）遗传算法

图 16.45 所示为遗传算法属性界面。遗传算法的属性包括：

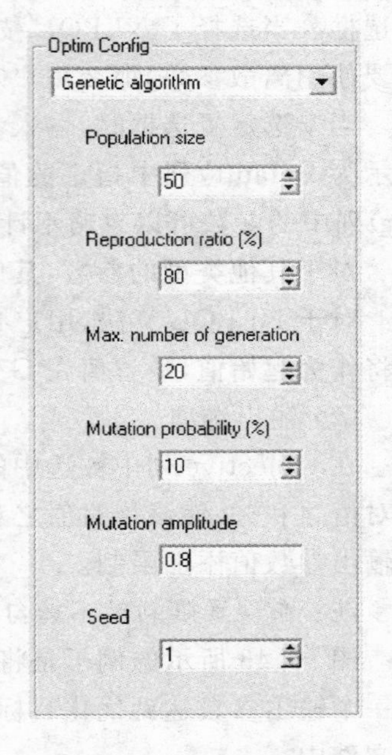

图 16.45 遗传算法属性

① Population Size（种群规模），指种群中的个体数目。

② Reproduction ratio（复制率），指每经过一次遗传算法运算后，种群中的个体被新个体取代的百分比。

③ Max. number of generation（执行遗传算法的最大代数），指算法进行复制的次数。

④ Mutation probability（变异概率），仅适用于离散型参数，它代表了种群中的离散型参数进行变异的概率。

⑤ Mutation amplitude（变异幅值），0～1 之间的实数。遗传算法的变异是指对种群中的某些个体添加一个扰动，该扰动的平均值为 0。变异幅值用于计算扰动的标准偏差。如 α 代表该变异幅值，则一个参数的扰动标准偏差为：

$$\text{std dev} = \alpha \times (\text{upper bound} - \text{lower bound})$$

在遗传算法的运行过程中，如果将该幅值设置接近于 0，则将有可能加快遗传算法的收敛速度。另外，如果设置该幅值接近于 1，那么，遗传算法将进行更多的优化搜索，因此有可能减小该算法收敛于局部优化的可能性。

⑥ Seed（种子）。遗传算法是基于随机数生成的原理的，该算法在 AMESim 中实现是采用一个伪随机数发生器，这意味着如果用户在不改变遗传算法设定的情况下，两次执行遗传算法，得到的初始种群是完全相同的。用户只需改变种子的值，GA 的初始种群就会发生相应的改变。

在设置遗传算法时，应遵守以下规则：

a. 算法的运行次数取决于对算法的设定。可根据以下公式计算：

$$运行次数 \approx N + \frac{N \cdot r(G-1)}{100}$$

其中：N 代表种群规模，r 代表复制率，G 代表遗传算法进行的种群代数。

b. 种群规模要根据参数的数量来选择。实验表明：当种群规模取大于或等于输入参数数量的 4.5 倍时，算法通常会得出不错的结果。

c. 高的复制率通常使算法取得较快的收敛速度，但同时也使算法更易局部收敛。当复制率的数值取 50%～80%时，算法常会得到较满意的结果。

d. GA 种群代数的设定值取决于用户从计算时间角度考虑所能够接受的运行次数。该值应大于 10，以使 GA 算出相关结果。

16.6.4　蒙特卡罗法(Monte Carlo)

图 16.46 为蒙特卡罗(Monte Carlo)法定义对话框，包括 Controls(控制参数)和 Responses(响应输出)选项：

① 在 Controls(控制参数)选项中，包含可声明为控制参数的输入参数的列表；

② 在 Responses(响应输出)选项中，包含可声明为响应输出的输出变量的列表。

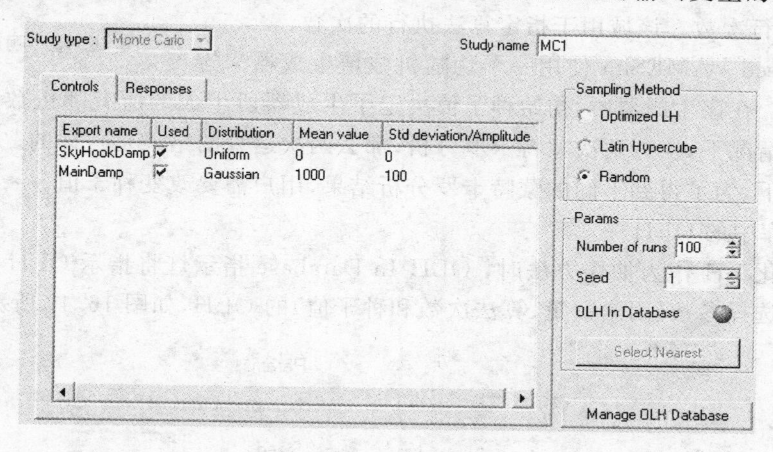

图 16.46　蒙特卡罗定义

对于这两项列表，第 1 列均显示用户在导出设置中，为每一个参数设定的名称。

1. Controls(控制)

控制选项列表如图 16.47 所示。

Controls　Responses

Export name	Used	Distribution	Mean value	Std deviation/Amplitude
SkyHookDamp	✓	Uniform	0	0
MainDamp	✓	Gaussian	1000	100

图 16.47　控制选项列表

Used 列为一复选框列，勾选相应的复选框，AMESim 将会使该参数的值根据下列几个因素变化：

① Distribution 列中设定的分布类型。该类型可以设定为均匀分布(Uniform)或高斯分布(Gaussian)。

② Mean value 列中设定的平均值。

③ 在"Std deviation / Amplitude"中储存的值，该值为：

- 高斯分布的标准偏差；
- 均匀分布的幅值。

如果未勾选输入参数的复选框，则该参数对应的 Mean value 列中指定的值将被指定为该参数的实际运行值。

2. Responses(响应)

响应列表如图 16.48 所示。

Used 列为一复选框列。如果勾选复选框，则每次运行的结果将会储存在日志文件中，并可用于数据后处理。

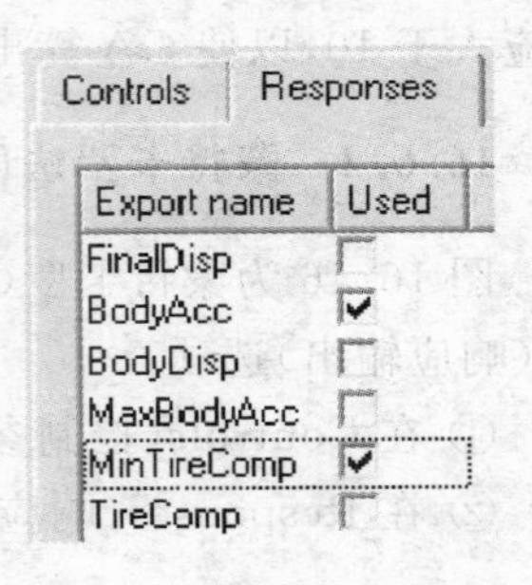

图 16.48　响应选项列表

(1) 抽样方法

抽样方法有 3 种选择：优化 LH、拉丁超立方、随机。

(2) 参　数

① 算法执行次数。该域用于指定算法执行的次数。

② 种子 Seed。AMESim 使用一个伪随机数值生成器来选择输入参数值。在该生成器中，初始种子值决定了生成器所生成的所有随机数值。如果在不改变种子值的情况下，执行两次蒙特卡罗分析，那么两次运算的结果是一样的。在使用相同输入参数的情况下，为了得到不同的蒙特卡罗分析结果，用户需要改变种子值。

(3) 数据库中的 OLH

当选择优化 LH 作为抽样方法时，OLH In Database 指示灯将指示 OLH 数据库中是否已保存带有所选择参数(因素数量、算法次数和种子值)的 OLH，如图 16.49 所示。

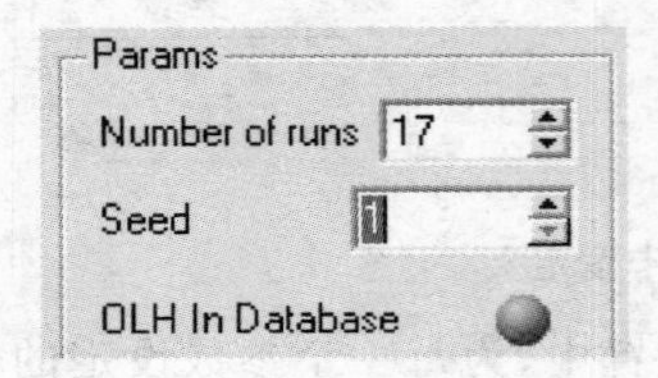

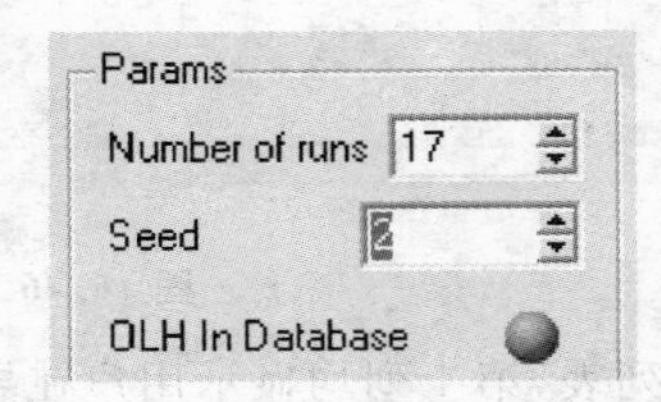

图 16.49　OLH In Database 指示灯

指示灯显示绿色时，OLH 选定的因素数量、运行次数(17)和种子值(1)已经存在于 OLH 数据库里。

指示灯显示灰色时，OLH 选定的因素数量、运行次数(17)和种子值(2)未存在于 OLH 数据库里。

如果没有相应的 OLH 存在于数据库中，可单击 Select Nearest(选择最近)来自动设置这些参数。

(4) Select Nearest(选择最近)

当选择优化 LH 作为抽样方法时，Select Nearest(选择最近)按钮将被激活。此按钮自动设置的因素数、运行数和种子值，从 OLH 文件中选择最接近的匹配。例如，如果指定运行数为 16，指示灯显示的是灰色，则意味着在数据库中没有匹配的 OLH。如果随后单击 Select Nearest(选择最近)按钮，则应用程序就会设置最接近的匹配值，如图 16.50 所示。

如果没有这样的 OLH 存在，则可以单击 Start(开始)，在执行运行之前将生成 OLH。

(5) 管理 OLH 数据库

打开 Optimized Latin Hypercube Manager(优化拉丁超立方管理器)，详见 16.7 节“拉丁超立方”。

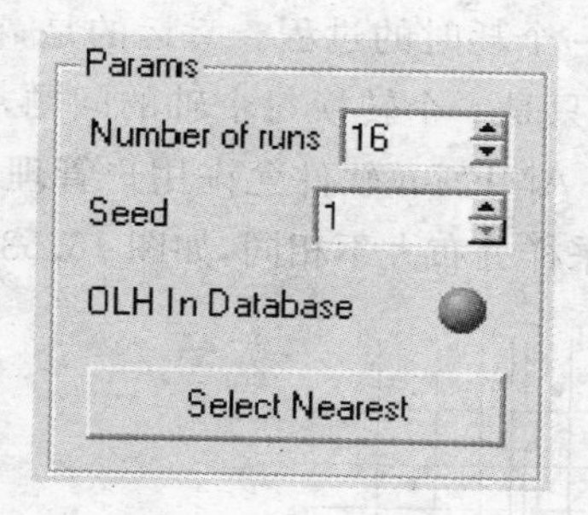

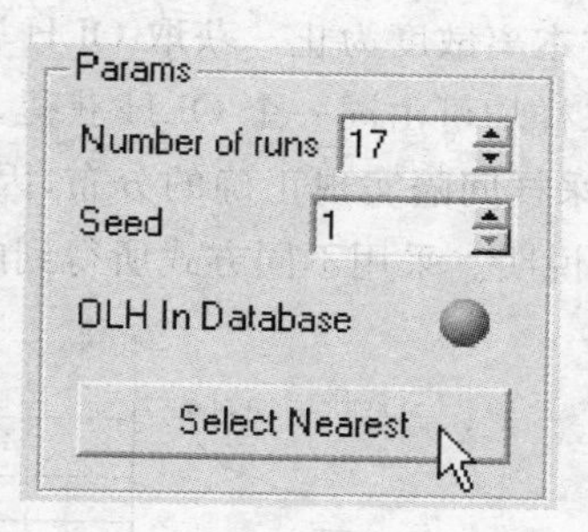

图 16.50　选择最近

16.7　拉丁超立方

LH 是 Latin Hypercube(拉丁超立方)的缩写。OLH 是由 LH 计算产生的,所以 OLH 代表优化拉丁超立方(Optimized Latin Hypercube)。

16.7.1　用　法

与随机抽样的方法一样,LH 和 OLH 适用于少量样本抽取的运行。它们用来为蒙特卡罗统计分析取得更可靠的结果。如果要研究一个在其整个定义域上的函数,必须检查该函数输出,此输出与在该定义域上的均匀分布的输入值相关。在蒙特卡罗研究的数量只取决于其采样的一致性。当没有 LH 或 OLH,在计算蒙特卡罗研究时,输入值是随机选择的。LH 和 OLH 为建立统一的抽样提供了更有效的方法。由 OLH 和 LH 产生的输入值的分布比用随机发生器产生的提供更可靠的结果。此外,由于 OLH 取得的值更一致,因此比 LH 能产生更好的结果。

在统计抽样过程中,当且仅当每一行和列只包含一个样本时,一个样本所占据的方格即是拉丁正方形,拉丁超立方(LH)是这一概念在空间维数上的任意扩展,此处在每个轴对齐的超平面里的样本只有一个。对于 P 维空间中的 M 个样本的采样,其 LH 不是唯一的。在 AMESim 软件,它是随机生成的。因此要求用户必须给出随机发生器所需的种子。

优化拉丁超立方(OLH)是一种 LH。对于此 LH,样本被一致地扩展到整个设计空间。图 16.51 是 LH 和 OLH 的例子。欲获取 OLH,须从 LH 开始。然后不断切换样本超平面,直到

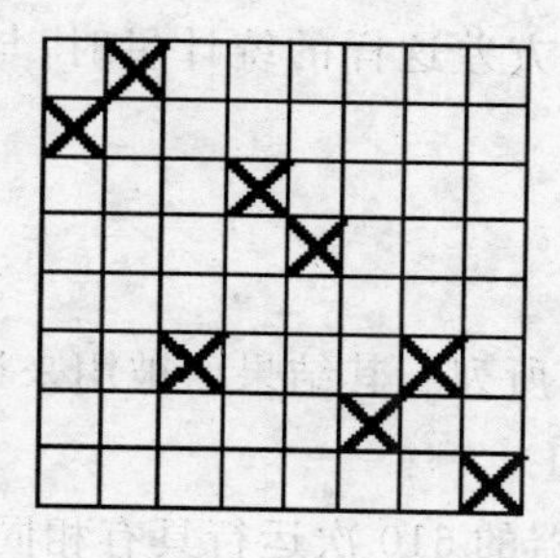
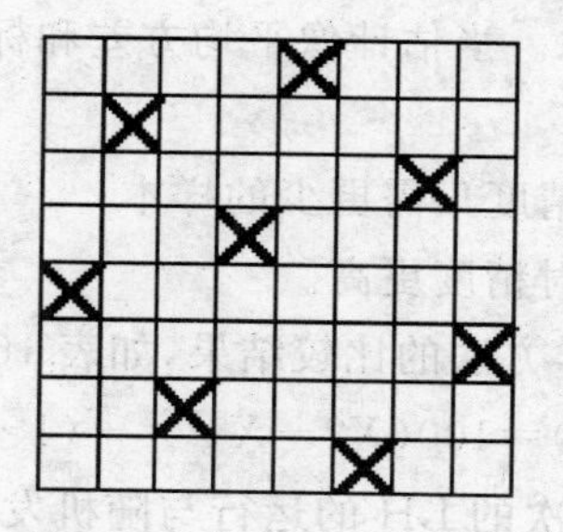

图 16.51　LH 例子和 OLH 例子

得到一个满意的样本离散度为止。获取 OLH 是一个耗时的过程。幸运的是，在 P 维空间中 M 个样本的每一次采样均可由同一个 OLH 获得，这只是一个转换每个轴的问题，以得到正确的范围，然后通过改变采样间隔实现正确的分布，因此 AMESim 软件允许用户管理 OLH 数据库，图 16.52 是轴变形的说明。采用不同方式所得到的采样分布大不相同，如图 16.53 所示。

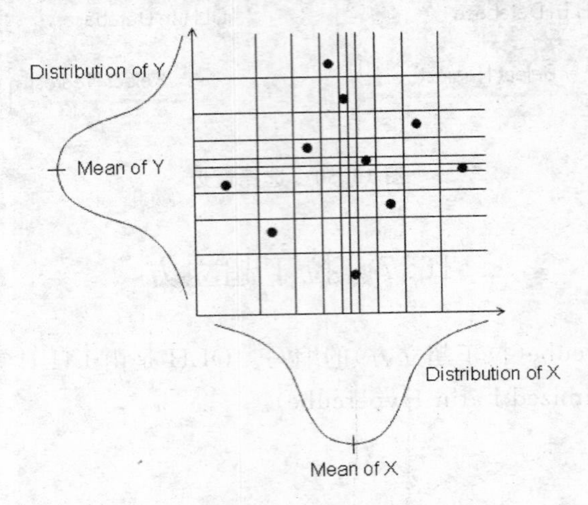

图 16.52　轴变形图

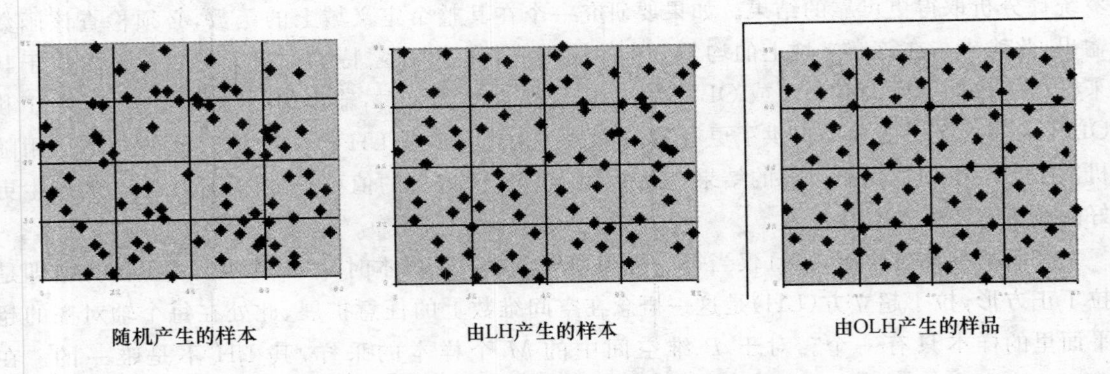

图 16.53　不同方式产生的样本分布对照

LH 是一种限定的蒙特卡罗采样，它避免了样本被集中在设计空间的某一个特定区域。OLH 能使样本在整个设计空间均匀分布，因此，在进行统计计算或 RSM 运算时，设计空间的每一部分都将被考虑。当估计像平均方差和标准方差这样的统计量时，与粗略的采样方法相比具有如下特点：

① 达到相同的精度只需更少的样本；

② 相同样本数时精度更高。

下面是 3 种采样方法的比较结果，如表 16.2 所列。其结果已被用来计算罗森布罗克函数的中间值：$b(X1,X2)=100(X2-X1^2)^2+(1-X1)^2$。

可见，一个 144 次的 LH 的运行与随机发生器的 610 次运行具有相同的精度。OLH 的运行结果更可靠，55 次的 OLH 运行比 610 次的 LH 运行或 2000 次随机发生器的运行更精确。

表 16.2　采样方法比较

运行次数	与中值误差/(%)		
	OLH	LH	RG
8	8.574386	21.987999	37.513075
13	5.178056	15.078734	37.371111
21	3.46702	13.538944	26.82003
34	2.555625	10.619336	16.939982
55	2.018984	2.018984	2.0189849
89	1.422516	5.447641	11.035489
144	1.157871	4.672613	9.833102
233	0.733929	4.101952	6.480452
377	—	3.112742	5.664913
610	—	2.137434	4.672426
987	—	1.678378	3.692437
1597	—	1.53707	2.957906
2584	—	1.149349	1.958579
4181	—	0.877801	1.504924

16.7.2　OLH 管理器

因为创建一个 OLH 很费时，因此 AMESim 软件提供了一个"优化拉丁超立方"的管理工具，如图 16.54 所示。这个 OLH 管理器可由数据库文件显示 OLH。用户可在 OLH 管理器里创建任务列表，通过单击 Run(运行)按钮即可完成列表中的任务。还可通过 OLH 管理器从数据库文件里删除一个或者若干 OLH。

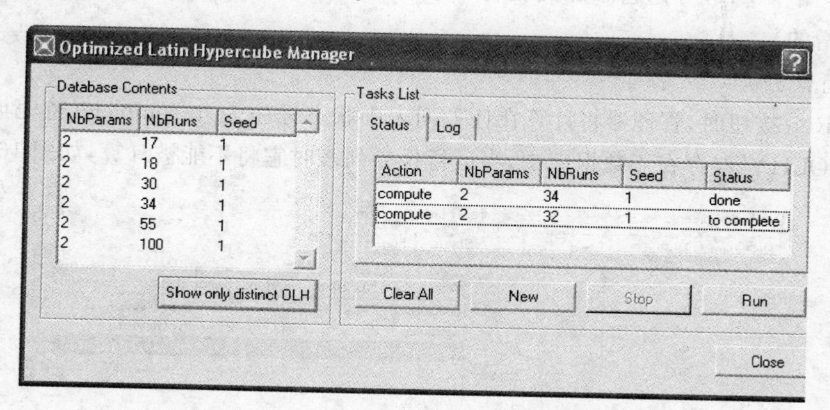

图 16.54　OLH 管理工具

(1) 添加新的 OLH

如果要往数据库里添加一个新的 OLH，单击 New 按钮，一个新行便会被添加到状态栏的任务列表里，如图 16.55 所示。

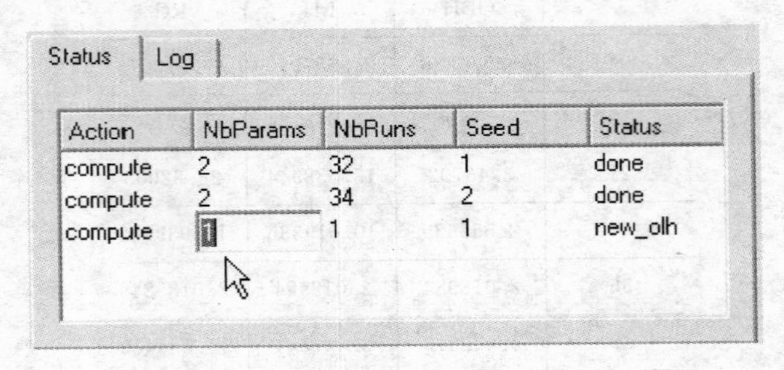

图 16.55 添加新 OLH

用户可在此为新的 OLH 编辑参数数量、运行次数和种子值。

(2) 复制 OLH

用户可从数据文件中"克隆"一个或者几个 OLH，只需右击数据库中的 OLH 并选择 Clone(克隆)，如图 16.56 所示。

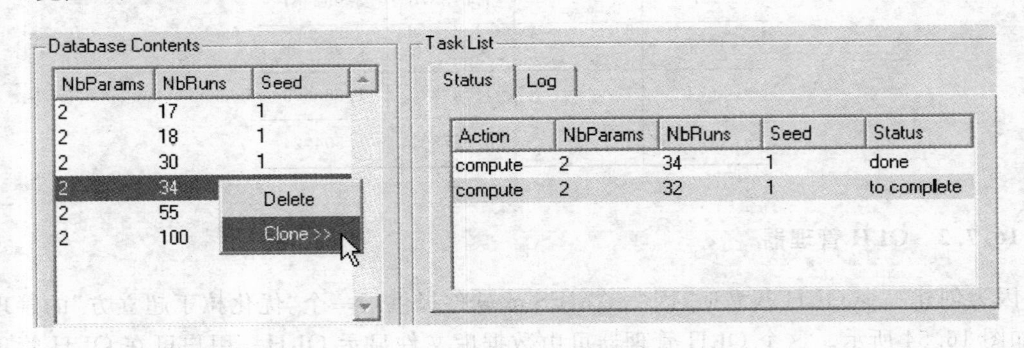

图 16.56 复制一个 OLH

欲复制一个 OLH，可把它添加到任务列表。新的 OLH 只是其种子值不同(它是从当前的种子值递增的)。

(3) 运行任务

当单击 Run 按钮时，管理器将计算在任务列表中状态标注为 to complete(待完成)的每一个 OLH。如果 OLH 已经存在于数据库中，当运行任务列表时它将不能被计算，如图 16.57 所示。

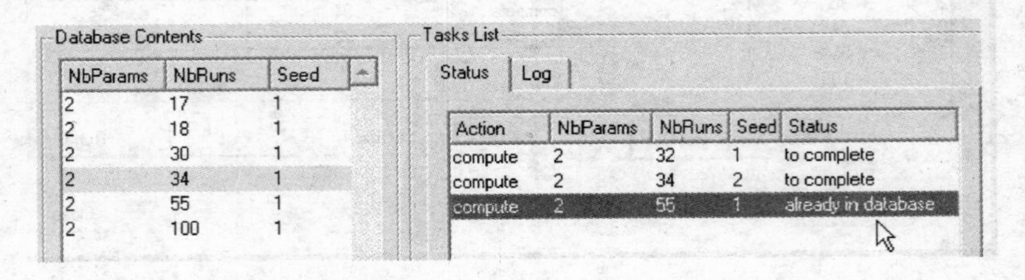

图 16.57 OLH 已经在数据库

(4) 停止运行

单击 Stop 按钮,可以停止正在运行的任何一项任务。

(5) 清空任务列表

欲清空所有任务的任务列表,可单击 Clear All(清空所有)按钮。也可右击一个单独的任务,然后选择 Delete 来删除。

(6) 只显示不同的 OLH

单击 Show only distinct Olh/Show all Olh 按钮(此按钮是乒乓键),可以切换数据库的显示内容,或者显示所有 OLH,或者显示存在差异的(除了种子值之外)OLH。例如,如果数据库中有两个除种子值外均相同的 OLH,那么,此乒乓按钮即可切换显示两个 OLH 或者其中的第 1 个 OLH,如图 16.58 所示。

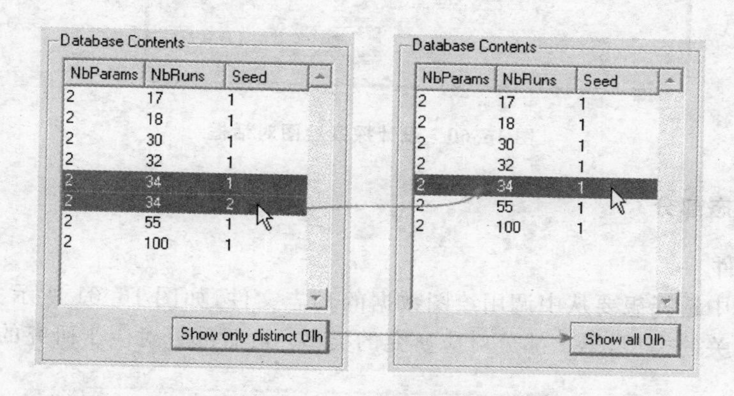

图 16.58　Show only distinct Olh 乒乓键的功用

(7) 记　录

Log(记录)选项显示任务列表中已经执行完的运行结果,如图 16.59 所示。

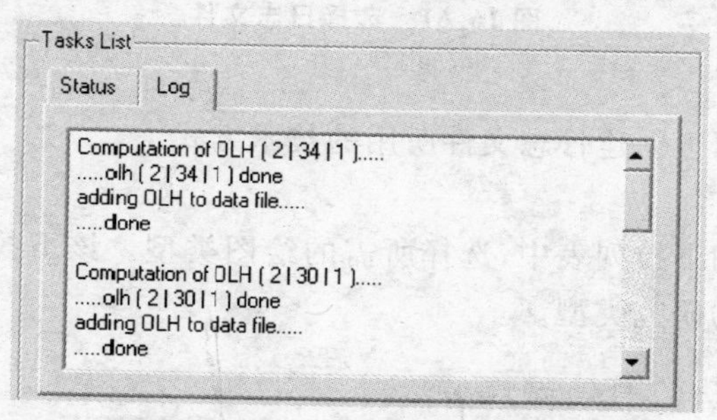

图 16.59　纪录选项

16.8　设计探索绘图对话框

图 16.60 所示的设计探索绘图对话框可分为上下两部分。上部是静态,下部是动态,并取决于所选择的绘图类型。

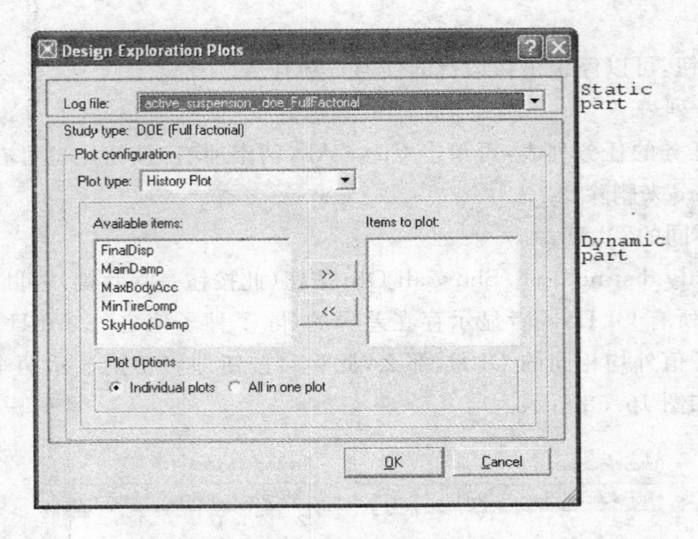

图 16.60 设计探索绘图对话框

16.8.1 静态部分

(1) 日志文件

在下拉列表中选择想要从中调用绘图数据的日志文件,如图 16.61 所示。日志文件名的第 1 部分对应相关的模型,第 2 部分对应研究的类型,最后部分对应于研究的名称。

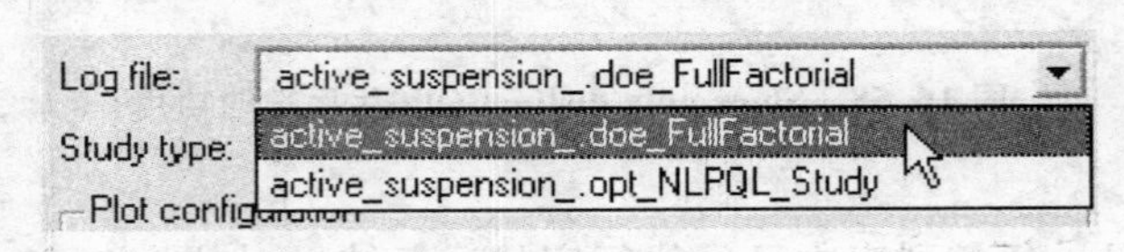

图 16.61 选择日志文件

(2) 研究类型

给出研究的类型和用于创建日志文件所用的技术方式。

(3) 绘图类型

在如图 16.62 所示的下拉列表中,选择所需的绘图类型。该下拉列表中可用的绘图类型取决于所选的日志文件的研究类型。

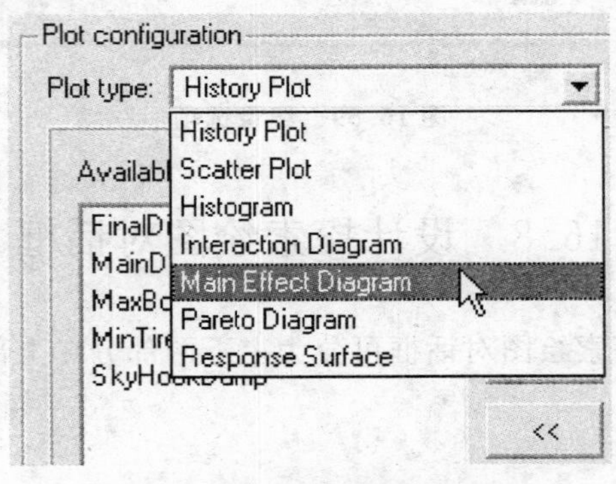

图 16.62 绘图类型的选择

选择了绘图类型会使动态部分相应地改变。

16.8.2　动态部分

(1) 历史图

历史图可用来跟踪设计探索进程中一个或多个参数的演化。它绘制的是参数值(在 y 轴上)相对运行次数或者迭代次数(在 x 轴上)的变化，如图 16.63 所示。

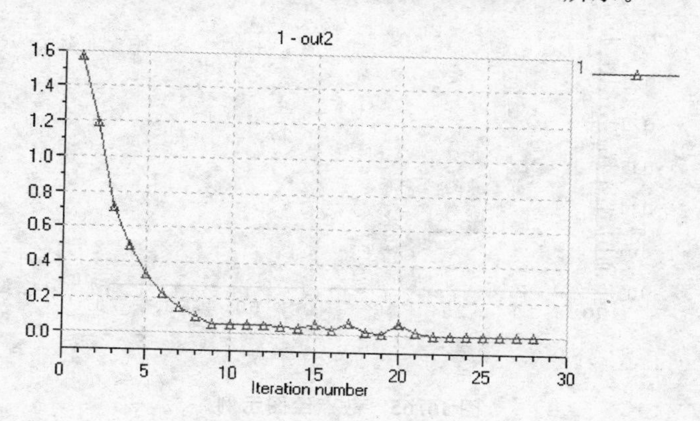

图 16.63　历史图示例

当选择历史图时，对话框的动态部分将如图 16.64 所示。

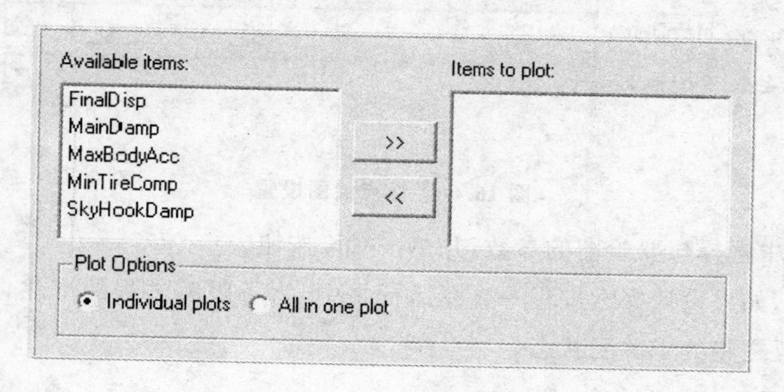

图 16.64　历史绘图设置

在左侧列表中选择欲绘制的参数，并单击＞＞按钮，此时该参数即出现在 Items to plot (待绘图项)列表中。可按此添加其他想要绘图的参数。

如果想要从 Items to plot 列表中移除参数，先选择它，再单击＜＜按钮即可。

当单击设计探索绘图对话框中的 OK 按钮时，将有如下两种可能性：

① 如果选择 Individual plots 选项，那么将会为 Items to plot 列表中的每一个参数创建一个绘图窗口。

② 如果选择 All in one plot 选项，那么 Items to plot 列表中的所用参数均绘制在同一个绘图窗口中。

创建绘图时，如果设计探索进程一直在运行之中，为了跟踪进程的变化，自动更新将处于激活状态，反之将处于关闭状态。

(2) 散点绘图

散点绘图是一个参数的值相对于另外一个参数的相应值的图形，如图 16.65 所示。它可以用来可视化遗传算法的收敛性，也可以用来确定参数之间的相关性。图中所示的散点绘图包含了两个存在线性关联的参数。

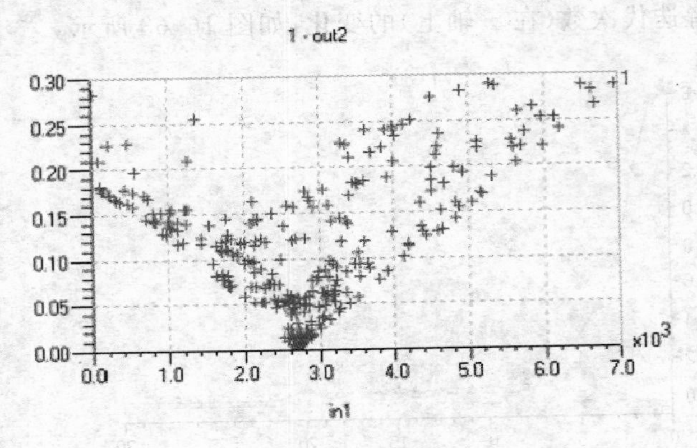

图 16.65　散点绘图示例

当选择 Scatter plot(散点绘图)时，对话框的动态部分如图 16.66 所示。

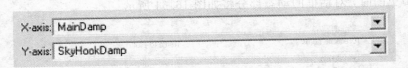

图 16.66　散点绘图设置

在下拉列表中选择想要绘图的参数，并单击 OK 按钮。

创建绘图时，如果设计探索进程一直在运行之中，为了跟踪进程的变化，自动更新状态将处于激活状态，反之将处于关闭状态。

16.8.3　交互作用图表

交互作用图表只用于 DOE 的全因素和中心复合技术方式。

它用来确定 2 个因素(factor1 和 factor2)相对于 1 个响应(response1)是否彼此互相影响。它是由两条线组成的：

第 1 条线表示当 factor1 从低水平往高水平改变，同时 factor2 保持在低水平的时候，response1 的平均变化。

第 2 条线表示当 factor1 从低水平往高水平改变，同时 factor2 保持在高水平的时候，response1 的平均变化。

如果 factor2 与 factor1 没有交互作用，那么当 factor1 从高水平到低水平变化时，response1 的平均变化值不取决于 factor2 的值。因此两条线是平行的，如图 16.67 所示。

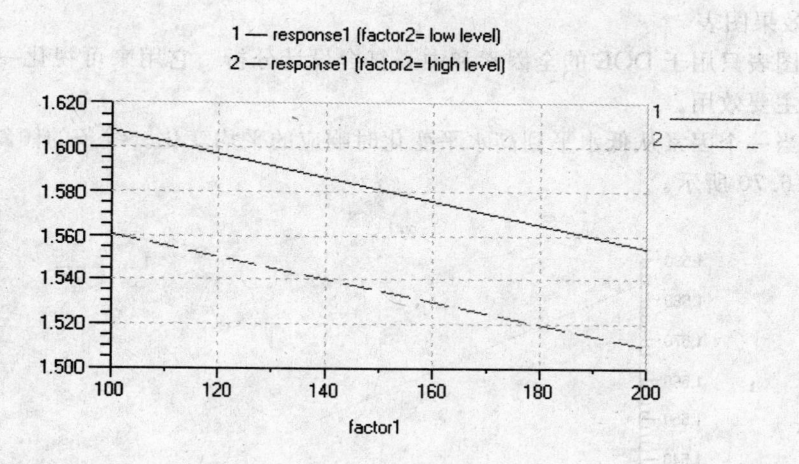

图 16.67　二个因素之间没有交互作用

如果 factor2 与 factor1 有交互作用，那么当 factor1 从高水平到低水平变化时，response1 的平均变化值取决于 factor2 的值。因此两条线是不平行的，如图 16.68 所示。

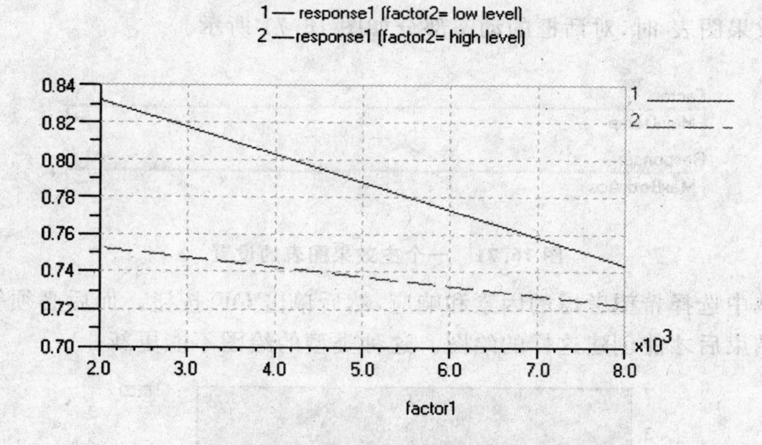

图 16.68　二个因素之间有交互作用

当选择相互作用图表时，对话框的动态部分如图 16.69 所示。

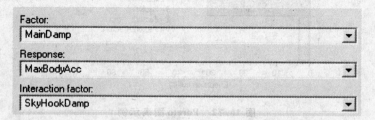

图 16.69　一个交互作用图表的设置

在下拉列表中选择参数和需要分析的响应，然后再单击 OK 按钮。而后必须等待，直到设计探索运行全部结束后才能创建这样的绘图。这种类型的绘图不能更新。

(1) 主效果图表

主效果图表只用于 DOE 的全因素和中心复合设计分析。它用来可视化一个因素相对于一个响应的主要效用。

它表示当一个因素从低水平到高水平变化时响应的平均变化。线条的倾斜度给出了主要效用，如图 16.70 所示。

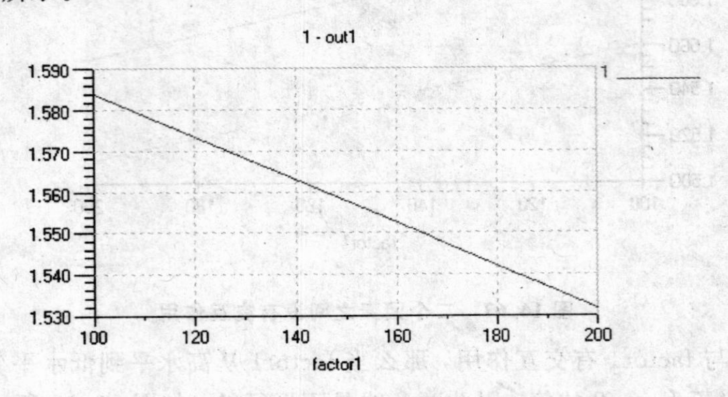

图 16.70　一个主效果图表的例子

当选择主效果图表 时，对话框的动态部分如图 16.71 所示。

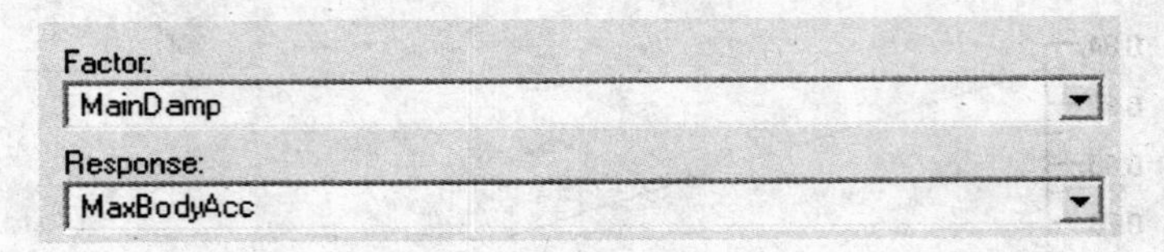

图 16.71　一个主效果图表的设置

在下拉菜单中选择希望考虑的因素和响应，然后单击 OK 按钮。而后必须等待，直到设计探索运行全部结束后才能创建这样的绘图。这种类型的绘图不能更新。

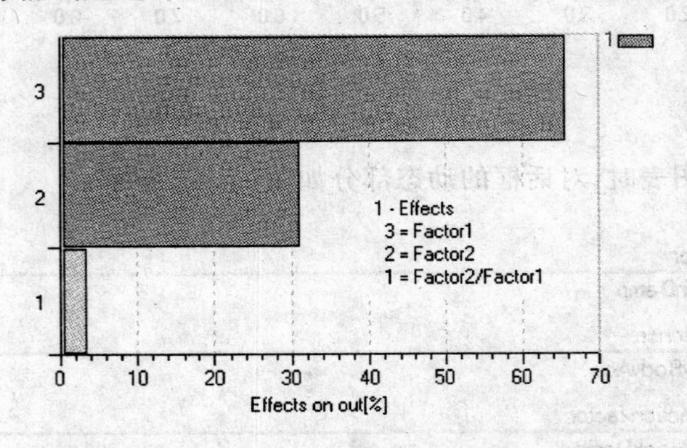

图 16.72　Pareto 图表示例

(2) Pareto 图表

Pareto 图表只用于 DOE 的全因素和中心复合设计分析。它用来确定对于一个响应哪一个因素或哪一组因素是最有影响的。它是一个直方图，每个直方形代表一个给定响应的变化因素或因素组所起作用的百分比，如图 16.73 所示。

图中,深灰色直方形表明起正面作用,浅灰蓝色直方形表明起负面作用。一个因素起正面作用,表示当该因素从低水平到高水平变化时响应是增加的。

当选择 Pareto 图表的时候,对话框的动态部分如图 16.73 所示。

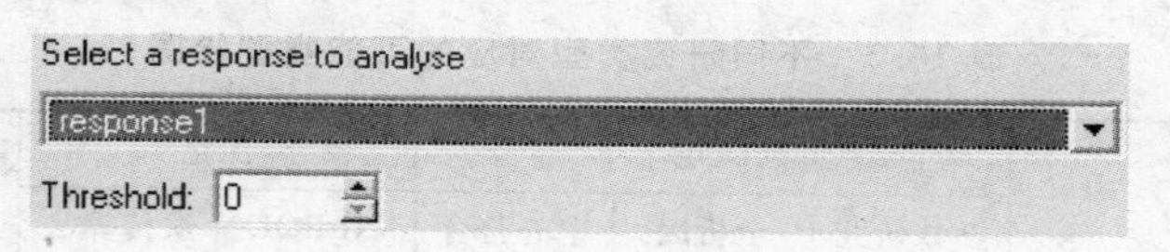

图 16.73　Pareto 图表的设置

在下拉菜单中选择想要分析的响应,然后单击 OK 按钮。如果不希望显示无意义的因素,则可设定一个非 0 阈值,即当某个因素或某组因素的影响百分比小于阈值时,不显示这些因素。而后必须等待,直到设计探索运行全部结束后才能创建这样的绘图。这种类型的绘图不能更新。

(3) 柱状图

柱状图是表示参数的统计分布的柱形图表,如图 16.74 所示。

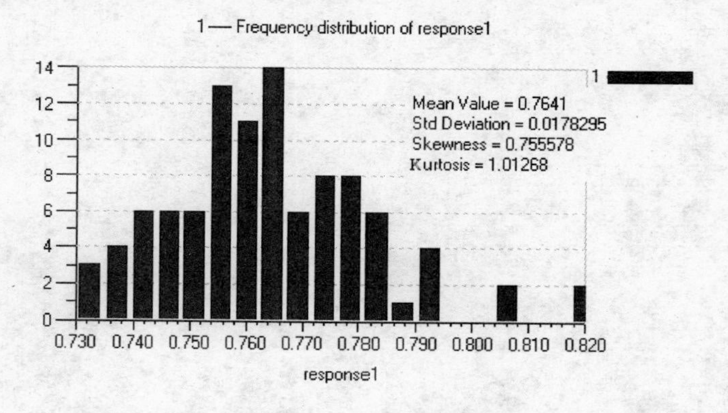

图 16.74　一个柱状图的例子

每个柱形表示参数值在一个给定的间隔中运行的次数。在新建绘图时,可以通过选择所需柱形的个数来调整间隔的大小。

当生成这样一个绘图时,一个文本描述将添加到作图区域。此文本给出了所关注变量的统计特性。

当选择柱状图时,对话框的动态部分如图 16.75 所示。

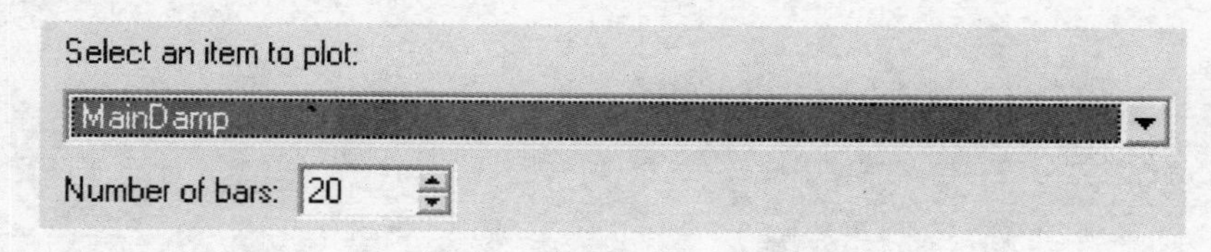

图 16.75　柱状图的设置

利用下拉菜单选择想要考虑的参数,然后单击 OK 按钮。还可以设置柱状图中柱形条的个数。这种类型的绘图不能更新。

16.8.4　不同研究类型可能的绘图阵列

不同类型的绘图适用于不同的研究类型，表 16.3 给出了两者的关系阵列。

表 16.3　不同研究类型对应的可能类型绘图

	DOE			优化		蒙特卡罗
	参数研究	全析因	中心符合	NLPQL	遗传算法	
历史图	√	√	√	√	√	√
散点图	√	√	√	√	√	√
交互作用图表	×	√	√	×	√	√
主效应图表	×	√	√	×	×	×
Pareto 图表	×	√	√	×	×	×
柱状图	×	√	√	√	√	√
RSM	×	×	√	×	×	√

第 17 章　AMESim 的最佳实践工具

17.1　运行参数

用户可以通过调整容许误差、最大步长和求解器类型来提高仿真运行的速度。

① 容许误差：设置的容许误差越小，得到的结果就越精确。通常容许误差的范围为 1.0e－10～1.0e－3。当仿真无法收敛时，就要考虑减小容许误差。

② 最大步长：对于大部分运行，默认值是 1.0e30。但是，在 AMESim 系统中，如果步长太大，可能会出现非常奇怪的结果。在这种情况下，要减小这个值。

③ 求解器类型：使用谨慎的求解器来确保最大步长限于通信时间间隔内。

17.2　稳态运行

用户可以使用该功能来寻找模型的平衡状态。如果稳态运行失败，则用户需要试着作以下调整，以解决该问题：

① 改变求解器类型——常规的或谨慎的。

② 减小或增大容许误差。

③ 采用相对误差。

如果上述解决方案都失败了，那么尝试进行一次勾选 Hold imputs constent（保持输入不变）选项的动态仿真。通过绘制相应的曲线，查看模型是否稳定。如果是稳定的，则取消“保持输入不变”的选择，选择 Use old final values（使用旧的最终值）来进行下一次的仿真。

17.3　状态计数

用户可以通过单击状态计数按钮▣来查找是哪个状态变量降低了仿真的速度。图 17.1 是一个打开的状态计数对话框。

在该对话框中，单击 Controlled（控制）列可以进行排序，以在顶部显示评分最高的子模型。单击相应的行，可以查看其相应的组成部分。可以查看它的参数以及在与其邻近元件的参数。通常可能是与其邻近一个元件产生的问题。

以下因素会导致仿真运行速度缓慢：

① 极小容量的容腔，特别是当其与一个大容量的管道相连时。

② 大尺寸的节流孔连接到细管上。

③ 极小的质量块，特别是当在其上施加比较大的受力时。

只需对系统进行少量的调整就可以改善这种情况 。

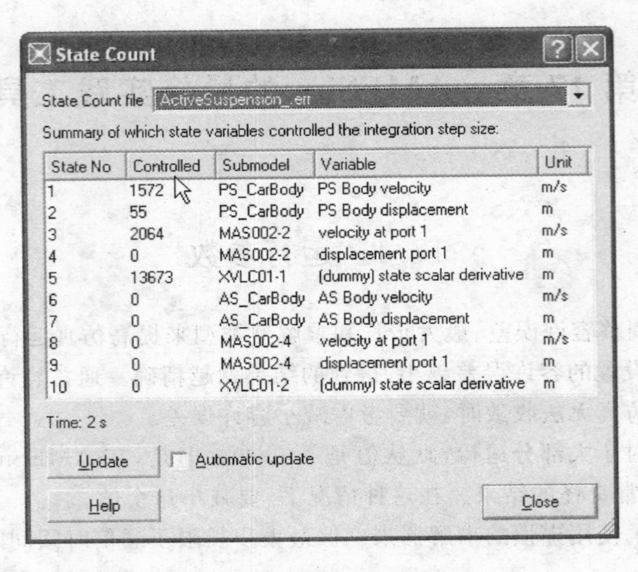

图 17.1　状态计数对话框

17.4　模　态

当使用 AMESim 软件进行仿真时，常常会碰到以下两个问题：

① 为什么仿真速度很慢？

② 什么是与对象关联的特定特征值？

为了回答这两个问题，可以：

① 切换到仿真模式；

② 选择线性分析模式；

③ 按 Ctrl＋A 快捷键；

④ 右击模型，在下拉菜单中选择 All states observer（所有状态观测器），如图 17.2 所示。

⑤ 将线性化时刻设置为仿真的起始时刻或其接近值，选择图 17.3 所示的 Lock non-propagating states（锁定非传播状态）选项，并启动一次稳态运行。

现在可以通过单击按钮来查看系统的特征值，并按照频率大小进行排序。以燃油系统为例，通常系统频率不应超过 1.0e7。如果发现有高于此值的频率，最好试图消除它们。选择最极端的特征值并单击 Model shapes（模态振型）按钮，可以得到一个与频率问题相关联的所有状态变量。具有最大幅值的变量是最重要的，通过双击它可以查找相应的元件。

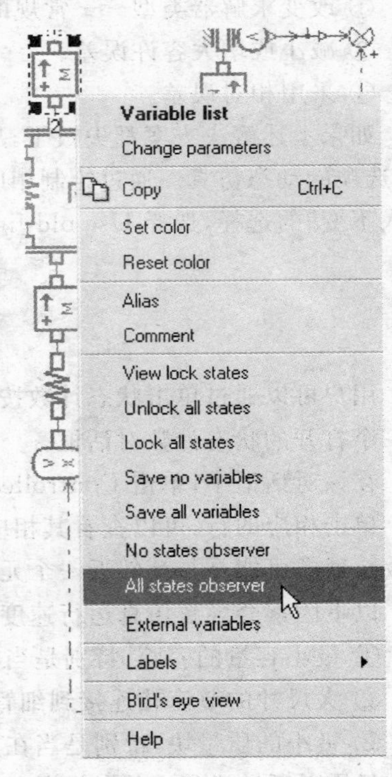

图 17.2　选择所有状态观测器

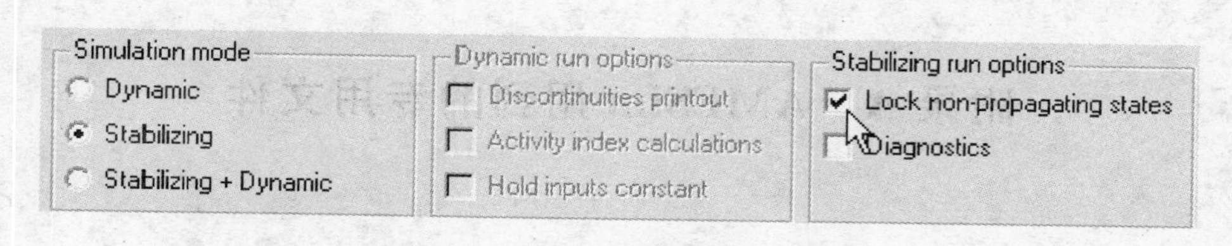

图 17.3　锁定非传播状态选项

17.5　活性指数

活性指数是一个非常强大的工具，它是基于子模型的能量活动进行计算的，所以它不直接处理状态变量。如果要进行活性指数计算，需要在运行参数对话框中勾选 Activity index calculations（活性指数计算）选项，如图 17.4 所示。

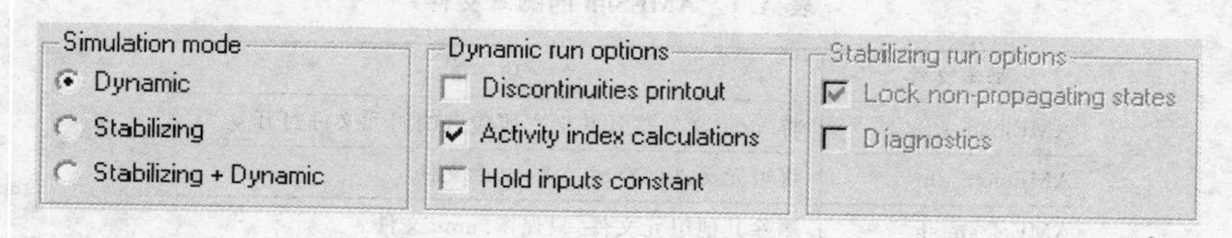

图 17.4　活性指数计算选项

一旦运行完成（或至少已经得到一个合理的结果），就可以在分析菜单中选择活性指数选项。在打开的活性指数列表对话框中，单击 Index（指数）列进行排序，并使活性指数值最低的子模型位于最顶部。这些具有较低活性指数值的相应的子模型在仿真运行中用到得非常少，或者截至当前运行结束时间还没有参与仿真。有时可以直接消除这些子模型，或至少用更简单的子模型来取代它们。

附录 A　AMESim 用到的专用文件

A.1　概　述

AMESim 用到了很多特殊的文件，它们存储在 AMESim 的根目录下或 AMESim 的节点上。

下面介绍在安装目录下最重要的一些脚本文件。这些脚本文件必须在终端窗口以 AMESim 的模型名字作为参数而调用，如表 A.1 所列。

表 A.1　AMESim 的脚本文件

脚本文件	功　能
AMEload. sh	将. ame 文件打开并把它所包含的组元文件打开
AMEsave. sh	将组元文件保存成一个. ame 文件
AMEclean. sh	删除其他组元文件，只保留. ame 文件
AMEcompile. sh	利用模型的源代码产生一个可执行文件

接下来介绍以下内容：AMESim 的节点、为 AMESim 所创建的文件、系统文件的清空工具。

A.2　AMESim 的节点

AMESim 的节点用于存储下述内容的任何一个文件夹或者目录：

● AMESet 的通用子模型；

● AMESim 的通用超级元件；

● AMECustom 用户定制的子模型或者超级元件。

图 A.1 所示是一个 AMESim 节点的典型结构。

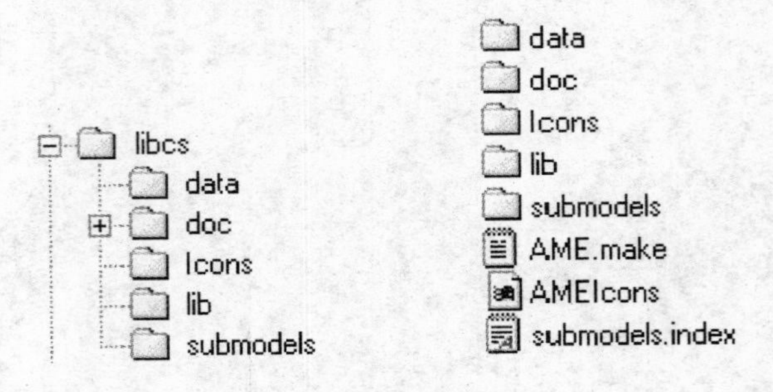

图 A.1　AMESim 节点

这些文件夹的用途如表 A.2 所列。

表 A.2 文件夹的用途

文件名	是否存在	用 途
submodels	一直存在	存储与节点相关联的子模型和超级元件的详细信息
Icons	创建类以后存在	存储在类中的类的图标和部件的图标
lib	用户手工创建后存在	存储归档的应用库文件(.a 或.lib)
data	用户手工创建后存在	存储任何的数据文件
doc	一直存在	存储任何的文档文件,如 HTML

在 AMESim 的节点中存储的文件如表 A.3 所列。

表 A.3 AMESim 节点中存储的文件

文件名	是否存在	用 途
Submodels. index	一直存在	把子模型和超级元件及它们的图标相关联起来
AMEIcons	创建类以后存在	指定和该节点相关联的类文件
AME. make	手工创建后存在	改变用于创建系统模型的可执行文件的工具的行为

(1) 在 Icons 文件夹中的文件

.xbm 文件用于定义类的图标,.ico 文件用于类中部件的图标,包括图标的描述,端口的位置和类型等。

(2) 在子模型文件夹中的文件和文件夹

① .spe 文件定义说明子模型的特征。这些文件被 AMESim 读取,并且说明子模型是如何被调用的。

② .sub 文件说明超级元件中的内容。

③ .c 或者.f 文件是子模型的源代码。

④ .o 或者.obj 文件是子模型的源文件经过编译后得到的目标文件。在一些平台下,这些文件存储在 submodels 文件夹中的一个特殊的子文件夹中;在另外一些系统中,则直接存储在 submodels 文件夹中。

(3) 在 doc 文件夹中的文件

这个文件夹有着特殊复杂的结构,如图 A.2 所示。

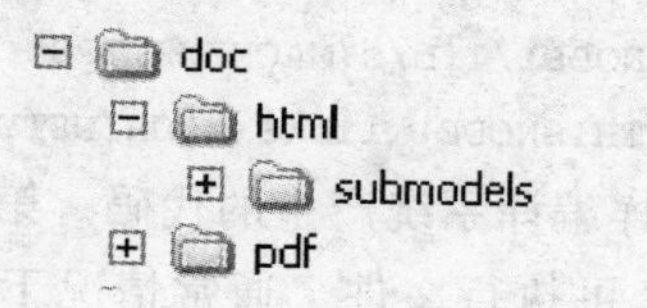

图 A.2 doc 文件夹的结构

重要的一点就是,该文件夹有 html 子文件夹。该子文件夹中包含与该 AMESim 节点相关的子模型和超级元件的.html 说明文件。

A. 3　AMEIcons 文件

AMEIcons 文件包含可以使用的类(. xbm 文件)的说明、每类中的专用部件以及每类的说明。在 AMESim 路径列表中的目录以一种特殊的顺序组织以便搜索 AMEIcons 文件。最终的结果是文件成功读取后的内容。一个 AMEIcons 文件路径的例子如下：

```
./Icons/ac.xbm
./Icons/ac.ico
%Air-Conditioning
```

A. 4　submodels. index 文件

submodels. index 文件是 AMESim 用来知道子模型是和哪个图标相联系的。AMESim 子模型必须设置一个对应于系统方案图中的图标，AMESim 通过查阅路径列表中的路径以查找处于打开并被读取状态的 submodels. index 文件。这个过程的最后，和所选图标相适的子模型就会被成功地排列出来。submodels. index 文件的一部分如下：

```
submodels
ac_vd_compressor
&ACVDCOMP00
&ACVDCOMP01
&ACVDCOMP02
```

A. 5　AME. make 文件

AME. make 文件说明 AMESim 怎样建立系统的可执行文件。这个可执行文件是在仿真模式下运行的程序。可执行文件是通过读取和处理 AME. make 文件中定义的规则来创建的，这些 AME. make 文件可以在 AMESim 的路径列表中的路径中找到。这些文件一般有 4 行。在 Cooling System(冷却系统)库中给出了一个 AME. make 文件的例子：

```
$(CC) -I$(AME)/lib -c
$(CC)
-L$(THISNODE)/lib/$(MACHINETYPE) -lAC
win32:$(THISNODE)\lib\$(MACHINETYPE)\AC.lib
```

第 1 行给出了 AMESim 怎样编译系统产生的代码。第 2 行给出了 AMESim 在编译完成之后要用怎样的功能来产生一个可执行文件。通常情况下是 1 个 C 编译器，1 个 Fortran 编译器和 1 个连接加载器。第 3 行和第 4 行给出了 AMESim 在生成可执行文件的时候，需要连接的任何其他库。第 3 行用于 Unix 系统，而第 4 行用于 Windows 系统。

AMESim 将取出在路径列表中它找到的第 1 个 AME. make 文件的前两行，并且综合剩下的 AME. make 文件的第 3 行和第 4 行。

最初，唯一的 AME. make 文件存在于 AMESim 的系统区(由 AME 环境变量说明)。把它拷贝到当前的工作区是很有用的，利用如下操作可以实现：

```
cp $AME/AME.make .
copy %AME%\AME.make .
```

之后，可以对它进行编辑，以便以不同的方式生成可执行文件。一个 AME. make 文件也可以存在一个特殊的目录下面，以便一组用户都可以使用它。如果建立了自己的库，可以说明建立了库和希望使用的意愿。

使用 Unix 系统时，建议库的名字以 lib 开头，以 a 结束。例如 libMyliA. a。必须指出，该特殊的库和它们的存储路径。第 3 行的一个例子如下：

-L/home/cwr/mylibs -lMyLib

使用微软编译器时，建议库的名字以扩展名 lib 结束，例如 Mylib. lib。指定和该库相连接的存储路径是：

C:\home\cwr\mylibs\MyLib. lib

第 4 行的形式如下：

win32:C:\home\cwr\mylibs\MyLib. lib

如果第 3 行或者第 4 行已经存在，则最好在该行的前面加上这些文字。

A. 6 为 AMESim 产生的文件

用 AMESim 创建一个系统后进行仿真，并且可能作线性化的处理，这时会产生一些文件。如果系统的名字是 NAME，则表 A. 4 所列就是一系列的可能出现的文件。表中还给出了各个文件的功能。除非有特殊的说明，否则都是 ASCII 文件。

表 A. 4 为 AMESim 产生的文件

文件名	功 能
NAME. ame	一个形成单个系统文件的所有必要文件的集合。可以随意压缩，以节省磁盘空间。不是 ASCII 文件
NAME_. cir	系统的完整说明，包括： 每个元件的形状和位置以及每根连线的位置； 对每个子模型的说明和当前的设定值； 对系统进行描述的文字和文字的位置； 所要求的每次线性分析的详细说明
NAME_. c	由 AMESim 产生的系统源代码
NAME_. obj 或者 NAME. o	描述系统的源代码经过编译后得到的二进制文件
NAME. exe 或者 NAME_	包含为系统产生的可执行文件的二进制文件
NAME_. make	编译源代码并且生成可执行文件的说明
NAME_. data	可执行文件运行时要读取的系统参数
NAME_. data. n	n 组批处理运行时的系统参数
NAME_. sim	在 Run parameters(运行参数)中设定的运行参数
NAME_. param	在参数设定模式下，当使用 Tool 菜单的下拉菜单 list parameter 时产生的文件。它包含所有所用子模型列表和文件建立时设定的参数

续表 A.4

文件名	功　能
NAME_. var	当前系统用到的所有外部变量和内部变量的列表。每一项记录由子模型的名字和编号、变量名和单位组成。这些信息在解释仿真运行时选择 Full output(完整输出)时有用。将 AMESim 的结果导入 MATLAB 的时候也用到该文件
NAME_. results	仿真运行结果的二进制文件
NAME_. results. n	n 组批处理运行仿真时的结果的二进制文件
NAME_. state	状态变量和隐性变量的列表。隐性变量包含子模型中声明的隐性变量以及 AMESim 为解决隐性环时所产生的隐性变量
NAME_. err	一个说明每个状态和隐性变量限制积分步长次数的统计数。该文件和 NAME_. state 文件中的信息用于创建 State count(状态数)弹出菜单
NAME_. la	任何所要求的线性分析的详细说明
NAME_lock	状态变量处于锁定状态或者处于解锁状态的说明。该文件只在稳态运行时有用
NAME_. sad	用于定义批处理运行的特性
NAME_. sai	用于定义批处理运行的特性
NAME_. ssf	用于定义结果文件中对哪个变量进行存储
NAME. BAK. LOG	系统的备份文件的信息
NAME. BAK*	系统备份的二进制文件,* 表示创建该备份文件的时间和日期的编码格式
NAME_. jacn	此处 n 取值于 0,1,2……是线性化的结果。如果对系统在不同时刻进行了一系列的线性化,则第 1 次线性化的结果存储在 NAME_. jac0 中,第 2 次线性化的结果存储在 NAME_. jac1 中,以此类推
NAME_. jacn. m	m 次批处理运行时 n 次线性化的结果
NAME_. xpt	该文件包含导出设置的所有数据
NAME_. views	该文件包含为系统创建的所有查看的详情及缩放设置的历史
NAME_. pc0	该文件包含为系统保存的参数集的详情
NAME_. out. tpl	这是一个临时文件,可以进行复制和重命名,其中包含了导出设置中最终值的输出信息
NAME_. in. tpl	这是一个临时文件,可以进行复制和重命名,其中包含导出设置中用户自定义的输入信息
NAME_. gp	该文件包含给模型定义的所有全局参数
NAME_. gp2	该文件包含模型中超级元件和用户定制对象的所有全局参数
NAME_. eig	该文件包含模型的所有特征值
NAME_. png	该文件包含模型所有的预览快照
NAME_. doe_studyname	该文件包含试验设计研究的详情
NAME_. opt_studyname	该文件包含优化研究的详情
NAME_. mc_studyname	该文件包含蒙特卡罗研究的详情
NAME_. vl	可用于后处理的系统变量列表
NAME_. vl. n	可用于一个执行 n 次批处理运行的后处理的系统变量列表

建立一个新的系统时,一系列与该系统有关的文件就建立起来了。当保存系统的时候,处

于当前状态的文件都会被复制并收集变成一个.ame 文件，并且被压缩。清空系统或者从 AMESim 退出的时候，所有 NAME_. * 类型的文件就会被删除，只剩下 NAME. ame 文件，并且还有可能存在 NAME. BAK. LOG 和 NAME. BAK * 文件。

载入一个已有的系统时，以 NAME. ame 格式存储的文件就会恢复成 NAME_. * 文件的格式；但是在 NAME. ame 文件没有被再次存储之前，它是不会变的。

A.7 文件的清空工具

如果要发送一个大的系统文件，就需要减小. ame 文件的大小。文件的清空工具特别容易使用，只要点击几下就可以把不必要的文件清空。

要清空一个. ame 文件，只需要：

① 选择菜单 Tools→Purge；

② 单击 select file（选择文件）按钮，并选择需要清空的. ame 文件。

A.8 打包和拆包工具

有些系统通常会利用外部的信息，例如图标、用户化的对象、超级元件或者其他的对象。如果想把一个完整的系统传送出去，而把与该系统相关的文件单独发送，这时可能会遇到问题。

AMESim 提供了一个 pack/unpack（打包/拆包）工具，利用该工具可以把所有的相关信息发送出去。

AMESim 创建了一个. pck 文件，该文件含有系统所有的元素。所以很容易传送这一个文件，而不用把大量的对象进行传送。

对方接收到该. pck 文件时，只需要把该文件拆包，便可成为直接可用的系统。

选择菜单 Tools→Pack，就可以对 AMESim 文件进行打包了，同时 AMESim 提供了一个向导帮助执行打包的过程。

选择菜单 Tools→Unpack，就可以对打包的文件进行拆包。

附录 B　输出和后处理函数的说明

本附录中，定义了专门用于输出模块的函数，并且对这些函数进行了说明。

每个函数都可以和其他的函数结合。

本附录中认为 AMESim 变量是时间的函数。

赋予一个简单输出参数的值是相应变量在仿真结束时刻的值。

在表 B.1 中，A、B 可以是输入参数，可以是输出参数，也可以是表达式；T、T1、T2 可以是数值，可以是输入参数，可以是输出参数，也可以是表达式。

表 B.1　输出和后处理函数的说明

表达式	说　明	范围定义
valueAt(A,T)	T 时刻的值。 返回在给定时刻的变量或者表达式的值。如果指定的时间不是一个通信时间，则考虑最近通信时间的值	以下情况之一者认为返回值无定义：指定时间在变量或者表达式的定义范围之外；A 或者 T 没有定义；T 比开始时间短或者比结束时间长
restrict(A,$T1$,$T2$)	时间间隔的限制。 让用户考虑仿真过程的一段时间的结果。如果单独使用，则结果是在 $T2$ 时刻的值	定义域是[$T1$, $T2$]。这表明 valueAt(restrict(A,$T1$,$T2$),t)，当 $t<T1$ 或 $t>T2$ 时未定义。如果 A 没有定义，则函数仍然为未定义
leftTrunc(A,T)	信号的左边截断。 让用户忽略仿真结果的左半部分。如果单独使用，则结果 t 为最后时刻的函数值	定义域是[T, FinalTime]。这意味着 valueAt(leftTrunc(A,T),t)，当 $t<T$ 时未定义。如果 A 没有定义，则函数仍然为未定义
rightTrunc(A,T)	信号的右边截断。 让用户忽略仿真结果的右半部分。如果单独使用，则结果 t 为 T 时刻的函数值	定义域是[StartTime, T]。这意味着 valueAt(rightTrunc(A,T),t)，当 $t>T$ 时未定义。如果 A 没有定义，则函数仍然为未定义
globMax(A)	全局最大值。 计算在 A 的定义域范围内的变量或表达式的最大值	定义域是[初始时间，结束时间]。这意味着 valueAt(globMax(A),t)，当 $t>$结束时间且 $t<$初始时间时未定义，除此之外都有定义，且为常数值(将 valueAt 和 globmax 一起使用毫无意义)。如果 A 在[初始时间，结束时间]中从未定义，那么该值为未定义；即使是在 A 没有定义的点，它仍然为已定义
globMin(A)	全局最小值。 定义：globMin(A)＝－globMax(－A)	同上

续表 B.1

表达式	说　明	范围定义
locMax(A)	局部最大值。 计算定义域 A 中一个变量或者表达式的所有局部最大值(就是斜率从正值变化到负值的点)并保持最大的那个值	如果至少找到一个局部最大值,那么定义域为[初始时间,结束时间],否则,定义域为空。这意味着 valueAt((locMax(A),t))或者没有定义或者只在 t 属于[开始时间,终结时间]内有定义并为常数(将 valueAt 和 locMax 一起使用毫无意义);在 A 没有定义的点,函数仍然有定义。如果 A 在[开始时间,终结时间]上相连的 3 个通信间隔内没有定义,则函数通常没有定义
locMin(A)	局部最小值。 定义:locMin(A)=-locMax($-A$)	同上
globMaxTime(A)	最大值的时间。 计算到达最大值的时间	定义域和 globMax(A)的相同
globMinTime(A)	最小值的时间。 定义: globMinTime(A)= globMaxTime($-A$)	同上
locMaxTime(A)	局部最大值的时间。 计算到达局部最大值的时间	函数的定义域和 locMax 相同
locMinTime(A)	局部最小值的时间。 定义:locMinTime(A)=locMaxTime($-A$)	同上
reachTime(A,B)	到达时间。 在下面的条件下寻找第一次通信时间 t_i,$A(t_i)$和 $B(t_i)$有定义且 $A(t_i)=B(t_i)$或者 $A(t_{i-1})$,$B(t_{i-1})$,$A(t_i)$和 $B(t_i)$有定义且满足下列条件: ① $A(t_{i-1})<B(t_{i-1})$且 $A(t_i)>B(t_i)$; ② $A(t_{i-1})>B(t_{i-1})$且 $A(t_i)\leqslant B(t_i)$	如果未找到这样的时间,则函数没有定义;否则,函数 valueAt(reachTime(A,B),t) 有定义且 t 的值在[初始时间,最终时间]之内时,函数值是常数,在任何其他 t 未定义。即使在 A 和 B 都没有定义的点,函数也可能有定义
responseTime(A,S)	响应时间。 返回最后一次指定信号在指定范围"I"之外的最终值: I=[$(1-S/100)*X$ 最终 ;$(1+S/100)*X$ 最终] 表达式:responseTime(A,S) A 是用户想要分析的输入信号,S 是百分比 $0<S\leqslant100$。 这个计算是基于仿真结束之后信号是稳定的(此条件一定要满足)。如果信号不稳定,则函数不返回错误信息	一旦 $A(t)$被定义为 t 的函数,则这个函数也可以被定义

续表 B.1

表达式	说　明	范围定义
differ(A)	微分。 计算变量 A 的导数。结果定义如下： $\frac{dA}{dt}(T_i)=\frac{A(T_{i+k})-A(T_i)}{T_{i+k}-T_i}$在 T_N＝结束时间时采用如下公式： $\frac{dA}{dt}(T_{Ni})=\frac{A(T_N)-A(T_{N-k})}{T_N-T_{N-k}}$	在 $A(T_i)$和 $A(T_{i+k})$有定义的所有 T_i，该函数有定义。k 是使 $T_i \neq T_{i+k}$的第一个整数。 如果 $A(T_{N-k})$有定义，那么函数在 T_N＝结束时间时也有定义。这里 k 是使 $T_N \neq T_{N-k}$的第一个整数
integ(A)	积分。 结果为在 A 的定义域内对其进行积分的值。为了计算积分值，采用下面的近似公式： $\int_{T1}^{T2} A(t)d(t) \approx \sum_{i=N1+1}^{N2}(t_i-t_{i-1})\times\frac{A(t_i)+A(t_{i-1})}{2}$	只要 $A(t)$在一个 t 点有定义，函数就有定义。 当且仅当 T 的值属于 A 的定义域的范围之内时，函数 valueAt (integ(A)，T)的值有定义，且值为： $\int_{\mathrm{Starttime}}^{T} A(t)dt$，所以当 A 的值定在[$T1$,$T2$]时，integ(restrict(A,$T1$,$T2$))是 $\int_{Starttime}^{T} A(t)dt$ 当 T 的值在[$T1$, $T2$]时，函数 valueAt (integ (restrict (A, $T1$, $T2$)), T) 有定义，且值为 $\int_{T1}^{T} A(t)dt$
mean(A)	平均值。 这里的平均值是经典的平均值，定义如下： $\mathrm{mean}(A)=\frac{1}{\Delta T}\int_{\Delta T} A(T)dt$ 若 $\Delta T=0$，则 mean(t)＝0	函数的定义域与 integ(A)相同
dist(A,B)	两个曲线之间的距离。 是经典定义的两个信号之间的距离定义： $\mathrm{dist}(A,B)=\int_{\mathrm{StartTime}}^{\mathrm{FinaTime}} \mid A(t)-B(t) \mid dt$ dist(A,B)由 integ(fab(A－B))计算	只要 A,B 在给定的时刻 T 有定义，函数就有定义
readTableTimeLinear	采用线性样条从文件中读表。 readTableTimeLinear(file_path，extrapolation_type)。其中：file_path(文件_路径)是包含表的文件的读取路径。它必须括在双引号括号内；Extrapolation_type(外插_类型)是采用的外插方法	外插_类型： 0—在表的范围外无效； 1—外插； 2—极值； 3—循环(第一个和最后一个表值必须是相同的)

续表 B.1

表达式	说明	范围定义
readTableTimeCubic	采用三次样条从文件中读表。 readTableTimeCubic（file_path，boundary_conditions，extrapolation_type，left_slope，right_slope）。其中：file_path是包含表的文件的读取路径，它必须括在双引号括号内；boundary_conditions（边界_条件）是外插时处于边界的条件；extrapolation_type是采用的外插方法；left_slope（左边_斜率）是左边外插时使用的斜率，该斜率只有当边界_条件选择指定斜率模式时才有用；right_slope（右边_斜率）是右边外插时使用的斜率，该斜率只有当边界_条件选择指定斜率模式时才有用	边界_条件： 0—在表的范围外无效； 1—自然的（y″＝0）； 2—指定斜率； 3—循环（第一个和最后一个表值必须是相同的） 外插_类型： 1—线性的； 2—三次方的
readTableConverted TimeLinear	采用线性样条从文件中读表，转换时间线到要求的单位。 readTableConvertedTimeLinear（file_path，extrapolation_type，time_uint）。其中：file_path是包含表的文件的读取路径，它必须括在双引号括号内；extrapolation_type是采用的外插方法；time_unit（时间_单位）是要转换的单位时间范围，例如，如果在表中被读取时，时间线已被保存使用ms为时间单位，则将需要设置这第3个参数为ms。默认单位是s	外插_类型： 0—在表的范围外无效； 1—外插； 2—极值； 3—循环（第一个和最后一个表值必须是相同的）
readTableConverted TimeCubic	采用三次样条从文件中读表，转换时间线到要求的单位。 readTableConvertedTimeCubic（file_path，boundary_conditions，extrapolation_type，left_slope，right_slope，time_uint）。其中：file_path是包含表的文件的读取路径，它必须括在双引号括号内；boundary_conditions是外插时处于边界的条件；extrapolation_type是采用的外插方法；left_slope是左边外插时使用的斜率，该斜率只有当边界_条件选择指定斜率模式时才有用；right_slope是右边外插时使用的斜率，该斜率只有当边界_条件选择指定斜率模式时才有用；time_unit（时间_单位）是要转换的单位时间范围，例如，如果在表中被读取时，时间线已被保存使用ms为时间单位，则需要设置这第3个参数为ms。默认单位是s	边界_条件： 0—在表的范围外无效； 1—自然的（y″＝0）； 2—指定斜率； 3—循环（第一个和最后一个表值必须是相同的） 外插_类型： 1—线性的； 2—三次方的

续表 B.1

表达式	说 明	范围定义
readTableVarLinear	除了它有一个额外的以表格为输入的表达式之外，与 readTableTimeLinear 基本相同	表的输入是一个由表达式编辑器认证的一个标记，或标记的表达式
readTableVarCubic	除了它有一个额外的以表格为输入的表达式之外，与 readTableTimeCubic 基本相同	表的输入是一个由表达式编辑器认证的一个标记，或标记的表达式
Filter(A,n,w_c)	返回给定的截止频率和指定阶次下的过滤信号 ● A 是用户想用来过滤的输入信号； ● n 是过滤阶次 $1\leqslant n\leqslant 5$； ● w_c 是相对截止频率 $0\leqslant w_c\leqslant 0.5$。 注意：过滤器函数依赖等距点。这意味着信号传输到所采用的过滤器时必须已获得使用固定打印间隔，因此必须确保： ① 启动的是无间断的打印输出仿真； ② 子模型 TI001 不是封闭的仿真系统	与原始信号的定义域范围相同